建设工程造价与实务

（上 册）

主　编　王艳玉　张向辉
副主编　马　旭　王　敏

哈尔滨工程大学出版社

内容简介

本书是针对2010年《黑龙江省建设工程计价定额》和《黑龙江省建设工程费用定额》颁布后，广大造价人员的学习需要而编写的，介绍了建设工程管理程序及造价的构成、造价文件的编制内容和步骤，全面叙述了定额计价与清单计价的定额说明和工程量计算规则，着重介绍《建设工程工程量清单计价规范》的内容及其具体应用，阐明了定额与规范的关系，重点阐述了应用实际案例工程量的详细计算和投标报价书的编制。

本书逻辑清晰，图文并茂，强调理论与实践的结合，辅以大量实例，注重案例的真实性、合理性，支持启发式与交互式教学，实用性强。适合作各层次建筑工程相关专业教学和培训教材，也可供建筑设计、施工、招标、监理、审计、造价计价等相关人员学习参考。

图书在版编目(CIP)数据

建设工程造价与实务．上册/王艳玉，张向辉主编．—哈尔滨：哈尔工程大学出版社，2011.8(2014.1 重印)
ISBN 978-7-5661-0246-1

Ⅰ.①建… Ⅱ.①王…②张… Ⅲ.①建筑造价管理
Ⅳ.①TU723.3

中国版本图书馆 CIP 数据核字(2011)第181327号

出版发行　哈尔滨工程大学出版社
社　　址　哈尔滨市南岗区东大直街124号
邮政编码　150001
发行电话　0451-82519328
传　　真　0451-82519699
经　　销　新华书店
印　　刷　黑龙江省委党校印刷厂
开　　本　880mm×1 230mm　1/16
印　　张　27
字　　数　830千字
版　　次　2011年8月第1版
印　　次　2014年1月第2次印刷
定　　价　46.00元
http://www.hrbeupress.com
E-mail:heupress@hrbeu.edu.cn

前　言

建设工程造价计价是重要的基本建设经济活动。掌握工程造价计价方法是基本建设经济、技术等专业人员的基本素质。随着国家经济建设形势的发展,为了满足高职高专院校土木工程类工程造价相关专业学员及社会上建设工程造价人员岗位培训工作的需要,我们组织哈尔滨职业技术学院、哈尔滨第一建筑工程公司、哈尔滨第二建筑工程公司、哈尔滨市公路处、哈尔滨鑫鸿造价咨询公司、黑龙江省建设厅造价站、黑龙江省建设协会、黑龙江国际经济技术合作有限公司等多年从事建设工程造价计价教学和建设工程造价计价实践与造价管理的教师和工程技术人员,编写了《建设工程造价与实务》一书。

本书以《建设工程工程量清单计价规范》GB—2008、《黑龙江省建设工程计价定额》《黑龙江省建设工程费用定额》(2010 年)和《公路工程概、预算定额》等现行的定额为依据编写而成。根据当前高等职业教育土建类专业教学改革的需要,针对高职学生的知识结构要求和自身特点,教材更加突出职业岗位核心能力的培养,注重学生的实际操作能力的训练;以实际工程的图纸为案例,运用造价软件重点介绍了定额计价和清单计价两种造价计算方法、技巧和操作技能,可以极大地提高学员的实际应用能力。在编写过程中,本书充分考虑了该教材的实用性,不仅可作为各层次院校的建筑工程技术、建筑工程经济、建筑工程造价、市政工程等相关专业教学,也可用于建设系统设计、施工、招标、监理、审计等工程专业人员培训及自学。

本书由哈尔滨职业技术学院王艳玉、张向辉任主编;马旭、王敏任副主编;程桢、鲁春梅、王松、郭同斌、刘长虹、于薇薇参编。其中,王艳玉编写第一编中的第三章、第四章,第二编中的第一章、第三章、第六章;马旭编写第二编中的第二章、第四章、第五章;王敏编写第一编中的第一章、第二章、第五章。值此本书完稿出版之际,笔者谨向有关企业和设计院、有关专家学者表示深深谢意,特别是对在参考文献中疏于列出的文献,表示敬意和谢意!

本书在编写过程中,编者一直进行建设工程造价的教学与实践,力求一丝不苟,达到理论与实践的有机融合,但基于笔者认知与水平有限,书中难免有疏漏之处,在此敬请读者提出宝贵意见,以期不断改进。

编　者

2011 年 5 月

目　录

第一编　造价基本理论

第二编　建筑工程、装饰装修工程工程计价

第一编　造价基本理论

第一章 工程造价概论

第一节 基本建设

一、基本建设概念

基本建设 指为增加固定资产的新建、改建、扩建、迁建、恢复等工程及其连带的工作，是国民经济部门固定资产的再生产。即把一定的材料、设备通过购置、建造与安装等活动转化为固定资产的过程，以及与之连带的工作，是综合性的经济活动。

固定资产 从经济学角度讲，固定资产是指使用期限较长，单位价值较高，并且在使用过程中保持原有实物形态的资产。就基本建设而言，固定资产是指在社会再生产过程中，可供生产或生活使用较长时间，在使用过程中基本保持原有实物形态的劳动资料和其他物质资料，如建筑物、构筑物、设备及设备安装等。

为了便于管理和核算，有关制度规定，凡列入固定资产的劳动资料，一般应同时具备两个条件：

(1)使用期限在一年以上；

(2)单位价值在规定的限额以上(2 000 元)，并且使用期限超过两年。

不同时具备以上两个条件的应列为低值易耗品。

二、基本建设内容

1. 建设工程 包括建筑安装工程和设备安装工程。

(1)建筑安装工程 指永久或临时性的建筑物和构筑物的土建、采暖、通风、给排水、照明、动力、电信管线的敷设、设备基础、工业炉砌筑、厂区竖向布置、铁路、公路、桥涵及农田水利、场地平整、清理等。

(2)设备安装工程 指新建、改建、扩建、恢复等永久或临时的生产、动力起重、运输传动、试验、医疗等设备的装配和装置工程。

2. 设备、工具、器具购置 包括需要安装和不需要安装的设备、生产用的工具、器具、经营管理或生活用的工具。

3. 勘察与设计 选址后的地质勘探、整体设计、分项设计、配套工程设计。

4. 其他 上述内容没包括的而整个建设项目所需要的一切费用。如土地征用、原有建筑的拆除、赔偿、青苗补偿、建设单位的管理及生产职工的培训等。

三、建设项目构成

1. 建设项目 在一个或几个场地上，按照一个总体设计进行施工的各个工程项目的总和。如一所学校、一个工厂等，由单项工程构成。

2. 单项工程(工程项目) 指具有独立的设计文件、独立的组织施工、竣工后可以独立发挥生产能力并产生经济效益的工程。如:学校中的教学楼、办公楼，工厂中的各类车间等，由单位工程构成。

3. 单位工程 指具有独立的设计文件、独立的组织施工、竣工后不能独立发挥生产能力和产生经济效益的工程。单位工程是单项工程的组成部分，通常按照不同性质的工程内容，将一个单项工程划分为若干个单位工程。如教学楼中的土建工程、给排水工程、电气照明工程等，由分部工程构成。

4. 分部工程 在单位工程内部以不同建筑部位、不同施工方法、不同建筑材料进行划分。如土建工程中的土石方工程、砌筑工程、钢筋混凝土工程、楼地面工程等，由分项工程构成。

5. 分项工程　将分部工程继续划分成基本构成要素的分项单元。如钢筋混凝土中的基础、梁、板、柱等。

四、基本建设分类

(一)按性质分类

1. 新建项目　是指从无到有的全新建设项目,或对原有项目重新进行总体设计,并使其新增固定资产价值超过原有固定资产价值3倍以上的建设项目。

2. 扩建项目　是指现有企业为扩大原有产品的生产能力、效益或为增加新品种的生产能力而增建的主要生产车间或工程项目、事业和行政单位增建的业务用房等。

3. 改建项目　是指原有的企业(事业)单位为了降低消耗、节约能源、改进产品质量或方向,对原有设备、工艺流程进行技术改造或为了提高综合生产能力,增加一些附属和辅助车间或非生产性工程,均属于改建项目。

4. 迁建项目　是指现有企事业单位由于改变生产布局、环境保护、安全生产以及搬迁到另外地方而进行建设的项目。

5. 恢复项目　是指企事业单位和行政单位的原有固定资产因自然灾害、战争和人为灾害等原因已全部或部分报废后,又投资重建的项目。

(二)按用途分类

1. 生产性建设项目　是指直接用于物质生产或为满足物质生产需要而建设的项目。包括工业建设项目、农业建设项目、基础设施建设项目及商业建设项目。

2. 非生产性建设项目　是指用于满足人民物质和文化生活需要而建设的项目以及其他非物质生产的建设项目。包括办公用房建设项目、居住建设项目、公共建设项目及其他建设项目。

(三)按规模分类

具体划分按国家或省、市、自治区的建设规划中所列的总规模或总投资划分。表1-1-1所示为工业建设项目的大、中、小型划分标准。

表1-1-1　工业建设项目的大、中、小型划分标准(以钢铁行业为例)

部门、项目	计算单位	大型	中型	小型
钢铁联合企业	年产钢/万吨	100以上	10~100 (不包括100万吨,下同)	10以下 (不包括10万吨,下同)
特殊钢厂	年产钢/万吨	50以上	10~50	10以下
独立炼铁厂	年产铁/万吨	100以上	20~100	20以下
独立铁矿山	年产铁矿/万吨	200以上	60~200	60以下
其他黑色金属工业	总投资/万元	5 000以上	200~5 000	200以下

1. 大型、中型项目　生产性建设项目中的能源、交通、原材料部门的工程项目,投资额达到5 000万元以上为大中型项目;其他部门和非工业建设项目,投资额达到3 000万元以上为大中型建设项目;能源、交通、原材料部门投资额达到5 000万元及以上的工程项目和其他部门投资额达到3 000万元及以上的项目为限额以上项目。

2. 小型项目　是指限额以下的项目。

(四)按组成分类

1. 建筑工程项目　建筑工程内容所包含的项目建设。

2. 设备安装项目　安装工程内容所包含的项目建设。

3. 设备购置项目　建设中需要添置设备的购置。

(五)按阶段分类

1. 筹建项目　是指正在准备建设的项目。

2. 施工项目　是指正在施工中的项目。

3. 收尾项目　是指工程主要项目已完工,只有一些附属的零星工程正在施工的项目。

4. 竣工项目　是指工程已全部竣工验收完毕,并已交付建设单位的项目。

5. 投产或使用项目　是指工程已投入生产或使用的项目。

(六)按资金来源分类

1. 国家投资项目　是指国家预算中直接安排的建设项目。

2. 自筹投资项目　是指除国家投资以外的投资项目,它可以是地方自筹和单位自筹建设项目。

3. 银行贷款筹资项目　是指建设项目的主要资金来源是银行借贷。

4. 引进外资项目　是指建设项目的资金来源是靠引进的外资。

5. 债券投资项目　是指建设项目是靠金融债券筹集的资金建设的项目。

五、基本建设程序

基本建设程序是指基本建设全过程中各项工作必须遵循的先后顺序。它是指基本建设全过程中各环节、各步骤之间客观存在的先后顺序,有时也可以搭接或穿插进行,是由基本建设项目本身的特点和客观规律决定的。进行基本建设,应坚持按科学的基本建设程序办事,就是要求基本建设工作必须按照符合客观规律要求的一定顺序进行。

工程建设程序是指建设(或改造)项目从决策、设计、施工到竣工验收整个工作过程各个阶段所必须遵循的先后次序和完成的内容。

工程建设工作涉及面广,内外协作配合的环节多,因此,必须按照一定的程序进行。新中国成立以来,我国长期沿用前苏联的工程建设程序,以设计和施工为重点,项目建设的前期工作几乎为空白。投资决策在行政命令下进行,这种状况导致了我国投资规模极度膨胀、居高不下,投资效益长期低下的恶果。其主要原因就是工程建设程序不完善,缺乏科学决策的手段和方法,许多工程不经技术及经济论证,便仓促上马,给项目建设投产后经济效益的正常发挥留下隐患。工程建设程序是从我国几十年的建设实践中总结出来的客观规律,是工程建设的科学程序,必须熟悉、掌握和运用,才能获得较好的经济效果。

一个建设(或改造)项目自规划筹建到建成投产,一般可分为四个阶段。

(一)决策阶段

为了使决策科学化、避免项目决策的失误,我国从1981年开始,大、中型项目必须首先提出项目建议书,经批准后再编制可行性研究报告。本阶段主要有以下三个工作环节。

1. 提出项目建议书

项目建议书是根据国民经济和社会发展的长远规划、行业规划及地区规划要求,经过调查、预测和分析后提出的。项目建议书的主要内容如下:

(1)项目提出的必要性的依据;

(2)产品方案、拟建规模和建设地点的初步设想;

(3)资源情况、建设条件、协作关系和引进技术国别、厂商的初步分析;

(4)投资的初步估算和资金筹措设想;

(5)项目的进度安排;

(6)经济效益和社会效益的初步估价。

项目建议书应由具有经济技术法人地位的单位编制,并按项目隶属关系上报主管部门。项目建议书经审查批准后方可开展前期工作,进行可行性研究工作。

2. 编制可行性研究报告

可行性研究报告是根据“项目建议书”批准文件的要求,对建设(或改造)项目在技术、工艺和经济方面进行分析研究,并通过多方案比较论证、科学评价后选出最佳方案,提出可行性研究报告结论,其主要内容如下:

(1)总论,包括要阐述项目提出的背景、投资的必要性和经济及社会效益、研究工作的依据及范围;
(2)拟建项目的规模、产品方案和发展方向的技术经济比较及分析;
(3)资源、原材料、燃料、动力及公用设施情况;
(4)建厂条件的状况、厂址选择及布置情况;
(5)设计方案(包括技术工艺、主要设备、建设标准及协作配套工程项目的构成);
(6)环境保护及"三废"治理的初步方案;
(7)企业组织、劳动定员和人员培训;
(8)投资估算和资金筹措方式;
(9)建设工期和实施进度的建议;
(10)经济效益和社会效益的评价。

可行性报告由建设单位委托具有资质资格的勘察设计单位编制,并按项目隶属关系上报主管部门审批。

3. 建设地点(厂址)的选择

建设项目立项后,建设单位提出建设用地申请。设计任务书报批时,必须附有城市规划行政主管部门的选址意见书。建设地点的选择要考虑工程地质、水文地质等自然条件是否可靠;水、电、运输条件等是否落实;项目建设投产后的原材料、燃料等是否具备;另外,对于生产人员的生活条件、生产环境也应全面考虑。在认真细致调查研究的基础上,从几个方案中选出最佳方案,编写选址报告(或列入可行性研究报告)随同可行性研究报告一起进行审批。

(二)设计阶段

设计阶段是指由设计单位根据可行性研究报告及选址报告的批准文件内容要求而编制的设计文件。设计工作是分阶段进行的,一般对于大、中型项目采用两阶段设计,即初步设计和施工图设计。对重要的、技术复杂的大型项目,经主管部门批准后可采用三阶段设计(增加技术设计),本阶段主要有两个环节工作。

1. 初步设计的主要内容

(1)设计的指导思想及依据。
(2)建设规模、产品方案、原材料和动力的来源。
(3)工艺流程、设备选型及主要设备的清单、材料用量。
(4)生产组织、劳动定员和各项技术经济指标。
(5)建设工期和工程总概算。

初步设计由文字说明、设计图纸和总概算三部分组成。它是主要设备订货、施工前期准备和控制项目投资的依据,也是施工图设计和编制施工组织总设计的主要依据。

2. 施工图设计的主要内容

(1)建设工程总平面图、单位建筑物及结构物布置详图和平面图、立面图及剖面图。
(2)生产工艺流程图、设备布置和管路与电气系统等的平面图、剖面图。
(3)各种标准设备的型号、规格和数量及各种非标设备加工制作图等。

施工图是施工安装必用图,所以施工图设计的深度应以能满足设备、材料安排、各种非标设备的制作、施工预算和施工图预算的编制、指导施工等方面的要求。设计文件是工程建设的主要依据,要按规定程序报批。

(三)准备和实施阶段

准备和实施阶段主要有以下三个环节工作。

1. 安排年度建设计划

建设项目必须具备有经过批准的初步设计和总概算才能列入年度建设计划。按国家规定,大型建设项目计划由国家计委批准,小型建设项目计划按隶属关系由各部委或省、自治区批准。用自筹资金安排的项目要在国家确定的总控制指标内编制建设计划。批准后的年度计划是进行工程建设项目拨款或贷款的主要依据。

2. 做好设备的订货和施工准备

有了批准的设计文件和建设计划就可以进行主要设备的订货和施工准备。大型专用设备和特殊材料要预先安排，施工准备工作要有计划地进行，否则会造成损失。

施工前准备工作的主要内容如下：

(1)对建设项目的大型专用设备和特殊材料进行订货；

(2)开工前完成征地拆迁、场地测量、修建临时生产及生活设施；

(3)保证图纸和技术资料供应以及现场水、电、路畅通；

(4)招投标与施工单位签订工程合同，组织安排好施工队伍。

3. 组织施工

当施工准备工作就绪后，应由建设单位或施工单位提出开工报告，经主管部门审定批准后方可正式开工。

在施工过程中，要按照施工顺序合理地组织施工，做好计划、设计、施工三个环节工作，使工程在保质、保量、保工期条件下，全面完成施工任务。

(四)生产准备与竣工验收

当一个建设项目建成并经有关部门验收合格后，方可办理验收移交手续。本阶段主要有两方面内容。

1. 生产准备　是衔接工程建设和生产的一个重要环节。建设单位要根据工程项目的生产技术特点，抓好投产前的准备工作。其准备工作主要内容如下：

(1)建立各级生产机构，制定管理制度和安全操作规程；

(2)培训生产骨干和技术工人，组织工具、器具、备品的制作与供应；

(3)签订原材料、燃料、动力运输和产品销售等协议。

2. 竣工验收　是全面考核建设成果、检查设计和施工质量的重要环节。根据国家规定，由建设单位、施工单位、工程质检监督部门和环境保护部门等共同进行工程验收。对不合格的建设项目，不能办理验收和移交手续。

上述工程建设程序，如图 1－1－1 所示。

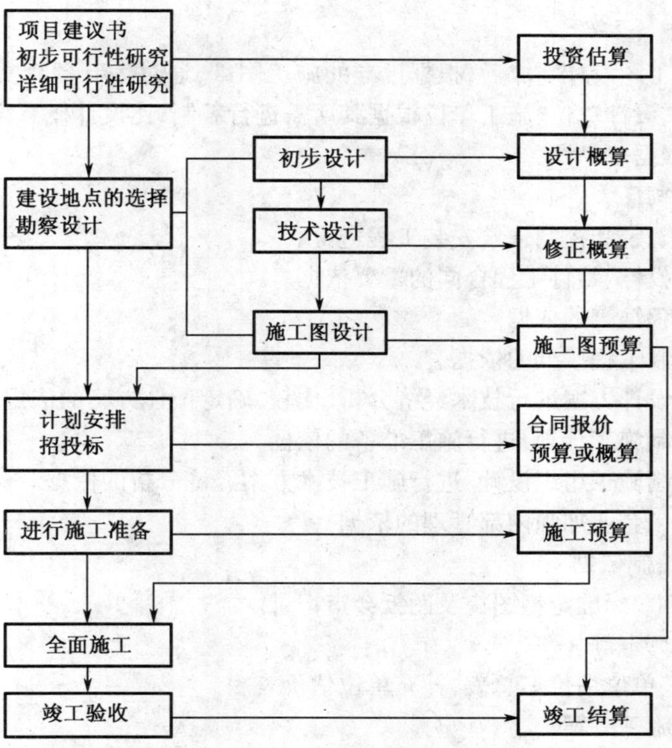

图 1－1－1　工程建设程序

第二节 工 程 造 价

一、概念

工程造价是指根据基本建设程序，对拟建项目进行预先确定基本建设项目所需资金的文件，由一系列不同用途、不同层次的各类价格所组成的建设项目造价体系。广义的工程造价是指建设项目总投资；狭义的工程造价是指建设工程造价，包括投资概算、设计概算、施工图预算、施工预算、工程结算、竣工决算。

二、工程造价分类

根据基本建设程序，工程造价可分为以下内容。

建设项目预算也称建设预算，是建设项目的投资估算、建设工程的设计概算和施工图预算等的总称，它是建设项目在不同的实施阶段预先计算和确定的计划价格文件。

(一)按建设项目不同的实施阶段和预算文件所起的不同作用分类

1. 投资概算 指在项目建议书和可行性研究环节，通过编制概算文件预先测算确定拟建项目的造价。由投资人、国家或地方计划部门根据概算指标编制或审批，作为项目决策、筹资和控制投资的依据。

2. 设计概算 指在初步设计环节，根据设计意图及初步设计文件，通过编制概算文件预先测算确定拟建工程的造价。由设计单位根据概算定额编制，结果受投资概算的控制，是设计文件的组成部分。作为基本建设投资、编制基本建设计划、控制施工图预算、签订建设项目总包合同和贷款总合同，它是实行建设项目投资包干的依据，也是考核设计方案和建设成本是否经济合理的依据。内容包括单位工程设计概算、单项工程综合概算、建设项目总概算，是由单个到总体，逐个编制，层层汇总而成。

3. 修正概算 指建设项目采用三阶段设计，在技术设计阶段，随着对建设规模、结构性质、设备类型等方面进行修改、变动，初步设计概算也应作相应的调整和变动，变动后的设计概算即为修正概算。

4. 施工图预算

(1)施工图预算的概念

施工图预算是指施工图设计完成后，根据批准的施工图纸，通过编制预算文件预先测算确定拟建工程的造价。由建设单位、设计单位、施工单位根据其所需进行编制，比设计概算详尽和准确，作为招投标、合同管理、工程结算的依据。

(2)施工图预算的作用

①施工图预算能够确定和控制建筑安装工程造价。

②施工图预算是招投标、签订工程合同的重要依据。

③施工图预算是工程结算的依据。

④施工图预算是控制工程拨款的依据。

⑤施工图预算是对设计方案进行技术经济分析、比较，确定最佳方案的依据。

⑥施工图预算是编制施工计划，进行施工准备的依据。

⑦施工图预算是编制施工组织设计，进行施工技术方案经济分析的依据。

⑧施工图预算是施工企业加强内部管理的依据。

(3)施工图预算的编制依据

①经批准的施工图纸、标准定型图集及图纸会审记录。

②建筑安装工程预算定额。

③地区单位估价表、单位估价汇总表、补充单位估价表。

④施工组织设计或施工方案。

⑤建筑安装工程费用定额及文件。

⑥材料、人工、机械单价。

⑦数学、建材、五金手册。

⑧合同或协议。

⑨工程量清单。

5. 施工预算 指施工阶段，在施工图预算的控制下，施工单位根据施工图纸、施工消耗量定额、施工及验收规范等编制的单位工程（或分部分项工程）施工所需人工、材料和施工机械台班消耗量及相应费用的经济文件。

施工预算是施工企业对单位工程实行计划管理，编制施工、材料、劳动力计划，向班组下达工程施工任务单，实行班组经济核算，考核单位用工，限额领料等的依据，也是施工企业加强经营管理，提高经济效益，降低工程成本的重要手段。

6. 工程结算 指一个单项工程、单位工程或分部、分项工程完工，并经建设单位及质检部门检验合格后，施工企业根据工程合同的规定及施工进度，在施工图预算基础上，按照实际完成的工程量所编制的结算文件，是施工单位向建设单位办理工程价款结算，用以补偿施工过程中的资金消耗，考核经济效益的经济文件。

（1）工程结算的编制原则

编制工程结算是一项严肃而细致的工作，既要正确地贯彻执行国家或地方的有关规定，又要实事求是地核算施工企业完成的工程价值。因此，施工企业在编制工程结算时，应遵循下列原则：

①要对办理工程结算的项目进行全面的清点，包括工程量、工程质量等方面，这些内容都必须符合设计及验收规范要求。对于未完成的或质量不合格的项目，不能结算。需要返工的，应返工修补合格后才能结算。

②施工企业应以对国家负责的态度，实事求是的精神，正确地确定工程结算价值，反对巧立名目、高估乱要的不正之风。

③严格按照国家或地区的定额、取费标准、调价系数以及工程合同（或协议书）的要求，编制工程结算文件。

④编制工程结算文件应按编制程序和方法进行工作。

（2）工程结算的编制依据

根据工程结算的分类不同，编制依据有所不同。这里讲述的是工程竣工结算书的编制依据，主要包括以下几方面：

①工程竣工报告、竣工图及竣工验收单。

②工程施工合同或施工协议书。

③施工图预算或招标投标工程的合同标价。

④设计交底及图纸会审记录资料。

⑤设计变更通知单及现场施工变更记录。

⑥经建设单位签证认可的施工技术措施、技术核定单。

⑦预算外各种施工签证或施工内业记录。

⑧合同中规定的定额，材料预算价格，构件、成品价格。

⑨国家或地区新颁发的有关规定。

（3）工程价款的主要结算方式

根据财政部、建设部《建设工程价款结算暂行办法》的规定，工程价款结算应按合同约定办理，合同未作约定或约定不明的，承、发包双方应依照下列规定与文件协商处理：

①国家有关法律、法规和规章制度。

②国务院建设行政主管部门，省、自治区、直辖市或有关部门发布的工程造价计价标准、计价办法等有关规定。

③建设项目的合同、补充协议、变更签证和现场签证，以及经承、发包人认可的其他有效文件。

④其他可依据的材料。

工程结算一般分中间结算、竣工结算两种情况。

①中间结算分为定期结算、阶段结算和年终结算,统称为中间结算。

②竣工结算是指一个建设项目或一个单位工程完工,并经建设单位及有关部门验收点交后,办理的工程结算。

一般按建设项目工期长短不同可分为建设项目竣工结算、单项工程竣工结算。

除上述两种主要方式,双方还可以约定其他结算方式。

(4)工程结算的方法

根据工程承包方式的不同,工程结算的方法也有所不同。

①施工图预算加签证结算　这种方法把经过审定的施工图预算作为结算的依据。凡是在施工过程中发生而施工图预算又未包括的工程项目和费用,经建设单位签证后可以在竣工结算中调整。

②施工图预算加系数包干结算　这种结算方法是先由有关单位共同商定包干范围,编制施工图预算时乘上一个不可预见费的包干系数。如果发生包干范围以外的增加项目,如增加建筑面积、提高原设计标准或改变工程结构等,必须由双方协商同意后方可变更,并随时填写工程变更结算单,经双方签证作为结算工程价款的依据。

③投标合同价加签证结算　工程实行招标承包制是建筑业适合市场经济发展的一项重大改革,它有利于鼓励先进,鞭策后进。因为该方法确定的工程造价,不仅具有包干的性质,还具有竞争的特点。

招标的标底和投标的标价,都是以施工图预算为基础核定的。投标单位在此基础上,根据竞争对手的情况和自己的竞争策略,对报价进行合理浮动。中标后,招标单位与投标单位按照中标报价、承包方式、范围、工期、质量、双方责任、付款及结算办法、奖惩规定等内容签订承包合同。合同规定的工程造价就是结算造价。除合同范围外,增加的项目应另行经建设单位签证计算费用,原合同确定的工程造价不变。

④平方米造价包干结算　平方米造价包干的结算方法与其他工程结算方式相比手续简便,但适用范围具有一定的局限性,一般只适用民用住宅工程。

7.竣工决算　指整个项目全部完成并经过验收后,通过编制竣工决算书计算项目从立项到竣工验收、交付使用全过程实际支付的建设费用及核定新增固定资产的价值。由建设单位编制或经有关部门审计确定,作为新增项目的最终价格。

竣工决算是核定建设项目总造价及考核投资效果的依据,也是建设单位有关部门之间进行资产移交的依据。

竣工决算与竣工结算是两个不同的概念。竣工结算是指工程完工后,建设单位与施工单位之间进行的费用最后结算,而竣工决算则是项目建设的实际总投资。

设计概算、施工图预算和竣工决算的关系如下。

设计概算、施工图预算和竣工决算简称"三算",它们都是以价值形态,贯穿于整个工程建设过程中。按照国家要求,所有建设项目设计要编概算,施工要编预算,竣工要作结算和决算。国家计委颁发的《关于控制建设工程造价的若干规定》文件指出:当可行性研究报告一经批准后,其投资估算总额应作为工程造价的最高限额,不得任意突破。同时,要求决算不能超过预算,预算不能超过概算,概算不能超过投资估算。

(1)竣工决算的编制依据

①经批准的可行性研究报告、投资估算书、初步设计或扩大初步设计、修正总概算及其批复文件。

②经批准的施工图设计及其施工图预算书。

③设计交底或图纸会审会议纪要。

④设计变更记录、施工记录或施工签证单及其他施工发生的费用记录。

⑤标底造价、承包合同、工程结算等有关资料。

⑥历年基建计划、历年财务决算及批复文件。

⑦设备、材料调价文件和调价记录。

⑧有关财务核算制度、办法和其他有关资料。

(2)竣工决算的编制要求

为了严格执行建设项目竣工验收制度,正确核定新增固定资产价值,考核分析投资效果,建立健全经济责任制,所有新建、扩建和改建等建设项目竣工后,都应及时、完整、正确地编制好竣工决算。建设单位要做好以下工作:

①按照规定组织竣工验收,保证竣工决算的及时性。

②积累、整理竣工项目资料,保证竣工决算的完整性。

③清理、核对各项账目,保证竣工决算的正确性。

(3)竣工决算的编制步骤

①收集、整理和分析有关依据资料。

②清理各项财务、债务和结余物资。

③核实工程变动情况。

④编制建设工程竣工决算说明。

⑤填写竣工决算报表。

⑥做好工程造价对比分析。

⑦清理、装订好竣工图。

⑧上报主管部门审查。

上述编写的文字说明和填写的表格经核对无误后,装订成册,即为建设工程竣工决算文件。将其上报主管部门审查,并把其中财务成本部分送交开户银行签证。竣工决算在上报主管部门的同时,抄送有关设计单位。大、中型建设项目的竣工决算还应抄送财政部、建设银行总行和省、市、自治区的财政局和建设银行分行各一份。建设工程竣工决算的文件由建设单位负责组织人员编写,在竣工建设项目办理验收使用一个月之内完成。

(二)按工程对象分类

1. 单位工程造价　是确定各单位工程建设费用的经济文件,是编制单项工程综合概算的依据,是单项工程综合概预算的组成部分。按工程性质不同,单位工程造价分为建筑工程概预算和设备及安装单位工程概预算两大类。

2. 单项工程造价　是计算和确定单项工程所需建设费用的经济文件。单项工程综合造价是由各单位工程概预算逐个编制与汇总而成,是建设项目总概算的主要组成部分。因此,单项工程综合概预算的内容主要包括建筑工程概预算、设备及安装单位工程概预算和工程建设其他费用概预算(不编制建设项目总概算时列入)。

3. 建设项目造价　是确定整个建设项目从筹建到竣工验收所需全部费用的文件,它是由各单项工程综合概算、工程建设其他费用造价、预备费和投资方向调节税概算等汇总编制而成的。

(三)按合同结算方式分类

1. 固定总价合同造价　是在合同中确定工程的总造价,在施工过程中,除合同内容外结算价款不再增加。固定总价合同造价,是指以投资估算、设计图纸和工程说明书为依据计算确定的工程总造价。工程总造价的精确程度,取决于设计图纸和工程说明书的精细程度。

2. 单价合同造价　是施工单位在投标报价时按照投标文件分部所列出的分项工程工程量表确定各分部分项工程费用的合同类型。单价合同造价是先确定分部分项工程的单价,再根据施工图纸计算工程量,结合已规定的单价确定工程造价。这种合同在执行中有利于风险的合理分摊,并且能够鼓励施工单位通过提高工效等手段从成本节约中提高利润,但要注意双方对单价和工程量计算方法的确认。

3. 成本加酬金合同造价　是建设单位向施工单位支付建设工程的实际成本,并按事先约定的某一种方式支付酬金的合同类型。成本加酬金合同造价是指按合同规定的直接成本加上双方商定的总管理费用和利润来确定工程概预算总造价。合同执行中,建设单位需承担项目实际发生的一切费用,因此也就承担了项目的全部风险;而施工单位由于无风险,其报酬往往较低。

三、影响工程建设造价的因素

(一)产品因素

1. 建筑产品的固定性　房屋建筑物和构筑物及大型设备都坐落在土地上,这就决定了建筑产品与大地紧密相连,具有固定性。

2. 建筑产品的多样性　建筑产品不同于工业产品。工业产品(如大型设备、大型机械、汽车、巨轮等)都在工厂生产,而建筑产品必须根据用户要求,坐落地点的特定环境(民族、风俗、习惯)来建造。建筑产品的独特外型、独特结构,造成了建筑产品的多样性。

3. 建筑产品的庞大性　建筑产品的最大特点是体形庞大。建筑施工需地下、高空、露天作业,受气候条件影响,不能全年连续均衡施工。

4. 建筑产品的综合性　建筑产品外形要求建筑有独特风格,内部要有供水供电、采暖通风、卫生设备功能,特殊情况有通信系统、监控系统及自动系统,因此,现代化建筑产品是综合性较强的产品。

(二)生产因素

1. 建筑施工的流动性　建筑产品的固定性决定了建筑施工的流动性,即生产者和生产设备要随产品坐落地点不同而转移。在同一地点的工人也要在不同的施工段(施工部位)上作业,这就给建筑生产、生活带来困难。

2. 建筑施工的单件性　建筑产品的多样性又决定了建筑施工的单件性,即每个建筑产品需单独设计,采用不同方法单件设计。

3. 建筑施工的周期性　建筑产品的庞大性决定了建筑施工的周期要长。一般产品少则几个月,大型建筑产品多则几年或十几年。在较长的生产过程中,占用大量的人力、物力及财力,不能获得经济效益。

4. 建筑施工的复杂性　建筑产品的综合性决定了建筑施工的复杂性。现场内,要做好专业与专业、工种与工种的交叉作业;现场外,还需建设单位、设计单位、专业化施工企业,以及材料、运输、市政、环保、劳动、银行等部门和单位的大力协作与配合。通过以上对建筑产品的生产与施工特点分析,可以看出,提高工程质量、降低生产消耗及缩短工期是提高建筑企业经济效益的主要途径。

第三节　建设工程造价计算的基本方法

一、建设产品的价值

在我国市场经济的条件下,建设产品同其他产品一样,也具有产品价格,建设产品的价格就是建设产品价值的货币表现。例如,房屋开发公司,从购地、设计、建造到直接出售商品房所形成的价格,体现了建设产品的全部价值,即建设项目造价。建筑安装等企业往往不是完成建筑产品生产的全部过程,而是其中的一部分,其部分产品价值,即建筑、安装等工程造价。建设单位作为投资者(业主或用户代表),负责工程建设的通盘筹划、组织和协调工作,并且直接参加一部分具体生产工作,如征地拆迁、现场准备、委托设计以及主要材料、设备的采购、供应等。因此,建设产品价格构成要素中相当一部分是由建设单位自己支付的(如土地费、勘察设计费等),因此,建设单位为生产建设产品向施工单位(建筑安装企业)支付的全部费用,并非是建设产品的最终价格,而是建设产品价格中的一部分。

二、建设产品的计价形式

建设产品不同于工农业产品,建设产品的实物形态千差万别,生产中的施工技术、经济特点不同,必然导致产品的价值构成要素发生变化,使不同的建设产品形成不同的价值。因此,建设产品不宜简单规定统一价格,必须采取特定的计价形式,即用编制工程预(决)算的方法来确定建设产品的计划价格,再经竣工决算确定建设产品最终的价格。

尽管建设工程各异,建设产品形式多样,不同的产品也有相同的因素。例如,水暖安装工程,虽然其用途、安装形式、工程数量等不同,但都由管道、附件、设备与各类器具等部分组成。同时完成每一个"计量单位"分项工程的人工、材料消耗量和机械台班使用量也基本相同,这就为建设产品统一计价提供了条件。国家和地方主管部门,根据实际测定分析和统计资料编制和颁发分部分项工程的人工、材料、机械台班消耗定额或预算单价,制定费用定额或标准,这些定额和费用标准,就统一了建设工程的计价标准和程序,使建设产品的计价更趋于合理。

工程造价计价的形式和方法有很多种,各不相同,但计价的基本过程和原理是相同的。如果仅从工程费用计算角度分析,工程造价计价的顺序是:分部分项工程单价→单位工程造价→单项工程造价→建设项目总造价。

影响工程造价的主要因素有两个,即基本构造要素的单位价格和基本构造要素的实物工程数量,可用下列基本计算式表达,即

$$工程造价 = \sum(工程实物量 \times 单位价格)$$

若分项工程下各子项的单位价格高,工程造价就高;子项的实物工程数量大,工程造价就高。

在进行工程造价计价时,实物工程量的计量单位是由单位价格的计量单位决定的。如果单位价格计量单位的对象取得较大,得到的工程估算就较粗,反之则工程估算较细、较准确。基本子项的工程实物量可以通过工程量计算规则和设计图纸计算而得,它可以直接反映工程项目的规模和内容。

1. 对基本子项的单位价格分析,可以有以下两种单价形式

(1)直接费单价

如果分部分项工程单位价格仅仅考虑人工、材料、机械资源要素的消耗量和价格形成,即

$$单位价格 = \sum(分部分项工程的资源要素消耗量 \times 资源要素的价格)$$

该单位价格就是直接费单价。资源要素消耗量的数据经过长期的收集、整理和积累形成了工程建设定额,它是工程计价的重要依据,它与劳动生产率、社会生产力水平、技术和管理水平密切相关。

(2)综合单价

如果在单位价格中还考虑直接费以外的其他一切费用,则构成的是综合单价。

2. 不同的单价形式形成不同的计价方式

(1)定额计价方法(工料单价法)

直接费单价只包括人工费、材料费和机械台班使用费,它是分部分项工程的不完全价格。我国现行有两种计价方式:一种是单位估价法,它是运用定额单价计算的,即首先计算工程量,然后查定额单价(基价),与相对应的分项工程量相乘,得出各分项工程的人工费、材料费、机械费,再将各分项工程的上述费用相加,得出分部、分项工程的直接费;另一种是实物估价法,它首先计算工程量,然后套基础定额,计算人工、材料和机械台班消耗量,对所有分部、分项工程资源消耗量进行归类汇总,再根据当时和当地的人工、材料、机械单价计算并汇总人工费、材料费、机械使用费,得出分部、分项工程直接费。在此基础上再计算措施费、企业管理费、利润、其他费用、规费和税金,将直接费与上述费用相加,即可得出单位工程造价。

(2)工程量清单计价方法

综合单价法指分部、分项工程量的单价,既包括分部、分项工程直接费、管理费和利润,也包括合同约定的所有工料价格变化风险等一切费用,是一种完全价格形式。工程量清单计价法是一种国际上通行的计价方式,所采用的就是分部、分项工程的完全单价。我国按照《建筑工程施工发包与承包计价管理办法》(建设部第 107 号令)的规定,综合单价是由分部、分项工程的直接费、管理费、利润和风险费用等组成,而直接费是以人工、材料、机械的消耗量及相应价格确定的。

综合单价的产生是使用工程量清单计价方法的关键。投标报价中使用的综合单价应由企业定额产生。由于在每个分项工程上确定利润和税金比较困难,故可以编制含有直接费和间接费的综合单价,在求出单位工程总的直接费和间接费后,再统一计算单位工程的利润和税金,汇总得出单位工程的造价。

利用有限的工程造价信息准确估算所需要的工程造价,是工程造价计价工作中的一项非常重要工作。

三、现行计价模式

(一)定额计价的方法模式与特点

我国在很长一段时间内采用单一的工程定额计价模式，以预算定额单价法确定工程造价是我国采用的一种与计划经济相适应的工程造价管理制度。工程定额计价模式实际上是国家通过颁布统一的计价定额或指标,对建筑产品价格进行有计划的管理。国家以假定的建筑安装产品为对象,制定统一的预算和概算定额,计算出每一单元子项的费用后,再综合形成整个工程的价格。工程计价的基本程序如图1－1－2所示。

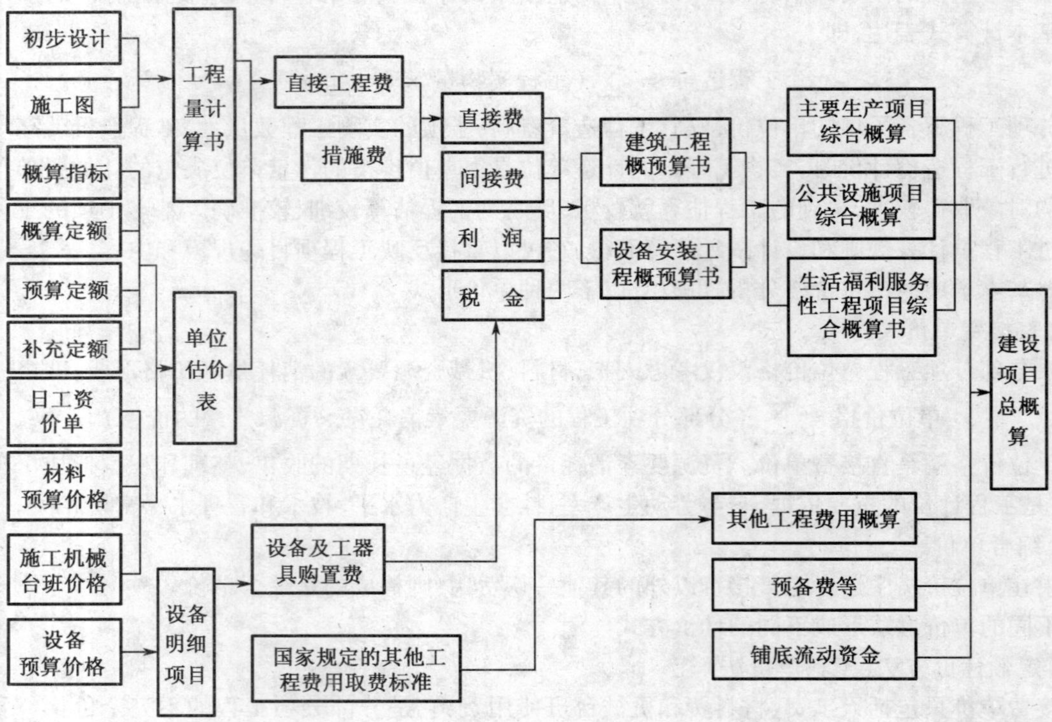

图1－1－2 工程计价的基本程序

从图1－1－2中可以看出,编制建设工程造价最基本的过程有两个,即工程量计算和工程计价。为统一口径,工程量的计算均按照统一的项目划分和工程量计算规则计算。工程量确定以后,就可以按照一定的方法确定出工程的成本及赢利,最终就可以确定出工程预算造价(或投标报价)。定额计价方法的特点就是量与价的结合。概预算的单位价格的形成过程,就是依据概预算定额所确定的消耗量乘以定额单价或市场价,经过不同层次的计算达到量与价的最优结合过程。

(二)工程量清单计价模式与特点

1. 计价模式

工程量清单计价的基本过程可以描述为:在统一的工程量清单项目设置的基础上,制定工程量清单计量规则,根据具体工程的施工图纸计算出各个清单项目的工程量,再根据各种渠道所获得的工程造价信息和经验数据计算得到工程造价。这一基本的计算过程如图1－1－3所示。

从工程量清单计价的过程示意图中可以看出,其编制过程可以分为两个阶段:工程量清单的编制和利用工程量清单来编制投标报价(或招标控制价)。投标报价是在业主提供的工程量计算结果的基础上,根据企业自身所掌握的各种信息、资料,结合企业定额编制得出的。

(1) 分部分项工程费 = $\sum$(分部分项工程量 × 相应分部分项综合单价)

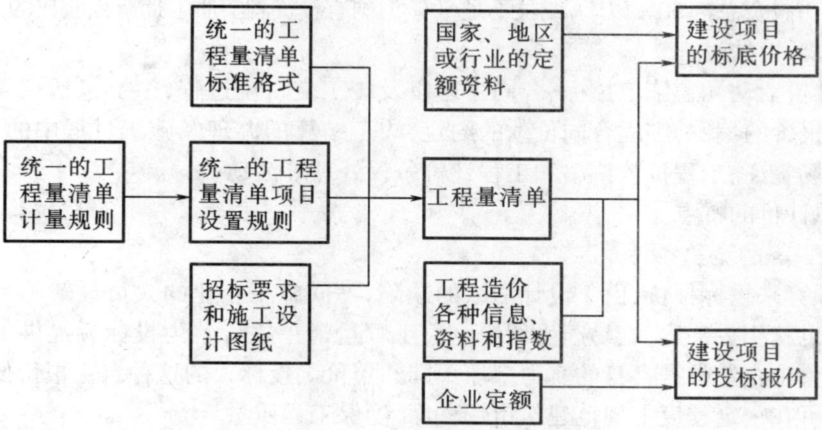

图1-1-3　工程造价工程量清单计价过程示意图

(2) 措施项目费 = $\sum$ 各措施项目费

(3) 其他项目费 = 暂列金额 + 暂估价 + 计日工 + 总承包服务费

(4) 单位工程报价 = 分部分项工程费 + 措施项目费 + 其他项目费 + 规费 + 税金

(5) 单项工程报价 = $\sum$ 单位工程报价

(6) 建设项目总报价 = $\sum$ 单项工程报价

公式中,综合单价是指完成一个规定计量单位的分部分项工程量清单项目或措施清单项目所需的人工费、材料费、施工机械使用费和企业管理费与利润,以及一定范围内的风险费用。

暂列金额是指招标人在工程量清单中暂定并包括在合同价款中的一笔款项。用于施工合同签订时尚未确定或者不可预见的所需材料、设备、服务的采购,施工中可能发生的工程变更、合同约定调整因素出现时的工程价款调整以及发生的索赔、现场签证确认等费用。

暂估价是指招标人在工程量清单中提供的用于支付必然发生但暂时不能确定价格材料的单价以及专业工程的金额。

计日工是指在施工过程中,对完成发包人提出的施工图纸以外的零星项目或工作,按合同中约定的综合单价计价的一种计价方式。

总承包服务费是指总承包人为配合或协调发包人进行的工程分包,对自行采购的设备、材料等进行管理,提供相关服务以及施工现场管理、竣工资料汇总整理等所需的费用。

2. 工程量清单计价的适用范围

全部使用国有资金(含国家融资资金)投资或国有资金投资为主(以下两者简称为国有资金投资)的工程建设项目应执行工程量清单计价方式确定和计算工程造价。

(1)国有资金投资的工程建设项目

①使用各级财政预算资金的项目。

②使用纳入财政管理的各种政府性专项建设资金的项目。

③使用国有企事业单位自有资金,并且国有资产投资者实际拥有控制权的项目。

(2)国家融资资金投资的工程建设项目

①使用国家发行债券所筹资金的项目。

②使用国家对外借款或者担保所筹资金的项目。

③使用国家政策性贷款的项目。

④国家授权投资主体融资的项目。

⑤国家特许的融资项目。

(3)国有资金(含国家融资资金)为主的工程建设项目

是指国有资金占投资总额50%以上,或虽不足50%但国有投资者实质上拥有控股权的工程建设项目。

3. 工程量清单计价的过程

工程量清单计价活动涵盖施工招标、合同管理以及竣工交付全过程,主要包括:工程量清单的编制,招标控制价、投标报价的编制,工程合同价款的约定,竣工结算的办理及施工过程中的工程计量、工程价款支付、索赔与现场签证、工程价款调整和工程计价争议处理等活动。

4. 工程量清单计价的特点

(1)提供一个平等的竞争条件

采用施工图预算来投标报价,由于设计图纸的缺陷,不同施工企业的人员理解不一造成计算出的工程量也不同,报价也就相去甚远,容易产生纠纷。而工程量清单报价就为投标者提供了一个平等竞争的条件,相同的工程量由企业根据自身的实力来填不同的单价。投标人的这种自主报价使得企业的优势体现到投标报价中,可在一定程度上规范建筑市场秩序,确保工程质量。

(2)满足市场经济条件下竞争的需要

招标投标过程就是竞争的过程,招标人提供工程量清单,投标人根据自身情况确定综合单价,利用单价与工程量逐项计算每个项目的合价,再分别填入工程量清单表内,计算出投标总价。单价成了决定性的因素,定高了不能中标,定低了又要承担过大的风险。单价的高低直接取决于企业管理水平和技术水平的高低,这种局面促成了企业整体实力的竞争,有利于我国建设市场的快速发展。

(3)有利于提高工程计价效率,能真正实现快速报价

采用工程量清单计价方式,避免了传统计价方式下招标人与投标人在工程量计算上的重复工作,各投标人以招标人提供的工程量清单为统一平台,结合自身的管理水平和施工方案进行报价,促进了各投标人企业定额的完善和工程造价信息的积累和整理,体现了现代工程建设中快速报价的要求。

(4)有利于工程款的拨付和工程造价的最终结算

中标后,业主要与中标单位签订施工合同,中标价就是确定合同价的基础,投标清单上的单价就成了拨付工程款的依据。业主根据施工企业完成的工程量,可以很容易地确定进度款的拨付额。工程竣工后,根据设计变更、工程量增减等,业主也很容易确定工程的最终造价,可在某种程度上减少业主与施工单位之间的纠纷。

(5)有利于业主对投资的控制

采用现在的施工图预算形式,业主对因设计变更、工程量的增减所引起的工程造价变化不敏感,往往等到竣工结算时才知道这些变更对项目投资的影响有多大,但此时常常是为时已晚。而采用工程量清单报价的方式则可对投资变化一目了然,在欲进行设计变更时,能马上知道它对工程造价的影响,业主就能根据投资情况来决定是否变更或进行方案比较,以决定最恰当的处理方法。

工程量清单计价是改革和完善工程价格管理体制的一个重要组成部分。工程量清单计价方法相对于传统的定额计价方法是一种新的计价模式,或者说是一种市场定价模式,是由建设产品的买方或卖方在建设市场上根据供求状况、信息状况进行自由竞价,从而最终能够签订工程合同的方法。在工程量清单的计价过程中,工程量清单为建设市场的交易双方提供了一个平等的平台,其内容和编制原则的确定是整个计价方式改革中的重要工作。

清单计价真实反映了工程实际,为把定价自主权交给市场参与方提供了可能。在工程招标投标过程中,投标企业在投标报价时必须考虑工程本身的内容、范围、技术特点要求及招标文件的有关规定、工程现场情况等因素;同时还必须充分考虑到许多其他方面的因素,如投标单位自己制订的工程总进度计划、施工方案、分包计划、资源安排计划等。这些因素对投标报价有着直接而重大的影响,而且对每一项招标工程来讲都具有其特殊性的一面,所以应该允许投标单位针对这些方面灵活机动地调整报价,以使报价能够比较准确地与工程实际相吻合。而只有这样才能把投标定价自主权真正交给招标和投标单位,投标单位才会对自己的报价承担相应的风险与责任,从而建立起真正的风险制约和竞争机制,避免合同实施过程中的推诿和扯皮现象的发生,为工程管理提供方便。

（三）工程定额计价方法与工程量清单计价方法的联系与区别

1. 定额计价法与清单计价法的联系

工程造价的计价就是指按照规定的计算程序和方法，用货币的数量表示建设项目（包括拟建、在建和已建的项目）的价值。无论是工程定额计价方法还是工程量清单计价方法，它们的工程造价计价都是一种从下而上的分部组合计价方法。工程造价计价的基本原理就在于项目的分解与组合。建设项目是兼具单件性与多样性的集合体，每一个建设项目的建设都需要按业主的特定需要进行单独设计、单独施工，不能批量生产和按整个项目确定价格，只能采用特殊的计价程序和计价方法，即将整个项目进行分解，划分为可以按有关技术经济参数测算价格的基本构造要素（或称分部、分项工程），这样就很容易地计算出基本构造要素的费用。一般来说，分解结构层次越多，基本子项也越细，计算也越精确。

任何一个建设项目都可以分解为一个或几个单项工程；任何一个单项工程都是由一个或几个单位工程所组成，作为单位工程的各类建筑工程和安装工程仍然是一个比较复杂的综合实体，还需要进一步分解。就建筑工程来说，又可以按照施工顺序细分为土石方工程、砖石砌筑工程、混凝土及钢筋混凝土工程、木结构工程、楼地面工程等分部工程。分解成分部工程后，虽然每一部分都包括不同的结构和装修内容，但是从工程计价的角度来看，还需要把分部工程按照不同的施工方法、不同的构造及不同的规格，加以更为细致的分解，划分为更简单细小的部分。经过这样逐步分解到分项工程后，就可以得到基本构造要素了。找到了适当的计量单位及当时当地的单价，就可以采取一定的计价方法，进行分项分部组合汇总，计算出某工程的工程总造价。

在我国，工程造价计价的主要思路也是将建设项目细分至最基本的构成单位（如分项工程），用其工程量与相应单价相乘后汇总，即为整个建设工程造价。

工程造价计价的基本原理

$$建筑安装工程造价 = \sum(单位工程基本构造要素工程量 \times 相应单价)$$

无论是定额计价还是清单计价，公式都同样有效，只是公式中的各要素有不同的含义。

（1）对于单位工程基本构造要素（即分项工程项目），定额计价时是按工程定额划分的分项工程项目，清单计价时是指清单项目。

（2）工程量是指根据工程项目的划分和工程量计算规则，按照施工图或其他设计文件计算的分项工程实物量。工程实物量是计价的基础，不同的计价依据有不同的计算规则。

目前，工程量计算规则包括两大类：①国家标准《建设工程工程量清单计价规范》各附录中规定的计算规则；②各类工程定额规定的计算规则。

（3）工程单价是指完成单位工程基本构造要素的工程量所需要的基本费用。

①工程定额计价方法下的分项工程单价是指概、预算定额基价，通常是指工料单价，仅包括人工、材料、机械台班费用，是人工、材料、机械台班定额消耗量与其相应单价的乘积之和。用公式表示为

$$定额分项工程单价 = \sum(定额消耗量 \times 相应单价)$$

定额消耗量包括人工消耗量、各种材料消耗量、各类机械台班消耗量，消耗量的大小决定定额水平。定额水平的高低，只有在两种及两种以上的定额相比较的情况下才能区别。对于消耗相同生产要素的同一分项工程，消耗量越大，定额水平越低；反之，则越高。但是，有些工程项目（单位工程或分项工程），因为在编制定额时采用的施工方法、技术装备不同，从而使不同定额分析出来的消耗量之间没有可比性，则应以同一水平的生产要素单价分别乘以不同定额的消耗量，经比较确定。

相应单价是指生产要素单价，是某一时点上的人工、材料、机械台班单价。同一时点上的工、料、机单价的高低，反映出不同的管理水平。在同一时期内，人工、材料、机械台班单价越高，则表明该企业的管理技术水平越低；人工、材料、机械台班单价越低，则表明该企业的管理技术水平越高。

②工程量清单计价方法下的分项工程单价是指综合单价，包括人工费、材料费、机械台班费，还包括企业管理费、利润和风险因素。综合单价应该根据企业定额和相应生产要素的市场价格来确定。

2. 定额计价法与清单计价法的区别

工程量清单计价方法与工程定额计价方法相比有一些重大区别，这些区别也体现出了工程量清单计价方法的特点。

(1)两种模式的最大差别在于体现了我国建设市场发展过程中的不同定价阶段

①我国建设产品价格市场化经历了“国家定价→国家指导价→国家调控价”三个阶段。定额计价是以概预算定额、各种费用定额为基础依据，按照规定的计算程序确定工程造价的一种特殊计价方法。因此，利用工程建设定额计算工程造价就价格形成而言，介于国家定价和国家指导价之间。在工程定额计价模式下，工程价格或是直接由国家决定，或是由国家给出一定的指导性标准，承包商可以在该标准的允许幅度内实现有限竞争。例如在我国的招投标制度中，一度严格限定投标人的报价必须在限定标底的一定范围内波动，超出此范围即为废标，这一阶段的工程招标投标价格即属于国家指导性价格，体现出在国家宏观计划控制下的市场有限竞争。

②工程量清单计价模式则反映了市场定价阶段。在该阶段中，工程价格是在国家有关部门间接调控和监督下，由工程承包、发包双方根据工程市场中建筑产品供求关系变化自主确定工程价格。其价格的形成可以不受国家工程造价管理部门的直接干预，而此时的工程造价是根据市场的具体情况，有竞争形成、自发波动和自发调节的特点。

(2)两种模式的主要计价依据及其性质不同

①工程定额计价模式的主要计价依据为国家、省及有关专业部门制定的各种定额，其性质为指导性。定额的项目划分一般按施工工序分项，每个分项工程项目所含的工程内容一般是单一的。

②工程量清单计价模式的主要计价依据为“清单计价规范”，其性质是含有强制性条文的国家标准，清单的项目划分一般是按“综合实体”进行分项的，每个分项工程一般包含多项工程内容。

(3)编制工程量的主体不同

在定额计价方法中，建设工程的工程量由招标人和投标人分别按图计算，而在清单计价方法中，工程量由招标人统一计算或委托有关工程造价咨询资质单位统一计算。工程量清单是招标文件的重要组成部分，各投标人根据招标人提供的工程量清单，根据自身的技术装备、施工经验、企业成本、企业定额、管理水平自主填写单价与合价。

(4)单价与报价的组成不同

定额计价法的单价包括人工费、材料费、机械台班使用费，而清单计价方法采用综合单价形式，综合单价包括人工费、材料费、机械台班使用费、管理费、利润并考虑风险因素。工程量清单计价法的报价除包括定额计价法的报价外，还包括预留金、材料购置费和零星工作项目费等。

(5)适用阶段不同

从目前我国现状来看，工程定额主要用在项目建设前期各阶段对于建设投资的预测和估计，在工程建设交易阶段，工程定额通常只能作为建设产品价格形成的辅助依据，而工程量清单计价依据主要用于合同价格形成以及后续的合同价格管理阶段。体现出我国对于工程造价的一词两义采用了不同的管理方法。

(6)合同价格的调整方式不同

定额计价方法形成的合同价格，其主要调整方式有变更签证、定额解释、政策性调整，而工程量清单计价法在一般情况下是相对固定的，减少了在合同实施过程中的调整活口。通常情况下，如果清单项目的数量没有增减，能够保证合同价格基本没有调整，保证了其稳定性，也便于业主进行资金准备和筹划。

(7)工程量清单计价把施工措施性消耗单列，并纳入了竞争的范畴。定额计价未区分施工实体性损耗和施工措施性损耗，而工程量清单计价把施工措施与工程实体项目进行分离，这项改革的意义在于突出了施工措施费用的市场竞争性。工程量清单计价规范的工程量计算规则的编制原则一般是以工程实体的净尺寸计算，也没有包含工程量合理损耗，这一特点也就是定额计价的工程量计算规则与工程量清单计价规范的工程量计算规则的本质区别。

第二章　建设项目总造价的构成

第一节　概　　述

一、建设项目总造价的概念

建设项目总造价就是建设项目从立项开始，经可行性研究、勘察设计、建设准备、工程施工、竣工投产这一全过程所耗费的费用总和。总造价是按国家规定的计算标准、定额、计算规则、计算方法和有关政策法令预先计算出来的价格，所以也称为建设项目预算总造价，这样计算出来的价格实际上是计划价格。如果将总造价形成的全过程进行控制和管理，则建设项目造价管理就能准确地掌握和反映投入产出，控制投资、节约资金、提高投资效益，对国民经济建设起着重大作用。

二、我国现行建设项目投资构成和建设项目的工程造价构成

建设项目投资包含两部分，即固定资产投资和流动资产投资。固定资产投资与建设项目的工程造价在量上相等。工程造价的构成按工程项目建设过程中各类费用支出或花费的性质、途径等来确定通过费用划分和汇集所形成工程造价的费用分解结构。建设项目的工程造价是建设产品的价格，它的组成既要受到价值规律的制约也要受到各类市场因素的影响。我国现行建设项目的工程造价的构成是按照确定的建设内容、建设规模、建设标准、功能要求和使用要求等全部建成并验收合格交付使用所需的全部费用。根据原国家计委审定（计办投资[2002]15 号）发行的《投资项目可行性研究指南》及建设部（建标[2003]206 号）颁布的“关于印发《建筑安装工程费用项目组成》的通知”，我国现行工程造价的构成主要划分为建筑安装（建设）工程费用，设备、工器具购置费用，工程建设其他费用，预备费用，建设期贷款利息和固定资产投资方向调节税等。具体构成内容如图 1－2－1 所示。

- 建设项目总投资
  - 固定资产投资——工程造价
    - 设备及工、器具购置费用
      - 设备购置费用
        - 设备原价
        - 设备运杂费
      - 工器具及生产家具购置费
    - 建筑安装工程费
      - 直接费
      - 间接费
      - 利润
      - 税金
    - 工程建设其他费用
      - 土地使用费
      - 与建设项目有关的其他费用
      - 与未来企业生产经营有关的其他费用
    - 预备费
      - 基本预备费
      - 涨价预备费
    - 建设期贷款利息
    - 固定资产投资方向调节税
  - 流动资产投资——流动资金

图 1－2－1　建设项目总投资构成

第二节 建筑安装(建设)工程费用构成

一、概述

(一)基本概念

建设工程费是用于建设施工(如建筑工程、装饰装修工程、设备安装工程、市政工程、园林工程等部分)的工程费。在工程建设中,建设工程是一项主要的建设环节。建设工程费在建设项目投资费用中占有相当大的比重,因此国家制定了建设工程的有关定额、标准、规则、方法来计算这部分费用。

(二)建设工程费用构成内容

1. 各类房屋建筑(土建)工程和列入房屋建筑工程预算的给排水、采暖、通风、煤气等设备费用及其装饰工程的费用,列入建筑工程预算的各种管道、电力、电信和电缆导线敷设工程的费用。

2. 设备基础、支柱、工作台、烟囱、水塔、水池、灰塔等建筑工程,以及各种护窑的砌筑工程和金属结构工程的费用。

3. 为施工而进行的场地平整,工程和水文地质勘察,原有建筑物和障碍物的拆除及施工临时用水、电、气、路和完工后的场地清理,环境绿化、美化等工作的费用。

4. 矿井开凿、井巷延伸、露天矿剥离,石油、天然气钻井,修建铁路、公路、桥梁、水库、堤坝、灌渠及防洪等工程的费用。

5. 生产、动力、起重、运输、传动和医疗、实验等各种需要安装的机械设备的装配费用,与设备相连的工作台、梯子、栏杆等设施的工程费用,附属于被安装设备的管线敷设工程费用,以及被安装设备的绝缘、防腐、保温、油漆等工作的材料费和安装费。

6. 为测定安装工程质量,对单台设备进行单机试运转,对系统设备进行系统联动无负荷试运转工作的调试费。

二、我国现行建设工程费用项目组成

我国现行建设工程费用的构成主要由四部分组成:直接费、间接费、利润和税金。其具体构成如图1-2-2所示。

- 建设工程费
  - 直接费
    - 直接工程费
    - 措施费
  - 间接费
    - 规费
    - 企业管理费
  - 利润
  - 税金

图1-2-2 建设工程费用的组成

(一)直接费

建设工程直接费由直接工程费和措施费组成。

1. 直接工程费

是指施工过程中耗费的构成工程实体的各项费用,包括人工费、材料费、施工机械使用费。

(1)建设工程费中的人工费 是指直接从事建筑安装工程施工的生产工人开支的各项费用。包括基本工资、工资性补贴、生产工人辅助工资、职工福利费和生产工人劳动保护费。开支范围包括现场内水平、垂直运输的辅助工人和现场附属生产单位(非独立经济核算)的工人。但下列人员的工资不能计入人工费中,只能在相应的材料费、机械费和现场管理费中支出:①材料采购和材料保管人员;②材料到达

施工现场前的装卸工人；③驾驶施工机械和运输机械的工人；④由现场管理费支付工资的人员。

构成人工费的基本要素包括人工工日消耗量和人工日工资单价。

人工费的基本计算公式为

$$人工费 = \sum(工日消耗量 \times 日工资单价)$$

(2)建设工程费中的材料费　是指施工过程中耗费的构成工程实体的原材料、辅助材料、构配件、零件、半成品的费用和周转使用材料的摊销(或租赁)费用。包括材料原价(或供应价)、材料自来源地运至工地仓库或指定堆放地点的装卸费和运输费、材料运输损耗费、材料采购与保管费。

材料费中不包括施工机械修理与使用所需的燃料和辅助材料、检验试验和冬雨季施工所需的材料、搭设临时设施的材料。这些材料费用应列入机械费、其他直接费和临时设施费中。

构成材料费的基本要素是材料消耗量、材料基价和检验试验费。

材料费的基本计算公式为：$材料费 = \sum(材料消耗量 \times 材料基价) + \sum 检验试验费$

(3)建设工程费中的施工机械使用费　是指施工机械作业所发生的机械使用费，机械安、拆费及场外运费。包括折旧费，大修理费，经常修理费及安、拆费，场外运输费，燃料动力费，驾驶施工机械的人工费，运输机械养路费和车船使用税及保险费。

施工机械使用费中不包括材料到达工地仓库或露天堆放地点以前的装卸和运输、材料检验试验、搭设临时设施所需的机械费用。这些机械费应列入材料费、检验试验费和临时设施费中。

构成施工机械使用费的基本要素包括施工机械台班消耗量和机械台班单价。

施工机械使用费的基本计算公式为

$$施工机械使用费 = \sum(施工机械台班消耗量 \times 机械台班单价)$$

有关人工、材料、机械使用费的单价、检验试验费的具体构成和计算将在以后章节作重点阐述。

2. 措施费

是指为完成工程项目施工，发生于该工程施工前和施工过程中非工程实体项目的费用。

(1)安全文明施工措施费　是指按照国家有关规定和建筑施工安全规范、施工现场环境与卫生标准，购置施工安全防护用具、落实安全施工措施以及改善安全生产条件所需的费用。包括环境保护费、文明施工费、安全施工费、临时设施费和防护用品等费用。

①环境保护费　是指施工现场为达到环保部门要求所需要的各项费用。包括主要道路及材料场地的硬化处理，裸露的场地和集中堆放的土方采取覆盖、固化或绿化等措施，土方作业采取的防止扬尘措施，土方(渣土)和垃圾运输采取的覆盖措施，水泥和其他易飞扬的细颗粒建筑材料密闭存放或采取覆盖措施，现场混凝土搅拌场地采取的封闭降尘措施；现场设置排水沟及沉淀池所需费用，现场存放的油料和化学溶剂等物品的库房地面应做的防渗漏处理费用，食堂设置的隔离池费用，化粪池的抗渗处理费用，上下水管线设置的过滤网费用；降低噪声措施所需费用等。

环境保护费的计算方法：环境保护费 = 直接工程费 × 环境保护费费率(%)

或　　环境保护费 = (直接工程费 + 措施费 + 间接费) × 环境保护费费率(%)

②文明施工费　是指施工现场文明施工所需要的各项费用。包括“五板一图”，现场围挡的墙面美化(内外粉刷、标语等)、压顶装饰，其他临时设施的装饰装修美化措施；符合卫生要求的饮水设备、淋浴、消毒等设施，防煤气中毒、防蚊虫叮咬等措施及现场绿化费用。

文明施工费的计算方法：文明施工费 = 直接工程费 × 文明施工费费率(%)

或　　文明施工费 = (直接工程费 + 措施费 + 间接费) × 文明施工费费率(%)

③安全施工费　是指施工现场安全施工所需要的各项费用。包括“四口”(楼梯口、电梯口、通道口、预留口)的封闭、防护栏杆；高处作业悬挂安全带的悬索或其他设施，为施工机具安全防护而设置的防护棚、防护门(栏杆)，起重机、塔吊等起重设备(含井架、门架)及外用电梯的安全防护措施；施工安全防护通道的费用。

安全施工费的计算方法：安全施工费 = 直接工程费 × 安全施工费费率(%)

或　　　安全施工费 = (直接工程费 + 措施费 + 间接费) × 安全施工费费率(%)

④临时设施费　是指施工企业为进行建设工程施工所必须搭设的生活和生产用的临时建筑物、构筑物和其他临时设施费用等。

临时建筑物、构筑物:包括办公室、宿舍、食堂(制作间灶台及其周边贴瓷砖、地面的硬化和防滑处理、排风设施和冷藏设施)、厕所(水冲式或移动式、地面的硬化处理)、淋浴间、开水房、文体活动室(场地)、密闭式垃圾站(或容器)、盥洗设施、诊疗所、仓库、加工厂、搅拌站、简易水塔等。

其他临时设施:包括单栋建筑物、构筑物边缘50米范围内的临时道路(不包括场内运输的主干线道路)、供电管线、供排水管道;施工现场采用彩色、定型钢板、砖及混凝土砌块等围挡及灯箱式安全门、门卫室。

临时设施费用:包括临时设施的搭设、维修、拆除费或摊销费用。

由场外水源、电源、热源敷设到施工组织设计确定的施工场地指定地点的固定管线和施工现场必需的临时设施,如水塔、水井、发电机等设施,不包括在临时设施费内,发生时另行计算,由发包人负责并承担费用。

临时设施全部或部分由发包人提供时,承包人仍计取临时设施费,但应向发包人支付使用租金,各种库房和临时房屋租金标准由双方在合同中约定。

临时设施费的构成包括周转使用临建费、一次性使用临建费和其他临时设施费。其计算公式为

临时设施费 = (周转使用临建费 + 一次性使用临建费) × (1 + 其他临时设施所占比例)

a. 周转使用临建费的计算

$$周转使用临建费 = \sum 临建面积 \times 每平方米造价工期(天) / (使用年限 \times 365 \times 利用率) + 一次性拆除费$$

b. 一次性使用临建费的计算

$$一次性使用临建费 = \sum [临建面积 \times 每平方米造价 \times (1 - 残值率)] + 一次性拆除费$$

c. 其他临时设施在临时设施费中所占比例,可由各地区造价管理部门依据典型施工企业的成本资料经分析后综合测定。

临时设施费 = (直接工程费 + 措施费 + 间接费) × 临时设施费费率

⑤防护用品等费　配备必要的应急救援器材、设备的购置费及摊销费用,重大危险源、重大事故隐患的评估、整改、监控费用,安全生产检查与评价费用,起重设备安全监控系统费用,进行应急救援演练费用以及其他与安全生产直接相关的费用。

防护用品等费 = (直接工程费 + 措施费 + 间接费) × 防护用品等费费率

(2)夜间施工增加费　是指因夜间施工所发生的夜班补助费、夜间施工降效、夜间施工照明设备摊销及照明用电等费用。

$$夜间施工增加费 = \frac{(1 - 合同工期/定额工期) \times 直接工程费中的人工费合计}{平均日工资单价 \times 每工日夜间施工费开支}$$

或　　　夜间施工增加费 = 人工费 × 夜间施工增加费费率

(3)二次搬运费　指因施工现场狭小等特殊原因而发生的材料、成品、半成品二次搬运费用。对于施工单位现场平面布置不当造成的材料二次搬运费,由施工单位自负。二次搬运费中未包括混凝土预制构件和金属构件的二次搬运,发生时按预算定额构件运输章节相应项目另外计算。

二次搬运费 = 直接工程费(或人工费) × 二次搬运费费率

(4)工程定位复测、工程点交、场地清理费　该项费用是指工程开、竣工时的定位测量和复测,工序接转及工程验收时的点交,竣工时场内垃圾清理等费用。

工程定位复测、工程点交、场地清理费 = 直接工程费(或人工费) × 费率

(5)施工排水、降水费　是指为确保工程在正常条件下施工,采取各种排水、降水措施所发生的各种费用。

$$排水、降水费=\sum 排水降水机械台班费\times排水降水周期+排水降水使用材料费、人工费$$

(6)地上、地下设施,建筑物的临时保护设施费　指为了保护施工现场的一些成品(原有的地上、地下设施和建(构)筑物)免受其他工序的破坏,而在施工现场搭设一些临时保护设施的费用。

地上、地下设施、建筑物的临时保护设施费=直接工程费(或人工费)×相应费率

(7)已完工程及设备保护费　指竣工验收前,对已完工程及设备进行保护所需费用。

已完工程及设备保护费=成品保护所需机械费+材料费+人工费

或　已完工程及设备保护费=人工费×已完工程及设备保护费费率

(8)冬雨季施工增加费　指因冬季、雨季施工期内,为了确保工程质量,采取保温、防雨措施所增加的材料费、人工费和设施费,以及降效所增加的费用。

冬雨季施工增加费=直接工程费(或人工费)×冬雨季施工增加费的费率

(9)生产工具用具使用费　指施工生产所需的,不属于固定资产的生产工具及检验用具等购置、摊销和维修费,以及支付给工人自备工具补贴费。

生产工具用具使用费=直接工程费(或人工费)×生产工具用具使用费费率

(10)赶工施工费　指发包人要求按照合同工期提前竣工而增加的各种措施费用(包括掺入的外加剂)。

施工组织设计中应编制赶工措施方案,赶工施工费按实际发生计算。

(11)室内空气污染测试费　指按规范对室内环境质量的有关含量指标进行检测所发生的费用。

室内空气污染测试费=直接工程费(或人工费)×室内空气污染测试费费率

(12)专业措施费

①混凝土、钢筋混凝土模板及支架费　指混凝土施工过程中需要的各种钢模板、木模板、支架等的支、拆、运输费用及模板、支架的摊销(或租赁)费用。

混凝土、钢筋混凝土模板及支架费的计算方法:模板及支架分自有和租赁两种,采取不同的计算方法。

a.自有模板及支架费的计算

模板及支架费=模板摊销量×模板价格+支、拆、运输费

摊销量=一次使用量×(1+施工损耗率)×[1+(周转次数-1)×补损率]/周转次数-[(1-补损率)×50%]/周转次数

b.租赁模板及支架费的计算

脚手架租赁费=模板使用量×使用日期×租赁价格+支、拆和运输费

②脚手架费　指施工需要的各种脚手架搭、拆、运输费用及脚手架的摊销(或租赁)费用。脚手架费的计算方法:脚手架同样分自有和租赁两种,采取不同的计算方法。

a.自有脚手架费的计算

脚手架搭拆费=脚手架摊销量×脚手架价格+搭、拆、运输费

脚手架摊销量=单位一次使用量×(1-残值率)/(耐用期/一次使用期)

b.租赁脚手架费的计算

脚手架租赁费=脚手架每日租金×搭设周期+搭、拆和运输费

③大型机械设备进出场及安、拆费　指机械整体或分体自停放场地运至施工现场或由一个施工地点运至另一个施工地点所发生的机械进出场运输、转移费用及机械在施工现场进行安装、拆卸所需的人工费、材料费、机械费、试运转费和安装所需的辅助设施的费用。

大型机械进出场及安、拆费用=(一次进出场及安拆费×年平均安拆次数)/年工作台班

(二)间接费

建设工程间接费是指虽不直接由施工的工艺过程所引起但却与工程的总体条件有关的,建筑安装企业为组织施工和进行经营管理,以及间接为建筑安装生产服务的各项费用。

1. 间接费的组成

按现行规定,建筑安装工程间接费由规费和企业管理费组成。

(1)规费是指政府和有关权利部门规定必须缴纳的费用。包括以下几个方面:

①工程排污费　指施工现场按规定缴纳的工程排污费。

②社会保障费　包括:a. 养老保险费(指企业按规定标准为职工缴纳的基本养老保险费);b. 失业保险费(指企业按照国家规定标准为职工缴纳的失业保险费);c. 医疗保险费(指企业按照规定标准为职工缴纳的基本医疗保险费);d. 工伤保险费(指企业按照规定标准为职工缴纳的工伤保险费);e. 生育保险费(指企业按照规定标准为职工缴纳的生育保险费)。

③住房公积金　指企业按规定标准为职工缴纳的住房公积金。

④危险作业意外伤害保险　指按照建筑法规定企业为从事危险作业的建筑安装施工人员支付的意外伤害保险费。

(2)企业管理费　指建筑安装等施工企业组织施工生产和经营管理所需费用,包括:

①管理人员工资　指管理人员的基本工资、工资性补贴及按规定标准计提的职工福利费。管理人员是指施工企业从事非生产性经营活动的工作人员。

②差旅交通费　指企业职工因公出差或工作调动的差旅费、住勤补助费、市内交通费及误餐补助费、职工探亲路费、劳动力招募费、职工离退休一次性路费、工伤人员就医路费、工地转移费及管理部门使用的交通工具油料、燃料、牌照、养路费及牌照税等。

③办公费　指企业管理办公用的文具、纸张、账表、印刷、邮电、书报、会议及水、电、燃煤(气)、通信和集体取暖用燃料的费用。

④固定资产使用费　指管理和实验部门及附属于生产单位使用的固定资产的房屋、设备、仪器等的折旧、大修、维修或租赁费用。

⑤工具用具使用费　指企业管理使用的不属于固定资产的工具、器具、家具、通信工具、交通工具和检验、试验、测绘用具等的购置、维修和摊销费。

⑥工会经费　指企业按职工工资总额计提的工会经费。

⑦职工教育经费　指企业为职工学习先进技术和提高文化水平,按职工工资总额计提的费用。

⑧劳动保险费　指支付离退休职工的异地安家补助费、职工退职金及六个月以上的病假人员工资、职工死亡丧葬补助费、抚恤金、按规定支付给离退休干部的各项费用。

⑨财产保险费　是指施工用财产、车辆保险费用。

⑩财务费用　指企业为筹集资金而发生的各项费用,包括企业经营期间发生的短期贷款利息净支出、汇兑净损失、调剂外汇手续费、金融机构手续费,以及企业筹集资金发生的其他财务费用。

⑪房产税等税金　指企业按规定交纳的房产税、车船使用税、土地使用税、印花税等。

⑫其他管理费　包括技术转让费、技术开发费、业务招待费、绿化费、广告费、公证费、法律顾问费、审计费及咨询费、防洪保安费、政府价格调节基金等。

2. 间接费的计算方法

间接费的计算方法按取费基数的不同分为三种。

(1)以直接费为计算基础

$$间接费 = 直接费合计 \times 间接费费率$$

(2)以人工费和机械费合计为计算基础

$$间接费 = 直接费中的人工费和机械费合计 \times 间接费费率$$

(3)以人工费为计算基础

$$间接费 = 直接费中的人工费合计 \times 间接费费率$$

$$间接费费率 = 规费费率 + 企业管理费费率$$

(三)利润及税金

建设工程费用中的利润及税金是建筑安装等施工企业职工为社会劳动所创造的那部分价值在建设

工程造价中的体现。

1. 利润

指施工企业完成所承包工程获得的赢利。利润的计算同样因计算基础的不同而不同。

(1)以直接费为计算基础时利润的计算方法

利润 =(直接费 + 间接费)× 相应利润率

(2)以人工费和机械费为计算基础时利润的计算方法

利润 = 直接费中的人工费和机械费合计 × 相应利润率

(3)以人工费为计算基础时利润的计算方法

利润 = 直接费中的人工费合计 × 相应利润率

在建设产品的市场定价过程中,应根据市场的竞争状况适当确定利润水平。取定的利润水平过高可能会导致丧失一定的市场机会,取定的利润水平过低又会面临很大的市场风险,相对于相对固定的成本水平来说,利润率的选定体现了企业的定价政策,利润率的确定是否合理也反映出企业的市场成熟度。

2. 建设工程税金

指国家税法规定的应计入建筑安装工程费用的营业税、城市建设维护税及教育费附加。是国家为了实现其职能,凭借国家权力,向纳税人征收的作为财政收入的一部分货币,也是国家参与国民收入分配与再分配的一种形式。按国家税法规定,税金应计入建设工程造价内。

(1)营业税　是指国家依据税法,对工商赢利单位或个人,就其商品销售收入和服务性业务征收的一种税,其中建筑安装企业营业税税率为3%。计算公式为

应纳营业税 = 营业额 × 3%

营业额　指从事建筑、安装、修缮、装饰及其他工程作业收取的全部收入,还包括建筑、修缮、装饰工程所用原材料及其他物资和动力的价款。当安装的设备的价值作为安装工程产值时,亦包括所安装设备的价款。但建筑安装等工程总承包方将工程分包或转包给他人的,其营业额中不包括付给分包或转包方的价款。

(2)城市建设维护税　是为筹集城市建设和维护资金,稳定和扩大城市、乡镇建设维护的资金来源,是按营业税实交税额的一定比例计算征收专用于城市维护建设的一种税。凡缴纳营业税的单位和个人,都是城市维护建设税的纳税义务人。城市建设维护税是按应纳营业税额乘以适用税率确定,计算公式为

城市建设维护税 = 应纳营业税额 × 适用税率

城市建设维护税的纳税人所在地为市区的,其适用税率为营业税的7%;所在地为县城、镇的,其适用税率为营业税的5%;所在地为农村的,其适用税率为营业税的1%。

(3)教育费附加　是按实交营业税的一定比例,计算征收的一种专用于改善中小学办学条件的附加税。是按应纳营业税额乘以3%确定,计算公式为

教育费附加 = 应纳营业税额 × 3%

建设企业的教育费附加要与其营业税同时缴纳。即使办有职工子弟学校的建筑安装企业,也应当先缴纳教育费附加,教育部门可根据企业的办学情况,酌情返还给办学单位,作为对办学经费的补助。

(4)税金的综合计算　在税金的实际计算过程中,通常是三种税金一并计算,由于在计算税金时,往往已知条件是税前造价,因此税金的计算公式可以表达为

税金 =(直接费 + 间接费 + 利润)× 税率

综合税率的计算因企业所在地的不同而不同。

①纳税地点在市区的企业综合税率的计算

$$税率(\%) = 1/[1 - 3\% - (3\% \times 7\%) - (3\% \times 3\%)] - 1$$

②纳税地点在县城、镇的企业综合税率的计算

$$税率(\%) = 1/[1 - 3\% - (3\% \times 5\%) - (3\% \times 3\%)] - 1$$

③纳税地点不在市区、县城、镇的企业综合税率的计算

$$税率(\%) = 1/[1 - 3\% - (3\% \times 1\%) - (3\% \times 3\%)] - 1$$

建设工程费的计算,我国各地市根据上述组成内容仍按地方规定计算。

第三节 设备、工器具购置费用

设备、工器具购置费用是由购置建设工程项目所要求的用于生产或服务于生产、办公和生活的各种设备、工具、器具、生产家具等的费用所组成。它是固定资产投资中重要组成部分,在生产性工程建设中设备及工器具购置费用占工程造价比重的增大意味着生产技术的进步和资本有机构成的提高。

一、设备及工器具购置费的构成及计算

设备购置费是指为建设项目购置或自制的达到固定资产标准的各种国产或进口设备、工具、器具的购置费用。它由设备原价和设备运杂费构成。

设备原价指国产设备或进口设备的原价;设备运杂费指除设备原价之外的关于设备采购、运输、途中包装及仓库保管等方面支出费用的总和。

(一)国内设备原价的构成及计算

1. 国产标准设备原价

国产标准设备是指按照主管部门颁布的标准图纸和技术要求,由我国设备生产厂批量生产的,符合国家质量检测标准的设备。国产标准设备原价一般指的是设备制造厂的交货价,即出厂价。设备的出厂价有带有备件的出厂价和不带备件的出厂价。在计算设备原价时,一般采用带备件的出厂价计算。设备由设备成套公司供应,则应以订货合同为设备原价。它一般根据生产供应商的询价、报价、合同价确定,或采用一定的方法计算确定。

2. 国产非标准设备原价

国产非标准设备是指国家尚无定型标准,各设备生产厂不可能在工艺过程中采用批量生产,只能按一次订货,并根据具体的设计图纸制造的设备。非标准设备原价有多种不同的计算方法,如成本计算估价法、系列设备插入估价法、分部组合估价法、定额估价法等。但无论采用哪种方法都应该使非标准设备计价接近实际出厂价,并且计算方法要简便。按成本计算估价法,非标准设备的原价由以下各项组成。

(1)材料费 计算公式如下:

材料费 = 材料净重 ×(1 + 加工损耗系数)× 每吨材料综合价

(2)加工费 包括生产工人工资和工资附加费、燃料动力费、设备折旧费、车间经费等。其计算公式如下:

加工费 = 设备总质量(吨)× 设备每吨加工费

(3)辅助材料费(简称辅材费) 包括焊条、焊丝、氧气、氩气、氮气、油漆、电石等费用。其计算公式如下:

辅助材料费 = 设备总质量 × 辅助材料费指标

(4)专用工具费 按(1)~(3)项之和乘以一定百分比计算。

(5)废品损失费 按(1)~(4)项之和乘以一定百分比计算。

(6)外购配套件费 按设备设计图纸所列的外购配套件的名称、型号、规格、数量、质量,根据相应的价格加运杂费计算。

(7)包装费 按以上(1)~(6)项之和乘以一定百分比计算。

(8)利润 可按(1)~(5)项加第(7)项之和乘以一定利润率计算。

(9)税金 主要指增值税。其计算公式如下:

增值税 = 当期销项税额 - 进项税额

当期销项税额 = 销售额 × 适用增值税率 (销售额为(1)~(8)项之和)

(10)非标准设备设计费 按国家规定的设计费收费标准计算。

综上所述,单台非标准设备原价可用下面的公式表达:

单台非标准设备原价 = {[(材料费 + 加工费 + 辅助材料费) × (1 + 专用工具费率) × (1 + 废品损失费率) + 外购配套件费] × (1 + 包装费率) − 外购配套件费} × (1 + 利润率) + 销项税金 + 非标准设备设计费 + 外购配套件费

【例1-2-1】 某工厂采购一台国产非标准设备，制造厂生产该台设备所用材料费20万元，加工费2万元，辅助材料费4 000元，专用工具费率1.5%，废品损失费率10%，外购配套件费5万元，包装费率1%，利润率为7%，增值税率为17%，非标准设备设计费2万元，求该国产非标准设备的原价。

解 专用工具费 = (20 + 2 + 0.4) × 1.5% = 0.336万元

废品损失费 = (20 + 2 + 0.4 + 0.336) × 10% = 2.274万元

包装费 = (22.4 + 0.336 + 2.274 + 5) × 1% = 0.300万元

利润 = (22.4 + 0.336 + 2.274 + 0.3) × 7% = 1.772万元

销项税金 = (22.4 + 0.336 + 2.274 + 5 + 0.3 + 1.772) × 17% = 5.454万元

该国产非标准设备的原价 = 22.4 + 0.336 + 2.274 + 0.3 + 1.772 + 5.454 + 2 + 5 = 39.536万元

(二)进口设备原价的构成及计算

进口设备的原价是指进口设备的抵岸价，即抵达买方边境港口或边境车站，且交完关税等税费后形成的价格。进口设备抵岸价的构成与进口设备的交货类别有关。

1. 进口设备的交货类别

进口设备的交货类别可分为内陆交货类、目的地交货类、装运港交货类。

(1)内陆交货类 即卖方在出口国内陆的某个地点交货。在交货地点，卖方及时提交合同规定的货物和有关凭证，并负担交货前的一切费用和风险；买方按时接受货物，交付货款，负担接货后的一切费用和风险，并自行办理出口手续和装运出口。货物的所有权也在交货后由卖方转移给买方。

(2)目的地交货类 即卖方在进口国的港口或内地交货，在目的港船上交货、目的港船边交货价(FOS)和目的港码头交货价(关税已付)及完税后交货价(进口国的指定地点)等几种交货价。它们的特点是买卖双方承担的责任、费用和风险是以目的地约定交货点为分界线，只有当卖方在交货点将货物置于买方控制下才算交货，才能向买方收取货款。这种交货类别对卖方来说承担的风险较大，在国际贸易中卖方一般不愿采用。

(3)装运港交货类 即卖方在出口国装运港交货，主要有装运港船上交货价(FOB)，习惯称离岸价格；运费在内价(CFR)和运费、保险费在内价(CIF)习惯称到岸价格。它们的特点是卖方按照约定的时间在装运港交货，只要卖方把合同规定的货物装船后提供货运单据便完成交货任务，可凭单据收回货款。装运港船上交货价是我国进口设备采用最多的一种货价。采用船上交货价时卖方的责任是在规定的期限内负责在合同规定的装运港口将货物装上买方指定的船只并及时通知买方；负担货物装船前的一切费用和风险，负责办理出口手续；提供出口国政府或有关方面签发的证件；负责提供有关装运单据。买方的责任是负责租船或订舱支付运费，并将船期、船名通知卖方；负担货物装船后的一切费用和风险；负责办理保险及支付保险费，办理在目的港的进口和收货手续；接受卖方提供的有关装运单据，并按合同规定支付货款。

2. 进口设备抵岸价的构成及计算

进口设备采用最多的是装运港船上交货价，其抵岸价的构成可概括为

进口设备抵岸价 = 货价 + 国际运费 + 运输保险费 + 银行财务费 + 外贸手续费 + 关税 + 增值税 + 消费税费 + 海关监管手续费 + 车辆购置附加费

(1)货价 一般指装运港船上交货价。设备货价分为原币货价和人民币货价。原币货价一律折算为美元表示，人民币货价按原币货价乘以外汇市场美元兑换人民币中间价确定。进口设备货价按有关生产厂商询价、报价、订货合同价计算。

(2)国际运费 即从装运港(站)到达我国抵达港(站)的运费。我国进口设备大部分采用海洋运输，小部分采用铁路运输，个别采用航空运输。进口设备国际运费计算公式为

国际运费(海、陆、空) = 原币货价 × 运费率

国际运费(海、陆、空)=运量×单位运价

其中,运费率或单位运价参照有关部门或进出口公司的规定执行。

(3)运输保险费　对外贸易货物运输保险是由保险人(保险公司)与被保险人(出口人或进口人)订立保险契约,在被保险人交付议定的保险费后,保险人根据保险契约规定对货物在运输过程中发生的承保责任范围内的损失给予经济上的补偿。这是一种财产保险。计算公式为

运输保险费=[(原币货价+国外运费)/(1-保险费率)]×保险费率

其中,保险费率按保险公司规定的进口货物保险费率计算。

(4)银行财务费　一般是指中国银行手续费,可按下式简化计算

银行财务费=人民币货价×银行财务费率

(5)外贸手续费　指按对外经济贸易部规定的外贸手续费率计取的费用,外贸手续费率一般取1.5%。计算公式为

外贸手续费=(装运港船上交货价+国际运费+运输保险费)×外贸手续费率

(6)关税　由海关对进出国境或关境的货物和物品征收的一种税。计算公式为

关税=到岸价格×进口关税税率

其中,到岸价格包括离岸价格、国际运费、运输保险费,它作为关税完税价格。进口关税税率分为优惠和普通两种。优惠税率适用于与我国签订关税互惠条款的贸易条约或协定的国家的进口设备;普通税率适用于与我国未签订关税互惠条款的贸易条约或协定的国家的进口设备。进口关税税率按我国海关总署发布的进口关税税率计算。

(7)增值税　是对从事进口贸易的单位和个人,在进口商品报关进口后征收的税种。我国增值税条例规定,进口应税产品均按组成计税价格和增值税税率直接计算应纳税额。

即　　进口产品增值税额=组成计税价格×增值税税率

组成计税价格=关税完税价格+关税+消费税

增值税税率根据规定的税率计算。

(8)消费税　对部分进口设备(如轿车、摩托车等)征收。计算公式为

应纳消费税额=[(到岸价+关税)/(1-消费税税率)]×消费税税率

其中,消费税税率根据规定的税率计算。

(9)海关监管手续费　指海关对进口减税、免税、保税货物实施监督、管理、提供服务的手续费。对于全额征收进口关税的货物不计本项费用。其公式如下:

海关监管手续费=到岸价×海关监管手续费率(一般为0.3%)

(10)车辆购置附加费　进口车辆需缴进口车辆购置附加费。计算公式为

进口车辆购置附加费=(到岸价+关税+消费税+增值税)×进口车辆购置附加费率

【例1-2-2】　某项目进口一批工艺设备,其银行财务费为4.25万元,外贸手续费为18.9万元,关税税率为20%,增值税税率为17%,抵岸价为1 792.19万元。该批设备无消费税、海关监管手续费,则该批进口设备的到岸价格为

(1 792.19-4.25-18.9)×(1+17%)×(1+20%)=1 260万元

(三)设备运杂费的构成及计算

1.设备运杂费的构成

(1)运费和装卸费　国产设备由设备制造厂交货地点起至工地仓库(或施工组织设计指定的需要安装设备的堆放地点)止所发生的运费和装卸费;进口设备则由我国到岸港口或边境车站起至工地仓库(或施工组织设计指定的需安装设备的堆放地点)止所发生的运费和装卸费。

(2)包装费　在设备原价中没有包含的,为运输而进行的包装支出的各种费用。

(3)设备供销部门的手续费　按有关部门规定的统一费率计算。

(4)采购与仓库保管费　指采购、验收、保管和收发设备所发生的各种费用,包括设备采购人员、保管人员和管理人员的工资、工资附加费、办公费、差旅交通费,设备供应部门办公和仓库所占固定资产使

用费、工具用具使用费、劳动保护费、检验试验费等。这些费用可按主管部门规定的采购与保管费费率计算。

2. 设备运杂费的计算

设备运杂费按设备原价乘以设备运杂费率计算。计算公式为

设备运杂费 = 设备原价 × 设备运杂费率

其中,设备运杂费率按各部门及省、市等的规定计取。

二、工具、器具及生产家具购置费的构成及计算

工具、器具及生产家具购置费,是指新建或扩建项目初步设计规定的,保证初期正常生产必须购置的没有达到固定资产标准的设备、仪器、工卡模具、器具、生产家具和备品备件等的购置费用。一般以设备购置费为计算基数,按照部门或行业规定的工具、器具及生产家具费率计算。计算公式为

工具、器具及生产家具购置费 = 设备购置费 × 定额费率

【例 1-2-3】 某公司拟从国外进口一套机电设备,质量 1 500 吨,装运港船上交货价为 400 万美元。其他有关费用参数为:国际运费标准为 360 美元/吨;海上运输保险费率为 0.266%;中国银行费率为 0.5%;外贸手续费率为 1.5%;关税税率为 22%;增值税的税率为 17%;美元的银行牌价为 8.27 元人民币,国内运杂费率为 2.5%。现对该套设备进行估价。

解 根据上述各项费用的计算公式,则有:

设备货价 = 400 × 8.27 = 3 308 万元

海上运费 = 360 × 1 500 × 8.27 = 446.6 万元

海上运输保险费 = (3 308 + 446.6) × 0.266% = 10 万元

关税 = (3 308 + 446.6 + 10) × 22% = 828.2 万元

增值税 = (3 308 + 446.6 + 10 + 828.2) × 17% = 780.8 万元

财务费 = 3 308 × 0.5% = 16.5 万元

外贸手续费 = (3 308 + 446.6 + 10) × 1.5% = 56.5 万元

进口设备原价 = 3 308 + 446.6 + 10 + 828.2 + 780.8 + 16.5 + 56.5 = 5 446.6 万元

设备估价 = 5 446.6 × (1 + 2.5%) = 5 582.8 万元

第四节 工程建设其他费用

一、概述

(一)基本概念

工程建设其他费用是指从工程筹建起到工程竣工验收交付使用为止的整个建设期间,除建筑安装工程费用和设备、工器具购置费用之外的,为保证工程建设顺利完成和交付使用后能够正常发挥效用而发生的各项费用总和。

(二)工程建设其他费分类

工程建设其他费用按其不同性质和用途,可分为生产准备费和城市建设费两项。

1. 生产准备费

生产准备费是指工程建设的前期准备和工程项目建成投产后试生产阶段的费用项目,包括:(1)土地征购费;(2)建设场地各种障碍物拆迁和处理费;(3)拆迁安置费;(4)建设场地"三通一平"费;(5)建设单位管理费;(6)生产职工培训费;(7)新建单位办公和生活用具购置费;(8)联合试车运转费;(9)工器具及生产用具购置费;(10)交通工具购置费;(11)勘察设计费;(12)研究试验费;(13)工程招标管理费;(14)招标标底编制费,合同预算审查费;(15)工程质量监督费或施工监理费;(16)工程总承包费;(17)工程施工执照费;(18)建设场地竣工清理费;(19)竣工图测量、绘制费。

2. 城市建设费

城市建设费是建设工程在筹建中，由筹建机构直接向有关部门支付的各项费用，因为用于市政建设，所以也称为“市政基础设施建设费”。这项费用各地征收的内容和计算方法差异较大，一般包括下列费用：(1)“四源”建设费，指自来水厂、煤气厂、供热站及污水处理厂的建设费用；(2)市政支管线分摊费，指建设工程所在地区尚无市政支线而需建设市政支线所分摊的费用；(3)电贴费，是各级电压用户承担外部供电工程(35 kV 以下)的新建、扩建和改建工程费用的总称；(4)厂区、场地绿化费。

工程建设其他费用按其内容可分为三类：第一类与指土地使用有关的费用；第二类指与工程建设有关的其他费用；第三类指与未来企业生产经营有关的其他费用。

工程建设其他费按资产属性分为固定资产其他费用、无形资产费用、其他资产费用。

二、固定资产其他费用

(一)建设管理费

建设管理费是指建设项目从立项至竣工验收交付使用建设全过程管理所需费用，内容包括建设单位经费和建设单位开办费。

1. 建设管理费的内容

(1)建设单位管理费　包括工作人员的基本工资、工资性补贴、职工福利费、劳动保护费、养老保险费、医疗保险费、失业保险费、住房公积金、工伤保险费、办公费、差旅交通费、工会经费、职工教育经费、固定资产使用费、工具用具使用费、技术图书资料费、生产人员招募费、工程招标费、合同契约公证费、工程质量监督检测费、工程咨询费、法律顾问费、审计费、业务招待费、排污费、竣工交付使用清理及竣工验收费、评估等费用。不包括应计入设备、材料预算价格的建设单位采购及保管设备材料所需的费用，还有为保证筹建和建设工作正常进行所需办公设备、生活家具、用具、交通工具等购置费用。

(2)工程监理费　是指建设单位委托工程监理单位对工程实施监理工作所需费用。

2. 建设管理费的计算

其取费有以下两种方法：

(1) 建设单位管理费　按照单项工程费用之和(包括设备、工器具购置费和建筑安装工程费)乘以建设单位管理费率计算。建设单位管理费率按照建设项目的不同性质、不同规模确定。计算公式为

$$\text{建设单位管理费} = \text{工程费用} \times \text{建设单位管理费率}$$

$$\text{工程费用} = \text{建筑安装工程费用} + \text{设备、工器具购置费用}$$

(2)工程监理费　参照国家发改委、建设部联合发布的《建设工程监理与相关服务收费管理规定》(发改价格[2007]670 号)计算，依法必须实行监理的建设工程施工阶段的监理收费实行政府指导价；其他建设工程施工阶段的监理收费和其他阶段的监理与相关服务收费实行市场调节价。

(二)建设用地费

建设项目要取得其所需土地，必须支付土地征用及迁移补偿费或土地使用权出让金。任何一个建设项目都固定于一定地点与地面相连接，必须占用一定量的土地，也就必然要发生为获得建设用地而支付的费用，这就是土地使用费。它是指通过划拨方式取得土地使用权而支付的土地征用及迁移补偿费，或者通过土地使用权出让方式取得土地使用权而支付的土地使用权出让金。

1. 土地征用及迁移补偿费

土地征用及迁移补偿费是指建设项目通过划拨方式取得无限期的土地使用权，依照《中华人民共和国土地管理法》等规定所支付的费用。其总和一般不得超过被征土地年产值的 30 倍，土地年产值则按该地被征用前 3 年的平均产量和国家规定的价格计算。其内容包括：

(1)土地补偿费　是征用耕地(包括菜地)的补偿标准，按政府规定，为该耕地被征用前三年平均年产值的 6 ~ 10 倍，具体补偿标准由省、自治区、直辖市人民政府在此范围内制定。征用园地、鱼塘、藕塘、苇塘、宅基地、林地、牧场、草原等的补偿标准，由省、自治区、直辖市参照征用耕地的土地补偿费制定。征收无收益的土地，不予补偿。土地补偿费归农村集体经济组织所有。

(2)青苗补偿费和被征用土地上的房屋、水井、树木等附着物补偿费 这些补偿费的标准由省、自治区、直辖市人民政府制定。征用城市郊区的菜地时,还应按照有关规定向国家缴纳新菜地开发建设基金。地上附着物及青苗补偿费归地上附着物及青苗的所有者所有。

(3)安置补助费 征用耕地、菜地的,其安置补助费按照需要安置的农业人口数计算。每一个需要安置的农业人口的安置补助费标准,为该耕地被征用前三年平均年产值的4~6倍。但是,每公顷被征用耕地的安置补助费,最高不得超过被征用前三年平均年产值的15倍。征用土地的安置补助费必须专款专用,不得挪作他用。需要安置的人员由农村集体经济组织安置的,安置补助费支付给农村集体经济组织,由农村集体经济组织管理和使用;由其他单位安置的,安置补助费支付给安置单位;不需要统一安置的,安置补助费发放给被安置人员个人或者征得被安置人员同意后用于支付被安置人员的保险费用。市、县和乡(镇)人民政府应当加强对安置补助费使用情况的监督。

(4)缴纳的耕地占用税或城镇土地使用税、土地登记费及征地管理费等 县市土地管理机关从征地费中提取土地管理费的比例,要按征地工作量大小,视不同情况,在1% ~ 4%幅度内提取。

(5)征地动迁费 包括征用土地上的房屋及附属构筑物、城市公共设施等拆除、迁建补偿费、搬迁运输费,企业单位因搬迁造成的减产、停工损失补贴费,拆迁管理费等。

(6)水利水电工程水库淹没处理补偿费 包括农村移民安置迁建费,城市迁建补偿费,库区工矿企业、交通、电力、通信、广播、管网、水利等的恢复、迁建补偿费,库底清理费,防护工程费,环境影响补偿费用等。

2. 土地使用权出让金

土地使用权出让金是指建设项目通过土地使用权出让方式,取得有限期的土地使用权,依照《中华人民共和国城镇国有土地使用权出让和转让暂行条例》规定支付的土地使用权出让金。

(1)明确国家是城市土地的唯一所有者,并分层次、有偿、有限期地出让、转让城市土地。第一层次是城市政府将国有土地使用权出让给用地者,该层次由城市政府垄断经营。出让对象可以是有法人资格的企事业单位,也可以是外商。第二层次及以下层次的转让则发生在使用者之间。

(2)城市土地的出让和转让可采用协议、招标、公开拍卖等方式。

①协议方式是由用地单位申请,经市政府批准同意后双方洽谈具体地块及地价。该方式适用于市政工程,公益事业用地以及需要减免地价的机关、部队用地和需要重点扶持、优先发展的产业用地。

②招标方式是在规定的期限内,由用地单位以书面形式投标,市政府根据投标报价所提供的规划方案以及企业信誉综合考虑,择优而取。该方式适用于一般工程建设用地。

③公开拍卖是指在指定的地点和时间,由申请用地者叫价应价,价高者得。这完全是由市场竞争决定适用于赢利高的行业用地。

(3)在有偿出让和转让土地时政府对地价不作统一规定但应坚持以下原则:

①地价对目前的投资环境不产生大的影响。

②地价与当地的社会经济承受能力相适应。

③地价要考虑已投入的土地开发费用、土地市场供求关系、土地用途和使用年限。

(4)关于政府有偿出让土地使用权的年限,各地可根据时间、区位等各种条件做出不同的规定。根据《中华人民共和国城镇国有土地使用权出让和转让暂行条例》,土地使用权出让最高年限按下列用途确定:

①居住用地70年。

②工业用地50年。

③教育、科技、文化、卫生、体育用地50年。

④商业、旅游、娱乐用地40年。

⑤综合或者其他用地50年。

(5)土地有偿出让和转让,土地使用者和所有者要签约,明确使用者对土地享有的权利和对土地所有者应承担的义务。

①有偿出让和转让使用权,要向土地受让者征收契税。

②转让土地如有增值,要向转让者征收土地增值税。

③在土地转让期间,国家要区别不同地段、不同用途向土地使用者收取土地占用费。

【例 1-2-4】 某企业为了某一工程建设项目,需要征用耕地 100 亩,被征用前第一年平均每亩产值 1 200 元,征用前第二年平均每亩产值 1 100 元,征用前第三年平均每亩产值 1 000 元,该单位人均耕地 2.5 亩,地上附着物共有树木3 000 棵,按照 20 元/棵补偿,青苗补偿按照 100 元/亩计取,现试对该土地费用进行估价。

解 根据国家有关规定,取被征用前三年平均产值的 8 倍计算土地补偿费,则有:

土地补偿费 = (1 200 + 1 100 + 1 000) × 100 × 8/3 = 88 万元

取该耕地被征用前三年平均产值的 5 倍计算安置补助费,则:

需要安置的农业人口数 = 100/2.5 = 40 人

人均安置补助费 = (1 200 + 1 100 + 1 000)/3 × 2.5 × 5 = 1.38 万元

安置补助费 = 1.38 × 40 = 55.2 万元

地上附着物补偿费 = 3000 × 20 = 6 万元

青苗补偿费 = 100 × 100 = 1 万元

该土地费用估价 = 88 + 55.2 + 6 + 1 = 150.2 万元

【例 1-2-5】 某建设单位准备以有偿的方式取得某城区一宗土地的使用权,该宗土地占地面积 15 000 平方米,土地使用权出让金标准为 4 000 元/平方米。根据调查,目前该区域尚有平房住户 60 户,建筑面积总计 3 500 平方米,试对该土地费用进行估价。

解 土地使用权出让金 = 4 000 × 15 000 = 6 000 万元

以同类地区征地拆迁补偿费作为参照,估计单价为 1 200 元/平方米

则该土地拆迁补偿费用 = 1 200 × 3 500 = 420 万元

则该土地费用 = 6 000 + 420 = 6 420 万元

(三)可行性研究费

可行性研究费是指在建设项目前期工作中,编制和评估项目建议书(或预可行性研究报告)、可行性研究报告所需的费用。此项费用应依据前期研究委托合同计列,或参照《国家计委关于印发〈建设项目前期工作咨询收费暂行规定〉的通知》(计投资[1999]1283 号)规定计算。

(四)研究试验费

研究试验费是指为建设项目提供和验证设计参数、数据、资料等所进行的必要的试验费用以及设计规定在施工中必须进行试验、验证所需费用。包括自行或委托其他部门研究试验所需人工费、材料费、试验设备及仪器使用费等。这项费用按照设计单位根据本工程项目的需要提出的研究试验内容和要求计算。在计算时要注意不应包括以下项目:

(1)应由科技三项费用(即新产品试制费、中间试验费和重要科学研究补助费)开支的项目。

(2)应在建筑安装费用中列支的施工企业对建筑材料、构件和建筑物进行一般鉴定、检查所发生的费用及技术革新的研究试验费。

(3)应由勘察设计费或工程费用中开支的项目。

(五)勘察设计费

勘察设计费是指委托勘察设计单位进行工程水文地质勘察、工程设计所发生的各项费用。包括工程勘察费、初步设计费(基础设计费)、施工图设计费(详细设计费)、设计模型制作费。此项费用应按《关于发布〈工程勘察设计收费管理规定〉的通知》(计价格[2002]10 号)的规定计算。

(六)环境影响评价费

环境影响评价费是指按照《中华人民共和国环境保护法》《中华人民共和国环境影响评价法》等规定,为全面、详细评价本建设项目对环境可能产生的污染或造成的重大影响所需的费用。包括编制环境影响报告书(含大纲)、环境影响报告表以及对环境影响报告书(含大纲)、环境影响报告表进行评估等所

需的费用。此项费用可参照《关于规范环境影响咨询收费有关问题的通知》(计价格[2002]125号)规定计算。

(七)劳动安全卫生评价费

劳动安全卫生评价费是指按照劳动部《建设项目(工程)劳动安全卫生监察规定》和《建设项目(工程)劳动安全卫生预评价管理办法》的规定,为预测和分析建设项目存在的职业危险、危害因素的种类和危险危害程度,并提出先进、科学、合理、可行的劳动安全卫生技术和管理对策所需的费用。包括编制建设项目劳动安全卫生预评价大纲、劳动安全卫生预评价报告书以及为编制上述文件所进行的工程分析和环境现状调查等所需费用。必须进行劳动安全卫生评价的项目包括:

(1)属于《国家计划委员会、国家基本建设委员会、财政部关于基本建设项目和大中型划分标准的规定》中规定的大中型建设项目。

(2)属于《建筑设计防火规范》(GB 50016—2006)中规定的火灾危险性生产类别为甲类的建设项目。

(3)属于劳动部颁布的《爆炸危险场所安全规定》中规定的爆炸性危险场所等级为特别危险场所的建设项目。

(4)大量生产或使用《职业性接触毒物危害程度分级》(GB 5044—85)规定的Ⅰ级、Ⅱ级危害程度的职业性接触毒物的建设项目。

(5)大量生产或使用石棉粉料或含有10%以上的游离二氧化硅粉料的建设项目。

(6)其他由劳动行政部门确认的危险、危害因素大的建设项目。

(八)场地准备及临时设施费

1. 场地准备及临时设施费的内容

(1)建设项目场地准备费　是指建设项目为达到工程开工条件而进行的场地平整和对建设场地余留的有碍于施工建设的设施进行拆除清理的费用。

(2)建设单位临时设施费　是指为满足施工建设需要而供到场地界区的、未列入工程费用的临时水、电、路、气、通信等其他工程费用和建设单位的现场临时建(构)筑物的搭设、维修、拆除、摊销或建设期间租赁费用,以及施工期间专用公路或桥梁的加固、养护、维修等费用。

2. 场地准备及临时设施费的计算

(1)场地准备及临时设施应尽量与永久性工程统一考虑。建设场地的大型土石方工程应进入工程费用中的总土方运输费用中。

(2)新建项目的场地准备和临时设施费应根据实际工程量估算,或按工程费用的比例计算。扩建改建项目一般只计拆除清理费。

$$场地准备和临时设施费 = 工程费用 \times 费率 + 拆除清理费$$

(3)发生拆除清理费时可按新建同类工程造价或主材费、设备费的比例计算。凡可回收的材料的拆除工程采用以料抵工方式冲抵拆除清理费。

(4)此项费用不包括已列入建筑安装费用中的施工单位临时设施费。

(九)引进技术和引进设备其他费

(1)引进项目图纸资料翻译复制费、备品备件测绘费　可根据引进项目的具体情况列或按引进货价(FOB)的比例估列;引进项目发生备品备件测绘费时按具体情况估列。

(2)出国人员费用　包括买方人员出国设计联络、出国考察、联合设计、监造、培训等所发生的旅费、生活费等。依据合同或协议规定的出国人次、期限以及相应的费用标准计算。生活费按照财政部、外交部规定的现行标准计算,旅费按中国民航公布的票价计算。

(3)来华人员费用　包括卖方来华工程技术人员的现场办公费用、往返现场交通费用、接待费用等。依据引进合同或协议有关条款及来华技术人员派遣计划进行计算,来华人员接待费用可按每人次费用指标计算,引进合同价款中已包括的费用内容不得重复计算。

(4)银行担保及承诺费　是指引进项目由国内外金融机构出面承担风险和责任担保所发生的费用,

以及支付贷款机构的承诺费用。应按担保或承诺协议计取。投资估算和概算编制时可以担保金额或承诺金额为基数乘以费率计算。

（十）工程保险费

工程保险费是指建设项目在建设期间根据需要对建筑工程、安装工程、机器设备和人身安全进行投保而发生的保险费用。包括建筑安装工程一切险、引进设备财产保险和人身意外伤害险等。

根据不同的工程类别，分别以其建筑、安装工程费乘以建筑、安装工程保险费率算。民用建筑（住宅楼、综合性大楼、商场、旅馆、医院、学校等）占建筑工程费的2‰ ~ 4‰；其他建筑（工业、农业、道路、码头、水坝、隧道、桥梁、管道、机械、电子、电器、纺织、矿山、石油、化学及钢铁工业等）占建筑工程费的3‰ ~ 6‰。

（十一）联合试运转费

联合试运转费是指新建项目或新增加生产能力的工程，在交付生产前按照批准的设计文件所规定的工程质量标准和技术要求，进行整个生产线或装置的负荷联合试运转或局部联动试车所发生的费用净支出（试运转支出大于收入的差额部分费用）。试运转支出包括试运转所需原材料、燃料及动力消耗、低值易耗品、其他物料消耗、工具用具使用费、机械使用费、保险金、施工单位参加试运转人员工资，以及专家指导费等；试运转收入包括试运转期间的产品销售收入和其他收入。联合试运转费不包括应由设备安装工程费用开支的调试及试车费用，以及在试运转中暴露出来的因施工原因或设备缺陷等发生的处理费用。

（十二）特殊设备安全监督检验费

特殊设备安全监督检验费是指在施工现场组装的锅炉及压力容器、压力管道、消防设备、燃气设备、电梯等特殊设备和设施，由安全监察部门按照有关安全监察条例和实施细则以及设计技术要求进行安全检验，应由建设项目向安全监察部门缴纳的费用。此项费用按照建设项目所在省（自治区、直辖市）安全监察部门的规定标准计算。无具体规定的，在编制投资估算和概算时可按受检设备现场安装费的比例估算。

（十三）市政公用设施费

市政公用设施费是指使用市政公用设施的建设项目，按照项目所在地省一级人民政府有关规定建设或缴纳的市政公用设施建设配套费用，以及绿化工程补偿费用。此项费用按工程所在地人民政府规定标准计列。

三、无形资产费用

无形资产费用系指直接形成无形资产的投资，主要是指专利及专有技术使用费。

1. 专利及专有技术使用费的主要内容

（1）国外设计及技术资料费，引进有效专利、专有技术使用费和技术保密费。

（2）国内有效专利、专有技术使用费。

（3）商标权、商誉和特许经营权费等。

2. 专利及专有技术使用费的计算

在专利及专有技术使用费计算时应注意以下问题：

（1）按专利使用许可协议和专有技术使用合同的规定计列。

（2）专有技术的界定应按省、部级鉴定批准为依据。

（3）项目投资中只计需在建设期支付的专利及专有技术使用费。协议或合同规定在生产期支付的使用费应在生产成本中核算。

（4）一次性支付的商标权、商誉及特许经营权费按协议或合同规定计列。协议或合同规定在生产期支付的商标权或特许经营权费应在生产成本中核算。

（5）为项目配套的专用设施投资，包括专用铁路线、专用公路、专用通信设施、送变电站、地下管道、专用码头等。如由项目建设单位负责投资但产权不归属本单位的，应作无形资产处理。

四、其他资产费用

其他资产费用系指建设投资中除形成固定资产和无形资产以外的部分，主要包括生产准备及开办费等。

1. 生产准备及开办费的内容

生产准备及开办费是指建设项目为保证正常生产（或营业、使用）而发生的人员培训费、提前进厂费以及投产使用必备的生产办公、生活家具用具及工器具等购置费用，包括：

（1）人员培训费及提前进厂费。包括自行组织培训或委托其他单位培训的人员工资、工资性补贴、职工福利费、差旅交通费、劳动保护费、学习资料费等。

（2）为保证初期正常生产（或营业、使用）所必需的生产办公、生活家具用具购置费用。

（3）为保证初期正常生产（或营业、使用）必需的第一套不够固定资产标准的生产家具、器具、用具购置费。不包括备品备件费。

2. 生产准备及开办费的计算

（1）新建项目按设计定员为基数计算，改扩建项目按新增设计定员为基数计算。

生产准备费 = 设计定员 × 生产准备费指标（元/人）

（2）可采用综合的生产准备费指标进行计算，也可以按费用内容的分类指标计算。

第五节　预备费用

一、基本预备费

基本预备费是指在初步设计及概算内难以预料的工程费用，如因设计错漏而必须修改、变动、增加工程的费用。费用内容包括以下几点：

1. 在批准的初步设计范围内，技术设计、施工图设计及施工过程中所增加的工程费用；设计变更、局部地基处理等增加的费用。

2. 一般自然灾害造成的损失和预防自然灾害所采取措施的费用。实行工程保险的工程项目费用应适当降低。

3. 竣工验收时为鉴定工程质量对隐蔽工程进行必要的挖掘和修复费用。

基本预备费是按设备及工器具购置费、建设工程费用和工程建设其他费用三者之和为计取基础，乘以基本预备费费率进行计算。

基本预备费 =（设备及工器具购置费 + 建设工程费用 + 工程建设其他费用）× 基本预备费费率

基本预备费费率的取值应执行国家及部门的有关规定。

二、涨价预备费

涨价预备费是指建设项目在建设期间内，由于价格等变化引起工程造价变化的预测预留费用。

费用内容包括人工、设备、材料、施工机械的价差费，建筑安装工程费及工程建设其他费用调整，利率、汇率调整等增加的费用。

涨价预备费的测算方法，一般根据国家规定的投资综合价格指数，以估算年份价格水平的投资额为基数，采用复利方法计算。计算公式为

$$PF = \sum_{t=1}^{n} I_t[(1+f)^m(1+f)^{0.5}(1+f)^{(t-1)} - 1]$$

式中　PF——涨价预备费；

n——建设期年份数；

I_t——建设期中第 t 年的投资额，包括设备及工器具购置费、建筑安装工程费、工程建设其他费及基本预备费，即第 t 年的静态投资；

f——年均投资价格上涨率；

m——建设前期年限（从编制估算到开工建设），年。

【例 1-2-6】 某建设项目，前期建设年限为 1 年，建设期为 3 年，各年投资计划额如下：第一年投资7 200 万元，第二年 10 800 万元，第三年 3 600 万元，年均投资价格上涨率为 6%。求建设项目建设期间涨价预备费。

解 第一年涨价预备费为

$PF_1 = I_t[(1+f)^m(1+f)^{0.5}(1+f)^{(t-1)}-1] = 7\ 200 \times [(1+6\%)(1+6\%)^{0.5}(1+6\%)^{(1-1)}-1]$
$= 657.63$ 万元

第二年涨价预备费为

$PF_2 = 10\ 800 \times [(1+6\%)(1+6\%)^{0.5}(1+6\%)^{(2-1)}-1] = 1\ 693.62$ 万元

第三年涨价预备费为

$PF_3 = 3\ 600 \times [(1+6\%)(1+6\%)^{0.5}(1+6\%)^{(3-1)}-1] = 814.41$ 万元

所以，建设期的涨价预备费为

$PF = 657.63 + 1\ 693.62 + 814.41 = 3\ 165.66$ 万元

第六节 建设期贷款利息

建设期贷款利息包括向国有银行和其他非国有银行金融机构贷款、出口信贷、外国政府贷款、国际商业银行贷款以及在境内外发行的债券等在建设期间内应偿还的借款利息。

当总贷款是分年均衡发放时，建设期利息的计算可按当年借款在年中支用考虑，即当年贷款按半年计息，上年贷款按全年计息。计算公式为

$$q_j = (P_{j-1} + \frac{1}{2}A_j) \times i$$

式中 q_j——建设期第 j 年应计利息；

P_{j-1}——建设期第 $(j-1)$ 年末贷款累计金额与利息累计金额之和；

A_j——建设期第 j 年贷款金额；

i——年利率。

【例 1-2-7】 某新建项目，建设期为 3 年，分年均衡进行贷款，第一年贷款 300 万元，第二年 600 万元，第三年 400 万元，年利率为 12%，建设期内利息只计息不支付。计算建设期贷款利息。

解 在建设期，各年利息计算如下：

$q_1 = \frac{1}{2}A_1 \times i = 1/2 \times 300 \times 12\% = 18$ 万元

$q_2 = (P_1 + \frac{1}{2}A_2) \times i = (300 + 18 + 1/2 \times 600) \times 12\% = 74.16$ 万元

$q_3 = (P_2 + \frac{1}{2}A_3) \times i = (318 + 600 + 74.16 + 1/2 \times 400) \times 12\% = 143.06$ 万元

所以，建设期贷款利息 $= q_1 + q_2 + q_3 = 18 + 74.16 + 143.06 = 235.22$ 万元

国外贷款利息计算中，还应包括国外贷款银行根据贷款协议向贷款方以年利率的方式收取的手续费、管理费、承诺费，以及国内代理机构经国家主管部门批准的以年利率的方式向贷款单位收取的转贷费、担保费、管理费等。

第七节 固定资产投资方向调节税

为了贯彻国家产业政策，控制投资规模，引导投资方向，调整投资结构，加强重点建设，促进国民经济持续、稳定、协调发展，对在我国境内进行固定资产投资的单位和个人征收固定资产投资方向调节税（简

称投资方向调节税）。前几年停收,2006 年又开始征收。

1. 税率

投资方向调节税根据国家产业政策和项目经济规模实行差别税率,具体税率见国家政策文件。

2. 计税依据

投资方向调节税以固定资产项目实际完成投资额为计税依据。实际完成投资额包括设备及工器具购置费、建筑安装工程费、工程建设其他费用及预备费,但更新改造项目是以建筑工程实际完成的投资额为计税依据。

3. 计税方法

首先确定单位工程应税投资完成额;其次根据工程的性质及划分的单位工程情况,确定单位工程的适用税率;最后计算各个单位工程应纳的投资方向调节税税额,并且将各个单位工程应纳的税额汇总,即得出整个项目的应纳税额。

4. 缴纳方法

投资方向调节税按固定资产投资项目的单位工程年度计划投资额预缴,年度终了后按年度实际完成投资额结算,多退少补。项目竣工后,按应征收投资方向调节税的项目及其单位工程的实际完成投资额进行清算,多退少补。

第三章　工程造价计价依据

第一节　概　　述

所谓工程造价计价依据就是指计算工程造价的基础资料的总称。包括工程定额、人工、材料、机械台班及设备单价、工程量清单、工程造价指数、工程量计算规则，以及政府主管部门发布的有关工程造价的经济法规、政策等。根据工程造价计价依据的不同，我国处于定额计价与清单计价两种模式并存的状态。

一、定额计价方法的主要依据

定额计价方法的主要依据是定额（HLJD－FY－2010）。

（一）定额概念

指在正常的生产条件下，完成单位合格建筑产品所必须消耗的人工、材料、机械台班及费用的数量标准。它与一定时期的工人操作水平，机械化程度，新材料、新技术的应用及企业生产经营管理水平等有关，是随着生产力的发展而变化的，但在一定时期内是相对稳定的。

（二）定额的产生与发展

19 世纪末 20 世纪初，美国学者泰罗从理论上和实际的科学试验中对操作方法、工具及设备的选用、材料的消耗等进行了细致的研究，进行科学的分析、测定，实行了标准化计件工资。

20 世纪 40 年代中期，定额已成为管理科学发展初期的产物，是企业管理科学化的基础和必备条件。

我国唐代就已有夯筑城台的用工定额，北宋时期土木建筑家编著了 34 卷《营造方式》，明代的《工程做法》、清代的《工程做法则例》都是在一定范围内适用的定额。解放后，定额逐步建立完善并发展起来。

1950～1952 年东北地区出台了劳动定额、工料消耗定额。1953～1957 年我国出台了《建筑安装工程统一劳动定额》，在文革期间停用，文革后恢复使用。

（三）建设工程定额的性质

1. 科学性

定额是用科学的方法确定的，它是利用现代科学管理的科学理论、方法和手段，对工程的建筑过程进行严密的测定、统计与分析而制定的。考虑客观施工生产技术和管理方面的条件，表现在其内容、范围、体系和水平都是经过了科学的测定、统计和分析。

2. 系统性

工程建设定额是相对独立的系统。它是由多种定额结合而成的有机的整体。它的结构复杂、层次鲜明、目标明确。

3. 统一性

工程建设定额的统一性，主要是由国家对经济发展的有计划的宏观调控职能决定的。为了使国民经济按照既定的目标发展，就需要借助于某些标准、定额、参数等，对工程建设进行规划、组织、调节、控制。

工程建设定额的统一性按照其影响力和执行范围来看，有全国统一定额、地区统一定额和行业统一定额等；按照定额的制定、颁布和贯彻使用来看，有统一的程序、统一的原则、统一的要求和统一的用途。

4. 指导性

随着我国建设市场的不断成熟和规范，工程建设定额尤其是统一定额原则具备的法令性特点逐渐被弱化，转而成为对整个建设市场和具体建设产品交易的指导作用。

5. 先进合理性

正常施工条件下大多数生产者能够达到、部分生产者能够超过、少数生产者能够接近的定额水平。若定额偏高,所有人都达不到,则挫伤积极性;若定额偏低,不能促进生产发展。

6. 稳定性与时效性

工程建设定额中的任何一种都是一定时期技术发展和管理水平的反应,因而在一段时间内表现出稳定状态。由于社会水平的变化,定额也随之而变化。

(四)建设工程定额的作用

1. 编制计划的基础

在组织管理施工中,需要编制进度与作业计划,其中应考虑施工过程中的人力、材料、机械的需用量,这些都是以定额为依据计算的。

2. 确定建设工程造价的依据

根据设计规定的工程标准、数量及其相应的定额确定的人工、材料、机械的消耗数量及单位预算价值和各种费用标准确定工程造价。

3. 定额是推行经济责任制的重要依据

建筑企业在全面推行投资包干制和以招投标为核心的经济责任制中,签订投资包干的协议,计算招标标底和投标报价,签订总包和分包合同协议等,都以建设工程定额为编制依据。

4. 企业降低工程成本的重要依据

以定额为标准分析比较成本的消耗。通过比较分析找出薄弱环节,提出改进措施,降低人工、材料、机械等费用在建筑产品中的消耗,从而降低工程成本,取得更好的经济效益。

5. 提高劳动生产率,总结先进生产方法的重要手段

企业根据定额把提高劳动生产率的指标和措施,具体落实到每个工人或班组;工人为完成或超额完成定额,将努力提高技术水平,使用新方法、新工艺。改善劳动组织、降低消耗、提高劳动生产率,同时定额又是在一定条件下,通过对生产过程的调查、观测和分析等过程制订的。它科学地反映了生产技术和劳动组织的先进合理程度,因此,我们以定额标定的方法为手段,对同一建筑产品在同一施工操作条件下的不同生产方式进行观察、分析和总结,从而得到一套比较完整的先进生产方法,在施工生产中推广应用。

(五)编制原则

(1)平均先进性原则。

(2)简明适用性原则。

(3)以专家为主编制定额的原则。

(4)独立自主的原则。

(5)保密原则。

(6)时效性原则。

(六)建设工程定额的分类

1. 按生产要素分类

生产的三要素为劳动者、劳动对象和劳动工具,所以相应定额分别为劳动定额、材料消耗定额和机械台班消耗定额。

(1)劳动消耗定额　简称劳动定额(也称为人工定额),是指为完成一定数量的合格产品(工程实体或劳务)而规定劳动消耗的数量标准。为了便于综合和核算,劳动定额采用工作时消耗量来计算劳动消耗数量。劳动定额的主要表现形式是时间定额,但同时也表现为产量定额。时间定额与产量定额互为倒数。

(2)材料消耗定额　简称材料定额,是指完成一定数量的合格产品所需消耗材料的数量标准。材料是工程建设中使用的原材料、成品、半成品、构配件、燃料以及水、电等动力资源的统称。材料作为劳动对象构成工程的实体,需用数量很大,种类很多,所以材料消耗多少,消耗是否合理,不仅关系到资源的有效利用,影响市场供求状况,而且对建设的项目投资、建筑产品的成本控制都起着决定性的影响。

(3)机械消耗定额　机械消耗定额是以一台机械、一个工作班为计量单位的,所以又称为机械台班

消耗定额。机械消耗定额是指为完成一定数量的合格产品(工程实体或劳务)所规定的施工机械消耗的数量标准。机械消耗定额的主要表现形式是机械时间定额,同时也以产量定额表现。

2. 按编制程序和用途分类

可以把工程建设定额分为施工定额、预算定额、概算定额、概算指标、投资估算指标。

(1)施工定额　是以同一性质的施工过程即工序作为研究对象,表示生产产品数量与时间消耗综合关系编制的定额。施工定额是施工企业(建筑安装企业)为组织生产和加强管理在企业内部使用的一种定额,属于企业定额的性质。为了适应组织生产和管理的需要,施工定额的项目划分很细,是工程建设定额中分项最细、定额子目最多的一种定额,也是工程建设定额中的基础性定额。

施工定额本身由劳动定额、材料定额和机械定额三个相对独立的部分组成,主要用于工程的直接施工管理,以及作为编制工程施工设计、施工预算、施工作业计划、签发施工任务单、限额领料及结算计件工资或计量奖励工资的依据,它同时是编制预算定额的基础。

(2)预算定额　是以分部分项工程和结构构件为对象编制的定额。其内容包括劳动定额、材料消耗定额、机械台班定额三个基本部分,是一种计价性定额。从编制程序上看,预算定额是以施工定额为基础综合扩大编制的,同时也是编制概算定额的基础。

预算定额是在编制施工图预算阶段,计算工程造价和计算工程中的劳动、机械台班、材料需要量时使用,它是调整工程预算和工程造价的重要基础,也可以作为编制施工组织设计、施工技术财务计划的参考。

(3)概算定额　是以扩大分项工程或扩大结构构件为对象编制的,计算和确定劳动、机械台班、材料消耗量所使用的定额也是一种计价性定额。概算定额是编制扩大初步设计概算和确定建设项目投资额的依据。概算定额的项目划分粗细与扩大初步设计的深度相适应,一般是在预算定额的基础上综合扩大而成的,每一综合分项概算定额都包含了数项预算定额。

(4)概算指标　是概算定额的扩大与合并,它是以整个建筑物和构筑物为对象,以更大的计量单位来编制的。概算指标的内容包括劳动、机械台班、材料定额三个基本部分;同时还列出了结构分部的工程量及单位建筑工程(以体积计和面积计)的造价,是一种计价定额;为了增加概算指标的适用性,也以房屋或构筑物的扩大的分部工程或结构构件为对象编制,称为扩大结构定额。

概算指标的设定和初步设计的深度相适应,一般是在概算定额和预算定额的基础上编制,比概算定额更加综合扩大。它是设计单位编制工程概算或建设单位编制年度任务计划、施工准备期间编制材料和机械设备供应计划的依据,也可供国家编制年度建设计划参考。

(5)投资估算指标　是在项目建议书和可行性研究阶段编制投资估算、计算投资需要量时使用的一种定额。它非常概略,往往以独立的单项工程或完整的工程项目为计算对象,编制内容是所有项目费用之和。它的概略程度与可行性研究阶段相适应。投资估算指标往往根据历史的预、决算资料和价格变动等资料编制,但其编制基础仍然离不开预算定额、概算定额。

上述各种定额的相互联系可参见表1－3－1。

表1－3－1　各种定额间的关系比较

定额分类	施工定额	预算定额	概算定额	概算指标	投资估算指标
对象	工序	分项工程	扩大的分项工程	整个建筑物或构筑物	独立的单项工程
用途	编制施工预算	编制施工图预算	编制设计概算	编制初步设计概算	编制投资估算
项目划分	最细	细	较粗	粗	很粗
定额水平	平均先进	平均	平均	平均	平均
定额性质	生产性定额	计价性定额			

3. 按专业性质划分

工程建设定额分为全国通用定额、行业通用定额和专业专用定额三种。全国通用定额是部门间和地区间都可以使用的定额；行业通用定额是指具有专业特点，在行业部门内可以通用的定额；专业专用定额是特殊专业的定额，只能在指定的范围内使用。

4. 按主编单位和管理权限分类

工程建设定额可以分为全国统一定额、行业统一定额、地区统一定额、企业定额、补充定额五种。

(1)全国统一定额　是由国家建设行政主管部门综合全国工程建设中技术和施工组织管理的情况编制，并在全国范围内执行的定额。

(2)行业统一定额　是考虑到各行业部门专业工程技术特点，以及施工生产和管理水平编制的。一般只在本行业和相同专业性质的范围内使用。

(3)地区统一定额　包括省、自治区、直辖市定额。地区统一定额主要是考虑地区性特点和全国统一定额水平作适当调整和补充编制的。

(4)企业定额　是由施工企业考虑本企业具体情况，参照国家、部门或地区定额的水平制定的定额。企业定额只在企业内部使用，是企业素质的一个标志。企业定额水平一般应高于国家现行定额才能满足生产技术发展、企业管理和市场竞争的需要。在工程量清单方式下，企业定额正发挥着越来越大的作用。

(5)补充定额　是指随着设计、施工技术的发展，现行定额不能满足需要的情况下，为了补充缺陷所编制的定额。补充定额只能在指定的范围内使用，可以作为以后修订定额的基础。

上述各种定额虽然适用于不同的情况和用途，但是它们是一个互相联系的有机整体，在实际工作中应配合使用。

二、清单计价方法的主要依据

清单计价方法的主要依据是《建设工程工程量清单计价规范》GB 50500—2008。

(一)工程量清单计价规范概念

《建设工程工程量清单计价规范》GB 50500—2008(建设部第63号)是中华人民共和国国家标准，由中华人民共和国住房和城乡建设部主编和批准，2008年7月9日发布，于2008年12月1日施行。

(二)《建设工程工程量清单计价规范》的内容

《建设工程工程量清单计价规范》的内容包括正文和附录两大部分，两者具有同等效力。

正文共五章，包括总则、术语、工程量清单编制、工程量清单计价、工程量清单计价表等内容。它们分别就《建设工程工程量清单计价规范》适用遵循的原则，编制工程量清单应遵循的规则，工程量清单计价活动的规则，工程量清单及其计价格式作了明确规定。

《建设工程工程量清单计价规范》的条文数量共有137条，其中强制性条文15条，其内容涵盖了工程实施阶段从招投标开始到工程竣工结算办理的全过程，并增加了条文说明。包括工程量清单的编制，招标控制价和投标报价的编制，工程发、承包合同签订时对合同价款的约定，施工过程中工程量的计量与价款支付，索赔与现场签证；工程价款的调整，工程竣工后竣工结算的办理以及对工程计价争议的处理。

附录包括建筑工程工程量清单项目及计算规则(附录A)、装饰装修工程工程量清单项目及计算规则(附录B)、安装工程工程量清单项目及计算规则(附录C)、市政工程工程量清单项目及计算规则(附录D)、园林绿化工程工程量清单项目及计算规则(附录E)、矿山工程工程量清单项目及计算规则(附录F)。附录中包括项目编码、项目名称、项目特征、计量单位、工程量计算规则和工程内容，其中项目编码、项目名称、项目特征、计量单位、工程量计算规则作为“五统一”的内容，要求招标人在编制工程量清单时必须执行。

(三)工程量清单计价规范的特点

(1)强制性　按照计价规范规定，全部使用国有资金投资或国有资金投资为主的大中型建设工程必须采用工程量清单计价方式；其他依法招标的建设工程，也应采用工程量清单计价方式。

(2)统一性　“五统一”，即项目编码统一、项目名称统一、项目特征统一、计量单位统一、工程量计算规则统一。

(3)竞争性　即工程量清单中的人工、材料、机械的消耗量和单价由企业根据企业定额和市场价格信息,参照建设主管部门发布的社会平均消耗量定额进行报价。

(4)实用性　即计价规范中,项目名称明确清晰,工程量计算规则简洁明了,列有项目特征与工程内容,便于确定工程造价。

(5)通用性　即与国际惯例接轨,符合工程量计算方法标准化、工程量计算规则统一化、工程造价确定市场化的要求。

(四)工程量清单计价规范编制的指导思想

(1)政府宏观调控,企业自主报价,市场竞争形成价格。

(2)与现行预算定额既有机结合又有所区别的原则。

(3)既考虑我国工程造价管理的现状,又尽可能与国际惯例接轨的原则。

(五)工程量清单计价规范编制的依据和原则

工程量清单计价规范是根据《中华人民共和国建筑法》《中华人民共和国合同法》《中华人民共和国招标投标法》,按照我国工程造价管理改革的需要,本着国家宏观调控、市场竞争形成价格的原则制定的。

(六)工程量清单计价规范的作用

(1)编制工程量清单的依据。

(2)编制招标标的、招标限价、投标报价的依据。

(3)签订工程合同,进行工程管理的依据。

(4)工程拨款、工程结算的依据。

第二节　建设工程定额

一、建设工程人工、材料、机械台班定额消耗量确定方法

(一)建设工程施工过程研究

1. 施工过程的含义

施工过程就是在建设工地范围内所进行的生产过程。其最终目的是要建造、恢复、扩建、移动或拆除工业与民用建筑物和构筑物的全部或一部分。

建设施工过程与其他物质生产过程一样,也包括生产力三要素,即劳动者、劳动对象、劳动工具。也就是说,施工过程是由不同工种、不同技术等级的建筑安装工人完成的,并且必须有一定的劳动对象(建筑材料、半成品、构件、配件等),使用一定的劳动工具(手动工具、小型机具和机械等)。每个施工过程结束后,获得一定的产品,这种产品或者是改变了劳动对象的外表形态、内部结构或性质(由于制作和加工的结果),或者是改变了劳动对象在空间的位置(由于运输和安装的结果)。

2. 施工过程分类

对施工过程的细致分析,使我们能够更深入地确定施工过程各个工序组成的必要性及其顺序的合理性,从而正确地制定各个工序所需要的工时消耗。

(1)根据施工过程组织上的复杂程度,可以分解为工序、工作过程和综合工作过程。

(2)按照工艺特点,施工过程可以分为循环施工过程和非循环施工过程两类。凡各个组成部分按一定顺序一次循环进行,并且每经一次重复都可以生产出同一种产品的施工过程,称为循环施工过程,反之,若施工过程的工序或其组成部分不是以同样的次序重复,或者生产出来的产品各不相同,这种施工过程则称为非循环的施工过程。

3. 施工过程的影响因素

对施工过程的影响因素进行研究,其目的是为了正确确定单位施工产品所需要的作业时间消耗。施工过程的影响因素包括技术因素、组织因素和自然因素。

(1)技术因素　包括产品的种类和质量要求,所用材料、半成品、构配件的类别、规格和性能,所用工具和机械设备的类别、型号、性能及完好情况等。

(2)组织因素　包括施工组织与施工方法、劳动组织、工人技术水平、操作方法和劳动态度、工资分配方式、劳动竞赛等。

(二)工作时间分类

研究施工中的工作时间最主要的目的是确定施工的时间定额和产量定额,其前提是对工作时间按其消耗性质进行分类,以便研究工时消耗的数量及其特点。工作时间指的是工作班延续时间。例如8小时工作制的工作时间就是8小时,午休时间不包括在内。对工作时间消耗的研究,可以分为两个系统进行,即工人工作时间的消耗和工人所使用的机器工作时间消耗。

1. 工人工作时间消耗的分类

工人在工作班内消耗的工作时间,按其消耗的性质,基本可以分为两大类:必须消耗的时间和损失的时间。工人工作时间的分类一般如图1-3-1所示。

(1)必须消耗的工作时间是工人在正常施工条件下,为完成一定合格产品(工作任务)所消耗掉的时间,是制定定额的主要依据,包括有效工作时间、休息时间和不可避免中断时间的消耗。

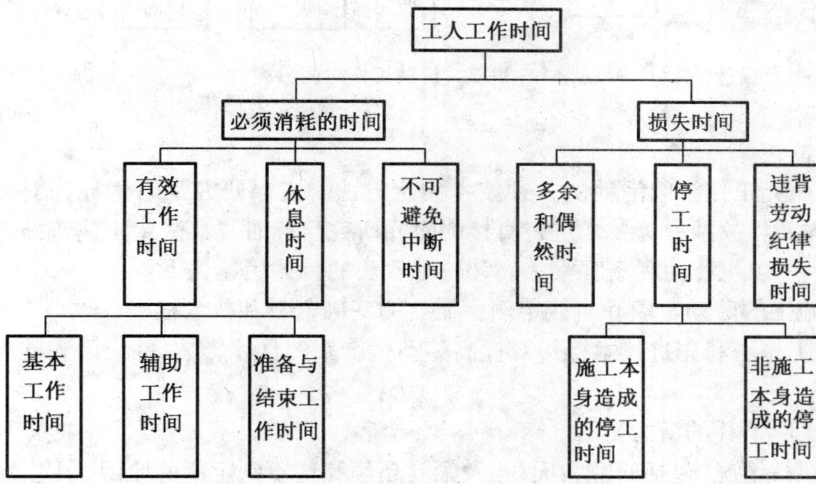

图1-3-1　工人工作时间分类

(2)损失时间与产品生产无关,而与施工组织和技术上的缺点有关,与工人在施工过程中的个人过失或某些偶然因素有关的时间消耗,损失时间中包括多余和偶然工作、停工、违背劳动纪律所引起的工时损失。

2. 机器工作时间消耗的分类

在机械化施工过程中,对工作时间消耗的分析和研究,除了要对工人工作时间的消耗进行分类研究之外,还需要分类研究机器工作时间的消耗。

机器工作时间的消耗,按其性质也分为必须消耗的工作时间和损失的工作时间两大类。如图1-3-2所示。

(1)必须消耗的工作时间　包括有效工作、不可避免的无负荷工作和不可避免的中断三项时间消耗。而在有效工作的时间消耗中又包括正常负荷下及有根据地降低负荷下的工时消耗。

(2)损失的工作时间　包括多余工作、停工、违背劳动纪律所消耗的工作时间和低负荷下的工作时间。

(三)测定时间消耗的基本方法——计时观察法

定额测定是制定定额的一个主要步骤。测定定额是用科学的方法观察、记录、整理、分析施工过程,为制定建筑工程定额提供可靠依据。测定定额通常使用计时观察法。

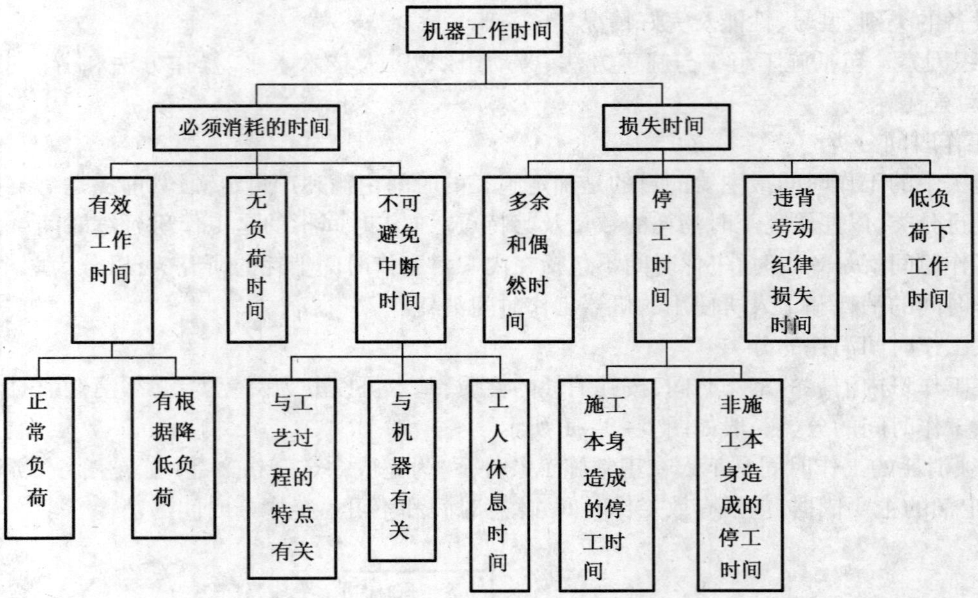

图 1-3-2　机械工作时间分类

1. 计时观察法概述

计时观察法是研究工作时间消耗的一种技术测定方法。它以研究工时消耗为对象，以观察测时为手段,通过密集抽样和粗放抽样等技术进行直接的时间研究。计时观察法用于建筑施工中时常以现场观察为主要技术手段,所以也称为现场观察法。计时观察法的具体用途如下：

(1)取得编制施工的劳动定额和机械定额所需要的基础资料和技术根据。

(2) 研究先进工作法和先进技术操作对提高劳动生产率的具体影响,并应用和推广先进工作法和先进技术操作。

(3)研究减少工时消耗的潜力。

(4)研究定额执行情况,包括研究大面积、大幅度超额和达不到定额的原因,积累资料、反馈信息。

计时观察法能够把现场工时消耗情况和施工组织技术条件联系起来加以考察,它不仅能为制定定额提供基础数据,而且也能为改善施工组织管理、改善工艺过程和操作方法、消除不合理的工时损失和进一步挖掘生产潜力提供技术根据。计时观察法的局限性是考虑人的因素不够。

2. 计时观察前的准备工作

(1)确定需要进行计时观察的施工过程

计时观察之前的第一个准备工作,研究并确定有哪些施工过程需要进行计时观察。对于需要进行计时观察的施工过程要编出详细的目录,拟定工作进度计划,制定组织技术措施,并组织编制定额的专业技术队伍,按计划认真开展工作。在选择观察对象时,必须注意所选择的施工过程要完全符合正常施工条件。所谓施工的正常条件,是指绝大多数企业和施工队、组,在合理组织施工的条件下所处的施工条件。与此同时,还需调查影响施工过程的技术因素、组织因素和自然因素。

(2)对施工过程进行预研究

对于已确定的施工过程的性质应进行充分的研究,目的是为了正确地安排计时观察和收集可靠的原始资料。研究的方法是全面地对各个施工过程及其所处的技术组织条件进行实际调查和分析,以便设计正常的(标准的)施工条件和分析研究测时数据。具体如下：

①熟悉与该施工过程有关的现行技术规范和技术标准等文件和资料。

②了解新采用的工作方法的先进程度,了解已经得到推广的先进施工技术和操作，还应了解施工过程存在的技术组织方面的缺点和由于某些原因造成的混乱现象。

③注意系统地收集完成定额的统计资料和经验资料，以便与计时观察所得的资料进行对比分析。

④把施工过程划分为若干个组成部分（一般划分到工序）。施工过程划分的目的是便于计时观察。如果计时观察法的目的是为了研究先进工作法，或是分析影响劳动生产率提高或降低的因素，则必须将施工过程划分到操作以至动作。

⑤确定定时点和施工过程产品的计量单位。所谓定时点，是指上下两个相衔接的成组部分之间的分界点。确定定时点，对于保证计时观察的精确性是不容忽略的因素。确定产品计量单位，要能具体地反映产品的数量，并具有最大限度的稳定性。

(3)选择观察对象

所谓观察对象，就是对其进行计时观察完成该施工过程的工人。所选择的建筑安装工人，应具有与技术等级相符的工作技能和熟练程度，所承担的工作与其技术等级相符，同时应该能够完成或超额完成现行的施工劳动定额。

(4)其他准备工作

此外，还必须准备好必要的用具和表格。如测时用的秒表或电子计时器，测量产品数量的工、器具，记录和整理测时资料用的各种表格等。如果有条件且有必要，还可配备电影摄像和电子记录设备。

3. 计时观察方法的分类

对施工过程进行观察、测时，计算实物和劳务产量，记录施工过程所处的施工条件和确定影响工时消耗的因素是计时观察方法的三项主要内容和要求。计时观察法种类很多，最主要的有三种，见图1－3－3。

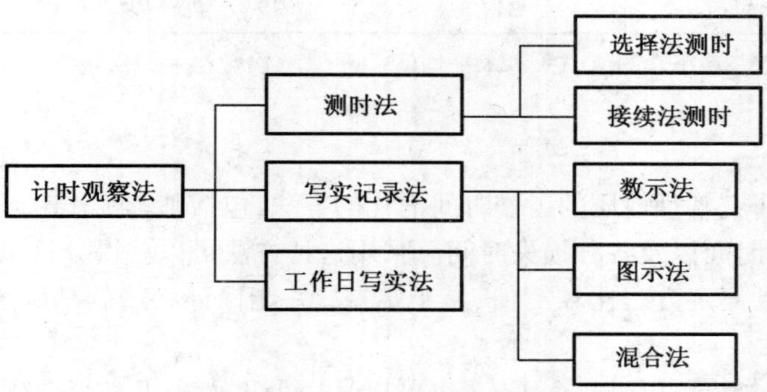

图1－3－3　计时观察法的种类

(1)测时法　主要适用于测定定时重复的循环工作的工时消耗，是精确度比较高的一种计时观察法，一般可达到0.2～15 s。测时法只用来测定施工过程中循环组成部分工作时间消耗，不研究工人休息、准备与结束（即其他非循环）的工作时间。

①测时法的分类　根据具体测时手段不同，可将测时法分为选择法和接续法两种。

a. 选择法测时　它是间隔选择施工过程中非紧连接的组成部分（工序或操作）测定工时，精确度达0.55 s。

选择法测时也称为间隔法测时。采用选择法测时，当被观察的某一循环工作的组成部分开始，观察者立即开动秒表，当该组成部分终止，则立即停止秒表。然后把秒表上指的延续时间记录到选择法测时记录（循环整理）表上，并把秒针拨回到零点。下一组成部分开始，再开动秒表，如此依次观察，并依次记录下延续时间。采用选择法测时，应特别注意掌握定时点。记录时间时仍在进行的工作组成部分，应不予观察。当所测定的各工序或操作的延续时间较短时，连续测定比较困难，用选择法测时比较方便而简单。

b. 接续法测时　它是连续测定一个施工过程各工序或操作的延续时间。接续法测时，每次要记录各工序或操作的终止时间，并计算出本工序的延续时间。

接续法测时也称作连续测时法。它比选择法测时准确、完善，但观察技术也较之复杂。它的特点是在工作进行中和非循环组成部分出现之前一直不停止秒表，秒针走动过程中，观察者根据各组成部分之间的定时点，记录它的终止时间，再用定时点终止时间之间的差表示各组成部分的延续时间。

②测时法的观察次数　由于测时法是属于抽样调查的方法，因此为了保证选取样本的数据可靠，需要对于同一施工过程进行重复测时。一般来说，观测的次数越多，资料的准确性越高，但要花费较多的时间和人力，这样既不经济，也不现实。确定观测次数较为科学的方法，应该是依据误差理论和经验数据相结合的方法来判断。表1-3-2给出了测时法下观察次数的确定方法。很显然，需要的观察次数与要求的算术平均值精确度及数列的稳定系数有关。

表1-3-2　测时法所必需的观察次数

稳定系数 $k_p = t_{max}/t_{min}$	要求的算术平均值精确度 $E = \pm \frac{1}{X}(\sum \Delta n/(n-1))$				
	5%以内	7%以内	10%以内	15%以内	25%以内
	观察次数				
1.5	9	6	5	5	5
2	16	11	7	5	5
2.5	23	15	10	6	5
3	30	18	12	8	6
4	39	25	15	10	7
5	47	31	19	11	8

注：t_{max}—最大观测值；t_{min}—最小观测值；X—算术平均值；n—观察次数；Δ—每次观察值与算术平均值之差。

(2)写实记录法

写实记录法是一种研究各种性质的工作时间消耗的方法，包括基本工作时间、辅助工作时间、不可避免中断时间、准备与结束时间以及各种损失时间。采用这种方法可以获得分析工作时间消耗和制定定额所必需的全部资料。这种测定方法比较简便、易于掌握，并能保证必需的精确度。因此，写实记录法在实际中得到了广泛应用。

写实记录法的观察对象，可以是一个工人，也可以是一个工人小组。当观察由一个人单独操作或产品数量可单独计算时，采用个人写实记录。如果观察工人小组的集体操作而产品数量又无法单独计算时，可采用集体写实记录。

①写实记录法的种类　写实记录法按记录时间的方法不同分为数示法、图示法和混合法三种，记时一般采用有秒针的普通计时表即可。

a. 数示法写实记录　数示法的特征是用数字记录工时消耗，是三种写实记录法中精确度较高的一种，精确度达5 s，可以同时对两个工人进行观察，适用于组成部分较少而且比较稳定的施工过程。数示法用来对整个工作班或半个工作班进行长时间观察，因此能反映工人或机器工作日全部情况。

b. 图示法写实记录　图示法是在规定格式的图表上用时间进度线条表示工时消耗量的一种记录方式，精确度可达30 s，可同时对3个以内的工人进行观察。这种方法的主要优点是记录简单，时间一目了然，原始记录整理方便。

c. 混合法写实记录　混合法吸取数示法和图示法两种方法的优点，以图示法中的时间进度线条表示工序的延续时间，在进度线的上部加写数字表示各时间区段的工人数。混合法适用于3个以上工人工作时间的集体写实记录。

②写实记录法的延续时间　与确定测时法的观察次数相同，为保证写实记录法的数据可靠性，需要确定写实记录法的延续时间。延续时间的确定是指在采用写实记录法中任何一种方法进行测定时，对每个被测施工过程或同时测定两个以上施工过程所需的总延续时间的确定。

延续时间的确定应立足于既不能消耗过多的观察时间，又能得到比较可靠和准确的结果。同时还必须注意:所测施工过程的广泛性和经济价值;已经达到的功效水平的稳定程度;同时测定不同类型施工过程的数目;被测定的工人人数以及测定完成产品的可能次数等。写实记录法所需的延续时间如表1－3－3所示,必须同时满足表中三项要求,如其中任一项达不到最低要求,应酌情增加延续时间。

表1－3－3 写实记录法确定延续时间

序号	项目	同时测定施工过程的类型数	测定对象		
			单人的	集体的	
				2~3人	4人以上
1	被测定的个人或小组的最低数	任一数	3人	3个小组	2个小组
2	测定总延续时间的最小值/时	1	16	12	8
		2	23	18	12
		3	28	21	24
3	测定完成产品的最低次数/次	1	4	4	4
		2	6	6	6
		3	7	7	7

3. 工作日写实法

工作日写实法是一种研究整个工作班内的各种工时消耗的方法。

运用工作日写实法主要有两个目的:一是取得编制定额的基础资料;二是查定额执行情况,找出缺点,改进工作。当用于第一个目的时,工作日写实的结果要获得观察对象在工作班内工时消耗的全部情况,以及产品数量和影响工时消耗的各种因素。其中,工时消耗应该按工时消耗的性质分类记录。在这种情况下,通常需要测定3~4次。当用于第二个目的时,通过工作日写实应该做到:查明工时损失量和引起工时损失的原因,制定消除工时损失、改善劳动组织和工作地点组织的措施,查明熟练工人是否能发挥自己的专长,确定合理的小组编制和合理的小组分工;确定机器在时间利用和生产率方面的情况,找出使用不当的原因,订出改善机器使用情况的技术组织措施,计算工人或机器完成定额的实际百分比和可能百分比。在这种情况下,通常需要测定1~3次。

工作日写实法与测时法、写实记录法相比较,具有技术简便、费力不多、应用面广和资料全面的优点,在我国是一种采用广泛编制定额的方法。

工作日写实法,利用写实记录表记录观察资料。记录时间时不需要将有效工作时间分为各个组成部分,只需划分适合于技术水平和不适合于技术水平两类,但是工时消耗还需按性质分类记录。

(四)确定人工定额消耗量的基本方法

时间定额和产量定额是人工定额的两种表现形式。拟定出时间定额,也就可以计算出产量定额。

在全面分析了各种影响因素的基础上,通过计时观察资料,我们可以获得定额的各种必须消耗时间。将这些时间进行归纳,有的是经过换算,有的是根据不同的工时规范附加,最后把各种定额时间加以综合和类比就是整个工作过程的人工消耗的时间定额。

1. 确定工序作业时间

根据记时观察资料的分析和选择,我们可以获得各种产品的基本工作时间和辅助工作时间,这两种时间合并称为工序作业时间。它是产品主要的必须消耗的工作时间,是各种因素的集中反映,决定着整个产品的定额时间。

(1)拟定基本工作时间

基本工作时间在必须消耗的工作时间中占的比重最大。在确定基本工作时间时,必须细致、精确。基本工作时间消耗一般应根据计时观察资料来确定。其做法是,首先确定工作过程每一组成部分的工时消耗,然后再综合出工作过程的工时消耗。如果组成部分的产品计量单位和工作过程的产品计量单位不符,就需先求出不同计量单位的换算系数,进行产品计量单位的换算,然后再相加,求得工作过程的工时消耗。

①各组成部分与最终产品单位一致时的基本工作时间计算　此时,单位产品基本工作时间就是施工过程各个组成部分作业时间的总和,计算公式为:

$$T_1 = \sum_{i=1}^{n} t_i$$

式中　T_1——单位产品基本工作时间;

t_i——各组成部分的基本工作时间;

n——各组成部分的个数。

②各组成部分单位与最终产品单位不一致时的基本工作时间计算　此时,各组成部分基本工作时间应分别乘以相应的换算系数。计算公式为

$$T_1 = \sum_{i=1}^{n} k_i \times t_i$$

式中　k_i——对应于 t_i 的换算系数。

【例1-3-3】 砌砖墙勾缝的计量单位是平方米,但若将勾缝作为砌砖墙施工过程的一个组成部分对待,即将勾缝时间按砌墙厚度、砌体体积计算,设每平方米墙面所需的勾缝时间为10 min。试求各种不同墙厚每立方米砌体所需的勾缝时间。

解　①一砖厚的砖墙,每立方米砌体墙面面积的换算系数为1/0.24 ≈4.17

则每立方米砌体所需的勾缝时间为4.17 × 10 =41.7 min

②一砖半厚的砖墙,每立方米砌体墙面面积的换算系数为1/0.365≈2.74

则每立方米砌体所需的勾缝时间为2.74×10 =27.4 min

(2)拟定辅助工作时间

辅助工作时间的确定方法与基本工作时间相同。如果在计时观察时不能取得足够的资料,也可采用工时规范或经验数据来确定。如具有现行的工时规范,可以直接利用工时规范中规定的辅助工作时间的百分比来计算。举例见表1-3-4。

表1-3-4　木作工程各类辅助工作时间的百分率参考

工作项目	占工序作业时间/%	工作项目	占工序作业时间/%
磨刨刀	12.3	磨线刨	8.3
磨槽刨	5.9	佳锯	8.2
磨凿子	3.4		

2. 确定规范时间

规范时间内容包括工序作业时间以外的准备与结束时间、不可避免中断时间。

(1)确定准备与结束时间

准备与结束工作时间分为工作日和任务两种。任务的准备与结束时间通常不能集中于某一个工作日中,而要采取分摊计算的方法,分摊在单位产品的时间定额里。如果在计时观察资料中不能取得足够的准备与结束时间的资料,也可根据工时规范或经验数据来确定。

(2)确定不可避免的中断时间

在确定不可避免中断时间的定额时,必须注意由工艺特点所引起的不可避免中断才可列入工作过程的时间定额。

不可避免中断时间也需要根据测时资料通过整理分析获得;也可以根据经验数据或工时规范,以占工作日的百分比表示此项工时消耗的时间定额。

(3)拟定休息时间

休息时间应根据工作班作息制度、经验资料、计时观察资料,以及对工作的疲劳程度作全面分析来确定。同时,应考虑尽可能利用不可避免中断时间作为休息时间。规范时间均可利用工时规范或经验数据确定,常用的参考数据可如表1－3－5。

表1－3－5　准备与结束、休息、不可避免中断时间占工作班时间的百分率参考

序号	时间分类　工种	准备与结束时间占工作时间的百分率/%	休息时间占工作时间的百分率/%	不可避免中断时间占工作时间的百分率/%
1	材料运输及材料加工	2	13～16	2
2	人力土方工程	3	13～16	2
3	架子工程	4	12～15	2
4	砖石工程	6	10～13	4
5	抹灰工程	6	10～13	3
6	手工木作工程	4	7～10	3
7	机械木作工程	3	4～7	3
8	模板工程	5	7～10	4
9	钢筋工程	4	7～10	3
10	现浇混凝土工程	6	10～13	2
11	预制混凝土工程	4	10～13	3
12	防水工程	5	25	2
13	油漆玻璃工程	3	4～7	2
14	钢制品制作及安装工程	4	4～7	2
15	机械土方工程	2	4～7	2
16	石方工程	4	13～16	2
17	机械打桩工程	6	10～13	3
18	构件运输及吊装工程	6	10～13	3
19	水暖电气工程	5	7～10	3

3. 拟定定额时间

确定的基本工作时间、辅助工作时间、准备与结束工作时间、不可避免中断时间与休息时间之和,就是劳动定额的时间定额。根据时间定额可计算出产量定额,时间定额和产量定额互为倒数。

利用工时规范可以计算劳动定额的时间定额。计算公式为

规范时间＝准备与结束工作时间＋不可避免的中断时间＋休息时间

工序作业时间＝基本工作时间＋辅助工作时间 ＝基本工作时间 /(1－辅助工作时间%)

定额时间＝工序作业时间 /(1－辅助工作时间%)

【例1－3－4】 通过计时观察资料得知:人工挖二类土1 m^3 的基本工作时间为6 h,辅助工作时间占工序作业时间的2%。准备与结束工作时间、不可避免中断时间、休息时间分别占工作日的3%,2%,18%。则该人工挖二类土的时间定额是多少。

解 基本工作时间＝6 h＝0.75 (工日/m^3)

工序作业时间＝0.75/(1－2%) ＝0.765 (工日/m^3)

时间定额＝0.765/ (1－3%－2%－18%)＝0.944(工日/m^3)

(五)确定材料定额消耗量的基本方法

1. 材料的分类

合理确定材料消耗定额,必须研究和区分材料在施工过程中的类别。

(1)根据材料消耗的性质划分

施工中材料的消耗可分为必须消耗的材料和损失的材料两类性质。

①必须消耗的材料是指在合理用料的条件下,生产合格产品所需消耗的材料。它包括直接用于建筑和安装工程的材料、不可避免的施工废料、不可避免的材料损耗。必须消耗的材料属于施工正常消耗,是确定材料消耗定额的基本数据。其中直接用于建筑和安装工程的材料用来编制材料净用量定额;不可避免的施工废料和材料损耗用来编制材料损耗定额。

②损失的材料是指在生产中不按操作规程施工和人为造成不合理的多消耗的材料,定额中不予考虑。

(2)根据材料消耗与工程实体的关系划分

施工中的材料可分为实体材料和非实体材料两类。

①实体材料是指直接构成工程实体的材料,包括工程直接性材料和辅助材料。工程直接性材料主要是指一次性消耗,是指直接用于工程上构成建筑物或结构本体的材料,如钢筋混凝土柱中的钢筋、水泥、砂、碎石等;辅助性材料主要是指虽也是施工过程中所必需,却并不构成建筑物或结构本体的材料,如土石方爆破工程中所需的炸药、引信、雷管等。主要材料用量大,辅助材料用量少。

②非实体材料是指在施工中必须使用但又不能构成工程实体的施工措施性材料。非实体材料主要是指周转性材料,如模板、脚手架等。

有关非实体材料消耗的计算在第一章中已有所论述,此处主要阐述实体材料消耗的计算。

2. 确定材料消耗量的基本方法

确定实体材料的净用量定额和材料损耗定额的计算数据,是通过现场技术测定、实验室试验、现场统计和理论计算等方法获得的。

(1)现场技术测定法　又称为观测法,是根据对材料消耗过程的测定与观察,通过完成产品数量和材料消耗量的计算而确定各种材料消耗定额的一种方法。现场技术测定法主要适用于确定材料损耗量,因为该部分数值用统计法或其他方法较难得到。通过现场观察还可以区别出哪些是可以避免的损耗,哪些是属于难以避免的损耗,明确定额中不应列入可以避免的损耗。

(2)实验室试验法　主要用于编制材料净用量定额。通过试验,能够对材料的结构、化学成分和物理性能以及按强度等级控制的混凝土、砂浆、沥青、油漆等配比作出科学的结论,给编制材料消耗定额提供有技术根据的、比较精确的计算数据。但其缺点在于无法估计到施工现场某些因素对材料消耗量的影响。

(3)现场统计法　是以施工现场积累的分部分项工程使用材料数量、完成产品数量、完成工作原材料的剩余数量等统计资料为基础,经过整理分析,获得材料消耗的数据。这种方法由于不能分清材料消耗的性质,因而不能作为确定材料净用量定额和材料损耗定额的依据,只能作为编制定额的辅助方法使用。

上述三种方法的选择必须符合国家有关标准规范,即材料的产品标准,计量要使用标准容器和称量设备,质量符合施工验收规范要求,以保证获得可靠的定额编制依据。

(4)理论计算法　是运用一定的数学公式计算材料消耗定额。

【例1-3-5】　用1:1水泥砂浆贴150 mm×150 mm×5 mm瓷砖墙面,结合层厚度为10 mm,试计算每100 m^2瓷砖墙面中瓷砖和砂浆的消耗量(灰缝宽为2 mm)。假设瓷砖损耗率为1.5%,砂浆损耗率为1%。

解　每100 m^2瓷砖墙面中瓷砖的净用量 $=\dfrac{100}{(0.15+0.002)(0.15+0.002)}=4\ 328.25$ 块

每100 m^2瓷砖墙面中瓷砖的总消耗量 $=4\ 328.25\times(1+1.5\%)=4\ 393.17$ 块

每100 m^2瓷砖墙面中结合层砂浆净用量 $=100\times0.01=1\ m^3$

每100 m^2瓷砖墙面中灰缝砂浆净用量 $=[100-(4\ 328.25\times0.15\times0.15)]\times0.005\approx0.013\ m^3$

每100 m^2瓷砖墙面中水泥砂浆总用量 $=(1+0.013)\times(1+1\%)=1.02\ m^3$

(六)确定机械台班定额消耗量的基本方法

1. 确定机械1 h纯工作正常生产率

机械纯工作时间,就是指机械的必须消耗时间。机械1 h纯工作正常生产率,就是正常施工组织条件下,具有必需的知识和技能的技术工人操纵机械 1 h 的生产率。根据机械工作特点的不同,机械 1 h 纯工作正常生产率的确定方法也有所不同。

对于循环动作机械,确定机械纯工作 1 h 正常生产率的计算公式如下:

机械一次循环的正常延续时间 = $\sum$(循环各组成部分正常延续时间) - 交叠时间

机械纯工作 1 h 循环次数 = (60 ×60 s)/一次循环正常延续时间(s)

机械纯工作 1 h 正常生产率 = 机械纯工作 1 h 正常循环次数 × 一次循环生产的产品数量

对于连续动作机械,确定机械纯工作 1 h 正常生产率要根据机械的类型和结构特征,以及工作过程的特点来进行。计算公式如下:

连续动作机械纯工作 1 h 正常生产率 = 工作时间内生产的产品数量/工作时间(h)

工作时间内的产品数量和工作时间的消耗,要通过多次现场观察和机械说明书来取得数据。

2. 确定施工机械的正常利用系数

确定施工机械的正常利用系数,是指机械在工作班内对工作时间的利用率。机械的利用系数和机械在工作班内的工作状况有着密切的关系,所以要确定机械的正常利用系数,首先要拟定机械工作班的正常工作状况,保证合理利用工时。机械正常利用系数的计算公式如下:

机械正常利用系数 = 机械在一个工作班内纯工作时间/工作班延续时间(8 h)

3. 计算施工机械台班定额

计算施工机械定额是编制机械定额工作的最后一步。在确定了机械工作正常条件、机械 1 h 纯工作正常生产率和机械正常利用系数之后,采用下列公式计算施工机械的产量定额:

施工机械台班产量定额 = 机械 1 h 纯工作正常生产率 × 工作班纯工作时间

或　施工机械台班产量定额 = 机械 1 h 纯工作正常生产率 × 工作班延续时间 × 工作班机械正常利用系数

施工机械时间定额 = 1/机械台班产量定额指标

【例 1-3-4】　某工程现场采用出料容量 500 L 的混凝土搅拌机,每一次循环中,装料、搅拌、卸料、中断需要的时间分别为 1,3,1,1 分钟,机械正常利用系数为 0.9,求该机械的台班产量定额。

解　该搅拌机一次循环的正常延续时间 = 1 + 3 + 1 + 1 = 6 min = 0.1h

该搅拌机纯工作 1 h 循环次数 = 10 次

该搅拌机纯工作 1 h 正常生产率 = 10 × 500 = 5 000 L = 5 m^3

该搅拌机台班产量定额 = 5 × 8 × 0.9 = 36 m^3/台班

二、建筑安装工程人工、材料、机械台班单价的确定方法

(一)人工单价的组成和确定方法

1. 人工单价及其组成内容

人工单价是指一个建筑安装生产工人一个工作日在计价时应计入的全部人工费用。它基本上反映了建筑安装生产工人的工资水平和一个工人在一个工作日中可以得到的报酬。合理确定人工工日单价是正确计算人工费和工程造价的前提和基础。按照现行规定,生产工人的人工工日单价组成内容见表 1-3-6。

表 1-3-6　人工单价组成内容

基本工资	岗位工资、技能工资、工龄工资
工资性补贴	物价补贴,煤,燃气补贴,交通补贴,住房补贴,流动施工津贴,地区津贴
辅助工资	非作业工日发放的工资和工资性补贴
职工福利费	书报费、洗理费、取暖费
劳动保护费	劳保用品购置及修理费、徒工服装补贴、防暑降温费、保健费用

2. 人工单价确定的依据和方法

(1)基本工资　根据建设部建人[1992]680号"关于印发《全民所有制大中型建筑安装企业岗位技能工资制试行方案》和《全民所有制建筑安装企业试行岗位技能工资制有关问题的意见》的通知",生产工人的基本工资应执行岗位工资和技能工资制度。基本工资是按岗位工资、技能工资和工龄工资(按职工工作年限确定的工资)计算的。

岗位工资是根据劳动岗位的劳动责任轻重、劳动强度大小、劳动条件好坏及劳动技能要求的高低确定的。工人岗位工资标准设8个岗次。技能工资是根据不同岗位、职位、职务对劳动技能的要求,同时兼顾职工所具备的劳动技能水平而确定的工资。技术工人技能工资分初级工、中级工、高级工、技师和高级技师五类工资标准,共分26挡。

$$\text{基本工资}(G_1) = \text{生产工人平均月工资}/\text{年平均每月法定工作日}$$

其中,年平均每月法定工作日 = [(全年日历日 - 法定假日)]/12,其中法定假日指双休日和法定节日。

(2)工资性补贴　是指按规定标准发放的物价补贴,煤、电、水、燃气、肉价、副食、粮油、燃料、粮价、市内交通、住房、集中供暖等补贴,流动施工及地区津贴等。

$$\text{工资性补贴}(G_2) = \text{年发放标准}/(\text{全年日历日} - \text{法定假日}) + \text{月发放标准}/\text{年平均每月法定工作日} + \text{每工作日发放标准}$$

(3)生产工人辅助工资　是指生产工人年有效施工天数以外无效工作日的工资及工资性补贴,包括职工学习、培训期间的工资,调动工作、探亲、休假期间的工资,因气候影响的停工工资,女工哺乳时间的工资,病假在6个月以内的工资及产、婚、丧假期的工资。

$$\text{生产工人辅助工资}(G_3) = \text{全年无效工作日} \times (G_1 + G_2)/(\text{全年日历日} - \text{法定假日})$$

(4)职工福利费　是指按规定标准计提的职工福利费。

$$\text{职工福利费}(G_4) = (G_1 + G_2 + G_3) \times \text{福利费计提比例}$$

(5)生产工人劳动保护费　是指按规定标准发放的劳动保护用品等的购置费及修理费,徒工服装补贴,防暑降温费,在有碍身体健康环境中的施工保健费用等。

$$\text{生产工人劳动保护费}(G_5) = \text{生产工人年平均支出劳动保护费}/(\text{全年日历日} - \text{法定假日})$$

3. 影响人工单价的因素

影响建筑安装工人人工单价的因素很多,归纳起来有以下几个方面。

(1)社会平均工资水平　建筑安装工人人工单价必然和社会平均工资水平趋同。社会平均工资水平取决于经济发展水平。由于我国改革开放以来经济迅速增长,社会平均工资也有大幅增长,从而使人工单价大幅提高。

(2)生活消费指数　生活消费指数的提高会促使人工单价提高,以减少生活水平的下降,或维持原来的生活水平。生活消费指数的变动决定于物价的变动,尤其决定于生活消费品物价的变动。

(3)人工单价组成的内容　例如住房消费、养老保险、医疗保险、失业保险等若列入人工单价,会使人工单价提高。

(4)劳动力供需市场变化　在劳动力市场如果需求大于供给,人工单价就会提高;供给大于需求,市场竞争激烈,人工单价就会下降。

(5)政府推行的社会保障和福利政策也会影响人工单价的变动。

(二)材料价格的组成和确定方法

在建筑工程中,材料费约占总造价的60% ~70%,在金属结构工程中所占比重还要更大,是直接工程费的主要组成部分。因此,合理确定材料价格构成,正确计算材料价格,有利于合理确定和有效控制工程造价。

1. 材料价格的构成和分类

(1)材料价格的构成　材料价格是指材料(包括构件、成品及半成品等)从其来源地(或交货地点、供应者仓库提货地点)到达施工工地仓库(施工地点内存放材料的地点)后出库的综合平均价格。材料价格一般由材料原价(或供应价格)、材料运杂费、运输损耗、采购及保管费组成。上述四项构成材料基价,此外在计价时,材料费中还应包括单独列项计算的检验试验费。

材料费 = (材料消耗量 × 材料基价) + 检验试验费

(2)材料价格分类 材料价格按适用范围划分,有地区材料价格和某项工程使用的材料价格两类。地区材料价格是按地区(城市或建设区域)编制,供该地区所有工程使用;某项工程(一般指大中型重点工程)使用的材料价格,是以一个工程为编制对象,专供该工程项目使用。

地区材料价格与某项工程使用的材料价格的编制原理和方法是一致的,只是在材料来源地、运输数量权数等具体数据上有所不同。

2. 材料价格的编制依据和确定方法

(1)材料基价 是由材料原价(或供应价格)、材料运杂费、运输损耗费以及采购保管费合计而成的。

①材料原价(或供应价格) 是指材料的出厂价格,进口材料抵岸价或销售部门的批发牌价和市场采购价格(或信息价)。

在确定原价时,凡同一种材料因来源地、交货地、供货单位、生产厂家不同,而有几种价格(原价)时,根据不同来源地供货数量比例,采取加权平均的方法确定其综合原价。计算公式为

$$加权平均原价 = (K_1C_1 + K_2C_2 + \cdots + K_nC_n)/(K_1 + K_2 + \cdots + K_n)$$

式中 $K_1, K_2, \cdots, K_n$——各不同供应地点的供应量或各不同使用地点的需要量;

$C_1, C_2, \cdots, C_n$——各不同供应地点的原价。

②材料运杂费 是指材料自来源地运至工地仓库或指定堆放地点所发生的全部费用。含外埠中转运输过程中所发生的一切费用和过境过桥费用,包括调车和驳船费、装卸费、运输费及附加工作费等。

同一品种的材料有若干个来源地,应采用加权平均的方法计算材料运杂费。计算公式为

$$加权平均运杂费 = (K_1T_1 + K_2T_2 + \cdots + K_nT_n)/(K_1 + K_2 + \cdots + K_n)$$

式中 $K_1, K_2, \cdots, K_n$——各不同供应地点的供应量或各不同使用地点的需求量;

$T_1, T_2, \cdots, T_n$——各不同运距的运费。

③运输损耗 在材料的运输中应考虑一定的场外运输损耗费用,这是指材料在运输装卸过程中不可避免的损耗。运输损耗的计算公式为

运输损耗 = (材料原价 + 运杂费) × 相应材料损耗率

④采购及保管费 是指材料供应部门(包括工地仓库及其以上各级材料主管部门)在组织采购、供应和保管材料过程中所需的各项费用,包含采购费、仓储费、工地管理费和仓储损耗。

采购及保管费一般按照材料到库价格以费率取定。材料采购及保管费计算公式为

采购及保管费 = 材料运到工地仓库价格 × 采购及保管费率

或 采购及保管费 = (材料原价 + 运杂费 + 运输损耗费) × 采购及保管费率

综上所述,材料基价的一般计算公式为

材料基价 = [(供应价格 + 运杂费) × (1 + 运输损耗率)] × (1 + 采购及保管费率)

【例 1-3-5】 某工地水泥从两个地方采购,其采购量及有关费用如下表所示,求该工地水泥的基价。

采购处	采购量/吨	原价/(元/吨)	运杂费/(元/吨)	运输损耗率/%	采购及保管费费率/%
来源一	300	240	20	0.5	3
来源二	200	250	15	0.4	

解 加权平均原价 = (300 × 240 + 200 × 250)/(300 + 200) = 244 元/吨

加权平均运杂费 = (300 × 20 + 200 × 15)/(300 + 200) = 18 元/吨

来源一的运输损耗费 = (240 + 20) × 0.5% = 1.3 元/吨

来源二的运输损耗费 = (250 + 15) × 0.4% = 1.06 元/吨

加权平均运输损耗费 =（300 ×1.3 +200 ×1.06）/（300 +200）=1.204 元/吨

水泥基价 =（244 +18 +1.204）×（1 +3%）=271.1 元/吨

（2）检验试验费　是指对建筑材料、构件和建筑安装物进行一般鉴定、检查所发生的费用，包括自设试验室进行试验所耗用的材料和化学药品等费用。不包括新结构、新材料的试验费和建设单位对具有出厂合格证明的材料进行检验，对构件做破坏性试验及其他特殊要求检验试验的费用。其计算公式如下：

$$检验试验费 = \sum (单位材料量检验试验费 \times 材料消耗量)$$

由于我国幅员广大，建筑材料产地与使用地点的距离及各地差异很大，且采购、保管、运输方式也不尽相同，因此材料价格原则上按地区范围编制。

3. 影响材料价格变动的因素

（1）市场供需变化及材料原价是材料价格中最基本的组成。市场供大于求价格就会下降，反之价格就会上升，从而也就会影响材料价格的涨落。

（2）材料生产成本的变动直接带动材料价格的波动。

（3）流通环节的多少和材料供应体制也会影响材料价格。

（4）运输距离和运输方法的改变会影响材料运输费用的增减，从而也会影响材料价格。

（5）国际市场行情会对进口材料价格产生影响。

（三）施工机械台班单价的组成和确定方法

施工机械使用费是根据施工中耗用的机械台班数量和机械台班单价确定的。施工机械台班耗用量按有关定额规定计算。施工机械台班单价是指一台施工机械，在正常运转条件下一个工作班中所发生的全部费用，每台班按 8 *h* 工作制计算。正确制定施工机械台班单价是合理控制工程造价的重要方面。

根据《2001 年全国统一施工机械台班费用编制规则》的规定，施工机械台班单价由七项费用组成，包括折旧费、大修理费、经常修理费、安拆费及场外运输费、人工费、燃料动力费、养路费及车船使用税等。

1. 折旧费的组成及确定

折旧费是指施工机械在规定使用期限内，陆续收回其原值及购置资金的时间价值。计算公式如下：

台班折旧费 =［机械预算价格 ×（1 - 残值率）×时间价值系数］/机械使用总台班

（1）机械预算价格　国产机械的预算价格按照机械原值、供销部门手续费、一次运杂费以及车辆购置税之和计算。

①机械原值应按下列途径询价、采集：a. 编制期施工企业已购进施工机械的成交价格；b. 编制期国内施工机械展销会发布的参考价格；c. 编制期施工机械生产厂、经销商的销售价格。

②供销部门手续费和一次运杂费可按机械原值的 5% 计算。

③车辆购置税的计算。车辆购置税应按下列公式计算：

车辆购置税 = 计税价格 × 车辆购置税率

其中　计税价格 = 机械原值 + 供销部门手续费和一次运杂费 - 增值税

车辆购置税应执行编制期间国家有关规定。

进口机械的预算价格。进口机械的预算价格按照机械原值、关税、增值税、消费税、外贸手续费和国内运杂费、财务费、车辆购置税之和计算。

①进口机械的机械原值按其到岸价格取定。

②关税、增值税、消费税及财务费应执行编制期国家有关规定，并参照实际发生的费用计算。

③外贸部门手续费和国内一次运杂费应按到岸价格的 6.5% 计算。

④车辆购置税的计税价格是到岸价格、关税和消费税之和。

（2）残值率　是指机械报废时回收的残值占机械原值的百分比。残值率按目前有关规定执行：运输机械 2%，特大型机械 3%，中小型机械 4%，掘进机械 5%。

（3）时间价值系数　是指购置施工机械的资金在施工生产过程中随着时间的推移而产生的单位增值。其公式为

$$时间价值系数 = 1 + [(折旧年限 + 1)/2] \times 年折现率$$

其中,年折现率应按编制期银行年贷款利率确定。

(4)耐用总台班　指施工机械从开始投入使用至报废前使用的总台班数,应按施工机械的技术指标及寿命期等相关参数确定。

机械耐用总台班的计算公式为

$$耐用总台班 = 折旧年限 \times 年工作台班 = 大修间隔台班 \times 大修周期$$

年工作台班是根据有关部门对各类主要机械最近三年的统计资料分析确定。

大修间隔台班是指机械自投入使用起至第一次大修止或自上一次大修后投入使用起至下一次大修止,应达到的使用台班数。

大修周期是指机械在正常的施工作业条件下,将其寿命期(即使用总台班)按规定的大修理次数划分为若干个周期。其计算公式为

$$大修周期 = 寿命期大修理次数 + 1$$

2. 大修理费的组成及确定

大修理费是指机械设备按规定的大修间隔台班进行必要的大修理,以恢复机械正常功能所需的费用。台班大修理费是机械使用期限内全部大修理费之和在台班费用中的分摊额,它取决于一次大修理费用、大修理次数和耐用总台班的数量。其计算公式为

$$台班大修理费 = (一次大修理费 \times 寿命期内大修理次数)/使用总台班$$

(1)一次大修理费　指施工机械一次大修理发生的工时费、配件费、辅料费、油燃料费及送修运杂费。

一次大修费应以《全国统一施工机械保养修理技术经济定额》为基础,结合编制期市场价格综合确定。

(2)寿命期大修理次数　指施工机械在其寿命期使用用总台班内规定的大修理次数,应参照《全国统一施工机械保养修理技术经济定额》确定。

3. 经常修理费的组成及确定

指施工机械除大修理以外的各级保养和临时故障排除所需的费用。包括为保障机械正常运转所需替换与随机配备工具附具的摊销和维护费用,机械运转及日常保养所需润滑与擦拭的材料费用和机械停滞期间的维护和保养费用等。各项费用分摊到台班中,即为台班经修费。其计算公式为

$$\begin{aligned}台班经修费 = &\{[\sum(各级保养一次费用 \times 寿命期各级保养总次数) + 临时故障排除费]/\\&耐用总台班\} + 替换设备和工具附具台班摊销费 + 例保辅料费\end{aligned}$$

当台班经常修理费计算公式中各项数值难以确定时,也可按下列公式计算,即

$$台班经修费 = 台班大修费 \times K$$

式中,K 为台班经常修理费系数。

(1)各级保养一次费用　分别指机械在各个使用周期内为保证机械处于完好状况,必须按规定的各级保养间隔周期、保养范围和内容进行的一、二、三级保养或定期保养所消耗的工时、配件、辅料、油燃料等费用。应以《全国统一施工机械保养修理技术经济定额》为基础,结合编制期市场价格综合确定。

(2)寿命期各级保养总次数　分别指一、二、三级保养或定期保养在寿命期内各个使用周期中保养次数之和,应按照《全国统一施工机械保养修理技术经济定额》确定。

(3)临时故障排除费　是指机械除规定的大修理及各级保养以外,排除临时故障所需费用以及机械在工作日以外的保养维护所需润滑擦拭材料费,可按各级保养(不包括例保辅料费)费用之和的3%计算。

(4)替换设备及工具附具台班摊销费　是指轮胎、电缆、蓄电池、运输皮带、钢丝绳、胶皮管、履带板等消耗性设备和按规定随机配备的全套工具附具的台班摊销费用。

(5)例保辅料费　即机械日常保养所需润滑擦拭材料的费用。替换设备及工具附具台班摊销费、例保辅料费的计算应以《全国统一施工机械保养修理技术经济定额》为基础,结合编制期市场价格综合确定。

4. 安拆费及场外运费的组成和确定

安拆费是指施工机械在现场进行安装拆卸所需的人工、材料、机械和试运转费用以及机械辅助设施

的折旧、搭设、拆除等费用;场外运输是指施工机械整体或分体自停放地点运至施工现场或由一施工地点运至另一施工地点的运输、装卸、辅助材料及架线等费用。

安拆费及场外运费根据施工机械不同分为计入台班单价、单独计算和不计算三种类型。

(1)工地间移动较为频繁的小型机械及部分中型机械,其安拆费及场外运费应计入台班单价。台班安拆费及场外运费应按下列公式计算:

台班安装拆卸及场外运费 =(一次安拆费 × 年安拆次数)/年工作台班

辅助设施费 =[辅助设施一次使用量 ×(1 - 残值率)× 预算价格]/摊销台班数

①一次安拆费应包括施工现场机械安装和拆卸一次所需的人工费、材料费、机械费及试运转费。

②一次场外运费应包括运输、装卸、辅助材料和架线等费用。

③年平均安拆次数应以《全国统一施工机械保养修理技术经济定额》为基础,由各地区(部门)结合具体情况确定。

④运输距离均应按 25 千米计算。

(2)移动有一定难度的特、大型(包括少数中型) 机械,其安拆费及场外运费应单独计算。

单独计算的安拆费及场外运费除应计算安拆费、场外运费外,还应计算辅助设施(包括基础、底座、固定锚桩、行走轨道枕木等)的折旧、搭设和拆除等费用。

(3)不需安装、拆卸且自身又能开行的机械和固定在车间不需安装、拆卸及运输的机械,其安拆费及场外运费不计算。

(4)自升式塔式起重机安装、拆卸费用的超高起点及其增加费,各地区(部门)可根据具体情况确定。

5. 人工费的组成和确定

人工费是指机上司机(司炉)和其他操作人员的工作日人工费及上述人员在施工机械规定的年工作台班以外的人工费。按下列公式计算:

台班人工费 =[人工消耗量 ×(1 + 年制度工作日 × 年工作台班)× 人工单价]/年工作台班

(1)人工消耗量是指机上司机(司炉)和其他操作人员工日消耗量。

(2)年制度工作日应执行编制期国家有关规定。

(3)人工日工资单价应执行编制期工程造价管理部门的有关规定。

6. 燃料动力费的组成和确定

燃料动力费是指施工机械在运转作业中所耗用的固体燃料(煤、木柴)、液体燃料 (汽油、柴油)及水、电等费用。其计算公式为

台班燃料动力费 = 台班燃料动力消耗量 × 相应单价

(1)燃料动力消耗量应根据施工机械技术指标及实测资料综合确定。例如可采用下列公式:

台班燃料动力消耗量 =(实测数 ×4 + 定额平均值 + 调查平均值)/6

(2)燃料动力单价应执行编制期工程造价管理部门的有关规定。

7. 养路费及车船使用税的组成和确定

养路费及车船使用税是指按照国家和有关部门规定应交纳的养路费、车船使用税、保险费及年检费用等。其计算公式为

养路费及车船使用税 =(年养路费 + 年车船使用税 + 年保险费 + 年检费用)/年工作台班

台班养路费 =[机械自重(或核定吨位)× 年工作月数 ×(养路费 + 牌照税)]/年工作台班

(1)年养路费、年车船使用税、年检费用应执行编制期有关部门的规定。

(2)年保险费执行编制期有关部门强制性保险的规定,非强制性保险不应计算在内。

三、计价定额的编制

工程定额中的预算定额、概算定额、概算指标、投资估算指标等都是计价性定额,主要用来在建设项目的不同阶段作为确定和计算工程造价的依据。

(一)预算定额

1. 预算定额的概念与作用

(1)预算定额　是指在合理的施工组织设计、正常施工条件下,生产一个规定计量单位合格结构构件、分项工程所需的人工、材料和机械台班的社会平均消耗量标准。预算定额是工程建设中的一项重要的技术经济文件,是编制施工图预算的主要依据,是确定和控制工程造价的基础。

(2)预算定额的用途和作用

①预算定额是编制施工图预算、确定建筑安装工程造价的基础。施工图设计一经确定,工程预算造价就取决于预算定额水平和人工、材料及机械台班的价格。预算定额起着控制劳动消耗、材料消耗和机械台班使用的作用,进而起着控制建筑产品价格的作用。

②预算定额是编制施工组织设计的依据。施工组织设计的重要任务之一就是确定施工中所需人力、物力的供求量,并做出最佳安排。施工单位在缺乏本企业的施工定额的情况下,根据预算定额,亦能够比较精确地计算出施工中各项资源的需要量,为有计划地组织材料采购和预制件加工、劳动力和施工机械的调配,提供了可靠的计算依据。

③预算定额是工程结算的依据。工程结算是建设单位和施工单位按照工程进度对已完成的分部分项工程实现货币支付的行为。按进度支付工程款,需要根据预算定额将已完分项工程的造价算出。单位工程验收后,再按竣工工程量、预算定额和施工合同规定进行结算,以保证建设单位建设资金的合理使用和施工单位的经济收入。

④预算定额是施工单位进行经济活动分析的依据。预算定额规定的物化劳动和劳动消耗指标,是施工单位在生产经营中允许消耗的最高标准。施工单位必须以"预算定额作为评价企业工作的重要标准"作为努力实现的目标。施工单位可根据预算定额对施工中的劳动、材料、机械的消耗情况进行具体的分析,以便找出并克服低功效、高消耗的薄弱环节,提高竞争能力。只有在施工中尽量降低劳动消耗,采用新技术,提高劳动者素质,提高劳动生产率,才能取得较好的经济效益。

⑤预算定额是编制概算定额的基础。概算定额是在预算定额基础上综合扩大编制的。利用预算定额作为编制依据,可以节省编制工作的大量人力、物力和时间,收到事半功倍的效果,还可以使概算定额在水平上与预算定额保持一致,以免造成执行中的不 一致。

⑥预算定额是合理编制招标控制价、投标报价的基础。在深化改革中,预算定额的指令性作用将日益削弱,而对施工单位按照工程个别成本报价的指导性作用仍然存在,因此预算定额作为编制招标控制价的依据和施工企业报价的基础性作用仍将存在,这也是由于预算定额本身的科学性和指导性决定的。

2. 预算定额的种类

(1)按专业性质分类　预算定额可分为建筑工程定额和安装工程定额两大类。建筑工程定额按专业对象分为建筑工程预算定额、市政工程预算定额、铁路工程预算定额、公路工程预算定额、房屋修缮工程预算定额、矿山井巷预算定额等。安装工程预算定额按专业对象分为电气设备安装工程预算定额、机械设备安装工程预算定额、通信设备安装工程预算定额、化学工业设备安装工程预算定额、工业管道安装工程预算定额、工艺金属结构安装工程预算定额、热力设备安装工程预算定额等。

(2)按管理权限和执行范围分类预算定额　可分为全国统一预算定额、行业统一预算定额和地区统一预算定额等。

(3)按生产要素分类　预算定额可分为劳动定额、机械定额和材料消耗定额,它们相互依存形成一个整体,作为编制预算定额依据,各自不具有独立性。

3. 预算定额的编制原则、依据和步骤

(1)预算定额的编制原则

为保证预算定额的质量,充分发挥预算定额的作用,实际使用简便,在编制工作中应遵循以下原则。

①按社会平均水平确定预算定额的原则;

②简明适用的原则;

③坚持统一性和差别性相结合的原则。

(2)预算定额的编制依据

①现行劳动定额和施工定额。预算定额是在现行劳动定额和施工定额的基础上编制的。预算定额中人工、材料、机械台班消耗水平,需要根据劳动定额或施工定额取定;预算定额的计量单位的选择,也要以施工定额为参考,从而保证两者的协调和可比性,减轻预算定额的编制工作量,缩短编制时间。

②现行设计规范、施工及验收规范、质量评定标准和安全操作规程。

③具有代表性的典型工程施工图及有关标准图。对这些图纸要进行仔细分析研究,并计算出工程数量,作为编制定额时选择施工方法和确定定额含量的依据。

④新技术、新结构、新材料和先进的施工方法等。这类资料是调整定额水平和增加新的定额项目所必需的依据。

⑤有关科学实验、技术测定和统计、经验资料。这类文件是确定定额水平的重要依据。

⑥现行的预算定额、材料预算价格及有关文件规定等。包括过去定额编制过程中积累的基础资料,也是编制预算定额的依据和参考。

(3)预算定额的编制程序及要求

预算定额的编制,大致可以分为准备工作、收集资料、编制定额、报批和修改定稿五个阶段。各阶段工作相互有交叉,有些工作还有多次反复。其中,预算定额编制阶段的主要工作如下。

①确定编制细则。主要包括统一编制表格及编制方法;统一计算口径、计量单位和小数点位数的要求;有关统一性规定,如名称统一、用字统一、专业用语统一、符号代码统一等;简化字要规范,文字要简练明确。

②确定定额的项目划分和工程量计算规则。

③定额人工、材料、机械台班耗用量的计算、复核和测算。

4. 预算定额消耗量的编制方法

确定预算定额人工、材料、机械台班消耗指标时,必须先按施工定额的分项逐项计算出消耗指标,然后再按预算定额的项目加以综合。但是,这种综合不是简单的合并和相加,而需要在综合过程中增加两种定额之间的适当的水平差。预算定额的水平,首先取决于这些消耗量的合理确定。

人工、材料和机械台班消耗量指标,应根据定额编制原则和要求,采用理论与实际相结合、图纸计算与施工现场测算相结合、编制人员与现场工作人员相结合等方法进行计算和确定,使定额既符合政策要求,又与客观情况一致,便于贯彻执行。

(1)预算定额中人工工日消耗量的计算

人工的工日数可以有两种确定方法。一种是以劳动定额为基础确定;另一种是以现场观察测定资料为基础计算,主要用于遇到劳动定额缺项时,采用现场工作日写实等测时方法查定和计算定额的人工耗用量。

预算定额中人工工日消耗量是指在正常施工条件下,生产单位合格产品所必须消耗的人工工日数量,是由分项工程所综合的各个工序劳动定额包括的基本用工、其他用工两部分组成的。

①基本用工。基本用工指完成一定计量单位的分项工程或结构构件的各项工作过程施工任务所必须消耗的技术工种用工。按技术工种相应劳动定额工时定额计算,以不同工种列出定额工日。

②其他用工。其他用工是辅助基本用工消耗的工日,包括超运距用工、辅助用工和人工幅度差用工。

a. 超运距用工。超运距是指劳动定额中已包括的材料、半成品场内水平搬运距离与预算定额所考虑的现场材料、半成品堆放地点到操作地点的水平运输距离之差。

$$\text{超运距} = \text{预算定额取定运距} - \text{劳动定额已包括的运距}$$

$$\text{超运距用工} = \sum(\text{超运距材料数量} \times \text{时间定额})$$

需要指出,实际工程现场运距超过预算定额取定运距时,可另行计算现场二次搬运费。

b. 辅助用工。指技术工种劳动定额内不包括而在预算定额内又必须考虑的用工。例:机械土方工程配合用工、材料加工(筛砂、洗石、淋化石膏),电焊点火用工等。计算公式为

$$\text{辅助用工} = \sum(\text{材料加工数量} \times \text{相应的加工劳动定额})$$

c. 人工幅度差。即预算定额与劳动定额的差额，主要是指在劳动定额中未包括而在正常施工情况下不可避免但又很难准确计量的用工和各种工时损失。内容包括：

- 各工种间的工序搭接、交叉作业相互配合或影响所发生的停歇用工；
- 施工机械在单位工程之间转移及临时水电线路移动所造成的停工；
- 质量检查和隐蔽工程验收工作的影响；
- 班组操作地点转移用工；
- 工序交接时对前一工序不可避免的修整用工；
- 施工中不可避免的其他零星用工。

人工幅度差计算公式为

人工幅度差 =（基本用工 + 辅助用工 + 超运距用工）× 人工幅度差系数

人工幅度差系数一般为 10% ~15%。在预算定额中，人工幅度差的用工量列入其他用工量中。

(2) 预算定额中材料消耗量的计算

材料消耗量计算方法主要有：

①凡有标准规格的材料，按规范要求计算定额计量单位的耗用量，如砖、防水卷材、块料面层等。

②凡设计图纸标注尺寸及下料要求的按设计图纸尺寸计算材料净用量，如门窗制作用材料等。

③换算法。各种胶结、涂料等材料的配合比用料，可以根据要求条件换算，得出材料用量。

④测定法。包括实验室试验法和现场观察法。各种强度等级的混凝土及砌筑砂浆配合比的耗用原材料数量的计算，需按照规范要求试配，经试压合格并经过必要的调整后算出水泥、砂子、石子、水的用量。对新材料、新结构又不能用其他方法计算定额消耗用量时，需用现场测定方法来确定，根据不同条件可以采用写实记录法和观察法，得出定额的消耗量。

材料损耗量是指在正常条件下不可避免的材料损耗，如现场内材料运输及施工操作过程中的损耗等。其关系式为

材料损耗率 = 损耗量/净用量 × 100%

材料损耗量 = 材料净用量 × 损耗率

材料消耗量 = 材料净用量 + 损耗量

材料消耗量 = 材料净用量 ×（1 + 损耗率）

(3) 预算定额中机械台班消耗量的计算

预算定额中的机械台班消耗量是指在正常施工条件下，生产单位合格产品（分部分项工程或结构构件）必须消耗的某种型号施工机械的台班数量。

根据施工定额确定机械台班消耗量的计算，是指用施工定额中机械台班产量加机械幅度差计算预算定额的机械台班消耗量。

机械台班幅度差是指在施工定额中所规定的范围内没有包括，而在实际施工中又不可避免产生的影响机械或使机械停歇的时间。其内容包括：

①施工机械转移工作面及配套机械相互影响损失的时间。

②在正常施工条件下，机械在施工中不可避免的工序间歇。

③工程开工或收尾时工作量不饱满所损失的时间。

④检查工程质量影响机械操作的时间。

⑤临时停机、停电影响机械操作的时间。

⑥机械维修引起的停歇时间。

大型机械幅度差系数为：土方机械 25%，打桩机械 33%，吊装机械 30%。砂浆、混凝土搅拌机由于按小组配用，以小组产量计算机械台班产量，不另增加机械幅度差。其他分部工程中如钢筋加工、木材、水磨石等各项专用机械的幅度差为 10%。综上所述，预算定额的机械台班消耗量按下式计算：

预算定额机械耗用台班 = 施工定额机械耗用台班 ×（1 + 机械幅度差系数）

【例 1－3－6】 已知某挖土机挖土，一次正常循环工作时间是 40 s，每次循环平均挖土 0.3 m^3，机械

正常利用系数为0.8,机械幅度差为25%。求该机械挖土方1 000 m^3 的预算定额机械耗用台班量。

解 机械纯工作1 h 循环次数=3 600/40=90 次/台班

机械纯工作1 h 正常生产率=90×0.3=27 m^3

施工机械台班产量定额=27×8×0.8=172.8 m^3/台班

施工机械台班时间定额=1/172.8≈0.005 79 台班/m^3

预算定额机械耗用台班量=0.005 79×(1+25%)≈0.007 23 台班/m^3

挖土方1 000 m^3 的预算定额机械耗用台班量=1 000×0.007 23=7.23 台班

以现场测定资料为基础确定机械台班消耗量。如遇到施工定额缺项者,则需要根据单位时间完成的产量测定。

5.预算定额示例

表1-3-7为1995年《全国统一建筑工程基础定额》中砖石结构工程部分砖墙项目的示例。

表1-3-7 砖墙定额示例

工程内容:调、运、铺砂浆、运砖、砌砖。砌砖包括窗台虎头砖、腰线、门窗套;安装木砖、铁件等。 计量单位:10 m^3

定额编号			4-2	4-3	4-5	4-8	4-10	4-11
项目		单位	单面清水砖墙			混水砖墙		
			1/2砖	1砖	1砖半	1/2砖	1砖	1砖半
人工	综合工日	工日	21.79	18.87	17.83	20.14	16.08	15.63
材料	水泥砂浆M5	M^3	—	—	—	1.95	—	—
	水泥砂浆M10	M^3	1.95	—	—	—	—	—
	水泥混合砂浆M2.5	M^3	—	2.25	2.40	—	2.25	2.04
	普通黏土砖	千块	5.641	5.314	5.350	5.641	5.341	5.350
	水	M^3	1.13	1.06	1.07	1.33	1.06	1.07
机械	灰浆搅拌机200 L	台班	0.33	0.38	0.40	0.33	0.38	0.40

预算定额的说明包括定额总说明、分部工程说明及各分项工程说明。涉及各分部需说明的共性问题列入总说明,属某一分部需说明的事项列章节说明。说明要求简明扼要,但是必须分门别类注明,尤其是对特殊的变化,力求使用简便,避免争议。

(二)概算定额

1.概算定额的概念

概算定额是在预算定额基础上,确定完成合格的单位扩大分项工程或单位扩大结构构件所需消耗的人工、材料和机械台班的数量标准,所以概算定额又称作扩大结构定额。

概算定额是预算定额的综合与扩大,它将预算定额中有联系的若干个分项工程项目综合为一个概算定额项目。如砖基础概算定额项目,就是以砖基础为主,综合了平整场地、挖地槽、铺设垫层、砌砖基础、铺设防潮层、回填土及运土等预算定额中的分项工程项目。概算定额与预算定额的相同之处在于,它们都是以建(构)筑物各个结构部分和分部分项工程为单位表示的,内容也包括人工、材料和机械台班使用量定额三个基本部分,列有基准价。概算定额表达的主要内容、主要方式及基本使用方法都与预算定额相近。概算定额与预算定额的不同之处,在于项目划分和综合扩大程度上的差异,同时,概算定额主要用于设计概算的编制。由于概算定额综合了若干分项工程的预算定额,因此概算工程量计算和概算表的编制都比编制施工图预算简化一些。

2.概算定额的作用

从1957年我国开始在全国试行统一的《建筑工程扩大结构定额》之后,各省、自治区、直辖市根据本地区的特点,相继编制了本地区的概算定额。为了适应建筑业的改革,原国家计委、建设银行总行在计标

[1985] 352 号文件中指出，省、自治区、直辖市在预算定额基础上组织编写概算定额和概算指标，分别由主管部门审批，报国家计委备案。概算定额主要作用如下：

(1)是初步设计阶段编制概算，扩大初步设计阶段编制修正概算的主要依据；

(2)是对设计项目进行技术经济分析比较的基础资料之一；

(3)是建设工程主要材料计划编制的依据；

(4)是控制施工图预算的依据；

(5)是施工企业在准备施工期间，编制施工组织总设计或总规划时，对生产要素提出需要量计划的依据；

(6)是工程结束后，进行竣工决算和评价的依据；

(7)是编制概算指标的依据。

3. 概算定额的编制原则和编制依据

(1)概算定额编制原则

概算定额应该贯彻社会平均水平和简明适用的原则。由于概算定额和预算定额都是工程计价的依据，所以应符合价值规律和反映现阶段大多数企业的设计、生产及施工管理水平。但在概、预算定额水平之间应保留必要的幅度差。概算定额的内容和深度是以预算定额为基础的综合和扩大，在合并中不得遗漏或增加项目，以保证其严密和正确性。概算定额务必作到简化、准确和适用。

(2)概算定额的编制依据

由于概算定额的使用范围不同，其编制依据也略有不同。其编制依据一般有以下几种：

①现行的设计规范、施工验收技术规范和各类工程预算定额；

②具有代表性的标准设计图纸和其他设计资料；

③现行的人工工资标准、材料价格、机械台班单价及其他的价格资料。

(三)工程单价的编制

1. 工程单价的含义

工程单价一般是指单位假定建筑安装产品的不完全价格。通常是指建筑安装工程的预算定额基价和概算定额基价，所包含的仅仅是某一单位工程直接费中的直接工程费，即由人工、材料和机械费构成。在确立社会主义市场经济体制之后，为了适应改革开放形势发展的需要，与国际接轨，出现了建筑安装产品的综合单价，也可称为全费用单价，这种单价不仅含有人工、材料、机械台班三项直接工程费，而且包括间接费、利润和税金等内容。

2. 工程单价的种类

(1)按工程单价的适用对象划分

①建筑工程单价。

②安装工程单价。

(2)按用途划分

①预算单价　是通过编制单位估价表、地区单位估价表及设备安装价目表所确定的单价，用于编制施工图预算。例如：单位估价表、单位估价汇总表和安装价目表中所计算的工程单价。在预算定额和概算定额中列出的“预算价值”或“基价”，都应视作该定额编制时的工程单价。

②概算单价　是通过编制扩大单位估价表所确定的单价，用于编制设计概算。

(3)按适用范围划分

①地区单价　根据地区性定额和价格等资料编制，在地区范围内使用的工程单价属地区单价。例如地区单位估价表和汇总表所计算和列出的预算单价。

②个别单价　这是为适应个别工程编制概算或预算的需要而计算出的工程单价。

(4)按编制依据划分

①定额单价。

②补充单价。

(5)按单价的综合程度划分

①工料单价　也称为直接工程费单价，如预算定额中的“基价”，只包括人工费、材料费和机械台班使用费。

②综合单价　关于综合单价的内容，在我国不同的计价文件中有不同的规定。根据《建设工程工程量清单计价规范》GB 50500—2008 的规定，在招标投标及合同价的签订和实施阶段，综合单价是指分项工程除了规费、税金以外的全部费用，即由人工费、材料费、机械费、管理费、利润等组成，并考虑风险费用。根据《建筑安装工程费用项目组成》（建标（2003）206 号）的规定，综合单价也是分项工程的全费用单价，其内容包括直接工程费、间接费、利润和税金。

3. 工程单价的编制方法

工程单价的编制方法，简单说就是人工、材料、机械台班的消耗量和人工费、材料费、机械费单价的结合过程。计算公式如下。

（1）分部分项工程直接工程费单价（基价）

分部分项工程直接工程费单价（基价）= 单位分部分项工程人工费 + 单位分部分项工程材料费 + 单位分部分项工程机械使用费

其中

$$人工费 = \sum(人工工日用量 \times 人工日工资单价)$$

$$材料费 = \sum(各种材料耗用量 \times 材料基价) + 检验试验费$$

$$机械使用费 = \sum(机械台班用量 \times 机械台班单价)$$

（2）分部分项工程全费用单价

$$分部分项工程全费用单价 = 分部分项工程直接工程费单价(基价) \times (1 + 间接费率) \times (1 + 利润率) \times (1 + 税率)$$

4. 含有预算单价的预算定额的表现形式

建筑安装工程预算定额有国家统一定额，但鉴于各地区人工工资标准、材料预算价格的差别，各地区可参照国家定额，结合本地区的实际情况，分别编制本地区的建筑安装工程预算定额。不同地区的建筑安装工程预算定额在其内容、工程量计算方法、定额项目表形式以及定额水平等都有差别。

预算定额应按专业不同分别编制。每个专业的预算定额按建筑结构、施工顺序、工程内容及使用材料等分成若干章。还应考虑实体工程和措施工程的区别。例如 2010《黑龙江省建设工程计价依据（建筑工程计价定额）》，按实体工程分为土方工程、桩与地基基础工程、砌筑工程等十章；按措施工程分为脚手架工程、垂直运输工程等六章。每一章又按工程内容、施工方法、使用材料等分成若干节。例如砌筑工程一章又分为砌砖、砌石、砌块等节。每节按工程性质、材料类别、构造尺寸等分成若干项目。为了查阅方便，章、子目都固定编号排列。例如：M10 混合砂浆砌筑一砖厚实心砖墙现拌砂浆编号为：3 – 61，即 3 – 章，61 – 子目。

预算定额手册由总目录、总说明、建筑面积计算规范、章和附录等组成。

（1）目录　手册的索引，便于定额使用。

（2）总说明　介绍了预算定额的编制依据、适用范围及编定额时已考虑和没考虑的因素；同时指出预算定额实际应用时应注意的事项和有关规定。

（3）建筑面积计算规范　规定了各工程项目的建筑面积计算方法，不计算建筑面积范围等。

（4）章

①章说明　介绍该章的工程内容、包括的项目及本章的统一规定和定额的换算方法。

②工程量计算规则　规定了各分项工程的工程量计算方法、计算单位、计算的起止范围、应扣除及增加的量。

③定额项目表　通常由工程内容、定额单位、项目表和附注组成。第一，工程内容规定了分项工程所包括的工作内容，以及各工序所考虑的各种因素等；第二，项目表反映了一定计量单位分项工程的预算价值（定额基价）以及其中人工费、材料费、机械使用费单列，还有人工、材料、机械台班消耗量的标准；第三，附注说明当设计项目与定额不同时如何调整和换算，或说明定额项目的适用范围。

黑龙江省计价定额项目表形式见表 1 – 3 – 8。

表 1-3-8　砖基础计价定额表

砖基础(A.3.1 编码　010301)

工程内容:包括清基槽、调运砂浆、运砖、加工砖、砌砖、安放木砖、铁件等操作过程。　　计量单位:10 m^3

	清单编码			010301001					
	定额编号			3-1	3-2	3-3	3-4	3-5	3-6
	项目名称			砖基础(水泥砂浆)					
				M5		M7.5		M10	
				现拌砂浆	预拌砂浆	现拌砂浆	预拌砂浆	现拌砂浆	预拌砂浆
	基价/元			2 387.54	1 919.00	2 411.90	1 919.00		
其中	人工费/元			676.28	590.42	676.2	590.42	676.2	590.42
	材料费/元			1 688.09	1 328.58	1 712.45	1 328.58	1 739.51	1 328.58
	机械费/元			23.17		23.17		23.17	
	名　称	单位	单价	数量					
	综合用工	工日	53.00	12.760	11.140	12.760	11.140	12.760	11.140
材料	砌筑水泥　砂浆 M5	M^3		(2.36)					
	砌筑水泥　砂浆 M7.5	M^3				(2.36)			
	砌筑水泥　砂浆 M10	M^3						(2.36)	
	预拌砂浆	M^3			(2.36)		(2.36)		(2.36)
	普通黏土砖 240×115×53	千块	253.00	5.236	5.236	5.236	5.236	5.236	5.236
	水泥 32.5 MPa	kg	0.39	548.228		610.202		679.326	
	砂(净中砂)	M^3	64.12	2.136		2.136		2.136	
	水	M^3	7.59	1.661	0.510	1.687	0.510	1.699	0.510
机械	灰浆搅拌机 400 L	台班	100.74	0.230		0.230		0.230	
	电	kW·h		(3.490)		(3.490)		(3.490)	

本定额作为预算定额的同时可作为清单计价综合单价的组价使用,所以标有定额编号的同时标明了可组价相对应的清单编码。在此定额的基础上将管理费、利润和风险费用与其组合可形成综合单价,或在清单计价中将本定额作为消耗量定额来使用。

(5)附录　一般预算定额后面通常包括砂浆、混凝土配合比表,各种材料、机械的预算单价等有关资料,供预算基价的调整、编制施工计划及编制补充定额、补充单位价格表使用。

(四)概算指标

1.概算指标的概念及其作用

建筑安装工程概算指标通常是以整个建筑物和构筑物为对象,以建筑面积、体积或成套设备装置的台或组为计量单位而规定的人工、材料、机械台班的消耗量标准和造价指标。从上述概念中可以看出,建筑安装工程概算定额与概算指标的主要区别如下。

(1)确定各种消耗量指标的对象不同

概算定额是以单位扩大分项工程或单位扩大结构构件为对象,而概算指标则是以整个建筑物(如 100 m^2 或 1 000 m^3 建筑物)和构筑物为对象,因此,概算指标比概算定额更加综合与扩大。

(2)确定各种消耗量指标的依据不同

概算定额以现行预算定额为基础,通过计算之后才综合确定出各种消耗量指标,而概算指标中各种消耗量指标的确定则主要来自各种预算或结算资料。概算指标和概算定额、预算定额一样,都是与各个设计阶段相适应的多次性计价的产物,它主要用于投资估价、初步设计阶段,其作用主要有:

①概算指标可以作为编制投资估算的参考；

②概算指标中的主要材料指标可以作为匡算主要材料用量的依据；

③概算指标是设计单位进行设计方案比较、建设单位选址的一种依据；

④概算指标是编制固定资产投资计划，确定投资额和主要材料计划的主要依据。

2. 概算指标的分类和表现形式

(1)概算指标的分类

概算指标可分为两大类：一类是建筑工程概算指标，另一类是安装工程概算指标，如图 1－3－4 所示。

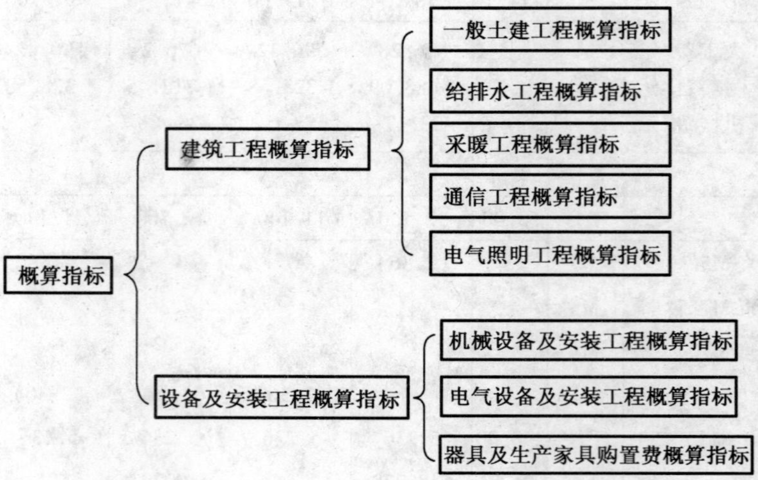

图 1－3－4 概算指标分类

(2)概算指标的组成内容及表现形式

①概算指标的组成内容

一般分为文字说明和列表两部分，以及必要的附录。

a. 总说明和分册说明 其内容一般包括概算指标的编制范围、编制依据、分册情况、指标包括的内容、指标未包括的内容、指标的使用方法、指标允许调整的范围及调整方法等。

b. 列表 建筑工程的列表形式，房屋建筑、构筑物的列表一般是以建筑面积、建筑体积、"座""个"等为计算单位，附以必要的示意图，示意图画出建筑物的轮廓示意或单线平面图，列出综合指标：元/100 m^2 或元/1 000 m^3，自然条件(如地耐力、地震烈度等)，建筑物的类型、结构形式及各部位中结构主要特点，主要工程量。安装工程的列表形式，设备以"t"或"台"为计算单位，也可以设备购置费或设备原价的百分比(%)表示；工艺管道一般以"t"为计算单位；通信电话站安装以"站"为计算单位。列出指标编号、项目名称、规格、综合指标(元/计算单位)之后一般还要列出其中的人工费，必要时还要列出主要材料费、辅材费。

总体来讲建筑工程列表形式分为以下几部分：

(a)示意图 表明工程的结构、工业项目，还需表示出吊车及起重能力等。

(b)工程特征 对采暖工程特征应列出采暖热煤及采暖形式；对电气照明工程特征可列出建筑层数、结构类型、配线方式、灯具名称等；对房屋建筑工程特征，主要对工程的结构形式、层高、层数和建筑面积进行说明。如表 1－3－9 所示。

表 1-3-9　内浇外砌住宅结构特征

结构类型	层数	层高/m	檐高/m	建筑面积/m^2
内浇外砌	六层	2.8	17.7	4 206

经济指标　说明该项目每 100 m^2，每座的造价指标及其中土建、水暖和电照等单位工程的相应造价，如表 1-3-10 所示。

表 1-3-10　内浇外砌住宅经济指标

100 m^2 建筑面积

项　　目		合计/元	其中/元			
			直接费	间接费	利润	税金
单方造价		30 422	21 860	5 576	1 893	1 093
其中	土建	26 133	18 778	4 790	1 626	939
	水暖	2 565	1 843	470	160	92
	电照	614	1 239	316	107	62

构造内容及工程量指标　说明该工程项目的构造内容和相应计算单位的工程量指标及人工、材料消耗指标。如表 1-3-11、表 1-3-12 所示。

表 1-3-11　内浇外砌住宅构造内容及工程量指标

100 m^2 建筑面积

序号	构　造　特　征		工程量	
			单位	数量
一、土建				
1	基础	灌注桩	m^3	14.64
2	外墙	二砖墙、清水墙勾缝、内墙抹灰刷白	m^3	24.32
3	内墙	混凝土墙、一砖墙、抹灰刷白	m^3	22.70
4	柱	混凝土柱	m^3	0.70
5	地面	碎砖垫层、水泥砂浆面层	m^2	13.00
6	楼面	120 mm 预制空心板、水泥砂浆面层	m^2	65.00
7	门窗	木门窗	m^2	62.00
8	屋面	预制空心板、水泥珍珠岩保温、三毡四油卷材防水	m^2	21.70
9	脚手架	综合脚手架	m^2	100
二、水暖				
1	采暖方式	集中采暖		
2	给水性质	生活给水明设		
3	排水性质	生活排水		
4	通风方式	自然通风		
三、电照				
1	配电方式	塑料管暗配电线		
2	灯具种类	日光灯		
3	用电量			

表 1－3－12 内浇外砌住宅人工及主要材料消耗指标

100 m^2 建筑面积

序号	名称及规格	单位	数量	序号	名称及数量	单位	数量
一、土建				二、水暖			
1	人工	工日	506	1	人工	工日	39
2	钢筋	t	3.25	2	钢管		0.18
3	型钢	t	0.13	3	暖气片		20
4	水泥	t	18.10	4	卫生器具	套	2.35
5	白灰	t	2.10	5	水表	个	1.84
6	沥青	t	0.29	三、电照			
7	红砖	千块	15.10	1	人工	工日	20
8	木材	m^3	4.10	2	电线	m	283
9	砂	m^3	41	3	钢管	t	0.04
10	砺石	m^3	30.5	4	灯具	套	8.43
11	玻璃	m^2	29.2	5	电表	个	1.84
12	卷材	m^2	80.8	6	配电箱	套	6.1
				四、机械使用费		%	7.5
				五、其他材料费		%	19.57

②概算指标的表现形式　概算指标在具体内容的表示方法上，分综合指标和单项指标两种形式。

综合概算指标　是按照工业或民用建筑及其结构类型而制定的概算指标。综合概算指标的概括性较大，其准确性、针对性不如单项指标。

单项概算指标　单项概算指标是指为某种建筑物或构筑物而编制的概算指标。单项概算指标的针对性较强，故指标中对工程结构形式要作介绍。只要工程项目的结构形式及工程内容与单项指标中的工程概况相吻合，编制出的设计概算就比较准确。

（五）投资估算指标

1. 投资估算指标及其作用

工程建设投资估算指标是编制建设项目建议书、可行性研究报告等前期工作阶段投资估算的依据，也可以作为编制固定资产长远规划投资额的参考。投资估算指标为完成项目建设的投资估算提供依据和手段，它在固定资产的形成过程中起着投资预测、投资控制、投资效益分析的作用，是合理确定项目投资的基础。投资估算指标中的主要材料消耗量也是一种扩大材料消耗量指标，可以作为计算建设项目主要材料消耗量的基础。估算指标的正确制定对于提高投资估算的准确度，对建设项目的合理评估、正确决策具有重要意义。

2. 投资估算指标编制原则

由于投资估算指标属于项目建设前期进行估算投资的技术经济指标，它不但要反映实施阶段的静态投资，还必须反映项目建设前期和交付使用期内发生的动态投资，即以投资估算指标为依据编制的投资估算，包含项目建设的全部投资额。这就要求投资估算指标比其他各种计价定额具有更大的综合性和概括性。因此，投资估算指标的编制工作，除应遵循一般定额的编制原则外，还必须坚持以下原则：

（1）投资估算指标项目的确定，应考虑以后几年编制建设项目建议书和可行性研究报告投资估算的需要。

（2）投资估算指标的分类、项目划分、项目内容、表现形式等要结合各专业的特点，并且要与项目建议书、可行性研究报告的编制深度相适应。

（3）投资估算指标的编制内容、典型工程的选择，必须遵循国家的有关建设方针政策，符合国家技术发展方向，贯彻国家高科技政策和发展方向原则，使指标的编制既能反映现实的高科技成果，反映正常建设条件下的造价水平，也能适应今后若干年的科技发展水平。坚持技术上先进、可行和经济上的合理，力争以较少的投入取得最大的投资效益；

(4)投资估算指标的编制要反映不同行业、不同项目和不同工程的特点，投资估算指标要适应项目前期工作深度的需要，而且具有更大的综合性。投资估算指标要密切结合行业特点，项目建设的特定条件，在内容上既要贯彻指导性、准确性和可调性原则，又要有一定的深度和广度；

(5)投资估算指标的编制要贯彻静态和动态相结合的原则。

3. 投资估算指标的内容

投资估算指标是确定和控制建设项目全过程各项投资支出的技术经济指标，其范围涉及建设前期、建设实施期和竣工验收交付使用期等各个阶段的费用支出，内容因行业不同而各异，一般可分为建设项目综合指标、单项工程指标和单位工程指标三个层次。

(1)建设项目综合指标　指按规定应列入建设项目总投资的从立项筹建开始至竣工验收交付使用为止的全部投资额，包括单项工程投资、工程建设其他费用和预备费等。

建设项目综合指标一般以项目的综合生产能力单位投资表示，如元/t，或以使用功能表示，如医院床位：元/床。

(2)单项工程指标　指按规定应列入能独立发挥生产能力或使用效益的单项工程内的全部投资额，包括建筑工程费、安装工程费、设备、工器具及生产家具购置费和可能包含的其他费用。单项工程一般划分原则如下：

①主要生产设施　指直接参加生产产品的工程项目，包括生产车间或生产装置。

②辅助生产设施　指为主要生产车间服务的工程项目。包括集中控制室、中央实验室、机修、电修、仪器仪表修理及木工(模)等车间，原材料、半成品、成品及危险品等仓库。

③公用工程　包括给排水系统(给排水泵房、水塔、水池及全厂给排水管网)、供热系统(锅炉房及水处理设施、全厂热力管网)、供电及通信系统(变配电所、开关所及全厂输电、电信线路)以及热电站、热力站、煤气站、空压站、冷冻站、冷却塔和全厂管网等。

④环境保护工程　包括废气、废渣、废水等处理和综合利用设施及全厂性绿化。

⑤总图运输工程　包括厂区防洪、围墙大门、传达及收发室、汽车库、消防车库、一区道路、桥涵、厂区码头及厂区大型土石方工程。

⑥厂区服务设施　包括厂部办公室、厂区食堂、医务室、浴室、哺乳室、自行车棚等。

⑦生活福利设施　包括职工医院、住宅、生活区食堂、俱乐部、托儿所、幼儿园、子弟学校、商业服务点以及与之配套的设施。

⑧厂外工程　如水源工程，厂外输电、输水、排水、通信、输油等管线以及公路、铁路专用线等。

单项工程指标一般以单项工程生产能力单位投资，如"元/t"或其他单位表示。如变配电站"元/(kV·A)"；锅炉房"元/蒸汽吨"；供水站"元/m^3"，办公室、仓库、宿舍、住宅等房屋则区别不同结构形式以"元/m^2"表示。

(3)单位工程指标　单位工程指标按规定应列入能独立设计、施工的工程项目的费用，即建筑安装工程费用。单位工程指标一般以如下方式表示：房屋区别不同结构形式以"元/m^2"表示；道路区别不同结构层、面层以"元/m^2"表示；水塔区别不同结构层、容积以"元/座"表示；管道区别不同材质、管径以"元/m"表示。

第三节　工程量清单计价规范

一、工程量清单编制的规定

工程量清单是指建设工程的分部分项项目、措施项目、其他项目、规费项目和税金项目的名称和相应数量等的明细清单。工程量清单应由具有编制能力的招标人或受其委托具有相应资质的工程造价咨询人依据《建设工程工程量清单计价规范》(GB 50500—2008)(以下简称计价规范)，国家或省级、行业建设主管部门颁发的计价依据和办法,招标文件的有关要求,设计文件,与建设工程项目有关的标准、规范、技术资料和施工现场实际情况等进行编制。采用工程量清单方式招标,工程量清单必须作为招标文件的组成部分,其准确性和完整性由招标人负责。工程量清单是工程量清单计价的基础,应作为编制招标控制价、投标报价、计算工程量、支付工程款、调整合同价款、办理竣工结算以及工程索赔等的依据之一。

工程量清单应由分部分项工程量清单、措施项目清单、其他项目清单、规费及税金项目清单组成。

(一)分部分项工程量清单

1.分部分项工程量清单包括的内容

分部分项工程量清单应包括项目编码、项目名称、项目特征、计量单位和工程量。

(1)项目编码　分部分项工程量清单项目编码以五级编码设置,用十二位阿拉伯数字表示。其中第一、第二、第三、第四级编码为全国统一;第五级编码应根据拟建工程的工程量清单项目名称设置。各级编码代表的含义如下:

①第一级表示工程分类顺序码(分二位),建筑工程为01、装饰装修工程为02、安装工程为03、市政工程为04、园林绿化工程为05、矿山工程为06;

②第二级表示专业工程顺序码(分二位);

③第三级表示分部工程顺序码(分二位);

④第四级表示分项工程项目名称顺序码(分三位);

⑤第五级表示工程量清单项目名称顺序码(分三位)。

项目编码结构如图1－3－5所示。

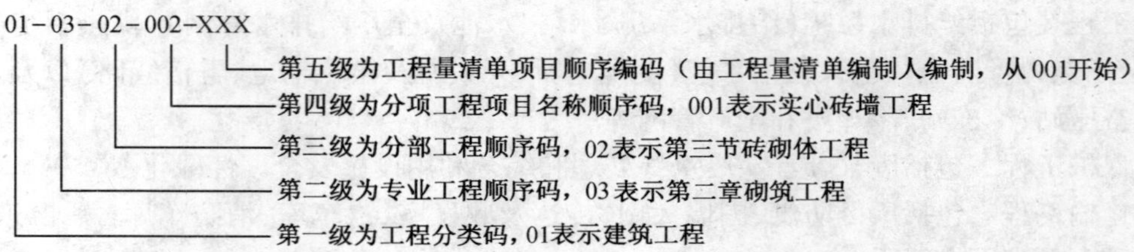

图1－3－5　工程量清单项目编码结构

当同一标段(或合同段)的一份工程量清单中含有多个单位工程且工程量清单是以单一工程为编制对象时,应特别注意对项目编码十至十二位的设置不得有重号的规定。例如一个标段(或合同段)的工程量清单中含有三个单位工程,每一单位工程中都有项目特征相同的实心砖墙砌体,在工程量清单中又需反映三个不同单位工程的实心砖墙砌体工程量时,则第一个单位工程的实心砖墙的项目编码应为010302001001,第二个单位工程的实心砖墙的项目编码应为010302001002,第三个单位工程的实心砖墙的项目编码应为0302001003,并分别列出各单位工程实心砖墙的工程量。

(2)项目名称　分部分项工程量清单的项目名称应按计价规范附录的项目名称结合拟建工程的实际情况确定。计价规范附录表中的"项目名称"为分项工程项目名称,是形成分部分项工程量清单项目名称的基础,在编制分部分项工程量清单时可予以适当调整或细化,例如"墙面一般抹灰"这一分项工程在形成工程量清单项目名称时可以细化为"外墙面抹灰""内墙面抹灰"等。清单项目名称应表达详细、准确。计价规范中的分项工程项目名称如有缺陷,招标人可作补充,并报当地工程造价管理机构(省级)备案。

(3)项目特征　项目特征是对项目的准确描述,是确定一个清单项目综合单价不可缺少的重要依据,是区分清单项目的依据,是履行合同义务的基础。分部分项工程量清单的项目特征应按清单计价规范"附录"中规定的项目特征,结合技术规范、标准图集、施工图纸,按照工程结构、使用材质及规格或安装位置等,予以详细而准确的表述和说明。凡项目特征中未描述到的其他独有特征,由清单编制人视项目具体情况确定,以准确描述清单项目为准。

在计价规范附录中还有关于各清单项目“工程内容”的描述。工程内容是指完成清单项目可能发生的具体工作和操作程序,但应注意的是,在编制分部分项工程量清单时,工程内容通常无需描述,因为在计价规范中,工程量清单项目与工程量计算规则、工程内容有一一对应关系,当采用计价规范这一标准时,工程内容均有规定。例如,计价规范在“实心砖墙”的“项目特征”及“工程内容”栏内均包含“勾缝”,但两者的性质完全不同。“项目特征”栏的勾缝体现的是实心砖墙的实体特征,是个名词,体现的是用什么材料勾缝。而“工程内容”栏内的勾缝表述的是操作工序或称操作行为,在此处是个动词,体现的是怎么做。因此,如果需要勾缝,就必须在项目特征描述,而不能因为工程内容中有而不去描述,否则,将视为清单项目漏项,甚至可能在施工中引起索赔。

(4)计量单位　计量单位应采用基本单位,除各专业另有特殊规定外均按以下单位计量:

①以质量计算的项目——吨或千克(t 或 kg);

②以体积计算的项目——立方米(m^3);

③以面积计算的项目——平方米(m^2);

④以长度计算的项目——米(m);

⑤以自然计量单位计算的项目——个、套、块、樘、组、台;

⑥没有具体数量的项目——宗、项等。

各专业有特殊计量单位的,需另外加以说明,当计量单位有两个或两个以上时,应根据所编工程量清单项目的特征要求,选择最适宜表现该项目特征并方便计量的单位。

(5)工程数量的计算　工程数量主要通过工程量计算规则计算得到。工程量计算规则是指对清单项目工程量的计算规定。除另有说明外,所有清单项目的工程量应以实体工程量为准,并以完成后的净值计算。投标人投标报价时,应在单价中考虑施工中的各种损耗和需要增加的工程量。

清单计价规范附录中给出了各类别工程的项目设置和工程量计算规则,包括建筑工程、装饰装修工程、安装工程、市政工程、园林绿化工程、矿山工程六个部分。

①附录 A 为建筑工程工程量清单项目及计算规则,建筑工程的实体项目包括土(石)方工程,桩与地基基础工程,砌筑工程,混凝土及钢筋混凝土工程,厂库房大门、特种门、木结构工程,金属结构工程,屋面及防水工程,防腐、隔热、保温工程。

②附录 B 为装饰装修工程工程量清单项目及计算规则,装饰装修工程的实体项目包括楼地面工程,墙、柱面工程,天棚工程,门窗工程,油漆、涂料、裱糊工程, 其他工程。

③附录 C 为安装工程工程量清单项目及计算规则,安装工程的实体项目包括机械设备安装工程,电气设备安装工程,热力设备安装工程,炉窑砌筑工程,静置设备与工艺金属结构制作安装工程,工业管道工程,消防工程,给排水、采暖、燃气工程,通风空调工程,自动化控制仪表安装工程,通信设备及线路工程,建筑智能化系统设备安装工程,长距离输送管道工程。

④附录 D 为市政工程工程量清单项目及计算规则,市政工程的实体项目包括土石方工程,道路工程,桥涵护岸工程,隧道工程,市政管网工程,地铁工程,钢筋工程、拆除工程。

⑤附录 E 为园林绿化工程工程量清单项目及计算规则,园林绿化工程包括绿化工程,园路、园桥、假山工程,园林景观工程。

⑥附录 F 为矿山工程工程量清单项目及计算规则,矿山工程的实体项目包括露天工程和井巷工程。

2. 分部分项工程量清单的标准格式

分部分项工程量清单是指表示拟建工程分项实体工程项目名称和相应数量的明细清单,应包括项目编码、项目名称、项目特征、计量单位和工程量五个部分的要件。其格式如表 1 - 3 - 13 所示,在分部分项工程量清单的编制过程中,由招标人负责前六项内容填列, 金额部分在编制招标控制价或投标报价时填列。

表 1-3-13 分部分项工程量清单与计价表

工程名称： 标段： 第 页 共 页

序号	项目编码	项目名称	项目特征描述	计量单位	工程量	金额/元		
						综合单价	合价	其中：暂估价

分部分项工程量清单的编制应注意以下问题：

(1)分部分项工程量清单应根据附录规定的项目编码、项目名称、项目特征、计量单位和工程量计算规则进行编制。

(2)分部分项工程量清单的项目编码，应采用十二位阿拉伯数字表示。一至九位应按附录的规定设置，十至十二位为清单项目编码，应根据拟建工程的工程量清单项目名称设置，不得有重号。这三位清单项目编码由招标人针对招标工程项目具体编制，并应自 001 起顺序编制。

(3)分部分项工程量清单的项目名称应按附录的项目名称结合拟建工程的项目实际确定。分部分项工程量清单编制时，以附录中的分项工程项目名称为基础，考虑该项目的规格、型号、材质等特征要求，结合拟建工程的实际情况，使其工程量清单项目名称具体、细化，能够反映影响工程造价的主要因素。

(4)分部分项工程量清单中所列工程量应按附录中规定的工程量计算规则计算。

(5)分部分项工程量清单的计量单位的有效位数应遵守下列规定：

①以“吨”为单位，应保留三位小数，第四位小数四舍五入；

②以“立方米”“平方米”“米”“千克”为单位，应保留两位小数，第三位小数四舍五入；

③以“个”“项”等为单位，应取整数。

附录中有两个或两个以上计量单位的，应结合拟建工程项目的实际选择其中一个。

(6)分部分项工程量清单项目特征应按附录中规定的项目特征，结合拟建工程项目的实际予以描述，满足确定综合单价的需要。在进行项目特征描述时，可掌握以下要点：

①必须描述的内容

a. 涉及正确计量的内容，如门窗洞口尺寸或框外围尺寸；

b. 涉及结构要求的内容，如混凝土构件的混凝土的强度等级；

c. 涉及材质要求的内容，如油漆的品种、管材的材质等；

d. 涉及安装方式的内容，如管道工程中的钢管的连接方式。

②可不描述的内容

a. 对计量计价没有实质影响的内容，如对现浇混凝土柱的高度，断面大小等特征可以不描述；

b. 应由投标人根据施工方案确定的内容，如对石方的预裂爆破的单孔深度及装药量特征规定；

c. 应由投标人根据当地材料和施工要求确定的内容，如对混凝土构件中的混凝土拌合料使用的石子种类及粒径、砂的种类的特征规定；

d. 应由施工措施解决的内容，如对现浇混凝土板、梁的标高的特征规定。

③可不详细描述的内容

a. 无法准确描述的内容，如土壤类别，可考虑将土壤类别描述为综合，注明由投标人根据地勘资料自行确定土壤类别，决定报价；

b. 施工图纸、标准图集标注明确的，对这些项目可描述为见 xx 图集 xx 页号及节点大样等；

c. 清单编制人在项目特征描述中应注明由投标人自定的，如土方工程中的“取土运距”“弃土运距”等。

(7)编制工程量清单出现附录中未包括的项目编制人应作补充，并报省级或行业工程造价管理机构备案，省级或行业工程造价管理机构应汇总报住房和城乡建设部标准定额研究所。补充项目的编码由附录的顺序码与 B 和三位阿拉伯数字组成，并应从 B001 起顺序编制，不得重号。工程量清单中需附有补充项目的名称、项目特征、计量单位、工程量计算规则、工作内容。

（二）措施项目清单

1. 措施项目列项

《建设工程工程量清单计价规范》GB 50500—2008 中将实体项目划分为分部分项工程量清单，非实体项目划分为措施项目。措施项目清单指为完成工程项目施工，发生于该工程施工前和施工过程中技术、生活、文明、安全等方面的非工程实体项目清单。措施项目清单应根据拟建工程的具体情况参照表 1－3－14 列项。

表 1－3－14　措施项目一览表

序号	项目名称
	通用措施项目
1	安全文明施工（含环境保护、文明施工、安全施工、临时设施）
2	夜间施工
3	二次搬运
4	冬雨季施工
5	大型机械设备进出场及安拆
6	施工排水
7	施工降水
8	地上、地下设施，建筑物的临时保护设施
9	已完工程及设备保护
	专业措施项目
	建筑工程
1.1	混凝土、钢筋混凝土模板及支架
1.2	脚手架
1.3	垂直运输机械
	装饰装修工程
2.1	脚手架
2.2	垂直运输机械
2.3	室内空气污染测试
	安装工程
3.1	组装平台
3.2	设备、管道施工安全、防冻和焊接保护措施
3.3	压力容器和高压管道的检验
3.4	焦炉施工大棚
3.5	焦炉烘炉、热态工程
3.6	管道安装后的充气保护措施
3.7	隧道内施工的通风、供水、供气、供电、照明及通信设施
3.8	现场施工围栏
3.9	长输管道临时水工保护措施
3.10	长输管道施工便道管道
3.11	长输管道跨越或穿越施工措施
3.12	长输管道地下管道穿越地上建筑物的保护措施
3.13	长输管道工程施工队伍调遣

表 1-3-14　措施项目一览表(续)

序号	项 目 名 称
3.14	格架式抱杆
	市政工程
4.1	围堪
4.2	筑岛
4.3	便道
4.4	便桥
4.5	脚手架
4.6	洞内施工通风管路、供水、供气、供电、照明及通信设施
4.7	驳岸块石清理
4.8	地下管线交叉处理
4.9	行车、行人干扰增加
4.10	轨道交通工程路桥、市政基础设施施工监测、监控、保护
	矿山工程
5.1	特殊安全技术措施
5.2	前期上山道路
5.3	作业平台
5.4	防洪工程
5.5	凿井措施
5.6	临时支护措施

2. 措施项目清单的标准格式

(1)措施项目清单的类别

措施项目费用的发生与使用时间、施工方法或者两个以上的工序相关,大都与实际完成的实体工程量的大小关系不大,如大中型机械进出场及安拆、安全文明施工和安全防护、临时设施等,但是有些非实体项目则是可以计算工程量的项目,典型的是混凝土浇筑的模板工程,与完成的工程实体具有直接关系,并且是可以精确计量的项目,用分部分项工程量清单的方式采用综合单价,更有利于措施费的确定和调整。措施项目中可以计算工程量的项目清单宜采用分部分项工程量清单的方式编制,列出项目编码、项目名称、项目特征、计量单位和工程量计算规则(如表 1-3-15 所示);不能计算工程量的项目清单,以"项"为计量单位进行编制(如表 1-3-16 所示)。

表 1-3-15　措施项目清单与计价表(一)

工程名称:　　　　　　　　　　　　　　标段:　　　　　　　　　　　　　　第　页　共　页

序号	项目编码	项目名称	项目特征描述	计量单位	工程量	金额/元		
						综合单价	合价	其中:暂估价

注:本表适用于以综合单价形式计价的措施项目。

表1－3－16　措施项目清单与计价表(二)

工程名称：　　　　　　　　　　标段：　　　　　　　　　　第　页　共　页

序号	项目名称	计算基础	费率/%	金额/元
1				
2				
3				

注:本表适用于以“项”计价的措施项目;计算基础可以为“直接费”“人工费”或“人工费＋机械费”。

(2)措施项目清单的编制

措施项目清单的编制需考虑多种因素,除工程本身的因素外,还涉及水文、气象、环境、安全等因素。措施项目清单应根据拟建工程的实际情况列项。若出现清单计价规范中未列的项目,可根据工程实际情况补充。

①措施项目清单的编制依据

a. 拟建工程的施工组织设计;

b. 拟建工程的施工技术方案;

c. 与拟建工程相关的工程施工规范和工程验收规范;

d. 招标文件;

e. 设计文件。

②措施项目清单设置时应注意的问题

a. 参考拟建工程的施工组织设计,以确定环境保护、安全文明施工、材料的二次搬运等项目;

b. 参阅施工技术方案,以确定夜间施工、大型机械设备进出场及安拆、混凝土模板与支架、脚手架、施工排水、施工降水、垂直运输机械等项目;

c. 参阅相关的施工规范与工程验收规范,以确定施工技术方案没有表述,但是为了实现施工规范与工程验收规范要求而必须发生的技术措施;

d. 确定招标文件中提出的某些必须通过一定的技术措施才能实现的要求;

e. 确定设计文件中一些不足以写进技术方案,但是要通过一定的技术措施才能实现的内容。

(三)其他项目清单

其他项目清单是指分部分项工程量清单、措施项目清单所包含的内容以外,因招标人的特殊要求而发生的与拟建工程有关的其他费用项目和相应数量的清单。工程建设标准的高低、工程的复杂程度、工程的工期长短、工程的组成内容、发包人对工程管理要求等都直接影响其他项目清单的具体内容,其他项目清单宜按照表1－3－17的格式编制,出现未包含在表格中内容的项目,可根据工程实际情况补充。

表1－3－17　其他项目清单与计价汇总表

工程名称：　　　　　　　　　　标段：　　　　　　　　　　第　页　共　页

序号	项目名称	计量单位	金额/元	备注
1	暂列金额			明细详见表1－3－14
2	暂估价			
2.1	材料暂估价			明细详见表1－3－15
2.2	专业工程暂估价			明细详见表1－3－16
3	计日工			明细详见表1－3－17
4	总承包服务费			明细详见表1－3－18
合计				

注:材料暂估价进入清单项目综合单价,此处不汇总。

1. 暂列金额

暂列金额是指招标人暂定并包括在合同中的一笔款项。不管采用何种合同形式，其理想的标准是，一份合同的价格就是其最终的竣工结算价格，或者至少两者应尽可能接近。我国规定对政府投资工程实行概算管理，经项目审批部门批复的设计概算是工程投资控制的刚性指标，即使商业性开发项目也有成本的预先控制问题，否则，无法相对准确预测投资的收益和科学合理地进行投资控制。但工程建设自身的特性决定了工程的设计需要根据工程进展不断地进行优化和调整，业主需求可能会随工程建设进展出现变化，工程建设过程还会存在一些不能预见、不能确定的因素。消化这些因素必然会影响合同价格的调整，暂列金额正是因这类不可避免的价格调整而设立，以便达到合理确定和有效控制工程造价的目标。设立暂列金额并不能保证合同结算价格就不会再出现超过合同价格的情况，是否超出合同价格完全取决于工程量清单编制人对暂列金额预测的准确性，以及工程建设过程是否出现了其他事先未预测到的事件。暂列金额可按照表 1－3－18 的格式列示。

表 1－3－18　暂列金额明细表

工程名称：　　　　　　　　　　　　　　标段：　　　　　　　　　　　　　　第　页　共　页

序号	项目名称	计量单位	暂定金额/元	备 注
合计				

注：此表由招标人填写，如不能详列，也可只列暂定金额总额，投标人应将上述暂列金额计入投标总价中。

2. 暂估价

暂估价是指招标阶段直至签订合同协议时，招标人在招标文件中提供的用于支付必然要发生但暂时不能确定价格的材料以及专业工程的金额，包括材料暂估单价、专业工程暂估价。暂估价是在招标阶段预见肯定要发生，只是因为标准不明确或者需要由专业承包人完成，暂时无法确定价格。暂估价数量和拟用项目应当结合工程量清单中的“暂估价表”予以补充说明。为方便合同管理，需要纳入分部分项工程量清单项目综合单价中的暂估价应只是材料费，以方便投标人组价。专业工程的暂估价一般应是综合暂估价，应当包括除规费和税金以外的管理费、利润等取费。总承包招标时，专业工程设计深度往往是不够的，一般需要交由专业设计人设计。国际上，出于提高可建造性考虑，一般由专业承包人负责设计，以发挥其专业技能和专业施工经验的优势。这类专业工程交由专业分包人完成是国际工程的良好实践，目前在我国工程建设领域也已经比较普遍。公开透明地合理确定这类暂估价的实际开支金额的最佳途径就是通过施工总承包人与工程建设项目招标人共同组织的招标。暂估价可按照表 1－3－19、表 1－3－20 的格式列示。

表 1－3－19　材料暂估价表

工程名称：　　　　　　　　　　　　　　标段：　　　　　　　　　　　　　　第　页　共　页

序号	材料名称、规格、编号	计量单位	单价/元	备 注
1				
2				

注：此表由招标人填写，投标人应将上述专业工程暂估价计入投标总价中。

表1－3－20 专业工程暂估价表

工程名称： 标段： 第 页 共 页

序号	工程名称	工程内容	金额/元	备注
1				
2				
合计				

注：此表由招标人填写，投标人应将上述专业工程暂估价计入投标总价中。

3. 计日工

计日工是为了解决现场发生的零星工作的计价而设立的。国际上常见的标准合同条款中，大多数都设立了计日工(Daywork)计价机制。计日工对完成零星工作所消耗的人工工时、材料数量、施工机械台班进行计量，并按照计日工表中填报的适用项目的单价进行计价支付。计日工适用的所谓零星工作一般是指合同约定之外的或者因变更而产生的、工程量清单中没有相应项目的额外工作，尤其是那些难以事先商定价格的额外工作。计日工可按照表1－3－21的格式列示。

表1－3－21 计日工表

工程名称： 标段： 第 页 共 页

序号	项目名称	单位	暂定数量	综合单价/元	合价/元
一	人工				
1					
…					
人工小计					
二	材料				
1					
…					
材料小计					
三	施工机械				
1					
…					
施工机械小计					
总计					

注：此表项目名称、数量由招标人填写，编制招标控制价时，单价由招标人按有关规定确定；投标时，单价由投标人自主报价，计入投标总价中。

4. 总承包服务费

总承包服务费是为了解决招标人在法律、法规允许的条件下进行专业工程发包以及自行供应材料、设备，并需要总承包人对发包的专业工程提供协调和配合服务，对供应的材料、设备提供收发和保管服务以及进行施工现场管理时发生并向总承包人支付的费用。招标人应预计该项费用并按投标人的投标报价向投标人支付该项费用。总承包服务费按照表1－3－22的格式列示。

表 1-3-22 总承包服务费计价表

工程名称： 标段： 第 页 共 页

序号	项目名称	项目价值/元	服务内容	费率/%	金额/元
1	发包人发包专业工程				
2	发包人供应材料				
合计					

(四)规费、税金项目清单

规费项目清单应按照下列内容列项：工程排污费；社会保障费，包括养老保险费、失业保险金、医疗保险费；住房公积金；危险作业意外伤害保险。出现未包含在上述规范中的项目，应根据省级政府或省级有关权力部门的规定列项。

税金项目清单应包括以下内容：营业税、城市建设维护税、教育费附加。如国家税法发生变化，税务部门依据职权增加了税种，应对税金项目清单进行补充。规费、税金项目清单与计价表如表 1-3-23 所示。

表 1-3-23 规费、税金项目清单与计价表

工程名称： 标段： 第 页 共 页

序号	项目名称	计算基础	费率/%	金额/元
1	规费			
1.1	工程排污费			
1.2	社会保障费			
(1)	养老保险费			
(2)	失业保险费			
(3)	医疗保险费			
1.3	住房公积金			
1.4	危险作业意外伤害保险			
2	税金	分部分项工程费+措施项目费+其他项目+规费		
合计				

注：根据建设部、财政部发布的《建筑安装工程费用组成》(建标(2003) 206 号)的规定，"计算基础"可为"直接费""人工费"或"人工费+机械费"。

二、工程量清单计价

规范除将清单计价分为招标控制价、投标报价、竣工结算价外，还对工程合同价款的约定、工程计量与价款支付、索赔与现场签证、工程计价争议处理和工程价款调整等作出明确规定，在清单计价中应按其执行。

(一)招标控制价

规范规定国有资金投资的工程建设项目应实行工程量清单招标，并应编制招标控制价。招标控制价超过批准的概算时，招标人应将其报原概算部门审核。投标人的投标报价高于招标控制价的，其投标应予以拒绝。

招标控制价应由具有编制能力的招标人，或受其委托具有相应资质的工程造价咨询人员编制。

1. 招标控制价的编制依据

(1)工程量清单计价规范;

(2)国家或省级、行业建设主管部门颁发的计价定额和计价办法;

(3)建设工程设计文件及相关资料;

(4)招标文件中的工程量清单及有关要求;

(5)与建设项目相关的标准、规范、技术资料;

(6)工程造价管理机构发布的工程造价信息,工程造价信息没有发布的参照市场价;

(7)其他的相关资料。

2. 招标控制价的分部分项工程费应根据招标文件中的分部分项工程量清单项目的特征描述及有关要求和以上依据的规定确定综合单价计算。综合单价中应包括招标文件中要求投标人承担的风险费用。招标文件提供了暂估单价的材料,按暂估的单价计入综合单价。

3. 招标控制价的措施项目费应根据招标文件中的措施项目清单及以上依据和拟建工程的施工组织设计,措施项目清单按分部分项工程量清单的方式采用综合单价计价;其余的措施项目可以“项”为单位的方式计价,应包括除规费、税金外的全部费用。

措施项目清单中的安全文明施工费应按照国家或省级、行业建设主管部门的规定计价,不得作为竞争性费用。

4. 招标控制价的其他项目费应按下列规定计价

(1)暂列金额应根据工程特点,按有关计价规定估算;

(2)暂估价中的材料单价应根据工程造价信息或参照市场价格估算;暂估价中的专业工程金额应分不同专业,按有关计价规定估算;

(3)计日工应根据工程特点和有关计价依据计算;

(4)总承包服务费应根据招标文件列出的内容和要求估算。

5. 招标控制价的规费和税金应按国家或省级、行业建设主管部门的规定计算,不得作为竞争性费用。

6. 招标控制价应在招标时公布,不应上调或下浮,招标人应将招标控制价及有关资料报送工程所在地工程造价管理机构备查。

7. 投标人经复核认为招标人公布的招标控制价未按照本规范的规定编制的,应在开标前5天向招投标监督机构或工程造价管理机构投诉。招投标监督机构应会同工程造价管理机构对投诉进行处理,发现有错误的,应责成招标人修改。

(二)投标价

除规范强制性规定外,投标价由投标人自主确定,但不得低于成本。投标价应由投标人或受其委托具有相应资质的工程造价咨询人员编制。

投标人应按招标人提供的工程量清单填报价格。填写的项目编码、项目名称、项目特征、计量单位、工程量必须与招标人提供的一致。

1. 投标报价应根据下列依据编制:

(1)工程量清单计价规范;

(2)国家或省级、行业建设主管部门颁发的计价办法;

(3)企业定额,国家或省级、行业建设主管部门颁发的计价定额;

(4)招标文件、工程量清单及其补充通知、答疑纪要;

(5)建设工程设计文件及相关资料;

(6) 施工现场情况、工程特点及拟定的投标施工组织设计或施工方案;

(7)与建设项目相关的标准、规范等技术资料;

(8)市场价格信息或工程造价管理机构发布的工程造价信息;

(9)其他的相关资料。

2. 投标报价的分部分项工程费按招标文件中分部分项工程量清单项目的特征描述确定综合单价计

算。综合单价的组成内容是指完成一个规定计量单位的分部分项工程量清单项目或措施清单项目所需的人工费、材料费、施工机械使用费和企业管理费与利润,以及一定范围内的风险费用。

综合单价中应考虑招标文件中要求投标人承担的风险费用。招标文件中提供了暂估单价的材料,按暂估的单价计入综合单价。

3. 投标报价的措施项目费应根据招标文件中的措施项目清单及投标时拟定的施工组织设计或施工方案。措施项目清单按分部分项工程量清单的方式采用综合单价计价;其余的措施项目可以"项"为单位的方式计价,应包括除规费、税金外的全部费用。

投标人可根据工程实际情况结合施工组织设计,对招标人所列的措施项目进行增补。

安全文明施工费应按照国家或省级、行业建设主管部门的规定计价,不得作为竞争性费用。

4. 投标报价的其他项目费应按下列规定报价:

(1)暂列金额应按招标人在其他项目清单中列出的金额填写;

(2)材料暂估价应按招标人在其他项目清单中列出的单价计入综合单价;专业工程暂估价应按招标人在其他项目清单中列出的金额填写;

(3)计日工按招标人在其他项目清单中列出的项目和数量,自主确定综合单价并计算计日工费用;

(4)总承包服务费根据招标文件中列出的内容和提出的要求自主确定。

5. 投标报价的规费和税金应按国家或省级、行业建设主管部门的规定计算,不得作为竞争性费用。

6. 投标总价应当与分部分项工程费、措施项目费、其他项目费和规费、税金的合计金额一致。

(三)竣工决算价

工程完工后,发、承包双方应在合同约定时间内办理工程竣工决算。工程竣工决算由承包人或受其委托具有相应资质的工程造价咨询人编制,由发包人或受其委托具有相应资质的工程造价咨询人核对。

1. 工程竣工决算应依据:

(1)工程量清单计价规范;

(2)施工合同;

(3)工程竣工图纸及资料;

(4) 双方确认的工程量;

(5)双方确认追加(减)的工程价款;

(6)双方确认的索赔、现场签证事项及价款;

(7)投标文件;

(8)招标文件;

(9)其他依据。

2. 分部分项工程量费应依据双方确认的工程量、合同约定的综合单价计算;如发生调整的,以发、承包双方确认调整的综合单价计算。

3. 措施项目费应依据合同约定的项目和金额计算;如发生调整的,以发、承包双方确认调整的金额计算,其中安全文明施工费应按照国家或省级、行业建设主管部门的规定计价,不得作为竞争性费用。

4. 其他项目费用应按下列规定计算:

(1)计日工应按发包人实际签证确认的事项计算;

(2)暂估价中的材料单价应按发、承包双方最终确认价在综合单价中调整;专业工程暂估价应按中标价或发包人、承包人与分包人最终确认价计算;

(3)总承包服务费应依据合同约定金额计算,如发生调整的,以发、承包双方确认调整的金额计算;

(4)索赔费用应依据发、承包双方确认的索赔事项和金额计算;

(5)现场签证费用应依据发、承包双方签证资料确认的金额计算;

(6)暂列金额应减去工程价款调整与索赔、现场签证金额计算,如有余额归发包人。

5. 规费和税金应按国家或省级、行业建设主管部门的规定计算,不得作为竞争性费用。

6. 承包人应在合同约定时间内编制完成竣工决算书,并在提交竣工验收报告的同时递交给发包人。

(四)工程合同价款的约定

1. 合同价款的约定方式

实行招标的工程合同价款应在中标通知书发出之日起30天内,由发、承包人双方依据招标文件和中标人的投标文件在书面合同中约定。不实行招标的工程合同价款,在发、承包人双方认可的工程价款基础上,由发、承包人双方在合同中约定。

实行招标的工程,合同约定不得违背招、投标文件中关于工期、造价、质量等方面的实质性内容。招标文件与中标人投标文件不一致的地方,以投标文件为准。

实行工程量清单计价的工程,宜采用单价合同。

2. 合同价款的约定内容

(1)预付工程款的数额、支付时间及抵扣方式;

(2)工程计量与支付工程进度款的方式、数额及时间;

(3)工程价款的调整因素、方法、程序、支付及时间;

(4)索赔与现场签证的程序、金额确认与支付时间;

(5)发生工程价款争议的解决方法及时间;

(6)承担风险的内容、范围以及超出约定内容、范围的调整办法;

(7)工程竣工价款结算编制与核对、支付及时间;

(8)工程质量保证(保修)金的数额、预扣方式及时间;

(9)与履行合同、支付价款有关的其他事项等。

发、承包人双方应在合同条款中对上述事项进行约定,合同中没有约定或约定不明的,由双方协商确定,协商不能达成一致的按规范执行。(五)工程计量与价款支付

1. 价款支付要求

(1)发包人应按照合同约定支付工程预付款,预付款按照合同约定在工程进度中抵扣;(2)发包人支付工程进度款,应按照合同约定计量和支付,支付周期同计量周期。

2. 价款支付程序及违约责任

(1)承包人应在每个付款周期末,向发包人递交进度款支付申请,并附相应的证明文件。除合同另有约定外,进度款支付申请应包括下列内容:①本周期已完成工程的价款;②累计已完成的工程价款;③累计已支付的工程价款;④本周期已完成计日工金额;⑤ 应增加和扣减的变更金额;⑥应增加和扣减的索赔金额;⑦应抵扣的工程预付款;⑧应扣减的质量保证金;⑨根据合同应增加和扣减的其他金额;⑩本付款周期实际应支付的工程价款。

(2)发包人在收到承包人递交的工程进度款支付申请及相应的证明文件后,发包人应在合同约定时间内核对和支付工程进度款。发包人应扣回的工程预付款,与工程进度款同期结算抵扣。

(3)发包人未在合同约定时间内支付工程进度款,承包人应及时向发包人发出要求付款的通知,发包人收到承包人通知后仍不按要求付款,可与承包人协商签订延期付款协议,经承包人同意后延期支付。协议应明确延期支付的时间和从付款申请生效后按同期银行贷款利率计算应付款的利息。

(4)发包人不按合同约定支付工程进度款,双方又未达成延期付款协议,导致施工无法进行时,承包人可停止施工,由发包人承担违约责任。

3. 工程计量要求

承包人应按照合同约定,向发包人递交已完工程量报告,发包人应在接到报告后按合同约定进行核对。

工程计量时,若发现工程量清单中出现漏项、工程量计算偏差,以及工程变更引起工程量的增减,应按承包人在履行合同义务过程中实际完成的工程量计算。

(六)索赔与现场签证

1. 索赔

合同一方向另一方提出索赔,应有正当的索赔理由和有效证据,并应符合合同的相关约定。

若承包人认为非承包人原因发生的事件造成了承包人的经济损失,承包人应在确认该事件发生后,

按合同约定向发包人发出索赔通知。

2. 索赔的程序

(1)承包人索赔

①承包人在合同约定的时间内向发包人递交费用索赔意向通知书;②发包人指定专人收集与索赔有关的资料;③承包人在合同约定的时间内向发包人递交费用索赔申请表;④发包人指定的专人初步审查费用索赔申请表,有正当的索赔理由和有效证据,并符合合同的相关约定时予以受理;⑤发包人指定的专人进行费用索赔核对,经造价工程师复核索赔金额后,与承包人协商确定并由发包人批准;⑥发包人指定的专人应在合同约定的时间内签署费用索赔审批表,或发出要求承包人提交有关索赔的进一步详细资料的通知,待收到承包人提交的详细资料后,按④⑤的程序进行。

(2)发包人索赔

①发包人认为由于承包人的原因造成额外损失,发包人应在确认引起索赔的事件后,按合同约定向承包人发出索赔通知;②承包人在收到发包人索赔通知后并在合同约定时间内,未向发包人作出答复,视为该项索赔已经认可。

3. 索赔处理

(1)若承包人的费用索赔与工程延期索赔要求相关联时,发包人在作出费用索赔的批准决定时,应结合工程延期的批准,综合作出费用索赔与工程延期的决定。

(2)承包人应发包人要求完成合同以外的零星工作或非承包人责任事件发生时,承包人应按合同约定及时向发包人提出现场签证。

(3)发、承包人双方确认的索赔与现场签证费用与工程进度款同期支付。

(七)工程价款调整

1. 价款调整的条件与方法

(1)因分部分项工程量清单漏项或非承包人原因的工程变更,造成增加新的工程量清单项目,其对应的综合单价按下列方法确定:①合同中已有适用的综合单价,按合同中已有的综合单价确定;②合同中有类似的综合单价,参照类似的综合单价确定;③合同中没有适用或类似的综合单价,由承包人提出综合单价,经发包人确认后执行。

(2)因分部分项工程量清单漏项或非承包人原因的工程变更,引起措施项目发生变化,造成施工组织设计或施工方案变更,原措施费中已有的措施项目,按原有措施费的组价方法调整;原措施费中没有的措施项目,由承包人根据措施项目变更情况,提出适当的措施费变更,经发包人确认后调整。

(3)因非承包人原因引起的工程量增减,该项工程量变化在合同约定幅度以内的,应执行原有的综合单价;该项工程量变化在合同约定幅度以外的,其综合单价及措施费应予以调整。

(4)若施工期内市场价格波动超出一定幅度时,应按合同约定调整工程价款;合同没有约定或约定不明确的,应按省级或行业建设主管部门或其授权的工程造价管理机构的规定调整。

(5)因不可抗力事件导致的费用,发、承包双方应按以下原则分别承担并调整工程价款。①工程本身的损害、因工程损害导致第三方人员伤亡和财产损失以及运至施工现场用于施工的材料和待安装的设备的损害,由发包人承担;②发包人、承包人人员伤亡由其所在单位负责,并承担相应费用;③承包人的施工机械设备的损坏及停工损失,由承包人承担;④停工期间,承包人应发包人要求留在施工现场的必要的管理人员及保卫人员的工费用,由发包人承担;⑤工程所需清理、修复费用,由发包人承担。

(6)招标工程以投标截止日前28天,非招标工程以合同签订前28天为基准日,其后国家的法律、法规、规章和政策发生变化影响工程造价的,应按省级或行业建设主管部门或其授权的工程造价管理机构发布的规定调整合同价款。

(7)若施工中出现施工图纸(含设计变更)与工程量清单项目特征描述不符的,发、承包双方应按新的项目特征确定相应工程量清单的综合单价。

2. 价款调整的程序

(1)工程价款调整报告应由受益方在合同约定时间内向合同的另一方提出,经对方确认后调整合同价款。受益方未在合同约定时间内提出工程价款调整报告的，视为不涉及合同价款的调整。(2)收到工程价款调整报告的一方应在合同约定时间内确认或提出协商意见，否则视为工程价款调整报告已经确认。(3)经发、承包双方确定调整的工程价款，作为追加(减)合同价款与工程进度款同期支付。

(八)工程计价争议处理

1. 在工程计价中，对工程造价计价依据、办法以及相关政策规定发生争议事项的，由工程造价管理机构负责解释。

2. 发包人以对工程质量有异议，拒绝办理工程竣工结算的，已竣工验收或已竣工未验收但实际投入使用的工程，其质量争议按该工程保修合同执行，竣工结算按合同约定办理；已竣工未验收且未实际投入使用的工程以及停工、停建工程的质量争议，双方应就有争议的部分委托有资质的检测鉴定机构进行检测，根据检测结果确定解决方案，或按工程质量监督机构的处理决定执行后办理竣工结算，无争议部分的竣工结算按合同约定办理。

3. 承、发包双方发生工程造价合同纠纷时，应通过下列办法解决：

(1)双方协商；

(2)提请调解，工程造价管理机构负责调解工程造价问题；

(3)按合同约定向仲裁机构申请仲裁或向人民法院起诉。

4. 在合同纠纷案件处理中，需作工程造价鉴定的，应委托具有相应资质的工程造价咨询人进行。

(九)计价格式

以上不同用途的计价过程与方法应按规范规定要求的格式进行计算与填写。表的计价格式是计价规范或黑龙江省 2010 费用定额，部分表格形式见案例。

第四章　单位工程计价程序

建筑安装工程费用的计算方式有工料单价法(定额法)和综合单价法(清单法)两种。本书以黑龙江省 2010 年现行费用定额及 2010 年相关计算工程造价的文件为例,研究确定单位工程造价的过程。

根据中国建设部、财政部的建标(2003)206 号文件规定,我国现行建筑安装工程费用的构成主要有四部分:直接费、间接费、利润和税金。其具体构成如图 1－4－1 所示。

- 建筑安装工程费
  - 直接费
    - 直接工程费
      - 人工费
      - 材料费
      - 施工机械使用费
    - 措施费
      - 环境保护费
      - 文明施工费
      - 安全施工费
      - 临时设施费
      - 夜间施工费
      - 二次搬运费
      - 大型机械进出场及安拆费
      - 混凝土模板及支架费
      - 脚手架费
      - 已完工程设备保护费
      - 施工排水、降水费
      - 垂直运输费
  - 间接费
    - 规费
      - 工程排污费
      - 工程定额测定费
      - 社会保障费
        - 养老保险费
        - 失业保险费
        - 医疗保险费
      - 危险作业意外保险
      - 工伤保险费
      - 生育保险费
    - 企业管理费
      - 管理人员工资
      - 办公费
      - 差旅交通费
      - 固定资产使用费
      - 工具用具使用费
      - 劳动保险费
      - 工会经费
      - 职工教育经费
      - 财产保险费
      - 财务费
      - 税金
      - 其他
  - 利润
  - 税金
    - 营业税
    - 城市建设维护费
    - 教育费附加

图 1－4－1　建筑安装工程费用构成图

黑龙江省建筑安装工程费用定额是根据国家标准《建设工程工程量清单计价规范》及相关规定，结合我省多年工程造价计算方法及计价定额的内容进行编制，并规定出2010年《建设工程费用定额》计价程序。定额计价方法主要包括分部分项工程费、措施费、其他费用、安全文明施工费、规费、税金六项内容。清单计价方法主要包括分部分项工程费、措施费、企业管理费、利润、其他费用、安全文明施工费、规费、税金八项内容。

一、计价程序（黑龙江省2010《建设工程费用定额》的计价程序）

1. 定额计价方法

定额计价方法见表1－4－1。

表1－4－1　单位工程费用计算程序

序号	费用名称	计算式	备注
(一)	分部分项工程费	按计价定额实体项目计算的基价之和，即 ∑（定额基价×工程量）	
(A)	其中：计费人工费	∑（工日消耗量×人工单价）	53元/工日为计费基础
(二)	措施费	(1)+(2)	
(1)	定额措施费	按计价定额实体项目计算的基价之和	
(B)	其中：人工费	∑（工日消耗量×人工单价）	53元/工日为计费基础
(2)	通用措施费	[(A)+(B)]×费率	
(三)	企业管理费	[(A)+(B)]×费率	
(四)	利润	[(A)+(B)]×利润率	
(五)	其他费用	(3)+(4)+(5)+(6)+(7)+(8)+(9)	
(3)	人工费价差	合同约定或省建设行政主管部门发布的人工费单价－人工单价	
(4)	材料价差	材料实际价格（或信息价格、价差系数）与省计价定额中材料价格的(±)差价	采用固定价格时可以计算风险费（相应材料费×费率）
(5)	机械费价差	省建设行政主管部门发布的机械费价格与省计价定额中机械费的(±)差价	采用固定价格时可以计算风险费（相应机械费×费率）
(6)	暂列金额	(一)×费率	工程结算时按实际调整
(7)	专业工程暂估价	根据实际情况确定	工程结算时按实际调整
(8)	零星工作费	根据实际情况确定	工程结算时按实际调整
(9)	总承包服务费	供应材料费用、设备安装费用或单独分包专业工程的费用：（分部分项工程费＋措施费＋企业管理费＋利润）×费率	
(六)	安全文明施工费	(10)+(11)	工程结算时按评价、核定的标准计算
(10)	环境保护等五项	[(一)+(二)+(三)+(四)+(五)]×费率	
(11)	脚手架费	按计价定额项目计算	

表1-4-1　单位工程费用计算程序(续)

序号	费用名称	计　算　式	备　注
(七)	规费	[(一)+(二)+(三)+(四)+(五)]×费率	工程结算时按核定的标准计算
(八)	税金	[(一)+(二)+(三)+(四)+(五)+(六)+(七)]×3.41%	3.35%　3.22%　哈市3.44%
(九)	单位工程费用	(一)+(二)+(三)+(四)+(五)+(六)+(七)+(八)	

注:定额基价,取自预算定额单价表。工程量,按定额规定计算。

2. 清单计价方法

清单计价方法见表1-4-2。

表1-4-2　单位工程费用计算程序

序号	费用名称	计　算　式	备　注
(一)	分部分项工程费	$\sum$(分部分项工程量×相应综合单价)	
(A)	其中:计费人工费	$\sum$(工日消耗量×人工单价)	53元/工日为计费基础
(二)	措施费	(1)+(2)	
(1)	定额措施费	$\sum$(定额措施项目的工程量×相应综合单价)	
(B)	其中:人工费	$\sum$(工日消耗量×人工单价)	53元/工日为计费基础
(2)	通用措施费	[(A)+(B)]×费率	
(三)	其他费用	(3)+(4)+(5)+(6)	
(3)	暂列金额	(一)×费率	工程结算时按实际调整
(4)	专业工程暂估价	根据实际情况确定	工程结算时按实际调整
(5)	零星工作费	根据实际情况确定	工程结算时按实际调整
(6)	总承包服务费	供应材料费用、设备安装费用或单独分包专业工程的费用:(分部分项工程费+措施费+企业管理费+利润)×费率	
(四)	安全文明施工费	(7)+(8)	工程结算时按评价、核定的标准计算
(7)	环境保护等五项	[(一)+(二)+(三)]×费率	
(8)	脚手架费	按计价定额项目计算	
(五)	规费	[(一)+(二)+(三)]×费率	工程结算时按核定的标准计算
(六)	税金	[(一)+(二)+(三)+(四)+(五)]×3.41%	3.35%　3.22%　哈市3.44%
(七)	单位工程费用	(一)+(二)+(三)+(四)+(五)+(六)	

二、计价内容与方法

(一)分部分项工程费

可根据工程量和相应单价计算,其计算方法如下:

分项工程费=分项工程量×相应综合单价(或定额基价)

单位工程分部分项工程费 = $\sum$[分部分项工程量 × 综合单价(或定额基价)]

或　单位工程直接工程费=单位工程人工费+单位工程材料费+单位工程施工机械使用费

人工费可按下式计算:

$$分部分项工程人工费=工日消耗\times人工单价$$

或
$$分项工程量\times定额人工基价$$

$$单位工程人工费=\sum(工日消耗\times人工单价)$$

材料费可按下式计算：

$$分部分项工程材料费=\sum(各类材料消耗量\times相应材料单价)$$

$$单位工程材料费=\sum分部分项工程材料费=\sum(材料消耗量\times相应材料单价)$$

或
$$分项工程量\times定额材料费基价$$

施工机械使用费可按下式计算：

$$分部分项工程机械费=\sum各类机械台班消耗量\times相应机械台班基价$$

或
$$分部分项工程机械费=分项工程量\times(单位产品定额机械台班用量\times机械台班基价)$$

$$单位工程施工机械使用费=\sum(分部分项工程机械费)$$

1. 定额计价法

$$单位工程分部分项工程费=\sum(定额基价\times分项工程量)$$

(1)定额基价:按招标文件或合同约定的预算定额选取。

(2)按选用定额项目的内容、单位和工程量计算规则进行计算。

2. 清单计价法

$$单位工程分部分项工程费=\sum(综合单价\times分项清单工程量)$$

(1)综合单价　承包人根据发包人提供的工程量清单的内容描述,结合企业能力自主进行计价。见表1-4-3。

表1-4-3　分部分项工程综合单价计价程序

序号	费用名称	计　算　式	备　注
(1)	计费人工费	$\sum$(工日消耗量×人工单价)	53元/工日为计费基础
(2)	人工费差价	$\sum$[工日消耗量×(合同约定或省建设行政主管部门发布的人工费单价-人工单价)]	
(3)	材料费	$\sum$(材料消耗量×材料单价)	
(4)	材料风险费	$\sum$(材料消耗量×相应材料单价×费率)	
(5)	机械费	$\sum$(机械消耗量×台班单价)	
(6)	机械风险费	$\sum$(机械消耗量×相应台班单价×费率)	
(7)	企业管理费	(1)×费率	
(8)	利润	(1)×费率	
(9)	综合单价	(1)+(2)+(3)+(4)+(5)+(6)+(7)+(8)+(9)	

(2)清单工程量

发包人提供的工程量清单。

(二)措施费

措施费的概念与内容见本书第一编第三章。黑龙江省现行计价程序中此项费用中包括定额措施费和通用措施费。

1. 定额措施费

指预算定额中不构成工程实体,是为完成工程项目施工所发生的费用。

(1)定额措施费的组成

①特、大型机械设备进出场及安拆费;②混凝土、钢筋混凝土模板及支架费;③垂直运输费;④施工排水、降水费;⑤建筑物(构筑物)超高费,是指檐高超过20米(6层)时需要增加的人工和机械降效等费用;⑥《建设工程工程量清单计价规范》中规定的各专业定额列项的各种措施费用(不包括室内空气污染测试法、脚手架等)。

(2)定额措施费的计算方法

定额措施费可根据工程量和定额基价计算,也可按上述的人工费、材料费、施工机械使用费之和计算。其计算方法同分部分项工程费。

2. 通用措施费

指为完成工程项目施工所发生的费用,定额中不包括非工程实体项目所发生的费用。

通用措施费与定额措施费的主要区别是定额措施费可以在具体的分项工程中计算,而通用措施费不能在具体的分项工程中计算,而是以整个单位工程为对象的共同费用。

(1)通用措施费的组成

①夜间施工增加费。

②二次搬运费。

③已完工程及设备保护费。

④工程定位复测、工程点交、场地清理费。

⑤生产工具用具使用费。

⑥雨季施工增加费,包括防雨措施、排除雨水、工效降低等费用,但不包括特殊工程采取的大型雨棚施工所增加的费用。

⑦冬季施工增加费,包括原材料加热、构件保温、门窗洞口封闭、人工室外作业临时取暖(包括炉具设施)、人工和机械生产效率降低补偿所增加的人工、材料、燃料、器具及设备摊销等费用。不包括电加热法养护混凝土、混凝土蒸气养护法、暖棚法施工而增加及越冬工程基础的维护、保护费,发生时另行计算。冬季施工期:北纬48°以北,10月20日至下年4月20日;北纬46°以北,10月30日至下年4月5日;北纬46°以南,11月5日至下年3月31日。

⑧检验试验费是指按规范要求对建筑材料、构件和建筑安装物进行检测、检查所发生的费用,包括自设实验室进行试验所耗用的材料和化学药品等费用。不包括新结构、新材料的试验费,对构件作破坏性试验及其他特殊要求检验试验的费用。

⑨室内空气污染测试费。

⑩地上、地下设施,建(构)筑物的临时保护设施费;

⑪赶工施工费。

(2)通用措施费的计算

$$通用措施费 = \sum(人工费 \times 相应费率)$$

对于冬季施工增加费,应以冬季实际完成的人工费为计算基数;赶工施工费按实际发生计算。

(3)通用措施费费率标准,见表1-4-4。

表1-4-4 通用措施费标准

项目	建筑	装饰	通用设备安装	市政	园林绿化
计算基础	人工费				
夜间施工费/%	0.18	0.08	0.08	0.11	0.08
二次搬运费/%	0.18	0.21	0.14	0.14	0.08
已完工程及设备保护费/%	0.14	0.18	0.21	0.15	0.11

表 1-4-4(续)

项目	建筑	装饰	通用设备安装	市政	园林绿化
计算基础	人工费				
工程定位、复测、点交清理费/%	0.18	0.14	0.14	0.11	0.11
生产工具用具使用费/%	0.14	0.14	0.14	0.14	0.14
雨季施工费/%	0.14	0.11	0.11	0.14	0.11
冬季施工费/%	3.00	1.02	1.02	0.68	1.34
检验试验/%	2.67	2.00	2.00	2.00	1.14
室内空气污染测试费	按实际发生计算				
地上、地下设施,建(构)筑物的临时保护设施费	按实际发生计算				
赶工措施费	按实际发生计算				

注:1. 地上、地下设施,建(构)筑物的临时保护设施费、室内空气污染测试费根据工程实施过程中实际发生情况确认,计入工程结算;2. 赶工施工费根据工程的实际情况,制订赶工施工的措施方案,由发、承包双方在补充协议中约定。

(三)企业管理费

(1)企业管理费的概念与内容见教材第一编第三章。

(2)企业管理费的计算

$$企业管理费=\sum(人工费\times相应费率)$$

(3)企业管理费费率的标准,见表 1-4-5。

表 1-4-5　企业管理费标准

项目	建筑	装饰	通用设备安装	市政	园林绿化
计算基础	人工费				
企业管理费/%	14~18	9~13	14~18	12~16	6~10

(四)利润

利润是指施工企业完成建筑产品所获得的赢利。

(1)利润的概念

在社会主义商品经济中,利润是劳动者为社会创造的新增价值,是组成建筑产品价格的一部分。施工企业实行利润制度,有利于调动企业和职工的积极性,也有利于企业改善经营管理,加强经济核算和提高企业的经济效益。

(2)利润的计算

在市场经济条件下,利润是依据国家《关于发布全民所有制建筑安装企业转换经营机制实施办法的通知》中,有关"对工程项目的不同投资来源或工程类别,实行在计划利润基础上的差别利润率"的规定加以明确的。也就是应根据不同投资来源和工程类别,选择相应的计算基数和利润率计算,其计算公式为

$$利润=人工费\times利润率$$

利润可以浮动,其具体浮动范围标准,承、发包双方必须在合同中约定。

(3)利润的费率标准(见表 1-4-6)。

表1－4－6 利润的费率标准

项目	建筑	安装	市政	装饰	园林绿化
计算基础	人工费				
利润/%	10～30				10～13

(五)其他费用

其他费用是指承包建筑安装工程中发生的并根据合同条款和规定计算的,但未包括在直接费、间接费用中的相关费用。

1.其他费用组成

(1)人工费价差 指在施工合同中约定或施工实施期间省建设行政主管部门发布的人工单价与《建设工程费用定额》中规定标准的差价。

(2)材料价差 指在施工实施期间材料实际价格(或信息价格、价差系数)与省定额中材料价格的差价。

(3)机械费价差 指施工实施期间省建设行政主管部门发布的机械费价格与计价定额中机械费价格的差价。

(4)暂列金额 指发包人暂定并包括在合同价款中的一笔款项。用于施工合同签订时尚未确定或不可预见的所需材料、设备、服务的采购,施工中可能发生的工程变更、合同约定调整因素出现时的工程价款调整以及发生的索赔、现场签证确认等的费用。

(5)暂估价 指发包人提供的用于支付必然发生但暂时不能确定价格的材料单价以及专业工程的金额。

(6)计日工 指承包人在施工过程中,完成发包人提出的施工图纸以外的零星工作项目或工作所需的费用。

(7)总承包服务费 指总承包人为配合协调发包人进行的工程分包、自行采购的设备、材料等进行管理、服务(如分包人使用总承包人的脚手架、垂直运输、临时设施、水电接驳等)以及施工现场管理、竣工资料汇总整理等服务所需的费用。

2.计算方法

(1)人工费价差＝(人工费信息价格－定额标准价格)×合计工日。

(2)材料价差＝$\sum$[各类材料用量×(材料实际价格－材料预算价格)]。

(3)机械费价差＝$\sum$[各类机械台班消耗量×(机械实际价格－机械预算价格)]。

(4)暂列金额＝分部分项工程费×费率。

(5)暂估价根据实际情况确定。

(6)计日工根据实际情况确定。

(7)总承包服务费＝供应材料费用、设备安装费用或单独分包专业工程的费用(分部分项工程费＋措施费＋企业管理费＋利润)×费率。

3.费率标准

暂列金额费率标准,见表1－4－7。总承包服务费费率标准,见表1－4－8。

表1－4－7 暂列金额的费率标准

项目	各类工程
计算基础	分部分项工程费
暂列金额/%	10～15

表 1－4－8 总承包服务费标准

项目	计算基础	各类工程
发包人供应材料	供应材料费用	1%
发包人采购设备	设备安装费用	1%
总承包对专业工程管理和协调	工程量清单计价的工程:单独分包专业工程的费用(分部分项工程费＋措施费)	1.5%
总承包对专业工程管理和协调并提供配合服务	定额计价的工程:单独分包专业工程的费用(分部分项工程费＋措施费＋企业管理费＋利润)	3%～5%

(六)安全文明施工费

安全文明施工费的概念与内容见教材第一编第三章。

(1)安全文明施工的组成:①环境保护费;②文明施工费;③安全施工费;④临时设施费;⑤防护用品等费用;⑥脚手架费用,包括综合脚手架(或单项脚手架)、垂直防护架、垂直封闭防护、水平防护架等费用。

(2)安全文明施工费的计算

安全文明施工费中①②③④⑤项＝(分部分项工程费＋措施费＋企业管理费＋利润＋其他费用)×费率

费率为工程结算时按评价、核定的标准计算。建设工程造价管理部门安全监督管理机构组织安全检查、动态评价,由工程造价管理部门核定。其中脚手架费按计价定额项目计算。

(3)安全文明施工费有关费率标准,见表 1－4－9。

表 1－4－9 安全文明施工费标准

项目		建筑	装饰	通用设备安装	市政	园林绿化	备注
环境保护等五项费用/%	计算基础	定额计价的工程:定额项目费＋一般措施费＋企业管理费＋利润＋其他 工程量清单计价的工程:分部分项工程费＋措施费＋其他					
	环境保护费 文明施工费	0.30	0.15	0.25	0.25	0.15	由招标人按规定费率计算,在招标文件中给出,结算时按建设行政主管部门评价核定的标准计算
	安全施工费	0.23	0.12	0.19	0.19	0.12	
	临时设施费	1.50	0.75	1.22	1.22	0.75	
	防护用品等费用	0.17	0.05	0.10	0.10	0.05	
	合计	2.20	1.07	1.76	1.76	1.07	
脚手架费		按计价定额项目计算(由招标人根据工程情况计算,在招标文件中给出,结算时按实际工程量和建设行政主管部门评价核定的标准计算)					

注:1. 通用设备安装、市政工程的现场施工围栏零星计算;2. 计价定额相应脚手架项目不再计算。

(七)规费

规费概念与内容见本书第一编第三章。

(1)规费的组成:①养老保险费;②医疗保险费;③失业保险费;④工伤保险费;⑤生育保险费;⑥住房公积金;⑦危险作业意外伤害保险费;⑧工程排污费。

(2)规费的计算方法

规费＝(分部分项工程费＋措施费＋企业管理费＋利润＋其他费用)×费率

(3)规费费率标准,见表 1－4－10。

表 1-4-10 规费费率标准

项目	各类工程	备注
计算基础	工程量清单计价的工程： 分部分项工程费+措施费+其他费用 定额计价的工程： 定额项目费+一般措施费+企业管理费+利润+其他费用	
养老保险费/%	2.86	由招标人按规定费率计算，在招标文件中给出，结算时按建设行政主管部门评价核定的标准计算
医疗保险费工程定额测定费/%	0.45	
失业保险费/%	0.15	
工伤保险费/%	0.17	
生育保险费/%	0.09	
住房公积金/%	0.48	
危险作业意外伤害保险费/%	0.09	
工程排污费(包括固体废物及危险废物排污、噪声超标排污)/%	0.05	
合计/%	4.34	

注:工程实体污水排污费另行计算。

(八)税金

税金概念与内容见本书第一编第三章。

1. 税金的组成

①营业税;②城市维护建设税;③教育费附加。

2. 计算方法

由于税金是计入工程造价的一种税款，它是工程造价中赢利的一个组成部分，因此，税金的计算基数应是构成造价的全部费用，其计算方法见下式：

税金=(分部分项工程费+措施费+企业管理费+利润+其他费用+安全文明施工费+规费)×费率

3. 税金费率标准，见表 1-4-11。

表 1-4-11 税金费率标准

项目	各类工程(工程所在地)		
	市　区	县城、镇	城、镇以外
计算基础	不含税工程费用		
税金/%	3.41(哈市 3.44)	3.35	3.22

三、单位工程造价编制的基本步骤

单位工程造价根据用途不同可分为招标控制价、投标报价和工程结算价。

(一)定额法的编制步骤

1. 收集资料、熟悉图纸、了解施工现场情况

在编制预算之前，必须充分熟悉施工图纸，了解设计意图和工程全貌，对施工图中的问题、疑难和建议要同设计单位协商，作到妥善解决，一般按以下步骤进行。

(1)搜集有关编制预算的依据资料

主要搜集预算定额、单位价格表、费用定额、概算文件、定型图集及工程合同等资料。

(2)熟悉图纸

①整理施工图纸。图纸应按图纸目录的顺序排列,一般为全局性图纸在前,局部性的图纸在后;先施工的在前,后施工的在后;重要图纸在前,次要图纸在后。整理完后把目录放在首页,一并装订成册。

②按图纸目录核对施工图纸是否齐全。

③注意阅读和审核施工图。a. 该单项工程与建筑总平面图及各种图纸,图纸与说明等相互间有无矛盾和错误;b. 各分项工程(或结构构件)的构造、尺寸和规定的材料、品种、规格以及它们相互之间的关系是否相符;c. 门窗及混凝土构件表与图示的规格、数量是否相符;d. 详图、说明、尺寸、符号是否齐全;e. 图纸中结构、构造上是否有逻辑性的错误。例如,对于同一部位,在节点图、剖面图或立面图中所示的做法不一致等;f. 施工图上是否有标注不够清楚的地方。例如尺寸标高不清、使用材料不清、施工作法不清等。

④设计交底和图纸会审。施工单位在熟悉和自审图纸的基础上,参加由建设单位组织设计单位和施工单位共同进行设计交底的图纸会审会议。预算人员参加图纸会审,可将阅读施工图过程中所发现图纸中的问题,或不清楚之处,请设计单位及时解决,并了解有无设计变更的内容等。同时还能更加了解工程的特点和施工要求,这将有助于预算的编制,特别是对了解施工图中超出定额范围的一些项目内容实质和掌握编制补充定额的有关资料是非常必要的。工程预算人员参加图纸会审时应注意:a. 认真听取别人提出的问题,仔细分析这些问题与预算编制的关系;b. 认真作好记录,要重点记录与编制预算有关的事项,同时也要记录会审中悬而未决的问题。

(3)了解施工现场情况

要编制出符合施工实际的施工图预算,还必须了解施工现场情况。例如,自然地面标高与设计标高是正差还是负差;工程地质及水文地质的现场勘探情况;水源、电源、交通运输情况等。凡是属于建设单位责任范围内而未能及时解决的,并且建设单位委托施工单位代处理的,施工单位应单独编制预算,或办理经济签证,据此向建设单位结算费用。

(4)了解工程承包合同的有关条款

主要了解工程承包范围、承包方式、结算方式和方法、材料供应方式、材料价差计算内容和方法等。对于建设单位及造价审查单位,还应了解施工企业的性质、级别。

2. 熟悉施工组织设计或施工方案的有关内容

在编制预算时,应熟悉并了解和掌握施工组织设计中影响工程预算造价的有关内容,如施工方法和施工机械的选择、构(配)件的加工和运输方式等,这些内容是正确计算工程量和选套预算定额的重要依据。

如果施工图预算与施工组织设计或施工方案同时进行编制时,可将预算方面需要解决的问题提请有关部门先行确定。若某些工程没有编制施工组织设计或施工方案,应把预算方面需要解决的问题向有关人员了解清楚,使预算反映工程实际,从而提高预算编制质量。

3. 工程量计算及汇总

(1)确定工程量计算项目　在熟悉了编制施工图预算基础资料的基础上,根据施工图纸和施工组织设计所规定的施工方法以及预算定额所规定的工程内容,确定工程量计算项目。确定项目时,要注意内容必须与预算定额规定的内容一致;项目的排列顺序、定额编号和计量单位也要与定额相一致,当设计项目与预算定额不同,或预算定额中无此项目时,则应用标记注明,以便将来换算或编制补充定额。

(2)计算各项目的工程量　详见本章其他节所述。

4. 分部分项工程费(定额措施费)计算(套用定额)

工程量计算完毕,并经复核无误后,就可以选套预算定额或单位价格表,计算各个分部分项工程的直接工程费与定额措施费。应采用表格按下列步骤和方法进行计算。

(1)当计算项目的工程内容与定额的内容一致或定额不允许换算时,可直接选套定额基价。

①填写工程预算表中的序号和表头。表头中的工程编号名称一般按施工图中所标注的填写,工程预算表后面的括弧内一般按施工图专业名称填写,如市政、给排水、园林等,见表 1－4－12 所示。

表 1－4－12　分部分项工程(定额措施项目)计价表

工程名称:　　　　　　　　　　　　　　　　　　　　　　　　　　　　　　第　页　共　页

<table>
<tr><th rowspan="3">序号</th><th rowspan="3">定额编号</th><th rowspan="3">分部分项工程名称</th><th colspan="2">工程量</th><th colspan="2">价值/元</th><th colspan="6">其中</th></tr>
<tr><th rowspan="2">单位</th><th rowspan="2">数量</th><th rowspan="2">定额基价</th><th rowspan="2">总　价</th><th colspan="2">人工费/元</th><th colspan="2">材料费/元</th><th colspan="2">机械使用费/元</th></tr>
<tr><th>单价</th><th>金额</th><th>单价</th><th>金额</th><th>单价</th><th>金额</th></tr>
<tr><td></td><td></td><td></td><td></td><td></td><td></td><td></td><td></td><td></td><td></td><td></td><td></td><td></td></tr>
<tr><td></td><td></td><td></td><td></td><td></td><td></td><td></td><td></td><td></td><td></td><td></td><td></td><td></td></tr>
<tr><td></td><td></td><td></td><td></td><td></td><td></td><td></td><td></td><td></td><td></td><td></td><td></td><td></td></tr>
<tr><td colspan="3">本页小计</td><td></td><td></td><td></td><td></td><td></td><td></td><td></td><td></td><td></td><td></td></tr>
<tr><td colspan="3">合计</td><td></td><td></td><td></td><td></td><td></td><td></td><td></td><td></td><td></td><td></td></tr>
</table>

②把计算项目名称、定额编号、计量单位及相应的工程量填入工程计价预算表内。

③把计算项目的相应定额基价及其中的人工费、材料费和机械费单价填入工程计价表内。

上述内容填写完毕后,即可进行分部分项工程费(定额措施费)的计算。

(2)当计算项目的工程内容与定额的内容不完全一致,而定额规定允许换算时,应按照规定的换算方法,进行定额基价换算。然后把换算后的定额编号、定额基价及其中人工费、材料费和机械费填入工程计价表内,以此计算分部分项工程费(定额措施费)。

(3)当计算项目无相应定额时,则需要编制补充定额或补充单位价格表,并应报请当地造价主管部门批准后,作为一次性定额纳入预算文件,并注明"补充"两字。

为了便于进行经济分析,在计算各个分项工程直接费的基础上,还应按照每一分部工程进行小计,也可以单独编制分部工程直接费汇总表,见表 1－4－13 所示。

表 1－4－13　分部工程直接费汇总表

工程名称:

建筑工程(市政工程)	直接费/元	人工费/元	材料费/元	机械费/元
实体部分				
土石方工程				
拆除工程				
材料、成品、半成品运输				
道路工程				
桥涵工程				
隧道工程				
给水、排水工程				
燃气与集中供热工程				
措施部分				
脚手架工程				
模板及支架工程				
打拔工具桩				
围堰、筑岛				
便桥、便道、施工围挡				
排水、降水				
构筑物垂直运输				
洞内通风、动力、照明、轨道				

5. 工料分析

工料分析是确定完成单位工程所需的各种人工和各种规格、类型的材料数量的基础资料。

(1)工料分析的作用

①是施工企业计划部门和劳动工资部门编制单位工程生产计划及劳动力计划的依据。

②是施工企业材料部门编制材料计划、备料和组织材料进入施工现场的依据。

③是施工队向工人班(组)下达施工任务、限额领料和考核人工、材料消耗情况,以及班(组)经济核算的依据。

④是施工图预算和施工预算进行对比分析的依据。

⑤是施工企业制订降低成本措施计划和财务部门进行成本分析的依据。

⑥是预算和结算进行材料价差计算的依据。

⑦对于建设单位供应的材料,是甲乙双方进行材料核销或结算的依据。

(2)工料分析的编制方法

工料分析一般分两步进行,首先分析各分部分项工程的人工、材料消耗量,然后分析汇总整个单位工程的各种人工、材料的总消耗量。

①分部分项工程的工料分析。分部分项工程的人工、材料消耗量,可采用工料分析表进行计算。一般所使用的工料分析表有两种形式,可任选一种,见表 1-4-14 所示。

表 1-4-14　工料分析表

序号	定额编号	分项工程名称	单位	工程量	水泥		砂子		……	
					定额量	合计数量	定额量	合计数量	定额量	合计数量

编制工料分析表通常按下列步骤和方法进行:

a. 按照工程预算表的排列顺序,将各分项工程的定额编号、项目名称、定额单位、工程量等抄写到工料分析表中的相应栏内。

b. 套预算定额工料消耗指标,从预算定额中查出有关分项工程所需各种人工、材料的定额单位用量,抄到工料分析表中的相应栏内。

c. 计算分项工程的人工、材料消耗量,将其填入到工料分析表的相应栏内。

$$分项工程人工消耗量=分项工程量\times定额人工用量$$

$$分项工程材料消耗量=分项工程量\times定额材料用量$$

d. 计算分部工程的人工、材料消耗量,即按照工种、材料种类和规格不同分别进行汇总,填入相应栏内,即为分部工程的各种人工、材料的消耗量。

②单位工程工料分析汇总表的编制。各个分部分项工程的工料分析完成之后,为统计和汇总单位工程所需的主要劳动力及材料的总消耗量,要编制单位工程工料分析汇总表,见表 1-4-15、表 1-4-16。

表 1-4-15　单位工程材料分析汇总表

序号	材料名称	规格	单位	数量	备注

表 1-4-16　成品及半成品材料汇总表

序号	构(配)件名称	规格	单位	数量	备注

材料汇总一般按钢材、木材、水泥、沥青、玻璃、砖、瓦、灰、砂、石、卷材和油漆等材料,分别按不同类型

及规格汇总列出。

(3)工料分析应注意事项

①半成品材料的分析。对某些分项工程工料分析时,某些省市在定额中只能查到砂浆、混凝土等半成品材料的定额消耗量,为了求出其各种配合比的单项材料用量,必须对半成品材料进行二次分析。二次分析所得到的各种材料数量要进行汇总,并将汇总数加到材料汇总表内。现在有些地区编制的预算定额,其混凝土和砂浆所需的各种单项材料直接编列到定额的项目中,这样就可直接进行单项材料消耗量的计算,不必进行材料的二次分析。

②各种构件、制品的材料分析。对于构件厂制作的,施工现场进行安装的门(窗)、钢筋混凝土等构(配)件,其工料分析应分别按制作、安装单独列表计算。

③对于现浇混凝土构件和构件厂生产的预制混凝土构件,如果采用的混凝土强度等级、石子种类和粒径都相同时,应在材料分析表中分别计算,而不能将其与混凝土的消耗量汇总在一起,以便进行成本核算和结算三材指标。

④凡是预算定额进行价格换算的项目,在工料分析时对定额中相应工料消耗数量也要进行换算。

6. 计算各项费用确定工程总造价及单位造价

单位工程分部分项工程(定额措施项目)费用确定后,还需根据本地区颁布的建筑安装工程费用定额及有关费用文件的规定,计算通用措施费、管理费、利润、其他费、安全措施费、规费、税金等费用,最后汇总确定单位工程造价。

各项费用的具体内容和计算方法,详见本章第一节所述。

7. 写编制说明

施工图预算的编制说明,没有统一格式,但一般应包括下列内容:

(1)工程概况　说明工程名称及编号、预算造价、建筑面积和简要说明工程的建筑、结构的特点等;

(2)编制依据　所采用施工图设计的名称、编号和设计单位;采用各种标准图集的名称及编号;采用的预算定额或单位价格表;取费标准所依据的各项费用定额和其他有关费用计算的文件名称及文件;施工组织设计或施工方案;有关材料调价的依据及文件;承包方式和结算方式及甲乙双方所协商的有关事宜;编制补充定额的依据及基础资料;进口设备、材料或加工定货单价来源;

(3)其他有关说明　例如某些项目是否考虑修改设计或图纸会审记录;在取费标准中有哪些费用暂未考虑或依实际情况有所变化,在预算中是如何处理的;对采用的各类构配件标准图集中,是否有变更情况;钢筋、铁件是按定额列入还是按图纸计算的,是否已进行调整;遗留项目或暂估项目有哪些,并说明原因;对土方工程的挖运机具、运距及各种构配件的运输方式、运距等,若在施工组织设计中未明确规定时是如何处理的;某些项目还存在哪些问题及以后的处理办法;其他需要说明的事项等。

8. 审核装订

(1)预算编完后,企业负责人要组织有关人员进行自审预算,以提高预算的准确性和合理性。

(2)工程预算书的封面没有统一格式,但一般应包括以下内容:工程编号和工程名称;建设单位和施工单位名称;建筑结构和建筑面积;工程造价和单位造价;编制单位、负责人、编制人和编制日期;审核单位、负责人和审核人。最后把预算书封面、编制说明、工程造价汇总表、工程预算表、工料分析汇总表、设计变更通知单及工程量计算书等按顺序装订成册。

有的地区由于工程量计算表和工料分析表的内容繁多,一般不列入工程预算书内,均由预算人员单独保存,以便查用。但现在也有些地区规定工程量计算表和工料分析表一并装订在工程预算书内。

(二)清单法的编制步骤

工程量清单计价的基本过程可以描述为:在统一的工程量计算规则的基础上,制订工程量清单项目设置规则,根据具体工程的施工图纸计算出各个清单项目的工程量,再根据各种渠道所获得的工程造价信息和经验数据计算出工程造价。这一计算过程如图 1 -4 -2 所示。

从图 4 -2 中可以看出,其编制过程可以分为两个阶段:工程量清单格式的编制和利用工程量清单来编制投标报价。投标报价是在业主提供的工程量计算结果的基础上,根据企业自身所掌握的各种信息、

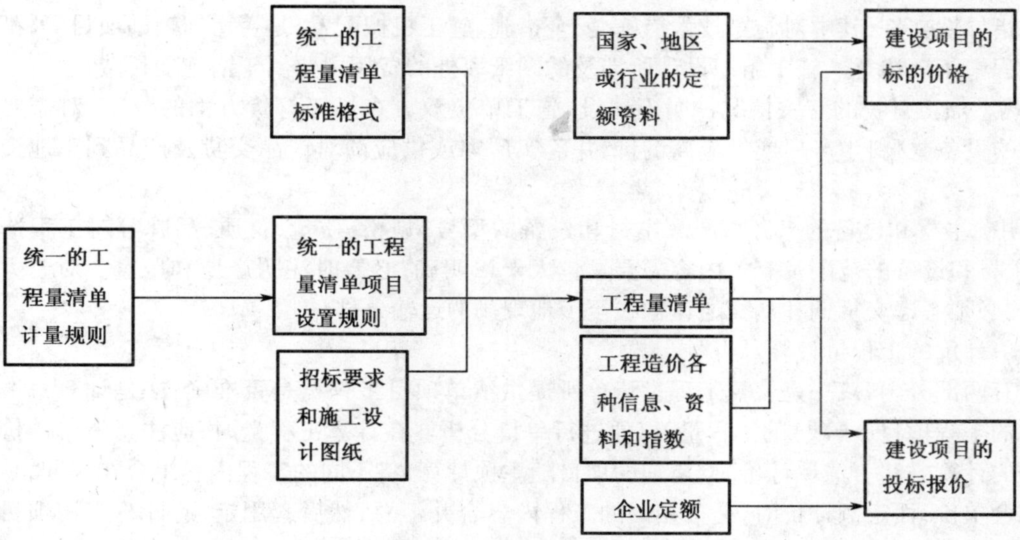

图1-4-2　工程量清单计价过程示意图

资料,结合企业定额编制得出的。

以黑龙江省投标报价为例,说明其具体实施步骤。

1. 研究招标文件,熟悉图纸

(1)熟悉工程量清单　工程量清单是计算工程造价最重要的依据,在计价时必须全面了解每一个清单项目的特征描述,熟悉其所包括的工程内容,以便在计价时不漏项,不重复计算。

(2)研究招标文件　工程招标文件及合同条件的有关条款和要求是计算工程造价的重要依据。在招标文件及合同条件中对有关承发包工程范围、内容、期限、工程材料、设备采购供应办法等都有具体规定,只有在计价时按规定进行,才能保证计价的有效性。因此,投标单位拿到招标文件后,根据招标文件的要求,要对照图纸,对招标文件提供的工程量清单进行复查或复核,其内容主要有以下几部分:

①分专业对施工图进行工程量的数量审查。一般招标文件上要求投标单位核查工程量清单,如果投标单位不审查,则不能发现清单编制中存在的问题,也就不能充分利用招标单位给予投标单位澄清问题的机会,则由此产生的后果由投标单位自行负责。

②根据图纸说明和选用的技术规范对工程量清单项目进行审查。这主要是指根据规范和技术要求,审查清单项目是否漏项,例如电气设备中有许多调试工作(如母线系统调试、低压供电系统调试等),应审查是否在工程量清单中有漏项。

③根据技术要求和招标文件的具体要求,对工程需要增加的内容进行审查。认真研究招标文件是投标单位争取中标的第一要素。表面上看,各招标文件基本相同,但每个项目都有自己的特殊要求,这些要求一定会在招标文件中反映出来,这需要投标人仔细研究。有的工程量清单上要求增加的内容与技术要求和招标文件上的要求不统一,只有通过审查和澄清才能统一起来。

(3)熟悉施工图纸　全面、系统地阅读图纸,是准确计算工程造价的重要前提。阅读图纸时应注意以下几点:

①按设计要求收集图纸选用的标准图、大样图。

②认真阅读设计说明,掌握安装构件的部位和尺寸、安装施工要求及特点。

③了解本专业施工与其他专业施工工序之间的关系。

④对图纸中的错、漏及表示不清楚的地方予以记录,以便在招标答疑会上询问解决。

(4)熟悉工程量计算规则　当分部分项工程的综合单价采用定额进行单价分析时,对定额工程量计算规则的熟悉和掌握是快速、准确地进行单价分析的重要保证。

(5)了解施工组织设计　施工组织设计或施工方案是施工单位的技术部门针对具体工程编制的施工作业的指导性文件,其中对施工技术措施、安全措施、施工机械配置、是否增加辅助项目等,都应在工程计价的过程中予以注意。施工组织设计所涉及的图纸以外的费用主要属于措施项目费。

(6)熟悉加工订货的有关情况　明确建设、施工单位双方在加工订货方面的分工,对需要进行委托加工订货的设备、材料生产厂或供应商询价,并落实厂家或供应商对产品交货及产品到工地交货价格的承诺。

(7)明确主材和设备的来源情况　主材和设备的型号、规格、质量、材质、品牌等对工程造价影响很大,因此主材和设备的范围及有关内容需要发包人予以明确,必要时注明产地和厂家。对于大宗材料和设备价格,必须考虑交货期和从交通运输线至工地现场的运输条件。

2. 清单计价的工程量计算

主要有两部分内容:一是核算工程量清单所提供清单项目工程量是否准确;二是计算每一个清单项目所组合的工程项目(子项)的工程量,以便进行单价分析。在计算工程量时,应注意清单计价和定额计价时不同的计算方法。清单计价时,是辅助项目随主项计算,将不同的工程内容组合在一起,计算出清单项目的综合单价;而定额计价时,是按相同的工程内容合并汇总,然后套用定额,计算出该项目的分部分项工程费。

3. 分部分项工程量清单计价分两个步骤

第一步,按招标文件给定的工程量清单项目逐个进行综合单价分析。在分析计算依据采用方面,可采用企业定额,也可采用各地现行的安装工程综合定额。第二步,按分部分项工程量清单计价格式,将每个清单项目的工程数量分别乘以对应的综合单价,计算出各项合价,再将各项合价汇总。各地方规定了标准格式,现以黑龙江省2010年费用定额为例,具体格式见第二编第六章。

(1)分部分项工程量清单综合单价分析表。

(2)分部分项工程量清单计价表,分部分项工程量清单计价表是根据招标人提供的工程量清单填写单价与合价得到的。

(3)投标人所报的人工、材料、机械价格,应以市场价格为基础确定,内容还应包括管理费、利润、风险,其报价一旦被招标人所接受,所报单价不得调整。所谓市场价格是指:人工单价是企业分工种对外借工单价或参照当地劳务市场相应工种的价格;材料价格是以施工现场为交货地的工地结算价;机械台班价格为企业对外租用机械台班价格,或当地施工机械租赁企业的机械台班价格,需外地租赁时还需考虑机械运输费、回程费。

4. 措施项目清单计价

措施项目清单是完成项目施工必须采取的措施所需的工程内容,一般在招标文件中提供。如提供的项目与拟建工程情况不完全相符时,投标人可作增减。费用的计算可参照计价办法中措施项目指引的计算方法进行,也可按施工方案和施工组织设计中相应项目要求进行人工、材料、机械分析计算。每项措施项目费,均应以“项”或“宗”为单位计算其综合单价,其价格应包括管理费、价差、利润。措施项目费分析表应根据招标人提出要求后填写,或以地方费用定额给定的格式填写。

(1)定额措施项目工程量清单综合单价分析表。

(2)定额措施项目清单计价表,应根据招标人提供的措施项目清单中列出的措施项目名称填写。

(3)通用措施项目清单报价表;

(4)安全文明施工费报价表,按招标人提供的安全文明施工费计入投标报价中。

5. 其他项目费的计算可按各地规定计算,其他项目清单计价表中的序号、名称必须按照招标人提供的其他项目清单中的相应内容填写,招标人部分的金额必须按照招标人提出的数额填写。对于其他项目费中的计日工项目费报价按以下方法处理。

(1)暂列金额报价明细表,投标人按招标人提供的项目金额计入投标报价中。

(2)材料暂估单价明细表,投标人按招标人提供的材料单价计入相应工程量清单综合单价报价中。

(3)专业工程暂估价明细表,投标人按招标人提供的专业工程暂估价计入投标报价中。

(4)计日工报价明细表,计日工项目按招标文件中所列的工作项目和暂估工程量为依据。单价有投标人自主报价的,计入投标报价。

(5)总承包服务费报价明细表,投标人按招标人提供的服务项目内容,自行确定费用标准,计入投标报价中。

(6)其他项目清单报价表,将以上(1)~(5)表的内容汇总到此表中。

6. 规费、税金的计算可按各地规定计算。

7. 补充工程量清单项目及计算规则表。

8. 计算单位工程费,填写单位工程费汇总表。根据分部分项工程量清单计价表、措施项目清单计价表、其他项目清单计价表的合计金额以及根据有关规定计算出的规费和税金合计填写。详见本章第一节。

9. 确定单项工程的造价。单项工程费汇总表按单位工程费汇总表的合计金额填写。

10. 计算工程项目造价。工程项目总价表按单项工程费汇总表的合计金额填写。

11. 写编制说明。同定额计价法。

12. 投标总价。投标报价按工程项目总价表合计金额填写。

13. 填写封面。

第五章　建筑面积的计算

我国的《建筑面积计算规则》是在20世纪70年代依据前苏联的做法结合我国的实际情况制定的。1982年国家经委基本建设办公室(82)经基设字58号印发的《建筑面积计算规则》是对20世纪70年代制定的《建筑面积计算规则》的修订。1995年建设部发布《全国统一建筑工程预算工程量计算规则》(土建工程 GJDGZ—101—95),是对1982年的《建筑面积计算规则》的修订。

《建筑面积计算规则》在建筑工程造价管理方面起着非常重要的作用,是建筑房屋计算工程量的主要指标,是计算单位工程每平方米预算造价的主要依据,是统计部门汇总发布房屋建筑面积完成情况的基础。目前,建设部和国家质量技术监督局颁发的《房产测量规范》的房产面积计算,以及《住宅设计规范》中有关面积的计算,均依据的是《建筑面积计算规则》。随着我国建筑市场的发展,建筑的新结构、新材料、新技术、新的施工方法层出不穷,为了解决因建筑技术的发展产生的面积计算问题,使建筑面积的计算更加科学合理,完善和统一建筑面积的计算范围和计算方法,对建筑市场发挥更大的作用,因此,对原《建筑面积计算规则》予以修订。考虑到《建筑面积计算规则》的重要作用,此次将修订的《建筑面积计算规则》改为《建筑工程建筑面积计算规范》。中华人民共和国国家标准《建筑工程建筑面积计算规范》GB/T 50353—2005,施行日期为2005年7月1日。

计算建筑面积的规定如下。

1. 单层建筑物的建筑面积,应按其外墙勒脚以上结构外围水平面积计算。勒脚是指建筑物外墙与室外地面或散水接触部分墙体的加厚部分,其高度一般为室内地坪与室外地面的高差,也有的将勒脚高度提高到底层窗台。因为勒脚是墙根很矮的一部分墙体加厚,不能代表整个外墙结构,因此要扣除勒脚墙体(见图1-5-1),并应符合下列规定:

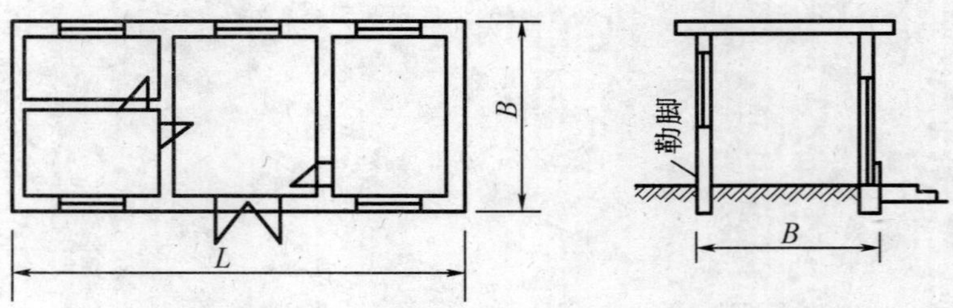

图1-5-1　单层建筑

(1)单层建筑物高度在2.20 m及以上者应计算全面积;高度不足2.20 m者应计算1/2面积;

(2)利用坡屋顶内空间时,净高超过2.10 m的部位应计算全面积;净高在1.20 m至2.10 m的部位应计算1/2面积;净高不足1.20 m的部位不应计算面积(见图1-5-2)。

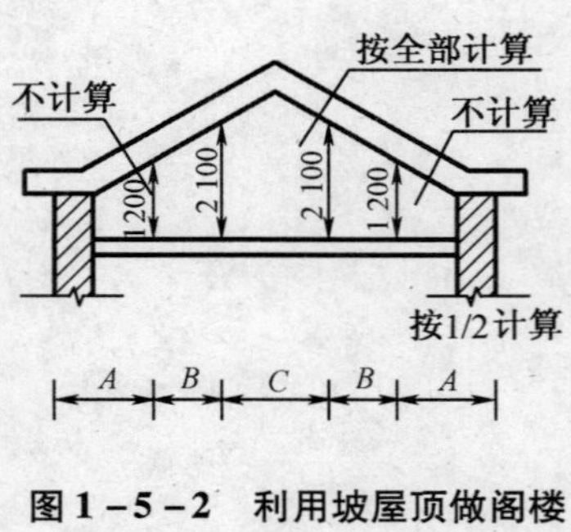

图1-5-2　利用坡屋顶做阁楼

2. 单层建筑物内设有局部楼层者,局部楼层的二层及以上楼层,有围护结构的应按其围护结构外围水平面积计算,无围护结构的应按其结构底板水平面积计算。层高在2.20 m及以上者应计算全面积;层高不足2.20 m者应计算1/2面积(见图1-5-3),$S = L \times A + L \times a + L \times a/2$。

围护结构是指围合建筑空间四周的墙体、门、窗等。

层高是指上下两层楼面结构标高之间的垂直距离。建筑物是底层的层高，有基础底板的指基础底板上表面结构标高至上层楼面的结构标高之间的垂直距离；没有基础底板的指地面标高至上层楼面结构之间的垂直距离。

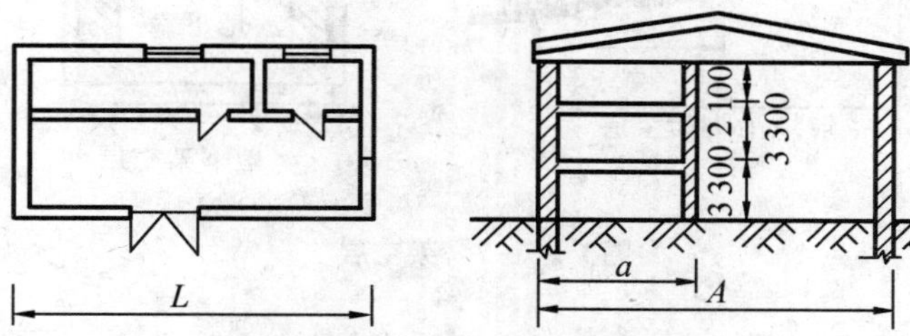

图 1－5－3　部分有楼阁层的单层建筑

3. 多层建筑物首层应按其外墙勒脚以上结构外围水平面积计算，二层及以上楼层应按其外墙结构外围水平面积计算。层高在 2.20 m 及以上者应计算全面积；层高不足 2.20 m 者应计算 1/2 面积（见图 1－5－4）。

4. 多层建筑坡屋顶内和场馆看台下，当设计加以利用时净高超过 2.10 m 的部位应计算全面积；净高在1.20 m至2.10 m的部位应计算 1/2 面积；当设计不利用或室内净高不足1.20 m时不应计算面积（如图 1－5－5）。

5. 地下室、半地下室（车间、商店、车站、车库、仓库等），包括相应的有永久性顶盖的出入口，应按其外墙上口（不包括采光井、外墙防潮层及其保护墙）外边线所围水平面积计算。层高在2.20 m及以上者应计算全面积；层高不足 2.20 m 者应计算 1/2 面积（见图 1－5－6）。

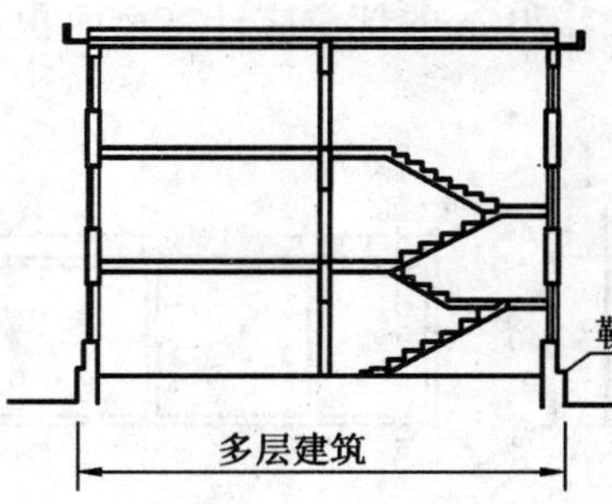

图 1－5－4　多层建筑

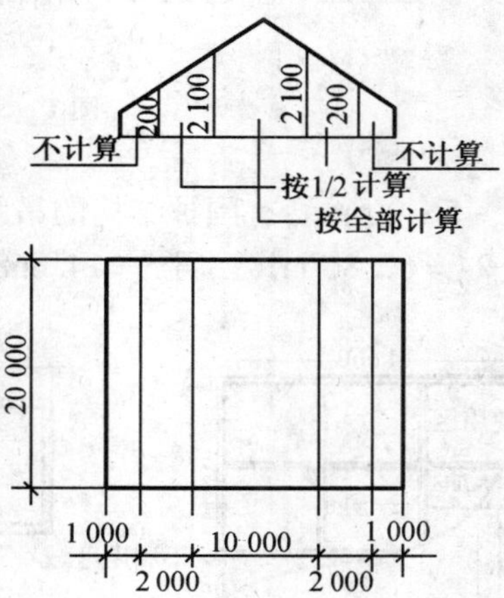

图 1－5－5　坡屋顶

6. 坡地的建筑物吊脚架空层、深基础架空层，设计加以利用并有围护结构的，层高在2.20 m及以上的部位应计算全面积；层高不足 2.20 m 的部位应计算 1/2 面积。设计加以利用无围护结构的建筑吊脚架空层，应按其利用部位水平面积的 1/2 计算；设计不利用的深基础架空层、坡地吊脚架空层、多层建筑坡屋顶内、场馆看台下的空间不应计算面积（见图 1－5－7）。

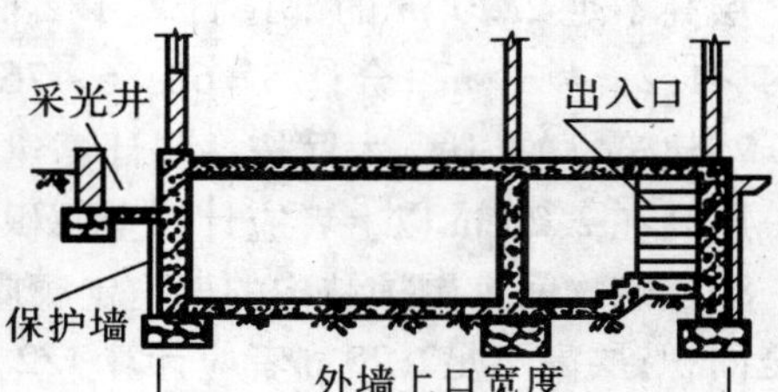

图 1－5－6　地下室、半地下室

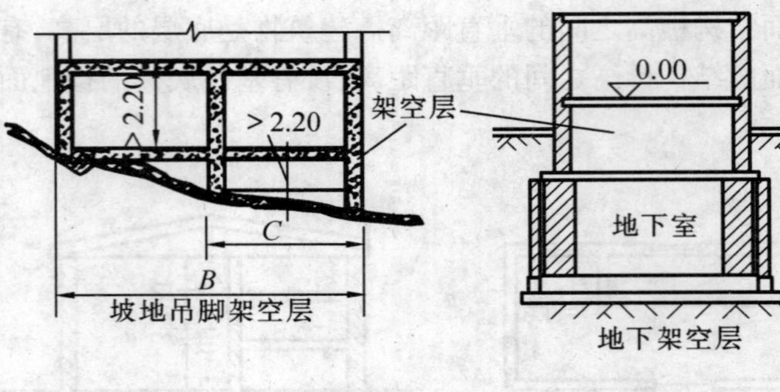

图 1－5－7　架空层

如图 1－5－8 所示，无围护结构的吊脚架空层面积 $S=(5.44\times2.8+4.53\times1.48)\times0.5=10.97\ m^2$。

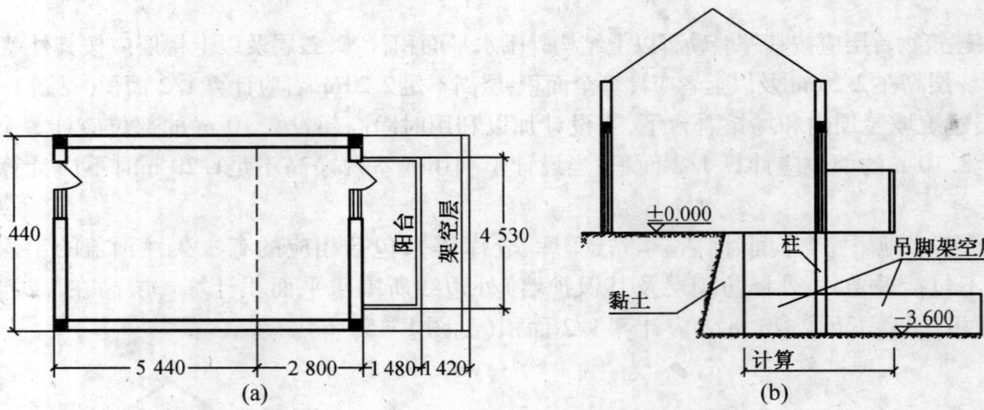

图 1－5－8　无围护结构的吊脚架空层

如图 1－5－9 所示，有围护结构的吊脚架空层面积，层高超过 2.20 m 的部位应计算全面积：一层 $S=11.997\times5.24=62.86\ m^2$，二层 $S=14.668\times5.24=76.86\ m^2$。

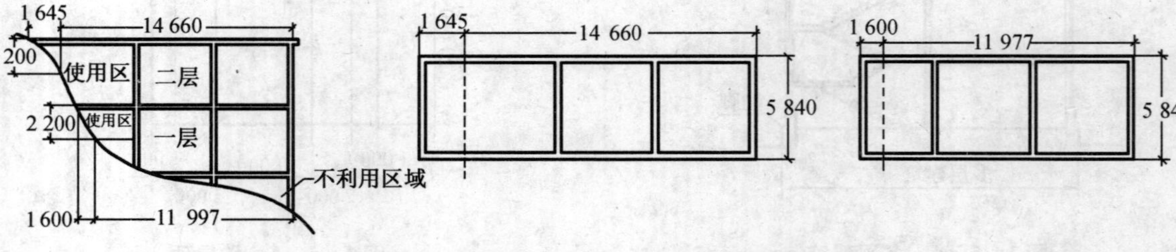

图 1－5－9　有围护结构的吊脚架空层

层高不足 2.20 m 的部位计算 1/2 面积；一层 $S=1.689\times5.24\times1/2=4.43\ m^2$，二层 $S=1.645\times5.24\times1/2=4.31\ m^2$；合计 $S=62.86+76.86+4.43+4.31=148.46\ m^2$。

7. 建筑物的门厅、大厅按一层计算建筑面积。门厅、大厅内设有回廊时，应按其结构底板水平面积计算。层高在 2.20 m 以上者应计算全面积；层高不足 2.20 m 者应计算 1/2 面积（见图 1－5－10）。

8. 建筑物间有围护结构的架空走廊应按其围护结构外围水平面积计算；层高在2.20 m及以上者应计算全面积；层高不足2.20 m者应计算 1/2 面积。有永久性顶盖无围护结构的应按其结构底板水平面积的 1/2 计算（见图 1－5－11）。

例如图 1－5－11（b）：

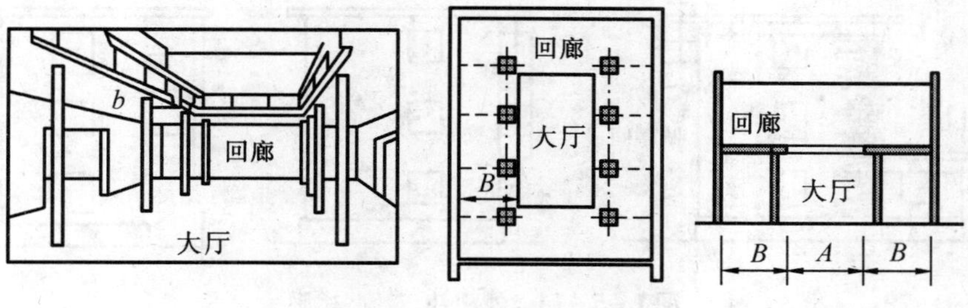

图 1－5－10　大厅及回廊

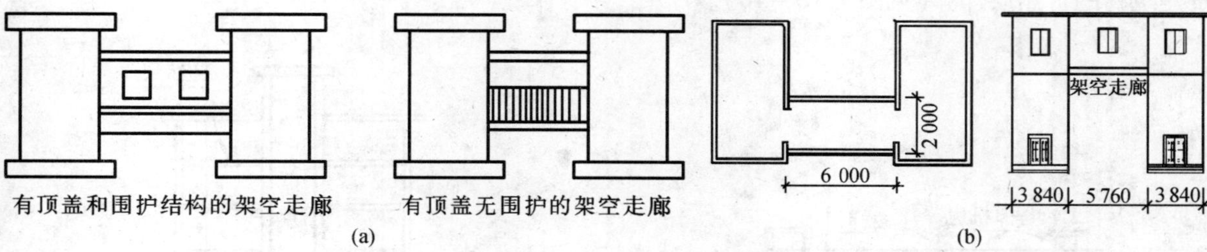

图 1－5－11　架空走廊

层高 2.20 m 以上时：$S=(6-0.24)\times(3+0.24)=18.66\ m^2$

层高不足 2.20 m 时：$S=18.66\times1/2=9.33\ m^2$

9. 立体书库、立体仓库、立体车库，无结构层的应按一层计算，有结构层的应按其结构层面积分别计算。层高在 2.20 m 及以上者应计算全面积；层高不足 2.20 m 者应计算 1/2 面积（见图1－5－12）。

10. 有围护结构的舞台灯光控制室，应按其围护结构外围水平面积计算。层高在 2.20 m 及以上者应计算全面积；层高不足 2.20 m 者应计算 1/2 面积（见图 1－5－13）。

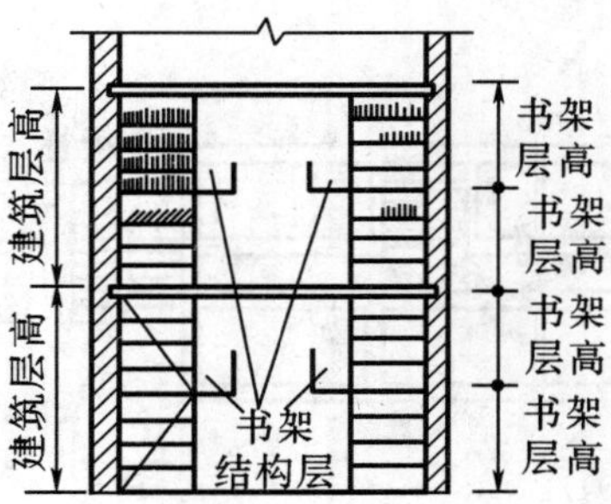

图 1－5－12　书库书架层

图 1－5－13　舞台灯光控制室

11. 建筑物外有围护结构的落地橱窗、门斗、挑廊、走廊、檐廊，应按其围护结构外围水平面积计算。层高在 2.20 m 及以上者应计算全面积；层高不足 2.20 m 者应计算 1/2 面积。有永久性顶盖无围护结构的应按其结构底板水平面积的1/2计算（见图 1－5－14）。

12. 有永久性顶盖无围护结构的场馆看台应按其顶盖水平投影面积的 1/2 计算。

13. 建筑物顶部有围护结构的楼梯间、水箱间、电梯机房等，层高在 2.20 m 及以上者应计算全面积；层高不足 2.20 m 者应计算 1/2 面积（见图 1－5－15）。

14. 设有围护结构不垂直于水平面而超出底板外沿的建筑物，应按其底板面的外围水平面积计算。层高在 2.20 m 及以上者应计算全面积；层高不足 2.20 m 者应计算 1/2 面积。

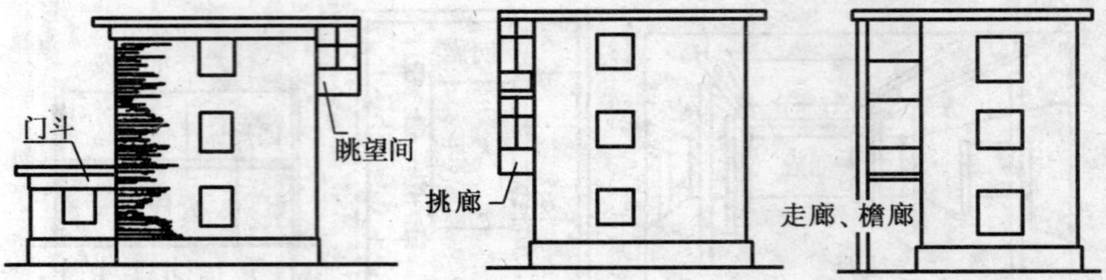

图 1-5-14　外门斗、走廊、挑廊

15. 建筑物内的室内楼梯间、电梯井、观光电梯井、提物井、管道井、通风排气竖井、垃圾道、附墙烟囱应按建筑物的自然层计算(见图 1-5-16)。

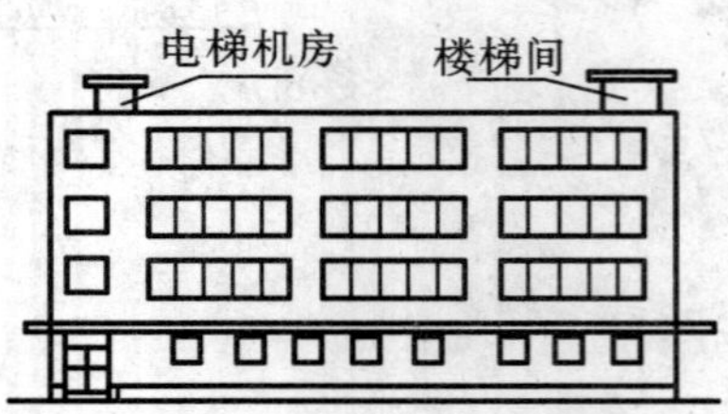

图 1-5-15　出屋面的楼梯间、电梯机房

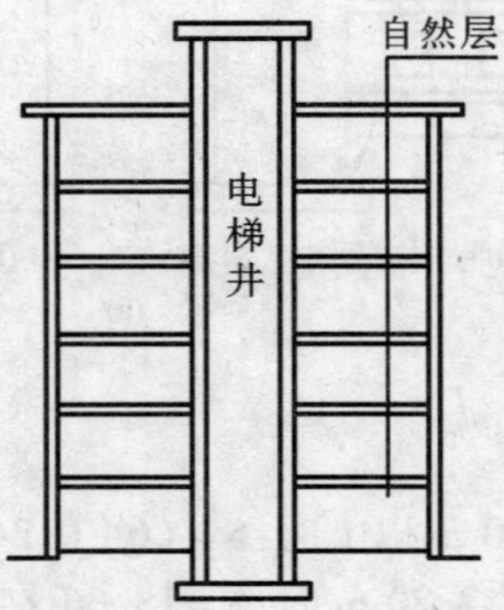

图 1-5-16　电梯井

16. 雨篷结构的外边线至外墙结构外边线宽度超过 2.10 m 者,应按雨篷结构板的水平投影面积的 1/2 计算(见图 1-5-17),$S = A \times B/2$。

17. 有永久性顶盖的室外楼梯,应按建筑物自然层的水平投影面积的 1/2 计算(见图 1-5-18),$S = A \times B/2 \times n$。

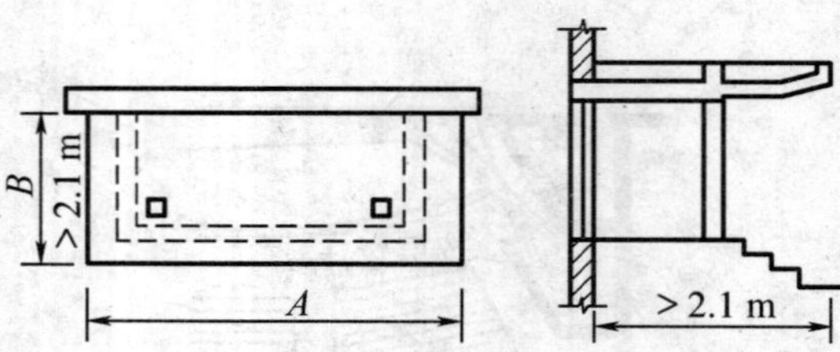

图 1-5-17　雨篷

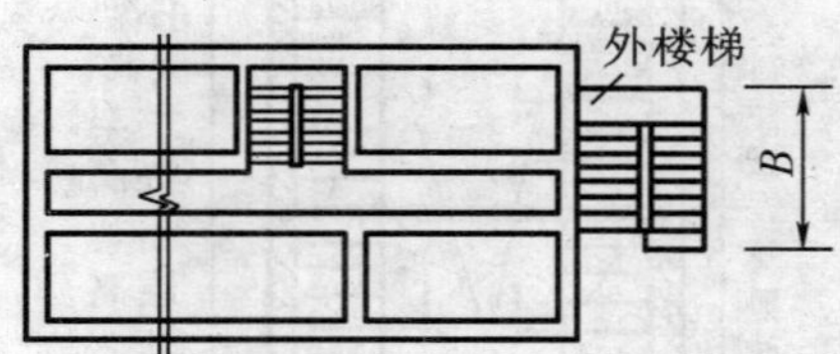

图 1-5-18　外楼梯

18. 建筑物的阳台均应按其水平投影面积的 1/2 计算。

19. 有永久性顶盖无围护结构的车棚、货棚、站台、加油站、收费站等,应按其顶盖水平投影面积的 1/2 计算(见图 1-5-19),$S = \sum (A \times B/2)$。

20. 高低联跨的建筑物,应以高跨结构外边线为界分别计算建筑面积。其高低跨内部连通时,其变形缝应计算在低跨面积内(见图 1-5-20)。

21. 以幕墙作为围护结构的建筑物,应按幕墙外边线计算建筑面积(见图 1-5-21),$S = A \times B$。

22. 建筑物外墙外侧有保温隔热层的,应按保温隔热层外边线计算建筑面积(见图1-5-22),$S = A \times B$。

23. 建筑物内的变形缝,应按其自然层合并在建筑物面积内计算。

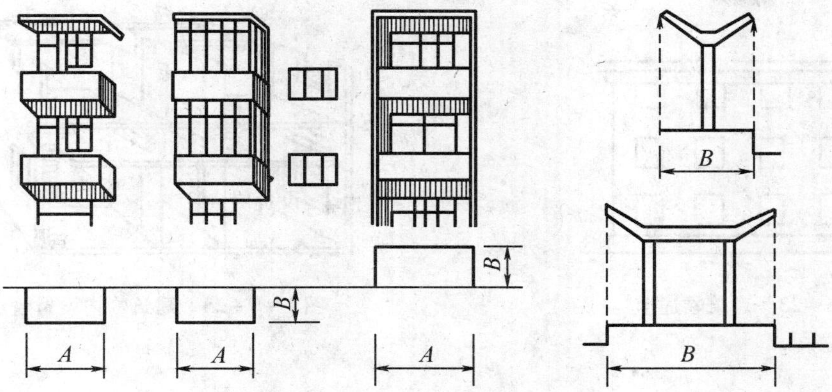

图 1-5-19　阳台、站台、车棚

24. 下列项目不计算建筑面积。

(1) 建筑物通道（如骑楼、过街楼的底层）（见图 1-5-23）；

(2) 建筑物内的设备管道夹层（见图 1-5-24）；

(3) 建筑物内分隔的单层房间，舞台及后台悬挂幕布、布景的天桥、挑台等；

(4) 屋顶水箱、花架、凉棚、露台、露天游泳池；

(5) 建筑物内的操作平台、上料平台、安装箱和罐体的平台；

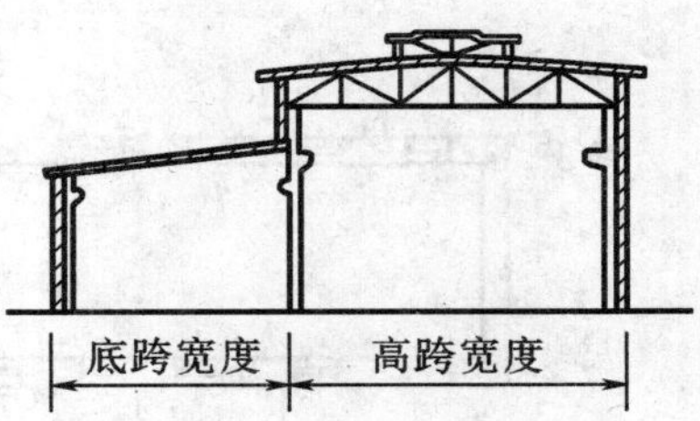

图 1-5-20　高低跨厂房

(6) 勒脚、附墙柱、垛、台阶、墙面抹灰、装饰面、镶贴块料面层、装饰性幕墙、空调室外机搁板（箱）、飘窗、构件、配件、宽度在2.10 m 及以内的雨篷以及与建筑物内不连通的装饰性阳台、挑廊（见图1-5-25）；

(7) 无永久性顶盖的架空走廊、室外楼梯和用于检修、消防等的室外钢楼梯、爬梯（见图1-5-25）；

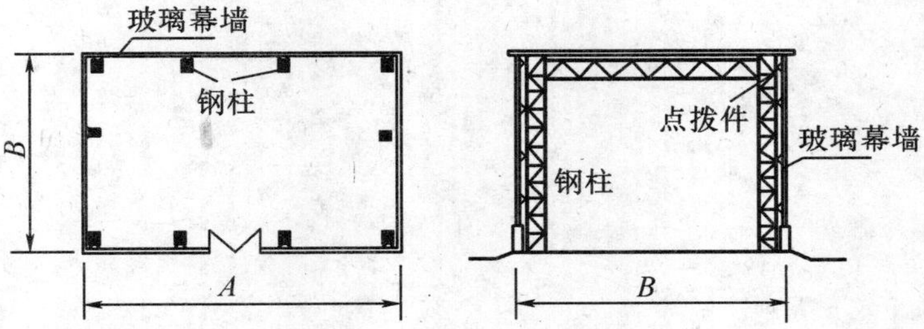

图 1-5-21　玻璃幕墙

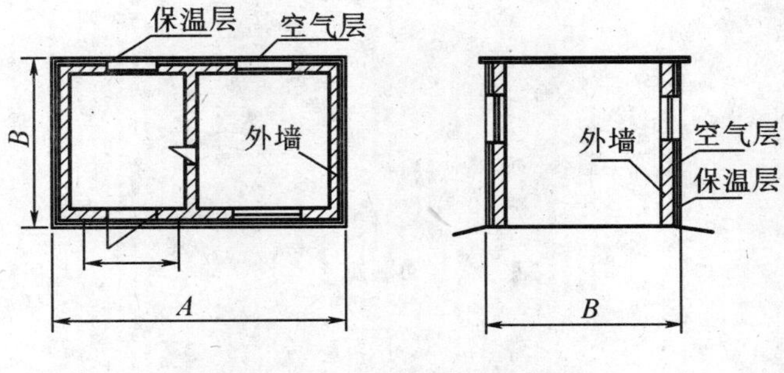

图 1-5-22　外墙外侧做保温

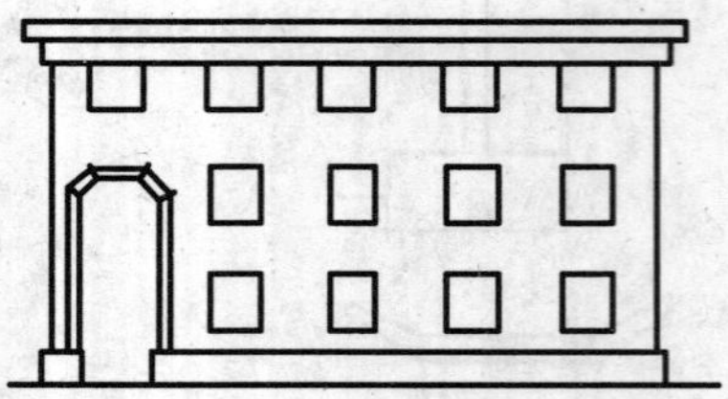

图 1-5-23 建筑物通道

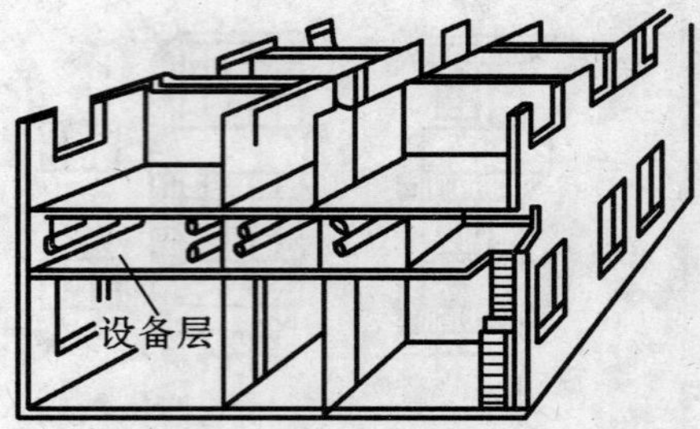

图 1-5-24 建筑物内设备管道层

(8)自动扶梯、自动人行道;

(9)独立烟囱、烟道、地沟、油(水)罐、气柜、水塔、储油(水)池、储仓、栈桥、地下人防通道、地铁隧道。

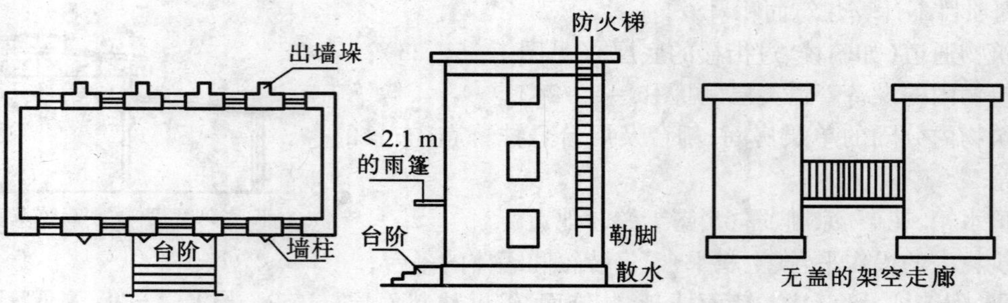

图 1-5-25 不计算建筑面积的构件

第二编　建筑工程、装饰装修工程工程计价

第一章 建筑工程计价定额工程量计算规则及定额规定

建设部颁布了工程量计算规则的统一的标准，全国各地基本与其统一，但个别项目应结合当地情况作适当调整。黑龙江省2010年计价定额就是以国家标准《建设工程工程量清单计价规范》(GB50500—2008)和《全国统一建筑工程基础定额》(GJD—101—95)及相关规定为依据，结合黑龙江省实际情况进行编制的。本书以黑龙江省2010年建设工程计价依据《建筑工程计价定额》《装饰装修工程计价定额》为标准作以下介绍。

第一节 工程量计算概述

一、工程量的含义

工程量是根据设计图纸，按定额的分项工程以物理计量单位或自然计量单位表示的实物量。物理计量单位是指分项工程的长度、面积、体积和质量等计量单位；自然计量单位是指以建筑成品、自然实体为单位表示的套、个、条、块等计量单位。工程量是确定分部分项工程费、进行工料分析、编制施工组织设计、安排施工进度计划、材料供应计划、进行经济核算的重要依据。

二、工程量计算依据

(1)施工图纸及设计说明。

(2)施工组织设计。

(3)计价定额。

(4)合同约定。

三、工程量计算顺序

计算工程量应按照一定的顺序进行，既可以节省看图时间，加快计算进度，又可以避免漏算或重复计算。

(一)单位工程计算顺序

1. 按施工顺序计算法 是按照工程施工顺序的先后次序来计算工程量。如一般民用建筑按照土方、基础、墙体、脚手架、地面、楼面、屋面、门窗安装、外抹灰、内抹灰、油漆、玻璃等顺序进行计算。

2. 按定额顺序计算法 是按照预算定额上的分章或分部分项工程顺序来计算工程量。这种计算顺序法对初学编制预算的人员比较适合。

(二)单个分项工程计算顺序

1. 按照顺时针方向计算

从平面图左上角开始，按顺时针方向逐步计算，此方法适用于计算外墙、外墙基础、外墙地槽、楼地面、天棚、室内装修等工程量。

2. 按先横后竖、先上后下、先左后右的顺序计算

从平面图上的左上角开始，按"先横后竖、先上后下、先左后右"的顺序逐步计算。此方法适用于计算条形基础土方、基础垫层、砖石基础、砖墙砌筑、门窗过梁、墙面抹灰等工程量。

3. 按轴线编号顺序计算

这种方法适用于计算内外墙挖地槽、内外墙基础、内外墙砌体、内外墙装饰等工程。

4. 按图纸构、配件编号分类依次计算

此法是按照图纸上所注结构构件、配件的编号顺序进行计算工程量。例如,计算混凝土构件、门窗、屋架等分项工程,均可以按照此顺序进行计算。

(三)应用统筹法计算工程量

任何一个单位工程施工图预算中的工程量计算都要列出几十项,甚至百余项的分项工程项目。实践表明,每个分项工程量计算虽有各自的特点,但都离不开计算“线”“面”之类的基数,它们在整个工程量计算中常常要反复多次使用。因此,根据这个特点,运用统筹法原理,依据计算过程的内在联系,按先主后次,统筹安排计算程序,从而简化了烦琐的计算,形成了统筹计算工程量的计算方法。

1. 利用基数,连续计算

基数是指工程量计算时重复利用的数据,如以“线”或“面”为基数,利用连乘或加减,算出与它有关的分项工程量。

(1)“线”是指建筑物平面图中所示的外墙和内墙的中心线和外边线,即三“线”:外墙外边线($L_{外}$)总长度 $L_{外}$ = 建筑平面图的外围周长之和;外墙中心线($L_{中}$)总长度 $L_{中} = L_{外} -$ 墙厚 ×4;内墙净长线($L_{内}$)总长度 $L_{内}$ = 建筑平面图中所有内墙净长度之和。

根据分项工程量计算的不同需要,可利用这三条线为基数进行计算。

与 $L_{外}$ 有关的计算项目有勒脚、腰线、勾缝、外墙抹灰、散水等分项工程。

与 $L_{中}$ 有关的计算项目有外墙基挖地槽、基础垫层、基础砌筑、墙基防潮层、基础圈梁、墙身砌筑等分项工程。

与 $L_{内}$ 有关的计算项目有内墙基挖地槽、基础垫层、基础砌筑、墙基防潮层、基础圈梁、墙身砌筑、墙身抹灰等分项工程。

(2)“面”是指建筑物的底层建筑面积,要结合建筑物的造型而定。“面”的面积按图纸计算,即

$$底层建筑面积(S) = 建筑物底层平面图勒脚以上外围水平投影面积$$

与“面”有关的计算项目有平整场地、地面、楼面、屋面和天棚等分项工程。

一般工业与民用建筑工程,有 70% ~90% 的工程项目都可在三“线”和一“面”的基础上连续计算出来,因此,应正确计算这三条“线”和一个“面”,作为基数,然后利用这些基数再计算与它们有关的分项工程量。

2. 统筹程序,合理安排

工程量计算程序是否合理,关系到预算编制工作的效率。工程量计算按以往的习惯,大多数是按施工程序或定额顺序进行的,没有充分利用项目之间的内在联系。若统筹程序合理安排,可克服计算上的重复,加快计算速度。

3. 一次算出,多次使用

对于有些不能用“线”和“面”基数进行连续计算的项目,如木门窗、屋架、钢筋混凝土预制标准构件、土方放坡断面系数等,事先应将常用数据一次算出,汇编成《建筑工程工程量计算手册》。当需计算有关的工程量时,只要查阅手册就能很快地算出所需要的工程量来。

4. 结合实际、灵活机动

由于建筑结构造型、基础断面、墙宽、砂浆等级和各楼层的面积等的变化,利用“线”“面”“册”计算工程量时,还要结合图纸的情况,灵活机动地进行计算。常采用的方法有:①分段法,如基础断面尺寸、基础埋深不同,在计算分项工程量时应分段计算;②补加补减法,如在建筑物每层墙体布置相同,仅某一层多(或少)了一道隔墙,则可先按每层都有(或没有)这一隔墙的情况计算,然后再减(或补加)这一隔墙的体积。

需要特别强调,在计算基数时,一定要认真细致,由于 70% ~90% 的工程项目都是在三条“线”和一个“面”的基数上连续计算出来的,如果基数计算错误,那么在此基础上计算出来的工程量将全部出错。

所以,正确计算基数是至关重要的。

第二节　土石方工程

土石方工程主要内容包括平整场地、挖土方、挖地坑、挖地槽、原土打夯、回填土、土石方运输、支挡土板等。在计算工程量时,应根据施工图纸、工程地质情况、地下水位、含水量、土方开挖形式、运土方式及运距、运输工具、运量、现场是否存土等,根据批准的施工方案及相关资料按相应定额项目计算。

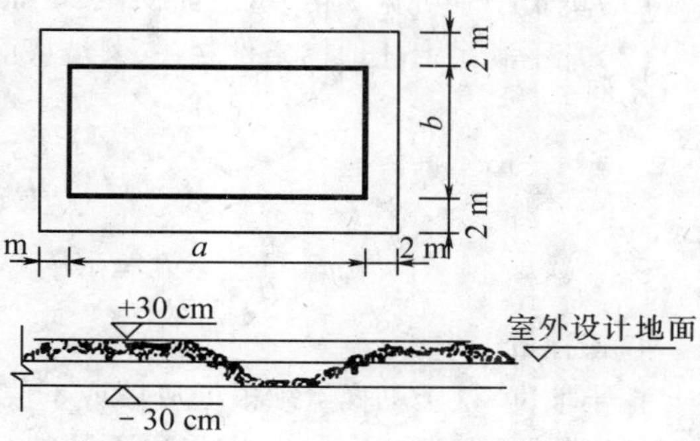

图 2-1-1　平整场地示意图

一、土石方工程工程量计算

(一)平整场地工程量计算

平整场地是指建筑场地挖、填土方厚度在 ±30 cm 以内及找平。其工程量按建筑物(或独立构筑物)首层面积外围外边线以外,各放出 2 m 后所围的面积计算,如图 2-1-1 所示,计算公式为

$$S_{平整场地}=(a+4)\times(b+4)=S_{底}+2L_{外}+16=ab+4(a+b)+16$$

式中　$S_{底}$——底层的建筑面积;

$L_{外}$——外墙外边线总长。

若地下建筑大于地上建筑,场地平整按地下建筑外墙外边线每边加 2 m 计算。管道沟不计算平整场地。

(二)挖土工程量计算

挖土要根据土壤的类别、地下水位、土的含水量、施工方法、基础类型等分别计算,要区分挖地槽、挖地坑、挖土方之间的区别。

1. 地槽、地坑、土方、山坡切土、淤泥、泥砂的划分

(1)挖地槽是指槽底宽度(不含工作面)小于等于 3 m,且槽长大于槽宽的 3 倍。即

$$a\leqslant 3\text{ m}\qquad L>3a$$

式中　a——槽宽;

L——槽长。

(2)坑长小于坑宽 3 倍,坑底面积在 20 m^2 以内(不含工作面)的属于挖地坑。

(3)凡不满足上述地槽条件之一,若坑底面积大于 20 m^2 的为挖土方。

(4)淤泥是指在静水或缓慢的流水环境中沉积,并含有有机质细粒土。

(5)流砂是指在地下水位以下挖土时,底面和侧面随地下水一起涌出的流动细砂。

2. 土的分类,按定额土壤及岩石(普氏)分类表进行划分。土根据天然湿度下平均容重、开挖方法及工具、坚固系数分为四类土,即Ⅰ,Ⅱ,Ⅲ类土为普通土,Ⅳ类土为坚土。岩石根据天然湿度下平均容重、极限压碎强度、轻钻孔机钻进 1 m 耗时,开挖方法及工具、坚固系数分十二类,Ⅴ类为松石,Ⅵ,Ⅶ,Ⅷ类为次坚石,Ⅸ,Ⅹ类为普坚石,Ⅺ ~ ⅩⅣ类为特坚石。具体指标见定额。

3. 工作面

按批准的施工组织设计或施工方案确定,若无施工组织设计按表 2-1-1 规定计算。有垫层时基础工作面应从垫层边算起。

表2-1-1 增加工作面宽度

基础材料	毛石基础	砖基础	混凝土基础或垫层支模板	基础侧面作防水
每边各增加工作面宽度	150 mm	200 mm	300 mm	800 mm(防水面层)

(1)坑长小于坑宽3倍,坑底面积在20 m^2 以内(不含工作面)的属于挖地坑。

(2)凡不满足上述地槽条件之一,若坑底面积大于20 m^2,则为挖土方,见图2-1-2。

$$挖土坡度 = \frac{H}{B} = \frac{\frac{1}{B}}{H} = 1:\frac{B}{H} = 1:K$$

$$K = \frac{B}{H} \qquad B = KH$$

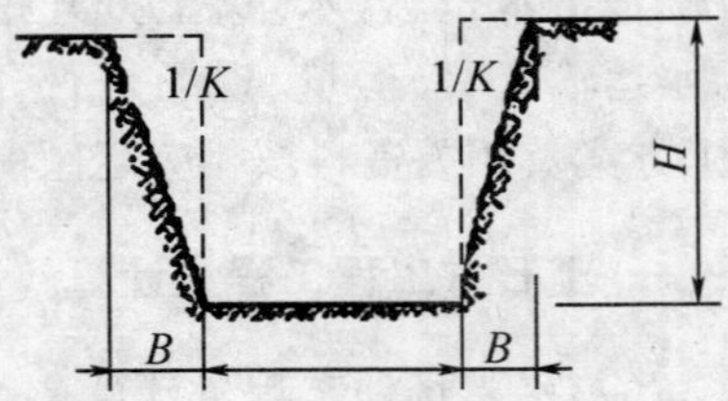

图2-1-2 挖土坡度

4.工程量

挖土坡度:挖土工程量须根据放坡或不放坡、带不带挡土板以及增加工作面的具体情况,分别采用不同的公式计算。其工程量按图示尺寸以体积“m^3”计算。

(1)条形基础或管道沟挖土

①留工作面不放坡,如图2-1-3(a)所示,按下式计算,即

$$V=(a+2C)HL$$

若从垫层上加工作面如图2-1-3(b)所示,则

$$V=[(a+2C)h+a(H-h)]L$$

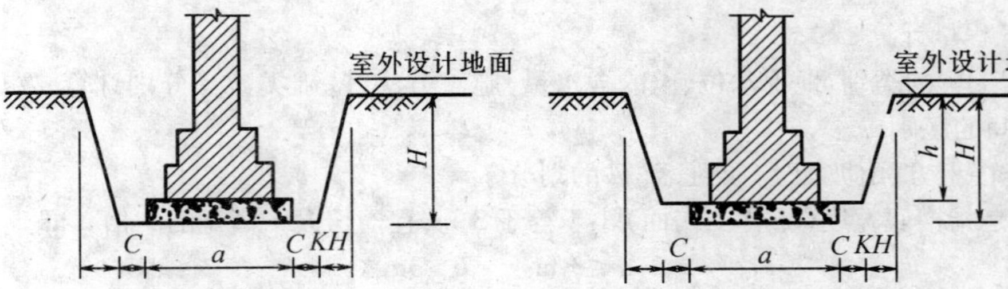

图2-1-3 留工作面不放坡挖槽

(a)垫层底加工作面;(b)垫层顶加工作面

②留工作面放坡,如图2-1-4(a)所示。计算公式为

$$V=(a+2C+KH)HL$$

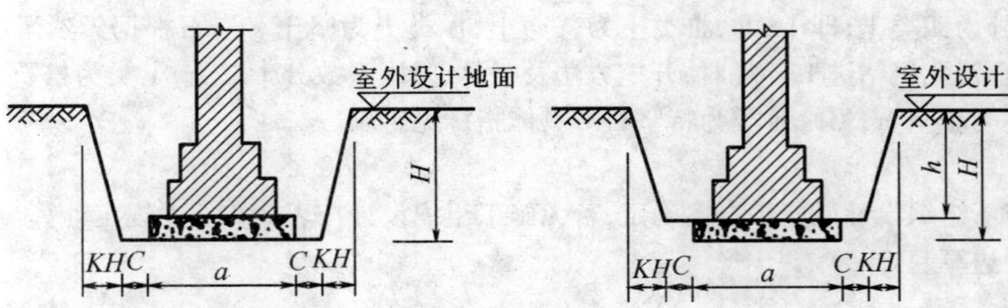

图2-1-4 留工作面放坡挖槽

(a)垫层起放坡;(b)垫层顶起放坡

若挖土时从垫层以上放坡，如图 2－1－4(b)所示。计算公式如下

$$V=[(a+2C+Kh)h+a(H-h)]L$$

③留工作面支挡土板。如图 2－1－5 所示，按下式计算

$$V=(a+2C+0.2)HL$$

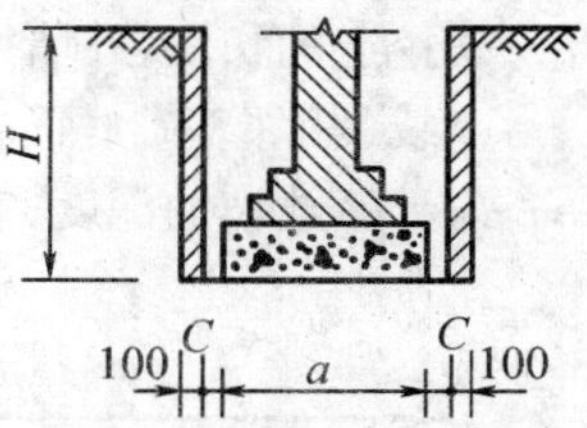

图 2－1－5　支挡土板

式中　V——挖土的体积；

a——一条基中基础或垫层的底部宽度。

即支挡土板挖土底面宽每边加 100 mm。

当管道沟槽挖土设计无规定尺寸时，按表 2－1－2 规定的宽度计算。

表 2－1－2　管沟挖土尺寸

管径/mm	PVC、铸铁、钢、石棉水泥管/m	混凝土、钢筋混凝土、预应力混凝土管/m
50～70	0.60	0.80
100～200	0.70	0.90
250～350	0.80	1.00
400～450	1.00	1.30
500～600	1.30	1.50
700～800	1.60	1.80
900～1 000	1.80	2.00
1 100～1 200	2.00	2.30
1 300～1 400	2.20	2.60

K 为坡度系数，按施工组织设计或表 2－1－3 选用。

表 2－1－3　不放坡深度及放坡系数

土壤类别	不放坡深度/m	人工挖土(1∶K)	机械挖土(1∶K)	
			在坑内	在坑边
普通土	1.35	1∶0.42	1∶0.29	1∶0.71
坚土	2.00	1∶0.25	1∶0.10	1∶0.33

注：

①挖基槽、基坑无论有无施工组织设计均按表 2－1－3 规定计算；

②挖土方按批准的施工组织设计，或施工方案确定，若无施工组织设计按表 2－1－3 规定计算；

③挖冻土(含冻土下的暖土)不受放坡系数限制，按实挖体积计算；

④放坡时，交接处重复工程量不予扣除；

⑤在同一沟槽或坑内土壤类别不同时，应分别按相应定额项目计算，其坡度系数按土壤类别加权计算。

$$K_{加权}=\frac{K_1H_1+K_2H_2+K_3H_3+\cdots}{H_1+H_2+H_3+\cdots}$$

C——工作面宽度，根据基础材料按施工组织设计或表 2－1－1 中规定选用；

H——挖土深度，以室外设计地坪标高为准，如自然地坪标高高于或低于室外设计地坪标高超过 30 cm 时(经场地整平后)，挖土以自然地坪标高为准。管道以图示沟底至室外自然地坪的深

度，沿管线设计管道基础底至设计室外地坪由若干个不同标高时，沿管道长度加权平均计算；

L——挖土的长度，外墙按图 2－1－6 所示中心线（$L_{中}$）长度计算，内墙按图 2－1－7 所示之间净长线（相邻基础底面内侧距离）的长度计算，管道沟槽以 $L_{中}$ 计算；

h——计算放坡的深度，室外地坪标高到垫层上表面的深度。$H-h$ 为垫层的厚度。

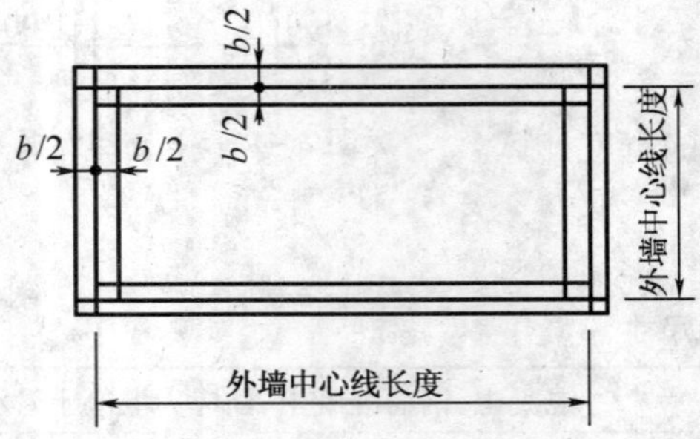

图 2－1－6 外墙中心线

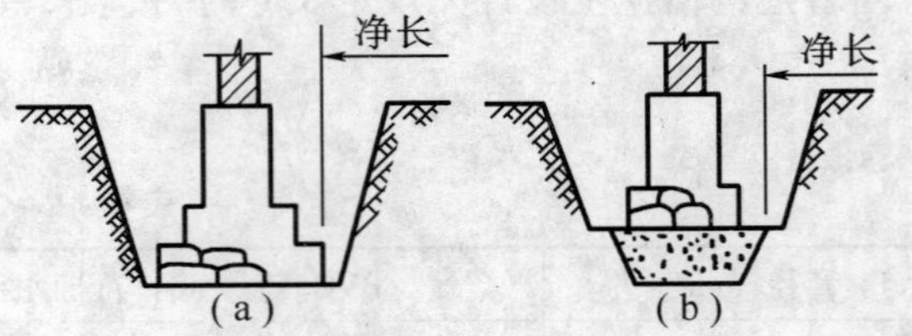

图 2－1－7 内墙基础净长线

(a)无垫层；(b)有垫层

增加工程量：

①内外突出部分（垛、附墙烟囱、基础大放脚等）体积并入沟槽土方工程量内计算。

②管道沟的各种井类及管道（不含铸铁管）接口等处需加宽增加的土方量不另计算，与管道（不含铸铁管）连接的井类底面积在 20 m^2 以内时不增加计算工程量。铸铁管沟挖土取土总挖土量增加 2.5% 计算。

（2）独立及满堂基础挖土的工程量计算

基础为矩形底面：

①留工作面不放坡，如图 2－1－8 所示，按下式计算

$$V=(A+2C)(B+2C)H$$

若垫层上开始加工作面，如图 2－1－9 所示，按下式计算

$$V=(A+2C)(B+2C)h+AB(H-h)$$

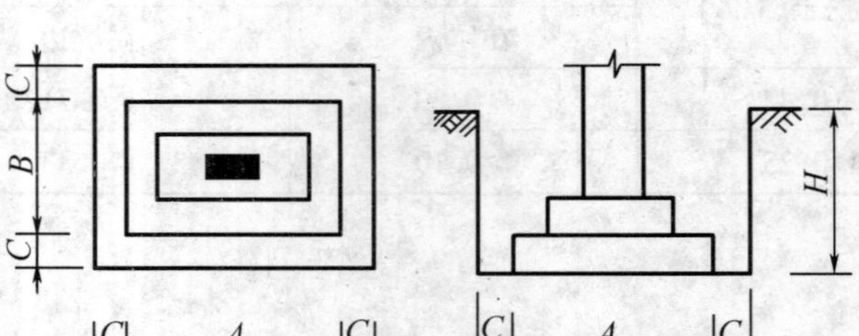

图 2－1－8 独基留工作面不放坡

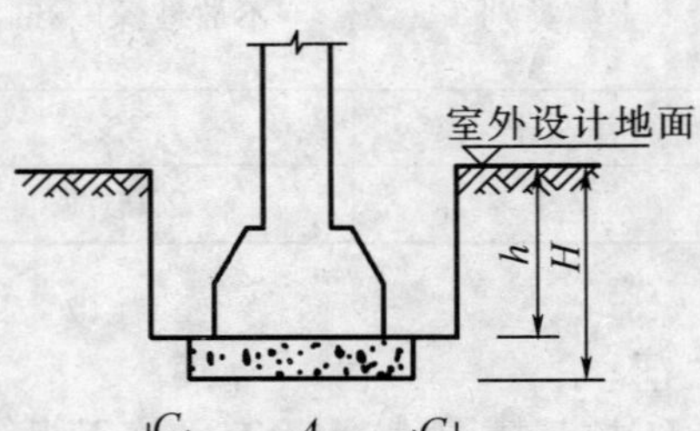

图 2－1－9 独基垫层

②留工作面放坡，如图 2－1－10 所示，按下式计算

$$V=(A+2C+KH)(B+2C+KH)H+\frac{1}{3}K^2H^3$$

若垫层上开始放坡，按下式计算

$$V=(A+2C+Kh)(B+2C+Kh)h+\frac{1}{3}K^2h^3+AB(H-h)$$

③留工作面支挡土扳，按下式计算

$$V=(A+2C+0.2)(B+2C+0.2)H$$

基础为圆形底面：

①留工作面不放坡。按下式计算

$$V=(r+C)^2\pi H$$

或(有支挡土板时)

$$V=(r+C+0.1)^2\pi H$$

②留工作面放坡。如图 2－1－11 所示，按下式计算

$$V=\frac{1}{3}H\pi(R_1^2+R_2^2+R_1R_1)\qquad R_1=r+C\qquad R_2=r+C+Kh$$

式中 A,B——分别为基底的长和宽；

C——工作面宽度；

$(H-h)$——垫层厚度；

h——计算放坡的深度，室外地坪标高到垫层上表面的深度；

H——挖土深度，室外设计地坪面或自然地面(当自然地面低于室外设计地面时)标高到槽底或管道沟底的深度；

r——基础底面半径；

R_1——基础底面半径加工作面，即坑底半径；

R_2——坑顶面半径。

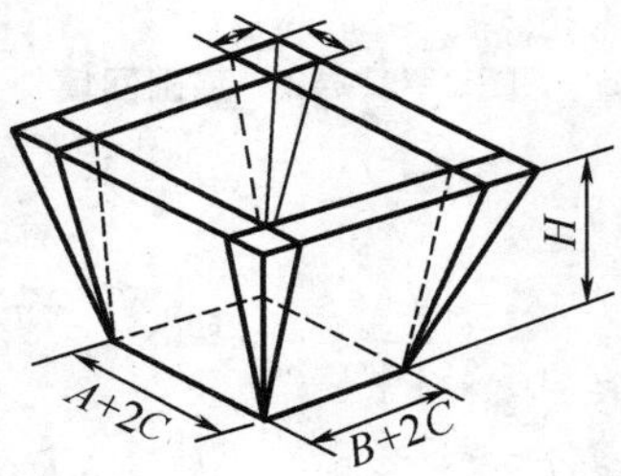

图 2－1－10　挖坑、土方留工作面

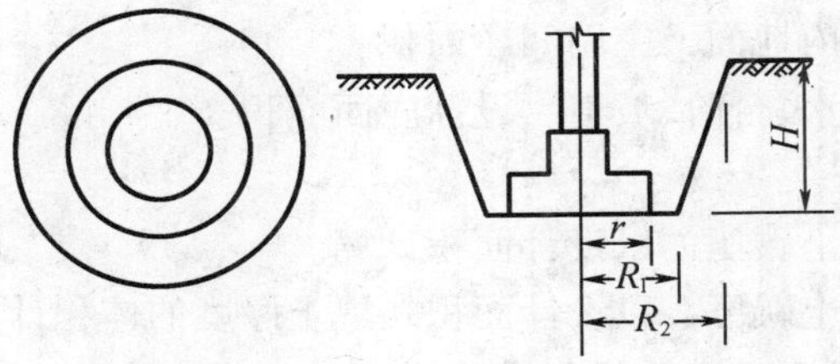

图 2－1－11　圆形基坑留工作面放坡

(3)挖淤泥、流砂按设计图示位置，界限以实际开挖天然形态体积计算。

(4)人工挖孔桩土方工程量计算挖孔桩土方工程量，按图示桩断面面积乘以设计桩孔中心线深度，以体积"m^3"计算。

挖孔桩土方体积＝挖孔桩断面面积×桩孔中心线深度＋扩大头的体积

(5)岩石开凿及爆破、明挖出碴

①人工凿岩石，按图示尺寸以立方米计算。

②爆破岩石按图示尺寸以立方米计算，其沟槽、基坑深度、宽度允许超挖量：松石、次坚石 200 mm，普坚石、特坚石 150 mm，超挖部分岩石并入岩石挖方量内计算。

(6)挖冻土不分土壤类别均为天然密实土，按实际挖方量计算。挖松冻土按冻土相应定额项目乘系数 0.7。回填土为松冻土时，先按挖松冻土计算后，再计算回填土。

(三)回填土工程量计算(见图 2－1－12)

1. 沟槽、基坑回填土工程量

基础回填土体积＝室外地坪标高以下基础挖土体积－室外地坪标高以下基础、基础垫层等的体积

2. 管道沟槽回填土工程量

管道沟槽回填土体积＝管道挖土体积－管径大于 500 mm 管道所占体积

管径超过 500 mm 时，管道体积按表 2－1－4 计算。

表 2-1-4 管道折算体积

管道名称	管道直径/mm					
	501 ~ 600	601 ~ 800	801 ~ 1 000	1 001 ~ 1 200	1 201 ~ 1 400	1 400 ~ 1 600
	每延米长管道所占体积/m³					
钢、石棉水泥管	0.21	0.44	0.71	—	—	—
铸铁、陶土管	0.24	0.49	0.77	—	—	—
混凝土管	0.33	0.60	0.92	1.15	1.35	1.55

3. 室内回填土体积 = 主墙间净面积 × 填土厚度(不扣柱、垛、附墙烟囱、间壁墙所占面积)

填土厚度 = 室内外高差 - 垫层、找平层、面层等厚度

主墙是指砖墙厚度 $B \geqslant 180$ mm,砼墙厚度 $B \geqslant 100$ mm 的墙。

回填土定额考虑了运距为 5 m,场内回填土的运土计算时运距不扣除,运距按取土中心到建筑物中心计算。

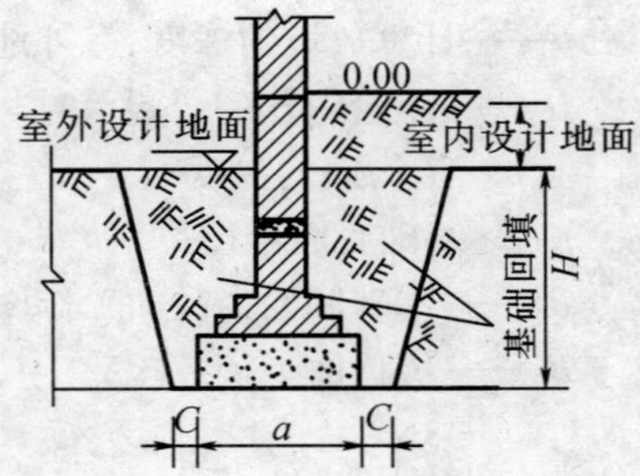

图 2-1-12 基础回填

(四)夯实、碾压工程量计算

1. 夯实

常用于室内地面、散水、台阶、坡道底面,以面积"m²"计算。

(1)室内地面 主墙间净面积。

(2)散水、台阶、坡道 设计底面面积。

2. 碾压

(1)原土碾压 以设计面积计算。

(2)填土碾压 以设计面积乘填土厚度的体积计算。

(五)土石方运输工程量计算

1. 余土外运或取土内运

余土外运体积 = 实际挖土总体积 - 回填土总体积

取土内运体积 = 回填土总体积 - 实际挖土总体积

余土外运或取土内运也可,或根据施工组织设计按实际情况分别计算。因场地狭小,无堆土场地,挖出的土方是否全部运出,待回填时再运回,或只运余土,应由承发包双方在施工合同中约定(或在施工组织设计中约定)运量、运距及运输工具,按相应定额项目执行。

机械挖运土石方采用哪种施工方式的定额项目,应由承发包双方在施工合同中约定(或施工组织设计中约定)。

2. 机械土方运距

(1)推土机运距 按挖方区重心至填方区重心之间的直线距离计算;

(2)铲运机运距 按挖方区重心至卸土区重心加转向距离 45 m 计算;

(3)自卸汽车运距 按挖方区重心至填土区重心的最短距离计算。

3. 人工大开挖可计算坑内土方水平倒运,运距取坑中心至坑上口边线的距离。

4. 洒水车洒水工程量按相应土、石方工程量计算规则计算。

(六)支挡土板工程量计算

应放坡的工程,由于现场场地狭窄或其他原因无法放坡,为了保证土方工程施工的安全可采用支挡土板或打钢板桩的施工方法施工。支挡土板分密撑、疏撑、木制、钢制。密撑是指满支挡土板,疏撑是指间隔支挡土板,其工程量以挡土的面积计算。实际间距不同时,定额不作调整。

$$S = LH$$

式中 S——挡土面面积;

L——挡土面长度；

H——挡土面高度。

二、土石方工程计算规定

1. 在同一坑槽内有干、湿土时要分别计算。

(1) 干湿土的划分

人工挖土，以常年地下水位线划分，水位线以上为干土，水位线以下为湿土，见图 2－1－13。

机械挖土，以天然含水率划分，含水率在 25% 以上时为湿土。

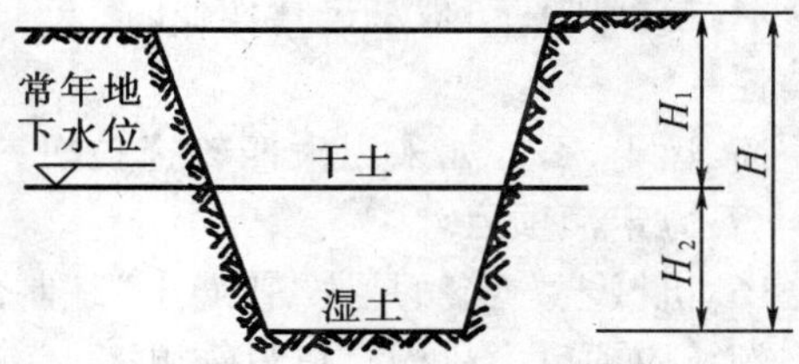

图 2－1－13　人工挖干湿土的划分

(2) 计算方法

人工挖湿土时，按定额相应项目人工乘系数 1.18。

机械挖湿土时，含水率大于 25% 时，定额挖土机械乘系数 1.15，若含水率大于 40% 时，定额挖土机械乘系数 1.3。

2. 本定额未包括地下水位以下施工的排水，发生时另行计算。挖土方如有地表水需排除时，亦应另行计算。

3. 沉井的挖土下沉以人挖机吊为主，下沉时沉井外的土方塌陷、排水以及与沉井校正的配合，已包含在定额中。

4. 在有挡土板支撑下挖土方时，按实挖体积，人工乘系数 1.43。

5. 挖桩间土方

(1) 人工挖桩（打群桩）间土方时（系指桩间净距小于 4 倍桩径的土），按实挖体积（扣除桩占体积），人工乘系数 1.5。其他桩间挖土方时不扣除桩占体积，也不增加系数。若挖冻土亦不考虑挖桩间土。

(2) 机械挖桩间土（群桩）扣除桩占体积，定额人工、机械乘系数 1.15。其他桩间挖土不扣除桩占体积，也不增加系数。

6. 人工挖孔桩定额，适用于在有安全防护措施的条件下施工。安全防护措施所用的材料、设备另行计算。定额项目中的其他材料费包括孔内照明及安全架子搭拆费。

7. 石方爆破定额是按炮眼法松动爆破编制的，不分明炮、闷炮，但闷炮的覆盖材料应另行计算。

8. 石方爆破综合了不同的开挖阶段高度、坡面、改炮、找平等因素，如设计规定爆破有粒径要求时，需增加的人工、材料和机械费用，应按实际发生计算。

9. 石方爆破定额是按电雷管电起爆编制的，如用火雷管爆破时，雷管应换算，数量不变。扣除定额中的胶质导线，换成导火索，导火索的长度按每个雷管 2.12 m 计算。

10. 推土机推土、推石碴、铲运机铲运土重车上坡，如坡度大于 5% 时，其运距按坡度区段斜长乘表 2－1－5的系数计算。

表 2－1－5　机械运土运距增加系数表

坡度/%	5～10 以内	15 以内	20 以内	25 以内	25 以上
系　　数	1.75	2.00	2.25	2.50	5

11. 汽车、人力车重车上坡降效因素，已综合在相应定额项目中，不再另行计算。

12. 机械挖土方工程量按挖土方总量计算（挖土深度如有垫层算至垫层底面，放坡深度算至垫层顶面），执行相应定额项目。人工配合机械挖土按如下规定计算：

(1) 挖土深度在 4m 以上大开挖时，按挖土方总量的 5% 计算；

(2) 基坑、沟槽、挖土深度在 4 m 以内大开挖时，按挖土方总量的 10% 计算；

(3)基坑、沟槽、土方均执行人工挖普通土2 m以内相应定额项目,人工乘系数2;

(4)挖冻土时执行人工挖冻土0.5 m以内定额项目,人工不调整。

13. 推土机推土或铲运机铲土,土层平均厚度小于300 mm时,推土机台班用量乘以系数1.25。

14. 挖掘机在垫板上进行作业时,人工、机械乘以系数1.25,定额内不包括垫板铺设所需的工料、机械消耗。

15. 运土、石方如采用大四轮拖拉机,套用相应吨位的汽车运土、石方定额项目。

16. 机械土方定额是按"普通土"编制的,如为"坚土"时,可按定额相应项目中机械台班量乘以表2-1-6的系数计算。

表2-1-6 机械挖坚土系数

机械	推土机	挖掘机
系数	1.28	1.24

17. 定额中的爆破材料是按炮孔中无地下渗水、积水编制的。炮孔中若出现地下渗水、积水时,处理渗水和积水发生的费用另行计算。定额内未计算爆破时所需要的覆盖安全网、草袋、架设安全屏障等设施,发生时另行计算。

18. 机械上下行驶坡道土方,合并在土方工程量内计算。

19. 汽车场内运土的行驶道路,已考虑了运输过程中道路清理的人工,如需要铺筑材料时,另行计算。

20. 机械挖冻土是指冻土层厚度大于20 cm的冻土开挖。

21. 机械挖、运土(石)方定额项目中未包括洒水车洒水,如发生时另行计算,执行相应定额项目。

22. 单位工程的挖沟槽土方量超过大开口挖量时应按大开口的工程量计算。

23. 机械挖土深度超过6 m时,按批准的施工方案计算增加费用。

24. 人工基坑垂直提土,适用于桩土及人工挖土。

【例2-1-1】 如图2-1-14,已知(1)人工场地平整;(2)人工挖普通土;(3)人工回填;(4)人工装卸汽车余土外运用10 km,试计算工程量及分部分项工程费。

解 1. 参数计算

$$S_1 = a \times b = 12.74 \times 5.84 = 74.40\ \text{m}^2$$

$$L_{外} = 2 \times (a+b) = 2 \times (12.74 + 5.84) = 37.16\ \text{m}$$

$$L_{中} = L_{外} - 4B = 37.16 - 4 \times 0.49 = 35.2\ \text{m}$$

$$L_{内墙} = 5.1 - 0.12 \times 2 = 4.86\ \text{m}$$

$$L_{内基} = 5.1 - 0.225 \times 2 = 4.65\ \text{m}$$

$$L_{内土} = 5.1 + 0.25 - 1.1 = 4.25\ \text{m}$$

2. 工程量计算

(1)场地平整

$$S = (a+4) \times (b+4) = (12.74+4) \times (5.84+4) = 164.72\ \text{m}^2$$

$$S = S_1 + 2L_{外} + 16 = 74.4 + 2 \times 37.16 + 16 = 164.72\ \text{m}^2$$

(2)基础挖土

①外墙基础挖土 $H = 2.05 - 0.3 = 1.75\ \text{m} > 1.35\ \text{m}$ 留工作面放坡

$$V = (a + 2c + kh) \times h \times L_{中} = (1.1 + 2 \times 0.15 + 0.42 \times 1.75) \times 1.75 \times 35.2 = 131.52\ \text{m}^3$$

②内墙基础挖土 $H = 1.55 - 0.3 = 1.25\ \text{m} < 1.35\ \text{m}$ 留工作面不放坡

$$V = (a + 2c) \times h \times L_{内土} = (0.8 + 2 \times 0.15) \times 1.25 \times 4.25 = 5.84\ \text{m}^3$$

合计:$131.52 + 5.84 = 137.36\ \text{m}^3$

(3)基础回填

$$V = V_{挖} - V_{结} = 137.36 - 53.31 = 84.05\ \text{m}^3$$

$$V_{外结} = A \times L_{中} = (1.1 \times 0.5 + 0.7 \times 1.1 + 0.49 \times 0.15) \times 35.2 = 49.05\ \text{m}^3$$

$$V_{内结} = A \times L_{内基} = (0.8 \times 1.1 + 0.24 \times 0.15) \times 4.65 = 4.26\ \text{m}^3$$

合计:$V = 49.05 + 4.26 = 53.31\ \text{m}^3$

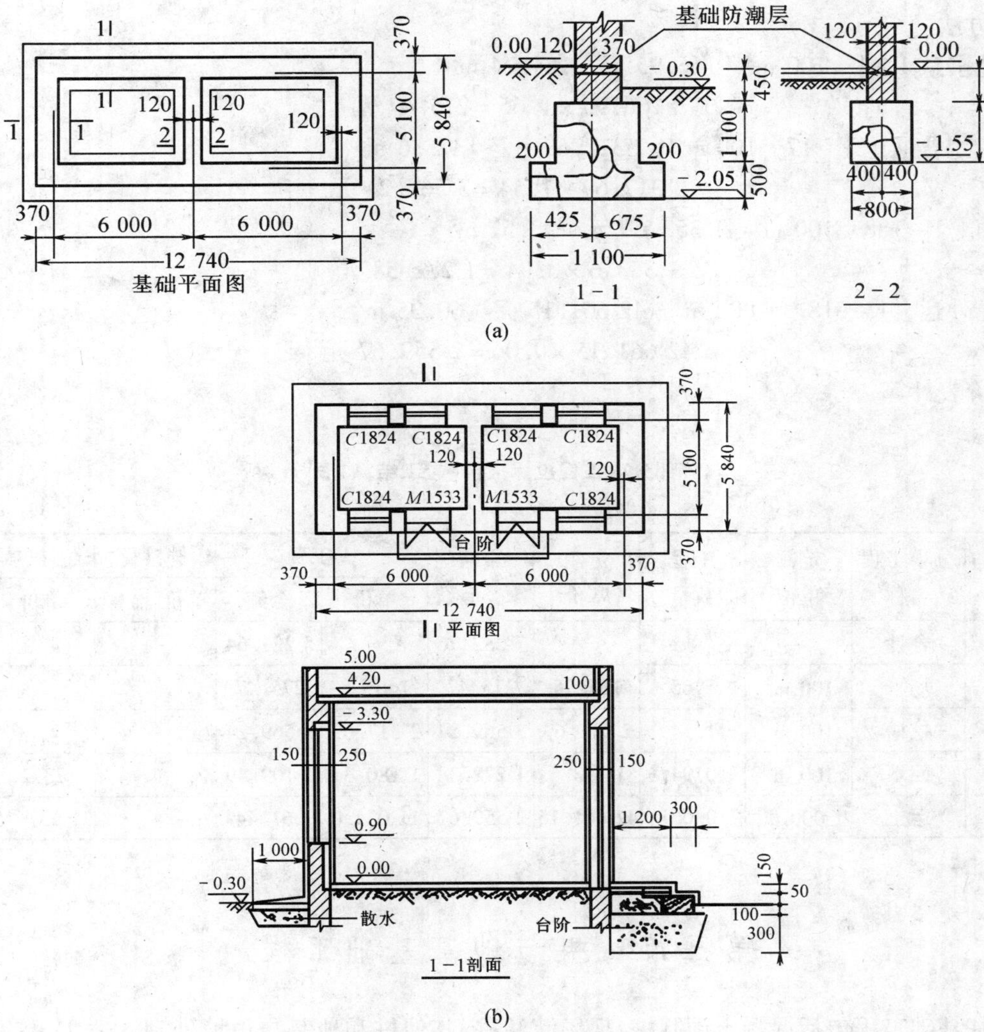

图 2-1-14

(a)基础图;(b)建筑平面、剖面图

(4)室内地面回填

$V = Sj \times h = (S_1 - \sum B \times L) \times h = [74.40 - (0.49 \times 35.20 + 0.24 \times 4.86)] \times 0.17 = 9.52\ m^3$

(5)散水、台阶挖土

①台阶:$V = A \times L = (1.5 \times 0.15 + 1.395 \times 0.25) \times 5.4 = 3.098\ m^3$

②散水:$V = A \times L = 1.0 \times 0.15 \times (37.16 + 1 \times 4 - 5.4) + 0.895 \times 0.25 \times (37.16 + 0.105 \times 8 + 0.895 \times 4 - 5.4)$

$= 5.364 + 8.10 = 13.459\ m^3$

合计:$V = 3.098 + 13.459 = 16.56\ m^3$

(6)散水、台阶底面夯实

①台阶:$S = B \times L = 1.395 \times 5.4 = 7.533\ m^2$

②散水:$S = B \times L = 0.895 \times 36.18 = 32.381\ m^2$

合计:$S = 7.533 + 32.381 = 39.91\ m^2$

(7)余土外运:60.35 m^3

$V = V_{挖} - V_{回} = (137.36 + 16.56) - (84.05 + 9.52) = 153.92 - 93.57 = 60.35\ m^3$

(三)分部分项工程费计算

1. 基本方法

(1)场地平整 1－1　100 m^2　166.95 元　164.74 m^2

166.95×1.65＝275.47 元

(2)人工挖普通土 1－17　100 m^3　2 317.69 元　137.36 m^3

2 317.69×1.54＝3 569.24 元

(3)回填　1－188　100 m^3　1 353.60 元　93.57 m^3

1 353.6×0.94＝1 272.38 元

(4)余土外运　1－318　1 000 m^3　42 661.15 元　60.35 m^3

42 661.15×0.06＝2 559.67 元

2. 用计价表计算

分部分项工程投标报价(竣工结算)表

工程名称：　　　　　　　　　　　　　　　　共　页　第　页

序号	定额编号	分项工程名称	定额单位	工程数量	定额基价	金额/元	人工费		材料费		机械使用费	
							单价	金额	单价	金额	单价	金额
		合计				7 282.76		5 221.64				2 061.12
1	1－1	场平	100 m^2	1.65	166.95	275.47	166.95	275.47				
2	1－17	挖槽	100 m^3	1.54	2 317.69	3 569.24	2 317.69	3 569.24				
3	1－188	回填	100 m^3	0.94	1 353.6	1 272.38	1 180.31	1 109.49			173.29	162.89
4	1－318	运土	1 000 m^3	0.06	42 661.15	2 559.67	11 024.0	661.44			31 637.15	1 898.23

第三节　桩与地基基础工程

桩与地基基础工程包括混凝土预制桩、现场灌注桩、其他桩和地基与边坡处理。适用于一般工业与民用建筑工程的桩基础，不适用于水工建筑、公路桥梁工程。

一、桩与地基基础工程工程量计算

(一)桩的工程量计算

1. 预制桩工程量

(1)静力压桩机(液压)压预制混凝土桩

①方桩：按设计桩长(包括桩尖，不扣除桩尖虚体积)乘以桩截面面积计算(见图 2－1－15)。

V＝设计规定的桩长 L(包括桩尖，不扣除桩尖虚体积)×S 桩截面面积计算

＝0.35×0.35×9.0＝1.103 m^3

②管桩：按设计桩长以延长米计算(见图 2－1－15)，$L=9$ m。

管桩的空心部分按设计要求灌注混凝土或其他填充材料，应另执行相应定额项目计算。

如：管桩内径 $d=250$ mm　空心长 $L_1=8\ 450$ mm

填充材料　　　　$V=0.125\times0.125\times3.14\times8.45=0.415\ m^3$

(2)接桩　预制钢筋混凝土桩(方桩、管桩)定额项目中未包括接桩，如需接桩时，按接桩定额项目计算，打入预制钢筋混凝土桩的接桩工程量，应根据接桩的不同方法，如电焊接桩、硫磺胶泥接桩按，设计接头以“个”计算。

(3)打入预制钢筋混凝土桩的送桩　按桩的断面面积乘以送桩长度(即打桩架底至桩顶面高度或自

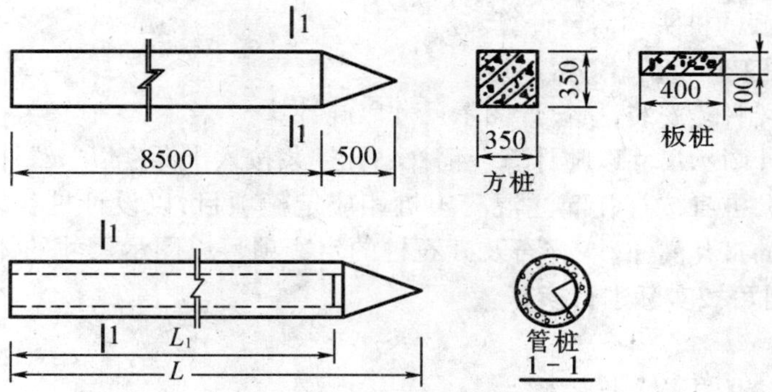

图 2－1－15　预制钢筋混凝土桩

桩顶面至自然地平面另加 0.5 m）以“m^3”体积计算（见图 2－1－16）。

（4）打拔钢管、H 型钢桩按桩质量以“吨”计算。

2. 现场灌注桩工程量

（1）打孔灌注桩

①打孔混凝土桩、砂桩、碎石桩、砂石桩，按设计桩长（包括桩尖，不扣除桩尖虚体积）乘桩截面积以体积“m^3”计算。

②打孔扩大灌注桩，按设计桩长（桩尖顶面到桩顶）乘桩管管箍外径截面积以体积“m^3”计算。设计复打时，则打孔乘以复打次数计算，混凝土不乘次数。

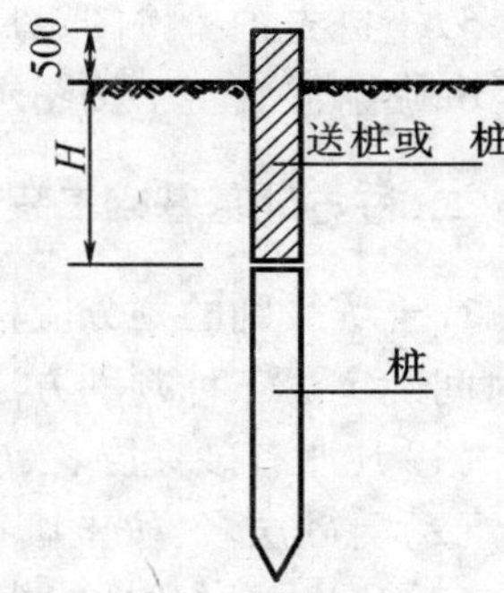

图 2－1－16　送桩

打孔扩大灌注桩成孔：

V＝桩设计长 L（包括桩尖，不扣除桩尖虚体积）×S 钢管管箍外径截面面积×沉管次数

扩大桩混凝土灌注：

V＝桩设计长 L（包括桩尖，不扣除桩尖虚体积）×S 桩截面面积计算

（2）钻孔灌注桩工程量

①钻孔灌注桩，按设计桩长（包括桩尖，不扣除桩尖虚体积）乘以桩身设计断面面积以体积“m^3”计算。

②钻孔压灌超流态混凝土桩，按图示尺寸以立方米计算。

③钻孔压灌超流态混凝土注浆机械搅拌扩底桩，按图示尺寸（包括扩底体积）以立方米计算。

④钻孔扩大头桩，按设计桩长（包括桩尖，不扣除桩尖虚体积）乘以桩身设计断面面积加扩大头体积以立方米“m^3”计算。其扩大头体积增加的人工、机械按表 2－1－7 计算。

表 2－1－7　扩大头体积增加的人工、机械

10 m^3（一级土）		10 m^3（二级土）	
人工/工日	6.13	人工/工日	7.74
机械/台班	0.32	机械/台班	0.46

⑤泥浆运输，按钻孔体积以立方米“m^3”计算（用于潜水钻机钻孔灌注桩）。

（3）人工挖孔灌注混凝土桩

按设计桩孔中心线深度乘桩截面面积计算。扩大头混凝土量应并入桩身工程量内计算。

3. 凿桩头、截桩头、钢筋整理，按桩的数量以“根”计算。凿、截桩头规定如下：

（1）当桩头＞500 mm 时，按截桩头项目执行，其桩头垃圾外运按拆除章节相应项目执行；

(2)当桩头≤500 mm时，按凿桩头项目执行，其外运所发生的费用已包括在费用定额中；

(3)钢筋整理，凿、截的桩头均需要计算。

(二)地基基础工程工程量的计算

1. 锚杆支撑的钢梁制作、安装，按设计图示尺寸以吨计算。

2. 锚杆安装，按设计图示尺寸以吨计算。锚杆钻孔注浆按入土深度以"m"计算。

3. 复合载体夯扩桩，桩身按打孔灌注混凝土桩相应定额项目，以设计桩长乘桩截面面积以"m^3"计算；扩大头部分按相应的打孔灌注砂、碎石及砂石桩的定额项目以图示尺寸的体积"m^3"计算，其人工乘系数1.5，如材质不同时可按实际进行换算。

4. 地基强夯

(1)按设计图示强夯面积以"平方米"计算；

(2)当平均夯点数在5夯点/100 m^2 以下时，按夯点数9夯点/100 m^2 的定额项目乘以系数(系数=计算点数/9)进行换算；

(3)每百平方米平均夯点不为整点数的，计算时不足一点按一点计算。

5. 土钉支护　按图示尺寸以"吨"计算。

6. 喷射混凝土　按图示尺寸以"平方米"计算。

二、桩与地基基础工程计算规定

1. 土壤级别的划分应根据工程地质资料中的土层构造和土壤物理、力学性能的有关指标，参考纯沉桩时间确定。三种判别方法如满足其中一种即可确定。

(1)凡遇有砂夹层者，应首先按砂层情况确定土级。

(2)无砂层者，按土壤物理、力学性能指标并参考每米平均纯沉桩时间确定。

(3)用土壤力学性能指标鉴别土壤级别时，桩长在12 m以内，大于桩长的三分之一的土层厚度应达到所规定的指标；桩长在12 m以外，按5 m土层厚度确定，土质鉴别见表2-1-8。

表2-1-8　桩基土级别的划分

内容		土壤级别	
		一级土	二级土
砂夹层	砂层连续厚度 砂层中卵石含量	<1 m —	>1 m <15%
物理性能	压缩系数 孔隙比	>0.02 >0.7	<0.02 <0.7
力学性能	静力触探值 动力触探系数	<50 <12	>50 >12
每米纯沉桩时间平均值		<2 min	>2 min
说明		桩经外力作用较易沉入的土，土壤中夹有较薄的砂层	桩经外力作用较难沉入的土，土壤中夹有不超过3 m厚的连续砂层

(4)土壤中砂层连续厚度超过3 m时，按二级土相应定额项目人工、机械乘系数1.13。

2. 焊接桩接头钢材用量，设计与定额用量不同时，可按设计用量换算。

3. 单位工程打(灌)桩工程量在表2-1-9的规定数量以内时，其人工、机械量按相应定额项目乘以1.25的系数计算。

表2-1-9　桩基小型工程的划分

项　　目	单位工程的工程量	项　　目	单位工程的工程量
钢筋混凝土方桩	150 m^3	打孔灌注混凝土桩	60 m^3
钢筋混凝土管桩	800 m^3	钻孔灌注混凝土桩	100 m^3
钢板桩	50 t	打孔灌注砂、碎石、砂石桩	60 m^3

4. 打试验桩按相应定额项目的人工、机械乘以系数2计算。

5. 打桩、打孔，桩间净距小于4倍桩径（桩边长）的，按相应定额项目中的人工、机械乘以系数1.13（适用于群桩）。

6. 定额以打直桩为准，如打斜桩斜度在1:6以内者，按相应定额项目人工、机械乘以系数1.25，斜度大于1:6者，按相应定额项目人工、机械乘以系数1.43。

7. 定额以平地（坡度小于15°）打（钻）桩为准，如在堤坡上（坡度大于15°）打（钻）桩时，按相应定额项目人工、机械乘以系数1.15。在地坪上打坑槽（坑槽深度大于1 m）内桩时，按相应定额项目人工、机械乘以系数1.11。如在基坑内（基坑深度大于2.0 m）作业时，人工、机械不另增加费用，但桩机上、下基坑的垂直运输费用按实际上发生计算。

8. 定额中灌注桩的材料用量中，均已包括表2-1-10规定的充盈系数和材料损耗。在施工中，如实际测定的充盈系数与定额项目中的充盈系数不同时，可调整定额项目中混凝土用量，其他不变。

换算后（按实测定）的充盈系数 = 实际灌注混凝土量/按设计图纸计算的混凝土量

表2-1-10　桩基混凝土充盈系数与损耗率

项目名称	充盈系数	损耗率/%		项目名称	充盈系数	损耗率/%
		现拌	预拌			
打孔、钻孔灌注混凝土桩	1.20	1.5	1.5	打孔灌注砂、碎石、砂石桩	1.15	3
钻孔压浆桩	1.30	1.5				
人工挖孔桩	1.15	1.5	1.5	灰土挤密桩	1.15	10
钻孔压灌超流态混凝土桩	1.30	1.5	1.5			

首先分析定额：2-75项　定额混凝土含量12.18/10 m^3

定额净用量：10 m^3

定额充盈系数：$1.2\times10=12.00$ m^3

损耗率：$12.00\times1.5\%=0.18$ m^3

定额消耗量：$12.00+0.18=12.18$ m^3

【例2-1-2】　钻孔灌注混凝土桩按设计图纸计算的混凝土工程量 $V=2.2$ m^3，施工时混凝土实际灌注量 $V=2.8$ m^3，调整充盈系数，求调整的定额消耗量。

解　实测充盈系数 = 施工时混凝土实际灌注量/按设计图纸计算的混凝土量

$$X=2.8/2.2=1.27$$

定额净用量：10 m^3

定额充盈系数：$1.27\times10=12.7$ m^3

损耗率：$12.7\times1.5\%=0.19$ m^3

调整后定额消耗量：$12.70+0.19=12.89$ m^3

9. 在桩间补桩或强夯后的地基打桩时，按相应定额项目人工、机械乘以1.15。

10. 打槽钢或钢轨桩时，按打钢板桩定额项目执行，其机械用量乘以0.77系数。

11. 打送桩时可按相应打桩定额项目的综合工日及机械台班量乘以表2-1-11规定的系数计算。

表 2-1-11 送桩定额调整系数

送桩深度	2 m 以内	4 m 以内	4 m 以上
系 数	1.25	1.43	1.67

12. 金属周转材料中包括桩帽、送桩器、桩帽盖、活瓣桩尖、钢管、料斗等属于周转性使用的材料。

13. 桩基础不包括桩头防水、防腐处理,如设计有要求时,按屋面及防水工程相应定额项目计算。

14. 潜水钻机钻孔灌注混凝土桩项目中包括泥浆池的建造和拆除。

15. 钢筋笼制作执行第一编第四章混凝土及钢筋混凝土工程章节中相应定额项目;安装已包括在本章相应定额项目中。

16. 地基强夯满夯按 25 夯点相应项目执行。

17. 地下连续墙、高压定喷防渗墙、深层搅拌水泥桩、高压旋喷桩,发生时按市政定额相应项目执行。

18. 打孔灌注砂石桩中混砂与碎石实际用量与定额用量不同时,可以换算。

19. 混凝土强度等级及种类与定额所示不同时,可以换算。

【例 2-1-3】 某工程采用长螺旋钻孔灌注桩,如图 2-1-17 所示。共有 120 根,履带式钻孔机成孔,二级土,现拌混凝土。计算其桩基的工程量及直接费。

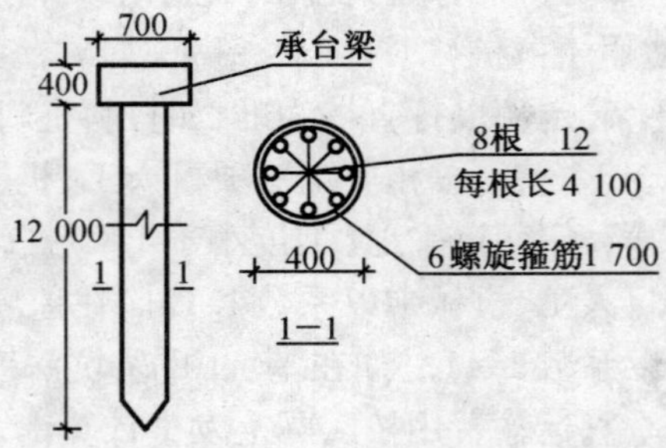

图 2-1-17 桩基础

解 工程量 $V=3.14\times0.2\times0.2\times12.00\times120=180.86\ m^3$

直接费:2-81 桩钻孔清土、浇筑混凝土

$$7\,594.43\times18.086=137\,352.86\ 元$$

第四节 砌 筑 工 程

一、砌筑工程工程量计算

砌筑工程包括砌筑基础、砌筑墙体、砌筑柱子、零星砌体和砌筑构筑物等。可分为砌砖、砌石、砌块,又可分为不同的砂浆种类。

(一)基础工程工程量的计算

1. 基础与墙身的划分(如图 2-1-18)

(1)同种材料以室内设计地坪标高(±0.00)为界(有地下室者,以地下室室内设计地面为界),界线以上为墙体,以下为基础;

(2)如果基础与墙身的材料不同,两种材料分界线位于室内地坪 ±300 mm 以内时,以材料分界线为界,界线以上为墙体,界线以下为基础;

(3)若材料不同的分界线超过室内地坪 ±300 mm,以室内地坪为界,界线以上为墙体,界线以下为基础;

(4)砖、石围墙,以设计室外地坪为界,界线以上为围墙,界线以下为围墙基础。

2. 工程量

(1)砖基础工程量,按施工图示尺寸以体积"m^3"计算。

基础体积 V = 基础断面积 × 基础长度 - 嵌入基础的混凝土构件体积 - 大于 0.3 m^2 洞孔面积 × 基础墙厚

基础断面积:等于基础墙的面积与大放脚面积之和。基础长度:外墙按中心线长,内墙按净长线,取相邻基础顶面内侧距离(见图 2-1-19)。

(2)不扣除体积。基础大放脚 T 形接头,嵌入基础的钢筋、铁件、管道、基础防潮层,通过基础的每个面积小于等于 0.30 m^2 的孔洞。

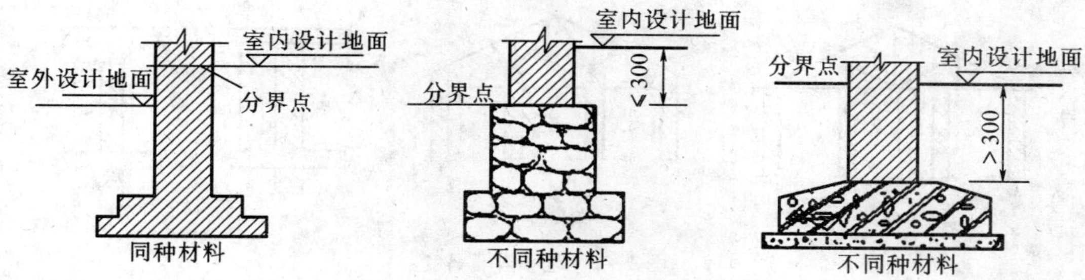

图 2-1-18　基础与墙身的划分界限

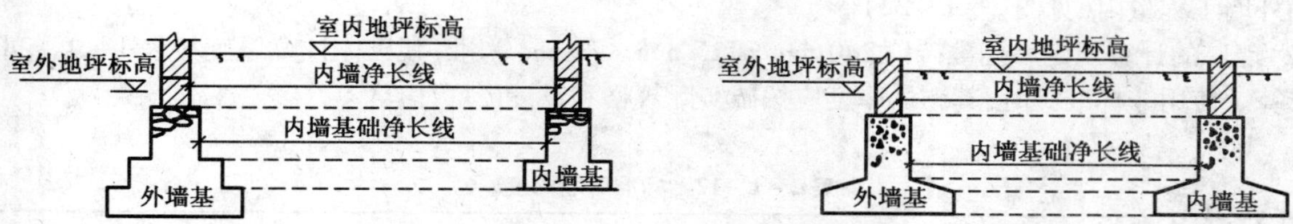

图 2-1-19　内墙基础长度

(3)应扣除体积。通过基础的每个面积大于 0.30 m^2 的孔洞，及嵌在基础内的混凝土构件体积。

(4)应增加体积。附墙垛基础宽出部分体积。

(二)墙身工程工程量的计算

1. 墙身按实体积以“m^3”计算

$V=(L\times H-$嵌入墙身的门窗洞口面积$)\times B-$嵌入墙身的混凝土构件体积$+$附墙需增加的体积

式中　L——墙长，外墙按外墙中心线总长度($L_{中}$)计算，内墙按内墙净长线总长度($L_{内}$)计算；

B——墙厚；

H——墙高，按以下规定计算。

(1)墙高的计算规定

①外墙墙身高度　坡屋面无檐口天棚者，其高度算至屋面板底；有屋架且室内外有天棚者，其高度算至屋架下弦底面另加 200 mm；有屋架无天棚者，其高度算至屋架下弦底面另加 300 mm，出檐宽度超过 600 mm 时，应按实砌墙体高度计算；平屋面的墙身高度算至钢筋混凝土板的顶面(见图 2-1-20)。

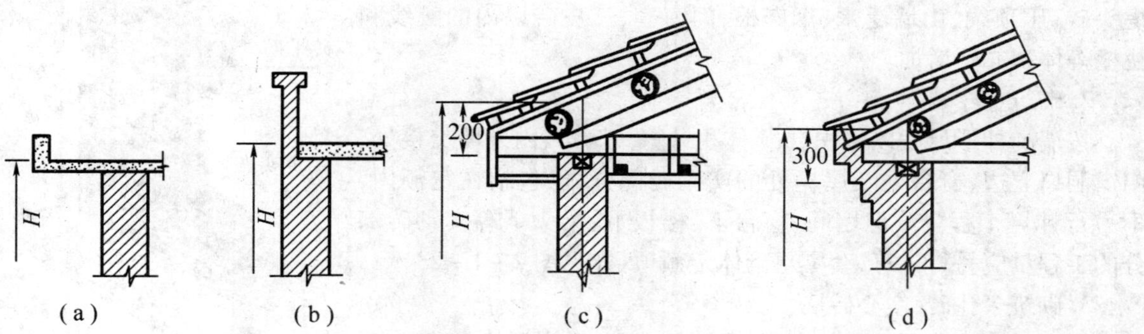

图 2-1-20　外墙高度

②内墙墙身高度　位于屋架下弦者其高度算至屋架底；无屋架者算至天棚底另加 100 mm；有钢筋混凝土楼板隔层者算至楼板底面；有框架梁时，算至梁的底面(见图 2-1-21)。

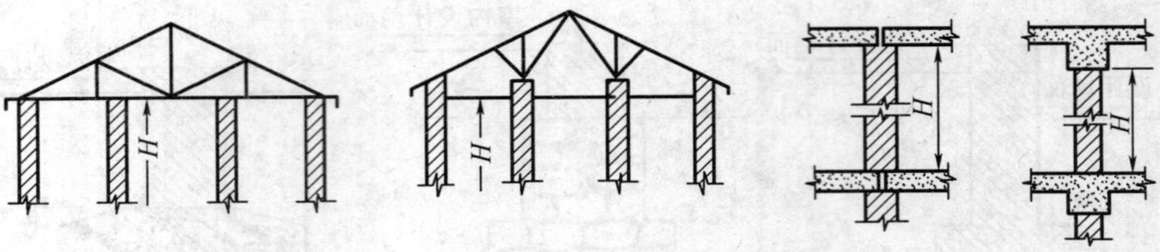

图 2－1－21　内墙高度

③内外山墙墙身高度　按山墙处的平均高度计算。

④女儿墙高度　按外墙顶面至图 2－1－22 所示女儿墙顶面的高度计算。其体积区别不同厚度并入相应的外墙工程量内（见图 2－1－22）。

（2）墙厚的计算规定　标准砖以 240 mm × 115 mm × 53 mm 为准，其砌体计算厚度按表 1－4－28 的规定计算。使用非标准砖时，其砌体厚度应按砖实际规格和设计厚度计算。

表 2－1－12　标准砖墙厚度

砖数/厚度	1/4	1/2	3/4	1	1.5	2	2.5	3
计算厚度/mm	53	115	180	240	365	490	615	740

（3）应扣除的工程量　计算墙体时，应扣除门窗洞口、过人洞、空圈、嵌入墙身的钢筋混凝土柱、梁（包括过梁、挑梁）、砖平碹、平砌砖过梁和暖气包壁龛及内墙板头的体积，不扣除梁头、外墙板头、檩头、垫木、木楞头、沿椽窜木、木砖、门窗走头、砖墙内的加固钢筋、木筋、铁件、钢管及每个面积在 0.3 m^2 以内的孔洞等所占体积。双层门窗洞口按设计外口标注尺寸高增加 25 mm，宽增加 35 mm，扣除窗洞口面积计算。

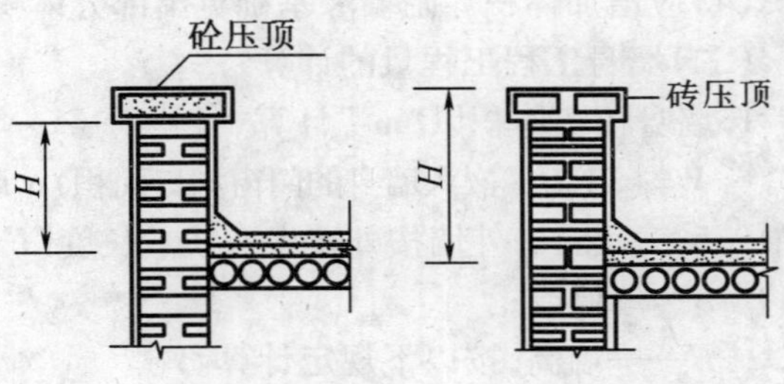

图 2－1－22　女儿墙高

（4）应增加的工程量　三皮砖以上的腰线和挑檐、出墙垛、附墙烟囱（包括附墙通风道、垃圾道）按其外形体积计算其体积，并入墙身体积内计算。不扣除横截面积在 0.1 m^2 以内的孔洞体积，但孔洞内的抹灰工程量亦不增加。凸出墙面的窗台虎头砖、压顶线、山墙泛水、烟囱根、门窗套、三皮砖以内的腰线和挑檐等体积亦不增加。

2. 砌筑空斗墙

按墙的外形尺寸以体积"m^3"体积计算。墙角、内外墙交接处、门窗洞口立边、窗台处及屋檐处的实砌砖部分，已包括在定额内，不另行计算工程量。但墙间、窗台下、楼板下、梁头下等实砌砖部分的工程量应另行计算，套零星砌体定额项目（见图 2－1－23）。

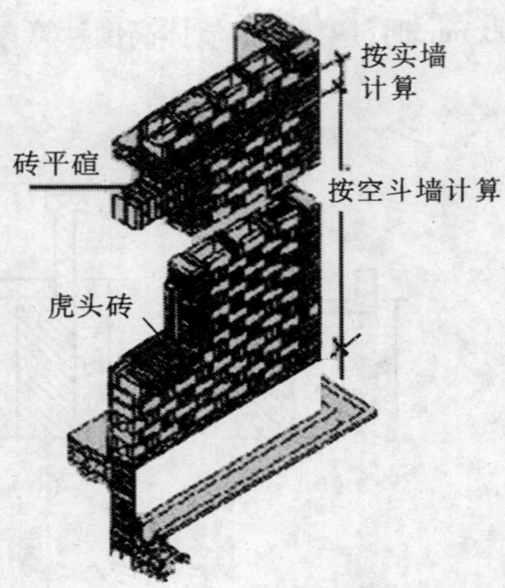

图 2－1－23　空斗墙

3. 砌筑多孔砖、空心砖墙

按图示尺寸和厚度以体积"m^3"计算，不扣除其孔和空心部分的体积。

4. 砌筑填充墙

按墙的外形尺寸以体积"m^3"计算。其中实砌砖的部分已包括在定额内，不另行计算。定额中确定的填充材料与设计要求不同时允许换算。

5. 砌筑加气混凝土墙、硅酸盐砌块墙、小型空心砌块墙　按图示尺寸以体积“m^3”计算。设计规定镶嵌砖砌体部分，已包括在定额内不另行计算。

6. 框架间砌体　分别内、外墙以框架间的净空面积乘以墙厚计算，框架外表镶贴砖部分亦并入砌体工程量内计算。

7. 砖砌圆弧形墙　按实砌砖体积套用相应墙厚定额项目计算。

8. 空花墙　按空花部分外形体积以“m^3”计算，空花部分不予扣除，与空花墙连接的附墙柱和实砌墙体应合并计算，套相应厚度的外墙定额项目。

9. 贴砌砖墙　按外形尺寸以立方米计算，扣除门窗洞口所占的体积，套相应定额项目。

10. 毛石墙、方整石砌体(墙、柱、台阶)　按图示尺寸以“m^3”计算。墙体中如有砖平(弧)碳、钢筋砖过梁等，按实体积另列项目计算。

11. 陶粒混凝土墙　按设计图示尺寸(定额中给定的尺寸)以“m^3”计算，贴砌陶粒混凝土墙按结构部分外边线至墙外边线以“m^3”计算。计算工程量时扣除门窗洞口以及嵌入墙内的钢筋混凝土构件等所占体积。

12. 空心砌块墙现场发泡保温　按设计图示墙面面积以“m^3”计算。

13. 砖砌围墙　按不同厚度以体积“m^3”计算，其围墙柱(垛)、压顶按实体积并入围墙工程量内，砖碳执行本章相应定额项目。

14. 贴砌砖墙按外形尺寸以“m^3”计算，扣除门窗洞口所占的体积，套相应定额项目。

(三)柱的工程量(含隔热板带砖墩、地板下砌砖墩)

按设计图示尺寸以立方米计算，$V = V_{柱身} + V_{柱基}$。

(四)砌筑其他砌体工程量的计算

1. 零星砌砖

(1)零星砌砖项目系指房上烟囱及通气道、楼梯栏板、厕所蹲台、便槽、挡板墙、阳台栏板、洗涤池、教室讲台砌体、水槽腿、灯箱、垃圾箱、台阶、台阶挡墙及梯带、花台、花池、喷水池、地垄墙、毛石墙的门窗立边、框架外表镶贴砌体等(见图2－1－24)。

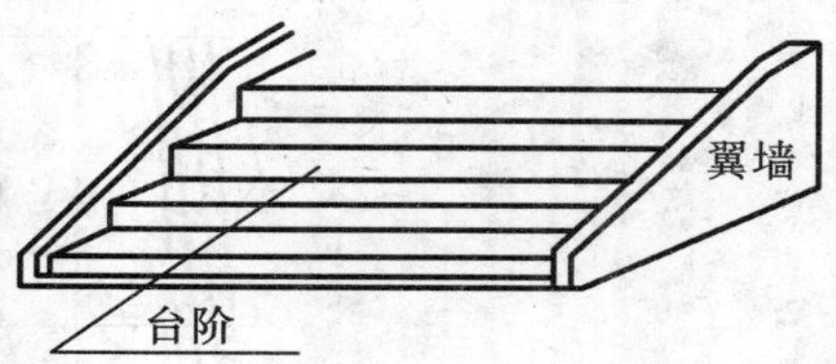

图2－1－24　台阶

(2)工程量　按实砌体积以立方米计算，套用零星砌砖定额项目。

2. 砖平(弧)碹、钢筋砖过梁等　均按图示尺寸以体积“m^3”计算。

$$V = 长度(L) \times 高度(H) \times 厚度(B)$$

如设计无规定时，砖平碹长度可按洞口宽度两端共加100 mm，高度按(门窗洞口宽小于1 500 mm时，高度为240 mm；大于1 500 mm时，为365 mm)计算。砖弧碹长度按碹的中心线弧长，高度按240 mm计算。钢筋砖过梁长度按门窗洞口两端共加500 mm，高度按440 mm计算。钢筋砖过梁的配筋及钢筋保护层砂浆均已综合在定额内，不另计算(见图2－1－25)。

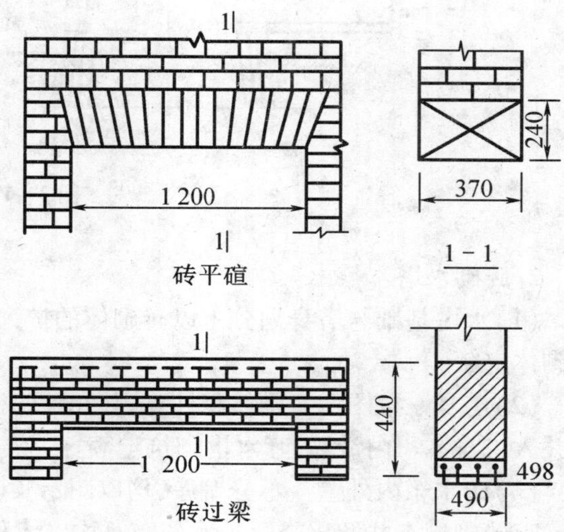

图2－1－25　砖平碹、钢筋砖过梁

3. 砖砌地沟　不分墙基、墙身，合并以实砌体积“m^3”计算；石砌地沟工程量，按其中心线长度以长度(m)计算(见图2－1－26)。

$$V = (0.49 \times 0.126 + 0.37 \times 0.126 + 0.24 \times 1.2 + 0.12 \times 0.06) \times L$$

4. 锅台、炉灶　按外形体积以“m^3”计算，不扣除各种孔洞的体积。灶台面镶贴块料面层以及砌体内预埋铁件者应另列项目计算；抹灰的工料含在定额内不再计算；火墙、灶台安放的铁活均按座计算。

5. 火墙、朝鲜式火炕　按面积"m^2"计算。普通火炕按长度"m"计算。

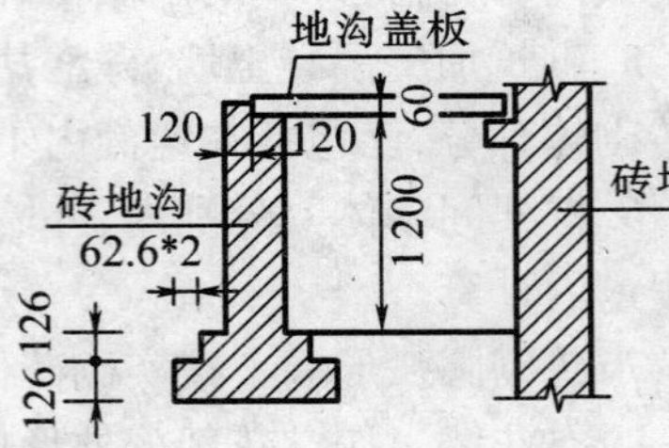

图 2-1-26　地沟

（五）构筑物工程工程量的计算

1. 砖烟囱

（1）筒身　圆形、方形均按图示筒壁平均中心线周长乘以厚度并扣除筒身各种孔洞、钢筋混凝土圈梁、过梁等体积以体积"m^3"计算（见图 2-1-27）。其筒壁周长不同时，可按下式分段计算。

$$V = \sum (H \times C \times \pi \times D)$$

式中　V——筒身体积；

H——每段筒身垂直高度；

C——每段筒壁厚度；

D——每段筒壁中心线的平均直径。

（2）烟道、烟囱内衬　按不同内衬材料并扣除孔洞后，以图示实体积"m^3"计算。

（3）烟囱内壁表面隔热层　按筒身内壁并扣除各种孔洞后的面积以"m^2"计算。填料按烟囱内衬与筒身之间的中心线平均周长乘以图示宽度和筒高，并扣除各种孔洞所占体积（但不扣除连接横砖及防沉带的体积）后，以"m^3"计算。

（4）烟道砌砖　烟道与炉体的划分以第一道闸门为界，炉体内的烟道部分列入炉体工程量计算。

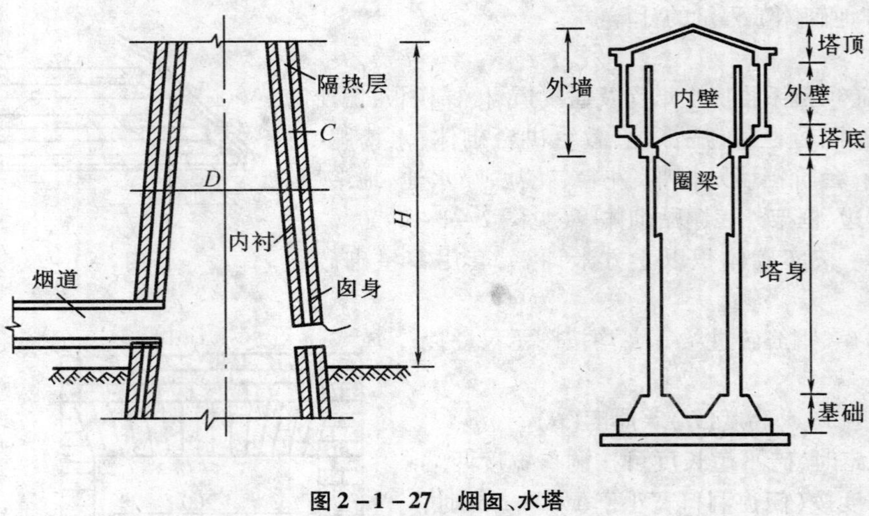

图 2-1-27　烟囱、水塔

2. 砖砌水塔

（1）水塔基础与塔身划分　以砖砌体的扩大部分顶面为界，以上为塔身，以下为基础，分别套相应基础砌体定额。

（2）塔身　按图示实砌体积计算，并扣除门窗洞口和混凝土构件所占的体积。砖平（弧）碹及砖出檐等并入塔身体积内计算，套水塔砌筑定额。

（3）砖水箱内外壁　不分壁厚，均以图示实砌体积"m^3"计算，套相应的内外墙定额。

3. 砖砌检查井及化粪池　不分壁厚均以体积"m^3"计算，洞口上的砖平碹等并入砌体体积内计算。

（六）砌石工程

1. 毛石基础、墙、方整石砌体（墙、柱）　按图示尺寸以"m^3"计算。墙体中如有砖平（弧）碹等，按实砌体积另行计算。

2. 毛石护坡、石台阶、石地沟、石明沟　按图示尺寸以"m^3"计算。

二、砌筑工程计算规定

1. 设计砂浆种类、标号与定额不同时允许换算。
2. 砌体加浆勾缝按装饰工程计算。
3. 多孔砖设计要求堵孔时，按设计要求另行增加砂浆用量。
4. 砌体内的配筋、混凝土小型空心砌块芯柱执行第四章混凝土及钢筋混凝土工程相应定额项目。
5. 圆形烟囱、水塔砖基础按弧形基础定额项目。
6. 砌筑弧形砌块或弧形空心砌块墙时，按相应定额项目人工乘系数 1.1。
7. 砖砌挡土墙，两砖以上按砖基础计算，两砖以内按砖墙计算。
8. 砖砌明沟以三皮砖高为准，每增加 1 皮砖，增加 0.35 工日；如铺底砖，每 10 m 长度增加 0.35 工日。明沟采用多孔砖砌筑时按相应定额项目人工乘系数 1.1。
9. 渗井、阀门井执行检查井相应定额项目。
10. 砖散水、砖地坪执行装饰装修相应定额项目。
11. 毛石护坡高度超过 4 m 时，定额项目人工乘以 1.15 的系数。
12. 砌筑圆弧形砖墙、石基础、石墙，定额项目人工乘以 1.10 的系数。
13. 石勒脚出垛，其出垛部分按相应定额项目人工乘系数 1.53。
14. 石砌独立柱基础执行相应石基础定额项目人工乘系数 1.27；地垄墙执行相应石墙定额项目。
15. 石地沟深度以 1.5 m 以内为准，超过时，超过部分每立方米砌体增加 0.1 工日。

【例 2-1-4】见图 2-1-14，求砌筑工程量与直接费。已知：基础 M5 水泥砂浆，墙体 M5 混合砂浆砌筑。外墙洞口上设圈梁兼过梁，截面分别为 370×180、490×180，内墙设 240×180 圈梁标高同外墙。女儿墙厚度 240 mm，高 900 mm，女儿墙顶为 60 mm 厚钢筋混凝土压顶，每隔 2 米设一根 240×240 的构造柱。

解　1. 工程量

(1)毛石基础

$$V_{外}=A\times L_{中}=(1.1\times0.5+0.7\times1.1)\times35.2=46.46\ m^3$$

$$V_{内}=A\times L_{内基}=0.8\times1.1\times4.65=4.092\ m^3$$

合计：50.56 m^3

(2)砖基础

$$V_{外}=A\times L_{中}=0.49\times0.45\times35.2=7.76\ m^3$$

$$V_{内}=A\times L_{内}=0.24\times0.45\times4.86=0.525\ m^3$$

合计：8.29 m^3

(3)490 厚外墙

$$V=L_{中}\times H\times B+增加-扣除=72.44-20.25=52.19\ m^3$$

$$L_{中}\times H\times B=35.2\times4.2\times0.49=72.44\ m^3$$

扣除：门窗　$(1.8\times2.4\times6+1.5\times3.3\times2)\times0.49=35.82\times0.49=-17.55\ m^3$

过梁　$0.49\times0.18\times[(1.8+0.5)\times6+(1.5+0.5)\times2]=0.0882\times17.8=-1.57\ m^3$

圈梁　$0.37\times0.18\times(35.2-0.12\times4-17.8)=0.0666\times16.92=-1.127\ m^3$

合扣：-20.25 m^3

(4)240 内墙

$$V=L_{内}\times H\times B+增加-扣除=4.78-0.21=4.57\ m^3$$

$$L_{内}\times H\times B=4.86\times4.10\times0.24=4.78\ m$$

扣除：圈梁　$0.24\times0.18\times4.86=-0.21\ m^3$

(5)女儿墙

$$V=L_{中}\times H\times B+增加-扣除=7.30-0.97=6.33\ m^3$$

$L_{中} \times H \times B = (37.16 - 0.244) \times 0.84 \times 0.24 = 36.2 \times 0.84 \times 0.24 = 7.30$ m

扣除:构造柱　　　　$0.24 \times 0.30 \times 0.84 \times 16 = -0.97\ m^3$

2. 直接费

(1)3－588　　毛石基础　　2 057.88×5.06＝10 404.64 元

(2)3－1　　砖基础　　2 387.54×0.829＝1 979.27 元

(3)3－73　　490 厚外墙　　2 569.19×5.219＝13 408.91 元

(4)3－57　　240 内墙　　2 569.20×(0.457＋0.633)＝2 800.43 元

合计:29 329.25 元

第五节　混凝土及钢筋混凝土工程

国家定额规定,各种钢筋混凝土现浇构件、预制构件以及预应力构件的工程量,都是按“模板工程”“混凝土工程”和“钢筋工程“三大部分内容分别列项,编制预算时应分别计算套用。模板工程量区别模板的不同材质,按混凝土与模板的接触面积以面积计算;钢筋按质量以“吨”计算;混凝土一般按混凝土体积以“m^3”计算。

黑龙江省 2010 年定额混凝土及钢筋混凝土工程中,只包括了现场预制构件和现浇构件的“混凝土工程”和“钢筋工程”作为实体项目,而“模板工程”作为措施项目在相应章节中计算,预制混凝土构件采购按合同价格或市场价格计算。

混凝土及钢筋混凝土工程包括:各种现浇混凝土的柱、梁、板、挑檐、楼梯、阳台、雨篷和一些零星构件;预制的柱、梁、板、屋架、天窗架、挑檐、楼梯以及其他零星配件和预应力梁、板、屋架等分项工程。

一、混凝土及钢筋混凝土工程工程量计算

1. 现浇混凝土,除另有规定者外,均按设计图示尺寸以“m^3”计算,不扣除钢筋、铁件、螺栓和预埋木砖所占的体积。钢筋混凝土墙、板上单孔面积在 0.3 m^2 以内的孔洞不予扣除,0.3 m^2 以上时扣除,但留孔所需的工料不另增加。伸入混凝土板中的混凝土柱,其截面面积在 0.3 m^2 以外时应扣除。用型钢代替钢筋时,每吨型钢扣减 0.10 m^3 混凝土的体积。

(1)基础工程工程量的计算

①带形(条形)基础,按图示断面面积乘长度以“m^3”计算,如图 2－1－28 所示,计算公式如下

$$V = \sum (A \times L)$$

式中　V——基础体积;

A——基础截面积,混凝土基础与墙柱的划分均按基础扩大顶面为界;

L——基础长度,外墙取中线长($L_{中}$),内墙取基础净长($L_{内基}$)。

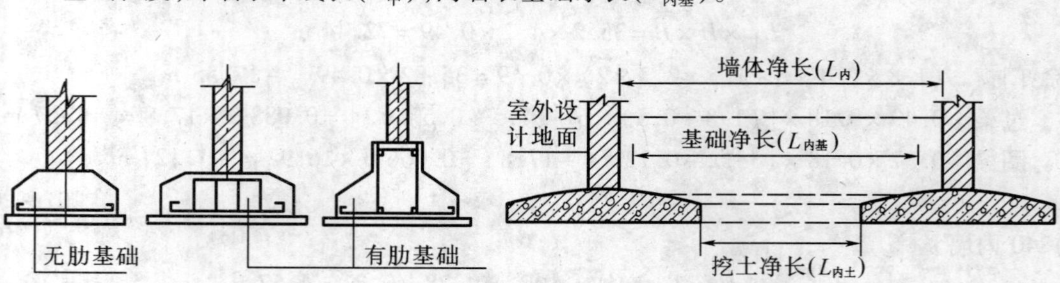

图 2－1－28　带形基础

有肋带形混凝土基础,其肋高与肋宽之比超过 4∶1 时,其基础底板按带形基础计算,以上部分按墙计算。

②独立及杯形基础　按设计图示尺寸以“m^3”计算,如图 2－1－29 所示,计算公式如下

$$V = \sum V_i = a \times b \times h + \frac{h_1}{6}[a \times b + (a + a_1) \times (b + b_1) + a_1 b_1]$$

$$= a \times b \times h + \frac{h_1}{3}(a \times b + a_1 \times b_1 + \sqrt{a \times b \times a_1 \times b_1})$$

a. 锥台基础

b. 杯形基础

$$V = a \times b \times h_1 + \frac{h_2}{6}[a \times b + (a + a_1) \times (b + b_1)] + a_1 \times b_1 \times h_3 - (a_2 + c) \times b_4$$

式中　V——基础体积；

V_i——基础组成单体体积；

a——基础底面长度；

b——基础底面宽度；

h——锥台基础底层高度；

a_1——基础顶面长度

b_1——基础顶面宽度；

h_1——锥台基础顶层高度；杯基底层高度；

h_2——杯基中层棱台高度

h_3——杯基顶层高度；

h_4——杯基杯口高度；

a_2——杯基杯底宽；

c——杯基杯顶一侧与杯底宽度差。

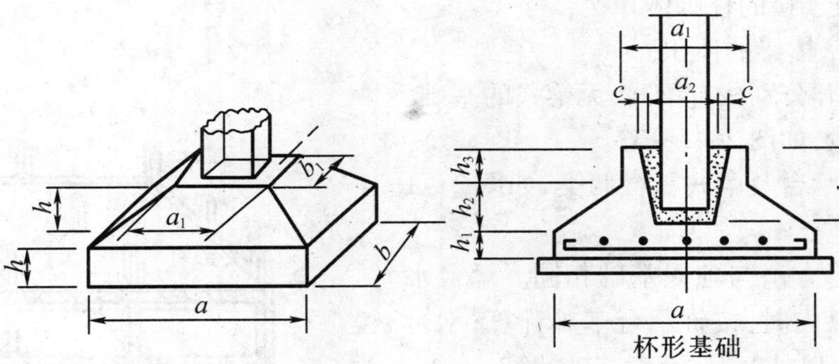

图 2-1-29　独立基础

【例 2-1-5】　按图 2-1-30 计算混凝土基础的工程量。已知：独立基础 42 个，人工挖普通土。

解　$V_{基} = \{2.6 \times 1.6 \times 0.3 + 1/3 \times 0.3 \times [2.6 \times 1.6 + 1.6 \times 1 + (2.6 \times 1.6 \times 1.6 \times 1)^{1/2}]\} \times 42$

$= [1.248 + 1/3 \times 0.3 \times (4.16 + 1.6 + 2.58)] \times 42$

$= [1.248 + 0.834] \times 42 = 2.082 \times 42 = 87.44\ m^3$

③满堂基础，分有梁式及无梁式两类。无梁式满堂基础包括基础底板、桩承台、柱脚以"m^3"计算。有梁式满堂基础包括基础底板（防水底板）、基础梁、桩承台以"m^3"计算。如图 2-1-31 所示，计算公式如下：

a. 无梁式　　$V = \sum (S \times h) + V_{柱脚} + V_{承台}$

b. 有梁式　　$V = \sum (S \times h) + V_{梁} + V_{承台}$

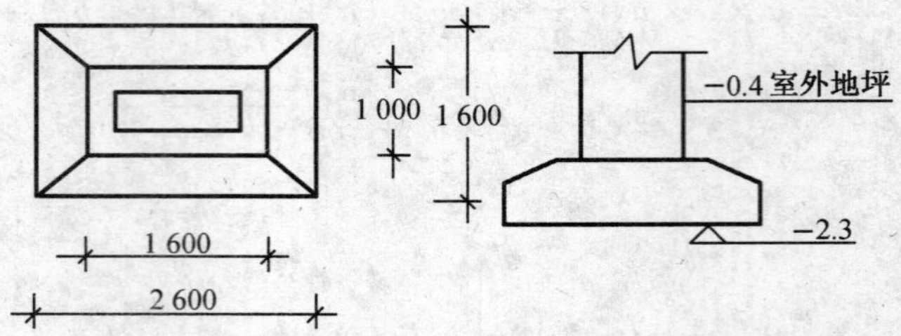

图 2－1－30　例 2－1－5 图

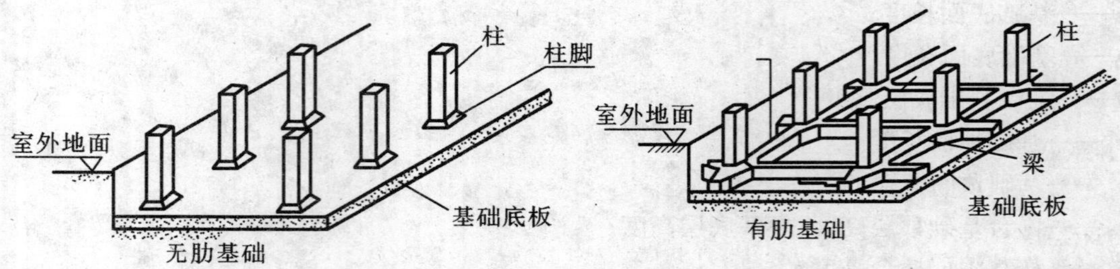

图 2－1－31　满堂基础

式中　V——基础体积；

S——基础底板面积；

h——基础底板厚度；

$V_{柱脚}$——与底板连接的柱脚体积；

$V_{梁}$——与底板一体梁的体积。

c. 箱形基础，应拆开分别按有梁式、无梁式的基础、柱、墙、板来计算工程量，如图 2－1－32。

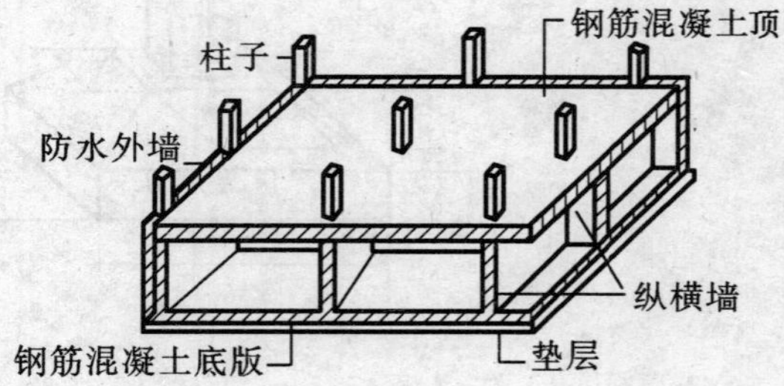

图 2－1－32　箱型基础

④桩承台，分独立承台及梁式承台两类，如图 2－1－33 所示。

a. 独立承台的计算方法与独立基础相同。承台水平投影面积在 20 m^2 以内时，按桩承台基础计算；承台水平投影面积在 20 m^2 以外时，按满堂基础计算。

b. 梁式承台与带形基础相同，按基础梁计算。

c. 预制桩按桩长（包括桩尖）乘以桩断面以"m^3"计算。

⑤圆形烟囱和水塔基础，如图 2－1－34 所示，计算公式如下

$$V=\frac{1}{4}\pi D^2h_1+\frac{1}{3}\pi h_2\left[\left(b+\frac{d}{2}\right)^2+\frac{D^2}{4}\left(b+\frac{d}{2}\right)\right]+\pi bh_3(b+d)$$

⑥设备基础

a. 框架式设备基础　应分别按基础、柱、梁、板的相应定额计算。

b. 楼层上的设备基础　按定额项目计算。

c. 设备基础定额中未包括地脚螺栓的价值，其价值应按实际质量计算。

d. 设备基础二次灌浆按图示尺寸以"m^3"计算。

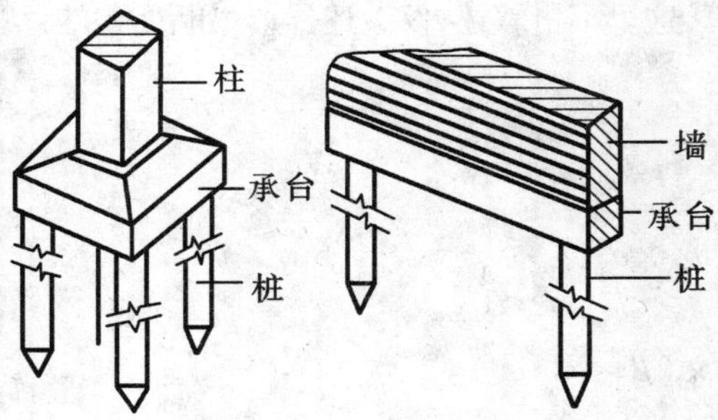

图 2-1-33　桩基础

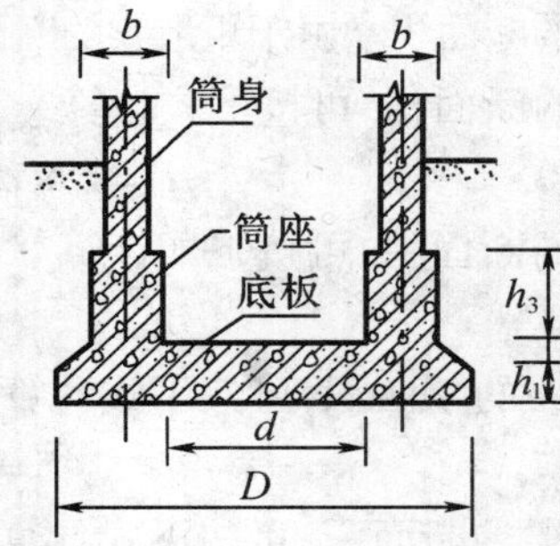

图 2-1-34　烟囱水塔

(2)柱工程量计算　定额按柱的截面形状分为矩形柱和异形柱。以图示断面尺寸乘以柱高以"m^3"计算。

$$V = \sum (A \times H)$$

①现浇柱的柱高按下列规定确定,如图 2-1-35 所示。

a. 有梁板的柱高,应自柱基上表面(或楼板上表面)算至上一层楼板上表面;

b. 无梁板的柱高,自柱基上表面(或楼板上表面)算至柱帽下表面;

c. 框架柱的高,自柱基上表面算至柱顶高度;

d. 构造柱、小立柱的柱高,按全高计算;

e. 混凝土小型空心砌块芯柱高按层高计算。

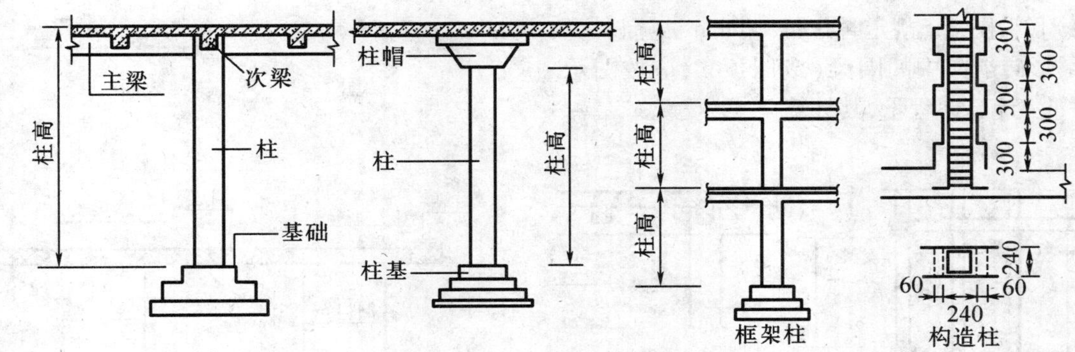

图 2-1-35　现浇柱高

②柱截面积,按图示尺寸计算。

a. 工字形柱的面积可按下式计算

$$F = b[h - 2(h_i + m)] + b_i(2h_i + m) + m \times b$$

b. 构造柱为马牙槎,一般槎间净距为 300 mm,宽为 60 mm,所以当柱截面为 240 mm × 240 mm 的构造柱时,两边咬口的工程量为

$$S = (0.24 + 0.06) \times 0.24 = 0.072\ m^2$$

三边咬口的工程量为

$$S = (0.24 + 0.06) \times (0.24 + 0.03 - 0.03 \times 0.06 = 0.079\ m^2$$

四边咬口的工程量为

$$S = (0.24 + 0.06) \times (0.24 + 0.06) - 0.06 \times 0.06 = 0.0864\ m^2$$

③增加计算　依附在柱上的牛腿的体积,并入柱身体积以"m^3"计算。

(3)梁工程量的计算,定额中将捣制梁按用途、形状和施工方法分为基础梁、单梁和连续梁、异形梁、圈梁、过梁等项目。各种梁均按图示尺寸以体积"m^3"计算工程量,其计算公式为

$$梁的体积V = 梁断面积 \times 梁长 + V_{梁垫}$$

①确定梁的断面积。由于矩形梁的断面积比较容易计算，这里不再叙述，仅叙述异形梁断面积的计算。

a. T形梁的断面积，可按下式计算

$$F = B \times d + b(h - d) + 1/2 \times (B - b) \times d_1$$

b. L形梁的断面积，可按下式计算

$$F = b \times h + (B - b) \times d$$

c. 十字形梁的断面积，可按下式计算

$$F = b \times h + (d + d_1) \times (B - b)$$

d. 花篮形梁的断面积，可按下式计算

$$F = \alpha \times h_1 + (\alpha + a_1)h$$

e. 工字形梁的断面积与工字形柱断面积的计算方法相同，式中各符号的含义如图2-1-36所示。

②现浇梁的梁长按下列规定计算，如图2-1-37所示。

a. 当主、次梁与柱连接时，梁长算至柱的内侧；

b. 当次梁与主梁连接时，次梁长度算至主梁的内侧；

c. 伸入墙内的梁头，应计算在梁长度之内；梁头有捣制梁垫者，其体积并入梁内计算；

d. 圈梁与过梁连接时，分别套用圈梁、过梁定额，其过梁长度按门、窗洞口两端增加长度。图纸有规定时按图纸计算，图纸无规定时共加500 mm计算。

③圆形砖烟囱中的圈梁（或压顶），应按图示尺寸以“m^3”计算工程量，其计算公式

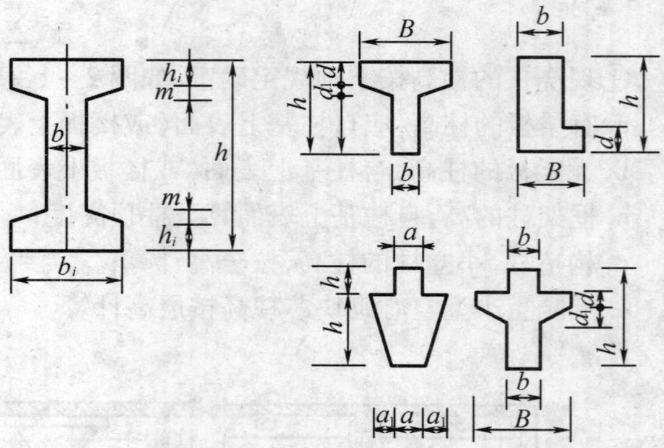

图2-1-36 构件截面

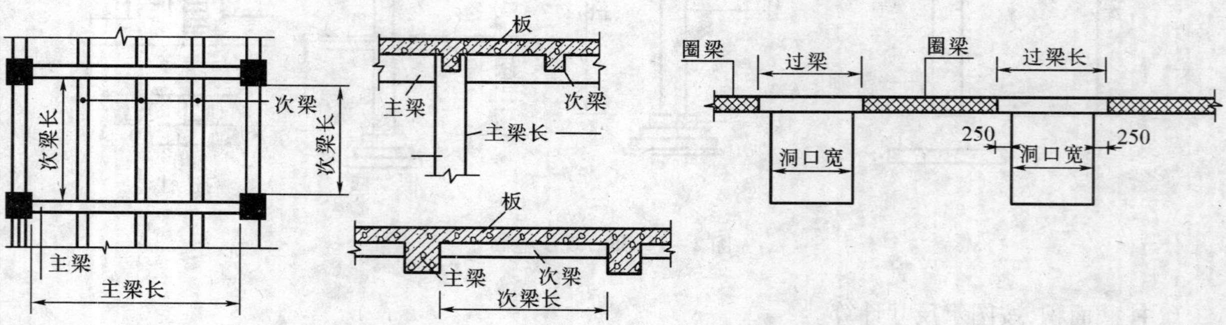

图2-1-37 梁的长度

$$V = \pi \times D \times A$$

式中 V——圈梁体积；

D——圈梁中心线长；

A——圈梁截面积。

④梁挑耳宽度在200 mm以内时并入梁体积内计算。

(4)墙工程量的计算

定额中将墙分为墙、短肢剪力墙、电梯井壁（直形）、大钢模板墙、弧形墙等。按图示长度乘以墙高及厚度以体积“m^3”计算。其计算公式为

$$V = L \times H \times B + V_{增加} - S_{mc} \times B$$

式中 V——墙的体积（含剪力墙的暗柱及侧柱、圈梁、过梁）。

①墙长 L：外墙按图示中心线长度“$L_{中}$”、内墙按图示净长线长度“$L_{内}$”计算。

②墙高 H 的确定：外墙取层高；内墙取到板底；墙与梁不等厚取到梁底。

③墙厚 B：设计厚度。

④扣除 $S_{mc}\times B$：门窗洞口及大于 0.3 m^2 孔洞的体积。

⑤增加 V_d：墙垛及突出墙挑耳宽度在 200 mm 以内时并入墙体积内计算；大钢模板混凝土墙中的圈梁、过梁及外墙的八字角应并入墙体积内计算；还包括与墙等厚的梁，与墙同时浇注柱的突出部分。

⑥框架梁下与砌块连接处，填塞细石（膨胀）混凝土填充墙，按不同墙厚以延长米计算。

⑦剪力墙带柱（含暗柱）一次浇捣成型时按墙计算。

(5)板工程量的计算

定额中将板分为有梁板、阶梯楼板、无梁板、平板、空心板、拱形板、拦板、天沟、挑檐和悬挑板等项目，按面积乘以厚度分别以实际体积“m^3”计算，如图 2-1-38 所示。

①有梁板是指（包括主梁、次梁、正交梁、斜交梁）与板构成一体，或同一承重墙上垂直于墙连续 3 根梁时（梁板同时浇注混凝土），其工程量按梁、板体积之和计算。计算公式：

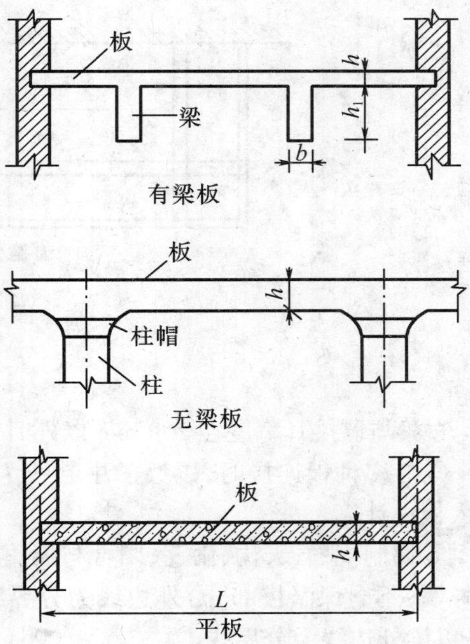

图 2-1-38　现浇混凝土板

$$V = \sum Sh + \sum AL$$

②无梁板是指不带梁直接用柱头支撑的板，其体积按板与柱帽体积之和计算。其计算公式为

$$V = Sh + V_{ZM}$$

③平板是指无柱、无梁（或 2 根以内平行梁）且直接由墙支撑的板，其体积按实体积计算。其计算公式为

$$V = \sum Sh + \sum AL$$

式中　V——板的体积；

S——板面积，扣除大于 0.3 m^2 的孔洞与空心的体积；

h——板的厚度；

A——梁的截面积；

L——梁长度；

V_{ZM}——柱帽体积。

④阳台、雨篷、天沟、挑檐、栏板

a. 悬挑板（包括阳台、雨篷、空调机板），按伸出外墙部分工程量计算，包括伸出外墙的牛腿和梁（两根以内）以立方米计算，如图 2-1-39 所示。

b. 带反挑檐的雨篷，反挑檐高度在 300 mm 以内时，其工程量并入雨篷工程量内计算。反挑檐高度 300 mm 以外时，反挑檐部分按栏板计算。

c. 阳台有 3 根及 3 根梁以上时，按有梁板以立方米计算。

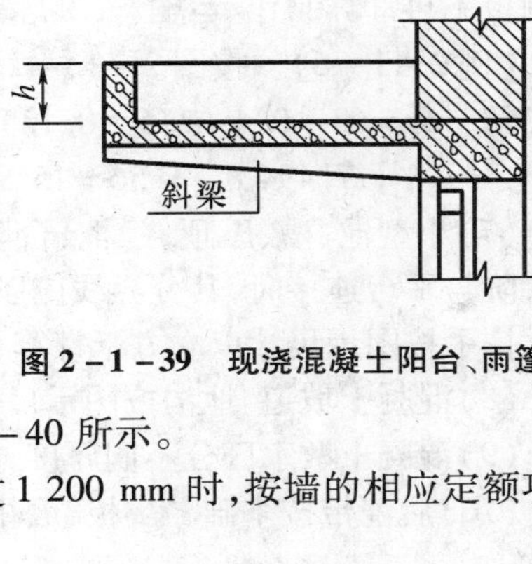

图 2-1-39　现浇混凝土阳台、雨篷

d. 有柱、梁的雨篷及有柱、梁的加油站和地重衡的风雨篷，均按有梁板以立方米计算，柱按相应定额项目以立方米计算，如图2-1-40 所示。

e. 伸入墙内的栏板板头并入相应栏板项目内计算，栏板高度超过 1 200 mm 时，按墙的相应定额项目

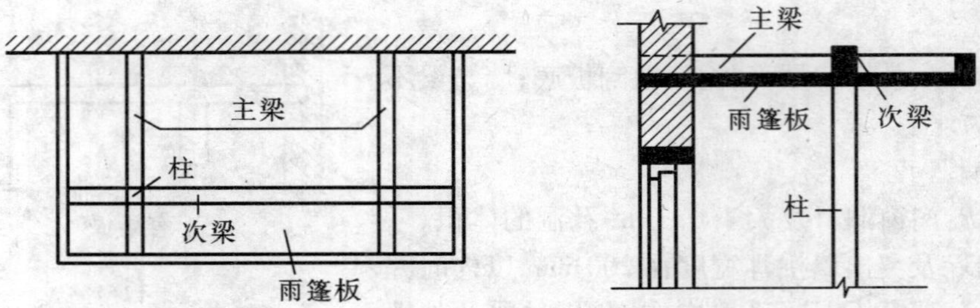

图 2-1-40 有梁柱向台、雨篷

计算。

f. 梁与墙挑耳宽度在 200 mm 以外时，挑出部分按挑檐计算。

⑤有多种板连接时，以墙的中心线为界，伸入墙内的梁、板头并入板内计算。

⑥捣制挑檐、天沟、雨篷、阳台与板（包括屋面板楼板）连接时，以外墙（不含保温板部分）外边线为分界线；与圈梁（其他梁）连接时，以梁外边线为分界线。

（6）整体楼梯

包括休息平台、平台梁、斜梁及楼梯的连接梁，按水平投影面积以"m^2"计算。如图 2-1-41 所示。当 $C>500$ mm 时，投影面积

$$S=\sum(A\times L-B\times C)$$

式中 S——楼梯的水平投影面积，m^2；

L——楼梯长度，m；

A——楼梯宽度，m；

C——楼梯井宽度，m；

B——楼梯井长度，m。

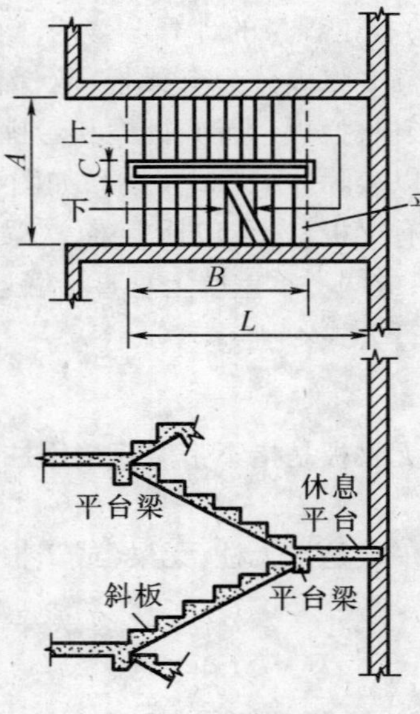

图 2-1-41 整体楼梯

①不扣除宽度小于 500 mm 的楼梯井，当楼梯井宽度大于 500 mm 时，减去楼梯井面积。

②不增加包括伸入墙内的板头、梁头。

③楼梯与板无梯梁连接时，以楼梯的最后一个踏步边缘加300 mm 计算。

④剪刀楼梯按设计图示楼梯间内水平投影面积计算。

⑤楼梯与地面相连接部分的踏步、楼梯基础、支承柱，应另按相应定额项目计算。

⑥对于楼梯是现浇混凝土及休息平台是预制板时，仍按现浇楼梯以投影面积计算（包括休息平台）。预制板不再计算制作、运输、安装、灌缝等费用。

【例 2-1-6】 按图 2-1-42 计算混凝土楼梯工程量

解 $S=(3+0.4+1.5-0.12)\times(3.9-0.24)-0.52\times3$

$=17.4948-1.56=15.94\ m^2$

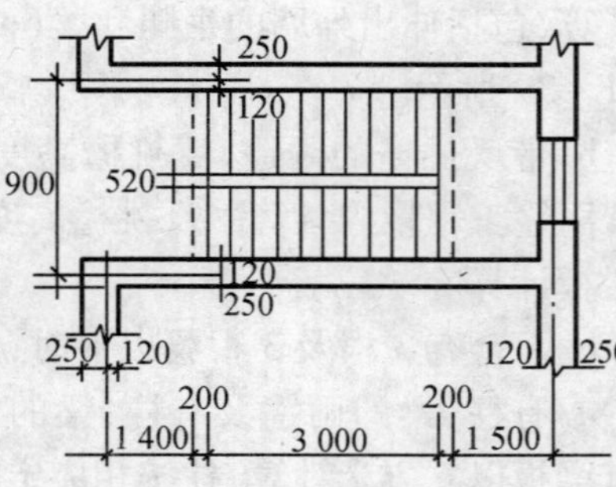

图 2-1-42 现浇混凝土楼梯

（7）小型池、槽、压顶、门框、台阶、小型构件等按实体积计算。如台阶与平台连接时，其分界线应以最上层踏步外沿加 300 mm 计算。扶手按图示尺寸以立方米计算，扶手头并入相应项目内计算。

（8）混凝土坡道、地沟按图示尺寸以立方米计算。

（9）混凝土散水区分不同厚度，按图示尺寸以平方米计算。

（10）后浇带按基础、梁、板、墙相应规定计算。

2. 现场预制混凝土的工程量，均按图示尺寸以实体积“m^3”计算，不扣除构件内钢筋、铁件及单孔面积在 0.3 m^2 以内孔洞面积。

根据定额总说明第二条第三款规定，预制钢筋混凝土构件未包括构件的制作废品率（如表 2－1－13 所示）、运输堆放损耗及安装（打桩）损耗；发生时应按表 2－1－13 所示计算损耗量，并入工程量内。

表 2－1－13　预制钢筋混凝土构件废品率

名　　称	制作废品率	运输堆放损耗率	安装、打桩损耗率
现场预制钢筋混凝土构件	0.2%	0.65%	0.5%
预制钢筋混凝土桩	—	0.4%	1.5%
外购预制钢筋混凝土构件	—	0.8%	0.5%

预制构件制作工程量＝图示工程量×（1 ＋制作损耗率＋运输堆放损耗率＋安装损耗率）

（1）混凝土与钢杆件组合的构件，混凝土部分按构件实体体积以“m^3”计算，钢构件部分按“吨”计算，分别执行相应的定额项目。

（2）预制柱上牛腿体积，应并入柱体积内计算。

3. 构筑物混凝土工程量的计算，均按图示尺寸扣除门窗洞口及 0.3 m^2 以外孔洞所占体积，以实体体积“m^3”计算。

（1）混凝土池（槽）　包括水、油池、化粪池等按不同构件底板、壁板、盖和柱等分别以实体体积“m^3”计算，如图 2－1－43 所示。

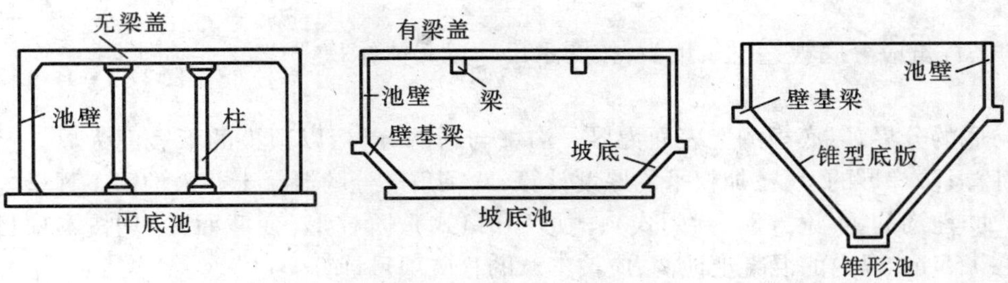

图 2－1－43　混凝土池（槽）

①池（槽）底不分平底、坡底，均按池底计算。锥形底应算至壁基梁底面，无壁基梁时算至锥形底坡的上口。

②池（槽）壁、壁基梁、池壁混凝土部分不分圆形壁和矩形壁均按池壁计算。当池壁高超过 4.5 m 时，池壁按混凝土墙相应定额项目及相关规定计算。沉淀池水槽系指池壁上的环形溢水槽及纵槽 U 形水槽，其工程量并入池壁，但不包括与水槽相连接的矩形梁，矩形梁执行相应的定额项目。

③池盖按混凝土板的相应定额项目及相关规定计算。混凝土池（槽）各类池盖中的透气管、井盖以及与井盖相连的构件，另行计算。

④柱按混凝土板的相应定额项目及相关规定计算。无梁池盖柱的高度，应自池底表面算至池盖的下表面，包括柱座、柱帽的体积。砖石池如带有钢筋混凝土独立柱者，按相应定额项目计算。

⑤其他项目均按现浇混凝土部分相应定额项目及相关规定计算。

（2）储仓　应分仓基础板、仓底板、仓顶板、仓壁板等部分，按图示尺寸以实体体积“m^3”计算。

①板式仓基础按本章满堂基础项目计算。

②仓基础板与仓底板之间的钢筋混凝土柱，包括柱头、柱脚在内，合并计算工程量，按本章柱相应定额项目计算。

③仓顶板的梁并入仓顶板计算，执行仓顶板定额项目。

④仓壁高度应自基础板顶面算至仓顶板底面计算。

⑤仓壁及顶板应扣除 0.05 m^2 以上的孔洞。

(3)水塔工程量,应分塔身、塔顶及槽底、水箱内外壁、回廊及平台,按图示尺寸以实体体积"m^3"计算,如图 2－1－44 所示。

①筒身与槽底以槽底连接的圈梁底为界,以上为槽底,以下为筒身。

②筒式塔身其依附于筒身的过梁、雨篷、挑檐等并入筒身计算;柱式塔身、柱、梁合并计算。

③塔顶及槽底:塔顶包括顶板和圈梁,槽底包括底板挑出的斜壁板和圈梁等合并计算。

④槽底不分平底、拱底,塔顶不分锥形、球形均按本定额计算。

⑤塔顶、槽底(或斜壁)相连接的圈梁之间的直壁,为水槽内外壁,保温水槽外保护壁为外壁,直接承受水侧压力的水槽壁为内壁,非保温水塔的水槽按内壁计算。

⑥水槽内外壁计算,应扣除门窗洞口的体积。依附于外壁的柱、梁等均并入外壁体积中计算。

(4)沉井是指在排水条件下施工的钢筋混凝土沉井,不适用于市政工程和其他专业工程渗井,不适用于水下施工。定额中未考虑排水施工所需的人工和机械,发生时另行计算。沉井工程量应分井底水流槽、沉井壁、沉井渗水层、沉井封底,按图示尺寸以实体体积"m^3"计算。

(5)地沟工程量应分底板、壁板、顶板,按图示尺寸以实体体积"m^3"计算。

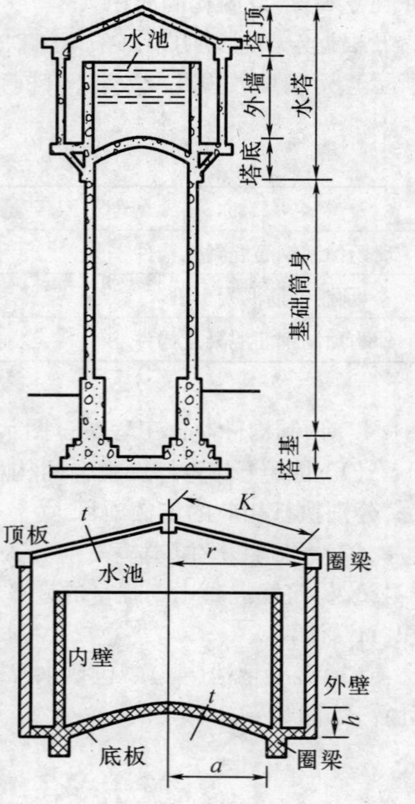

图 2－1－44　水塔

①沟壁与底的分界,以底板的上表面为界。沟壁与顶的分界,以顶板的下表面为界。上薄下厚的壁按平均厚度计算;阶梯形的壁,按加权平均厚度计算,八字角部分的混凝土并入沟壁工程量内计算。

②现浇无肋地沟的,不论方形(封闭式)、槽形(开口式)、阶梯形(变截面式)均按本项目执行。但净空断面面积在 1.5 m^2 以内的混凝土地沟,应按本章的相应项目计算。

③肋形顶板或预制顶板,按本章相关规定计算。

4. 泵送混凝土

根据运距计算,各类构件混凝土泵送体积以"m^3"计算。

水平运距和垂直运距合并、分层计算。运距在 30 m 以内的套 30 m 以内相应项目;超过 30 m,超过部分执行每增 10 m 定额项目,不足 10 m 按 10 m 计算。

①水平运距由两部分组成

a. 混凝土输送泵中心点至建筑物(构筑物)泵送管道垂直固定中心点

混凝土输送泵一般设在建筑物外,泵送垂直管道有的设在建筑物外,有的设在建筑物内,由混凝土输送泵中心点至垂直弯起点,称水平运距的第一部分,如图 2－1－45 所示 a。

b. 建筑物(构筑物)混凝土单泵泵送区域

第二部分是指混凝土泵送区域(根据批准的施工方案及相关资料)如图 2－1－45 所示长边水平长度 b。

$$水平运距 = a + b$$

②垂直运距是指混凝土输送泵(泵车)停放地面至楼板(构件)上表面高度。

5. 构件接头灌缝

(1)接头灌缝包括构件座浆、灌缝、堵板孔、塞板梁缝等,预制钢筋混凝土构件、框架柱现浇接头(包括梁接头),按构件设计规定断面和长度的实体体积以"m^3"计算。

(2)柱与柱基的灌缝,按首层柱体积计算,首层以上柱灌缝按各层柱体积计算。

6. 钢筋工程的计算

根据钢筋的种类、规格,现浇(现场预制)混凝土钢筋包括圆钢筋、螺纹(Ⅱ)钢筋、螺纹(Ⅲ)钢筋、箍筋楼梯踏步护角筋。墙体配筋、钢筋网片、钢筋笼、预应力钢绞线、铁件制作、安装等分别列项,按设计图示钢筋长度乘以单位理论质量,以“吨”计算。

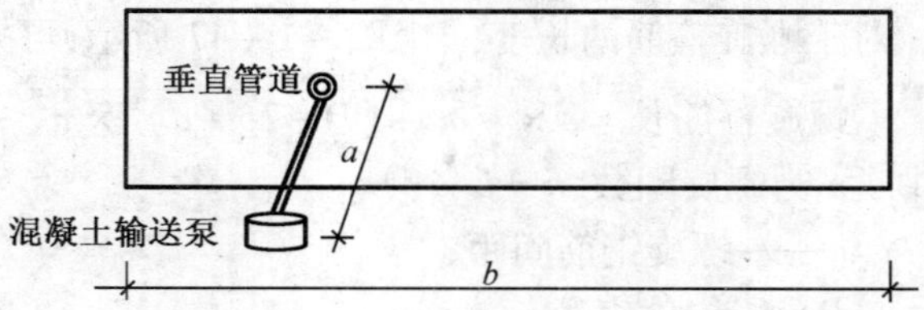

图 2-1-45　泵送混凝土水平运距

在设计图纸中,一般均有“构件配筋表”,配筋表中均列有钢筋编号、直径、长度、数量及质量,因此,可直接按表中数据进行汇总钢筋净用量,然后再把钢筋的连接用量加进去,即得钢筋工程量。若设计图纸未列出钢筋表,则应按构件配筋图中的有关尺寸进行计算,其计算方法如下。

(1)钢筋工程量

①钢筋净用量应按图示尺寸并区别钢筋的级别和规格,分别计算和汇总其净用量,其计算公式如下

$$钢筋净用量 = \sum (钢筋长度 \times 每米长质量)$$

钢筋每米的质量,可查有关金属材料手册计算。对于圆钢筋,因钢筋的容重为 7 850 kg/m^3,每米质量 $=0.006\ 165d^2$(kg/m),d 为钢筋直径(mm),因此钢筋长度有:

a. 普通钢筋的钢筋长度

两端无弯钩的直筋长度 = 构件长度 - 两端保护层厚度

两端有弯钩的钢筋长度 = 构件长度 - 两端保护层厚度 + 两端弯钩长度

两端有弯钩弯起钢筋的钢筋长度 = 构件长度 - 两端保护层厚度 + 两端弯钩长度 + 弯起部分增加长度

b. 箍筋长度。箍筋一般有闭口箍筋和开口箍筋两种形式,通常采用闭口箍筋较多。常用的闭口箍筋有单肢箍、双肢箍和四肢箍等类型,如图 2-1-46 所示。箍筋长度可按下式计算

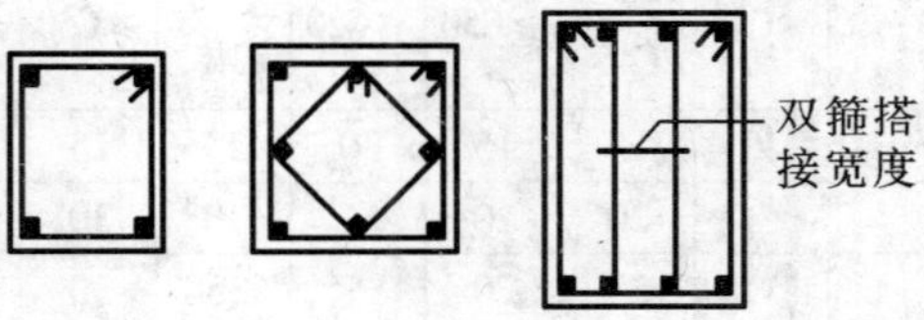

图 2-1-46　箍筋

开口箍筋内包长度 = 2 × 构件高 + 构件宽 - 6 × 保护层厚度 + 两个弯钩长

闭口单箍内包长度 = 构件断面外围周长 - 8 × 保护层厚度 + 两个弯钩长

方形双箍内箍长 = 4 × (0.707 × 构件宽 - 1.414 × 保护层厚度 + 箍筋直径) + 两个弯钩长度

闭口双肢箍长度 = 构件断面外围周长 - 8 × 保护层厚度 + 8 × 箍筋直径 + 两个弯钩长

②钢筋保护层按图纸规定尺寸或图集计算。

箍筋末端弯钩的长度,可按表 2-1-14 确定。

箍筋的保护层厚度 = 各类构件保护层厚 + 箍筋直径

表 2-1-14　箍筋两个弯钩长度　单位:mm

箍筋直径/mm	受力钢筋直径/mm	
	25	28~32
4~5	80	120
6	100	150
8	120	180
10~12	150~180	210

箍筋的根数可按下式计算,即

箍筋根数＝(构件长度－两端保护层厚度)/箍筋间距＋1

对于螺旋箍筋的长度,如图2－1－47所示,可按下式计算,即

$$螺旋箍筋长 = n \times \sqrt{a^2 + (D - 2b + d)^2 \times \pi^2} + 两个弯钩长度$$

式中 n 为螺旋圈数,$n = L/a$;

a——螺旋钢筋间距;

D——构件直径;

b——钢筋保护层厚度;

d——螺旋钢筋直径。

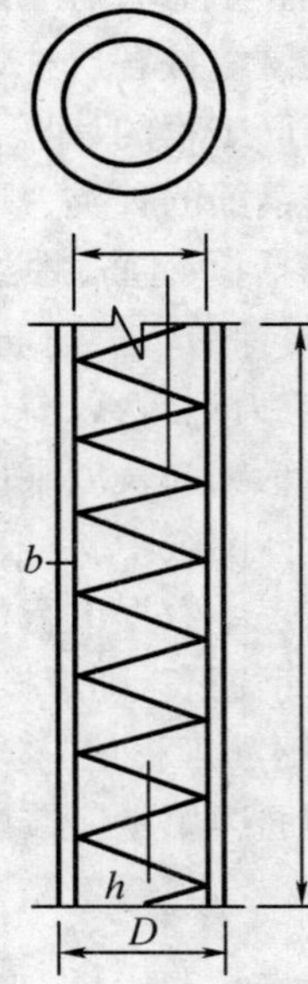

图2－1－47 螺旋箍筋

a. 钢筋砼保护层最小厚度。结合G101图集见表2－1－15、表2－1－16。

b. 弯钩增加长度与结构设计要求有关,若图纸中已标注,按图示计算增加长度;若图纸中未标注可按表2－1－17增加计算。弯钩形式及长度如图2－1－48所示。

表2－1－15 受力钢筋砼保护层最小厚度

单位:mm

环境类别		墙			梁			柱			板(梯板)			基础梁(有垫层)		基础板(有垫层)		
		≤C20	C25～C45	≥C50	≤C20	C25～C45	≥C50	≤C20	C25～C45	≥C50	≤C20	C25～C45	≥C50	≤C20	C25～C45	C25～C45		
一		20	15	15	30	25	25	30	30	30	20	15	15	30	25	顶	底	防水
二	a		20	20		30	30		35	30		20	20		30	20	40	50
	b		25	20		35	30		35	30		25	20		35	25	40	50
三			30	25		40	35		40	35		30	25		40	30	40	50

表2－1－16 砼结构的环境类别

环境类别		条件
一		室内正常环境
二	a	室内潮湿环境,非严寒和非寒冷地区的露天环境,与无侵蚀性的水或土壤直接接触的环境
	b	严寒和寒冷地区的露天环境,与无侵蚀性的水或土壤直接接触的环境
三		使用除冰盐的环境,严寒和寒冷地区冬季水位变动的环境,海滨室外环境
四		海水环境
五		受人为或自然侵蚀性物质影响的环境

表2－1－17 弯钩增加长度

角度 钢筋种类、要求		180°	135°	90°	备注
直筋		6.25d	4.9d	3.5d	≥50 mm
箍筋	普通	8.25d	6.9 d	5.5d	≥50 mm
拉结筋	抗震	13.25d	11.9d	10.5d	≥75 mm

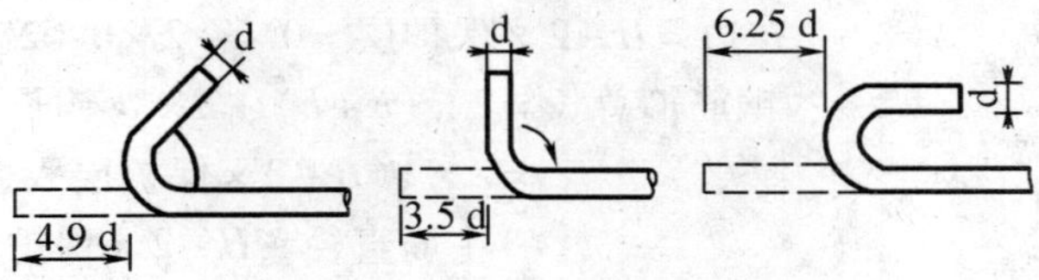

图 2－1－48　钢筋弯钢增加长度

c. 弯起钢筋的增加长度。弯起钢筋的弯起角度一般有30°,45°和60°三种,如图 2－1－49 所示。常用的弯起角度为30°和45°,当梁高大于800 mm时,宜用60°。弯起钢筋的增加长度,可按表 2－1－18 确定。

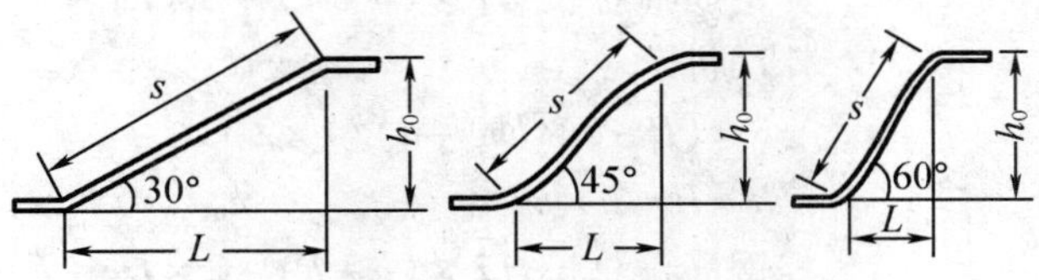

图 2－1－49　弯起钢筋

表 2－1－18　弯起钢筋弯起部分增加长度

弯起角度	$\alpha=30°$	$\alpha=45°$	$\alpha=60°$
斜边长度 s	$2h_0$	$1.414h_0$	$1.15h_0$
底边长度 L	$1.732h_0$	h_0	$0.575h_0$
增加长度 $s-L$	$0.268h_0$	$0.414h_0$	$0.575h_0$

注:h_0 为弯起高度。h_0 = 构件断面高 $-2\times$ 保护层厚度。

各类箍筋包括以下几种类型:

①双肢箍筋　构件截面尺寸 $B\times H=200\ \text{mm}\times450\ \text{mm}$;箍筋规格:$\phi6$;主筋规格:$\phi20$

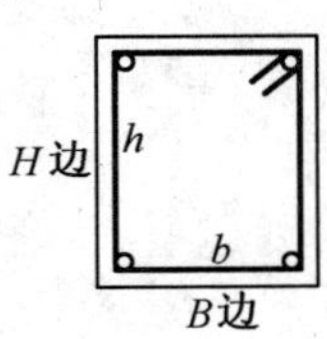

$b=B-2\times$ 保护层 $=0.20-2\times0.025=0.15$ m

$h=H-2\times$ 保护层 $=0.45-2\times0.025=0.40$ m

钢筋箍总长 $=2\times(b+h)+2\times$ 弯钩长 + 调整长

$=2\times(0.15+0.4)+2\times11.9\times0.006+8\times0.006$

$=1.29$ m

②四肢箍【Ⅰ型】纵筋 4 根　$B\times H=400\ \text{mm}\times600\ \text{mm}$;箍筋规格:$\phi6$;主筋规格:$\phi20$

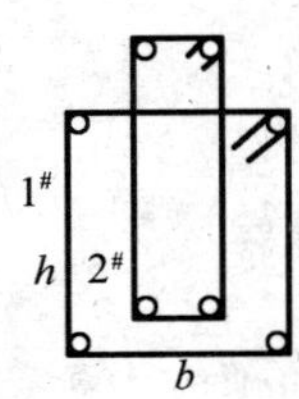

1#筋

$b=B-2\times$ 保护层 $=0.40-2\times0.025=0.35$ m

$h=H-2\times$ 保护层 $=0.60-2\times0.025=0.55$ m

钢筋箍总长 $=2\times(b+h)+2\times$ 弯钩长 + 调整长

$=2\times(0.35+0.55)+2\times11.9\times0.006+8\times0.006$

$=1.99$

2#筋

$b=(B-2\times$ 保护层 − 主筋直径$)/3\times1+$ 主筋直径

$=(0.4-2\times0.025-0.02)\div3\times1+0.02$

$=0.33\div3\times1+0.02=0.13$ m

h 边 $=H-2\times$ 保护层 $=0.6-2\times0.025=0.55$ m

钢筋箍总长 $=2\times(b+h)+2\times$ 弯钩长 $+$ 调整长

$=2\times\{(B-2\times$ 保护层 $-$ 主筋直径 $)/3\times1+$ 主筋直径 $+H-2\times$ 保护层 $\}+2\times$ 弯钩长 $+$ 调整长

$=2\times(0.13+0.55)+2\times11.9\times0.006+8\times0.006$

$=1.36+0.191=1.55$ m

③四肢箍【Ⅰ型】纵筋5根

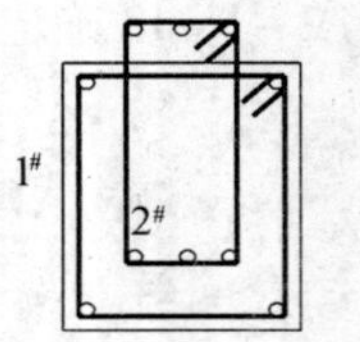

1#筋

$b=B-2\times bhc$

$h=H-2\times bhc$

钢筋箍总长 $=2\times(b+h)+2\times Lw+L$

2#筋

$b=(B-2\times bhc-d)/4\times2+d$

$h=H-2\times bhc$

钢筋箍总长 $=2\times(b+h)+2\times Lw+L$

④四肢箍【Ⅰ型】纵筋6根

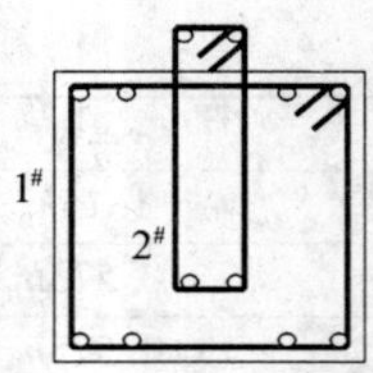

1#筋

$b=B-2\times bhc$

$h=H-2\times bhc$

钢筋箍总长 $=2\times(b+h)+2\times Lw+L$

2#筋

$b=(B-2\times bhc-d)/5\times1+d$

$h=H-2\times bhc$

钢筋箍总长 $=2\times(b+h)+2\times Lw+L$

⑤四肢箍【Ⅰ型】纵筋7根

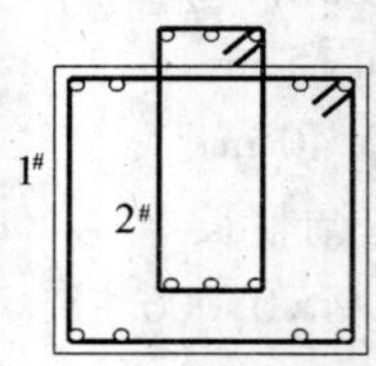

1#筋

$b=B-2\times bhc$

$h=H-2\times bhc$

钢筋箍总长 $=2\times(b+h)+2\times Lw+L$

2#筋

$b=(B-2\times bhc-d)/6\times2+d$

$h=H-2\times bhc$

钢筋箍总长 $=2\times(b+h)+2\times Lw+L$

式中 bhc——表示保护层厚度；

d——表示该构件纵筋的最大直径；

Lw——弯钩长；

L——双支箍调整长度(8倍箍筋直径)。

预应力钢筋长度计算。

先张法预应力钢筋，按构件外形尺寸计算长度；后张法预应力钢筋，按设计的预应力预留孔道长度，并区别不同锚具类型。按以下规定计算：

- 低合金钢筋两端采用螺杆锚具，钢筋按预留孔道长度减0.35 m计算，螺杆另行计算。
- 低合金钢筋一端为墩头插片，另一端为螺杆锚具，钢筋按预留孔道长度计算，螺杆另行计算。
- 低合金钢筋一端采用镦头插片，另一端采用帮条锚具时，钢筋长度按孔道长度增加0.15 m计算；

两端均采用帮条锚具时，钢筋长度按孔道长度增加 0.3 m 计算。

• 低合金钢筋用后张法自锚时，钢筋按预留孔道长度增加 0.35 m 计算。

• 低合金钢筋或钢绞线采用 JM，XM，QM 型锚具，孔道长度在 20 m 以内时，钢筋长度按孔道长度增加 1 m 计算，孔道长度在 20 m 以上时，钢筋长度按孔道长度增加 1.8 m 计算。

• 碳素钢丝用锥形锚具，孔道长度在 20m 以内时，预应力钢丝按孔道长度增加 1 m 计算；孔道长度在 20 m 以上时，预应力钢丝按孔道长度增加 1.8 m 计算；碳素钢丝两端采用镦粗头时，预应力钢丝按孔道长度增加 0.35 m 计算。

• 一端张拉端一端固定端：孔道长度在 20 m 以内时，钢筋（钢绞线）长度按孔道长度增加 0.5 m 计算；孔道长度在 20 m 以外时，钢筋（钢绞线）长度按孔道长度增加 0.9 m 计算。

②钢筋的连接

定额钢筋项目中包含了 2% 的施工损耗，不包括钢筋连接的搭接量，钢筋的连接按不同的连接方式进行计算。钢筋的连接方式分为机械连接（包括电渣压力焊连接、冷挤压套筒连接、直螺纹连接、锥螺纹连接）、焊接连接、植筋和绑扎连接。不管采用何种方式钢筋连接头均需另行计算。

a. 按设计规定或施工规范要求，钢筋采用机械连接时，根据连接方式不同，以接头数量“个”计算。

钢筋接头采用电渣压力焊连接、冷挤压套筒连接、直螺纹连接、锥螺纹连接时，单独计算接头费用，分别执行相应定额项目，不再计算搭接用量。

b. 钢筋接头采用焊接连接时，按图示钢筋用量（采用焊接连接部分）执行相应定额项目，钢筋搭接部分的用筋量已含在定额项目中，不再计算。

c. 钢筋植筋按根计算。

钢筋植筋定额按钻垂直孔编制，钻水平孔综合工日增加 25%，钻仰孔综合工日增加 50%。

d. 钢筋接头采用绑扎连接时，其搭接钢筋用量按设计或规范要求计算，并入钢筋工程量内。

e. 无法计算钢筋接头用量的混凝土构件（负弯矩筋、箍筋除外），可按 2.5% 计取钢筋搭接量，并入钢筋工程量内计算。

【例 2-1-7】 某工程 ϕ12 钢筋图示用量 20 t，其中 16 t 为圈梁和楼板钢筋（主筋，不含箍筋和负弯矩筋），4 t 为剪力墙钢筋。计算钢筋搭接。

解 ϕ22 钢筋图示用量 15 t，其中 10 t 采用电渣压力焊 1 000 个接头，5 t 采用焊接连接。

根据规则：

（Ⅰ）钢筋采用机械连接时，根据连接方式不同，以个计算。

则：ϕ22 钢筋电渣压力焊 1 000 个接头（实际工程量），执行定额（4-186）。

（Ⅱ）焊接连接按图示钢筋用量，以吨计算。

则：ϕ22 钢筋 5 t 采用焊接连接，执行定额（4-210）。

（Ⅲ）可按工程量计算的搭接，按搭接计算。

则：ϕ12 剪力墙钢筋接头 400 kg，剪力墙钢筋工程量 $=4+0.4=4.4$ t。

（Ⅳ）无法计算钢筋接头用量，可按 2.5% 计取钢筋搭接量，并入钢筋工程量内计算。

则：ϕ12 圈梁和楼板钢筋 16 t，按 2.5% 计算钢筋搭接量，其工程量为 $(16\times2.5\%)+16=16.4$ t。

钢筋搭接分为焊接和绑扎连接两种方式。有条件的可采用焊接方式，这种搭接头用量很少，在钢筋损耗率中已综合考虑，除了施工图特殊标注设计接头（结构接头）外，不再另行计算。但目前有些施工企业用铁丝绑扎搭接，钢筋的搭接长度，如图纸有注明的，应按施工图规定接头计算，并入钢筋净用量内。图纸未注明者，通常钢筋搭接，直径在 25 mm 以内者，按 8 m 长一个接头，直径 25 mm 以上者，按 6 m 长一个接头。搭接长度可按表 2-1-19、表 2-1-20 确定。

表 2-1-19　受拉钢筋绑扎搭接长度 L_{LE}，L_L

抗震	不抗震	注：不同直径钢筋取小直径计算
L_{LE}	$L_L=\zeta L_a$	$L_L\geqslant300$，ζ-修正系数

表 2-1-20 受拉钢筋搭接长度修正系数 ζ

纵向钢筋搭接接头面积百分率/%	≤25	25~50	50~100
ζ	1.2	1.4	1.6

钢筋锚固增加长度是指不同构件交接处彼此的钢筋应相互锚入。如圈梁与现浇主梁与次梁、梁与板、梁与柱等交接处，钢筋均应相互锚入，以增加结构的整体性。每个锚固点钢筋的锚固长度应按设计规定。按03G101图集规定分不抗震和抗震的最小锚固长度，见表2-1-21、表2-1-22。但对Ⅰ级钢每个锚固长度，还需再加一个半圆弯钩。

表 2-1-21 受拉钢筋最小锚固长度 L_a

钢筋种类		混凝土强度等级									
		C20		C25		C30		C35		C40	
		d≤25	d>25	d≤25	d>25	d≤25	d>25	d≤25	d>25	d≤25	d>25
HPB235	普通钢筋	31d	31d	27d	27d	24d	24d	22d	22d	20d	20d
HRB335	普通钢筋	39d	42d	34d	37d	30d	33d	27d	30d	25d	27d
	环氧树脂涂层钢筋	48d	53d	42d	46d	37d	41d	34d	37d	31d	34d
HRB400 RRB400	普通钢筋	46d	51d	40d	44d	36d	39d	33d	36d	30d	33d
	环氧树脂涂层钢筋	58d	63d	50d	55d	45d	49d	41d	45d	37d	41d

表 2-1-22 受拉钢筋抗震最小锚固长度 L_{aE}

抗震等级 钢筋种类与直径			混凝土强度等级									
			C20		C25		C30		C35		C40	
			一二级	三级	一二级	三级	一二级	三级	一二级	三级	一二级	三级
HPB235	普通钢筋		36d	33d	31d	28d	27d	25d	25d	23d	23d	21d
HRB335	普通钢筋	d≤25	44d	41d	38d	35d	34d	31d	31d	29d	29d	26d
		d>25	49d	45d	42d	39d	38d	34d	34d	31d	32d	29d
	环氧树脂涂层钢筋	d≤25	55d	51d	48d	44d	43d	39d	39d	36d	36d	33d
		d>25	61d	56d	53d	48d	47d	43d	43d	39d	39d	36d
HRB400	普通钢筋	d≤25	53d	49d	46d	42d	41d	37d	37d	34d	34d	31d
		d>25	58d	53d	51d	46d	45d	41d	41d	38d	38d	34d
HRB400	环氧树脂涂层钢筋	d≤25	66d	61d	57d	53d	51d	47d	47d	43d	43d	39d
		d>25	73d	67d	63d	58d	56d	51d	51d	47d	47d	43d

注：1. 任何情况长度不得小于250 mm；

2. 受压钢筋按0.7倍计算。

(2)预埋铁件，按设计图示尺寸以“吨”计算，制作项目中包括6%的制作损耗；安装工程量计算时要增加1%的损耗。

(3)高强薄壁管安装区分不同规格，以延长米计算，项目中已含固定芯管费用，但不含抗浮钢筋主材，发生时另行计算。

(4)砌体加固筋的工程量应根据设计规定，以“t”计算，套用钢筋的相应定额项目。混凝土构件中预埋铁件的工程量，按设计图示尺寸乘理论质量，以“t”计算。

二、混凝土及钢筋混凝土工程计算规定

1. 混凝土工程

(1)柱截面积在 0.03 m^2 以内时，执行小立柱定额项目。

(2)在地面或楼板上的现浇混凝土梁执行圈梁相应定额项目。

(3)短肢剪力墙其形状包括 L，Y，十，T，一字形等，单肢长边长(以中心点划分)在 0.9 m 以内时，执行短肢剪力墙定额项目，单肢长边长在 0.9 m 以外执行混凝土墙定额项目，见图 2－1－50。

以上图例有两肢可计算为短肢剪力墙，即画深色斜线的部分，另一肢为剪力墙。

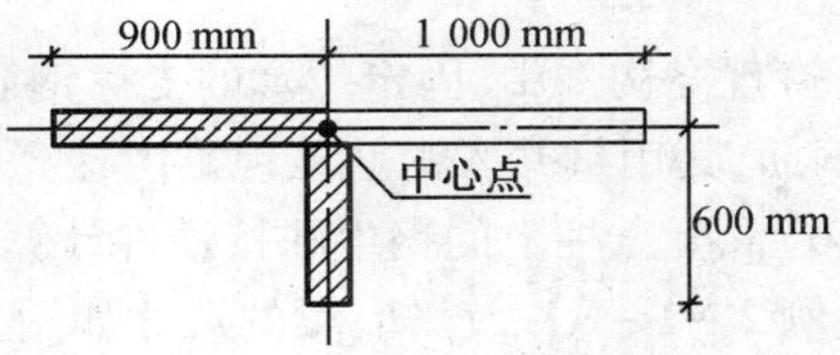

图 2－1－50　短肢剪力墙

(4)混凝土女儿墙执行混凝土墙定额项目。

(5)楼梯图示计算工程量实际混凝土含量与定额含量不同时，可以调整定额混凝土消耗量，其他不变。

(6)现浇坡屋面、斜墙、斜梁、斜柱，构筑物地沟顶板为斜形或弧形时，均执行相应的板、墙、梁、柱、地沟顶板等定额项目，坡度(斜度)不同时依据表 2－1－23 规定调整人工。

表 2－1－23　坡屋面人工调整系数

适用范围	10°＜坡度≤15°	15°＜坡度≤30°	30°＜坡度≤45°	45°＜坡度
增加人工	5%	10%	15%	20%

(7)钢筋混凝土烟道，按构筑物地沟项目执行，但架空烟道应分别执行相应定额项目。

(8)预拌泵送混凝土及现拌泵送混凝土，按以下执行：

①施工中采用预拌混凝土，其费用直接列为材料费；

②预拌泵送混凝土、现拌泵送混凝土均计算现场振捣养护费；

③施工现场设置集中搅拌站时，根据搅拌站生产能力，执行相应定额项目。如使用普通搅拌机搅拌时，执行混凝土搅拌站 25 m^3/h 定额项目；

④预拌混凝土及现拌混凝土，采用工地自备泵输送混凝土时，水平、垂直运输按定额相应项目计算。

(9)混凝土构件施工损耗率均为 1.5%。

(10)现场预制混凝土矩形柱、工形柱，均执行现场预制混凝土柱定额项目。

(11)现场预制混凝土是按自然养护考虑的，采用其他养护方式应按批准的施工方案或施工组织设计另行计算。

(12)钢筋混凝土接头灌缝、塞缝相应的模板已包括在本章定额项目内。

(13)项目中混凝土按常用规格、强度等级列出，实际与设计不同时，可以换算。实际使用配合比中材料用量与定额用量不同时，可以换算。

2. 钢筋工程

(1)现浇混凝土中的斜梁、斜板、斜柱、斜墙及构筑物地沟顶斜形、弧形钢筋，按相应定额项目人工乘系数 1.05。

(2)箍筋制作、绑扎、安装是按圆钢编制的，实际使用螺纹钢时，人工、机械乘系数 1.1。

(3)成型钢筋运输，只适用于在施工现场以外加工的成型钢筋的运输。施工现场以内的运输已含在相应定额项目内。

(4)下表所列构件，其钢筋可按表 2－1－24 所列系数调整相应项目人工、机械用量。

表 2-1-24 钢筋人工、机械用量调整系数

项 目	现浇构件钢筋		构 筑 物			
系数范围	小型构件	小型池槽	烟囱	水塔	储 仓	
					矩形	圆形
人工机械调整系数	2	2.52	1.7	1.7	1.25	1.5

(5)现浇构件中,固定位置的支撑钢筋、受力主筋间钢筋垫铁、双层钢筋间的"铁马"钢筋等图纸未注明的钢筋,其用量并入钢筋工程量内计算(不计算钢筋搭接)。

(6)混凝土柱上的钢牛腿按铁件计算。

【例 2-1-8】 已知:梁的尺寸如图 2-1-51(a)所示,搭在砖墙上长度 240 mm;板的厚度 100 mm,搭在砖墙上长度 120 mm。如图 2-1-51(b)所示,梁的混凝土标号设计为 C30,其他均为 C20。求现浇混凝土楼盖浇筑混凝土工程量与直接费。

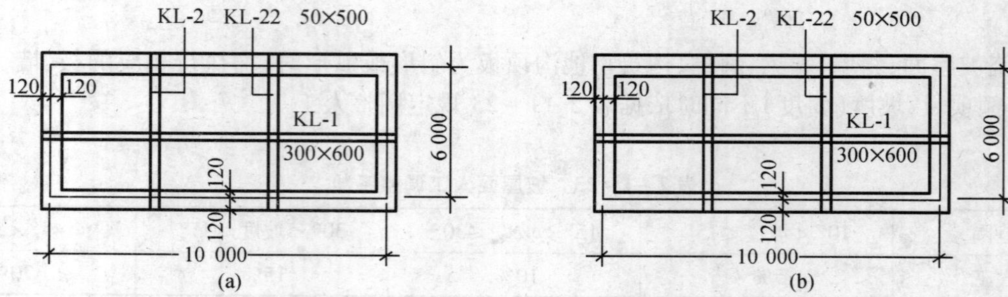

图 2-1-51 现浇楼盖

解(a) 1. 工程量有梁板,则

$V = \sum S \times h + \sum A \times L$

$= (10-0.25\times2)\times(6-0.3)\times0.1+0.25\times0.5\times(6.24-0.3)\times2+0.30\times0.6\times10.24$

$= 5.415+1.485+1.84 = 8.74\ m^3$

2. 直接费 4-34 有梁板 2 900.33 ×0.874 = 2 534.89 元

解(b) 1. 工程量

(1)平板:$V = \sum S \times h = (10-0.25\times2)\times6\times0.1 = 5.70\ m^3$

(2)单梁:$V = \sum A \times L = 0.25\times0.5\times6.24\times2 = 1.56\ m^3$

2. 直接费

(1)4-37 平板 2 940.45 ×0.57 = 1 676.06 元

(2)4-21(换) 单梁 3 420.90 ×0.156 = 533.66 元 合计:2 209.72 元

换算定额基价 = 原定额基价 + (设计材料价格 - 定额材料价格) × 定额材料用量

= 3 224.7 + (236.81 - 217.48) ×10.15 = 3 420.90 元

C30 定额编号 10-6 混凝土单价 236.81 元/m^3

C25 定额编号 10-4 混凝土单价 217.48 元/m^3

第六节　厂库房大门、特种门、木结构工程

一、厂库房大门、特种门、木结构工程工程量计算

（一）门工程量的计算

分为厂库房木板门、钢木门、全板钢大门、冷藏门、围墙铁丝门等按设计图示洞口尺寸（另有标注者除外）以面积“m^2”计算。

（二）木结构

1. 木屋架制作安装工程量的计算　应区别不同跨度，跨度应以屋架上、下弦杆的中心线交点之间的长度为准。按木料设计断面乘设计长度以体积“m^3”计算，即

$$V = \sum (A \times L)$$

式中　A——木料截面，图示尺寸；

L——木料长度。

（1）工程量计算时包括上弦、下弦、立杆、斜撑，与屋架连接的挑檐木、支撑等。不计算后备长度及配制损耗及附属于屋架的夹板、垫木等。

（2）带气楼的屋架并入所依附屋架的体积内计算。屋架的马尾、折角和正交部分半屋架，应并入相连接屋架的体积内计算。

（3）钢木屋架区分圆木、方木，按设计断面木料以立方米计算。

（4）圆木屋架连接的挑檐木、支撑等如为方木时，其方木部分应乘系数1.7，折合成圆木并入屋架木料内，单独的方木挑檐按矩形檩木计算。

2. 檩木工程量的计算　按木料设计断面乘设计长度以体积“m^3”计算，即

$$V = \sum (A \times L)$$

式中　L——檩木长度。

（1）简支檩长度按设计规定计算，如设计无规定，按屋架或山墙中距增加200 mm计算。如两端出山，檩条长度算至博风板；

（2）连续檩条的长度按设计长度计算，其接头长度按全部连续檩木总体积的5%计算。檩条托木已计入相应的檩木制作安装项目中，不另计算。

3. 木楼梯工程量的计算　按水平投影面积以“m^2”计算，不扣除宽度小于300 mm的楼梯井，其踢脚板、平台和伸入墙内部分不另计算。圆型木楼梯按木楼梯定额项目乘系数1.2，半圆型木楼梯按木楼梯项目乘系数1.15计算。

4. 屋面板制作工程量的计算　按设计铺设面积以“m^2”计算。天窗挑檐重叠部分按设计规定计算，屋面烟囱及斜沟部分所占面积不扣除。

5. 封檐板工程量的计算　按图示檐口外围尺寸以长度“m”计算。

6. 博风板工程量的计算　按斜长度以长度“m”计算，每个大刀头增加长度500 mm。

7. 木柱、木梁工程量的计算　按设计断面乘长度以体积“m^3”计算。

二、厂库房大门、特种门、木结构的计算规定

1. 操作方法不得换算。

2. 木种换算。定额中木材种类均以一、二类木种为准，如采用三、四类木种时，木门制作项目的合计工日和机械台班量乘系数1.3，木门安装项目的合计工日乘系数1.16，其他项目的合计工日和机械台班量乘系数1.35。

3. 本定额板、方材规格分类如下表2-1-25。

表 2-1-25 板、方材规格分类

项目	按宽厚尺寸比例分类	按板材厚度、方材宽、厚乘积				
板材	宽≥3×厚	名称	薄板	中板	厚板	特厚板
		厚度/mm	≤18	19~35	36~65	≥66
方材	宽<3×厚	名　称	小方	中方	大方	特大方
		宽×厚/cm^2	≤54	55~100	101~225	≥226

4. 定额中所注明的木材断面或厚度均以毛料为准。如设计图纸所注明的断面或厚度为净料时，应增加刨光损耗；板、方材一面刨光增加 3 mm，两面刨光增加 5 mm；圆木构件按每立方米材积增加 0.05 m^3 的刨光损耗。

5. 厂库房大门、特种门钢骨架用量与设计不同时，按设计调整，其损耗率为 6%。

6. 保温门的填充料与定额不同时，可以换算，其他工料不变。

7. 木门制作中包括刷一遍清油的工料，只起保护作用，与门正常刷油无关。如不刷，应按下列规定扣除：

(1) 制作中清油、油漆溶剂油的用量；

(2) 制作中的辅助工，辅助工占综合工日的 5%。

8. 门制作中包括木砖，如不带木砖，每 100 m^2 框外围面积扣 0.058 m^3 木材量。

9. 屋架需刨光时，木屋架按相应定额项目综合工日乘系数 1.15，钢木屋架按相应定额项目综合工日乘系数 1.1。

10. 木屋架定额所含铁件质量与设计不同时可以换算，其他不变。钢木屋架的型钢、钢板、金属拉杆数量与设计不同时，可以换算，其他不变。

11. 屋面木基层的檩木使用铁件时，每立方米方檩木增加铁件 7.5 kg，圆檩木增加铁件 4.1 kg，扣减铁钉 1.2 kg。檩木如需刨光时，按其相应项目合计工日乘系数 1.25。

12. 屋面木基层的屋面板厚度按毛料计算，如设计不同时，板材可以换算，其他不变。

第七节　金属结构工程

金属结构制作工程主要包括钢屋架、钢网架、钢托架、钢柱、钢梁、钢吊车梁、钢吊车轨道、钢制动梁、钢支撑、钢檩条、钢天窗架、钢桁架、钢墙架、钢平台、钢梯、钢栏杆、钢漏斗、H 型钢、球节点设备支架及沉井铁刃角等金属结构的制作。定额适用于一般现场加工制作的构件，不适用于按商品价格定价，加工厂制作的构件。

一、金属结构工程工程量计算

各类金属结构构件制作的工程量按设计图纸的几何尺寸以“吨”计算工程量，不扣除孔眼、切边的质量，但直径大于 100 cm 的孔洞质量应扣除。焊条、铆钉、螺栓等质量，已包括在定额内，不另计算。

1. 各种规格的型钢质量，可按下式计算，即

$$T = \sum (L \times K)$$

式中 T——钢材质量；

L——型钢长度，设计图纸的最长尺寸；

K——单位长度质量（t/m），指每延长米的型钢质量，可查型钢质量表确定。

2. 各种规格的钢板质量，可按下式计算，即

$$T = \sum (S \times K)$$

式中　S——钢板面积，四边形钢板按最长边与其垂直的最大宽度之积计算，如图多边形钢板，以其长边为基线，画出包含整个多边形的矩形面积计算，如图 2－1－52 所示的钢板面积为：$S = L \times b$；

K——单位面积质量（t/m^2），指每平方米的钢板质量，可查钢板质量表确定。

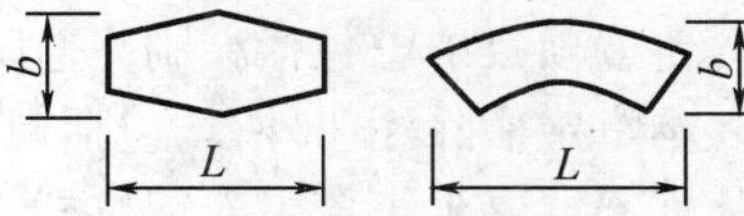

图 2－1－52　多边形钢板

【例 2－1－9】　某屋架支撑如图 2－1－53，计算工程量

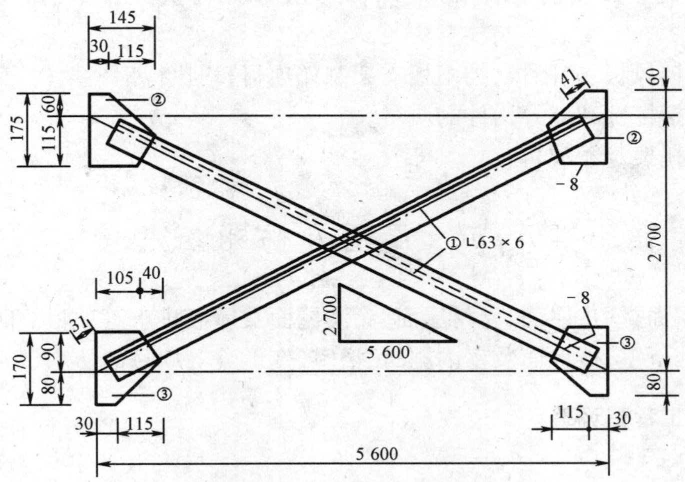

图 2－1－53　钢支撑

解　（1）角钢

$$L = 2 \times (\sqrt{2.7^2 + 5.6^2} - 0.031 - 0.041) = 12.29 \text{ m}$$
$$T = L \times K = 12.29 \times 5.72 = 70.30 \text{ kg}$$

（2）钢板

$$S = 0.175 \times 0.145 \times 2 + 0.170 \times 0.145 \times 2 = 0.10 \text{ m}^2$$
$$T = S \times K = 0.10 \times 62.8 = 6.28 \text{ kg}$$

合计：$T = 70.30 + 6.28 = 76.58$ kg

（三）计算要求

1. 实腹柱、吊车梁、H 型钢按图示尺寸计算，其中腹板及翼板宽度按每边增加 25 mm 计算。

2. 制动梁的制作工程量，包括制动梁、制动桁架及制动板的质量。钢梁按钢制动梁项目计算。

3. 墙架制作工程量，应包括墙架柱、墙架梁及连接柱杆的质量。山墙防风桁架的主材质量，应另列项目计算，执行防风桁架定额。

4. 钢柱制作工程量，应包括依附于柱上的牛腿及悬臂梁的主材质量。

5. 钢轨道制作工程量，只计算轨道本身质量，不包括轨道垫板、压板、斜垫、夹板及连接角钢等质量。

6. 钢栏杆制作，仅适用于工业厂房中平台、操作台的钢栏杆。民用建筑中栏杆扶手按装饰装修工程项目计算。

7. 钢漏斗制作工程量，矩形按图示分片，圆形按图示展开尺寸，并依钢板宽分段计算。每段均以其上口长度（圆形以分段展开上口长度）与钢板宽度，按矩形计算，依附漏斗的型钢并入漏斗质量内计算。

二、金属结构制作工程计算规定

1. 构件制作项目已包括分段制作和整体预装配的工料及机械台班用量。整体预装配使用的螺栓及锚固杆件用的螺栓、铆钉、焊条等,已包括在定额内,不另计算。

2. 定额项目中已包括涂刷一遍防锈漆的工料。构件制作按焊接考虑。

3. 本章定额除注明外,均包括现场内的材料运输、加工、组装及成品堆放等工序。

4. 钢筋混凝土组合屋架钢拉杆,按屋架钢支撑计算。

5. 使用钢筋制作的U型防火梯,执行混凝土及钢筋混凝土章节中钢筋的相应定额项目。

6. 钢屋架、钢托架制作平台摊销项目是配合定额钢屋架、钢托架项目使用的,其工程量相同。

7. 金属结构中型材价格是按各种型材用量的综合比例取定的,使用时可按实调整,损耗率为6%。

8. 空腹钢柱、普通钢梁中H型钢为未计价材料,现场加工制作执行H型钢制作项目,成品H型钢加工执行成品檩条项目。

9. 天窗挡风架、柱侧挡风板、遮阳板、挡雨板支架制作项目,均执行钢桁架(挡风架)定额项目。

10. 钢网架型材中包括杆件和球等构件的质量。

11. 钢托架梁执行钢托架定额项目。

第八节 屋面及防水工程

屋面工程主要有瓦屋面、铁皮屋面、卷材屋面、涂漠屋面及屋面排水等项目。防水工程主要是建筑物或构筑物的墙基、墙身、地下室、楼地面及室内厕所、浴室、变形缝等项目的防水、防潮。

一、屋面及防水工程工程量计算

(一)屋面工程

1. 瓦屋面和型材屋面(包括挑檐部分)

按图示尺寸的水平投影面积乘以屋面坡度系数,以面积"m^2"计算。不扣除房上烟囱、风帽底座、风道、屋面小气窗、斜沟等所占面积,屋面小气窗的出檐与屋面重叠部分的面积亦不增加。但天窗出檐与屋面重叠部分的面积,应并入相应的屋面工程量内计算。计算公式为

屋面斜坡面积 = 屋面水平投影面积 × 坡度系数 + 天窗出檐部分重叠面积

屋面坡度系数是指单位水平投影长度所对应的屋面斜坡的实际长度,通常以 C 表示。坡度系数可按下式计算

$$C = \sqrt{A^2 + B^2}$$

式中各符号如图2-1-54所示。坡度系数也可采用角度的方法计算,这里不再叙述。

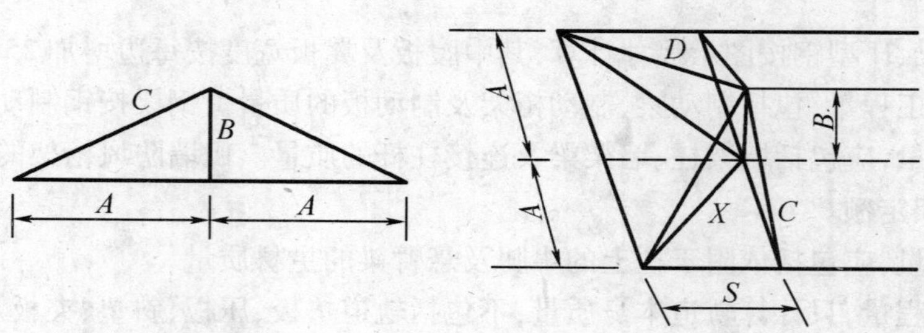

图2-1-54 屋面坡度

斜脊、斜沟长度,可按下式计算,即

一条斜脊、斜沟长度 = 屋面半跨水平投影长度 × 隅坡度系数

当端部马尾的斜脊宽度 S 与屋面半跨长度 A 相等时(即 $S=A$),其斜脊的长度与斜脊所依附的斜坡水平投影长度的比值,称为隅坡度系数,通常以 D 表示。如图2-1-54所示,隅坡度系数可按下式计算。

因为 $X=\sqrt{A^2+S^2}=\sqrt{2}A$

所以 $D=\sqrt{B^2+X^2}=\sqrt{B^2+(\sqrt{2}A)^2}=\sqrt{B^2+2A^2}$

因此 当 $A=1$ 时，$D=\sqrt{B^2+2}$

隅坡度系数也可采用角度的方法计算，这里不再叙述。

根据坡度系数和偶坡度系数的计算公式，将常用的屋面坡度系数、隅坡度系数计算来汇编成系数表，供计算屋面工程量使用，见表 2-1-26。

表 2-1-26 屋面坡度系数表

坡度			坡度系数	隅坡度系数
B(A=1)	B/2A	角度	C(A=1)	D(A=1)
1	1/2	45°	1.141 2	1.732 1
0.750		36°52′	1.250 0	1.600 8
0.700		35°	1.220 7	1.577 9
0.666	1/3	33°40′	1.201 5	1.562 0
0.650		33°01′	1.192 6	1.556 4
0.600		30°58′	1.166 2	1.536 2
0.577		30°	1.154 7	1.527 0
0.550		28°49′	1.141 3	1.517 0
0.500	1/4	26°34′	1.118 0	1.500 0
0.450		24°14′	1.096 6	1.483 9
0.400	1/5	21°48′	1.077 0	1.469 7
0.350		19°17′	1.059 4	1.456 9
0.300		16°42′	1.044 0	1.445 7
0.250		14°02′	1.030 8	1.436 2
0.200	1/10	11°19′	1.019 8	1.428 3
0.150		8°32′	1.011 2	1.422 1
0.125	1/16	7°8′	1.007 8	1.419 1
0.100	1/20	5°42′	1.005 0	1.417 7
0.082	1/24	4°45′	1.003 5	1.416 6
0.066	1/30	3°49′	1.002 2	1.415 7

【例 2-1-10】 某工程采用四坡水瓦屋面，尺寸如图 2-1-55 所示，屋面坡度 tan26°34′，计算屋面斜坡面积及屋脊的总长度。

解 根据 $i=26°34'$ 查表 1-4-42，查得 $C=1.118$，$D=1.50$。

屋面斜坡面积 $=(45+0.50\times2)\times(10+0.50\times2)\times1.118$

$=565.71\ \text{m}^2$

屋脊总长度 $=(46-11)+2\times11\times1.50=68\ \text{m}$

在定额项目中，因平瓦屋面已包括脊瓦，故一般预算中不计算屋脊长度。

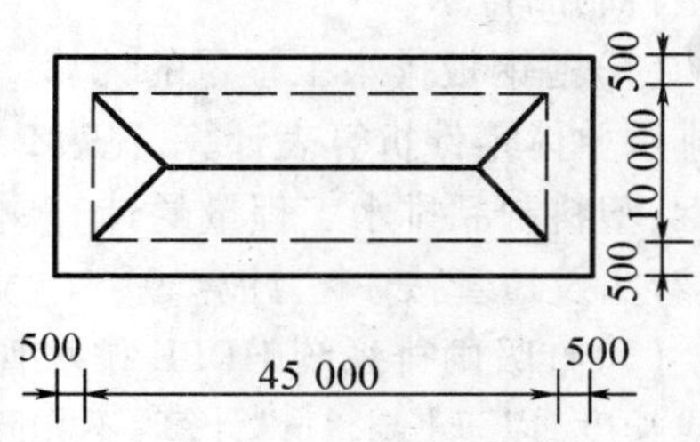

图 2-1-55 坡屋面实例

2. 卷材屋面

卷材屋面工程量，按图示尺寸的水平投影面积乘以规定的坡度系数以面积“m^2”计算，如图 2-1-56

所示。不扣除房上烟囱、风帽底座、风道、屋面小气窗和斜沟等所占面积。屋面的女儿墙、伸缩缝和天窗等处的弯起部分,按图示尺寸并入屋面工程量计算,图纸无规定时,伸缩缝、女儿墙的弯起按 250 mm 计算,天窗、房上烟囱、屋顶、楼梯间等的弯起按500 mm 计算。计算公式为

屋面卷材面积 = 屋面水平投影面积 × 坡度系数 + 天窗出檐部分重叠面积 + 卷起部分面积

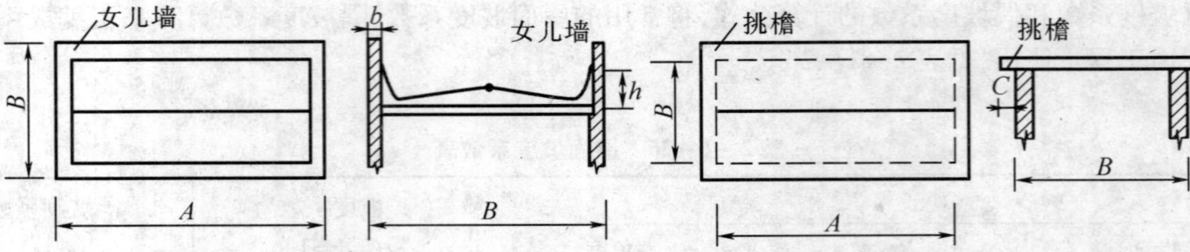

图 2-1-56 屋面做法

上式中的屋面水平投影面积,应根据有、无挑檐及女儿墙等不同情况,按以下方法计算:

(1)有挑檐无女儿墙

屋面水平投影面积 = 屋面层建筑面积 +(外墙外边线 + 檐宽 ×4)× 檐宽

$$S_s = S_1 + [2 \times (A+B) + 4 \times C] \times C$$

(2)有女儿墙无挑檐

屋面水平投影面积 = 屋面层建筑面积 + 女儿墙中心线 × 女儿墙厚

$$S_s = S_1 - [2(A+B) - 4 \times b] \times b$$

(3)有挑檐有女儿墙

屋面水平投影面积 = 屋面层建筑面积 +(外墙外边线 + 檐宽 ×4)× 檐宽 + 女儿墙中心线 × 女儿墙厚

卷起面积 = 卷起高度(h)× 女儿墙内边线长或楼梯间等外边线长(L)

3. 涂膜屋面

涂膜屋面工程量计算同卷材屋面。涂膜屋面的油膏嵌缝、玻璃布盖缝、屋面分隔缝,均以长度(m)计算。

4. 刚性屋面

刚性屋面按图示尺寸斜坡面积计算工程量,不扣除房上烟囱、风帽底座、风道、斜沟等所占的面积。其工程量可按下式计算:

刚性屋面斜坡面积 = 屋面水平投影面积 × 坡度系数 + 天窗出檐部分重叠面积

屋面水平投影面积和坡度系数的确定,同卷材屋面。

5. 屋面排水

屋面排水的导水装置,按使用材料不同可分为铁皮和钢板制品排水、铸铁制品排水、玻璃钢制品排水及塑料制品排水。

(1)薄钢板排水工程量的计算　按图示尺寸展开面积计算工程量。如图纸没有注明尺寸时,可按铁皮排水单体零件折算表计算,见表 2-1-27。咬口和搭接等已计入定额项目中,不另计算。(2)铸铁、玻璃钢、塑料制品排水工程量的计算　水落管应区别不同直径,按图示尺寸以长度"m"计算。雨水口、水斗、弯头及短管按"个"计算。

(3)虹吸雨排系统 HDPE 排水管工程量的计算　根据管径,分别按水平管、立管施工图所示管道中心线长度,以延长米"m"计算,不扣除排水管件长度。雨水斗、排水部件按个计算。

表 2-1-27　铁皮排水单体零件计算表

名称		单位	折算面积/m²	名称		单位	折算面积/m²
带铁件	水落管	m	0.32	不带铁件	天　沟	m	1.30
	檐　沟		0.30		斜沟、天窗、窗台泛水	m	0.50
	水　斗	个	0.40		天窗侧面泛水	m	0.70
	漏　斗	个	0.16		烟囱泛水	m	0.80
	下水口	个	0.45		通气管泛水	m	0.22
					滴水檐头泛水	m	0.24
					滴　水	m	0.11

（二）防水工程

1. 建筑物地面防水、防潮层工程量的计算　按主墙间净面积以“m²”计算。扣除凸出地面的构筑物、设备基础等所占面积，不扣除柱、垛、间壁墙、烟囱及 0.3 m² 以内孔所占面积。与墙面连接处高度在 500 mm 以内者，按展开面积计算，并入地面防水、防潮层工程量内。与墙面连接高度超过 500 mm 时，按立面防水层计算。

2. 墙面防水、防潮层工程量的计算　按图示尺寸长度乘以高度以实铺面积“m²”计算工程量。墙面长度、外墙面按墙的外边线计算，内墙面按墙的净长计算。应扣除门窗洞口及大于 0.3 m² 的孔洞面积，附墙垛、附墙烟囱侧壁及洞口侧壁面积，应并入墙面防水、防潮层工程量内。

3. 基础防水、防潮层工程量的计算　按实铺以面积“m²”计算。

4. 构筑物防水层工程量的计算　分不同材料、平面与立面，按实铺面积以“m²”计算，不扣除 0.3 m² 以内孔洞所占面积。平面与立面交接处的防水层，其上卷高度超过 500 mm 时，按立面防水层计算。

（三）变形缝工程量的计算

分不同材料、平面与立面、填缝或盖缝，按长度以“m”计算。

二、屋面及防水工程计算规定

（一）瓦屋面

1. 瓦屋面材料设计规格与定额规格（定额未注明具体规格除外）不同时，可以换算主材，其他不变。铺设水泥瓦、黏土瓦需要穿铁线、钉子加固时，按每 100 m² 增加 2.2 工日、20#铁线 0.7 kg、铁钉 0.49 kg 计算。

2. 全瓷瓦屋面铺盖脊瓦（包括斜脊及四坡水背顶瓦）及脊瓦各端头瓦的材料费，均已考虑在其他材料费内；山墙端及阴沟部位需要界瓦的工料费，已包括在定额项目内。

（二）钢铁屋面

1. 彩色压型钢板屋面分非保温和保温两种（彩钢板连接附件含在板材价格内），彩色保温屋面按成品保温压型板（含附板）和现场制作保温板两种施工工艺编制，其中现场制作安装保温屋面需分别执行彩色压型钢板和保温定额项目。材料不同时，可以换算，人工不变。

2. 薄钢板屋面防水及薄钢板排水项目中，薄钢板咬口和搭接的工料，已包括在定额内，不得另计。定额薄钢板以 26#镀锌钢板编制，设计规格品种不同时，可以换算。

（三）卷材屋面

1. 三元乙丙丁基橡胶卷材屋面防水，执行三元乙丙橡胶卷材屋面防水定额项目。

2. 屋面、墙（地面）防水（潮）的接缝、收头、附加层及找平层的嵌缝、冷底子油等人工、材料，已计入定额中。设计要求不刷冷底子油时，应按本章刷一遍冷底子油项目扣除。

3. 屋面防水、隔气层按平屋面编制，坡屋面做防水、隔气层时，其人工乘系数（见表 2-1-28），其他不变。

表 2－1－28　坡屋面防水、隔气系数

适用范围	15°＜坡度≤30°	30°＜坡度≤45°	45°＜坡度≤60°
系　　数	1.1	1.15	1.2

4. 卷材屋面的薄钢板檐口滴水，按檐沟项目执行。

（四）屋面排水

1. 雨水口根部防水材料是按不同材质编制的，实际与定额不同时，材料可以换算，其他不变。

2. 虹吸雨排管材（管件）的连接，定额按热熔对接方式编制，如采用电焊管箍连接、法兰连接或丝扣连接时，增加的材料可按实际用量计算，其他不变。虹吸雨排水平管、立管安装包括安装排水管件所需人工、机械，排水管件价格另行计算。虹吸雨排水管件包含高密度聚乙烯 HDPE 弯头、三通、偏心变径接头、检查口、管箍等。水平悬吊系统的防晃支架执行安装工程管道支架制作、安装定额项目。

3. 混凝土泛水角的混凝土浇注、抹灰，单列定额项目，其混凝土用量与定额不同时，混凝土用量可以换算，其他不变。

（五）防水工程

1. 防水（潮）工程适用于楼地面、基础、墙身、构筑物及室内厕所、浴室等防水。高分子卷材防水（潮）、隔气材料与定额材料不同时，主材可以换算，其他不变。

2. 基础防水（潮）卷材，定额不含搭接及附加层工料，搭接及附加层用量另行计算，并入其工程量内。

（六）变形缝

1. 塑料油膏嵌缝取定纵缝断面：空心板 7.5 cm^2，大型屋面板 9 cm^2，实际断面与定额取定断面不同时，以纵缝断面比例调整人工、材料用量。

2. 变形缝填缝、盖缝项目断面按下表（表 2－1－29）取定，设计断面不同时，用料可以换算，其他不变。

表 2－1－29

项目名称	油浸木丝板	建筑油膏聚氯乙烯胶泥	木板盖缝	苯板填缝苯板厚	其余
断面取定	2.5 cm×15 cm	3 cm×2 cm	20 cm×2.5 cm	12 cm	15 cm×3 cm

（3）定额止水带项目各材料按下表（表 2－1－30）取定，设计不同时，用料可以换算，其他不变。

表 2－1－30

材料名称	氯丁橡胶片		紫铜板		遇水膨胀止水条		橡胶、塑料		钢板		氯丁胶贴玻璃纤维布
规格	厚/mm	宽/mm	厚/mm	宽/mm	厚/mm	宽/mm	厚/mm	宽/mm	厚/mm	宽/mm	宽/mm
数值	2	300	2	450	10	25	8	350	3	450	350

（七）其他规定

1. 聚氨酯涂膜防水屋面不做石碴保护层时，人工扣减 0.88 工日/100 m^2。

2. 聚氨酯掺缓凝剂，每 100 m^2 增加磷酸 0.3 kg；掺促凝剂，每 100 m^2 增加二月硅酸二丁基锡 0.25 kg。

3. 水泥基渗透结晶型防水涂料用在桩头防水时，执行屋面涂膜相应项目，人工乘系数 3。

4. 屋面砂浆找平层、面层，执行装饰装修定额中楼地面相应定额项目；细石混凝土防水层，使用钢筋网时，执行混凝土及钢筋混凝土章节相关规定。

第九节　防腐、隔热、保温工程

防腐、保温、隔热工程主要包括整体面层、隔离层、块料面层、涂料及保温隔热等项目。

定额整体面层和隔离层，适用于平面、立面的防腐耐酸工程，包括沟、坑、槽。保温隔热适用于中温、低温及恒温的工业厂(库)房隔热工程以及一般保温工程。

一、防腐隔热保温工程工程量计算

(一)防腐工程

1. 防腐工程项目工程量的计算　应区别不同防腐材料的种类及厚度，按设计实铺面积以"m^2"计算。扣除0.3 m^2 以上的孔洞、凸出地面的构筑物、设备基础等所占面积，砖垛凸出墙面部分按展开面积计算并入墙面防腐工程量内。

2. 踢脚板工程量的计算　按设计长度乘高度计算面积以"m^2"计算，应扣除门洞所占面积，并相应增加侧壁展开面积。块料踢脚板人工乘以系数1.56，其他不变。本章的各种面层，除软聚氯乙烯塑料地面外，均不包括踢脚板。

3. 平面砌筑双层耐酸块料时，其工程量按单层面积乘以系数2计算。块料面层定额以平面砌为准，砌立面者按平面砌相应项目，人工乘以系数1.38。

(二)保温隔热工程

1. 以苯板胶为胶凝材料的保温隔热工程工程量计算

(1)墙面，外墙贴挤塑板、苯板按设计图示尺寸以平方米计算，应扣除门窗洞口所占面积。门窗侧壁另行计算，执行门窗洞口侧壁定额项目。

①面层胶泥厚度是按3 mm编制的，每增加1 mm，人工增加系数5%，苯板胶按实际调整。

②外墙保温贴挤塑板、苯板厚度与定额不同时，保温板含量可以换算(施工损耗率2%)，其他不变。

③定额中苯板胶是按干粉式编制的，实际使用的胶与定额不同时，材料可以换算，人工不变。

④塑料胀钉按个计算，使用塑料胀钉价格与定额不同时可以换算。

(2)天棚贴苯板执行墙面贴苯板定额项目，人工乘系数1.25。

(3)苯板装饰线

①粘贴檐线、檐线表面刮胶粘网，按图示粘贴、刮胶表面积计算。

②成品苯板装饰线，按设计图示尺寸以延长米计算。

③半成品苯板装饰线按设计图示尺寸以立方米计算。

④现场加工简易苯板装饰线按设计图示尺寸以立方米计算。

2. 其他方式保温隔热工程工程量计算

主要指定额中以沥青为胶凝材料的保温项目和墙体干铺等项目。

(1)屋面

屋面保温隔热层应区别不同保温隔热材料，除另有规定者外，按图示尺寸的面积乘以保温层的平均厚度以"m^3"体积计算工程量。不扣除房上烟囱、风帽底座、风道、屋面小气窗和斜沟等所占的面积。保温隔热层的厚度，按隔热材料净厚度(不包括胶结材料的厚度)计算。保温层平均厚度的确定如下：

①单坡屋面，如图2-1-57(a)所示。

$$h_p = h_b + \frac{L}{2} \times i$$

②双坡屋面，如图2-1-57(b)所示。

$$h_p = h_b + \frac{L}{4} \times i$$

式中　h_p——保温层平均厚度；

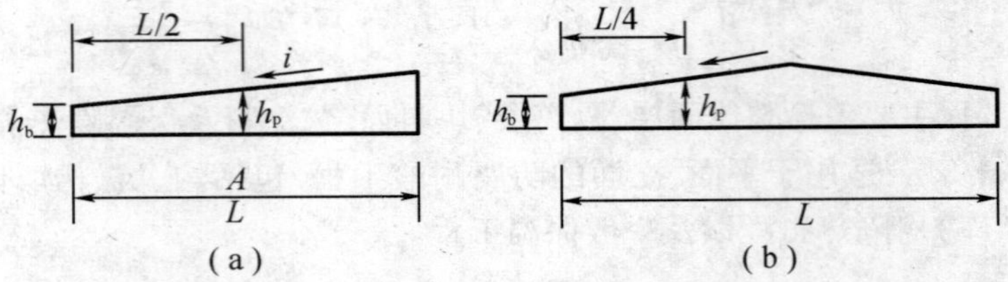

图 2－1－57　层面保温(找坡)层厚度

(a)单坡屋面;(b)双坡屋面

h_b——保温层最薄处厚度;

L——保温层的计算跨度;

i——坡度系数,一般 $i=\tan\alpha$,α 为屋面平面倾斜角度。

(2)天棚、地面隔热层工程量的计算,按围护结构墙体间净面积乘以设计厚度以体积"m^3"计算,不扣除柱、垛所占的体积。柱帽保温隔热层按图示保温隔热层体积并入天棚保温隔热层工程量内。天棚贴苯板执行墙面贴苯板定额项目,人工乘系数 1.25。

(3)墙面,外墙按隔热层中心线、内墙按隔热层净长线乘图示尺寸的高度及厚度,以立方米计算。应扣除门窗洞口和 0.3 m^2 以外的孔洞面积所占的体积。门窗贴脸及侧壁按展开面积乘厚度计算体积,并入到墙体工程量中。

(4)保温彩钢板墙面工程量按设计图示尺寸以面积"m^2"计算,应扣除门窗洞口面积,不扣除 0.3 m^2 以内孔洞面积,门窗侧壁不展开。保温层厚度与定额不同时,材料可以换算,其他不变。

(5)柱包隔热层按图示柱隔热层中心线的展开长度乘高度及厚度,以立方米计算。

(6)池槽隔热层工程量的计算,按图示池槽保温隔热层的长、宽及其厚度以立方米计算。其中池壁按墙面计算,池底按地面计算。

二、防腐、保温、隔热工程计算规定

(一)耐酸防腐

1. 各种砂浆、胶泥、混凝土材料的种类,配合比及各种整体面层厚度,设计与定额不同时,可以换算,但各种块料面层的结合层砂浆或胶泥厚度,不可换算;饰面设计规格与定额不同时,可以换算。

2. 花岗岩板以六面剁斧板材为准。当底面为毛面时,水玻璃砂浆增加 0.38 m^3,耐酸沥青砂浆增加 0.44 m^3。

(二)保温隔热

1. 本定额只包括保温隔热材料的铺贴,不包括隔气防潮、保护层或衬墙等。

2. 隔热层铺贴,除松散稻壳、玻璃棉、矿渣棉为散装外,苯板是以苯板胶为胶结材料,其他保温材料均以石油沥青(30#)作胶结材料。

3. 稻壳已包括装之前的筛选、除尘工序。稻壳中如需增加药物防虫时,材料另行计算,人工不变。

4. 玻璃棉、矿渣棉包装材料和人工均已包括在定额内。

5. 墙体铺贴块体材料包括基层涂沥青一遍。

6. 保温层的保温材料配合比与定额不同时,可以换算。

7. 水塔保温按相应的墙体保温项目执行。

8. 干铺珍珠岩、稻壳、石灰、锯末保温亦适用于墙及天棚保温。

9. 沥青软木保温项目亦适用于屋面。

10. 用岩棉做保温时,按沥青玻璃棉项目执行,岩棉的价格可以换算,其他不变。

11. 设计规定铺加气混凝土碎块保温时,执行加气混凝土块定额项目,材料用量按 10.2 m^3 计算,人工、机械不变。

12. 天棚贴苯板挂网时，按墙面挂钢丝网项目人工乘系数 1.25。材料的规格、价格可以换算，其他不变。

13. 陶粒墙挂钢丝网执行墙面挂钢丝网定额项目。材料的规格、价格可以换算，其他不变。

第十节　构件场内运输及安装工程

构件运输、安装工程，主要包括预制混凝土构件和金属构件的场内运输、现场安装及拼装等内容。

一、构件运输及安装工程工程量计算

1. 金属构件的运输和安装

(1)金属构件运输和安装工程量的计算同金属结构各类构件制作工程量的计算方法，按图示尺寸长度或面积折算成质量以“吨”计算。

依附于钢柱上的牛腿及悬臂梁等，并入柱身主材质量计算。金属结构中所用的钢板，设计为多边形者，按矩形计算。其边长以设计尺寸中互相垂直的最大尺寸为准。

(2)LG 网铁中空隔墙安装按设计图示尺寸以面积“m^2”计算，不扣除洞口面积。

(3)金属网按设计图示尺寸以面积“m^2”计算。

(4)检查井按设计图示数量以“个”计算。

2. 钢筋混凝土构件的运输和安装工程量的计算均按图示尺寸以体积“m^3”计算。

$$预制构件安装工程量 = 构件体积 \times (1 + 安装损耗率)$$

$$预制构件运输工程量 = 构件体积 \times (1 + 运输堆放损耗率 + 安装损耗率)$$

构件运输、安装的损耗率见表 2 - 1 - 13。

(1)凡预制柱、梁通过焊接而组成框架结构，其柱安装按框架柱项目计算，梁安装按框架梁项目计算；节点浇注成形的框架，按连体框架梁、柱计算。

(2) 预制钢筋混凝土工字型柱、矩形柱、空腹柱、双肢柱、空心柱、管道支架等安装，均按柱安装计算。

(3) 组合屋架是指上弦为钢筋混凝土、下弦为型钢组成的屋架。计算工程量时，只计算构件上弦钢筋混凝土部分的实体积“m^3”，型钢部分不予计算。

(4)预制钢筋混凝土多层柱安装，首层柱按柱安装计算，二层及二层以上按柱接柱计算。柱接柱定额未包括钢筋焊接。

二、构件场内运输、安装工程的计算规定

1. 场内运输是指由构件堆放场地至安装地点之间的运输。各类构件不单独计算场外运输，因为其场外运输执行市场价格或合同价格。

2. 构件安装

(1)本章是按单机作业编制的，每一工作循环中，均包括机械的必要位移。

(2)本章是按汽车式起重机、轮胎式起重机、塔式起重机分别编制的，如使用履带式起重机时，按汽车式起重机相应定额项目的台班用量除系数 1.05，并换算台班价格，其他不变。

(3)起重机械、运输机械行驶道路的修整、铺垫工作的人工、材料和机械，发生时应按实际计算。

(4)小型构件安装系指单体小于 0.1 m^3 的构件安装。

(5)预制钢筋混凝土构件及金属构件拼接和安装所需的连接螺栓与配件，定额内未包括，发生时材料另行计算。

(6)钢屋架单榀质量在 1 t 以下者，执行轻钢屋架定额项目。

(7)钢屋架、天窗架安装定额中，不包括拼装工序，如需拼装时，执行拼装定额项目。

(8)定额中的塔式起重机(卷扬机)台班均已包括在垂直运输机械费中。

(9)钢柱安装在混凝土柱上,其人工、机械乘系数1.43。

第十一节 配 合 比

配合比包括混凝土配合比、砌筑砂浆配合比、抹灰砂浆配合比、耐酸防腐及特种砂浆和混凝土配合比、混凝土垫层和砂浆垫层配合比。

一、项目分类及名称

1. 混凝土配合比分为普通混凝土、泵送混凝土、掺粉煤灰配合比。其查询项目名称为石子种类粒径、坍落度、混凝土强度、质量比。

2. 砌筑砂浆配合比分为水泥砂浆、混合砂浆、其他砂浆。其查询项目名称为砂浆种类稠度、强度、质量比。

3. 抹灰砂浆配合比分为水泥砂浆、混合砂浆、其他砂浆。其查询项目名称为砂浆种类稠度、质量比。

4. 耐酸防腐及特种砂浆和混凝土配合比,其查询项目名称为砂浆种类稠度、质量比。

混凝土垫层和砂浆垫层配合比,其查询项目名称:砂浆、混凝土种类稠度、强度、质量比。

二、配合比项目的使用

1. 定额项目中混凝土、砂浆按常用规格、强度等级列出,实际与设计不同时,可以换算。在实际施工中各种材料的用量,应根据有关规定及试验部门提供的配合比用量配制,工程结算时对实际混凝土配合比及砌筑砂浆配合比的材料用量与定额材料用量进行调整。

2. 各种材料的配制损耗已包括在定额中。其中水泥1%、砂子2%、碎石2%、粉煤灰1%。

例如:定额配合比 碎石粒径20 mm 坍落度35-50 C20混凝土,水泥用量334.31 kg/m^3。

试验部门提供的配合比用量配制 碎石粒径20 mm 坍落度35-50 C20混凝土,水泥用量330 kg/m^3。

工程结算时调整:按试验部门提供的配合比用量,水泥用量330 kg/m^3,这是净用量。

按规定计算增加水泥1%损耗:$330 \times 1.01 = 333.3$ kg/m^3。

调整后的配合比:配合比水泥用量330 kg/m^3。

3. 普通混凝土中未包括外掺剂,发生时按费用定额规定计算。

4. 泵送混凝土包括泵送剂,需增加其他外掺剂时,按费用定额规定计算。

5. 水泥白石子浆项目中,如使用白水泥或其他石子时,用白水泥替换水泥,其他石子替换白石子,配合比不变。

三、配合比说明

1. 各种配合比是根据现行规范、标准编制的,作为确定定额消耗量的基础。

2. 配合比制作未包括人工和机械用量。各项配合比制作所需的人工、机械已包括在相应定额项目中。

3. 配合比顺序

(1)普通混凝土质量比为 水泥:砂子:石子

(2)泵送混凝土质量比为 碎石(水泥+粉煤灰):砂子:碎石

卵石(水泥):砂子:碎石:粉煤灰

(3)掺粉煤灰混凝土质量比为 水泥:砂子:碎石:粉煤灰

4. 定额项目中混凝土、砂浆按常用规格、强度等级列出,各项配合比不能作为实际施工用料的配合比。

第十二节　脚手架工程

一、脚手架工程工程量计算

(一)全国统一脚手架工程量计算方法

1. 砌筑脚手架的工程量

(1)外墙脚手架的工程量,按外墙外边线总长乘以外墙的砌筑高度以面积"m^2"计算。

外墙脚手架的工程量 = 外墙外边线长度 × 外墙高度

(2)内墙里脚手架的工程量,按装饰墙面的垂直投影面积以面积"m^2"计算。

内墙里脚手架的工程量 = 内墙净长度 × 内墙净高度

(3)砌筑独立柱脚手架的工程量,按图示柱外围周长另加 3.6 m 乘以柱高,以面积"m^2"计算。

2. 现浇钢筋混凝土框架脚手架工程量

(1)现浇混凝土柱的脚手架工程量,按柱图示周长另加 3.6 m 乘以柱高,以面积"m^2"计算。

(2)现浇混凝土梁、墙的脚手架工程量,按设计室内地坪或楼板上表面至楼板底之间的高度,乘以梁、墙的净长,以面积"m^2"计算。

3. 装饰工程脚手架的工程量

(1)室内满堂脚手架的工程量,按室内主墙间净面积计算。满堂脚手架基本层适用于高度在 3.6 ~ 5.2 m 之间,其高度超过 5.2 m 后,每超过 1.2 m 按一个增加层计算,超过不足 0.6 m 的,不计算增加层。但超过高度虽不足 1.2 m 而大于 0.6 m,应计算增加层。

(2)挑脚手架的工程量,按搭设长度和层数以长度"m"计算。

(3)悬空脚手架的工程量,按搭设水平投影面积以面积"m^2"计算。

4. 垂直运输

(1)建筑物垂直运输按建筑面积计算。

(2)构筑物垂直运输机械的台班用量,以座计算。超过规定高度时,再按每超过 1 m 的定额项目计算,其超过高度不足 1 m 时,亦按 1 m 计算。

5. 建筑物超高增加人工、机械

建筑物超高的各项降效系数中包括的内容是指建筑物基础以上的全部工程项目,但不包括构筑物的垂直运输和各类构件的水平运输及各项脚手架等工程项目。建筑物超高的人工降效,按规定内容中的全部人工费乘以定额系数计算。建筑物超高的吊装机械降效,按《全国统一建筑工程基础定额》的第六章构件运输及安装工程中相应子目中的全部机械费乘以定额系数计算。建筑物超高的其他机械降效,按规定内容中的全部机械费(不包括吊装机械)乘以定额系数计算。

(二)黑龙江省计价定额脚手架工程工程量计算方法

黑龙江省脚手架工程分综合脚手架和单项脚手架项目两大类。为了简化计算,凡能按"建筑面积计算规则"计算建筑面积的工程,执行综合脚手架定额;凡不能计算建筑面积的工程,执行单项脚手架定额。单项脚手架主要适用于室内净高在 3.6 m 以上的装饰用架以及不能计算建筑面积的建筑物与构筑物,除本章另有规定者外,均应根据施工组织设计(或施工方案)规定使用的脚手架种类套相应定额项目计算。

脚手架材料是周转使用材料,预算定额中材料消耗量是使用一次的材料摊销数量。

1. 综合脚手架工程量的计算按建筑面积以"m^2"计算。在计算工程量时要注意区分建筑物的层高。多层建筑物层高超过 6 m、单层建筑物 6 m 以上以及单层厂房的天窗高度超过 6 m(其面积超过建筑物占地面积 10%)者,可按本章每增高 1 m 定额项目计算脚手架增加费(增加的高度在 0.6 m 以内者不计算增加层,0.6 m 以上者按一个增加层计算)。

(1)建筑物的层高:底层或中间层,自本层设计室内地面至上层地面标高;顶层,自本层设计室内地面至屋面板顶面标高。

(2)综合脚手架内容综合了建筑物的基础、墙砌筑、混凝土浇筑、层高在3.6 m以上的墙面粉饰等和悬空脚手及上料平台、安全网等,不包括以下内容:

①室内天棚装饰面距设计室内地坪在3.6 m以上,天棚抹灰刮大白、刮大白及天棚吊顶等装饰时,应计算100%满堂脚手架;高度在3.6 m以上的屋面板(或楼板)勾缝、无露明屋架的天棚油漆以及10 m以上的天棚喷(刷)浆使用的脚手架,按满堂脚手架的1/3计算。

②建筑物内的设备基础、大型池槽等,按施工组织设计(或施工方案)的规定,施工中必须搭设的脚手架。

③建筑物水平防护架和垂直防护架。

④锅炉房的房上烟囱和附墙烟囱其出屋面部分所搭设的脚手架。

⑤安装电梯的脚手架、电梯井内抹灰脚手架。

⑥斜道。

⑦建筑物檐高(屋面板上表面建筑标高)超过20 m或层数6层以上的工程,应计算外脚手架增加费。

(3)钢结构工程(钢柱、钢梁、彩钢板屋面、彩钢板墙)综合脚手架按建筑面积的34.6%计算。

(4)同一建筑物檐口高度不同时,应按不同高度分别计算。

(5)高低联跨的单层建筑物,应分别计算其建筑面积,执行相应定额项目。单层与多层相连的建筑物,以相连的分界墙中心线为准分别计算。多层建筑物局部房间层高超过6 m者,其面积按分界墙的外边线计算。

(6)檐高20 m(6层)以上外脚手架增加费,此项费用为配合综合脚手架项目。

檐高20 m(6层)以上外脚手架增加费按超过20 m或层数6层以上的建筑面积计算。

建筑物层数多于6层时,执行檐高6层以上条件,不考虑20 m条件。从7层开始计算檐高20 m(6层)以上外脚手架增加费。

建筑物层数小于6层、檐高超过20 m时,执行檐高20 m以上的条件,不考虑层数条件。当檐高超过20 m时,按20 m以上部分计算檐高20 m(6层)以上外脚手架增加费。

【例2-1-11】 某工程建筑面积3 200 m^2,每层建筑面积800 m^2,共四层。檐口高度22 m,第四层层高5 m,计算超过20 m以上的建筑面积。

解

超过部分高度 22-20=2 m

计算虚拟建筑面积比例 2(m)/5(层高)=0.4

计算虚拟建筑面积 800 m^2 ×0.4=320 m^2

2. 满堂脚手架。按室内净空水平投影面积以"m^2"计算。不扣除附墙垛、柱等所占的面积。

(1)凡顶棚高度超过3.6 m必须抹灰或刷油者,不扣除柱、垛、附墙烟囱所占的面积。超过3.6 m的天棚板的勾缝、无露明屋架的天棚油漆以及10 m以上的天棚喷(刷)浆使用的脚手架,按1/3计算。

(2)楼梯间顶层天棚装修满堂脚手架按楼梯间的水平投影面积的一半计算。

(3)满堂脚手架的高度各层以设计室内地面至天棚底面为准。满堂脚手架定额规定基本层高度按3.6~5.2 m以内计算(即基本层高3.6 m加人高1.6 m)。每层室内顶棚底高度比5.2 m超过0.6 m以上时,计算按增加一层计算,超过高度在0.6 m以内时则舍去不计。增加层数的需计算。(注:计算结果凡小数位大于0.5的,按一个增加层计算)。

(4)房上水平装饰物,高度超过3.6 m时,执行满堂脚手架定额项目。

(5)房上既有水平装饰物又有垂直装饰物,高度超过3.6 m时,执行满堂脚手架定额项目。

增加层数=(室内天棚高度-5.2)/1.2

例如:建筑物室内顶棚净高9.2 m,其增加层为(9.2-5.2)/1.2=3.33(增加层),余数0.33<0.5舍去不计。

3. 里、外脚手架按墙面垂直投影面积以"m^2"计算。定额项目中均综合了上料平台,护卫栏杆等。

外脚手工程量 S=外墙外边线长×建筑物外墙砌筑高度+增加面积

里脚手工程量 S=室内净长×室内净高

建筑物外脚手架搭设高度:自设计室外地坪至屋面檐口(或女儿墙上表面)。

增加面积:当出墙垛出墙面超过 240 mm 时的展开面积

(1)建筑物内墙脚手架,凡设计室内地坪至顶板下表面(或山墙高度的 1/2 处)的砌筑高度在 3.6 m 以下的,按里脚手架计算;砌筑高度超过 3.6 m 以上时,按单排脚手架计算。

(2)按双排外脚手架计算的项目,其工程量的计算方法:

①石砌墙体,凡砌筑高度超过 1.0 m 以上时,按墙体长度乘高度以"m^2"计算。

②砌筑储仓脚手架,不分单筒或储仓组,均按单筒外边线周长,乘设计室外地坪至储仓上口之间高度,以"m^2"计算。

③储藏池(槽),凡池壁高度在 1.2 m 以上时,按外壁周长乘底板底标高至池壁顶面之间高度,池内隔墙按内壁(单面)净长线乘底板顶标高至池壁顶面之间高度以"m^2"计算。

④单体体积 100 m^3 以上的设备基础脚手架,按其外形周长乘垫层上皮至基础顶面之间高度以"m^2"计算。

⑤装饰玻璃幕墙脚手架,按幕墙长度乘脚手架搭设高度以"m^2"计算。

⑥锅炉房的房上(或附墙)烟囱,其出屋面部分以及室外独立柱、框架柱(不计算建筑面积者)所搭设的脚手架按其断面外围周长加 3.6 m 乘以高度以"m^2"计算。

(3)按里脚手架计算的项目,其工程量的计算方法:

①房上女儿墙、通风道等,高度超过 1.2 m 时,执行里脚手架定额项目;房上垂直装饰物,高度超过 3.6 m 时,执行里脚手架定额。

②室外单独砌砖、石独立柱及墩、凸出屋面的砖烟囱,按外围周长另加 3.6 m 乘以砌筑高度计算,套用相应单排脚手架。

(4)实体围墙脚手架,凡室外自然地坪至围墙顶面的砌筑高度在 3.6 m 以下时,按里脚手架计算;砌筑高度在 3.6 m 以上时,按双排外脚手架计算;围墙垛不增加,门口不扣除。花式围墙时,按实际搭设计算。

(5)内外装修脚手架按墙面垂直投影面积计算,不扣除门窗洞口面积。

(6)檐高 20 m 以上外脚手架增加费按超过 20 m 或层数 6 层以上的建筑面积计算。

4. 挑脚手架,按搭设长度和层数以长度"m"计算。电梯井内抹灰按电梯井长边长度计算,执行挑脚手架定额项目。

综合脚手架中不包括电梯井内抹灰脚手架,图示要求抹灰时,按图 2-1-58 所示尺寸长边计算。

5. 架空运输脚手架,按搭设长度以"m"计算。可用于管道脚手,高度超过 3 m 乘以系数 1.5,高度超过 6 m 乘以系数 2。宽度超过 2 m 时乘以系数 1.2,宽度超过 3 m 时乘以系数 1.5。

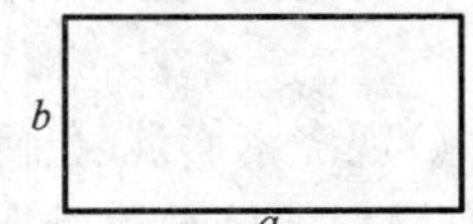

图 2-1-58　电梯井

a—边长,以 a 边计算挑脚手架

6. 水平防护脚手架,按实际铺板的水平投影面积以面积"m^2"计算。

7. 垂直防护脚手架,按自然地坪至最上一层横杆之间的搭设高度,乘以实际搭设长度,以面积"m^2"计算。借助于外脚手架时,按 50% 计算;单独搭设时,按 100% 计算。

8. 垂直封闭,按实际搭设长度乘高度的垂直投影面积"m^2"计算。

9. 斜道,区分不同高度以座计算。独立斜道乘以系数 1.8。

10. 烟囱、水塔脚手架综合了垂直运输架、斜道、缆风绳、地锚等。其工程量区分不同高度以"座"计算。安全网按批准的施工方案或施工组织设计另行计算。构筑物脚手架搭设高度:自设计室外地坪至顶面标高。

11. 安全网,立挂式按架网部分的实挂长度乘以实挂高度计算,挑出式按挑出的水平投影面积"m^2"计算。

12. 水平支撑钢梁摊销按质量以"吨"计算。

13. 垂直运输费用按卷扬机计算时,可单独计算卷扬机塔架的费用,执行相应定额项目;垂直运输按塔吊计算费用时,施工时如配备卷扬机,卷扬机塔架的费用不计算。

14. 接层工程脚手架按接层建筑面积计算,原有部分需要搭设脚手架的,按建设单位批准的施工方案或施工组织设计计算。

二、黑龙江省脚手架工程计算规定

1. 外架全封闭材料按密目网考虑,采用其他封闭材料时,只换算密目网价格,其他不变。当年竣工的工程,密目网消耗量调整为 55 m^2;跨年工程,密目网按年度分段计算。

2. 水塔脚手架按相应的烟囱脚手架人工乘以系数 1.11,其他不变。

3. 滑升模板施工的钢筋混凝土烟囱(水塔)、筒仓,不另计算脚手架。

4. 架空运输道,以架宽 2 m 为准,架宽超过 2 m 时,应按相应定额项目乘系数 1.2,超过 3 m 时按相应定额项目乘系数 1.5。

5. 装饰施工企业单独进行装饰装修工程时,按装饰装修脚手架项目执行,装饰装修企业使用土建施工企业的脚手架时,土建施工企业按土建定额规定计取全部脚手架,装饰施工企业不再计取脚手架费用。

第十三节　混凝土、钢筋混凝土模板及支架工程

定额中模板项目按不同构件区分现浇混凝土模板,主要以组合钢模板(钢支撑、钢木支撑、木支撑)、胶合板模板(钢支撑、木支撑)和木模板(木支撑)进行编制。现场预制钢筋混凝土模板,按不同构件分别以组合钢模板、木模板,木支撑编制的,施工中可采用定额范围内的何种支模方式,按批准的施工组织设计和施工方案来确定。

一、混凝土、钢筋混凝土模板及支架工程工程量计算

1. 现浇混凝土及钢筋混凝土构件模板工程量的计算(除另有规定者除外),均按设计图示尺寸以混凝土与模板接触面的面积以"m^2"计算。

(1)现浇钢筋混凝土墙、板上单个孔洞面积在 0.3 m^2 以内时不扣除,洞侧壁模板亦不增加;单孔面积在 0.3 m^2 以外时,应予扣除,洞口侧壁模板面积并入墙、板模板工程量内计算。

(2)现浇钢筋混凝土梁、板、柱、墙的长度和高度分别按混凝土及钢筋混凝土章节有关规定取定,墙柱同时支模时,柱并入墙内工程量计算。

(3)柱与梁、柱与墙、梁与梁等连接部分、重叠部分以及伸入墙内的梁头、板头部分,均不计算模板面积。

(4)现浇钢筋混凝土梁、板、柱、墙的模板是按支模高度 3.6 m 编制。支模高度超过 3.6 m 计算超高费。有梁板项目梁和板分别计算。超高工程量按超过部分计算。每增加 1m 为一个增加层,不足 1 m 时按 1 m 计算。梁和板按超过的高度每增加 1 m,墙和柱按超过高度部分的平均高度(1/2)计算每增加 1 m。

①梁、板支模高度:支撑面至板、梁底标高。

②柱、墙支模高度:支撑面至柱、墙高度(同混凝土)。

③梁和板按超过的高度每增加 1 m,墙和柱按超过高度部分的平均高度(1/2)计算每(增加 1 m),见图 2-1-59。

墙与柱统一计算方法,深颜色的为超高工程量。如:墙、柱支模高度为 8.2 m,则计算模板超高每增加 1 m 的数量为:4.6/2 = 2.3,即超高 3 个 1 m,而不是超高 5 个 1 m,减去超过部分高度的一半,也就是平均高度。

(5)构造柱与墙接触面不计算模板面积,外露部分(按马牙槎外边线宽度)计算模板面积,见图 2-1-60。

$$模板面积 = a \times 构造柱混凝土高度$$

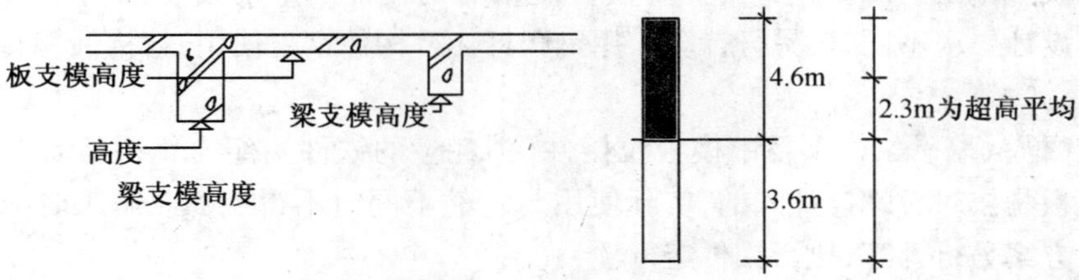

图 2－1－59　模板超高判定

(6)后浇带按设计图示尺寸及相应构件定额项目的规定计算工程量。

2. 现浇钢筋混凝土悬挑板(包括雨篷、阳台、空调板)按图示外挑部分尺寸的水平投影面积“m^2”计算。挑出墙外的牛腿梁及板边模板不另计算。与圈梁(悬挑梁)连接时,以梁外边线为分界线,外边线以外为悬挑板。

3. 现浇钢筋混凝土整体楼梯包括休息平台、平台梁、斜梁及楼梯板的连接梁,按图示水平投影面积计算,不扣除小于 500 mm 宽的楼梯井所占面积,但楼梯与板无梯梁连接时以楼梯的最后一个踏步边缘加 300 mm 计算。楼梯的踏步、踏步板平台梁等侧面模板,不另计算。

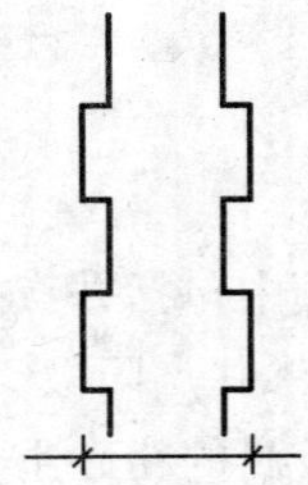

图 2－1－60　构造柱模板宽度

4. 扶手按延长米计算。

5. 现浇钢筋混凝土小型池槽按构件外围体积“m^3”计算,池槽内、外侧及底部的模板不另计算。

6. 现浇钢筋混凝土台阶不包括梯带,按图示台阶尺寸的水平投影面积“m^2”计算。如台阶与平台连接时,其分界线应以最上层踏步外沿加 300 mm 计算。

7. 混凝土构筑物模板均按混凝土实体体积以“m^3”计算,相关规定同混凝土及钢筋混凝土章节。

8. 预制钢筋混凝土模板工程量,按混凝土实体体积以“m^3”计算,相关规定同混凝土及钢筋混凝土章节。

二、混凝土、钢筋混凝土模板及支架工程计算规定

1. 定额中未考虑配制相应的地胎模所需的费用,发生时按批准的施工组织设计或施工方案计算。

2. 施工中使用竹胶板、木胶合板均执行胶合板模板定额项目。

3. 实际使用模板与定额不同时,不得换算。

4. 圆弧形基础按相应定额项目乘以 1.15 系数。

5. 承台水平投影面积在 20 m^2 以内时,执行桩承台基础定额项目;承台水平投影面积在 20 m^2 以外时,执行满堂基础定额项目。

6. 杯形基础杯口高度大于杯口大边长度时,执行高杯基础定额项目。

7. 现浇混凝土坡屋面、斜墙、斜梁、斜柱,构筑物地沟顶板斜形或弧形时,均执行相应的板、墙、梁、柱、地沟顶板等定额项目,坡度(斜度)不同时依据其人工乘系数规定调整人工(见表 2－1－31)。

表 2－1－31　坡度人工系数表

适用范围	10°＜坡度≤15°	15°＜坡度≤30°	30°＜坡度≤45°	45°＜坡度
增加人工	5%	10%	15%	20%

8. 小型混凝土构件,指地沟盖板及单件体积在 0.05 m^3 以内的或未列出定额项目的小型构件。

9. 后浇带中如加钢丝网时,可按实另行计算材料费。

10. 用钢滑升模板施工的烟囱、水塔、储仓是按无井架施工编制的,并综合了操作平台,不再计算脚手架和竖井架。

11. 用钢滑升模板施工的烟囱、水塔，提升模板使用的钢爬杆用量是按100%摊销计算的；储仓是按50%摊销计算的，设计要求不同时，另行计算。用钢爬杆代替构件钢材使用时，构件钢材的相应用量应在项目中扣除。

12. 混凝土池（槽）、墙、梁、柱项目中模板拉接件（消耗量的铁件）：组合钢模板是按钢拉片一次使用量计入，胶合板模板是按对拉螺栓计入的，实际使用与定额不同时不得换算。施工时必须设置防水拉片时，按批准的施工方案另行计算，执行铁件定额项目。

13. 混凝土池（槽）壁，高度在4.5 m以内时按池壁计算，高度在4.5 m以外时，池壁执行混凝土墙相应定额项目及规定，池盖执行混凝土板的相应定额项目及规定。其他项目均执行现浇混凝土部分相应定额项目及规定。

第十四节　施工排水、降水工程

定额中包括井点排水、抽水机降水、井点降水。井点降水分为轻型井点、喷射井点、单井单泵大口径井点、电渗井点阳极、水平井点，按不同井管深度分为井管安装、拆除、使用定额。井点降水项目适用于地下水位较高的粉砂土、砂质粉土、黏质粉土或淤泥质夹薄层砂性土的地层。单井单泵大口径井点降水定额不包括井口以上挖排水沟及铺设排水管道等工作。

一、施工排水、降水工程工程量计算

1. 井点排水按不同打拔井深以井点“个数”计算，管道摊销区分井深以“每昼夜”计算，设备使用区分单机组或双机组抽水。

2. 抽水机降水按槽底降水面积以“m^2”计算。

3. 井点降水按施工组织设计或施工方案规定计算。

(1)管的安装、拆除，以根计算。

(2)使用按根（或套）·天计算。

①井管间距应根据地质条件和施工降水要求，依据施工组织设计或施工方案确定。施工组织设计或施工方案没有规定时，可按轻型井点管距0.8～1.6 m；喷射井点管距2～3 m；大口径井点管间距为8～10 m确定。

②轻型井点、喷射井点、电渗井点阳极、水平井点定额项目按10根、套·天计算。

③单井单泵大口径井点降水定额项目，按根·天计算。

④井点套组成按下表（表2-1-32）计算。累计根数不足一套者按一套计算（不包括大口径管井点管）。

表2-1-32　井点套组成计算表

轻型井点	喷射井点	大口径井点	电渗井点阳极	水平井点
50根为一套	30根为一套	根	30根为一套	10根为一套

⑤井点降水使用应以每昼夜24小时为一天，使用天数按实际天数计算。

第十五节　建筑物（构筑物）垂直运输工程

建筑工程垂直运输主要包括建筑物和构筑物采用卷扬机、塔式起重机垂直运输施工。建筑物垂直运输的工作内容，包括单位工程在合理工期内完成全部工程项（包括高级装饰）所需的垂直运输机械台班。不包括机械的场外往返运输、一次安拆，路基铺垫等费用。如遇特殊情况时，本章机械不能满足施工要

求，可另行计算。

2010 黑龙江定额垂直运输项目划分如下：

1. 建筑物垂直运输

(1) ±0.00 以下垂直运输单独列项，与地上无关，不分塔吊还是卷扬机有：满堂基础（深度大于 3.0 m）、钢筋混凝土地下室。

(2)20 m(6 层)以内采用两种机械：卷扬机、塔式起重机。两种机械项目分别划分为各类建筑、单层厂房、多层厂房。每个项目的子目划分为砖混结构、现浇钢筋混凝土结构、预制框架结构。

(3)20 m(6 层)以上项目采用塔式起重机垂直运输（只有一种机械）。按结构分两个项目，即砖混结构、现浇钢筋混凝土结构，每个项目的子目划分为砖混结构各类建筑、现浇钢筋混凝土结构各类建筑。

2. 构筑物垂直运输

有烟囱、水塔、筒仓、设备基础、混凝土储池、储仓及漏斗等项目。

烟囱分砖和混凝土两个项目；水塔分砖和混凝土两个项目；筒仓分每组（座）4 个以下、8 个以下两个项目；设备基础分地下 6 m 以内和地上 6 m 以内两个项目；混凝土储池池容量为 3 500 t 以内；储仓及漏斗分砖混结构和钢筋混凝土结构。

一、垂直运输工程工程量计算

（一）建筑物垂直运输工程量

建筑物垂直运输的工程量，区分不同建筑物的结构类型的层数和檐高按建筑面积以“m^2”计算。地下室工程按不同层数以建筑面积计算。

1. 建筑物檐高是指室外设计地坪至檐口的高度，突出主体建筑屋顶的电梯间、楼梯间、水箱间等，不计入檐口高度之内。

2. 构筑物的高度，从设计室外地坪至构筑物的顶面高度为准，顶面非水平的以结构最高点为准。

（二）构筑物垂直运输工程量

1. 烟囱、水塔垂直运输工程量，以“座”计算。超过规定高度时再按每增高 1 m 计算（增加高度在 0.6 m 以内者不计算增加费，0.6 m 以上者按每增加 1 m 计算增加费）。

2. 钢筋混凝土筒仓垂直运输工程量的计算，以“座”计算。

3. 设备基础、满堂基础（深度大于 3 m）垂直运输工程量按设计图示尺寸以“m^3”计算。

4. 钢筋混凝土储池、砖混结构及钢筋混凝土储仓及漏斗均按设计图纸容量以“座”计算。

二、建筑工程垂直运输计算规定

（一）建筑物

1. 檐高 3.6 m 以内的单层建筑物不计算垂直运输机械台班。在一个工程中同时使用塔式起重机和卷扬机时，按塔式起重机计算。单位工程中 20 m 以上工程全部采用卷扬机垂直运输，执行 20 m 以上塔吊运输项目乘系数 0.75。计取建筑物垂直运输费时，只需满足层数或檐高其一，即可执行定额中的相应项目。

2. 砖地下室执行钢筋混凝土地下室项目乘系数 0.75。

3. 现浇钢筋混凝土结构垂直运输项目适用于所有现浇钢筋混凝土结构项目。现浇钢筋混凝土结构商场、医院、宾馆部分垂直运输费执行现浇钢筋混凝土项目乘系数 1.23。现浇混凝土结构建筑物采用泵送混凝土时，执行相应定额项目乘系数 0.75；砖混结构中混凝土采用泵送混凝土时，执行相应定额项目乘系数 0.90。

4. 钢结构垂直运输项目执行现浇钢筋混凝土项目乘系数 0.34，钢结构构件安装部分执行吊装的相应项目。其他结构形式按现浇钢筋混凝土项目乘系数 0.9。

5. 本章多层厂房项目超过 20 m 时，30 m 以内乘系数 1.1；40 m 以内乘系数 1.12；50 m 以内乘系数 1.15；60 m 以内乘系数 1.2。多层厂房是按Ⅰ类厂房为准编制的，Ⅱ类厂房定额乘系数 1.14 系数。厂房分类见表2－1－33。

表2－1－33 厂房分类

Ⅰ类	Ⅱ类
机加工、机修、五金缝纫、一般纺织(粗纺、制条、洗毛)及无特殊要求的车间	厂房内设备基础及工艺要求较复杂、建筑设备标准较高的车间。如铸造、锻压、电镀、耐酸碱、电子、仪表、手表、电视、医药、食品等车间

(二)构筑物垂直运输

1. 独立设备基础项目是按地上6 m、地下6 m以内考虑,每超深或超高1 m(增加高度或深度在0.6 m以内者不计算增加系数,0.6 m以上者按每增加1 m计算增加费),按相应定额项目分别乘系数1.1。

2. 钢筋混凝土储池项目是按封闭式刚性防水编制的,如采用非封闭式则乘系数0.75。

3. 室外其他构筑物如消防水池、污水池、化粪池等执行其他构筑物的相关项目;污水池或化粪池采用砖混结构则乘系数0.9。

4. 储池容量如与定额不同,按表2－1－34换算。

表2－1－34 储池容量系数表

容量	300 t以内	500 t以内	1 000 t以内	1 500 t以内	5 000 t以内	10 000 t以内	15 000 t以内	15 000 t以外
系数	0.2	0.54	0.69	0.83	1.2	1.39	1.60	1.83

5. 砖混结构和钢筋混凝土结构的储仓及漏斗项目,如与定额不同按表2－1－35换算。

表2－1－35 砖混结构、钢筋混凝土结构系数表

容量	砖混结构			钢筋混凝土结构				
	80 t以内	150 t以内	200 t以内	30 t以内	50 t以内	80 t以内	150 t以内	200 t以内
系数	0.88	1.2	1.38	0.66	0.72	0.83	1.1	1.27

第十六节 建筑物超高工程

随着建筑物的增高,人工、机械效率降低,施工用水加压增加的水泵台班也需增加费用。定额是按20 m或层数6层以下考虑的,除脚手架工程、建筑工程垂直运输在定额中已注明其适用高度外,其他项目定额均按建筑物檐口高度20 m以下编制。若檐口高度超过20 m(层数6层)时,应计算建筑物超高增加的人工、机械费。

一、超高工程工程量计算

建筑物超高费的工程量按超过20 m或层数6层以上的建筑面积以"m^2"计算。同一建筑物但高度不同时,按不同高度的建筑面积分别计算。

建筑物檐高的确定按建筑物檐高的起点以设计室外地坪为准,上部顶点按下列情况确定:

1. 建筑物有挑檐、无女儿墙时,算至挑檐板顶面标高;

2. 建筑物有女儿墙时,算至屋面檐口顶标高(水落管出口底皮);

3. 突出主体建筑屋顶的楼梯间、电梯间、水箱间等不计入檐高之内,但可以计算建筑面积。若突出主

体建筑屋顶的楼梯间、电梯间、水箱间等，其总面积超过标准层50%的可计算高度和面积。

二、建筑物超高的计算规定

1. 建筑物超高定额包括的内容：建筑物超高人工、机械降效，主要包括工人上下班降低工效、上楼工作前休息及自然休息增加的时间；垂直运输影响的时间；由于人工降效引起的机械降效等。建筑物超高加压水泵台班考虑了由于水压不足所发生的加压用水泵台班等操作过程。

2. 建筑物超高没有考虑的因素

在建筑物超高定额中未考虑的因素有超高安全措施（在脚手架定额中考虑），劳保用品（已包括在人工费中），卫生设备、垃圾清理（在费用定额的相应费用中考虑），塔式起重机防雷（机械本身带有避雷装置），施工用电变压等（应列在“三通一平”费用中）。

3. 构筑物不计算超高费

建筑物超过 20 m 但不超过六层超高费的计算。

【例 2-1-12】 某建筑物为 4 层，每层建筑面积 600 m^2，檐口高度 22 m，第 4 层层高 5.0 m，其土建超高费的工程量。

解　(1)超过高度：22 - 20 = 2 m

(2)超过高度占超高层高度比例：2/5 × 100% = 40%

(3)按高度折算工程量：600 × 40% = 240 m^2

第十七节　特、大型机械场外运输、安拆工程

定额机械台班基价中未考虑部分机械的场外运输及安拆等费用，若发生按本章定额计算。具体项目有塔式起重机基础及轨道铺拆。

一、机械场外运输、安拆，及塔吊基础、轨道铺拆工程工程量计算

1. 塔式起重机、现场自动搅拌站（400 L 搅拌机组成的搅拌点除外）、30 m 以上的客货两用电梯基础，按设备说明书及施工方案计算设备基础及固定螺栓。

2. 塔式起重机轨道铺拆，以轨道铺拆的长度延长米计算工程量。定额以直线为准，如为弧线乘以系数 1.15 计算。定额项目不包括轨道和枕木之间增加的其他型钢或钢板的轨道。

3. 塔式起重机、钻孔打桩机械、施工电梯、砼搅拌站、挖掘机、推土机、履带式起重机、压路机、强夯机械等大型机械的场外运输及安拆，以运输及安拆的数量和次数按台次计算工程量。定额项目已包括机械安装完毕后的试运转费用、机械运输回程费用，场外运输按 25 km 以内编制。

二、机械场外运输、安拆，及塔吊基础、轨道铺拆计算规定

1. 定额项目不包括自升塔式起重机行走轨道、不带配重总的自升式塔式起重机固定式基础、施工电梯和混凝土搅拌机的基础等。

2. 拖式铲运机的场外运输按相应规格的履带式推土机乘以 1.1 的系数计算。

3. 各类钻孔机的一次安拆费均按柴油打桩机定额项目计算。

第十八节 拆除工程

现行黑龙江定额将拆除部分建筑工程的内容收集在建筑工程计价定额内，只包括分项工程拆除，全房拆除本定额不适用。定额按拆除不同的建筑构件计算。

一、拆除工程工程量计算

(一)屋面工程

包括散状保温：颗粒状保温材料，如珍珠岩颗粒；块体(毡)保温：轻质保温块、板及毡状保温材料，如保温砌块、苯板或挤塑板；固体保温：为整浇一体的保温材料，如水泥珍珠岩。屋面拆除坡度以30°为准，超过者人工乘系数1.11。

1. 屋面的拆除按屋面的实拆面积以"m^2"计算。

2. 拆除屋架、半屋架、钢屋架按跨度分类以"m"计算。

3. 白铁檐沟、斜沟拆除按实拆长度以"m"计算，拆沟嘴按拆除数量以"个"计算。

4. 各种水落管拆除按其垂直长度以"m"计算。

(二)墙体工程

砌体墙拆除以清水墙为准，拆除墙体带有抹灰或贴块料面层时乘系数1.15。

1. 各种墙体拆除按实拆墙体(结构尺寸)的体积以"m^3"计算，不扣除0.03 m^2以内的孔洞各构件所占的体积。

2. 各种装饰性墙、隔断等按实拆面积以"m^2"计算。

3. 护墙板、筒子板的拆除按实际面积以"m^2"计算。

(三)天棚拆除按水平投影面积以"m^2"计算，不扣除室内柱子所占的面积

(四)门窗工程

1. 拆除整樘门、窗及门框、窗框按数量以"个"计算。

2. 拆除门、窗扇按扇的数量以"个"计算。

3. 窗帘盒、棍、托的拆除，以长度在2 m以内为准，按"份"计算。

4. 木窗台板拆除按"块"计算。

5. 石材(水磨石)窗台板的拆除按实拆面积以"m^2"计算。

(五)地面工程

各类地面面层的拆除不包括地面垫层的拆除。结合层找平层厚度的认定同装饰装修工程定额。

1. 地面的拆除按水平投影面积以"m^2"计算，踢脚板的拆除并入地面面积计算。

2. 地面垫层拆除按水平投影面积乘以厚度以"m^3"计算。

(六)混凝土及钢筋混凝土工程

1. 混凝土及钢筋混凝土构件拆除按实拆体积以"m^3"计算，钢筋混凝土楼梯按水平投影面积以"m^2"计算。

2. 混凝土预制构件场外运输按图示尺寸以"m^3"计算。

(七)楼梯工程

1. 楼梯扶手拆除按实拆长度以"m"计算。

2. 栏杆按垂直投影面积以"m^2"计算。

(八)各种池槽拆除按池槽体积以"m^3"计算

(九)金属构件运输按图示尺寸以"t"计算

(十)渣土场外运输按虚方以体积"m^3"计算。折算量见表2-1-36。

表 2－1－36　渣土发生量计算简表

序号	工程项目			单位	渣土量/m^3
1	屋面拆除	带砂浆屋面	玻璃屋面(包括泥背)	m^2	0.39
2			水泥瓦、石棉瓦屋面	m^2	0.21
3		无砂浆屋面	石棉瓦屋面	m^2	0.02
4			镀锌瓦屋面	m^2	0.01
5			彩钢保温板	m^2	0.10
6			玻璃钢屋面	m^2	0.01
7			挂瓦水泥瓦条屋面	m^2	0.04
8		混凝土屋面		m^2	0.041
9		铲除卷材防水层	无砂石保护层	m^2	0.01
10			有砂石保护层	m^2	0.02
11			天沟、檐沟	m^2	0.01
12		层面保温层	散状	m^2	0.23
13			块体	m^2	0.26
14			固体	m^2	0.28
15	墙体拆除	砖墙、乱石墙、基础墙		m^3	1.46
16		空斗墙	实心	m^3	1.13
17			实心	m^3	1.43
18		空心砖墙		m^3	1.30
19		加气混凝土块墙		m^3	1.30
20		板条、石膏板墙		m^2	0.06
21	砖墙拆除	½砖墙拆砌		m^2	0.12
22		1 砖墙拆砌		m^2	0.19
23		1½砖墙拆砌		m^2	0.26
24		2 砖墙拆砌		m^2	0.33
25		带刀灰墙拆砌		m^2	0.40
26	天棚拆除	板条、苇箔、钢板网、铝合金		m^2	0.03
27		石膏板		m^2	0.02
28	地面拆除	整体面层		m^2	0.03
29		预制水磨石、大理石		m^2	0.10
30		玻璃锦砖、陶瓷锦砖		m^2	0.04
31		通体砖地面		m^2	0.05
32		耐酸砖地面		m^2	0.06
33		细石混凝土地面		m^3	1.30
34		灰土、碎砖三合土		m^3	1.40
35	钢筋混凝土构件拆除			m^3	1.35
36	土方工程余土			m^3	1.35

注:表中渣土量均为虚方体积。

二、拆除工程计算规定

1. 本章定额项目适用于 20 m 以内的建筑物,当建筑物檐高超过 20 m 时,按表 2－1－37 增加系数。

表 2-1-37

序号	工程项目高度或层数	计算基数	补贴系数/%
1	30 m(7~10 层)以下	定额人工费	3.32
2	40 m(11~13 层)以下		4.15
3	50 m(14~16 层)以下		4.98
4	60 m(17~19 层)以下		5.81
5	70 m(20~22 层)以下		6.65
6	80 m(23~25 层)以下		7.49
7	90 m(26~28 层)以下		8.32
8	100 m(29~31 层)以下		9.15
9	110 m(32~34 层)以下		9.98
10	120 m(35~37 层)以下		10.83
11	130 m(38~40 层)以下		11.68
12	140 m(41~43 层)以下		12.52
13	150 m(44~46 层)以下		13.37

2. 屋架拆除、各种天棚拆除、门窗拆除、地板拆除,包括其全部拆除。

3. 单体或单面工程量在 20 m^2 以内、3.0 m^3 以内或单位工程拆除工程量不超过 100 m^2 以内、10 m^3 的工程,人工乘系数 1.5,材料乘系数 1.1。

4. 拆除单层彩钢板屋面,执行镀锌瓦垄铁屋面项目。

5. 砍灰皮是指必须坎至露出砖体。砍残灰皮是指去掉空鼓、酥裂灰皮。凿除混凝土保护层,凿除后必须露出主筋。

6. 金属构件、混凝土构件的运输,若需吊车跟车装卸时,其吊车台班按实计算,运输台班不变。

7. 拆除后的旧料应整理干净就近堆放整齐。如需运至指定地点回收利用,则另行计算费用和回收价值。

8. 本章定额项目未包括垂直运输费用,需要时按批准的施工方案,另行计算。

9. 拆除、修缮需要搭设脚手架时,按批准的施工方案,执行脚手架章节规则与规定。

10. 本章定额项目未包括施工中的用水、用电,其发生的水电费由建设单位承担。

第二章 装饰装修工程计价定额工程量计算规则及定额规定

由于这些年来新的装饰材料及相应施工方法的不断出现，在建筑工程中随之出现了一个新的行业——建筑装饰公司（独立承包工程）。为了适应市场的需要，产生了装饰装修工程计价定额。这里以2010年《黑龙江省建设工程计价依据（装饰装修工程计价定额）》（HLJD—ZS—2010）为依据，专门介绍其工程量计算规则及定额的使用。本定额适用于一般工业与民用建筑的新建、扩建和改建工程的建筑装饰装修，既可用于工程量清单计价方式，同时也可用于定额计价方式。本定额是编制招标控制价的依据；是投标报价和衡量投标报价合理性的基础；是编制建设工程投资估算、设计概算、施工图预算、竣工结算的依据；是编制投资估算指标、概算指标的基础；是调解处理工程造价纠纷、鉴定工程造价的依据。其中包括楼地面工程（B.1）、墙、柱面工程（B.2）、天棚工程（B.3）、门窗工程（B.4）、油漆、涂料、裱糊工程（B.5）、其他工程（B.6）、垂直运输及超高（B.7）以及附录部分。

第一节 楼地面工程

楼地面工程内容主要包括整体面层、块料面层、橡塑面层、其他材料面层、踢脚线、楼梯装饰和扶手、栏杆、栏板装饰、台阶装饰、零星装饰项目以及其他项目等地面工程。

一、楼地面工程工程量计算方法

（一）垫层

1. 地面垫层按主墙间净空面积乘以设计厚度以“m^3”计算（主墙指砖混砌块墙厚≥180 mm，钢筋混凝土墙厚≥100 mm）。应扣除凸出地面的构筑物设备基础、室内管道、地沟等所占的面积，不扣除间壁墙和0.3 m^2以内柱、垛、附墙烟囱及孔洞所占面积，但门洞、空圈、暖气包槽、壁龛的开口部分也不增加。可按下式计算：

$$V = \sum (S_{ij} \times h)$$

主墙间净面积按以下公式计算：

$$S_{ij} = S_1 - (L_{中} \times 外墙厚 + L_{内} \times 内墙厚)$$

式中 S_{ij}——i 层主墙间净面积，m^2；

S_1——i 层建筑面积，m^2；

$L_{中}$——外墙中心线总长，m；

$L_{内}$——内墙净长线总长，m。

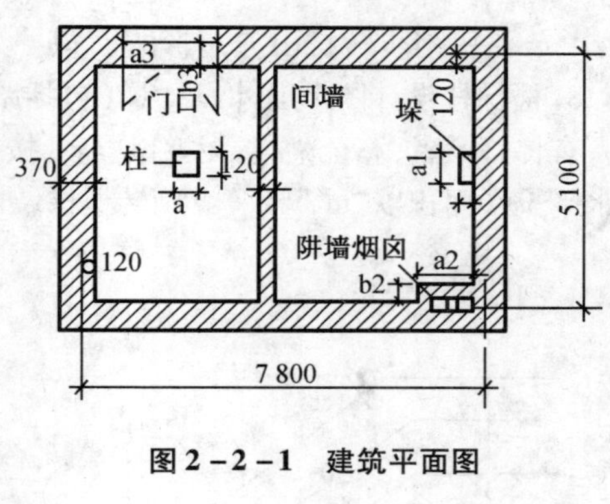

图2-2-1 建筑平面图

【例2-2-1】 如图2-2-1所示为一建筑平面图，计算主墙间净面积。

解 $S_{ij} = (7.8 - 0.24) \times (5.1 - 0.24) = 36.74\ m^2$

2. 条基下垫层

$$V = \sum (A \times L)$$

式中 V——垫层体积；

A——垫层设计截面积，垫层的宽度与厚度均按图示尺寸确定；

L——垫层的长度，外墙取中心线长度，内墙取净长线长度。

(3)独立基础、满堂基础下垫层

$$V = \sum (S \times h)$$

式中 V——垫层体积;

S——垫层设计平面面积,垫层的平面尺寸均按图示尺寸确定;

h——垫层厚度,由设计图示尺寸确定。

(4)其他垫层的工程量,均按图示尺寸以体积“m^3”计算。

2. 整体面层、找平层、地面抹平压光按主墙间净空面积以“m^2”计算。应扣除凸出地面的构筑物设备基础、室内管道、地沟等所占的面积,不扣除间壁墙和 0.3 m^2 以内柱、垛、附墙烟囱及孔洞所占面积,但门洞、空圈、暖气包槽、壁龛的开口部分也不增加。

3. 水泥砂浆阶梯式楼地面按阶梯平面与立面的面积之和以“m^2”计算。

4. 水泥砂浆防滑坡道、锯齿坡道按坡道斜面积以“m^2”计算。

5. 块料面层、橡塑面层、地毯面层、地板面层按设计图示尺寸实铺面积以“m^2”计算,不扣除 0.1 m^2 以内的孔洞所占面积,门洞、空圈、暖气包槽、壁龛的开口部分并入相应的工程量内。拼花部分按实贴面积以“m^2”计算。

6. 块料面层中的点缀单独计算,但计算主体铺贴地面面积时不扣除点缀所占面积。

7. 水泥砂浆踢脚线按面积以“m^2”计算,洞口、空圈所占面积不扣除,洞口、空圈、垛、附墙烟囱等侧壁面积也不增加。成品踢脚线按设计图示实贴长度以延长米计算,其他踢脚线按设计图示的实贴长度乘以高度以面积计算。楼梯间的踢脚线(见图 2-2-2)长度可按下列公式计算:

$$S = L \cdot H$$

$$L_2 = \frac{n\Delta}{150}$$

$$L = L_1 + L_2$$

式中 L——踢脚板工程量;

L_1——踢脚板直线长度;

L_2——三角形部分的折算长度;

n——踏步数;

Δ——踏步转折出三角形的面积。

8. 楼梯按设计图示尺寸以楼梯(包括踏步、休息平台及 500 mm 以内的楼梯井)水平投影面积“m^2”计算。有梯口梁者,算至梁边;无梯口梁者,按最上层踏步边沿加 300 mm 计算。剪刀楼梯按设计图示楼梯间内水平投影面积以“m^2”计算。旋转楼梯装饰面层水平投影面积(F)的计算方法如下(见图 2-2-3 所示)

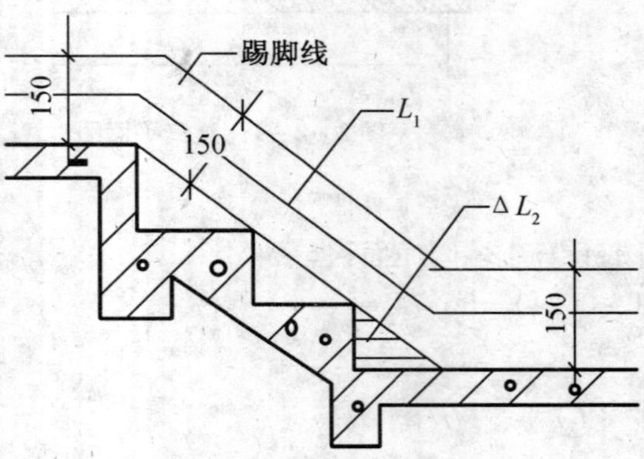

图 2-2-2 楼梯间踢脚线

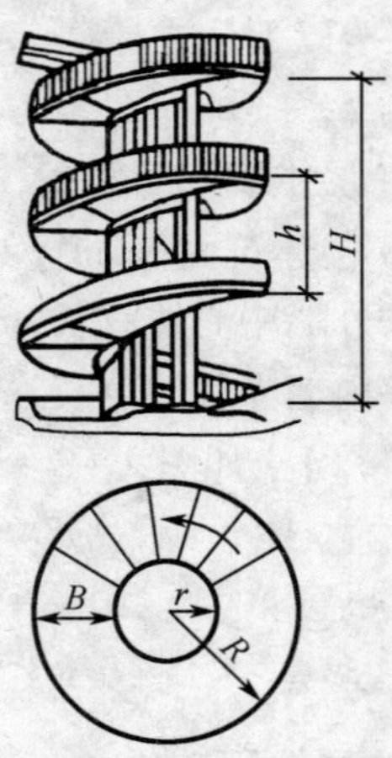

图 2-2-3 旋转楼梯装饰面层计算图

$$F = B \times H \times \sqrt{1 + (2\pi R_m/h)}^2$$

式中　B——旋转楼梯宽度，m；

H——旋转楼梯高度，m；

H——旋转楼梯螺距，m；

R_m——旋转圆平均半径。

$$R_m = (R + r)/2$$

旋转楼梯的内外侧面面积等于内外边旋转长度乘侧边面高度。

$$\text{内边旋转长度 } L_{内} = H \times \sqrt{1 + (2\pi r/h)^2}$$

$$\text{外边旋转长度 } L_{外} = H \times \sqrt{1 + (2\pi R/h)^2}$$

【例2-2-2】　试计算图2-2-4所示楼梯水磨石面层工程量。

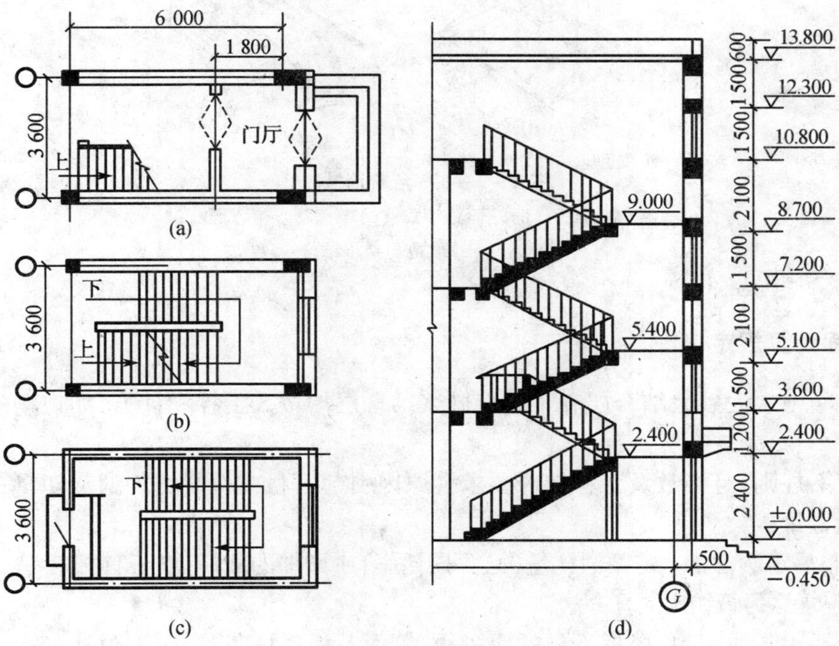

图2-2-4　楼梯工程量计算图

(a)底层平面图；(b)二、三层平面图；(c)顶层平面图；(d)剖面图

解　图2-2-4(a)，(b)，(c)，(d)所示楼梯分别为某建筑底层、二层、三层和顶层平面图。同一构成材料楼梯应按图示尺寸以各楼层水平投影面积之和计算，故上述楼梯面层工程量为

底层　$S_1 = (6.0 - 1.8 - 0.24) \times (3.6 - 0.24) \times 1/2 = 6.65\ m^2$

二层至顶层　$S_2 = (6.0 - 0.24) \times (3.6 - 0.24) \times 2.5 = 48.38\ m^2$

该楼梯水磨石总面积　$S = S_1 + S_2 = 55.03\ m^2$

9. 台阶按设计图示尺寸以台阶（包括最上一层踏步边沿加300 mm）水平投影面积以"m^2"计算（如图2-2-5）。台阶形式见图2-2-6。

10. 零星项目按设计图示尺寸以展开面积以"m^2"计算。

11. 楼梯、台阶防滑条按踏步两端距离减300 mm的长度以"m"计算。

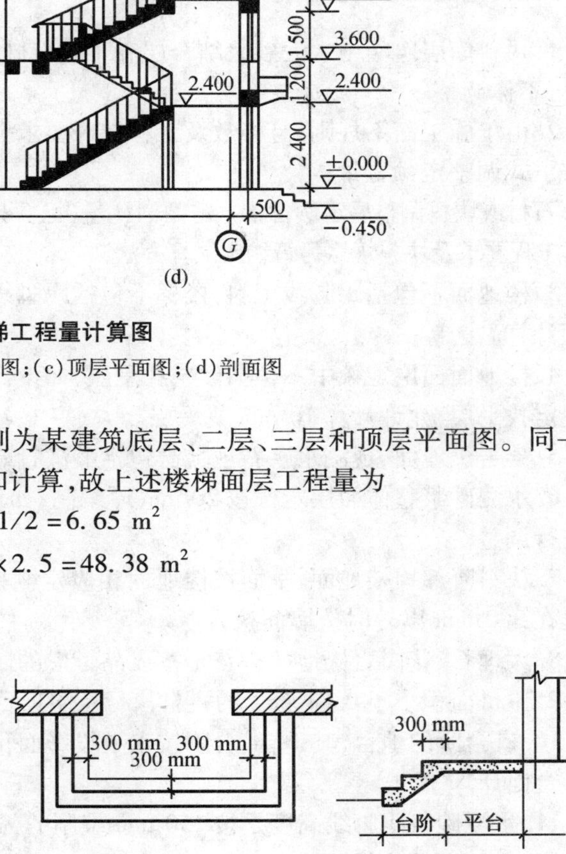

图2-2-5　台阶建筑图

12. 扶手、栏杆、栏板按设计图示尺寸以扶手中心线长度（包括弯头长度）以"m"计算，弯头按个另行计算。

13. 石材底面刷养护液按底面面积加四个侧面面积,以“m^2”计算。

14. 散水面层按图示尺寸以水平投影面积以“m^2”计算工程量。其计算公式为

散水面积 =(外墙外边线周长 + 散水宽度 ×4 - 台阶长度)× 散水宽度

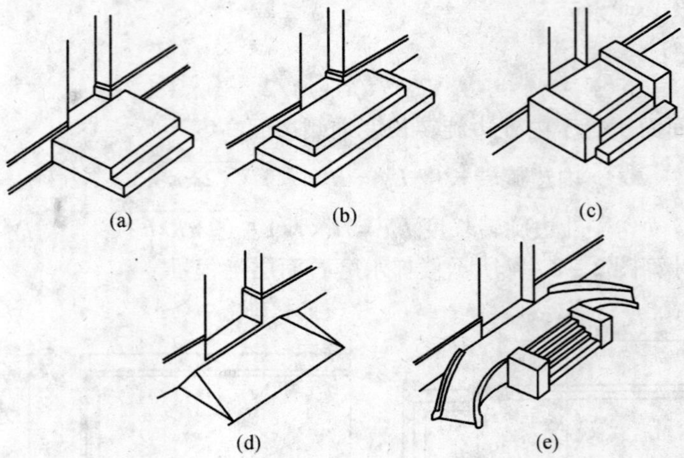

图 2-2-6 台阶形式

(a)单面踏步式;(b)三面踏步式;(c)单面踏步带方形石;
(d)坡道;(e)坡道与踏步结合

二、楼地面工程计算规定

1. 块料面层定额中水泥砂浆结合层和干硬性砂浆结合层均按人工拌和计算,如现场使用机械搅拌砂浆时,不作调整。

2. 由于施工面不规则、赶模数及工程特殊要求等原因引起石材或块料增加的裁切量,定额中未包括,可按下式调整定额含量:

石材或块料调整后定额含量 = 定额消耗量(已含损耗率) + 增加的裁切量(不计损耗率,由甲乙双方结合实际工程要求及块料规格另行约定测算办法)

3. 楼地面不包括踢脚线工料,楼梯不包括踢脚线、侧面及板底抹灰,台阶不包括牵边、侧面,另按相应定额计算。

4. 楼地面面层定额中不包括砂浆找平层,如设计规定需要找平层时,按相应定额另行计算;如设计没有规定找平层,允许计算 10 mm 找平层。

5. 菱苦土地面、现浇水磨石项目已包括酸洗打蜡工料,其余项目均不包括酸洗打蜡。

6. 水泥砂浆整体面层定额按 20 mm 厚编制,如设计厚度不同时,按水泥砂浆找平层每增减 5 mm 定额进行调整。

7. 块料阶梯式楼地面,平面按楼地面相应定额执行,立面高度在 300mm 以内时按踢脚线执行,立面高度在 300 mm 以外时按墙面执行。

8. 大理石、花岗岩楼地面拼花是按成品考虑的。

9. 镶拼面积小于 0.015 m^2 的石材执行点缀项目。

10. 有台阶的地台,其地台、台阶按水平投影面积分别列项计算;没有台阶的地台部分,其侧壁基层面列入台面计算。

11. 水泥砂浆踢脚线高度是按 150 mm 编制的,高度不同时材料可以调整,人工、机械不变。无论明、暗踢脚,均按定额执行。

12. 楼梯踢脚线按相应定额项目,人工乘以系数 1.15。

13. 零星项目适用于楼梯侧面、小便池、蹲台以及面积在 1 m^2 以内且未列项目的工程。

14. 钢筋混凝土垫层按混凝土垫层定额执行，其钢筋按《黑龙江省建设工程计价依据（建筑工程计价定额）》相应定额执行。

15. 混凝土垫层按不分格考虑，如发生分格另按相应定额计算。

16. 细石混凝土一次性铺筑直接做地面时，60 mm 厚以内按找平层计算，超过 60 mm 部分按混凝土垫层计算，地面抹平压光另按相应定额执行。

17. 扶手、栏杆、栏板适用于楼梯、走廊、回廊及其他装饰性栏杆、栏板。扶手不包括弯头的制作安装，另按弯头定额计算。

18. 铁栏杆按钢筋铁花栏杆执行，钢管栏杆按型钢铁花栏杆执行。

【例 2－2－3】　某工程如图 2－2－7 所示，除出入口外，其他位置铺满 500 mm×500 mm 地砖。已知：1,5,A,C 轴墙厚为 490 mm，3、B 轴墙厚为 240 mm，2，4 轴墙厚 120 mm。M_1 尺寸：900×2 000；M_2 尺寸：1 100×2 000；Z_1 截面尺寸：400 mm×400 mm。要求：(1)计算铺地砖工程量；(2)计算铺地砖直接费。

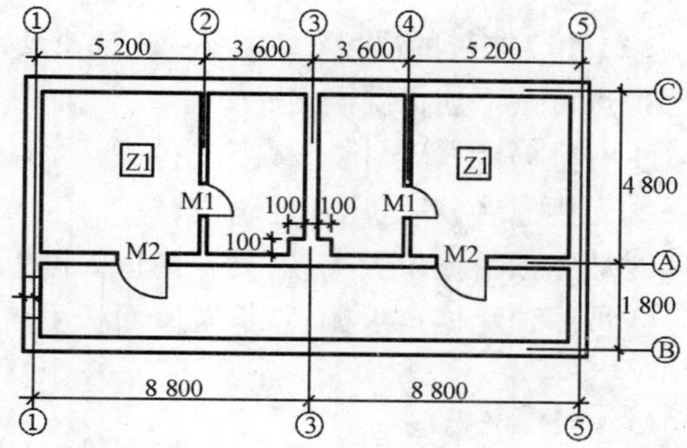

图 2－2－7　建筑平面图

解　(1)铺地砖工程量

$$S=(8.8\times2+0.49)\times(4.8+1.8+0.49)-0.49\times(8.8\times2\times2+6.6\times2)-$$
$$0.24\times(17.6-0.245\times2+4.8-0.245-0.12)-0.12\times(4.8-0.245-0.12)\times2-$$
$$0.4\times0.4\times2-0.1\times0.1\times2+1.1\times0.24\times2+0.9\times0.12\times2$$
$$=18.09\times7.09-48.40\times0.49-21.545\times0.24-8.87\times0.12-0.32-0.02+0.528+0.216$$
$$=128.258-23.716-5.171-1.064-0.34+0.744=98.711\ m^2$$

(2)铺地砖直接费

1－57　5 674.72×0.99＝5 617.97 元

第二节　墙、柱面工程

墙、柱面工程内容主要包括墙面抹灰、柱面抹灰、零星抹灰、墙面镶贴块料、柱(梁)面镶贴块料、零星镶贴块料、墙饰面、柱(梁)饰面、隔断、幕墙墙砖以及石材现场倒 45°角、一般抹灰砂浆厚度调整、装饰抹灰砂浆厚度调整、电线槽抹灰等项目。

一、墙、柱面工程工程量计算方法

1. 抹灰工程量均应按设计图示尺寸计算。

2. 内墙抹灰工程量的计算：内墙面(墙裙)抹灰按面积以“m^2”计算，计算公式为

内墙抹灰面积＝内墙净长度×内墙高度－门窗洞口、空圈及大于 0.3 m^2 的孔洞面积＋附墙垛、烟囱侧壁面积＋门窗洞口侧壁大于 120 mm 宽部分的面积

(1)内墙抹灰长度，按主墙间的图示净长尺寸计算。

(2)墙高度确定如下：

①有墙裙时，其高度按墙裙顶点至天棚底面之间距离计算。

②无墙裙、无地热时，其高度按室内地面或楼面至天棚底面之间距离计算。

③无墙裙、有地热、不做砂浆踢脚(无论明暗)时，计算规则同②。

④无墙裙、有地热、做砂浆踢脚(无论明暗)时，按规则②计算，并扣除地热所占厚度。

⑤钉板条天棚的内墙抹灰，其高度按室内地面或楼面至天棚底面另加 100 mm 计算。

(3)砌体墙中的钢筋混凝土梁、柱等的抹灰，并入砌体墙面抹灰工程量计算。

(4)应扣除门窗洞口、空圈和0.3 m^2 以外孔洞所占面积,不扣除踢脚板、挂镜线、0.3 m^2 以内孔洞以及墙与构件交接处的面积,洞口侧壁和顶面亦不增加(如为门、窗洞口,侧壁和顶面宽度超出120 mm的部分应增加)。墙垛和附墙烟囱侧壁面积并入墙面抹灰工程量内计算。

3. 外墙抹灰:外墙面(墙裙)抹灰按面积以“m^2”计算,计算公式如下:

外墙抹灰面积 = 外墙外边线长 × 外墙高度 − 门窗洞口、空圈及大于0.3 m^2 的孔洞面积 + 附墙垛、梁、柱侧面积 + 门窗洞口侧壁大于120 mm宽部分的面积

(1)外墙抹灰的高度(如图2-2-8所示)以室外设计地坪为起点,若有墙裙以墙裙顶面为起点,其上部顶点可按下述情况确定:

①有挑檐者,算至挑檐板下皮;

②无挑檐者,算至压顶面下皮;

③坡屋顶带檐口天棚者,算至檐口天棚下皮;

④坡屋顶无檐口天棚者,算至屋面板下皮。

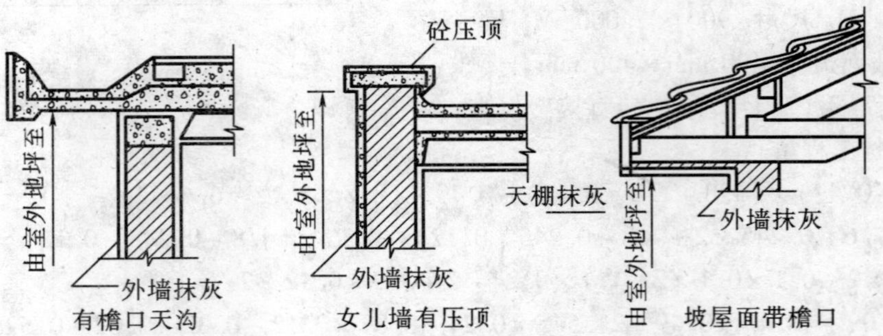

图2-2-8　外墙抹灰高度

(2)应扣除门窗洞口、0.3 m^2 以外孔洞以及按面积计算的零星抹灰所占面积,不扣除0.3 m^2 以内孔洞、墙与构件交接处以及按长度计算的装饰线条抹灰所占的面积,洞口侧壁和顶面亦不增加。

(3)墙垛、梁、柱侧面抹灰面积并入外墙面抹灰工程量内计算。

(4)外窗台(带窗台线)抹灰长度如设计图纸无规定时,可按窗外围宽度两边共加200 mm计算,窗台展开宽度按360 mm计算,面积按展开面积以“m^2”计算。

(5)圆、方形欧式灰线装饰柱按柱墩与柱帽之间部分的垂直投影面积以“m^2”计算。

(6)墙面勾缝按垂直投影面积以“m^2”计算,应扣除墙裙和墙面抹灰的面积,不扣除门窗洞口、门窗套、腰线等零星抹灰所占的面积,附墙柱和门窗洞口侧面的勾缝面积亦不增加。独立柱、房上烟囱勾缝,按图示尺寸以“m^2”计算。

4. 栏板、栏杆抹灰,按图示尺寸以“m^2”计算。

(1)平面阳台栏板抹灰,区别内外墙,并入相应墙面工程量内计算。

(2)栏杆、栏板(包括立柱、扶手或压顶等)抹灰按立面垂直投影面积乘以系数2.2以“m^2”计算。

5. 独立柱抹灰按结构断面周长乘以柱高度的面积以“m^2”计算。

6. 墙面块料面层,均按图示尺寸以实贴面积以“m^2”计算,不扣除0.1 m^2 以内的孔洞所占面积。垛和附墙柱并入墙面计算。

【例2-2-4】　中国工商银行某省分行办公楼入口门厅圆柱4个,其直径 $D = 550$ mm,高度 $H = 4\,200$ mm,柱装饰面层采用干挂石材,构造见图2-2-9所示,计算其工程量。

解　石材干挂施工工艺是利用耐腐蚀的螺栓和柔性连接件,将石材板干挂在柱结构的外表面,石材与柱结构之间留出40~50 mm的空腔。其工程量计算如下

$$S = 3.14 \times (0.55 + 2 \times 0.05) \times 4.2 \times 4 = 34.31 \text{ m}^2$$

7. 独立柱块料饰面按饰面外围尺寸乘以高度以面积“m^2”计算。

8. 隔断块料饰面按净长乘净高的面积以“m^2”计算，扣除门窗洞口及0.3 m^2以上的孔洞所占面积。

9. 幕墙按四周框外围面积以“m^2”计算。

10. 墙砖及石材倒45°角，按镶贴的图示尺寸长度以“m”计算。

11. 各种“零星项目”均按图示尺寸展开面积以“m^2”计算。

12. 装饰线抹灰按设计长度以“m”计算。

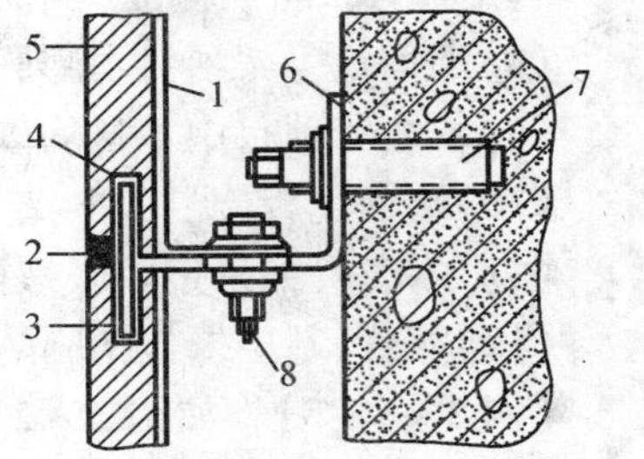

图2-2-9 干挂石材构造示意图

1—玻璃布增强层；2—嵌缝油膏；3—钢针；4—长孔（充填环氧树脂黏结剂）；5—石材板；6—安装角钢；7—膨胀螺栓；8—紧固螺栓

二、墙、柱面工程计算规定

1. 已包括3.6 m以下简易脚手架搭设及拆除。

2. 墙裙以高度在1 500 mm以内为准，超过1 500 mm时按墙面计算，高度在300 mm以内时，按踢脚线计算。

3. 抹灰

(1) 墙面抹石灰砂浆分两遍（一遍底层，一遍面层）、三遍（一遍底层，一遍中层，一遍面层）和四遍（一遍底层，一遍中层，二遍面层）。

(2) 抹灰厚度，按不同的砂浆分别列在定额项目中，同类砂浆列总厚度，不同砂浆分别列出厚度，如定额项目中的“18+6 mm”即表示两种不同砂浆的各自厚度。

(3) 水泥白石子浆，如需加色时，颜料可另计；设计要求用彩色石子或大理石子时，可换算配合比，其他不变。

(4) 石灰砂浆抹面，如需嵌缝起线时，按定额项目每100 m^2增加1.7个工日，二等小方（白松）0.03 m^3。

(5) 砖墙外墙面抹水泥砂浆或混合砂浆，如需嵌缝起线时，按定额项目每100 m^2增加2.0个工日，二等小方（白松）0.045 m^3。

(6) 毛石墙外墙面抹水泥砂浆或混合砂浆，如需嵌缝起线时，按定额项目每100 m^2增加2.5个工日，二等小方（白松）0.045 m^3。

(7) 水刷石如果采用嵌玻璃条分格时，每100 m^2增加4.58个工日，玻璃2.25 m^2。

(8) PG板钢丝网面抹灰按钢板网墙抹灰定额执行。

(9) 墙面抹1 cm底灰（找平层）时（如卫生间、厨房），按一般抹灰砂浆厚度调整定额执行。

(10) 圆弧形、锯齿形等不规则抹灰，按相应项目人工乘以系数1.15。

(11) 墙面抹灰单块面积在2 m^2以内时，人工乘1.25系数。

(12) 欧式灰线的灰线宽是指灰线的展开宽度。

(13) 零星抹灰适用于挑檐、天沟、腰线、窗台、门窗套、压顶、扶手、遮阳板、雨篷周边、台阶牵边、台阶侧面（侧面高度≤1.5 m）、壁柜、碗柜、过人洞、暖气壁龛、池槽、花台等。抹灰的“装饰线条”项目适用于门窗套、挑檐腰线、压顶、遮阳板、宣传栏边框等凸出墙面，且灰面展开宽度在300 mm以内的竖、横线条抹灰；超过300 mm的线条抹灰按“零星项目”执行。

(14) 电线槽抹灰如宽度超过12 cm，按墙面零星抹灰项目计算。

(15) 构筑物抹灰工程单体面积不超过10 m^2，按相应定额项目人工乘1.25系数。

4. 块料及其他

(1) 搅拌砂浆按人工现场拌和编制，实际不同不作调整。

(2) 圆弧形、锯齿形、不规则形镶贴块料饰面时，按相应定额人工乘以系数1.15，材料乘以系数1.05。

(3) 块料面层结合层厚度如与定额取定不同时，可按本章一般抹灰砂浆厚度调整定额进行调整。

(4) 干挂大理石和花岗岩（带勾缝）项目，勾缝缝宽是按10 mm以内考虑的。

(5) 外墙贴块料面砖项目灰缝宽分密缝、5 mm、10 mm以内和20 mm以内列项，其人工、材料已综合考虑。如灰缝超过20 mm以上者，其块料及灰缝材料（水泥砂浆为1:1）用量允许调整，其他不变。

(6) 镶贴马赛克圆形及多边形柱时，执行方形柱定额，其人工乘以系数1.17。

(7) 镶贴块料的零星项目适用于挑檐、天沟、腰线、窗台、门窗侧壁、门窗套、压顶、扶手、遮阳板、雨篷周边、台阶牵边、台阶侧面(侧面高度≤1.5 m)、池槽、花台等。

(8)墙面钢骨架项目中膨胀螺栓、穿墙螺栓的用量允许调整,人工、机械不变,其损耗率为2%。

(9)木龙骨项目中木材均以一、二类木种为准,如采用三、四类木种时,人工及机械乘以系数1.3。

(10)墙面龙骨(见图2-2-9)是按双向龙骨编制的,如为单向时,人工、材料乘以系数0.55。

(11)木龙骨如采用膨胀螺栓固定者,仍按定额执行,不作调整。

(12)龙骨、基层未包括刷防火涂料,另按相应定额计算。

【例2-2-5】 如图2-2-10(c)所示圆形柱基层为油毡隔离层,柱高为4 500 mm,试计算其工程量。

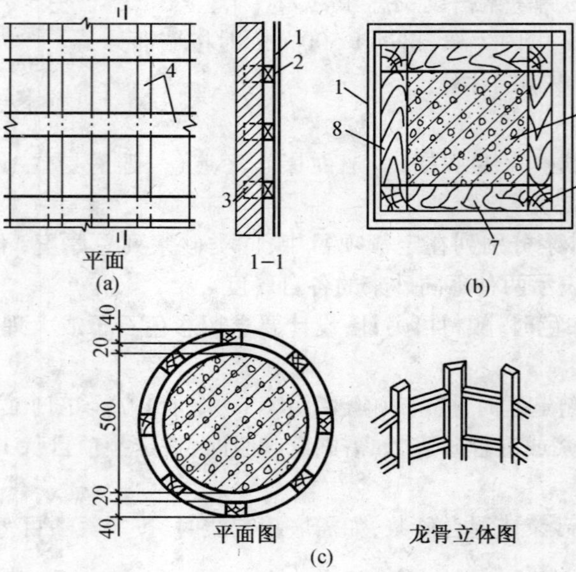

图2-2-10 墙、柱面木龙骨构造图

(a)墙面木龙骨构造图;(b)方形柱龙骨构造图;(c)圆形柱木龙骨

1—面层;2—木龙骨;3—木砖;4—横竖龙骨;

5—柱;6—竖向龙骨;7—横向龙骨;8—衬板层

解 $S=3.14\times(2\times0.04+2\times0.02+0.5)\times4.5\times1=8.77\ m^2$

(13)GRC墙柱面定额只适用于施工单位现场安装,如GRC构件价格中含安装费用,则直接计入直接费,不再套用定额。

(14)GRC墙柱面定额中型钢骨架及螺栓用量可根据实际进行调整,其他不变。如无钢骨架,则扣除钢骨架安装用材料、机械,并扣减人工费60%。

(15)GRC柱身定额系按方柱为准编制,如为圆柱人工乘以系数1.1。

(16)玻璃幕墙设计有平开、推拉窗者,仍执行幕墙定额,窗型材、窗五金相应增加,其他不变。

(17)玻璃幕墙中的玻璃按成品玻璃考虑,幕墙中的避雷装置、防火隔离层定额已综合,但幕墙的封边、封顶的费用另行计算。

(18)弧形幕墙按相应幕墙项目人工乘以1.1系数,材料弯弧费另行计算。

(19)墙砖及石材倒45°角定额只适用于施工现场内加工。

【例2-2-6】 见图2-1-14求内、外墙抹灰工程量与直接费。已知:外墙抹水泥砂浆,内墙抹混合砂浆。

解

1. 工程量

(1)外墙

$S_{外} = L_{外} \times H -$ 扣除 + 增加 $= 37.16 \times 5.3 - 35.82 = 198.43 - 35.82 = 162.61\ m^2$

(2)内墙面

$S_{内} = L_j \times H_j -$ 扣除 + 增加

$= (4.86 \times 4 + 5.76 \times 4) \times 4.1 - 35.82 + [(1.8 + 2.4) \times 2 \times 6 + (1.5 + 3.3 \times 2) \times 2] \times 0.19$

$= 174.17 - 35.82 + 12.654 = 151.00\ m^2$

2. 直接费

(1)2-29　外墙抹水泥砂浆　1 345.50×1.63 = 2 193.17 元

(2)2-41　内墙抹混合砂浆　1 209.45×1.51 = 1 826.27 元

合计:4 217.44 元

第三节　天 棚 工 程

天棚工程主要内容包括天棚抹灰、天棚吊顶、天棚其他装饰以及其他项目。

一、天棚工程工程量计算规则

(一)天棚抹灰

1. 天棚抹灰,按主墙间的净面积以"m^2"计算,不扣除间壁墙、垛、柱、附墙烟囱、检查口和管道所占的面积。带梁天棚,梁两侧抹灰面积并入天棚面积内计算。

天棚抹灰面积 = 主墙间净长×净宽 + 梁两侧面积

2. 天棚中的折线、灯槽线、圆弧形线、拱形线等其他艺术形式(如图 2-2-11)的抹灰,按展开面积以"m^2"计算,并入天棚工程量内。

3. 板式楼梯底面抹灰按斜面积以"m^2"计算,锯齿形楼梯底面抹灰按展开面积计算。

4. 密肋梁和井字梁(如图 2-2-12)天棚抹灰,按展开面积以"m^2"计算。

5. 阳台底面抹灰按水平投影面积以"m^2"计算,并入相应天棚抹灰面积内。阳台如带悬臂梁者,其工程量乘系数 1.30。

6. 雨篷底面或顶面抹灰分别按水平投影面积以"m^2"计算,并入相应天棚抹灰面积内。雨篷顶面带反沿或反梁者,其工程量乘系数 1.2;底面带悬臂梁者,其工程量乘系数 1.2。雨篷外边线按相应装饰线或零星项目执行。

7. 檐口天棚抹灰,并入相同的天棚抹灰工程量内。

8. 预制板底勾缝,按主墙间净面积"m^2"计算,不扣除间壁墙、垛、柱、附墙烟囱、检查口及管道所占的面积。

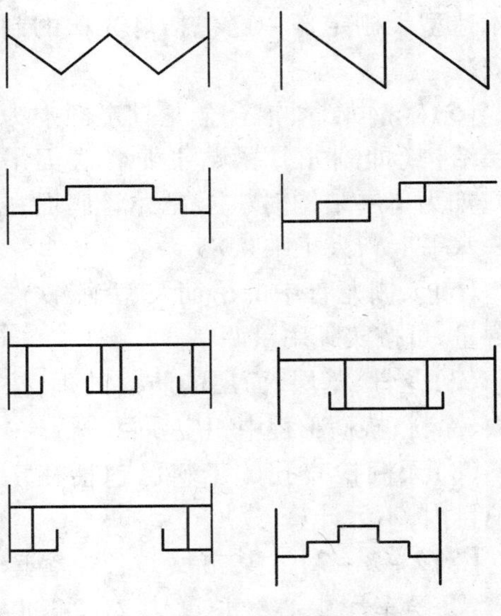

图 2-2-11　艺术造型天棚断面示意图

(二)天棚吊顶

1. 天棚龙骨按设计图示尺寸以水平投影面积计算,不扣除间壁墙、检查口、附墙烟囱、柱垛和管道所占面积,扣除单个 0.3 m^2 以上的孔洞、独立柱及天棚相连的窗帘盒所占的面积。

2. 天棚基层、面层,均按展开面积计算。

3. 龙骨、基层、面层合并列项的项目,工程量计算规则按龙骨的规则执行。

4. 藤条造型悬挂吊顶、织物软吊顶、网架天棚均按水平投影面积计算。

二、天棚工程计算规定

1. 已包括 3.6 m 以下简易脚手架搭设及拆除。

2. 天棚抹灰

(1)天棚抹灰如带有装饰线时,分别按三道线以内或五道线以内计算,线角的道数以一个突出的棱角为一道线。

(2)井字梁混凝土天棚抹灰,按混凝土天棚抹灰定额每 100 m^2 增加 4.66 个工日。

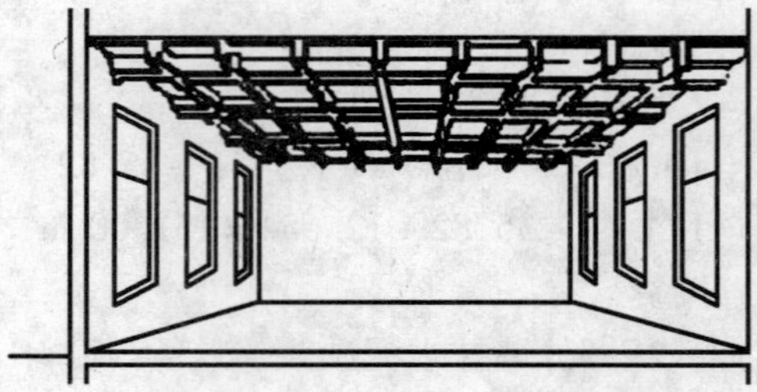

图 2-2-12 肋梁天棚

(3)拱形天棚抹灰,按相应定额人工乘系数 1.15。

(4)抹灰单体面积不超过 10 m^2,按相应定额人工乘 1.25 系数。

3. 天棚吊顶

(1)龙骨及面层均是按常用材料及做法考虑的,如设计不同时,材料可以调整,人工、机械不变。

(2)木材以一、二类木种为准,如采用三、四类木种时,人工和机械台班乘 1.35 系数。定额中木材断面或厚度均以毛料为准,如设计图纸所注明的断面或厚度为净料时,应增加刨光损耗:板、方材一面刨光增加 3 mm,两面刨光增加 5 mm;圆木构件按每立方米材积增加 0.05 m^3 的刨光损耗。

(3)天棚面层在同一标高者为平面天棚,天棚面层不在同一标高者为跌级天棚(跌级天棚其面层人工乘系数 1.1)。艺术造型天棚按相应定额执行。

(4)平面天棚和跌级天棚指一般直线型天棚,不包括灯光槽的制作安装,灯光槽制作安装另按本章相应定额执行。艺术造型天棚定额中已包括灯光槽的制作安装。

(5)轻钢龙骨、铝合金龙骨定额中为双层结构(即副龙骨紧贴主龙骨底面吊挂),如为单层结构时(主、副龙骨底面在同一水平上),人工乘 0.85 系数。

(6)天棚龙骨中的吊筋及型钢、铁件的含量,可按实际用量调整。

(7)龙骨、基层、面层的防火处理,按油漆、涂料、裱糊工程中相应项目执行。

(8)天棚检查孔的工料已包括在定额项目内,不另计算。

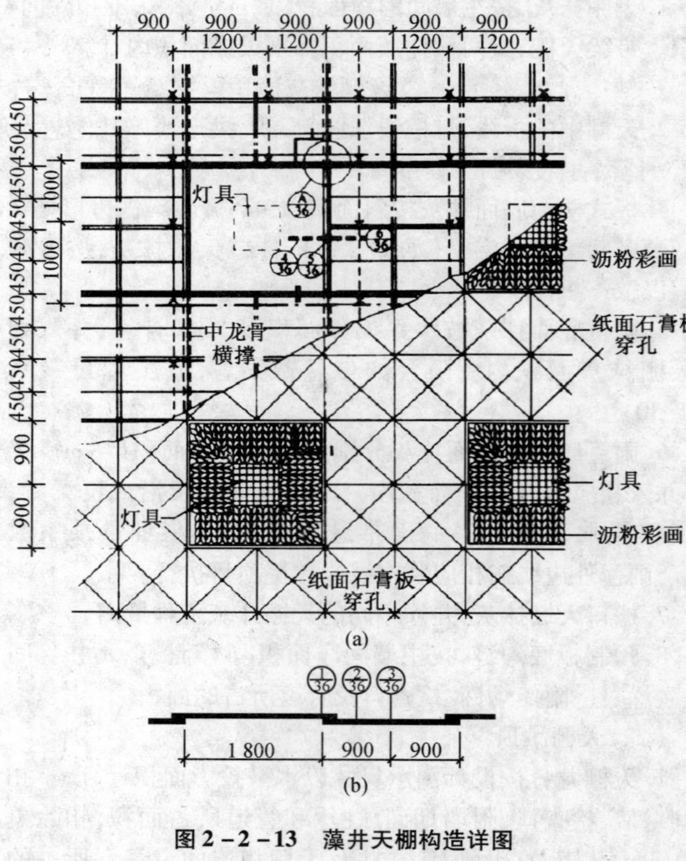

图 2-2-13 藻井天棚构造详图

【例 2-2-7】 某市城东长途客运站售票、候车厅中心线长度为 21.24 m,中心线宽度为 15.41 m,墙厚 370 mm。其天棚面层为纸面石膏板藻井型(见图 2-2-13),试计算其工程量。

解 $S=(21.24-2\times0.185)\times(15.14-2\times0.185)=313.88\ m^2$

第四节　门 窗 工 程

门窗工程主要内容包括木门、金属门、金属卷帘门、其他门和木窗、金属窗、门窗套、窗帘盒、窗帘轨、窗台板以及其他项目。

一、门窗工程工程量计算方法

1. 在普通门中，带亮子与框上镶玻璃亮子的工程量应分别计算，套相应定额，计算方法如下：

(1)带亮子门(不分死亮子、活亮子)的工程量计算方法如下(图 2－2－14)：

①门框：$b \times h$(套五块料门框定额项目)；

②门扇：$b \times h$(套相应带亮子门扇定额项目)。

(2)框上镶玻璃亮子的门，工程量计算方法如下(图 2－2－15)：

①门框：$b \times h$(套五块料门框相应定额项目)；

②门扇：$b \times h_2$(套相应不带亮子门扇定额项目)；

③框上安玻璃亮子：$b \times h_1$(套框上安玻璃定额项目)。

2. 如窗内有部分不装窗扇，而直接在框上装玻璃者，应将框上装玻璃部分的工程量分别计算套相应定额项目。工程量的计算方法如下(图 2－2－16)：

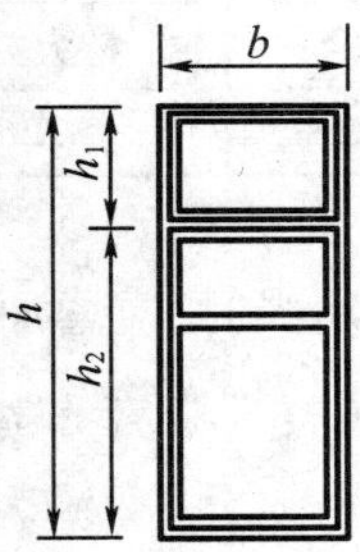

图 2－2－14

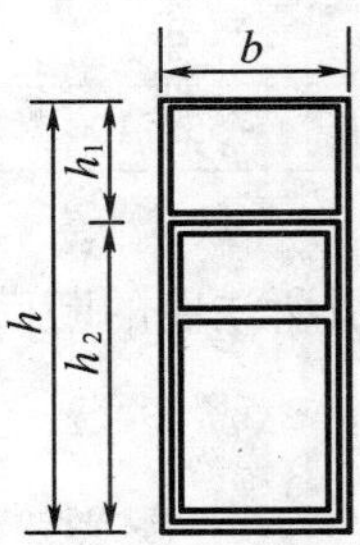

图 2－2－15

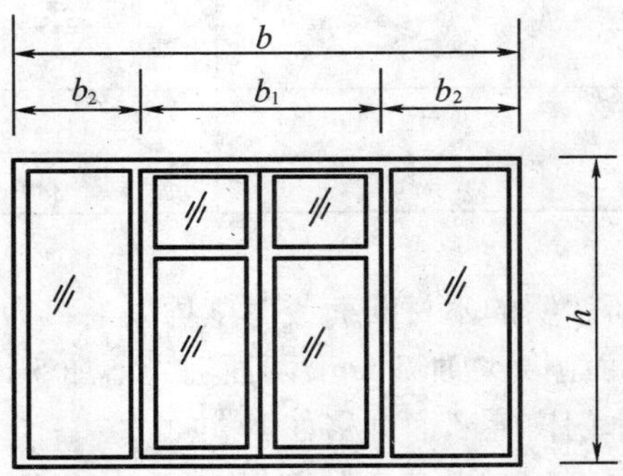

图 2－2－16

(1)窗框：$b \times h$(套五块料以上窗框定额项目)；

(2)框上安玻璃：$2b_2 \times h$(套框上安玻璃定额项目)；

(3)窗扇：$b_1 \times h$(套普通窗扇定额项目)。

框上安玻璃的框料断面，仍按所依附窗的边立框断面为准。

3. 普通窗上部带有半圆窗的工程量应分别按半圆窗和普通窗计算，半圆窗的工程量以普通窗和半圆窗之间的横框的上裁口线为分界线。

4. 木组合窗、天窗按图示的窗框外围面积以“m^2”计算；其组合缝的填充料，盖口条及安装连接的螺栓等均已包括在定额内，不另计算。角钢横撑以图示规格计算质量，按铁件计价，如为木横档时另套定额。如组合窗部分为双裁口者，其框料全部套用双裁口定额项目，窗扇的双层部分按框外围面积套用相应窗扇定额。

5. 钢窗、彩板门窗、固定无框玻璃窗均按门窗洞口面积以“m^2”计算。

6. 金属平开门、金属推拉门、铝合金窗、塑钢门窗、金属防盗门窗、金属格栅门窗、成品防火门、电子对讲门、全玻门、半玻门均按框外围面积以“m^2”计算。

7. 夹板装饰门扇制作、木纱门制作安装、金属地弹门安装均按扇外围面积以“m^2”计算。

8. 卷闸门安装按其安装高度乘以门的实际宽度计算。安装高度算至滚筒顶点。带卷筒罩的按展开面积计算。小门面积不扣除。

9. 防火卷帘门从地(楼)面算至端板顶点乘设计宽度以"m^2"计算。

10. 电子感应门及转门按"樘"计算。

11. 电动伸缩门按樘计算,长度不同时,伸缩门及钢轨允许换算,其他不变。

12. 门窗套、筒子板按展开面积计算。门窗贴脸、窗帘盒、窗帘轨按延长米"m"计算。

13. 窗台板按实铺面积"m^2"计算。

14. 包门饰面按单面扇面积计算,包门窗框按延长米"m"计算。

15. 玻璃安装按框外围面积"m^2"计算。

二、门窗工程计算规定

1. 本定额是按机械和手工操作综合编制的。不论实际采取何种操作方法,均按定额执行。

2. 木材种类均以一、二类木种为准,如采用三、四类木种时,分别乘以下列系数:木门窗制作项目人工和机械乘以 1.3 系数,木门窗安装项目人工乘以 1.16 系数。

3. 板、方材规格分类如表 2-2-1 所示。

表 2-2-1 板、方材规格分类

项目	按宽厚尺寸比例分类	按板材厚度、方材宽、厚乘积				
板材	宽≥3×厚	名称	薄板	中板	厚板	特厚板
		厚度/mm	≤18	19~35	36~65	≥66
方材	宽<3×厚	名称	小方	中方	大方	特大方
		宽×厚/cm^2	≤54	55~100	101~225	≥226

4. 所注明的木材断面或厚度均以毛料为准。如设计图纸所注明的断面或厚度为净料时,应增加刨光损耗:一面刨光增加 3 mm,两面刨光增加 5 mm。

5. 木门窗毛断面规格如下。

门框:(1)单裁口五块料以内 90×60 mm;

(2)单裁口五块料以上 150×65 mm;

(3)双裁口五块料以内 150×60 mm;

(4)双裁口五块料以上 150×60 mm。

窗框:(1)单裁口五块料以内 70×60 mm;

(2)单裁口五块料以上 70×60 mm;

(3)双裁口五块料以内 130×60 mm;

(4)双裁口五块料以上 130×60 mm;

(5)组合窗单裁口 100×58 mm;

(6)组合窗双裁口 110×58 mm;

(7)圆窗、半圆窗单裁口 60×90 mm;

(8)圆窗、半圆窗双裁口 130×60 mm。

门扇:(1)半截玻璃门(平板)120×55 mm;

(2)镶板门 120×60 mm;

(3)胶合板门 70×45 mm;

(4)全玻璃门 120×55 mm。

窗扇:(1)普通窗扇 60×45 mm;

(2)组合窗扇 57×45 mm。

6. 普通门窗、组合窗、天窗框扇料的断面如与设计规定不同时，应按比例换算。框料以边立框断面为准（框裁口如为钉条者应加贴条的断面），扇以立梃断面为准。换算公式为

$$\frac{\text{设计断面(加刨光损耗)}}{\text{定额断面}}\times\text{定额材积}$$

7. 木门窗制作中包括木砖，如不带木砖者，应按项每 100 m^2 框外围面积扣 0.058 m^3 木材量。

8. 木门窗制作中包括刷一遍清油的工料，如不刷者，应按下列规定扣除：

(1) 按项扣除制作中清油、油漆溶剂油的用量；

(2) 按项扣除制作中的辅助工，辅助工占综合工日 5%；

(3) 制作包括刷清油，只起保护作用，与门窗正常刷油无关。

9. 门窗刷防护材料、油漆，按本定额相关项目执行。

10. 木门窗项目中包括了披水、压条、盖口条、小气窗的工料及安装小五金的用工，但小五金应按门窗小五金定额计算。连窗门小五金安装分别按门、窗相应小五金定额执行。

11. 天窗上下挡板以单面钉为准，如为双面钉时，内面套用天棚面层相应定额。

12. 三角形、多边形窗执行半圆形窗定额项目。

13. 装饰板门扇安装按实木装饰门安装定额执行。

14. 实腹式或空腹式钢门窗均执行本定额。

15. 钢天窗安装角钢横撑及连接件，设计与定额用量不同时，可以调整，损耗按 6%。

16. 组合窗、钢天窗为拼装缝需满刮腻子时，每 100 m^2 洞口面积增加人工 5.54 个工日，腻子 58.5 kg。

17. 钢门窗安玻璃，如采用塑料、橡胶条时，按门窗安装工程量每 100 m^2 计算压条 736 m。

18. 钢门窗、彩板门窗成品安装，如每 100 m^2 门窗实际用量超过定额含量 1% 以上时，可以换算，但人工、机械不变。

19. 成品门窗价格中含安装费用的，直接计入直接费，不再套取门窗安装项目。

20. 全玻地弹门定额中，不锈钢上下帮设计用量与定额不同时可以调整。

21. 窗帘盒定额中，窗帘盒按展开宽度 430 mm 编制，宽度不同时，材料用量允许调整。

22. 钢门窗运输按木门窗运输项目人工、机械乘 1.1 系数。

第五节　油漆、涂料、裱糊工程

油漆、涂料、裱糊工程主要内容包括木门油漆、木窗油漆、木扶手油漆、其他木材面油漆、金属面油漆、抹灰面油漆、喷刷涂料、花饰、线条涂料、裱糊以及基层处理。

一、油漆、涂料、裱糊工程工程量计算方法

1. 木材面油漆的工程量分别按附表 1 相应的计算规则计算。

2. 金属构件油漆的工程量除另有说明者外，均按附表 2 相应的计算规则计算。

3. 金属面喷氟碳漆按展开面积以“m^2”计算。

4. 外墙涂料按设计图示尺寸以实刷面积以“m^2”计算。

5. 内墙涂料按设计图示尺寸以实刷面积以“m^2”计算，室内的棚角线所占面积不扣除，棚角线另按相应定额计算。

6. 刷防火涂料工程量计算规则如下：

(1) 隔墙、隔断（间壁）、护壁木龙骨按其面层正立面投影面积以“m^2”计算；

(2) 基层板刷防火涂料，按设计图示尺寸以展开面积以“m^2”计算；

(3) 柱木龙骨按其面层外围面积以“m^2”计算；

(4) 木地板中木龙骨及木龙骨带毛地板按地板面积计算；

(5) 地台木龙骨按地台水平投影面积以“m^2”计算；

(6)天棚木龙骨按其水平投影面积以“m^2”计算；

(7)金属面按展开面积以“m^2”计算。

7. 混凝土花格窗、栏杆花饰按单面外围投影面积以“m^2”计算。

8. 裱糊按设计图示尺寸面积以“m^2”计算。

附表1 木材面油漆

(1)执行木门定额工程量系数表

项目名称	系数	工程量计算方法
单层木门	1.00	按单面洞口面积计算
双层(一玻一纱)木门	1.36	
双层(单裁口)木门	2.00	
单层全玻门	0.83	
木百叶门	1.25	

(2)执行木窗定额工程量系数表

项目名称	系数	工程量计算方法
单层玻璃窗	1.00	按单面洞口面积计算
双层(一玻一纱)木窗	1.36	
双层(单裁口)木窗	2.00	
双层框三层(二玻一纱)木窗	2.60	
单层组合窗	0.83	
双层组合窗	1.66	
木百叶门	1.50	

(3)执行木扶手定额工程量系数表

项目名称	系数	工程量计算方法
木扶手(不带托板)	1.00	按延长米计算
木扶手(带托板)	2.60	
窗帘盒	2.04	
封檐板、顺水板	1.74	
挂衣板、黑板框、单独木线条 100 mm 以外	0.52	
挂镜线、窗帘棍、单独木线条 100 mm 以内	0.35	

(4)执行其他木材面定额工程量系数表

项目名称	系数	工程量计算方法
木板、纤维板、胶合板天棚	1.00	长×宽
木护墙、木墙裙	1.00	
窗台板、筒子板、盖板、门窗套	1.00	
清水板条天棚、檐口	1.07	
木方格吊顶天棚	1.20	
吸音板墙面、天棚面	0.87	
暖气罩	1.28	
木间壁、木隔断	1.90	单面外围面积
木栅栏、木栏杆(带扶手)	1.82	

衣柜、壁柜	1.60	投影面积(不展开)
零星木装修	1.10	展开面积
梁柱饰面	1.00	
屋面板(带檩条)	1.11	斜长×宽
木屋架	1.79	跨度(长)×中高×0.5

(5)执行木地板定额工程量系数表

项目名称	系数	工程量计算方法
木地板、木踢脚线	1.00	长×宽
木楼梯(不包括底面)	2.30	水平投影面积

附表2 金属面油漆

(1)执行单层钢门窗定额工程量系数表

项目名称	系数	工程量计算方法
单层钢门窗	1.00	洞口面积
双层(一玻一纱)钢门窗	1.48	
百叶钢门	2.74	
半截百叶钢门	2.22	洞口面积
满钢门或包铁皮门	1.63	
钢折叠门	2.30	
射线防护门	2.96	框(扇)外围面积
厂库房平开、推拉门	1.70	
铁丝网大门	0.81	
间壁	1.85	长×宽
平板屋面	0.74	斜长×宽
瓦垄板屋面	0.89	
排水、伸缩缝盖板	0.78	展开面积
吸气罩(一般)	1.63	水平投影面积

(2)执行其他金属面定额工程量系数表

钢屋架、天窗架、挡风架、屋架梁、支撑、檩条	1.00	质量/吨
墙架(空腹式)	0.50	
墙架(格板式)	0.82	
钢柱、吊车梁、花式梁柱、空花构件	0.63	
操作台、走台、制动梁、钢挡车梁	0.71	质量/吨
钢栅栏门、栏杆、窗栅	1.71	
钢爬梯	1.18	
轻型屋架	1.42	
踏步式钢扶梯	1.05	
零星铁件	1.32	

二、油漆、涂料、裱糊工程计算规定

1. 刷涂、刷油操作方法不同时，不予调整。
2. 油漆浅、中、深各种颜色，已综合在定额内，颜色不同，不另调整。
3. 在同一平面上的分色及门窗内外分色已综合考虑。如需做美术图案者，另行计算。
4. 单层木门刷油是按双面刷油考虑的，如单面刷油，其定额含量乘以 0.49 系数。
5. 木扶手按不带托板的木扶手考虑。
6. 使用的涂料种类、用量与实际使用不同时允许调整。

第六节　其 他 工 程

其他工程主要内容包括柜类、货架、暖气罩、浴厕配件、压条、装饰线、雨篷、旗杆、招牌、灯箱、美术字、石材以及玻璃现场加工。

一、其他工程工程量计算方法

1. 货架、柜橱类均以正立面的高(包括脚的高度在内)乘以宽以“m^2”计算。
2. 暖气罩按设计图示尺寸以正立面垂直投影面积以“m^2”计算。
3. 大理石洗漱台面按设计图示尺寸以台面外接矩形面积计算，不扣除孔洞、挖弯、削角所占面积。
4. 压条、装饰线条均按设计图示尺寸以延长米计算。
5. 雨篷

(1)雨篷底吊铝骨架铝条天棚按设计图示尺寸水平投影面积以“m^2”计算。

(2)雨篷贴镜面玻璃、铝合金扣板雨篷均按设计图示尺寸展开面积以“m^2”计算。

6. 招牌、灯箱

(1)平面招牌及基层按正立面边框外围面积以“m^2”计算，复杂形的凹凸造型部分亦不增减。

(2)沿雨篷、檐口或阳台走向的立式招牌基层，按展开面积以“m^2”计算。

(3)箱体招牌和竖式标箱的基层，按外围面积以“m^2”计算。突出箱外的灯饰、店徽及其他艺术装潢等均另行计算。

(4)广告牌钢骨架按“吨”计算。

7. 美术字安装按每个字的最大外围面积以“m^2”计算。

二、其他工程计算规定

1. 在实际施工中使用的材料品种、规格与定额不同时，可以换算，但人工、机械不变。
2. 柜类

(1)柜类材料与定额含量不同时，可以调整。

(2)货架、柜类定额中未考虑面板拼花及饰面板上贴其他材料的花饰、造型艺术品。货架、柜类图见本定额附录。

3. 暖气罩

(1)挂板式是指暖气片钩挂在墙上，平墙式是指凹入墙内，明式是指凸出墙面，半凹半凸式按明式执行。

(2)木质暖气罩、挂板式暖气罩定额中的百叶系综合取定，实际用量不同时，可以调整。

4. 洗漱台定额中已包括台面上、下挡板。
5. 装饰线条以墙面上直线安装为准，如天棚安装直线型、圆弧形或其他图案者，按以下规定计算：

(1)天棚面安装直线装饰线条，人工乘以 1.34 系数。

(2)天棚面安装圆弧装饰线条，人工乘以 1.6 系数，材料乘以 1.1 系数。

(3)墙面安装圆弧装饰线条,人工乘以1.2系数,材料乘以1.1系数。

(4)装饰线条做艺术图案者,人工乘以1.8系数,材料乘以1.1系数。

6. GRC檐线

(1)GRC檐线定额只适用于施工单位现场安装,如GRC构件价格中含安装费用,则直接计入直接费,不再套用定额。

(2)GRC檐线定额中型钢骨架及螺栓用量可根据实际进行调整,其他不变。如无钢骨架,则扣除钢骨架安装用材料、机械,并扣减人工费60%。

7. 旗杆

(1)旗杆高度按旗杆台座上表面至杆顶的高度(包括球珠)计算。

(2)旗杆的基础或台座等按相应定额另行计算。

8. 招牌、灯箱

(1)平面招牌是指安装在门前墙面上的招牌,箱体招牌、竖式标箱是指六面体固定在墙面上的招牌。沿雨篷、檐口、阳台走向立式招牌,按平面招牌复杂项目执行。

(2)一般招牌和矩形招牌是指正立面平整无凸面,复杂招牌和异形招牌是指正立面有凹凸造型。

(3)招牌和箱式招牌内的灯饰不包括在定额内。

9. 美术字安装

(1)美术字均以成品安装固定为准。

(2)美术字不分字体均执行本定额。

10. 石材加工、玻璃加工定额只适用于施工现场内加工。

第七节　垂直运输及超高

垂直运输适用于单独进行装饰装修的工程。如装饰施工企业使用土建施工企业的垂直运输工具时,土建施工企业按土建定额规定计取全部垂直运输费,装饰施工企业不再计取垂直运输费用。超高适用于垂直运输高度超过20 m以上的装饰装修工程。

一、垂直运输及超高工程量计算方法

1. 垂直运输

装饰装修楼层(包括楼层所有装饰装修工程量)区别不同的垂直运输高度(单层建筑物系檐口高度)按定额工日分别计算。

2. 超高

装饰装修楼层(包括楼层所有装饰装修工程量)区别不同的垂直运输高度(单层建筑物系檐口高度)以人工费与机械费之和按元分别计算。

二、垂直运输及超高工程计算规定

1. 垂直运输高度是指设计室外地坪至相应楼面的高度。

2. 檐口高度3.6 m以内的单层建筑物,不计算垂直运输。

3. 用室内电梯进行垂直运输或通过楼梯人力进行垂直运输的按实际计算。

第三章　建筑工程工程量清单项目及工程量计算规则

建筑工程工程量清单项目包括实体项目:土石方工程、地基与桩基础工程、砌筑工程、混凝土及钢筋混凝土工程、厂库房大门、特种门、木结构工程、金属结构工程、屋面及防水工程、防腐隔热保温工程,共8章。措施项目包括混凝土、钢筋混凝土模板及支架,脚手架,垂直运输机械,共三项。

第一节　土(石)方工程

土石方工程主要内容包括:土方工程、石方工程和土石方回填。

一、土方工程(项目编码:010101)

土石方工程主要内容包括平整场地、挖土方、挖基础土方、冻土开挖、挖淤泥流沙、管沟土方。在计算工程量时,应根据施工图纸、工程地质情况、施工组织设计、运土距离来计算。

1. 平整场地(项目编码:010101001)

平整场地是指场地挖填厚度在 ±30 cm 以内的土方挖填、场地找平、运输。应根据项目特征(土壤类别、弃土运距、取土运距)以"m^2"为计量单位,工程量按设计图示尺寸以建筑物首层面积计算。

如图2-3-1所示,计算公式为

$$S_{平整场地}=\alpha\times b$$

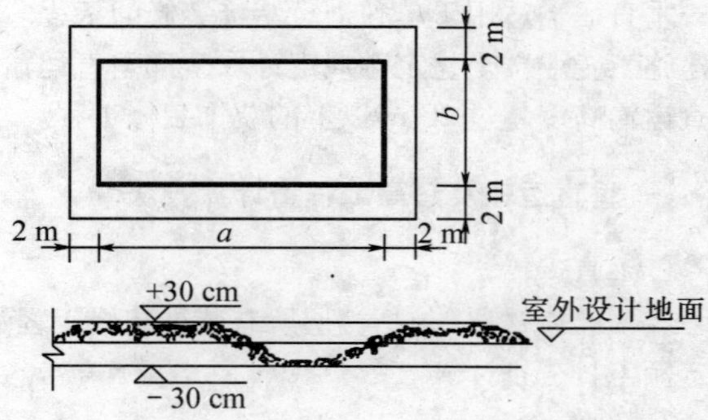

图2-3-1　场地平整

2. 挖土方(项目编码:010101002)

包括排地表水、土方开挖、挡土板支拆、截桩头、基底钎探、运输。应根据项目特征(土壤类别、挖土平均厚度、弃土运距)以"m^3"为计量单位,工程量按设计图示尺寸以体积计算。

3. 挖基础土方(项目编码:010101003)

包括带形基础、独立基础、满堂基础(包括地下室基础)及设备基础、人工挖孔桩等的排地表水、土方开挖、挡土板支拆、截桩头、基底钎探、运输。应根据项目特征(土壤类别、基础类型、垫层底宽、底面积、挖土深度、挖土平均厚度、弃土运距)以"m^3"为计量单位,工程量按设计图示尺寸以基础垫层底面积乘以挖土深度计算。挖土深度按基础垫层底表面标高至交付施工场地标高确定,无交付施工场地标高时,按自然地面标高确定。

4. 冻土开挖(项目编码:010101004)

冻土开挖是指开挖过程中的打眼、装药、爆破、开挖、清理、运输。应根据项目特征(冻土厚度、弃土运距),以"m^3"为计量单位,工程量按设计图示尺寸开挖面积乘以冻土厚度以体积计算。

5. 挖淤泥、流砂(项目编码:010101005)

挖淤泥、流砂包括挖淤泥、流砂,弃淤泥、流砂。应根据项目特征(挖掘深度,弃淤泥、流砂距离)以"m^3"为计量单位,工程量按设计图示位置、界限以体积计算。

6. 管沟土方(项目编码:010101006)

包括管沟的排地表水、土方开挖、挡土板支拆、运输、回填。应根据项目特征(土壤类别、管外径、挖沟平均深度、弃石运距、回填要求)，以“m”为计量单位，工程量按设计图示以管道中心线长度计算。挖土深度，当有管沟设计时，平均深度以沟垫层底表面标高至交付施工场地标高确定，无管沟设计时，直埋管深度按管底外表面标高至交付施工场地标高的平均高度计算。

二、石方工程(项目编码:010102)

石方工程包括预裂爆破、石方开挖、管沟石方。

1. 预裂爆破(项目编码:010102001)

包括打眼、装药、放炮、处理渗水和积水、安全防护、警卫。应根据项目特征(岩石类别、单孔深度、单孔装药量、炸药品种、规格、雷管品种、规格)以“m”为计量单位，工程量按设计图示以钻孔总长度计算。

2. 石方开挖(项目编码:010102002)

石方开挖包括打眼、装药、放炮、处理渗水和积水、解小、岩石开凿、摊座、清理、运输、安全防护、警卫。应根据项目特征(岩石类别、开凿深度、弃渣运距、光面爆破要求、基底摊座要求、爆破石块直径要求)以“m^3”为计量单位，工程量按设计图示尺寸以体积计算。

3. 管沟石方(项目编码:010102003)

包括石方开凿、爆破、处理渗水和积水、解小、摊座、清理、运输、回填、安全防护、警卫。应根据项目特征(岩石类别、管外径、开凿深度、弃渣运距、基底摊座要求、爆破石块直径要求)以“m”为计量单位，工程量按设计图示以管道中心线长度计算。

三、土石方回填(项目编码:010103)

土(石)方回填(项目编码:010103001)包括 挖土方、装卸、运输、回填、分层碾压、夯实。应根据项目特征(土质要求、密实度要求、粒径要求、夯填(碾压)、松填、运输距离)，以“m^3”为计量单位，工程量按设计图示尺寸以体积计算。

1. 场地回填，回填面积乘以回填平均厚度。

2. 室内地面回填，主墙间净面积乘以回填厚度。

3. 基础回填，挖土体积减去设计室外地坪以下埋设的基础体积(包括基础垫层及其他构筑物)。

四、相关问题说明

1. 土的分类。

2. 土石方体积应按挖掘前的天然密实体积计算。如需按天然密实体积折算时，应按表 2-3-1 进行计算。

表 2-3-1　土石方体积的计算

虚方体积	松填体积	天然密实体积	夯实后体积
1.00	0.83	0.77	0.67
1.20	1.00	0.92	0.80
1.30	1.08	1.00	0.87
1.50	1.25	1.15	1.00

3. 湿土的划分应按地质资料提供的地下常水位为界，地下常水位以下为湿土。

4. 挖方出现流砂、淤泥时，可根据实际情况由发包人与承包人双方认证。

第二节 桩与地基基础工程

桩与地基基础工程主要内容包括混凝土桩、其他桩、地基与边坡处理。

一、混凝土桩(项目编码:010201)

混凝土桩主要内容包括预制钢筋混凝土桩、接桩、混凝土灌注桩。

1. 预制钢筋混凝土桩(项目编码:010201001)

包括桩制作、运输;打桩、试验桩、斜桩;送桩;管桩填充材料、刷防护材料、清理、运输。应根据项目特征(土壤级别、单桩长度、根数、桩截面、板桩面积、管桩填充材料种类、桩倾斜度、混凝土强度等级、防护材料种类)以"m/根"为计量单位,工程量按设计图示尺寸以桩长(包括桩尖)或根数计算。

2. 接桩(项目编码:010201002)

包括制作、运输、接桩、材料运输。应根据项目特征(桩截面、接头长度、接桩材料)以"个/m"为计量单位,工程量按设计图示规定以接头数量(板桩按接头长度)计算。

3. 混凝土灌注桩(项目编码:010201003)

包括成孔、固壁;混凝土制作、运输、灌注、振捣、养护;泥浆池及沟槽砌筑、拆除、泥浆制作、运输,清理、运输。应根据项目特征(土壤级别、单桩长度、根数、桩截面、成孔方法、混凝土强度等级)以"m/根"为计量单位,工程量按设计图示尺寸以桩长(包括桩尖)或根数计算。

二、其他桩(项目编码:010202)

其他桩内容包括砂石灌注桩、灰土挤密桩、旋喷桩、喷粉桩。

1. 砂石灌注桩(项目编码:010202001)[灰土挤密桩(项目编码:010202002)]

包括成孔、砂石运输(灰土拌和、运输)、填充、振实。应根据项目特征(土壤级别、桩长、桩截面、成孔方法、砂石级配),以"m"为计量单位,工程按设计图示尺寸以桩长(包括桩尖)计算。

2. 旋喷桩(项目编码:010202003)[喷粉桩(项目编码:010202004)]

包括成孔水泥浆制作、运输(粉土运输);水泥浆旋喷(喷粉固化)。应根据项目特征(桩长、桩截面、水泥强度等级、粉体种类、石灰粉要求),以"m"为计量单位,工程量按设计图示尺寸以桩长(包括桩尖)计算。

三、地基与边坡处理(项目编码:010203)

地基与边坡处理工程内容包括:地下连续墙、振冲灌注碎石、地基强夯、锚杆支护、土钉支护。

1. 地下连续墙(项目编码:010203001)

包括挖土成槽、余土运输、导墙制作、安装、锁口管吊拔、浇筑混凝土连续墙、材料运输。应根据项目特征(墙体厚度、成槽深度、混凝土强度等级)以"m^3"为计量单位,工程量按设计图示墙中心线长乘以厚度乘以槽深以体积计算。

2. 振冲灌注碎石(项目编码:010203002)

包括成孔、碎石运输、灌注、振实。应根据项目特征(振冲深度、成孔直径、碎石级配)以"m^3"为计量单位,工程量按设计图示孔深乘以孔截面积以体积计算。

3. 地基强夯(项目编码:010203003)

包括铺夯填材料、强夯、夯填材料运输。应根据项目特征(夯击能量、夯击遍数、地耐力要求、夯填材料种类)以"m^2"为计量单位,工程量按设计图示尺寸以面积计算。

4. 锚杆支护(项目编码:010203004)[土钉支护(项目编码:010203005)]

包括钻孔(钉土钉),浆液制作、运输、压浆,张拉锚固(挂网),混凝土制作、运输、喷射、养护,砂浆制作、运输、喷射、养护。应根据项目特征(锚孔直径,锚孔平均深度,锚固方法,浆液种类,支护厚度、材料种类,混凝土强度等级、砂浆强度等级)以"m^2"为计量单位,工程量按设计图示尺寸以支护面积计算。

四、相关问题说明

1. 土的级别。

2. 混凝土灌注桩、地下连续墙中的钢筋制作、安装在混凝土工程清单项目中钢筋编码计算。

第三节　砌筑工程

砌筑工程内容包括:砖基础、砖砌体、砖构筑物、砌块砌体、石砌体、砖散水、地坪、地沟。

一、砖基础(项目编码:010301)

砖基础(项目编码:010301001)包括:基础及垫层的砂浆制作、运输,铺设垫层,砌砖,防潮层铺设,材料运输。应根据项目特征(垫层材料种类、厚度,砖品种、规格、强度等级,基础类型,基础深度,砂浆强度等级)以"m^3"为计量单位,工程量按设计图示尺寸以体积计算。

工程量计算中包括附墙垛基础宽出部分体积,扣除地梁(圈梁)、构造柱所占体积,不扣除基础大放脚T形接头处的重叠部分及嵌入基础内的钢筋、铁件、管道、基础砂浆防潮层和单个面积0.3 m^2 以内的孔洞所占体积,靠墙暖气沟的挑槽不增加。

基础长度:外墙按中心线、内墙按净长线计算。

基础与墙身的划分:以室内设计地坪为界(有地下室的按地下室室内设计地坪为界),以下为基础,以上为墙(柱)身。基础与墙身的材料不同,两种材料分界线位于设计室内地坪 ±300 mm 以内时,以不同材料分界线为界,超过 ±300 mm,以设计室内地坪为界,界线以上为墙体,界线以下为基础。砖围墙,以设计室外地坪为界,界线以上为围墙,界线以下为围墙基础。

二、砖砌体(项目编码:010302)

1. 实心砖墙(项目编码:010302001)

包括砂浆制作、运输,砌砖,勾缝,砖压顶砌筑,材料运输。应根据项目特征(砖品种、规格、强度等级,墙体类型,墙体厚度,墙体高度,勾缝要求,砂浆强度等级、配合比),以"m^3"为计量单位,工程量按设计图示尺寸以体积计算。

工程量计算应扣除门窗洞口、过人洞、空圈、嵌入墙内的钢筋混凝土柱、梁、圈梁、挑梁、过梁及凹进墙内的壁龛、管槽、暖气槽、消火栓箱所占体积。不扣除梁头、板头、檩头、垫木、木楞头、沿椽木、木砖、门窗走头、砖墙内加固钢筋、木筋、铁件、钢管及单个面积0.3 m^2 以内的孔洞所占体积。凸出墙面的腰线、挑檐、压顶、窗台线、虎头砖、门窗套的体积亦不增加。凸出墙面的砖垛并入墙体体积内计算。

工程量计算应增加附墙烟囱、通风道、垃圾道的设计图示体积(扣除孔洞的体积)。

(1)墙长度　外墙按中心线、内墙按净长线计算。

(2)墙高度

①外墙　斜(坡)屋面无檐口顶棚者算至屋面板底,有屋架且室内外均有顶棚者算至屋架下弦底另加200 mm,无顶棚者算至屋架下弦底另加300 mm,出檐宽度超过600 mm时按实砌高度计算,平屋面算至钢筋混凝土板底;

②内墙　位于屋架下弦者,算至屋架下弦底,无屋架者算至顶棚底另加100 mm,有钢筋混凝土楼板隔层者算至楼板顶,有框架梁时算至梁底;

③女儿墙　从屋面板上表面算至女儿墙顶面(如有混凝土压顶时算至压顶下表面);

④内、外山墙　按其平均高度计算。

(3)围墙　高度算至压顶上表面(如有混凝土压顶时算至压顶下表面),围墙柱并入围墙体积内。

(4)标准墙厚度(见表2-3-2)。

表2-3-2 标准墙厚度

砖数(厚度)	1/4	1/2	3/4	1	1.5	2	2.5	3
计算厚度/mm	53	115	180	240	365	490	615	740

2. 空斗墙(项目编码:010302002)

包括砂浆制作、运输、砌砖,装填充料,勾缝、材料运输。应根据项目特征(砖品种、规格、强度等级,墙体类型、墙体厚度,勾缝要求,砂浆强度等级、配合比)以"m^3"为计量单位,工程量按设计图示尺寸以空斗墙外形体积计算。墙角、内外墙交接处、门窗洞口立边、窗台砖、屋檐处的实砌部分体积并入空斗墙体积内。

空斗墙的窗间墙、窗台下、楼板下的实砌部分按零星砌砖计算。

3. 空花墙(项目编码:010302003)

包括砂浆制作、运输,砌砖,装填充料,勾缝,材料运输。应根据项目特征(砖品种、规格、强度等级,墙体类型,墙体厚度,勾缝要求,砂浆强度等级)以"m^3"为计量单位,工程量按设计图示尺寸以空花部分外形体积计算,不扣除孔洞部分体积。

4. 填充墙(项目编码:010302004)

包括砂浆制作、运输,砌砖,装填充料,勾缝,材料运输。应根据项目特征(砖品种、规格、强度等级,墙体厚度,填充材料种类,勾缝要求,砂浆强度等级)以"m^3"为计量单位,工程量按设计图示尺寸以填充墙外形体积计算。

5. 实心砖柱(项目编码:010302005)

包括砂浆制作、运输,砌砖,勾缝,材料运输。应根据项目特征(砖品种、规格、强度等级,柱类型,柱截面,柱高,柱勾缝要求、砂浆强度等级、配合比)以"m^3"为计量单位,工程量按设计图示尺寸以体积计算。扣除混凝土及混凝土梁垫、梁头、板头所占体积。

6. 零星砌砖(项目编码:010302006)

是指框架外表面的镶贴部分、台阶、台阶挡墙、梯带、锅台、炉灶、蹲台、池槽、池槽腿、花台、花池、楼梯栏板、阳台栏板、地垄墙、屋面隔热板下砖墩、0.3 m^2 以内孔洞填塞等,以及空斗墙的窗间墙、窗台下、楼板下的实砌部分,包括砂浆制作、运输,砌砖,勾缝,材料运输。应根据项目特征(零星砌砖名称、部位,勾缝要求、砂浆强度等级、配合比)锅台与炉灶以"个"为计量单位,按外形尺寸以数量计算,台阶以"m^2"为计量单位,按水平投影面积计算,小便槽与地垄墙以"m"为计量单位,按长度计算,其他工程以"m^3"为计量单位,工程量按设计图示尺寸以体积计算。扣除混凝土及钢筋混凝土梁垫、梁头、板头所占体积。

三、砖构筑物(项目编码:010303)

1. 砖烟囱、水塔(项目编码:010303001)

包括砂浆制作、运输,砌砖,涂隔热层,装填充料,砌内衬,勾缝,材料运输。应根据项目特征(筒身高度、砖品种、规格、强度等级,耐火砖品种、规格、耐火泥品种,隔热材料种类,勾缝要求,砂浆强度等级、配合比)以"m^3"为计量单位,工程量按设计图示筒壁平均中心线周长乘以厚度乘以高度以体积计算。扣除各种孔洞、钢筋混凝土圈梁、过梁等的体积按图示尺寸以体积计算。烟囱基础与筒身的划分以设计室外地坪为界。水塔基础与塔身的划分以砖砌体的扩大顶面为界,以上为塔身,以下为基础。

砖烟囱工程量计算可分段按公式计算,即

$$V = \sum (H \times C \times \pi \times D$$

式中 V——筒身体积;

H——每段筒身垂直高度;

C——每段筒壁垂直厚度;

D——每段筒壁平均直径。

2. 砖烟道(项目编码:010303002)

包括砂浆制作、运输,砌砖,涂隔热层,装填充料,砌内衬,勾缝,材料运输。应根据项目特征(烟道截面形状、长度,砖品种,规格,强度等级,耐火砖品种规格,耐火泥品种,勾缝要求,砂浆强度等级、配合比)以"m^3"为计量单位,工程量按图示尺寸以体积计算。

烟道与炉体的划分以第一道闸门为界。

3. 砖窨井、检查井(项目编码:010303003)

包括土方挖运,砂浆制作,运输,铺设垫层,底板混凝土制作、运输、浇筑、振捣、养护,砌砖,勾缝,井池底,壁抹灰,抹防潮层,回填,材料运输。应根据项目特征(井截面:垫层材料种类、厚度、底板厚度,勾缝要求:混凝土强度等级、砂浆强度等级、配合比,防潮层材料种类)以"座"为计量单位,工程量按图示数量计算。

4. 砖水池、化粪池(项目编码:010303004)

包括土方挖运,砂浆制作、运输,铺设垫层,底板混凝土制作、运输、浇筑、振捣、养护,砌砖,勾缝,井池底,壁抹灰,抹防潮层,回填,材料运输。应根据项目特征(池截面,垫层材料种类、厚度,底板厚度,勾缝要求,混凝土强度等级,砂浆强度等级、配合比)以"座"为计量单位,工程量按图示数量计算。

四、砌块砌体(项目编码:010304)

1. 空心砖墙、砌块墙(项目编码:010304001)

包括砂浆制作运输、砌砖、砌块,勾缝,材料运输。应根据项目特征(墙体类型,墙体厚度,空心砖,砌块品种、规格、强度等级,勾缝要求,砂浆强度等级、配合比)以"m^3"为计量单位,工程量按设计图示尺寸以体积计算(与实心砖墙相同)。

2. 空心砖柱、砌块柱(项目编码:010304002)

包括砂浆制作、运输、砌砖、砌块,勾缝、材料运输。应根据项目特征(柱高度,柱截面,空心砖、砌块品种、规格、强度等级,勾缝要求的砂浆强度等级、配合比)以"m^3"为计量单位,工程量按设计图示尺寸以体积计算。扣除混凝土及钢筋混凝土梁垫、梁头、板头所占体积。

五、石砌体(项目编码:010305)

1. 石基础(项目编码:010305001)

包括砂浆制作、运输,砌石,防潮层铺设,材料运输。应根据项目特征(石料种类、规格,基础深度、基础类型,砂浆强度等级、配合比)以"m^3"为计量单位,工程量按设计图示尺寸以体积计算。包括附墙垛基础宽出部分体积,不扣除基础砂浆防潮层及单个面积 0.3 m^2 以内的孔洞所占体积,靠墙暖气沟的挑檐不增加体积。基础长度:外墙按中心线、内墙按净长线计算。

2. 石勒脚(项目编码:010305002)

包括砂浆制作、运输,砌石,石表面加工,勾缝,材料运输。应根据项目特征(石料种类、规格,石表面加工要求,勾缝要求,砂浆强度等级、配合比)以"m^3"为计量单位,工程量按设计图示尺寸以体积计算。扣除单个 0.3 m^2 以外的孔洞所占的体积。

3. 石墙(项目编码:010305003)

包括砂浆制作、运输,砌石,石表面加工,勾缝,材料运输。应根据项目特征(石料种类、规格,墙厚,石表面加工要求,勾缝要求的砂浆强度等级、配合比)以"m^3"为计量单位,工程量按设计图示尺寸以体积计算(与实心砖墙相同)。

石基础、石勒脚、石墙身的划分:基础与勒脚以设计室外地坪为界,勒脚与墙身以设计室内地坪为界,石围墙内外地坪标高不同时,以较低地坪标高为界,以下为基础,内外标高之差为挡土墙时,挡土墙以上为墙身。

4. 石挡土墙(项目编码:010305004)

包括挡土墙与梯膀的砂浆制作、运输,砌石,压顶抹灰,勾缝,材料运输。应根据项目特征(石料种类、规格，墙厚，石表面加工要求，勾缝要求的砂浆强度等级、配合比）以“m^3”为计量单位，工程量按设计图示尺寸以体积计算。

5. 石柱（项目编码：010305005）

包括砂浆制作、运输，砌石，石表面加工，勾缝，材料运输。应根据项目特征（石料种类、规格，柱截面，石表面加工要求，勾缝要求的砂浆强度等级、配合比）以“m^3”为计量单位，工程量按设计图示尺寸以体积计算。

6. 石栏杆（项目编码：010305006）

包括砂浆制作、运输，砌石，石表面加工，勾缝，材料运输。应根据项目特征（石料种类、规格，柱截面，石表面加工要求、勾缝要求的砂浆强度等级、配合比）以“m”为计量单位，工程量按设计图示尺寸以长度计算。

7. 石护坡（项目编码：010305007）

包括砂浆制作、运输，砌石，石表面加工，勾缝，材料运输。应根据项目特征（垫层材料种类、厚度，石料种类，规格，护坡厚度，高度，石表面加工要求，勾缝要求的砂浆强度等级、配合比）以“m^3”为计量单位，工程量按设计图示尺寸以体积计算。

8. 石台阶（项目编码：010305008）

包括铺设垫层，石料加工，砂浆制作、运输，砌石，石表面加工，勾缝，材料运输。应根据项目特征（垫层材料种类、厚度，石料种类、规格，石表面加工要求，勾缝要求的砂浆强度等级、配合比）以“m^3”为计量单位，工程量按设计图示尺寸以体积计算。工程量中包括梯带的体积。

9. 石坡道（项目编码：010305009）

包括铺设垫层，石料加工，砂浆制作、运输，砌石、石表面加工，勾缝，材料运输。应根据项目特征（垫层材料种类、厚度，石料种类、规格，石表面加工要求，勾缝要求的砂浆强度等级、配合比）以“m^2”为计量单位，工程量按设计图示尺寸以面积计算。

10. 石地沟、石明沟（项目编码：010305010）

包括土石挖运，砂浆制作、运输，铺设垫层，砌石，石表面加工，勾缝，回填，材料运输。应根据项目特征（沟截面尺寸，垫层材料种类、厚度，石料种类、规格，石表面加工要求，勾缝要求的砂浆强度等级、配合比）以“m”为计量单位，工程量按设计图示尺寸以中心线长度计算。

六、砖散水、地坪、地沟（项目编码：010306）

1. 砖散水、地坪（项目编码：010306001）

包括地基找平、夯实，铺设垫层，砌砖散水、地坪，砂浆面层。应根据项目特征（垫层材料种类、厚度，散水、地坪厚度，面层种类、厚度、砂浆强度等级、配合比），以“m^2”为计量单位，工程量按设计图示尺寸以面积计算。

2. 砖地沟、明沟（项目编码：010306002）

包括挖运土石、铺设垫层，板混凝土制作，运输、浇筑，振捣、养护，砌砖，勾缝、抹灰，材料运输。应根据项目特征（沟截面尺寸，垫层材料种类、厚度，混凝土强度等级，砂浆强度等级、配合比），以“m”为计量单位，工程量按设计图示以中心线长度计算。

第四节　混凝土及钢筋混凝土工程

混凝土及钢筋混凝土工程内容包括现浇混凝土基础、现浇混凝土柱、现浇混凝土梁、现浇混凝土墙、现浇混凝土板、现浇混凝土楼梯、现浇混凝土其他构件、后浇带、预制混凝土柱、预制混凝土梁、预制混凝土屋架、预制混凝土板、预制混凝土楼梯、其他预制构件、混凝土构筑物、钢筋工程、螺栓铁件。

一、现浇混凝土基础（项目编码：010401）

带形基础、独立基础、满堂基础、设备基础、桩承台基础（项目编码：010401001～010401005）包括混凝土制作、运输、浇筑、振捣、养护，地脚螺栓二次灌浆。应根据项目特征（混凝土强度等级，混凝土拌和料要求，砂浆强度等级）以"m^3"为计量单位，工程量按设计图示尺寸以体积计算。不扣除构件内钢筋、预埋铁件和伸入承台基础的桩头所占体积。

1. 有肋带形基础、无肋带形基础分别列项，注明肋高。

2. 箱型基础分别按满堂基础、柱、梁、板、墙等分别列项。

3. 框架式设备基础分别按设备基础、柱、梁、板、墙等分别列项。

二、现浇混凝土柱（项目编码：010402）

矩形柱、异形柱（项目编码：010402001～010402002）包括混凝土制作、运输、浇筑、振捣、养护。应根据项目特征（柱高度、柱截面尺寸、混凝土强度等级、混凝土拌和料要求）以"m^3"为计量单位，工程量按设计图示尺寸以体积计算。不扣除构件内钢筋、预埋铁件所占体积。

柱高：有梁板的柱高，应自柱基上表面（或楼板上表面）至上一层楼板上表面之间的高度计算、无梁板的柱高，应自柱基上表面（或楼板上表面）至柱帽下表面之间的高度计算、框架柱的柱高，应自柱基上表面至柱顶高度计算、构造柱按全高计算，嵌接墙体部分并入柱身体积、依附柱上的牛腿和升板的柱帽，并入柱身体积计算。

构造柱按矩形柱列项。

三、现浇混凝土梁（项目编码：010403）

基础梁、矩形梁、异形梁、圈梁、过梁、弧形梁、拱形梁（项目编码：010403001～010403006）包括混凝土制作、运输、浇筑、振捣、养护。应根据项目特征（梁底标高、梁截面、混凝土强度等级、混凝土拌和料要求）以"m^3"为计量单位，工程量按设计图示尺寸以体积计算。不扣除构件内钢筋、预埋铁件所占体积，伸入墙内的梁头、梁垫 并入梁体积内。

梁长：梁与柱连接时，梁长算至柱侧面、主梁与次梁连接时，次梁长算至主梁侧面。

四、现浇混凝土墙（项目编码：010404）

直形墙、弧形墙（项目编码：010404001～010404002）包括混凝土制作、运输、浇筑、振捣、养护。应根据项目特征（墙类型、墙厚度、混凝土强度等级、混凝土拌和料要求）以"m^3"为计量单位，工程量按设计图示尺寸以体积计算。不扣除构件内钢筋、预埋铁件所占体积，扣除门窗洞口及单个面积 0.3 m^2 以外的孔洞所占体积，墙垛及突出墙面部分并入墙体体积内计算。

五、现浇混凝土板（项目编码：010405）

1. 有梁板、无梁板、平板、拱板、薄壳板、栏板（项目编码：010405001～010405）

包括混凝土制作、运输、浇筑、振捣、养护。应根据项目特征（板底标高、板厚度、混凝土强度等级、混凝土拌和料要求）以"m^3"为计量单位，工程量按设计图示尺寸以体积计算。不扣除构件内钢筋、预埋铁件及单个面积 0.3 m^2 以内的孔洞所占体积。

各类板的计算要求：有梁板（包括主、次梁与板）按梁、板体积之和计算，无梁板按板和柱帽体积之和计算，各类板伸入墙内的板头并入板体积内计算，薄壳板的肋、基梁并入薄壳体积内计算。

2. 天沟、挑檐板（项目编码：010405007）

包括混凝土制作、运输、浇筑、振捣、养护。应根据项目特征（混凝土强度等级、混凝土拌和料要求）以"m^3"为计量单位，工程量按设计图示尺寸以体积计算。

3. 雨篷、阳台板（项目编码：010405008）

包括混凝土制作、运输、浇筑、振捣、养护。应根据项目特征（混凝土强度等级、混凝土拌和料要求）以"m^3"为计量单位，工程量按设计图示尺寸以墙外部分体积，包括伸出墙外的牛腿和雨篷反挑檐的体积按设计图示尺寸以体积计算。

4. 其他板(项目编码:010405009)

包括混凝土制作、运输、浇筑、振捣、养护。应根据项目特征(混凝土强度等级、混凝土拌和料要求)以"m^3"为计量单位,工程量按设计图示尺寸以体积计算。

天沟板、挑檐板、雨篷板、阳台板与屋面板、楼板连接时以外墙外边线为分界线、

天沟板、挑檐板、雨篷板、阳台板与圈梁、其他梁连接时以梁的外边线为分界线。

六、现浇混凝土楼梯(项目编码:010406)

直形楼梯、弧形楼梯(项目编码:010406001 ~010406002)包括混凝土制作、运输、浇筑、振捣、养护。应根据项目特征(混凝土强度等级、混凝土拌和料要求)以"m^2"为计量单位,工程量按设计图示尺寸以水平投影面积计算。包括休息平台、平台梁、斜梁和楼梯连接的梁,当楼梯与现浇板无梯梁连接时,以楼梯的最后一个踏步边缘加 300 mm 为界。不扣除宽度小于 500 m 的楼梯井,伸入墙内部分不计算。

七、现浇混凝土其他构件(项目编码:010407)

1. 其他构件(项目编码:010407001)

包括小型池槽、压顶、扶手、垫块、台阶、门框等的混凝土制作、运输、浇筑、振捣、养护。应根据项目特征(构件的类型、构件规格、混凝土强度等级、混凝土拌和料要求)扶手、压顶(包括伸入墙内的长度)以"m"为计量单位,按延长米计算,台阶以"m^2"为计量单位,按水平投影面积计算,其他均以"m^3"为计量单位,工程量按设计图示尺寸以体积计算。不扣除构件内钢筋、预埋铁件所占体积。

2. 散水、坡道(项目编码:010407002)

包括地基夯实、铺设垫层、混凝土制作、运输、浇筑、振捣、养护、变形缝填塞。应根据项目特征(垫层材料种类、厚度、面层厚度、混凝土强度等级、混凝土拌和料要求、填塞材料种类)以"m^2"为计量单位,工程量按设计图示尺寸以面积计算。不扣除单个 0.3 m^2 以内的孔洞所占面积。

3. 电缆沟、地沟(项目编码:010407003)

包括挖运土石、铺设垫层、混凝土制作、运输、浇筑、振捣、养护、刷防护材料。应根据项目特征(沟截面、垫层材料种类、厚度、混凝土强度等级、混凝土拌和料要求、防护材料种类)以"m"为计量单位,工程量按设计图示以中心线长度计算。

八、后浇带(项目编码:010408)

后浇带(项目编码:010408001)包括混凝土制作、运输、浇筑、振捣、养护。应根据项目特征(部位、混凝土强度等级、混凝土拌和料要求)以"m^3"为计量单位,工程量按设计图示尺寸以体积计算。

九、预制混凝土柱(项目编码:010409)

矩形柱、异形柱(项目编码:010409001 ~002)包括混凝土制作、运输、浇筑、振捣、养护,构件制作、运输,构件安装,砂浆制作、运输,接头灌缝、养护。应根据项目特征(柱类型、单件体积、安装高度、混凝土强度等级、砂浆强度等级)以"m^3(根)"为计量单位,工程量按设计图示尺寸以体积计算或按设计图示尺寸以"数量"计算。不扣除构件内钢筋、预埋铁件所占体积。

十、预制混凝土梁(项目编码:010410)

矩形梁、异形梁、过梁、拱形梁、鱼腹式吊车梁、风道梁(项目编码:010410001 ~010410006)包括混凝土制作、运输、浇筑、振捣、养护,构件制作、运输,构件安装,砂浆制作、运输,接头灌缝、养护。应根据项目特征(单件体积、安装高度、混凝土强度等级、砂浆强度等级),以"m^3"为计量单位,工程量按设计图示尺寸以体积计算。不扣除构件内钢筋、预埋铁件所占体积。

十一、预制混凝土屋架(项目编码:010411)

折线形屋架、组合屋架、薄腹屋架、门式刚架屋架、天窗架屋架(项目编码:010411001 ~010411006)包

括混凝土制作、运输、浇筑、振捣、养护，构件制作、运输，构件安装，砂浆制作、运输，接头灌缝、养护。应根据项目特征（屋架的类型、跨度，单件体积，安装高度，混凝土强度等级、砂浆强度等级）以“m^3（榀）”为计量单位，工程量按设计图示尺寸以体积或榀计算。不扣除构件内钢筋、预埋铁件所占体积。

三角形屋架按折线形屋架列项。

十二、预制混凝土板（项目编码:010412）

1. 平板、空心板、槽形板、网架板、折线板、带肋板、大型板（项目编码:010412001～010412007）

包括混凝土制作、运输、浇筑、振捣、养护，构件制作、运输，构件安装，升板提升，砂浆制作、运输，接头灌缝、养护。应根据项目特征（构件尺寸、安装高度、混凝土强度等级、砂浆强度等级）以“m^3”为计量单位，工程量按设计图示尺寸以体积计算。不扣除构件内钢筋、预埋铁件及单个尺寸300 mm×300 mm以内的孔洞所占体积，扣除空心板空洞体积。

(1)不带肋的预制遮阳板、雨篷板、挑檐板、栏板等按平板列项。

(2)F形板、双T形板、单肋板和带反檐的雨篷板、挑檐板、遮阳板等按带肋板列项。

(3)大型墙板、大型楼板、大型屋面板等按大型板列项。

2. 沟盖板、井道板、井圈（项目编码:010412008）

包括混凝土制作、运输、浇筑、振捣、养护，构件制作、运输，构件安装、砂浆制作、运输，接头灌缝、养护。应根据项目特征（构件尺寸、安装高度、混凝土强度等级、砂浆强度等级）以“m^3（块、套）”为计量单位，工程量按设计图示尺寸以体积或数量计算。不扣除构件内钢筋、预埋铁件所占体积。

十三、预制混凝土楼梯（项目编码:010413）

楼梯（项目编码:010413001）包括混凝土制作、运输、浇筑、振捣、养护，构件制作、运输，构件安装，砂浆制作、运输，接头灌缝、养护。应根据项目特征（楼梯类型、单件体积、混凝土强度等级、砂浆强度等级）以“m^3”为计量单位，工程量按设计图示尺寸以体积计算。不扣除构件内钢筋、预埋铁件所占体积，扣除空心踏步板空洞体积。

十四、其他预制构件（项目编码:010414）

1. 烟道、垃圾道、通风道（项目编码:010414001）

包括混凝土制作、运输、浇筑、振捣、养护（水磨石）构件制作、运输，构件安装，砂浆制作、运输，接头灌缝、养护，酸洗、打蜡。应根据项目特征（构件类型、单件体积、安装高度、混凝土强度等级、砂浆强度等级）以“m^3”为计量单位，工程量按设计图示尺寸以体积计算。不扣除构件内钢筋、预埋铁件及单个尺寸300 mm×300 mm以内的孔洞所占体积，扣除烟道、垃圾道、通风道的孔洞所占体积。

2. 其他构件（小型池槽、压顶、扶手、垫块、隔热板、花格等）、水磨石构件（项目编码:010414002～010414003）

包括混凝土制作、运输、浇筑、振捣、养护，（水磨石）构件制作、运输，构件安装，砂浆制作、运输，接头灌缝、养护，酸洗、打蜡。应根据项目特征（构件的类型，单件体积，水磨石面层厚度，安装高度，混凝土强度等级，水泥砂浆配合比，石子品种、规格、颜色，酸洗、打蜡要求），以“m^3”为计量单位，工程量按设计图示尺寸以体积计算。不扣除构件内钢筋、预埋铁件及单个尺寸300 mm×300 mm以内的孔洞所占体积，扣除烟道、垃圾道、通风道的孔洞所占体积。

十五、混凝土构筑物（项目编码:010415）

1. 储水（油）池（项目编码:010415001）

包括混凝土制作、运输、浇筑、振捣、养护。应根据项目特征（池类型、池规格、混凝土强度等级、混凝土拌和料要求）以“m^3”为计量单位，工程量按设计图示尺寸以体积计算。不扣除构件内钢筋、预埋铁件及单个面积0.3 m^2以内的孔洞所占体积。

池底池壁、池盖可分别列项。有壁基梁的以壁基梁底为界，以上为池壁、以下为池底，无壁基梁的，锥形池底算至上口，池壁下部的八字靴脚并入池底内。无梁池盖的柱高从池底上表面算至池盖下表面，柱帽和柱座并入柱计算。肋型池盖包括主次梁体积，球形池盖以池壁顶面为界，边侧梁并入球形池盖计算。

2. 储仓（项目编码：010415002）

包括混凝土制作、运输、浇筑、振捣、养护。应根据项目特征（类型、高度、混凝土强度等级、混凝土拌和料要求）以“m^3”为计量单位，工程量按设计图示尺寸以体积计算。不扣除构件内钢筋、预埋铁件及单个面积 0.3 m^2 以内的孔洞所占体积。

储仓立壁与储仓漏斗可分别列项。以相互交点水平线为界，壁上圈梁并入漏斗计算。

滑膜筒仓按储仓列项。

3. 水塔（项目编码：010415003）

包括混凝土制作、运输、浇筑、振捣、养护，预制倒圆 锥形罐壳、组装、提升、就位，砂浆制作、运输，接头灌缝、养护。应根据项目特征（类型，支筒高度、水箱容积，倒圆锥形罐壳厚度、直径，混凝土强度等级，混凝土拌和料要求，砂浆强度等级）以“m^3”为计量单位，工程量按设计图示尺寸以体积计算。不扣除构件内钢筋、预埋铁件及单个面积 0.3 m^2 以内的孔洞所占体积。

水塔基础、塔身、水箱可分别列项。筒式塔身以筒座上表面或基础底板上表面为界，柱式（框架式）塔身以柱脚与基础底板或梁顶为界，与基础板连接的梁应并入基础体积。塔身与水箱以箱底相连的圈梁下表面为界，以上为水箱以下为塔身。依附于塔身的过梁、挑檐等并入塔身计算、柱式塔身不分柱、梁合并计算。依附于水箱壁的柱、梁并入水箱壁计算。

4. 烟囱（项目编码：010415004）

包括混凝土制作、运输、浇筑、振捣、养护。应根据项目特征（高度、混凝土强度等级、混凝土拌和料要求）以“m^3”为计量单位，工程量按设计图示尺寸以体积计算。不扣除构件内钢筋、预埋铁件及单个面积 0.3 m^2 以内的孔洞所占体积。

十六、钢筋工程（项目编码：010416）

1. 现浇混凝土钢筋、预制构件钢筋、钢筋网片、钢筋笼（项目编码：010416001 ~ 010410004）

包括钢筋（网、笼）制作、运输、钢筋（网、笼）安装。应根据项目特征（钢筋种类、规格）以“t”为计量单位，工程量按设计图示钢筋（网）长度（面积）乘以单位理论质量计算。

2. 先张法预应力钢筋（项目编码：010416005）

包括钢筋制作、运输、钢筋张拉。应根据项目特征（钢筋种类、规格，锚具种类）以“t”为计量单位，工程量按设计图示钢筋长度乘以单位理论质量计算。

3. 后张法预应力钢筋、预应力钢丝、预应力钢绞线（项目编码：010416006 ~ 010416008）

包括钢筋、钢丝束、钢绞线制作、运输，钢筋、钢丝束、钢绞线安装，预埋管孔道铺设，锚具安装，砂浆制作、运输，孔道压浆、养护。应根据项目特征（钢筋种类、规格，钢丝束种类、规格，钢绞线种类、规格，锚具种类，砂浆强度等级）以“t”为计量单位，工程量按设计图示钢筋（丝束、绞线）长度乘以单位理论质量计算。

（1）低合金钢筋两端均采用螺杆锚具时钢筋长度按孔道长度减 0.35 m 计算，螺杆另行计算。

（2）低合金钢筋一端采用徽头插片，另一端采用螺杆锚具时，钢筋长度按孔道长度计算，螺杆另行计算。

（3）低合金钢筋一端采用徽头插片，另一端采用帮条锚具时，钢筋增加 0.15 m 计算；两端均采用带条锚具时，钢筋长度按孔道长度增加 0.3 m 计算。

（4）低合金钢筋采用后张混凝土自锚时，钢筋长度按孔道长度增加 0.35 m 计算。

（5）低合金钢筋（钢绞线）采用 JM，XM，QM 型错具、孔道长度在 20 m 以内时，钢筋长度增加 1 m 计算；孔道长度 20 m 以外时，钢筋（钢饺线）长度按孔道长度增加 1.8 m 计算。

（6）碳素钢丝采用锥形锚具，孔道长度在 20 m 以内时，钢丝束长度按孔道长度增加 1 m 计算；孔道长在 20 m 以上时,钢丝束长度按孔道长度增加 1.8 m 计算。

(7)碳素钢丝束采用镦头锚具时,钢丝束长度按孔道长度增加 0.35 m 计算。

十七、螺栓、铁件、预埋铁件(项目编码:010417)

螺栓、铁件、预埋铁件(项目编码:010417001 ~010417002)包括螺栓(铁件)制作、运输,螺栓(铁件)安装。应根据项目特征(钢材种类、规格、螺栓长度,铁件尺寸)以"t"为计量单位,工程量按设计图示尺寸以质量计算。

现浇构件中固定位置的支撑钢筋、双层钢筋用的"铁马"、伸出构件的锚固钢筋、预制构件的吊钩等,并入钢筋工程量计算。

第五节　厂库房大门、特种门、木结构工程

厂库房大门、特种门、木结构工程内容包括厂库房大门、特种门、木屋架、木构件。

一、厂库房大门、特种门(项目编码:010501)

木板大门、钢木大门、全钢板大门、特种门、围墙铁丝门(项目编码:010501001 ~01051005)包括门(骨架)制作、运输,门、五金配件安装,刷防护材料、油漆。应根据项目特征(开启方式,有框、无框,门扇数,材料品种、规格,五金种类、规格,防护材料种类、油漆品种、刷漆遍数)以"樘/m^2"为计量单位,工程量按设计图示数量或设计图示洞口尺寸以面积计算。

特种门是指冷藏门、冷冻间门、保温门、变电室门、隔音门、放射线门、人防门、金库门等,

二、木屋架(项目编码:010502)

木屋架、钢木屋架(项目编码:010502001 ~010502002)包括制作、运输、安装、刷防护材料、油漆。应根据项目特征(跨度,安装高度,材料品种、规格,刨光要求,防护材料种类,油漆品种、刷漆遍数),以"榀"为计量单位,工程量按设计图示数量计算。屋架的跨度以上、下弦中心线交点间的距离计算。

三、木构件(项目编码:010503)

1. 木柱、木梁(项目编码:010503001 ~01053002)

包括制作,运输,安装,刷防护材料、油漆。应根据项目特征(构件高度、长度,构件截面,木材种类,刨光要求,防护材料种类,油漆品种,油漆遍数),以"m^3"为计量单位,工程量按设计图示尺寸以体积计算。

2. 木楼梯(项目编码:010503003)

包括制作,运输,安装,刷防护材料、油漆。应根据项目特征(木材种类,刨光要求,防护材料种类,油漆品种、刷漆遍数)以"m^2"为计量单位,工程量按设计图示尺寸以水平投影面积计算。不扣除宽度小于 300 mm 的楼梯井,伸入墙内部分不计算。栏杆、扶手按装饰工程计算。

3. 其他木构件(项目编码:010503004)

包括制作,运输,安装,刷防护材料、油漆。应根据项目特征(构件名称,构件截面,木材种类,刨光要求,防护材料种类,油漆品种、刷漆遍数)以"m^3(m)"为计量单位,工程量按设计图示尺寸以体积或长度计算。

第六节 金属结构工程

金属结构工程内容包括钢屋架、钢网架、钢托架、钢析架，钢柱，钢梁，压型钢板楼板、墙板，钢构件，金属网。

一、钢屋架、钢网架（项目编码:010601）

1. 钢屋架（项目编码:010601001）

包括制作、运输、拼装、安装、探伤、刷油漆。应根据项目特征（钢材品种、规格，单榀屋架的质量，屋架跨度、安装高度，探伤要求，油漆品种、刷漆遍数）以“t（榀）”为计量单位，工程量按设计图示尺寸以质量计算。不扣除孔眼、切边、切肢的质量，焊条、铆钉、螺栓等不另增加质量，不规则或多边形钢板以其外接矩形面积乘以厚度乘以单位理论质量计算。

2. 钢网架（项目编码:010601002）

包括制作、运输、拼装、安装、探伤、刷油漆。应根据项目特征（钢材品种、规格，网架节点形式、连接方式，网架的跨度、安装高度，探伤要求，油漆品种、刷漆遍数）以“t（樘）”为计量单位，工程量按设计图示尺寸以质量计算。不扣除孔眼、切边、切肢的质量，焊条、佛钉、螺栓等不另增加质量，不规则或多边形钢板以其外接矩形面积乘以厚度乘以单位理论质量计算。

二、钢托架、钢析架（项目编码:010602）

钢托架、钢析了架（项目编码:010602001～010602002）包括制作、运输、拼装、安装、探伤、刷油漆。应根据项目特征（钢材品种、规格，单榀质量，安装高度，探伤要求，油漆品种，刷漆遍数）以“t”为计量单位，工程量按设计图示尺寸以质量计算。不扣除孔眼、切边、切肢的质量，焊条、铆钉、螺栓等不另增加质量，不规则或多边形钢板，以其外接矩形面积乘以厚度乘以单位理论质量计算。

三、钢柱（项目编码:010603）

1. 实腹柱、空腹柱（项目编码:010603001～010603002）

包括制作、运输、拼装、安装、探伤、刷油漆。应根据项目特征（钢材品种、规格，单根柱质量，探伤要求，袖漆品种、刷漆遍数）以“t”为计量单位，工程量按设计图示尺寸以质量计算。不扣除孔眼、切边、切肢的质量，焊条、铆钉、螺栓等不另增加质量，不规则或多边形钢板以其外接矩形面积乘以厚度乘以单位理论质量计算，依附在钢柱上的牛腿及悬臂梁等并入钢柱工程量内。

2. 钢管柱（项目编码:010603003）

包括制作、运输、安装、探伤、刷油漆。应根据项目特征（钢材品种、规格、单根柱质量、探伤要求、油漆种 类、刷漆遍数）以“t”为计量单位，工程量按设计图示尺寸以质量计算。不扣除孔眼、切边、切肢的质量，焊条、销钉、螺栓等不另增加质量，不规则或多边形钢板以其外接矩形面积乘以厚度乘以单位理论质量计算，钢管柱上的节点板、加强环、内衬管、牛腿等并入钢管柱工程量内。

四、钢梁（项目编码:010604）

钢梁、吊车梁（项目编码:010604001～010604002）包括制作、运输、安装、探伤要求、刷油漆。应根据项目特征（钢材品种、规格，单根质量，安装高度，探伤要求，油漆品种、刷漆遍数）以“t”为计量单位，工程量按设计图示尺寸以质量计算。不扣除孔眼、切边、切肢的质量，焊条、铆钉、螺栓等不另增加质量，不规则或多边形钢板，以其外接矩形面积乘以厚度乘以单位理论质量计算，制动梁、制动板、制动椅架、车挡并入钢吊车梁工程量内。

五、压型钢板楼板、墙板（项目编码:010605）

1. 压型钢板楼板（项目编码:010605001）

包括制作、运输、安装、刷油漆。应根据项目特征（钢材品种、规格、压型钢板厚度、油漆品种、刷漆遍数）以“m^2”为计量单位，工程量按设计图示尺寸以铺设水平投影面积计算。不扣除柱、垛及单个 0.3 m^2 以内的孔洞所占面积。

2. 压型钢板墙板（项目编码:010605002）

包括制作、运输、安装、刷油漆。应根据项目特征（钢材品种、规格，压型钢板厚度、复合板厚度，复合板夹芯材料种类、层数、型号、规格）以“m^2”为计量单位，工程量按设计图示尺寸以铺挂面积计算。不扣除单个 0.3 m^2 以内的孔洞所占面积，包角、包边、窗台泛水等不另增加面积。

六、钢构件（项目编码:010606）

1. 钢支撑（项目编码:010606001）

包括制作、运输、安 装、探伤、刷油漆。应根据项目特征（钢材品种、规格，单式、复式：支撑高度、探伤要求、油漆品种、刷漆遍数），以“t”为计量单位，工程量按设计图示尺寸以质量计，不扣除孔眼、切边、切肢的质量，焊条、佛钉、螺栓等不另增加质量，不规则或多边形钢板以其外接矩形面积乘以厚度乘以单位理论质量计算。

2. 钢檩条（项目编码:010606002）

包括制作、运输、安 装、探伤、刷油漆。应根据项目特征（钢材品种、规格，型钢式、格构式，单根质量，安装高度，油漆品种、刷漆遍数）以“t”为计量单位，工程量同钢支撑。

3. 钢天窗架、钢挡风架、钢墙架、钢栏杆（项目编码:010606003～010606005、010606009）

包括制作、运输、安装、探伤、刷油漆。应根据项目特征（钢材品种、规格、单榀质量、安装高度、探伤要求、油漆品种、刷漆遍数）以“t”为计量单位，工程量同钢支撑。

钢墙架包括：柱、梁和连接杆件。

4. 钢平台、钢走道、钢梯（项目编码:010606006～0106008）

包括制作、运输、安装、探伤、刷油漆。应根据项目特征（钢材品种、规格、油漆品种、刷漆遍数）以“t”为计量单位，工程量钢支撑。

5. 钢漏斗（项目编码:010606010）

包括制作、运输、安装、探伤、刷油漆。应根据项目特征（钢材品种、规格，方形、圆形，安装高度，探伤要求，油漆品种，刷漆遍数）以“t”为计量单位，工程量按设计图示尺寸以质量计算。不扣除孔眼、切边、切肢的质量，焊条、铆钉、螺栓等不另增加质量，不规则或多边形钢板以其外接矩形面积乘以厚度乘以单位理论质量计算依附漏斗的型钢并入漏斗工程量内计算。

6. 钢支架（项目编码:010606011）

包括制作、运输、安装、探伤、刷油漆。应根据项目特征（钢材品种、规格，单件质量，油漆品种、刷漆遍数）以“t”为计量单位，工程量按设计图示尺寸以质量计算，不扣除孔眼、切边、切肢的质量，焊条、铆钉、螺栓等不另增加质量，不规则或多边形钢板以其外接矩形面积乘以厚度乘以单位理论质量计算。

7. 零星钢构件（项目编码:010606012）

包括制作、运输、安装、探伤、刷油漆。应根据项目特征（钢材品种、规格，构件名称，油漆品种、刷漆遍数）以“t”为计量单位，工程量同钢支架。

七、金属网（项目编码:010606）

金属网（项目编码:010606013）包括制作、运输、安装、刷油漆。应根据项目特征（材料品种、规格，边框及立柱型钢品种、规格，油漆品种、刷漆遍数）以“m^2”为计量单位，工程量按设计图示尺寸以面积计算。

八、相关问题

型钢混凝土柱、梁浇筑混凝土和压型钢板楼板上浇筑钢筋混凝土，混凝土和钢筋按钢筋混凝土工程计算。

第七节　屋面及防水工程

屋面及防水工程内容包括瓦、型材屋面、屋面防水、墙、地面防水、防潮。

一、瓦、型材屋面（项目编码：010701）

1. 瓦屋面（项目编码：010701001）

包括檩条、椽子安装，基层铺设，铺防水层，安顺水条和挂瓦条，安瓦，刷防护材料。应根据项目特征（瓦品种、规格、品牌、颜色，防水材料种类，基层材料种类，檩条种类，截面、防护材料种类）以"m^2"为计量单位，工程量按设计图示尺寸以斜面积计算。不扣除房上烟囱、风帽底座、风道、小气窗、斜沟等所占面积，小气窗的出槽部分不增加面积。

2. 型材屋面（项目编码：010701002）

包括骨架制作、运输、安装，屋面型材安装，接缝、嵌缝。应根据项目特征（型材品种、规格、品牌、颜色，骨架材料品种、规格，接缝、嵌缝材料种类）以"m^2"为计量单位，工程量按设计图示尺寸以斜面积计算。不扣除房上烟囱、风帽底座、风道、小气窗、斜沟等所占面积，小气窗的出槽部分不增加面积。

3. 构屋面（项目编码：010701003）

包括膜布热压胶接、支柱（网架）制作、安装，膜布安装、穿钢丝绳、锚头锚固，刷油漆。应根据项目特征（膜布品种、规格、颜色，支柱钢材品种、规格，钢丝绳品种、规格，油漆品种、刷漆遍数）以"m^2"为计量单位，工程量按设计图示尺寸以需要覆盖的水平面积计算。

二、屋面防水（项目编码：010702）

1. 屋面卷材防水（项目编码：010702001）

包括基层处理，抹找平层，刷底油，铺油毡卷材、接缝、嵌缝，铺保护层。应根据项目特征（卷材品种、规格，防水层做法，嵌缝材料种类，防护材料种类）以"m^2"为计量单位，工程量按设计图示尺寸以面积计算。

（1）斜屋顶（不包括平屋顶找坡）按斜面积计算，平屋顶按水平投影面积计算、

（2）不扣除房上烟囱、风帽底座、风道、屋面小气窗和斜沟所占面积、

（3）屋面的女儿墙、伸缩缝和天窗等处的弯起部分并入屋面工程量内。其中，包括基层处理，抹找平层，刷底油，铺油毡卷材、接缝、嵌缝；铺保护层。

2. 屋面涂膜防水（项目编码：010702002）

包括基层处理、抹找平层、涂防水膜、铺保护层。应根据项目特征（防水膜品种，涂膜厚度、遍数，增强材料种类，嵌缝材料种类，防护材料种类）以"m^2"为计量单位，工程量计算同屋面卷材防水。

3. 屋面刚性防水（项目编码：010702003）

包括基层处理，混凝土制作、运输、铺筑、养护。应根据项目特征（防水层厚度，嵌缝材料种类，混凝土强度等级），以"m^2"为计量单位，工程量按设计图示尺寸以面积计算。不扣除房上烟囱、风帽底座、风道等所占面积。

4. 屋面排水管（项目编码：010702004）

包括排水管及配件安装、固定，雨水斗安装，接缝、嵌缝。应根据项目特征（排水管品种、规格、品牌、颜色，接缝、嵌缝材料种类，油漆品种、刷漆遍数），以"m"为计量单位，工程量按设计图示尺寸以长度计算。如设计未标注尺寸，以槽口至设计室外散水上表面垂直距离计算。

5. 屋面天沟、沿沟(项目编码:010702005)

包括砂浆制作、运输,砂浆找坡、养护,天沟材料铺设,天沟配件安装,接缝、嵌缝,刷防护材料。应根据项目特征(材料品种,砂浆配合比,宽度、坡度,接缝、嵌缝材料种类,防护材料种类),以"m^2"为计量单位,工程量按设计图示尺寸以面积计算。铁皮和卷材天沟按展开面积计算。

三、墙、地面防水、防潮(项目编码:010703)

1. 卷材防水(项目编码:010703001)

包括基层处理,抹找平层,刷胶黏剂,铺防水卷材,铺保护层,接缝、嵌缝。应根据项目特征(卷材、涂膜品种,涂膜厚度、遍数、增强材料种类,防水部位,防水做法,接缝、嵌缝材料种类、防护材料种类)以"m^2"为计量单位,工程量按设计图示尺寸以面积计算。

(1)地面防水　按主墙间净空面积计算,扣除凸出地面的构筑物、设备基础等所占面积,不扣除间壁墙及单个 0.3 m^2 以内的柱、垛、烟囱和孔洞所占面积、

(2)墙基防水　外墙按中心线、内墙按净长乘以宽度计算。

2. 涂膜防水(项目编码:010703002)

包括基层处理、抹找平层、刷基层处理剂、铺涂膜防水层、铺保护层。应根据项目特征(卷材、涂膜品种,涂膜厚度、遍数,增强材料种类,防水部位,防水做法,接缝、嵌缝材料种类,防护材料种类),以"m^2"为计量单位,工程量按设计图示尺寸以面积计算(同卷材防水)。

3. 砂浆防水(潮)(项目编码:010703003)

包括基层处理,挂钢丝网片,设置分格缝,砂浆制作、运输、摊铺、养护。应根据项目特征(防水(潮)部位,防水(潮)厚度、层数,砂浆配合比,外加剂材料种类)以"m^2"为计量单位,工程量按设计图示尺寸以面积计算(同卷材防水)。

4. 变形缝(项目编码:010703004)

包括清缝、填塞防水材料、止水带安装、盖板制作、刷防护材料。应根据项目特征(变形缝部位,嵌缝材料种类,止水带材料种类,盖板材料,防护材料种类)以"m"为计量单位,工程量按设计图示以长度计算。

第八节　防腐、隔热、保温工程

防腐、隔热、保温工程内容包括防腐面层、其他防腐、隔热、保温。

一、防腐面层(项目编码:010801)

1. 防腐混凝土面层、防腐砂浆面层(项目编码:010801001 ~010801002)

包括基层清理,基层刷稀胶泥,砂浆制作、运输、摊铺、养护,混凝土制作、运输、摊铺、养护。应根据项目特征(防腐部位,面层厚度,砂浆、混凝土、胶泥种类)以"m^2"为计量单位,工程量按设计图示尺寸以面积计算。

(1)平面防腐　扣除凸出地面的构筑物、设备基础等所占面积。

(2)立面防腐　砖垛等突出部分按展开面积并入墙面面积内。

2. 防腐胶泥面层(项目编码:010801003)

包括基层清理,胶泥调制、摊铺。应根据项目特征(防腐部位,面层厚度,砂浆、混凝土、胶泥种类)以"m^2"为计量单位,工程量按设计图示尺寸以面积计算(同防腐混凝土面层)。

3. 玻璃钢防腐面层(项目编码:010801004)

包括基层清理、刷底漆、刮腻子,胶浆配制、涂刷、粘布、涂刷面层。应根据项目特征(防腐部位、玻璃钢种类、贴布层数、面层材 料品种)以"m^2"为计量单位,工程量按设计图示尺寸以面积计算(同防腐混凝土面层)。

4. 聚氯乙烯板面层(项目编码:010801005)

包括基层清理,配料、涂胶,聚氯乙烯板铺设,铺贴踢脚板。应根据项目特征(防腐部位、面层材料品种、黏结材料种类)以"m^2"为计量单位,工程量按设计图示尺寸以面积计算。

(1)平面防腐　扣除凸出地面的构筑物、设备基础等所占面积。

(2)立面防腐　砖垛等突出部分按展开面积并入墙面积内。

(3)踢脚板防腐　扣除门洞所占面积并相应增加门洞侧壁面积。

5. 块料防腐面层(项目编码:010801006)

包括基层清理,砌块料,胶泥调制、勾缝。应根据项目特征(防腐部位,块料品种、规格,黏结材料种类,勾缝材料种类)以"m^2"为计量单位,工程量按设计图示尺寸以面积计算(同聚氯乙烯板面层)。

三、其他防腐(项目编码:010802)

1. 隔离层(项目编码:010802001)

包括基层清理、刷油,煮沥青,胶泥调制,隔离层铺设。应根据项目特征(隔离层部位,隔离层材料品种,隔离层做法,粘贴材料种类)以"m^2"为计量单位,工程量按设计图示尺寸以面积计算。

(1)平面防腐扣除凸出地面的构筑物、设备基础等所占面积。

(2)立面防腐砖垛等突出部分按展开面积并入墙面积内。

2. 砌筑沥青浸渍砖(项目编码:010802002)

包括基层清理、胶泥调制、浸渍砖铺砌。应根据项目特征(砌筑部位,浸渍砖规格,浸渍砖砌法(平砌、立砌))以"m^3"为计量单位,工程量按设计图示尺寸以体积计算。

3. 防腐涂料(项目编码:010802003)

包括基层清理、刷涂料。应根据项目特征(涂刷部位、基层材料类型:涂料品种、刷涂遍数)以"m^2"为计量单位,工程量按设计图示尺寸以面积计算(同隔离层)。

三、隔热、保温(项目编码:010803)

1. 保温隔热屋面、保温隔热顶棚(项目编码:010803001～010803002)

包括基层清理、铺粘保温层、刷防护材料。应根据项目特征(保温隔热部位,保温隔热方式(内保温、外保温、夹心保温)踢脚线、勒脚线保温做法,保温隔热面层材料品种、规格、性能,保温隔热材料品种、规格,隔气层厚度,黏结材料种类、防护材料种类),以"m^2"为计量单位,工程量按设计图示尺寸以面积计算。不扣除柱、垛所占面积。

2. 保温隔热墙(项目编码:010803003)

包括基层清理、底层抹灰、粘贴龙骨、填贴保温材料、粘贴面层、嵌缝、刷防护材料。应根据项目特征(同保温隔热屋面)以"m^2"为计量单位,工程量按设计图示尺寸以面积计算。扣除门窗洞口所占面积、门窗洞口侧壁需做保温时,并入保温墙体工程量内。装饰面层按装饰工程计算。

3. 保温柱(项目编码:010803004)

包括基层清理、底层抹灰、粘贴龙骨、填贴保温材料、粘贴面层、嵌缝、刷防护材料。应根据项目特征(同保温隔热屋面),以"m^2"为计量单位,工程量按设计图示以保温层中心线展开长度乘以保温层高度计算。柱帽保温隔热并入天棚计算。

4. 隔热楼地面(项目编码:010803005)

包括基层清理、铺设粘贴材料、铺贴保温层、刷防护材料。应根据项目特征(同保温隔热屋面)以"m^2"为计量单位,工程量按设计图示尺寸以面积计算。不扣除柱、垛所占面积。

池槽保温隔热的池壁、池底分别计算,池壁按墙面计算、池底按地面计算。

第四章　装饰装修工程工程量清单项目及工程量计算规则

装饰装修工程工程量清单项目包括楼地面工程、墙柱面工程、顶棚工程、门窗工程、油漆涂料、裱糊工程、其他工程共6章四十七节1 943个项目。

第一节　楼地面工程

楼地面工程内容包括整体面层、块料面层、橡塑面层、其他材料面层、踢脚线、楼梯装饰、扶手、栏杆、栏板装饰、台阶装饰、零星装饰项目。

一、整体面层（项目编码:020101）

1. 水泥砂浆楼地面（项目编码:020101001）

包括基层清理、垫层铺设、抹找平层、防水层铺设、抹面层、材料运输。应根据项目特征（垫层材料种类、厚度，找平层厚度、砂浆配合比，防水层厚度、材料种类，面层厚度、砂浆配合比）以"m^2"为计量单位，工程量按设计图示尺寸以面积计算。扣除凸出地面构筑物、设备基础、室内铁道、地沟等所占面积，不扣除间壁墙和0.3 ㎡以内的柱、垛、附墙烟囱及孔洞所占面积。门洞、空圈、散热器槽、壁龛的开口部分不增加面积。

2. 现浇水磨石楼地面（项目编码:020101002）

包括基层清理，垫层铺设，抹找平层，防水层铺设，面层铺设，嵌缝条安装、磨光、酸洗、打蜡，材料运输。应根据项目特征（垫层材料种类、厚度，找平层厚度、砂浆配合比，防水层厚度、材料种类，面层厚度、水泥石子浆配合比，嵌条材料种类、规格，石子种类、规格、颜色、颜料种类、颜色，图案要求、磨光、酸洗、打蜡要求）以"m^2"为计量单位，工程量按设计图示尺寸以面积计算（同水泥砂浆楼地面）。

3. 细石混凝土楼地面（项目编码:020101003）

包括基层清理、垫层铺设、抹找平层、防水层铺设、面层铺设、材料运输。应根据项目特征（垫层材料种类、厚度，找平层厚度、砂浆配合比，防水层厚度、材料种类，面层厚度、混凝土强度等级），以"m^2"为计量单位，工程量按设计图示尺寸以面积计算（同水泥砂浆楼地面）。

4. 菱苦土楼地面（项目编码:020101004）

包括清理基层、垫层铺设、抹找平层、防水层铺设、面层铺设、打蜡、材料运输。应根据项目特征（垫层材料种类、厚度，找平层厚度、砂浆配合比，防水层厚度、材料种类、面层厚度、打蜡要求）以"m^2"为计量单位，工程量按设计图示尺寸以面积计算（同水泥砂浆楼地面）。

二、块料面层（项目编码:020102）

石材楼地面、块料楼地面（项目编码:020102001～020102002）包括基层清理、铺设垫层、抹找平层，防水层铺设、填充层，面层铺设，嵌缝，刷防护材料，酸洗、打蜡，材料运输。应根据项目特征（垫层材料种类、厚度，找平层厚度、砂浆配合比，防水层、材料种类，填充材料种类、厚度，结合层厚度、砂浆配合比及面层材料品种、规格、品牌、颜色，嵌缝材料种类，防护层材料种类，酸洗、打蜡要求）以"m^2"为计量单位，工程量按设计图示尺寸以面积计算。扣除凸出地面构筑物、设备基础、室内铁道、地沟等所占面积，不扣除间壁墙和0.3 m^2以内的柱、垛、附墙烟囱及孔洞所占面积。门洞、空圈、散热器槽、壁龛的开口部分不增加面积。

三、橡塑面层(项目编码:020103)

橡胶板楼地面、橡胶卷材楼地面、塑料板楼地面、塑料卷材楼地面(项目编码:020103001 ~ 020103004)包括基层清理、抹找平层,铺设填充层,面层铺贴,压缝条装钉。应根据项目特征(找平层厚度、砂浆配合比,填充材料种类、厚度,黏结层厚度、材料种类,面层材料品种、规格、品牌、颜色,压线条种类)以"m^2"为计量单位,工程量按设计图示尺寸以面积计算。门洞、空圈、散热器槽、壁龛的开口部分并入相应的工程量内。

四、其他材料面层(项目编码:020104)

1. 楼地面地毯(项目编码:020104001)

包括基层清理、抹找平层,铺设填充层,铺贴面层、刷防护材料装钉压条、材料运输。应根据项目特征(找平层厚度、砂浆配合比,填充材料种类、厚度,面层材料品种、规格、品牌、颜色,防护材料种类,黏结材料种类,压线条种类)以"m^2"为计量单位,工程量按设计图示尺寸以面积计算。门洞、空圈、散热器槽、壁龛的开口部分并入相应的工程量内。

2. 竹木地板(项目编码:020104002)

包括基层清理、抹找平层,铺设填充层,龙骨铺设,铺设基层,面层铺贴,刷防护材料,材料运输。应根据项目特征(找平层厚度、砂浆配合比,填充材料种类、厚度,找平层厚度,砂浆配合比,龙骨材料种类、规格、铺设间距,基层材料种类、规格,面层材料品种、规格、品牌、颜色,黏结材料种类,防护材料种类,油漆品种、刷漆遍数)以"m^2"为计量单位,工程量按设计图示尺寸以面积计算(同楼地面地毯)。

3. 防静电活动地板(项目编码:020104003)

包括清理基层、抹找平层、铺设填充层,固定支架安装,活动面层安装,刷防护材料,材料运输。应根据项目特征(找平层厚度、砂浆配合比,填充材料种类、厚度,找平层厚度、砂浆配合比,支架高度、材料种类,面层材料品种、规格、品牌、颜色,防护材料种类)以"m^2"为计量单位,工程量按设计图示尺寸以面积计算(同楼地面地毯)。

4. 金属复合地板(项目编码:020104004)

包括清理基层,抹找平层,铺设填充层,龙骨铺设,基层铺设,面层铺贴,刷防护材料,材料运输。应根据项目特征(找平层厚度、砂浆配合比,填充材料种类、厚度,找平层厚度、砂浆配合比,龙骨材料种类、规格、铺设间距,基层材料种类、规格、面层材料品种、规格、品牌、防护材料种类)以"m^2"为计量单位,工程量按设计图示尺寸以面积计算(同楼地面地毯)。

五、踢脚线(项目编码:020105)

1. 水泥砂浆踢脚线(项目编码:020105001)

包括基层清理,底层抹灰,面层铺贴,勾缝,磨光、酸洗、打蜡,刷防护材料、材料运输。应根据项目特征(踢脚线高度,底层厚度、砂浆配合比,面层厚度、砂浆配合比),以"m^2"为计量单位。按设计图示长度乘以高度以面积计算。

2. 石材踢脚线、块料踢脚线(项目编码:020105002 ~ 020105003)

包括基层清理,底层抹灰,面层铺贴,勾缝,磨光、酸洗、打蜡,刷防护材料,材料运输。应根据项目特征(踢脚线高度,底层厚度、砂浆配合比:粘贴层厚度、材料种类,面层材料品种、规格、品牌、颜色,勾缝材料种类,防护材料种类),以"m^2"为计量单位计算。按设计图示长度乘以高度以面积计算。

3. 现浇水磨石踢脚线(项目编码:020105004)

包括基层清理,底层抹灰,面层铺贴,勾缝,磨光、酸洗、打蜡,刷防护材料,材料运输。应根据项目特征(踢脚线高度,底层厚度、砂浆配合比,面层厚度、水泥石子浆配合比,石子种类、规格、颜色,颜料种类、颜色,磨光、酸洗、打蜡要求)以"m^2"为计量单位。按设计图示长度乘以高度以面积计算。

4. 塑料板踢脚线(项目编码:020105005)

包括基层清理，底层抹灰，面层铺贴，勾缝，磨光、酸洗、打蜡，刷防护材料，材料运输。应根据项目特征（踢脚线高度，底层厚度、砂浆配合比，黏结层厚度、材料种类，面层材料种类、规格、品牌、颜色）以“m^2”为计量单位。按设计图示长度乘以高度以面积计算。

5. 木质踢脚线、金属踢脚线、防静电踢脚线（项目编码:020105006 ~ 020105008）

包括基层清理，底层抹灰，基层铺贴，面层铺贴，刷防护材料，刷油漆，材料运输。应根据项目特征（踢脚线高度，底层厚度、砂浆配合比，基层材料种类、规格，面层材料品种、规格、品牌、颜色，防护材料种类、油漆品种、刷漆遍数），以“m^2”为计量单位。按设计图示长度乘以高度以面积计算。

六、楼梯装饰（项目编码:020106）

1. 石材楼梯面层、块料楼梯面层（项目编码:020106001 ~ 020106002）

包括基层清理，抹找平层，面层铺贴，贴嵌防滑条，勾缝，刷防护材料，酸洗、打蜡，材料运输。应根据项目特征（找平层厚度、砂浆配合比，黏结层厚度、材料种类，面层材料品种、规格、品牌、颜色，防滑条材料种类、规格，勾缝，材料种类，防护层材料种类，酸洗、打蜡要求）以“m^2”为计量单位，工程量按设计图示尺寸以楼梯（包括踏步、休息平台及500 mm以内的楼梯井）水平投影面积计算。楼梯与楼地面相连时，算至梯口梁内侧边沿、无梯口梁者，算至最上一层踏步边沿加300 mm。

2. 水泥砂浆楼梯面（项目编码:020106003）

包括基层清理、抹找平层、抹面层、抹防滑条、材料运输。应根据项目特征（找平层厚度、砂浆配合比，面层厚度、砂浆配合比，防滑条材料种类、规格），以“m^2”为计量单位，工程量按设计图示尺寸以楼梯水平投影面积计算（同石材楼梯面层）。

3. 现浇水磨石楼梯面（项目编码:020106004）

包括基层清理，抹找平层，抹面层，贴嵌，防滑条、磨光、酸洗、打蜡，材料运输。应根据项目特征（找平层厚度、砂浆配合比，面层厚度、水泥石子浆配合比，防滑条材料种类、规格，石子种类、规格、颜色，颜料种类、颜色，磨光、酸洗、打蜡要求）以“m^2”为计量单位，工程量按设计图示尺寸以楼梯水平技影面积计算（同石材楼梯面层）。

4. 地毯楼梯面（项目编码:020106005）

包括基层清理，抹找平层，铺贴面层，固定配件安装，刷防护材料，材料运输。应根据项目特征（基层种类，找平层厚度，砂浆配合比，面层材料品种、规格、品牌、颜色，防护材料种类，黏结材料种类，固定配件材料种类、规格），以“m^2”为计量单位，工程量按设计图示尺寸以楼梯水平投影面积计算（同石材楼梯面层）。

5. 木板楼梯面（项目编码:020106006）

包括基层清理、抹找平层，基层铺贴，面层铺贴，刷防护材料、油漆，材料运输。应根据项目特征（找平层厚度、砂浆配合比，基层材料种类、规格，面层材料品种、规格、品牌、颜色，黏结材料种类，防护材料种类，油漆品种、刷漆遍数）以“m^2”为计量单位，工程量按设计图示尺寸以楼梯水平投影面积计算（同石材楼梯面层）。

七、扶手、栏杆、栏板装饰（项目编码:020107）

1. 金属扶手带栏杆、栏板，硬木扶手带栏杆、栏板，塑料扶手带栏杆、栏板（项目编码:020107001 ~ 020107003）

包括制作、运输、安装、刷防护材料、刷油漆。应根据项目特征（扶手材料种类、规格、品牌、颜色，栏杆材料种类、规格、品牌、颜色、栏板材料种类、规格、品牌，颜色，固定配件种类，防护材料种类：油漆品种、刷漆遍数）以“m”为计量单位，工程量按设计图示尺寸以扶手中心线长度（包括弯头长度）计算。

2. 金属靠墙扶手、硬木靠墙扶手、塑料靠墙扶手（项目编码:020107004 ~ 020107006）

包括制作、运输、安装、刷防护材料、刷油漆。应根据项目特征（扶手材料科类、规格、品牌、颜色，固定配件种类，防护材料种类，油漆品种、刷漆遍数）以“m”为计量单位，工程量按设计图示尺寸以扶手中心线长度(包括弯头长度)计算。

八、台阶装饰(项目编码:020108)

1. 石材台阶面、块料台阶面(项目编码:020108001 ~ 020108002)

包括基层清理,铺设垫层,抹找平层,面层铺贴,贴嵌防滑条,勾缝,刷防护材料,材料运输。应根据项目特征(垫层材料种类、厚度,找平层厚 、砂浆配合比,黏结层材料种类,面层材料品种、规格、品牌、颜色,勾缝材料种类,防滑条材料种类、规格)以"m^2"为计量单位,工程量按设计图示尺寸以台阶(包括最上层踏步边沿加300 mm)水平投影面积计算。

2. 水泥砂浆台阶面(项目编码:020108003)

包括清理基层、铺设垫层、抹找平层、抹面层、抹防滑条、材料运输。应根据项目特征(垫层材料种类、厚度,找平层厚度、砂浆配比,面层厚度、砂浆配合比,防滑条材料种类)以"m^2"为计量单位,工程量按设计图示尺寸以台阶(包括最上层踏步边沿加300 mm)水平投影面积计算。

3. 现浇水磨石台阶面(项目编码:020108004)

包括清理基层,铺设垫层,抹找平层,抹面层,贴嵌防滑条:打磨、酸洗、打蜡,材料运输。应根据项目特征(垫层材料种类、厚度,找平层厚度、砂浆配合比,面层厚度、水泥石子浆配合比,防滑条材料种类、规格,石子种类、规格、颜色,颜料种类、颜色,磨光、酸洗、打蜡要求)以"m^2"为计量单位,工程量按设计图示尺寸以台阶(包括最上层踏步边沿加300 mm)水平投影面积计算。

4. 剁假石台阶面(项目编码:020108005)

包括清理基层、铺设垫层、抹找平层、抹面层、剁假石、材料运输。应根据项目特征(垫层材料种类、厚度,找平层厚度、砂浆配合比,面层厚度、砂浆配合比,剁假石要求)以"m^2"为计量单位,工程量按设计图示尺寸以台阶(包括最上层踏步边沿加300 mm)水平投影面积计算。

九、零星装饰项目(项目编码:020109)

1. 石材零星项目、碎拼石材零星项目、块料零星项目(项目编码:020109001 ~ 020109003)

包括清理基层,抹找平层,面层铺贴,勾缝,刷防护材料,酸洗、打蜡,材料运输。应根据项目特征(工程部位,找平层厚度、砂浆配合比,黏结合层厚度、材料种类,面层材料品种、规格、品牌、颜色,勾缝材料种类,防护材料种类,酸洗、打蜡要求)以"m^2"为计量单位,工程量按设计图示尺寸以面积计算。

2. 水泥砂浆零星项目(项目编码:020109004)

包括清理基层、抹找平层、抹面层、材料运输。应根据项目特征(工程部位,找平层厚度、砂浆配合比,面层厚度、砂浆厚度),以"m^2"为计量单位,工程量按设计图示尺寸以面积计算。

第二节　墙、柱面工程

墙、柱面工程内容包括:墙面抹灰、柱面抹灰、零星抹灰、墙面镶贴块料、柱面镶贴块料、零星镶贴块料、墙饰面、柱(梁)饰面、幕墙、隔断。

一、墙面抹灰(项目编码:020201)

1. 墙面一般抹灰、墙面装饰抹灰(项目编码:020201001 ~ 020201002)

包括基层清理,砂浆制作、运输,底层抹灰,抹面层,抹装饰面,勾分格缝。应根据项目特征(墙体类型,底层厚度、砂浆配合比,面层厚度,砂浆配合比,装饰面材料种类,分格缝宽度、材料种类)以"m^2"为计量单位,工程量按设计图示尺寸以面积计算。扣除墙裙、门窗洞口及单个0.3 m^2 以外的洞口面积,不扣除踢脚线、挂镜线和墙与构件交接处的面积,门窗洞口和孔洞的侧壁及顶面不增加面积。附墙柱、梁、垛、烟囱侧壁并入相应的墙面面积内。

(1)外墙抹灰面积按外墙垂直投影面积计算。

(2)外墙裙抹灰面积按其长度乘以高度计算。

(3)内墙抹灰面积按主墙间的净长乘以高度计算。①无墙裙的,高度按室内楼地面至顶棚底面计算。②有墙裙的,高度按墙裙顶至顶棚底面计算。③内墙裙抹灰面按内墙净长乘以高度计算。

2. 墙面勾缝(项目编码:020201003)

包括基层清理,砂浆制作、运输,勾缝。应根据项目特征(墙体类型、勾缝类型、勾缝材料种类)以"m^2"为计量单位,工程量按设计图示尺寸以面积计算(同墙面一般抹灰)。

二、柱面抹灰(项目编码:020202)

1. 柱面一般抹灰、柱面装饰抹灰(项目编码:020202001 ~ 020202002)

包括基层清理,砂浆制作、运输,底层抹灰,抹面层,抹装饰面,勾分格缝。应根据项目特征(柱体类型,底层厚度、砂浆配合比,面层厚度,砂浆配合比,装饰面材料种类,分格缝宽度、材料种类)以"m^2"为计量单位,工程量按设计图示柱断面周长乘以高度以面积计算。

2. 柱面勾缝(项目编码:020202003)

包括基层清理,砂浆制作、运输,勾缝。应根根项目特征(墙体类型、勾缝类型、勾缝材料秩类),以"m^2"为计量单位,工程量按设计图示柱断面周长乘以高度以面积计算。

三、零星抹灰(项目编码:020203)

零星项目一般抹灰、零星项目装饰抹灰(项目编码:020203001 ~ 020203002)包括基层清理,砂浆制作、运输、底层抹灰,抹面层,抹装饰面,勾分格缝。应根据项目特征(墙体类型,底层厚度、砂浆配合比,面层厚度、砂浆配合比,装饰面材料种类,分格缝宽度、材料种类),以"m^2"为计量单位,工程量按设计图示尺寸以面积计算。

四、墙面镶贴块料(项目编码:020204)

1. 石材墙面、碎拼石材墙面、块料墙面、干挂石材(项目编码:020204001 ~ 020204003)

包括基层清理,砂浆制作、运输,底层抹灰,结合层铺贴,面层铺贴,面层挂贴,面层干挂,嵌缝,刷防护材料、磨光、酸洗、打蜡。应根据项目特征(墙体类型,底层厚度、砂浆配合比,黏结层厚度、材料种类,挂贴方式,干挂方式(膨胀螺栓、钢龙骨),面层材料品种、规格、品牌、颜色,缝宽、嵌缝材料种类、防护材料种类,磨光、酸洗,打蜡要求),以"m^2"为计量单位,工程量按设计图示尺寸以面积计算。

2. 钢骨架(项目编码:020204004)

包括骨架制作、运输安装、油漆。应根据项目特征(骨架种类、规格,油漆品种、刷油遍数)以"t"为计量单位,工程量按设计图示尺寸以质量计算。

五、柱面镶贴块料(项目编码:020205)

1. 石材柱面、拼碎石材柱面、块料柱面(项目编码:020205001 ~ 020205003)

包括基层清理,砂浆制作、运输、底层抹灰,结合层铺贴,面层铺贴,面层挂贴,面层干挂,嵌缝,刷防护材料,磨光、酸洗、打蜡。应根据项目特征(柱体材料,柱截面类型、尺寸,底层厚度、砂浆配合比,黏结层厚度、材料种类,挂贴方式,干贴方式、面层材料品种、规格、品牌、颜色,缝宽、嵌缝材料种类,防护材料种类,磨光、酸洗、打蜡要求),以"m^2"为计量单位,工程量按设计图示尺寸以面积计算。

2. 石材梁面、块料梁面(项目编码:020205004 ~ 020205005)

包括基层清理,砂浆制作、运输,底层抹灰,结合层铺贴,面层铺贴,面层挂贴,嵌缝,刷防护材料,磨光、酸洗、打蜡。应根据项目特征(底层厚度、砂浆配合比,黏结层厚度、材料种类,面层材料品种、规格、品牌、颜色,缝宽、嵌缝材料种类,防护材料种类,磨光、酸洗、打蜡要求)以"m^2"为计量单位,工程量按设计图示尺寸以面积计算。

六、零星镶贴块料(项目编码:020206)

石材零星项目、拼碎石材零星项目、块料零星项目(项目编码:020206001～020206003)包括基层清理,砂浆制作、运输,底层抹灰,结合层铺贴,面层铺贴,面层挂贴,面层干挂,嵌缝,刷防护材料、磨光、醋洗、打蜡。应根据项目特征(柱、墙体类型,底层厚度、砂浆配合比,黏结层厚度、材料种类,挂贴方式,干挂方式,面层材料品种、规格、品牌、颜色,缝宽、嵌缝材料种类,防护材料种类,磨光、酸洗、打蜡要求)以"m^2"为计量单位,工程量按设计图示尺寸以面积计算。

七、墙饰面(项目编码:020207)

装饰板墙面(项目编码:020207001)包括基层清理、砂浆制作、运输,底层抹灰、龙骨制作、运输、安装,钉隔离层,基层铺钉,面层铺贴,刷防护材料、油漆。应根据项目特征(墙体类型,底层厚度,砂浆配合比,龙骨材料种类、规格、中距,隔离层材料种类、规格,基层材料种类、规格,面层材料品种、规格、品牌、颜色,压条材料种类、规格,防护材料种类、油漆品种,刷漆遍数)以"m^2"为计量单位,工程量按设计图示墙净长乘以净高以面积计算。扣除门窗洞口及单个0.3 m^2以上的孔洞所占面积。

八、柱(梁)饰面(项目编码:020208)

柱(梁)面装饰(项目编码:020208001)包括清理基层,砂浆制作、运输、底层抹灰,龙骨制作、运输、安装,钉隔离层,基层铺钉,面层铺贴,刷防护材料、油漆。应根据项目特征(柱(梁)体类型、底层厚度、砂浆配合比,龙骨材料种类、规格、中距,隔离层材料种类,基层材料种类、规格,面层材料种类、规格、品牌、颜色,压条材料种类、规格,防护材料种类、油漆品种,刷漆遍数)以"m^2"为计量单位,工程量按设计图示饰面外围尺寸以面积计算。柱帽、柱墩并入相应柱饰面工程量内。

九、隔断(项目编码:020209)

隔断(项目编码:020209001)包括骨架及边框制作、运输、安装,隔板制作、运输、安装,嵌缝、塞口,装钉压条:刷防护材料、油漆。应根据项目特征(骨架、边框材料种类、规格,隔板材料品种、规格、品牌、颜色,嵌缝、塞口材料品种、压条材料种类,防护材料种类,油漆品种、刷漆遍数)以"m^2"为计量单位,工程量按设计图示框外围尺寸以面积计算。扣除单个0.3 m^2以上的孔洞所占面积、浴厕门的材质与隔断相同时,门的面积并入隔断面积内。

十、幕墙(项目编码:020210)

1. 带骨架幕墙(项目编码:020210001)

包括骨架制作、运输、安装,面层安装,嵌缝、塞口,清洗。应根据项目特征(骨架材料种类、规格、中距、面层材料品牌、规格、品牌、颜色,面层固定方式,嵌缝、塞口材料种类)以"m^2"为计量单位,工程量按设计图示框外围尺寸以面积计算。与幕墙同种材质的窗所占面积不扣除。

2. 全玻幕墙(项目编码:020210002)

包括骨架制作、运输、安装,面层安装,嵌缝、塞口,清洗。应根据项目特征(玻璃品种、规格、品牌、颜色,黏结塞口材料种类,固定方式)以"m^2"为计量单位,工程量按设计图示尺寸以面积计算。带肋全玻幕墙按展开面积计算。

第三节　天棚工程

天棚工程内容包括:天棚抹灰、天棚吊顶、天棚其他装饰。

一、天棚抹灰(项目编码:020301)

顶棚抹灰(项目编码:020301001)

包括基层清理、底层抹灰、抹面层、抹装饰线条。应根据项目特征(基层类型,抹灰厚度、材料种类,装饰线条道数,砂浆配合比)以“m^2”为计量单位,工程量按设计图示尺寸以水平投影面积计算。不扣除间壁墙、垛、柱、附墙烟囱、检查顶和管道所占的面积,带梁顶棚、梁两侧抹灰面积并入顶棚面积内,板式楼梯底面抹灰按斜面积计算,锯齿形楼梯底板抹灰按展开面积计算。

二、天棚吊顶(项目编码:020302)

1. 顶棚吊顶(项目编码:020302001)

包括基层清理,龙骨安装,基层板铺贴,面层铺贴,嵌缝,刷防护材料、油漆。应根据项目特征(吊顶形式,龙骨类型、材料种类、规格、中距,基层材料种类、规格,面层材料品种、规格、品牌、颜色,压条材料种类、规格,嵌缝材料种类,防护材料种类,油漆品种,刷漆遍数)以“m^2”为计量单位,工程量按设计图示尺寸以水平投影面积计算。顶棚面中的灯槽及跌级、锯齿形、吊挂式、藻井式顶棚面积不展开计算。不扣除间壁墙、检查口、附墙烟囱、柱垛和管道所占面积,扣除单个 0.3 m^2 以上的孔洞、独立柱及与顶棚相连的窗帘盒所占的面积。

2. 格栅吊顶(项目编码:020302002)

包括基层清理,底层抹灰,龙骨安装,基层板铺贴,面层铺贴,刷防护材料、油漆。应根据项目特征(龙骨类型、材料种类、规格、中距,基层材料种类、规格,面层材料品种、规格、品牌、颜色,防护材料种类,油漆品种、刷漆遍数)以“m^2”为计量单位,工程量按设计图示尺寸以水平投影面积计算。

3. 吊筒吊顶(项目编码:020302003)

包括基层清理,底层抹灰,吊筒安装,刷防护材料、油漆。应根据项目特征(底层厚度、砂浆配合比,吊筒形状、规格、颜色、材料种类、防护材料种类,油漆品种,刷漆遍数)以“m^2”为计量单位,工程量按设计图示尺寸以水平投影面积计算。

4. 藤条造型悬挂吊顶、织物软雕吊顶(项目编码:020302004 ~ 020302005)

包括基层清理,底层抹灰,龙骨安装,铺贴面层,刷防护材料、油漆。应根据项目特征(底层厚度、砂浆配合比,骨架材料种类、规格,面层材料品种、规格、颜色,防护层材料种类,油漆品种、刷漆遍数)以“m^2”为计量单位,工程量按设计图示尺寸以水平投影面积计算。

5. 网架(装饰)吊顶(项目编码:020302006)

包括基层清理、底面抹灰,面层安装,刷防护材料、油漆。应根据项目特征(底层厚度、砂浆配合比,面层材料品种、规格、颜色,防护材料品种,油漆品种、刷漆遍数)以“m^2”为计量单位,工程量按设计图示尺寸以水平投影面积计算。

三、天棚其他装饰(项目编码:020303)

1. 灯带(项目编码:020303001)

包括安装、固定。应根据项目特征(灯带形式、尺寸,格栅片材料品种、规格、品牌、颜色,安装固定方式)以“m^2”为计量单位,工程量按设计图示尺寸以框外围面积计算。

2. 送风口、回风口(项目编码:020303002)

包括安装、固定,刷防护材料。应根据项目特征(风口材料品种、规格、品牌、颜色,安装固定方式)以“个”为计量单位,工程量按设计图示数量计算。

第四节　门窗工程

门窗工程内容包括木门,金属门,金属卷帘门,其他门;木窗,金属窗,门窗套,窗帘盒,窗帘轨,窗台板。

一、木门(项目编码:020401)

1. 镶板木门、企口木板门、实木装饰门、胶合板门(项目编码:020401001 ~ 020401004)

包括门制作、运输、安装,五金,玻璃安装,刷防护材料、油漆。应根据项目特征(门类型,框截面尺寸、单扇面积,骨架材料种类,面层材料品种、规格、品牌、颜色,玻璃品种、厚度,五金材料、品种、规格,防护层材料种类,油漆品种、刷漆遍数)以“樘”为计量单位,工程量按设计图示数量计算。

2. 夹板装饰门、木质防火门、木纱门(项目编码:020401005 ~020401007)

包括门制作、运输、安装,五金、玻璃安装,刷防护材料、油漆。应根据项目特征(门类型,框截面尺寸、单扇面积,骨架材料种类,防火材料种类,门纱材料品种、规格,面层材料品种、规格、品牌、颜色,玻璃品种、厚度,五金材料、品种、规格,防护材料种类,油漆品种、刷漆遍数)以“樘”为计量单位,工程量按设计图示数量计算。

3. 连窗门(项目编码:020401008)

包括门制作、运输、安装,五金、玻璃安装,刷防护材料、油漆。应根据项目特征(门窗类型,框截面尺寸、单扇面积,骨架材料种类,面层材料品种、规格、品牌、颜色,玻璃品种、厚度,五金材料、品种、规格,防护材料种类,油漆品种、刷漆遍数)以“樘”为计量单位,工程量按设计图示数量计算。

二、金属门(项目编码:020402)

金属平开门、金属推拉门、金属地弹门、彩板门、塑钢门、防盗门、钢质防火门(项目编码:020402001 ~020402007)包括门制作、运输、安装,五金、玻璃安装,刷防护材料、油漆。应根据项目特征(门类型,框材质、外围尺寸,扇材质、外围尺寸,玻璃品种、厚度,五金材料、品种、规格,防护材料种类,油漆品种、刷漆遍数),以”樘”为计量单位,工程量按设计图示数量计算。

三、金属卷帘门(项目编码:020403)

金属卷闸门、金属格栅门、防火卷帘门(项目编码:020403001 ~020400003)包括门制作、运输、安装,启动装置、五金安装、刷防护材料、油漆。应根据项目特征(门材质、框外围尺寸,启动装置品种、规格、品牌,五金材料、品种、规格,刷防护材料种类,油漆品种、刷漆遍数)以“樘”为计量单位,工程量按设计图示数量计算。

四、其他门(项目编码:020404)

1. 电子感应门、转门、电子对讲门、电动伸缩门(项目编码:020404001 ~020404004)

包括门制作、运输、安装,五金、电子配件安装,刷防护材料、油漆。应根据项目特征(门材质、品牌、外围尺寸,玻璃品种、厚度,五金材料、品种、规格,电子配件品种、规格、品牌,防护材料种类,油漆品种、刷漆遍数)以“樘”为计量单位,工程量按设计图示数量计算。

2. 全玻门(带扇框)、全玻自由门(元扇框)、半玻门(带扇框)(项目编码:020404005 ~020404007)

包括门制作、运输、安装,五金安装,刷防护材料、油漆。应根据项目特征(门类型,框材质、外围尺寸,扇材质、外围尺寸,玻璃品种、厚度,五金材料、品种、规格,防护材料种类,油漆品种、刷漆遍数)以“樘”为计量单位,工程量按设计图示数量计算。

3. 镜面不锈钢饰面门(项目编码:020404008)

包括门扇骨架及基层制作、运输、安装,包面层,五金安装,刷防护材料。应根据项目特征(门类型,框材质、外围尺寸,扇材质、外围尺寸,玻璃品种、厚度,五金材料、品种、规格,防护材料种类,油漆品种、刷漆遍数)以“樘”为计量单位,工程量按设计图示数量计算。

五、木窗(项目编码:020405)

木质平开窗、木质推拉窗、矩形木百叶窗、异形木百叶窗、木组合窗、木天窗、矩形木固定窗、异形木固定窗、装饰空花木窗(项目编码:020405001 ~020405009)包括窗制作、运输、安装、五金、玻璃安装、刷防护材料、油漆。应根据项目特征(窗类型,框材质、外围尺寸,扇材质、外围尺寸,玻璃品种、厚度,五金材料、品种、规格,防护材料种类,油漆品种、刷漆遍数)以“樘”为计量单位,工程量按设计图示数量计算。

六、金属窗(项目编码:020406)

1. 金属推拉窗、金属平开窗、金属固定窗、金属百叶窗、金属组合窗、彩板窗、塑钢窗、金属防盗窗、金属格栅窗(项目编码:020406001～020406009)

包括窗制作、运输、安装,五金、玻璃安装,刷防护材料、油漆。应根据项目特征(窗类型,框材质、外围尺寸,扇材质、外围尺寸,玻璃品种、厚度,五金材料、品种、规格,防护材料种类、油漆品种、刷漆遍数)以"樘"为计量单位,工程量按设计图示数量计算。

2. 特殊五金(项目编码:020406010)

包括五金安装,刷防护材料、油漆。应根据项目特征(五金名称、用途,五金材料、品种、规格)以"个/套"为计量单位,工程量按设计图示数量计算。

七、门窗套(项目编码:020407)

木门窗套、金属门窗套、石材门窗套、门窗术贴脸、硬木筒子板、饰面夹板筒子板(项目编码:020407001～020407006)包括清理基层,底层抹灰,立筋制作、安装,基层板安装,面层铺贴,刷防护材料、油漆。应根据项目特征(底层厚度、砂浆配合比,立筋材料种类、规格,基层材料种类,面层材料品种、规格、品牌、颜色、防护材料种类,油漆品种、刷油遍数)以"m^2"为计量单位,工程量按设计图示尺寸以展开面积计算。

八、窗帘盒、窗帘轨(项目编码:020408)

木窗帘盒、饰面夹板、塑料窗帘盒、铝合金窗帘盒、窗帘轨(项目编码:020408001～020408004)包括制作、运输、安装,刷防护材料、油漆。应根据项目特征(窗帘盒材质、规格、颜色,窗帘轨材质、规格,防护材料种类,油漆种类、刷漆遍数)以"m"为计量单位,工程量按设计图示尺寸以长度计算。

九、窗台板(项目编码:020409)

木窗台板、铝塑窗台板、石材窗台板、金属窗台板(项目编码:020409001～020409004)包括基层清理,抹找平层,窗台板制作、安装,刷防护材料、油漆。应根据项目特征(找平层厚度、砂浆配合比,窗台板材质、规格、颜色,防护材料种类,油漆种类、刷漆遍数)以"m"为计量单位,工程量按设计图示尺寸以长度计算。

第五节 油漆、涂料、裱糊工程

油漆、涂料、裱糊工程内容包括门油漆、窗油漆、木扶手及其他板条线条油漆,木材面油漆,金属面油漆,抹灰面油漆,喷塑、涂料、花饰、线条刷涂料,裱糊。

一、门油漆(项目编码:020501)

门油漆(项目编码:020501001)包括基层清理、刮腻子、刷防护材料、油漆。应根据项目特征(门类型,腻子种类,刮腻子要求,防护材料种类,油漆品种、刷漆遍数)以"樘"为计量单位,工程量按设计图示数量计算。

二、窗油漆(项目编码:020502)

窗油漆(项目编码:020502001)包括基层清理,刮腻子,刷防护材料、油漆。应根据项目特征(窗类型、腻子种类、刮腻子要求、防护材料种类、油漆品种、刷漆遍数)以"樘"为计量单位,工程量按设计图示数量计算。

三、木扶手及其他板条线条油漆(项目编码:020503)

木扶手油漆、窗帘盒油漆、封槽板、顺水板油漆、挂衣板、黑板框油漆、挂镜线、窗帘棍、单独木线油漆(项目编码:020503001~020503005)包括基层清理,刮腻子,刷防护材料、油漆。应根据项目特征(腻子种类、刮腻子要求,油漆体单位展开面积,油漆体长度,防护材料种类,油漆品种、刷漆遍数)以"m"为计量单位,工程量按设计图示尺寸以长度计算。

四、木材面油漆(项目编码:020504)

1. 木板、纤维板、胶合板油漆,木护墙、木墙裙油漆,窗台板、筒子板、盖板、门窗套、踢脚线油漆,清水板条顶棚、檐口油漆、吸声板墙面顶棚面油漆、暖气罩油漆,木方格吊顶顶棚油漆(项目编码:020504001~020504007)

包括基层清理,刮腻子,刷防护材料、油漆。应根据项目特征(腻子种类,刮腻子要求,防护材料种类,油漆品种,刷漆遍数)以"m^2"为计量单位,工程量按设计图示尺寸以面积计算。

2. 木间壁、木隔断油漆,玻璃间壁露明墙筋油漆,木栅栏、木栏杆(带扶手)油漆(项目编码:020504008~020504010)

包括基层清理,刮腻子,刷防护材料、油漆。应根据项目特征(腻子种类,刮腻子要求;防护材料种类,油漆品种,刷漆遍数)以"m^2"为计量单位,工程量按设计图示尺寸以单面外围面积计算。

3. 衣柜、壁柜油漆、梁、柱饰面油漆、零星木装修油漆(项目编码:020504011~020504013)

包括基层清理,刮腻子,刷防护材料、油漆。应根据项目特征(腻子种类,刮腻子要求,防护材料种类,油漆品种、刷漆遍数)以"m^2"为计量单位,工程量按图示尺寸以油漆部分展开面积计算。

4. 木地板油漆(项目编码:020504014)

包括基层清理,刮腻子,刷防护材料、油漆。应根据项目特征(腻子种类,刮腻子要求,防护材料种类,油漆品种,油漆遍数)以"m^2"为计量单位,工程量按设计图示尺寸以面积计算。空洞、空圈、散热器槽、壁龛的开口部分并入相应的工程量内。

5. 木地板烫硬蜡面(项目编码:020504015)

包括基层清理、烫蜡。应根据项目特征(硬蜡品种,面层处理要求)以"m^2"为计量单位,工程量按设计图示尺寸以面积计算。空洞、空圈、散热器槽、壁龛的开口部分并入相应的工程量内。

五、金属面油漆(项目编码:020505)

金属面油漆(项目编码:020505001)包括基层清理,刮腻子,刷防护材料、油漆。应根据项目特征(腻子种类,刮腻子要求,防护材料种类,油漆品种、刷漆遍数)以"t"为计量单位,工程量按设计图示尺寸以质量计算。

六、抹灰面油漆(项目编码:020506)

1. 抹灰面油漆(项目编码:020506001)

包括基层清理,刮腻子、刷防护材料、油漆。应根据项目特征(基层类型,线条宽度、道数,腻子种类,刮腻子要求,防护材料种类,油漆品种、刷漆遍数)以"m^2"为计量单位,工程量按设计图示尺寸以面积计算。

2. 抹灰线条油漆(项目编码:020506002)

包括基层清理,刮腻子,刷防护材料、油漆。应根据项目特征(基层类型,线条宽度、道数,腻子种类,刮腻子要求,防护材料种类、油漆品种、刷漆遍数)以"m"为计量单位,工程量按设计图示长度计算。

七、喷塑、涂料(项目编码:020507)

刷喷涂料(项目编码:020507001)包括基层清理,刮腻子,刷、喷涂料。应根据项目特征(基层类型,腻子种类，刮腻子要求，涂料品种、刷喷遍数）以“m^2”为计量单位，工程量按设计图示尺寸以面积计算。

八、花饰、线条刷涂料（项目编码:020508）

1. 空花格、栏杆刷涂料（项目编码:020508001）

包括基层清理、刮腻子、刷、喷涂料。应根据项目特征（腻子种类，线条宽度，刮腻子要求:涂料品种、刷喷遍数）以“m^2”为计量单位，工程量按设计图示尺寸以单面外围面积计算。

2. 线条刷涂料（项目编码:020508002）

包括基层清理，刮腻子，刷、喷涂料。应根据项目特征（腻子种类，线条宽度，刮腻子要求、涂料品种、刷喷遍数）以“m”为计量单位，工程量按设计图示尺寸以长度计算。

九、裱糊（项目编码:020509）

墙纸棱糊、织锦缎裱糊（项目编码:020509001～020509002）包括基层清理，刮腻子，面层铺粘，刷防护材料。应根据项目特征（基层类型，裱糊构件部位，腻子种类，刮腻子要求，黏结材料种类，防护材料种类，面层材料品种、规格、品牌、颜色）以“m^2”为计量单位，工程量按设计图示尺寸以面积计算。

第六节 其他工程

其他工程内容包括柜类、货架，暖气罩，浴厕配件，压条、装饰线、雨篷、旗杆，招牌、灯箱、美术字。

一、柜类、货架（项目编码:020601）

柜类、货架包括柜台、酒柜、衣柜、存包柜、鞋柜、书柜、厨房壁柜、木壁柜、厨房低柜、厨房吊柜、矮柜、吧台背柜、酒吧吊柜、酒吧台、展台、收银台、试衣间、货架、书架、服务台（项目编码:020601001～020601020）

包括台面制作、运输、安装（安放），刷防护材料、油漆。应根据项目特征（台柜规格，材料种类、规格，五金种类、规格，防护材料种类、油漆品种、刷漆遍数）以“个”为计量单位，工程量按设计图示数量以个计算。

二、暖气罩（项目编码:020602）

饰面板暖气罩、塑料板暖气罩、金属暖气罩（项目编码:020602001～020602003）包括制作、运输、安装，刷防护材料、油漆。应根据项目特征（暖气罩材质，单个罩垂直投影面积，防护材料种类，油漆品种、刷漆遍数）以“m^2”为计量单位，工程量按设计图示尺寸以垂直投影面积（不展开）计算。

三、浴厕配件（项目编码:020603）

1. 洗漱台（项目编码:020603001）

包括台面及支架制作、运输、安装，刷油漆。应根据项目特征（材料品种、规格、品牌、颜色，支架、配件品种、规格、品牌，油漆品种、刷漆遍数）以“m^2”为计量单位，工程量按设计图示尺寸以台面外接矩形面积计算。不扣除孔洞、挖弯、削角所占面积，挡板、吊沿板面积并入台面面积。

2. 晒衣架、帘子杆、浴缸拉手、毛巾杆（项目编码:020603002～020603005）

包括杆、架、配件等的安装，刷油漆。应根据项目特征（材料品种、规格、品牌、颜色，支架、配件品种、规格、品牌、油漆品种、刷漆遍数）以“根（套）”为计量单位，工程量按设计图示数量计算。

3. 毛巾环（项目编码:020603006）

包括环及配件的安装、刷油漆。应根据项目特征（材料品种、规格、品牌、颜色，支架、配件品种、规格、品牌，油漆品种、刷漆遍数）以“副”为计量单位，工程量按设计图示数量计算。

4. 卫生纸盒、肥皂盒(项目编码:020603007 ~ 020603008)

包括盒及配件的安装、刷油漆。应根据项目特征(材料品种、规格、品牌、颜色,支架、配件品种、规格、品牌,油漆品种、刷漆遍数)以"个"为计量单位,工程量按设计图示数量计算。

5. 镜面玻璃(项目编码:020603009 ~ 020603010)

包括基层安装,玻璃及框制作、安装、运输,刷防护材料、油漆。应根据项目特征(镜面玻璃品种、规格,框材质、断面尺寸,基层材料种类,防护材料种类,油漆品种、刷漆遍数)以"m^2"为计量单位,工程量按设计图示尺寸以外边框外围面积计算。

6. 镜箱(项目编码:020603010)

包括基层安装、箱体制作、安装、运输,玻璃安装,刷防护材料、油漆。应根据项目特征(箱材质、规格,玻璃品种、规格,基层材料种类,防护材料种类,油漆品种、刷漆遍数)以"个"为计量单位,工程量按设计图示数量计算。

四、压条、装饰线(项目编码:020604)

金属、木质、石材、石膏、玻璃、铝塑、塑料装饰线(项目编码:020604001 ~ 020604007)包括线条制作、安装,刷防护材料、油漆。应根据项目特征(基层类型,线条材料品种、规格、颜色,防护材料种类,油漆品种、刷漆遍数)以"m"为计量单位,工程量按设计图示尺寸以长度计算。

五、雨篷、旗杆(项目编码:020605)

1. 雨篷吊挂饰面(项目编码:020605001)

包括底层抹灰、龙骨基层安装,面层安装,刷防护材料、油漆。应根据项目特征(基层类型,龙骨材料种类、规格、中距,面层材料品种、规格、品牌,吊顶(天棚)材料品种、规格、品牌,嵌缝材料种类,防护材料种类、油漆品种、刷漆遍数)以"m^2"为计量单位,工程量按设计图示尺寸以水平投影面积计算。

2. 金属旗杆(项目编码:020605002)

包括土石方挖填,基础混凝土浇注,旗杆制作、安装,旗杆台制作、饰面。应根据项目特征(旗杆材料、种类、规格,旗杆高度,基础材料种类,基座材料种类、基座面层材料、种类、规格)以"根"为计量单位,按设计图示数量计算。

六、招牌、灯箱(项目编码:020606)

1. 平面、箱式招牌(项目编码:020606001)

包括基层安装,箱体及支架制作、运输、安装,面层制作、安装,刷防护材料、油漆。应根据项目特征(台柜规格,箱体规格,基层材料种类,面层材料种类,防护材料种类,油漆品种、刷漆遍数)以"m^2"为计量单位,工程量按设计图示尺寸以正立面边框外围面积计算。复杂形的凸凹造型部分不增加面积。

2. 竖式标箱、灯箱(项目编码:020606002 ~ 020606003)

包括基层安装,箱体及支架制作、运输、安装,面层制作、安装,刷防护材料、油漆。应根据项目特征(台柜规格,箱体规格,基层材料种类,面层材料种类,防护材料种类、油漆品种、刷漆遍数)以"个"为计量单位,工程量按设计图示数量以个计算。

七、美术字(项目编码:020607)

泡沫塑料字、有机玻璃字、木制字、金属字(项目编码:020607001 ~ 020607004)包括字的制作、运输、安装,刷油漆。应根据项目特征(基层类型,字材料品种、颜色,字体规格、固定方式、油漆品种、刷漆遍数)以"个"为计量单位,工程量按设计图示数量以个计算。

第五章　工程量清单计价法综合单价的计算

综合单价是指完成单位分部分项工程清单项目所需的各项费用。它包括完成该工程清单项目所发生的人工费、材料费、机械费、管理费和利润,并考虑风险因素。人工费、材料费、机械费是根据企业定额或地区平均水平定额的人工、材料和机械台班消耗量与其相应的价格相乘来计算。综合单价分析是每一个工程量清单计价过程的核心内容,它是清单计价人员填列清单计价表的依据。

一、综合单价的特点

1. 其各项平均消耗要比社会平均水平低,体现其先进性。
2. 可体现本企业在某些方面的技术优势。
3. 可体现本企业局部或全面管理方面的优势。
4. 所有的单价都应是动态的,具有市场性,而且与施工方案能全面接轨。

二、综合单价的制定

从综合单价的特点可看出,企业综合单价的产生并不是一件容易的事。企业综合单价形成和发展要经历由不成熟到成熟、由实践到理论的多次反复滚动的积累过程。在这个过程中,企业的生产技术在不断发展,管理水平和管理体制也在不断更新。企业定额的制定过程是一个快速互动的内部自我完善过程,编制企业定额,除了要有充分的资料积累外,还必须运用计算机等科学的手段和先进的管理思想作为指导。目前,由于大多数施工企业还未能形成自己的企业定额,在制定综合单价时,多是参考地区定额内各相应子目的工料消耗量,乘以自己在支付人工、购买材料、使用机械和消耗能源方面的市场单价,再加上由地区定额制定的按企业类别或工程类别的综合管理费率和优惠折扣系数。相当于把一个工程按清单内的细目划分变成一个个独立的工程项目套用定额,其实质,仍旧沿用了定额计价模式去处理,只不过表现形式不同而已。

【例 2-5-1】 试确定某多层砖混住宅土方工程的分部分项工程量清单综合单价。土壤类别为二类土;基础为钢筋混凝土带形基础;垫层宽度为 1 500 mm;挖土深度 1.8 m;弃土运距为 5 km;基础长度 150 m。业主提供基础挖土工程量清单 405 m^3。

解　投标人根据地质资料和施工方案计算

(1)基础挖土方总量:$V=(a+2c+kH)\times H\times L=(1.5+2\times0.3+0.42\times1.8)\times1.8\times150$

$=771.12\ m^3$

注:工作面宽度各边 0.3 m,放坡系数 0.42。

(2)采用人工挖土方量为 771.12 m^3,根据施工方案除沟边堆土外,现场堆 300 m^3、运距 60 m、采用人工运输;土方外运,装载机装、自卸汽车运、运距 5 km、土方量 203.4 m^3。

(3)人工挖土、运土(60 m 内)

人工费:

771.12 m^3 ×0.437 工日/m^3 ×53.00 元/工日 +300 m^3 ×0.295 2 工日/m^3 ×53.00 元/工日

=17 859.91 +4 693.68 =22 553.59 元

(4)人工装卸,汽车运土(5 km)

①人工费:53.00 元/工日 ×0.208 工日/m^3 ×203.4 m^3 =2 242.28 元

②机械费:

自卸汽车(6t):386.29 元/台班 ×0.061 24 台班/m^3 ×203.4m^3 =4 811.71 元

人工费:24 795.87 元　　机械费:4 811.71 元

(5)综合

①直接费合计:29 607.58 元

②管理费:人工费 ×15% =3 719.38 元

③利润:人工费 ×10% =2 479.59 元

④总计:35 806.55 元

⑤综合单价:35 806.55 元/405 m^3 =88.41 元/m^3

综合单价计价表

工程名称:某住宅　　计量单位:m^3

项目编码:010101003001　　工程数量:405 m^3

项目名称:挖基础土方　　综合单价:88.41 元

<table>
<tr><th rowspan="2">序号</th><th rowspan="2">定额编号</th><th rowspan="2">工程内容</th><th rowspan="2">单位</th><th rowspan="2">数量</th><th colspan="6">其中</th></tr>
<tr><th>人工费</th><th>材料费</th><th>机械费</th><th>管理费</th><th>利润</th><th>小计</th></tr>
<tr><td>1</td><td>1 -17</td><td>人工挖土</td><td></td><td></td><td>44.13</td><td></td><td></td><td>6.62</td><td>4.41</td><td>55.16</td></tr>
<tr><td>2</td><td>1 -201 +202 ×2</td><td>人工运土</td><td></td><td></td><td>11.58</td><td></td><td></td><td>1.74</td><td>1.16</td><td>14.48</td></tr>
<tr><td>3</td><td>1 -317</td><td>人工装卸
汽车运土</td><td></td><td></td><td>5.53</td><td></td><td>11.88</td><td>0.83</td><td>0.55</td><td>18.79</td></tr>
<tr><td></td><td></td><td>合计</td><td></td><td></td><td>61.24</td><td></td><td>11.88</td><td>9.19</td><td>6.12</td><td>88.41</td></tr>
</table>

注:定额量/清单量　人工挖土:771.12/405 =1.904

人工运土:300/405 =0.74　(1081.2 +2 ×241.68)/100 ×0.74 =11.58

汽车运土:203.4/405 =0.502　管理费费率:15%　利润率:10%

三、编制综合计价表

有的地区或企业为了方便进行清单计价,根据自身情况及国家相关标准,按照清单计价规范定的工作内容编制了综合计价表,具体内容略(黑龙江计价表见本书第二编第六章)。

第六章　工程造价计算实例

第一节　建筑与装饰装修工程设计内容与施工方案

一、工程设计

(一)设计说明

1. 本工程为哈尔滨市内的六层综合楼,建筑面积为 1 886.84 m^2,占地面积为 314.48 m^2。

2. 建筑结构一层为局部框架,其他为砖混结构,安全等级为二类,使用年限为 50 年,抗震设防烈度为六度,抗震设计等级为四级。

3. 防火设计的建筑分类为二类,耐火等级为二级。

4. 砌体设计:墙为节能墙体,做法见表 2-6-1。

表 2-6-1　砌体设计

位置	层数	墙厚	块体材料	砂浆种类	附加层
基础		370	实心砖	M10 水泥砂浆	
内外墙	一、二层	370	实心砖	M10 混合砂浆	外墙为砖填充炉渣墙
		240	多孔砖	M10 混合砂浆	
	三、四、五	370	实心砖	M7.5 混合砂浆	外墙为砖填充炉渣墙
		240	多孔砖	M7.5 混合砂浆	
	六层	370	实心砖	M5 混合砂浆	外墙为砖填充炉渣墙
		240	多孔砖	M7 混合砂浆	
	一层	120	实心砖	M10 混合砂浆	
	一层	60	实心砖	M10 水泥砂浆	

5. 门窗设计:见表 2-6-2。

表 2-6-2　门窗表

名称	一层	二～六层	数量	面积/m^2	框尺寸/mm	门窗立樘/mm	做　法
M3630	1		1	10.8	100	外边框距砖墙外边为 120	不锈钢全玻璃门
M1520	1		1	3	95	外边框距砖墙外边为 120	防盗门
M1220	1		1	3.24	60×90	居中	半截玻璃带亮子镶板木门
M1527	1	8×4+7=39	40	162	60×90	居中	半截玻璃带亮子镶板木门
M0920	5	1×5=5	10	18.00	57×85	居中	不带亮子镶板木门
C2427	10		10	64.8	60	外边框距砖墙外边为 120	塑钢窗
C1527	2		2	8.1	60	外边框距砖墙外边为 120	塑钢窗
C2424		11×5=55	55	316.8	60	外边框距砖墙外边为 120	塑钢窗
C1824		1×5=5	5	21.6	60	外边框距砖墙外边为 120	塑钢窗
C1524		2×5=10	10	36	60	外边框距砖墙外边为 120	塑钢窗

6. 屋面工程：防水等级为三级，平屋面，具体做法见下表。

7. 外装修：一层以下贴外墙砖，转角处面砖切45°角。二层以上抹水泥砂浆刷涂料。

8. 内装修、雨篷、散水做法：见表2－6－3。

表2－6－3　装修做法

房间	天棚	墙面	地面
餐厅	轻钢龙骨、 5厚装饰玻璃板吊顶	理石墙面、柱面，柱面转角处面砖切45°角	1. 素土夯实　2. 60厚C10砼垫层 3. 20厚1:3水泥砂浆找平 4. 20厚1:3干硬性水泥砂浆结合层表面撒水泥粉 5. 20厚理石地面、150高踢脚板
厨房 配餐室	木龙骨 PVC板吊顶	瓷砖	1. 素土夯实　2. 60厚C10砼垫层 3. 20厚1:3水泥砂浆找平 4. 1.5厚聚氨酯涂膜防水上卷200高 5. 20厚1:3干硬性水泥砂浆结合层表面撒水泥粉 6. 20厚理石地面、150高踢脚板
更衣室 仓库 洗涤间	混合砂浆抹灰 白色涂料粉刷	混合砂浆抹灰 白色涂料粉刷	1. 素土夯实　2. 60厚C10砼垫层 3. 20厚1:3水泥砂浆找平 4. 20厚1:3干硬性水泥砂浆结合层表面撒水泥粉 5. 20厚理石地面、150高踢脚板
一层 卫生间	木龙骨 PVC板吊顶	抹防水砂浆 贴墙砖	1. 素土夯实　2. 60厚C10砼垫层 3. 20厚1:3水泥砂浆找平 4. 1.5厚聚氨酯涂膜防水上卷200高 5. 20厚1:3干硬性水泥砂浆结合层表面撒水泥粉 6. 10厚地砖
二～六层卫生间	木龙骨 PVC板吊顶	抹防水砂浆 贴墙砖	1. 20厚1:3水泥砂浆找平 2. 1.5厚聚氨酯涂膜防水上卷200高 3. 20厚1:3干硬性水泥砂浆结合层表面撒水泥粉 4. 10厚地砖
二、三层客房	混合砂浆抹灰、白色涂料粉刷	混合砂浆抹灰 白色涂料粉刷	1. 10厚1:3水泥砂浆找平 2. 20厚1:3干硬性水泥砂浆结合层表面撒水泥粉 3. 20厚理石地面、150高踢脚板
四、五、六层客房	混合砂浆抹灰、白色乳胶漆粉刷	混合砂浆抹灰 白色乳胶漆粉刷	1. 10厚1:3水泥砂浆找平 2. 20厚1:2.5水泥砂浆地面 3. 10厚地毯
会议室	见具体设计	高级装饰见具体设计	高级装饰见具体设计
楼梯间	20厚混合砂浆抹灰、白色乳胶漆粉刷	20厚混合砂浆抹灰 白色乳胶漆粉刷	1. 素土夯实　2. 60厚C10砼垫层 3. 20厚1:3水泥砂浆找平 4. 20厚1:3干硬性水泥砂浆结合层表面撒水泥粉 5. 20厚理石地面、150高踢脚板
楼梯	混合砂浆抹灰、白色乳胶漆粉刷	20厚混合砂浆抹灰 白色乳胶漆粉刷	1. 20厚1:3干硬性水泥砂浆结合层表面撒水泥粉 2. 20厚理石地面、150高踢脚板
楼梯栏杆扶手	不锈钢扶手 $\phi60$、栏杆 $\phi32$		
台阶	1. 素土夯实　2. 300厚天然级配砂石　3. 碎砖灌浆垫层　4. 60厚C10砼垫层　5. 剁斧石台阶面层		
散水	1. 素土夯实　2. 300厚天然级配砂石　3. 100厚碎石灌浆垫层　4. 80厚C15砼抹光		
雨篷	1. 顶面抹防水砂浆　2. 边及底面水泥砂浆抹面刷涂料		
窗台板	理石　做法见图集03J930—1　P359—③		
屋面做法	1. 20厚1:3水泥砂浆找平　2. 2厚SBS隔气层　3. 60厚聚苯板保温　4. 炉渣找坡最薄处30厚 5. 20厚1:3水泥砂浆找平　6. 4厚SBS卷材防水　7. 40厚细石砼(99J201—1—P9—2)		

（二）设计图纸见图 2－6－1～图 2－6－26。

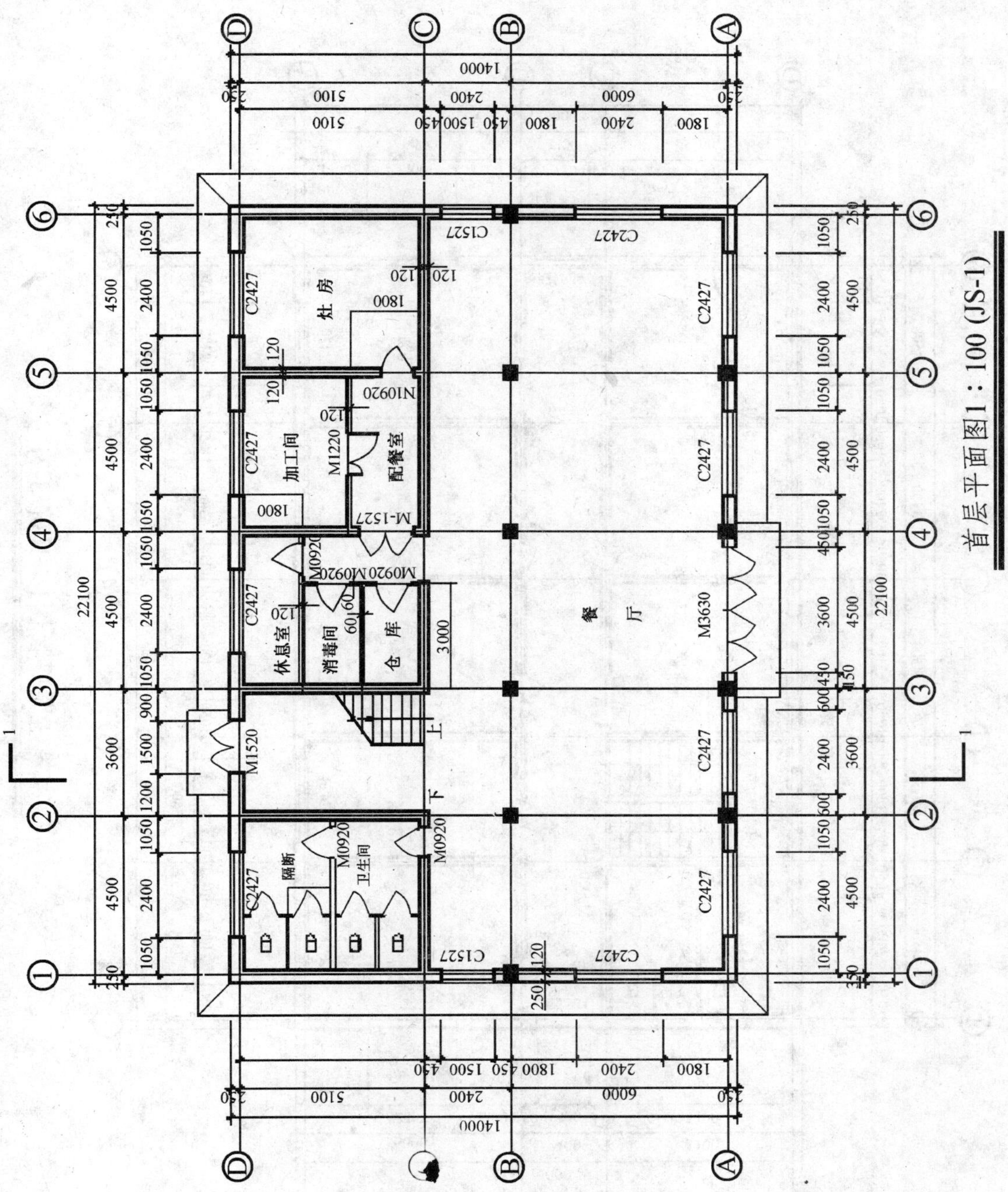

图 2－6－1

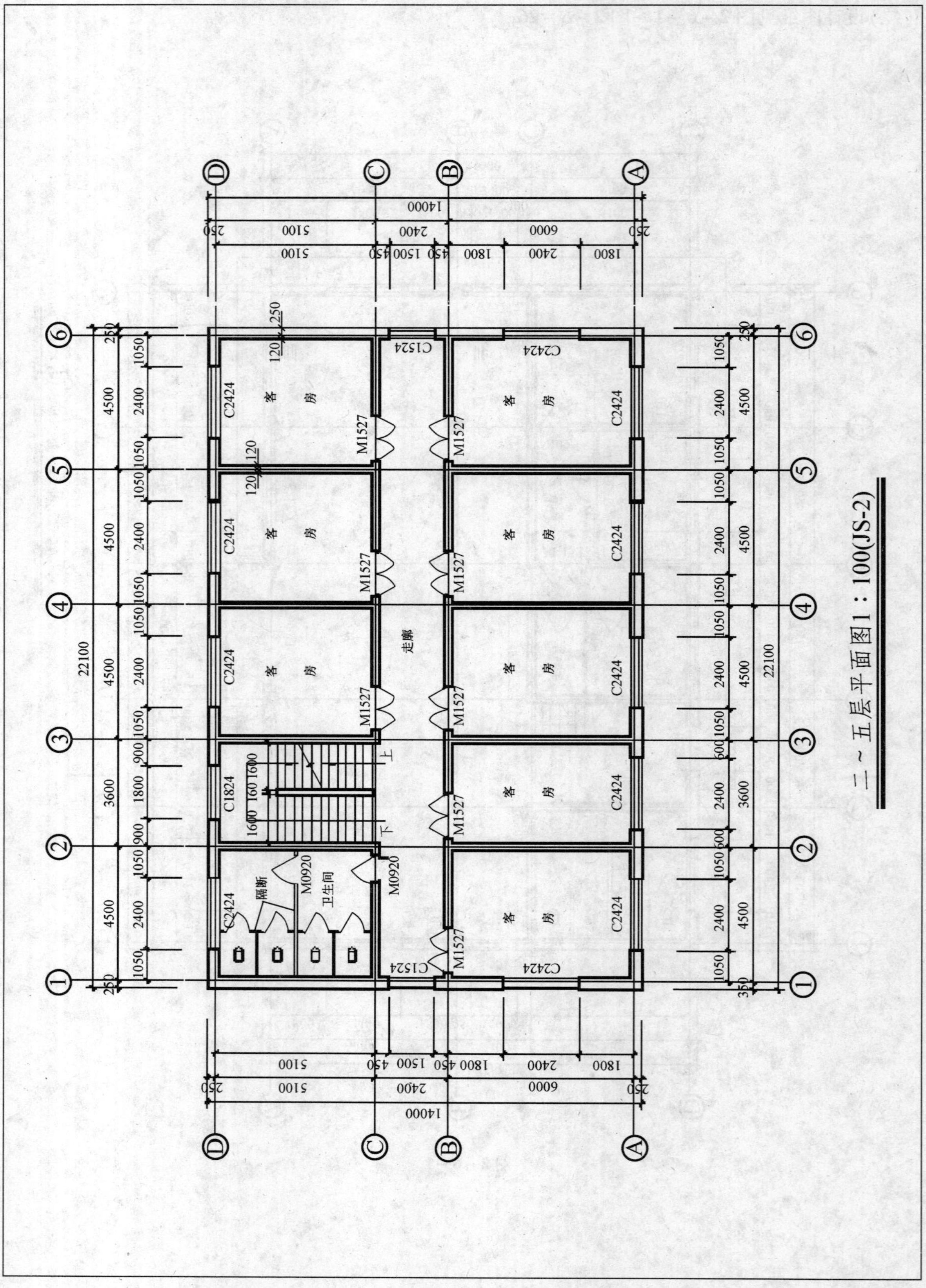
二～五层平面图1：100(JS-2)
客房
走廊
卫生间
隔断
C2424
C1824
C1524
M1527
M0920
22100
14000

图 2-6-2

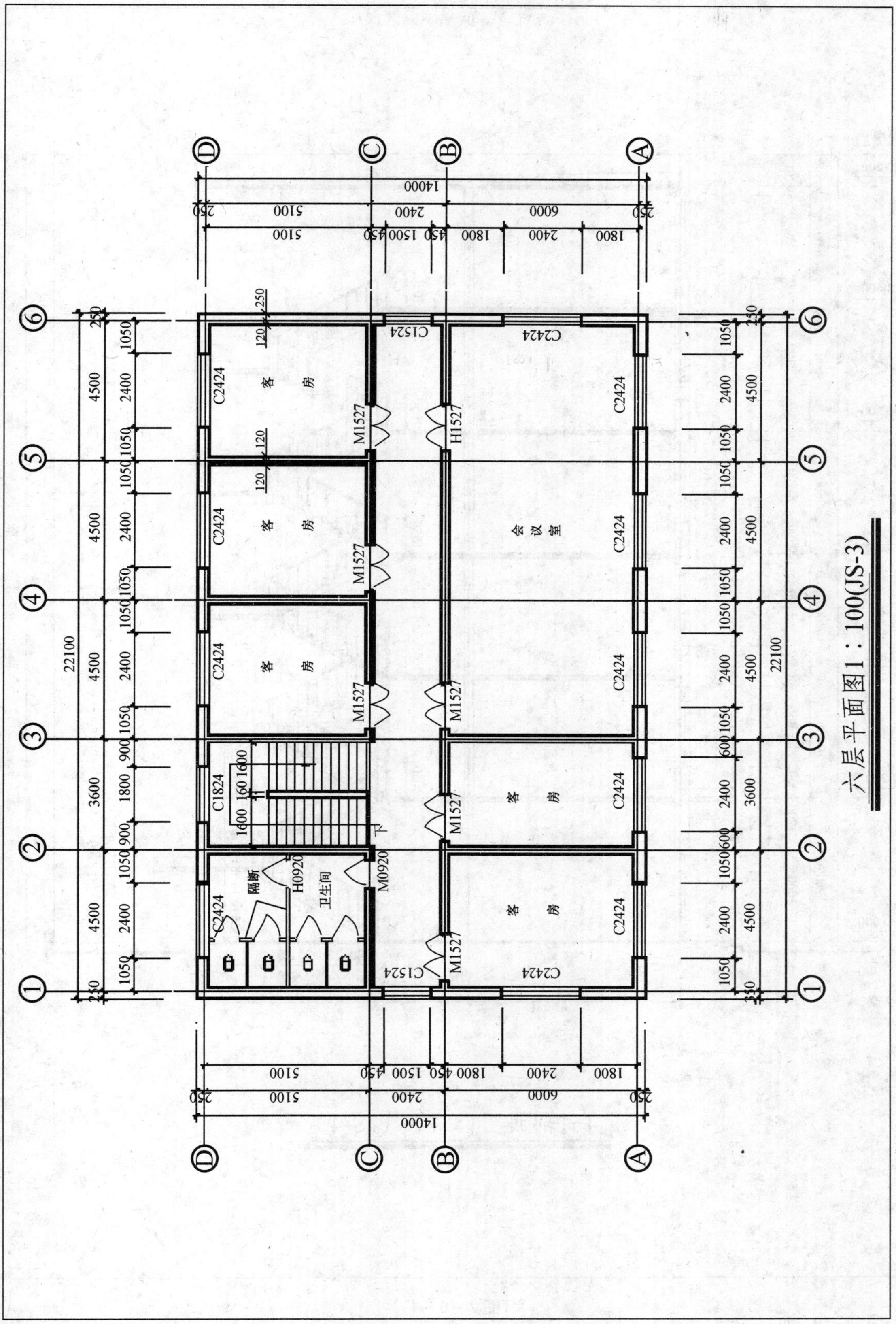
六层平面图1：100(JS-3)
客房
会议室
卫生间
隔断
C2424
C1524
C1824
M1527
H1527
M0920
H0920
22100
14000

图2－6－3

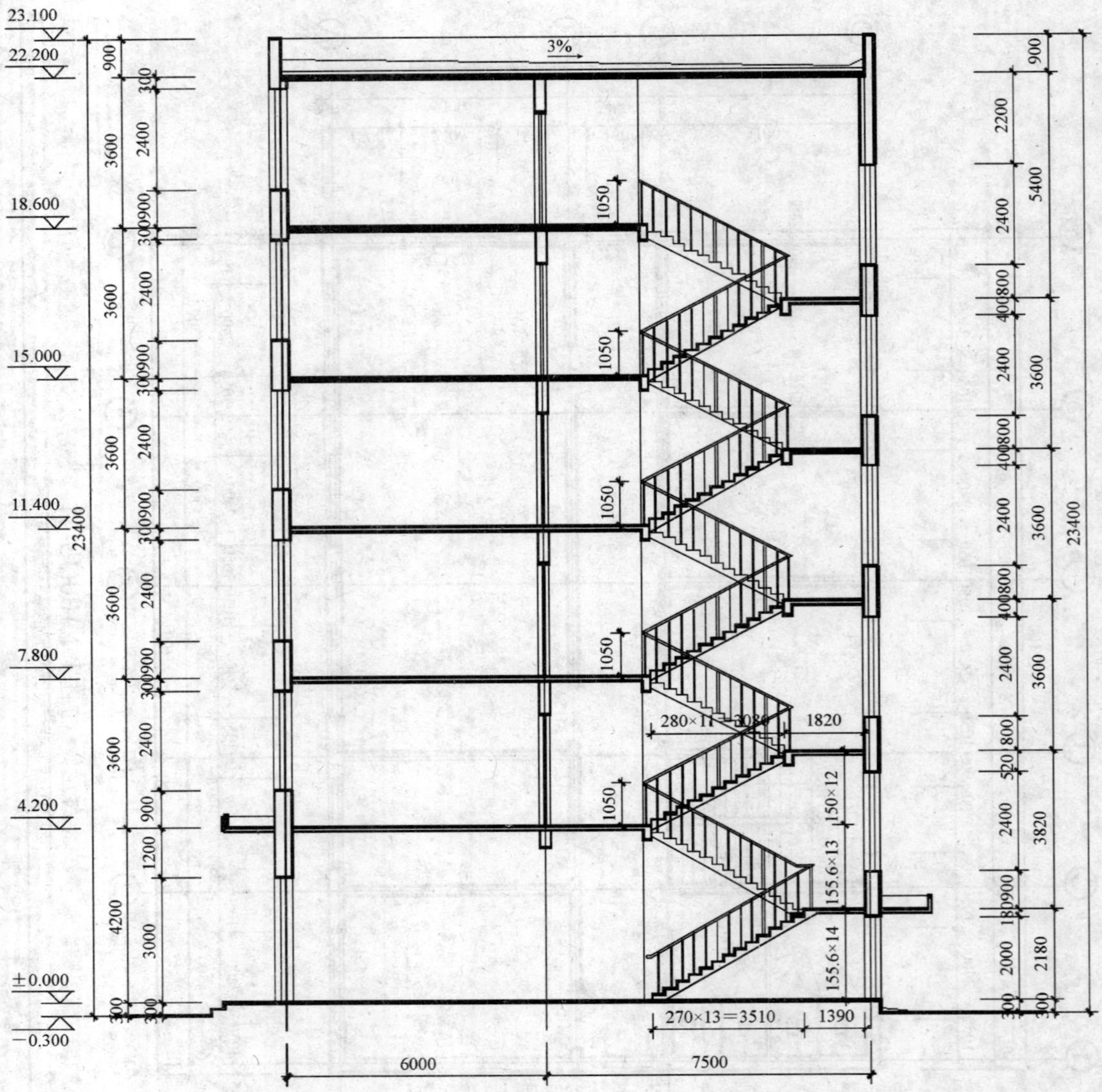

1-1剖面图1：100（JS-4）

图 2－6－4

①-⑥ 剖面图 1∶100 (JS-5)

图 2-6-5

⑥-① 轴立面图 1：100 (JS-6)

图 2-6-6

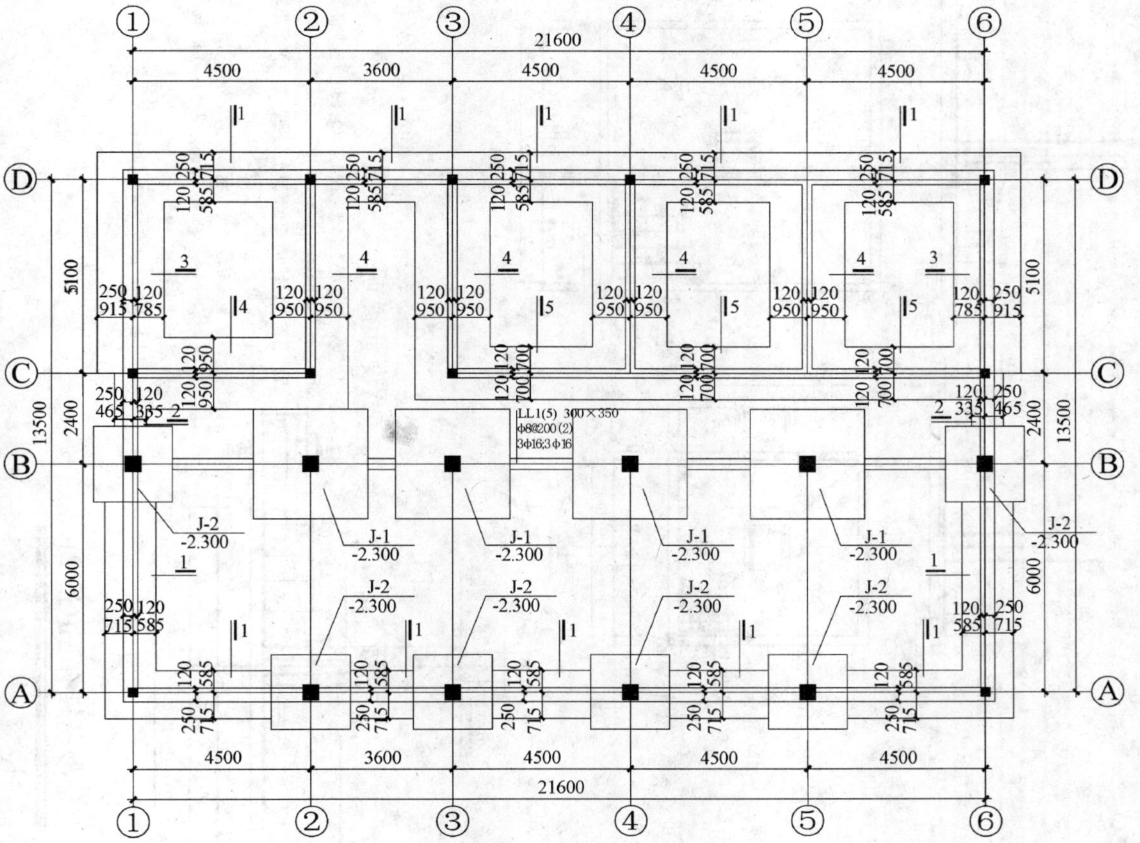

条形基础平面布置图1：100（GS-1）

设计说明:

1　本工程基础采用钢筋混凝土条形基础，地基承载力特征值为fak=180 kPa，地基经验槽后方可进行基础施工，如发现与地质报告书所提供的土质有差异请立即与设计单位联系重新修改设计。

2　钢筋混凝土条形基础在T形及十字形交接处，底板横向受力钢筋仅沿一个主要受力方向通常布置，另一方向的横向受力钢筋可布置到主要受力方向底板宽度1/4处，在拐角处底板横向受力钢筋应沿两个方向布置，详见下图。

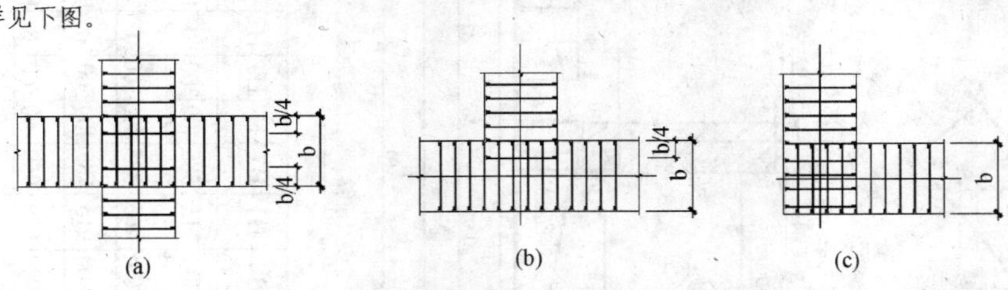

3　材料：混凝土　基础C30　梁柱C30　钢筋HPB235（ф）级　HRB335（ф̲）级　红砖均用MU10，±0.00以下M10水泥砂浆，±0.000以上M10混合砂浆。

4　钢筋保护层基础40，钢筋搭接及锚固长度46d及40d，钢筋接头优先采用机械连接。

5　基槽开挖时应注意市政管线及相邻建筑及给排水管线。

图2－6－7

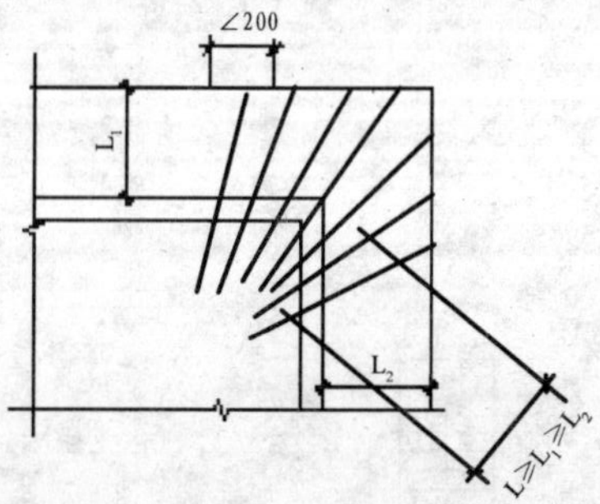

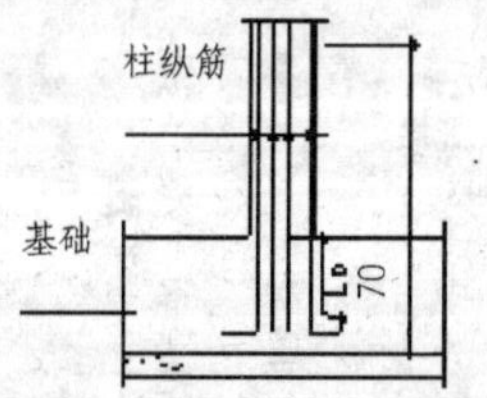

柱（构造柱）与基础链接构造

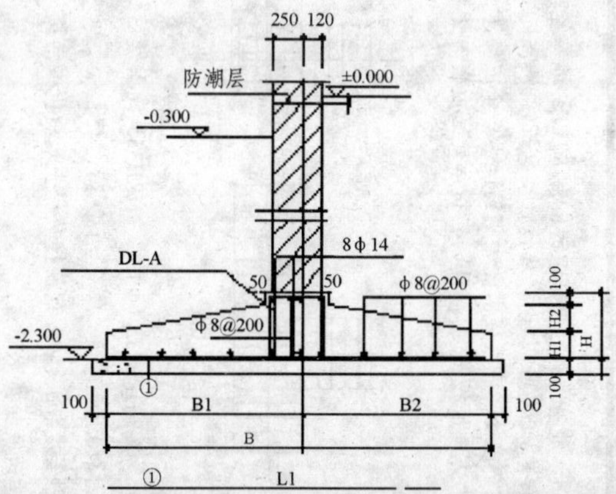

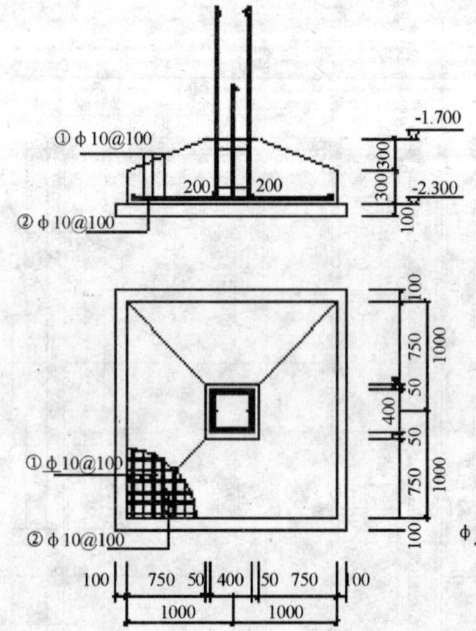

J-2

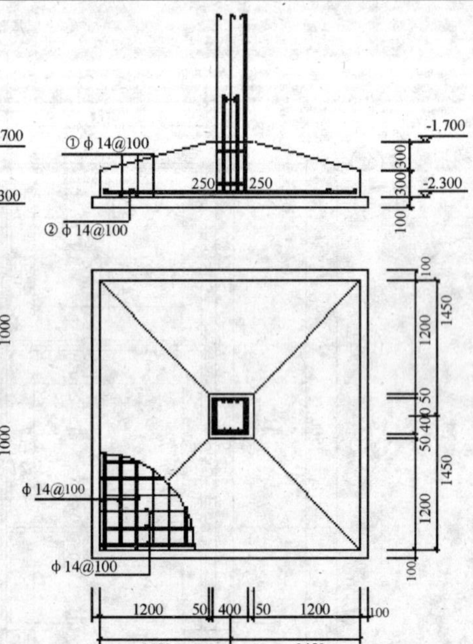

J-1

基础详表

剖面号	基础类型	B	B1	B2	H	H1	H2	①号钢筋	
								L1	直径
1-1	A1	1300	715	585	400	300	0	1220	Φ10@170
2-2	A1	800	465	335	400	300	0	720	Φ10@170
3-3	A1	1700	915	785	400	300	0	1620	Φ10@120
4-4	A2	1900	950	950	400	300	0	1820	Φ12@100
5-5	A2	1400	700	700	400	300	0	1320	Φ12@200

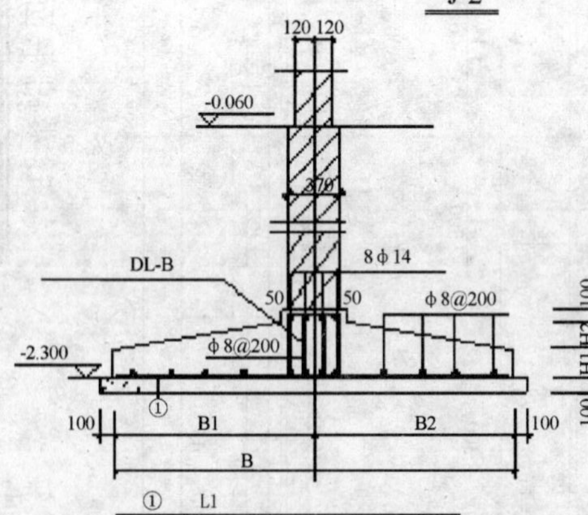

设计说明：

1 材料 混凝土 基础C30 梁柱C30钢筋 HPB235（Φ）级 HRB335（Φ）级。
2 基础下设100厚C10混凝土垫层，每边伸出基础底板100.
3 外伸部分转角处底板配置放射形构造钢筋，详见下图，钢筋直径与边跨受力钢筋相同，外端间距≤200。
4 防潮层位于室内地面下60mm，采用1：2水泥砂浆（内掺5%防水粉），厚20mm。
5 凡与土相接触的砖墙抹20厚防水砂浆。

条形基础详图(GS-2)

图2-6-8

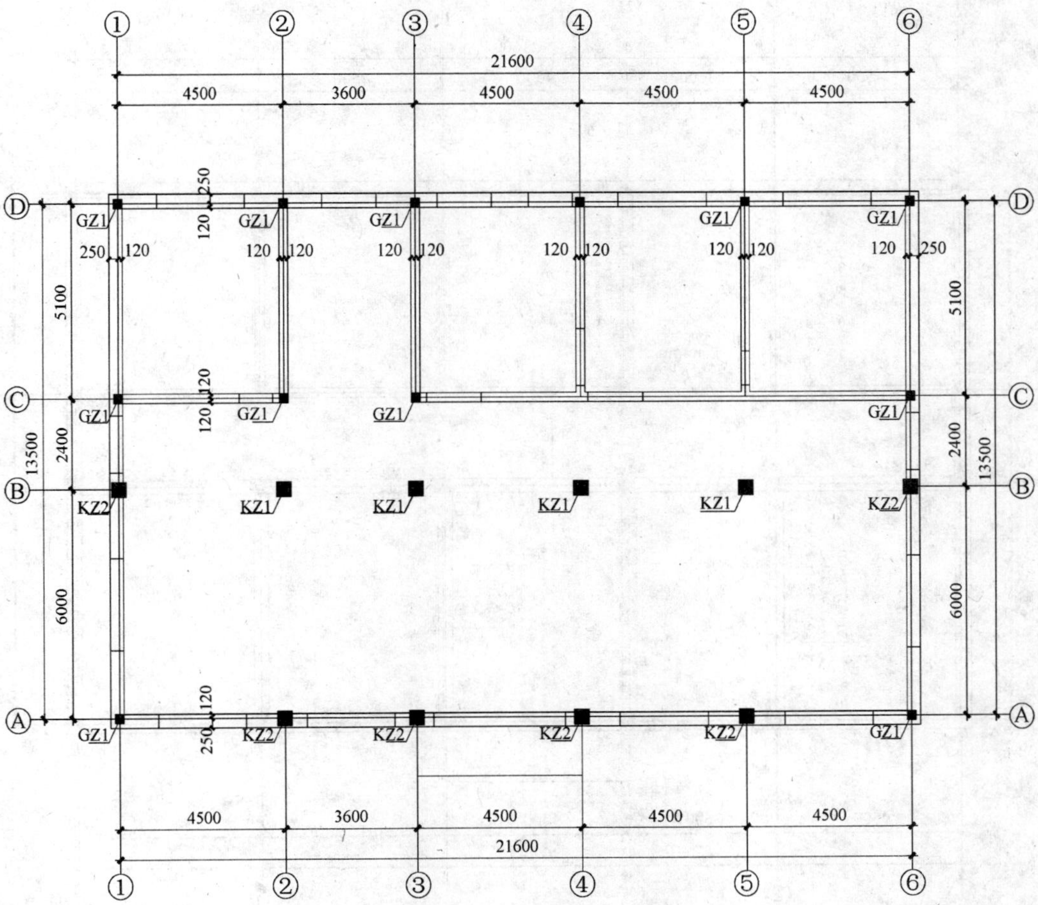

首层墙柱平面布置配筋1：100(GS-3)

设计说明:

1　本工程柱材料采用C30混凝土，钢筋HPB235（ϕ）HRB335（ϕ）级。
2　柱纵向钢筋搭接接头每次在每边不得超过4根，柱底层纵筋宜采用焊接单面焊10d，双面焊5d。
3　梁柱节点内柱箍筋按加密区布置，混凝土等级按高者施工，箍筋弯钩135°弯钩直段长度10d。
4　框架柱与墙连接时在柱内沿高度@500预埋2ϕ6钢筋，在柱内锚固长度不小于200，沿砖墙全长设置。
5　柱构造要求详见图集《03G101-1》。
6　未定位柱均为居轴线中设置，未标注柱均为KZ1。

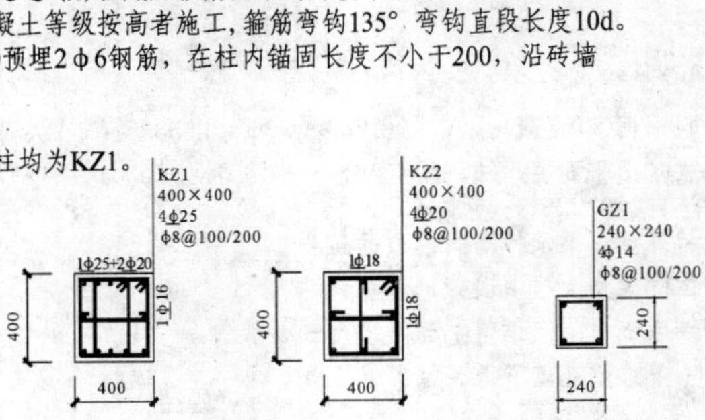

KZ1　KZ2　GZ1

图2－6－9

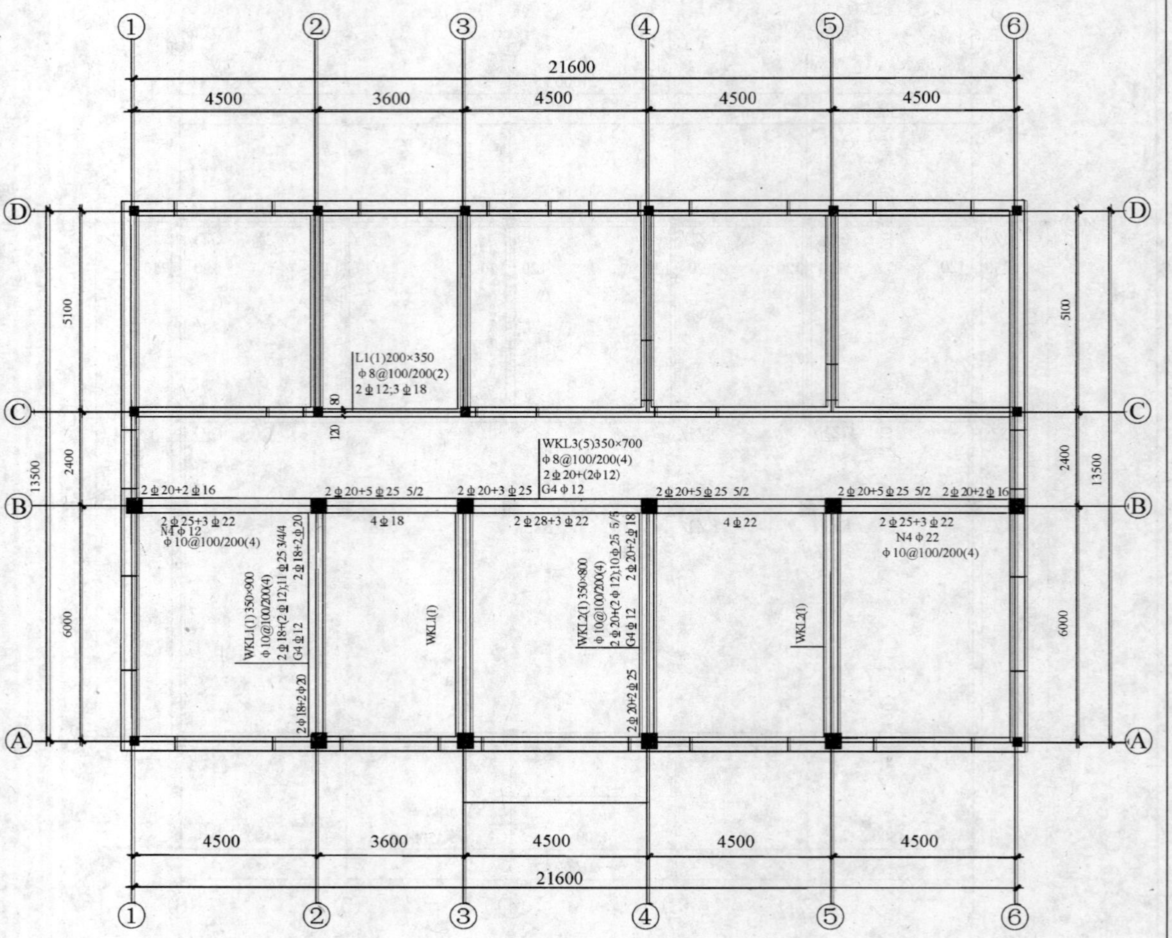

首层顶梁平面布置配筋1：100 (GS-4)

设计说明:

1 梁材料采用C30混凝土，钢筋用HPB235(ϕ)，HRB335(ϕ)级。
2 本工程采用平面表示法，结点及构造措施详见《03G101-1》，过梁选自《G322-1》荷载等级3级。
3 如无特殊标注梁顶标高同板顶标高。
4 未定位的梁均为居中设置。
5 先砌墙后浇框架，框架抗震等级为三级。
6 混凝土梁未留孔者不得穿越水暖管道。

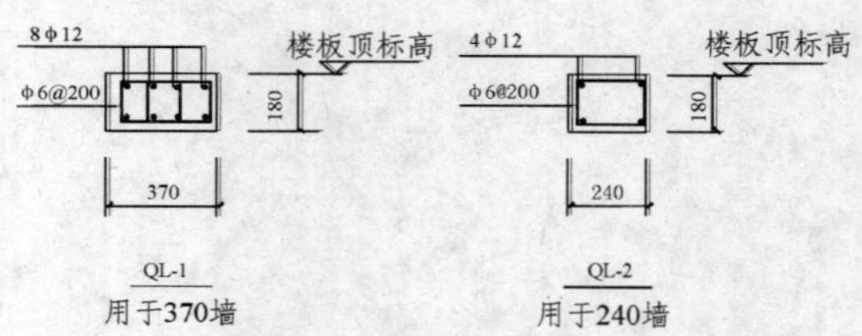

图 2-6-10

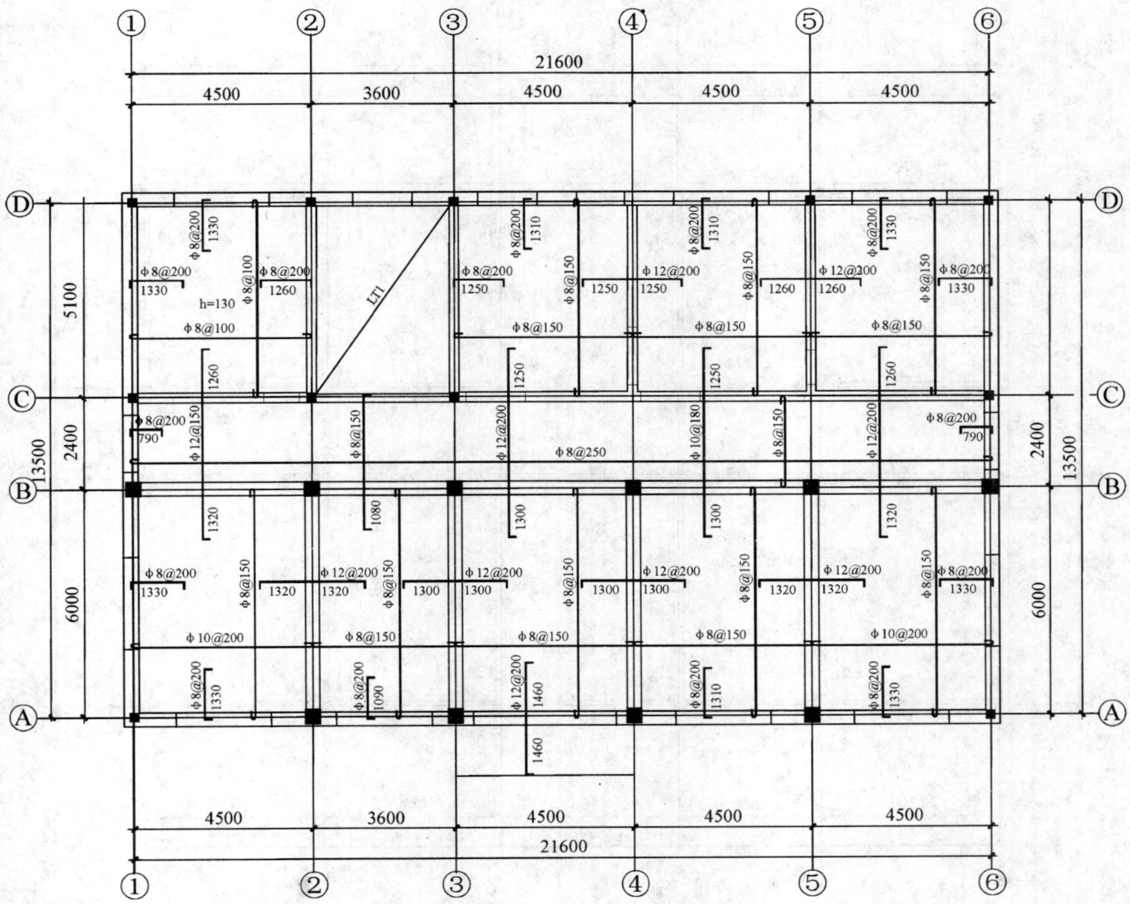

首层顶板配筋图1：100 (GS-5)

设计说明:

1 混凝土强度等级：楼板C25，钢筋为HPB235（ϕ），HRB335（ϕ）。
2 未注明板厚均为120 mm，板顶标高为建筑标高减15mm。
3 现浇板中钢筋长度：支座钢筋只给出水平长度，直钩长度为板厚减15mm，板底钢筋伸入支座（墙或梁）≥100mm，弯钩长度为6.25d。
4 图中现浇板中板底钢筋交叉时，钢筋量较大者居下，钢筋相同时短跨向钢筋居下，未标注板分布筋均为ϕ8@200。
5 现浇板上如有孔洞应予留，不得后凿。
6 当现浇板上砌筑隔墙时，应在现浇板内设置上下各2ϕ16的加强筋。

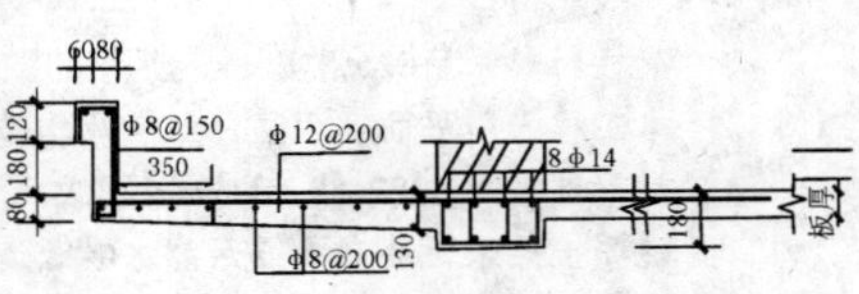

YP1 C30

图 2-6-11

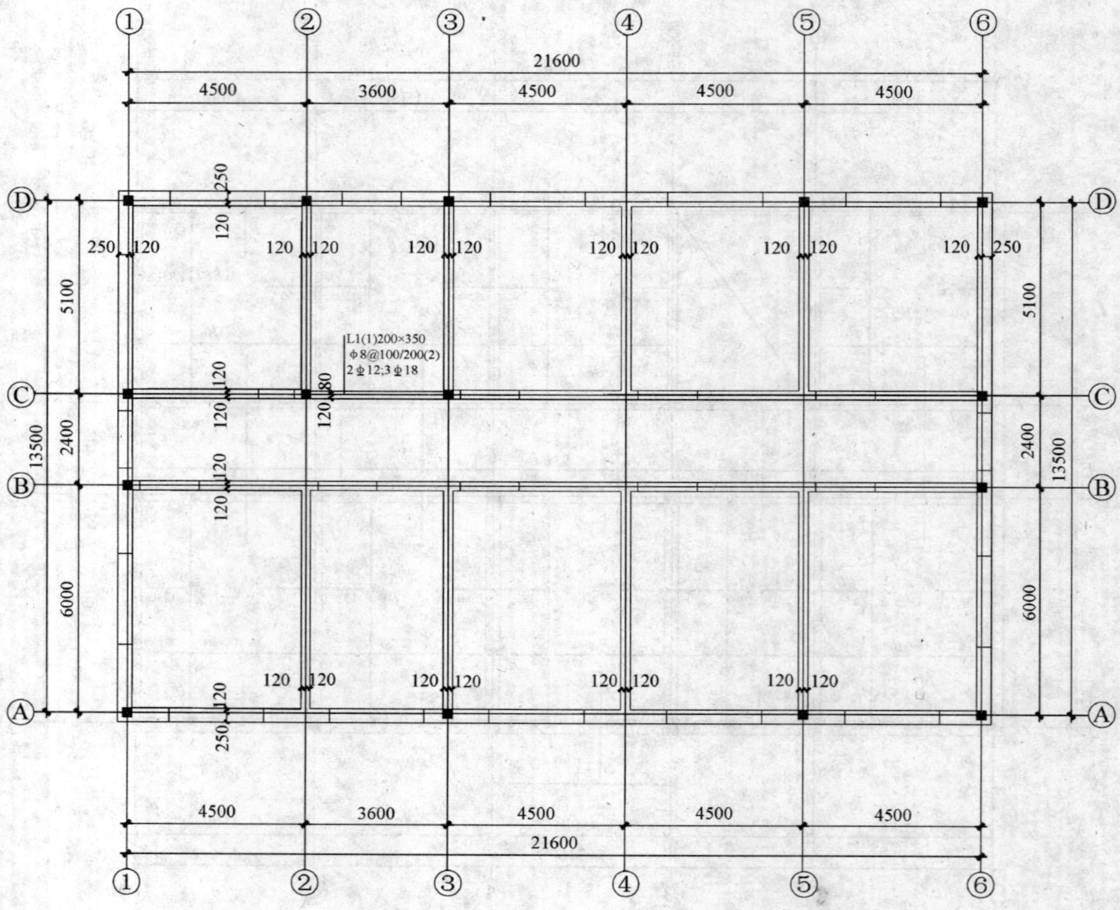

二～五层墙柱定位及顶梁配筋图1：100 (GS-6)

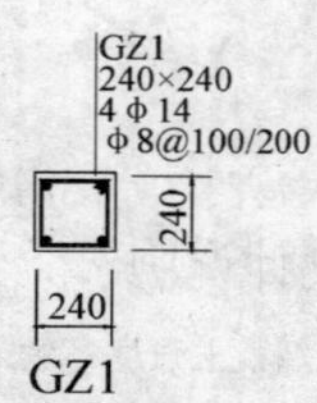

设计说明:

1 梁柱材料采用C25混凝土钢筋用HPB235（φ），HRB335（φ）级。

2 本工程采用平面表示法，结点及构造措施详见《03G101-1》，过梁选自《G322-1》荷载等级3级。

3 混凝土梁未留孔者不得穿越水暖管道。

4 未定位的柱及梁均为居中设置，梁顶标高同板顶标高。

5 未标注的柱均为GZ1。

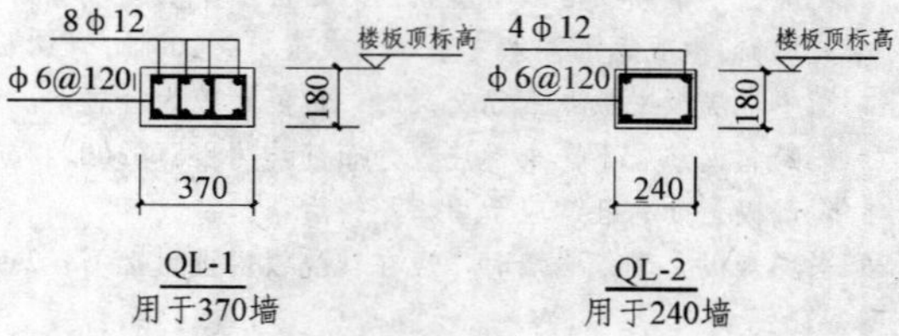

图2－6－12

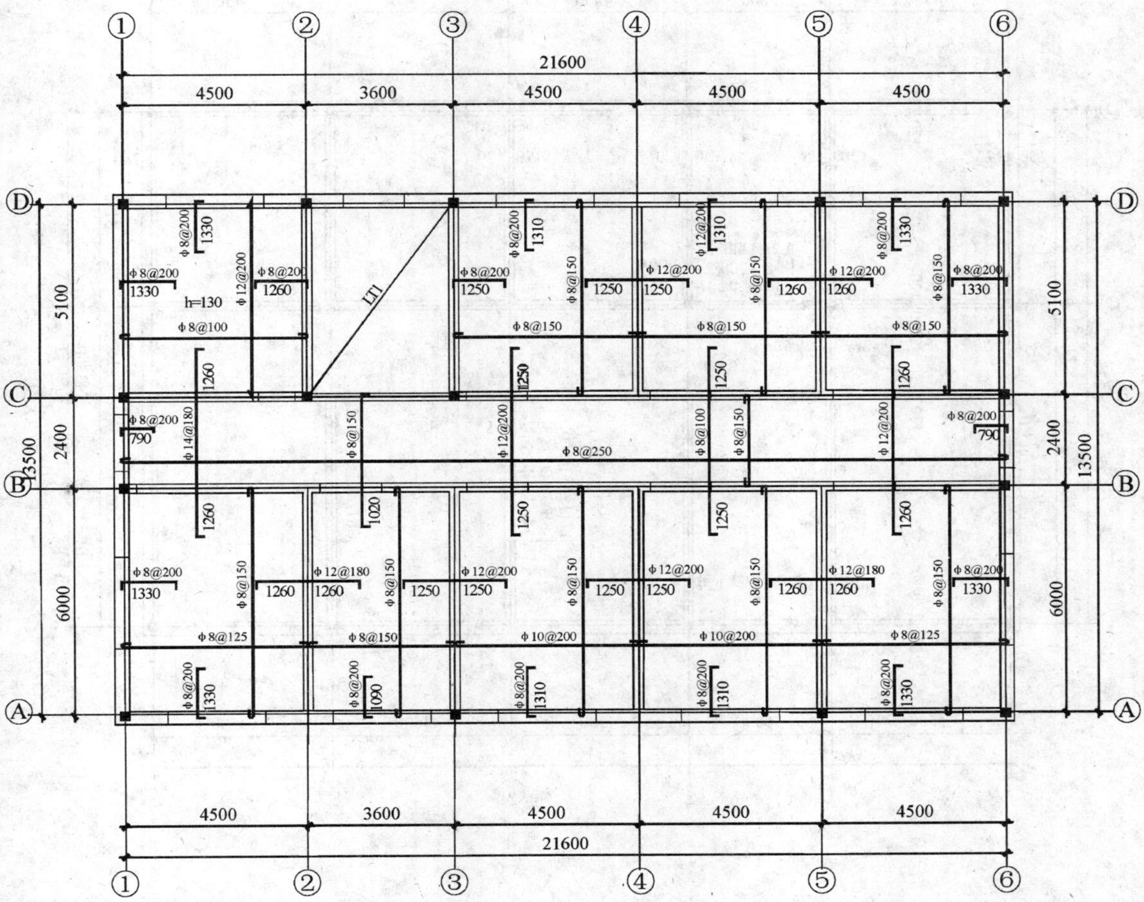

二～五层顶板配筋图1：100 (GS-7)

设计说明:

1 混凝土强度等级：楼板C20，钢筋为HPB235（ф），HRB335（ф）。

2 未注明板厚均为120mm，板顶标高为建筑标高减20mm。

3 现浇板中钢筋长度：支座钢筋只给出水平长度，直钩长度为板厚减20mm，板底钢筋伸入支座（墙或梁）≥100mm，弯钩长度为6.25d。

4 图中现浇板中板底钢筋交叉时，钢筋量较大者居下，钢筋量相同时短跨向钢筋居下，未标注板分布筋均为ф8@200。

5 现浇板上如有孔洞应予留，不得后凿。

6 当现浇板上砌筑隔墙时，应在现浇板内设置上下各2ф16的加强筋。

图 2－6－13

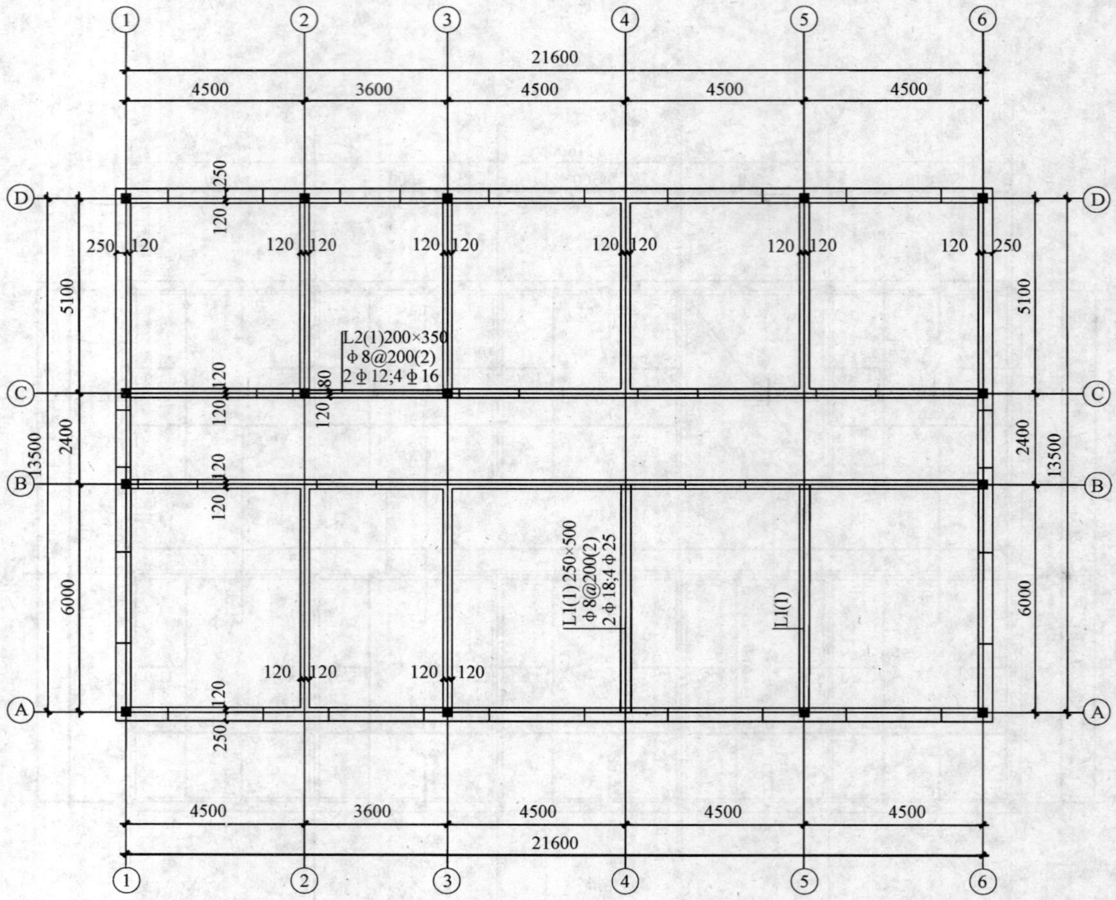

顶层墙柱定位及顶梁配筋图1：100(GS-8)

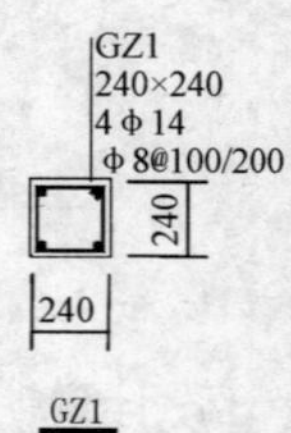

设计说明:

1 梁柱材料采用C25混凝土，钢筋用HPB235（φ），HRB335（φ）级。
2 本工程采用平面表示法，结点及构造措施详见《03G101-1》。
3 混凝土梁未留孔者不得穿越水暖管道。
4 未定位的柱及梁均为居中设置，梁顶标高同板顶标高。
5 未标注的柱均为GZ1。

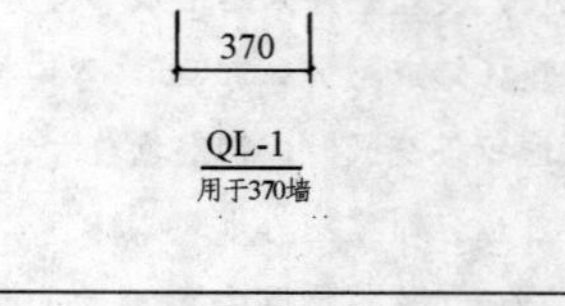

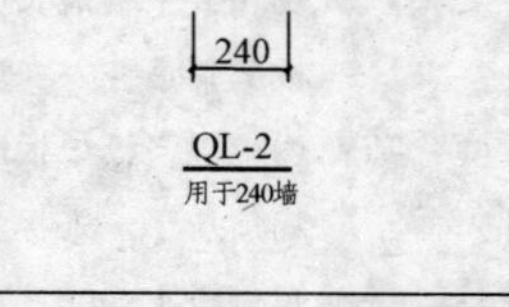

图2-6-14

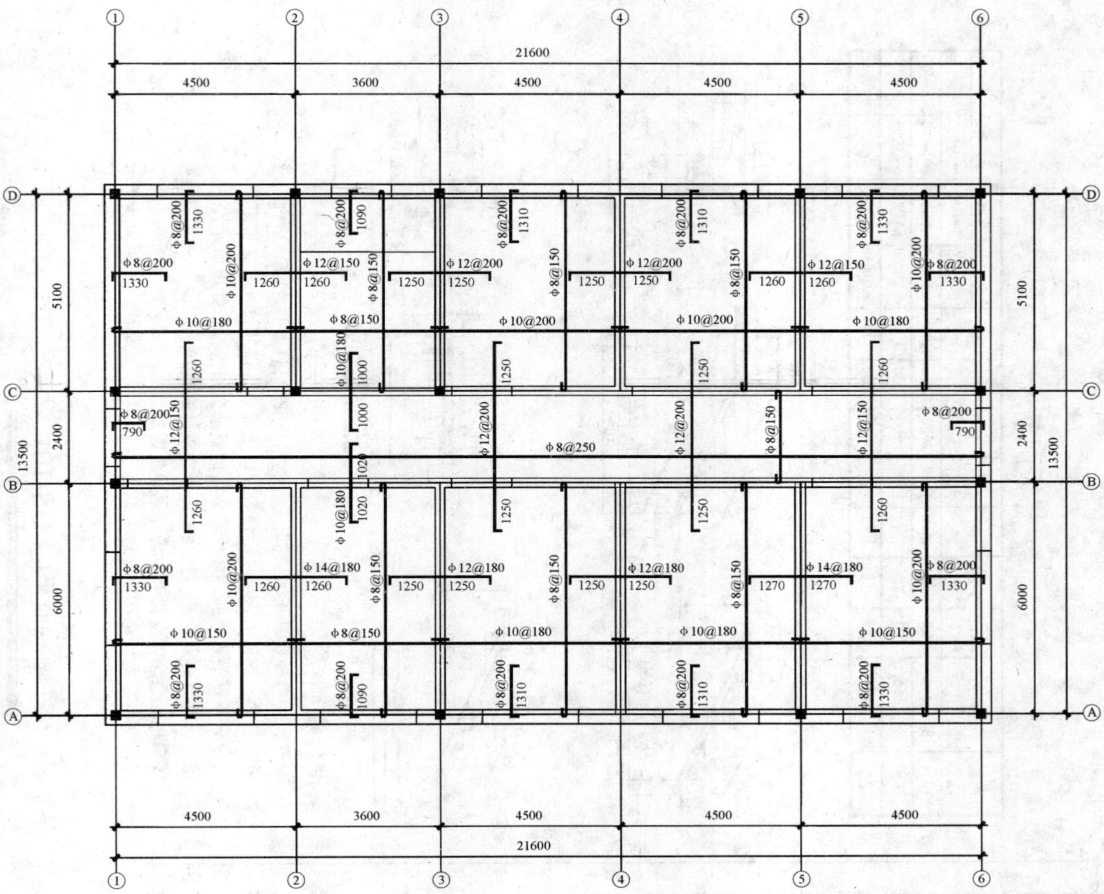

顶层顶板配筋图1：100(GS-9)

设计说明：

1　混凝土强度等级：楼板C20，钢筋为HPB235(ϕ)，HRB335(ϕ)。

2　未注明板厚均为120mm，板顶标高为建筑标高减20mm。

3　现浇板中钢筋长度：支座钢筋只给出水平长度，直钩长度为板厚减20mm。板底钢筋伸入支座（墙或梁）≥100mm，弯钩长度为6.25d。

4　图中现浇板中板底钢筋交叉时，钢筋量较大者居下，钢筋量相同时短跨向钢筋居下，未标注板分布筋均为ϕ8@200。

5　现浇板上如有孔洞应予留，不得后凿。

图2－6－15

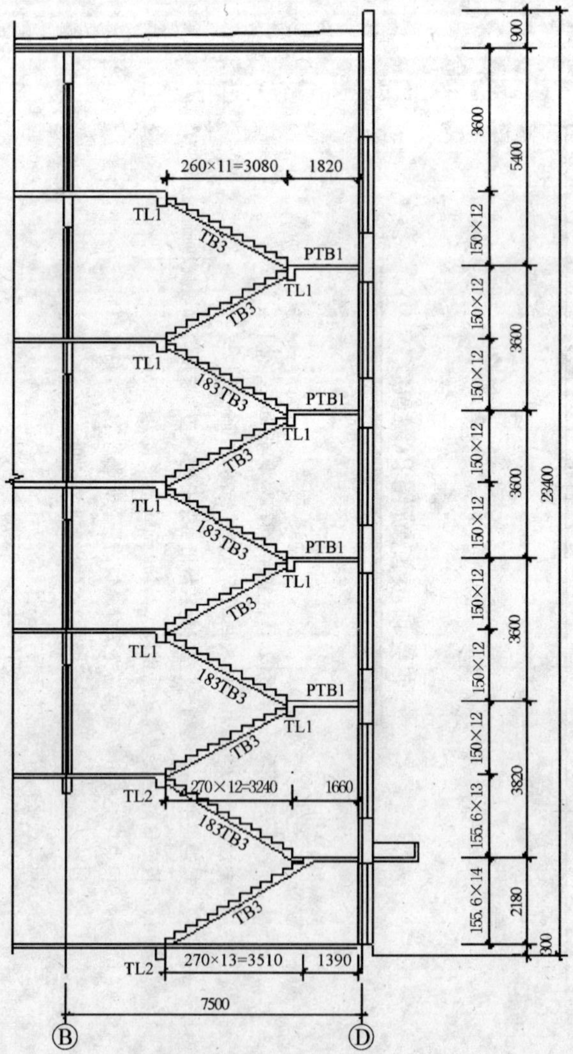

LT1剖面图1∶50

梯板配筋表

踏步编号	型号	a	b	n	L1	L2	L	H	h	配筋 直径间距 ①	②	①	②
TB-1	B	155.6	270	13	3510	1390	1900	2160	190	ф12@150	ф12@150	ф10@200	ф10@200
TB-2	C	155.6	270	12	3240	1660	1900	2020	190	ф12@150	ф12@150	ф10@200	ф10@200
TB-3	A	150	280	11	3080		3080	1800	120	ф10@140		ф8@200	ф8@200

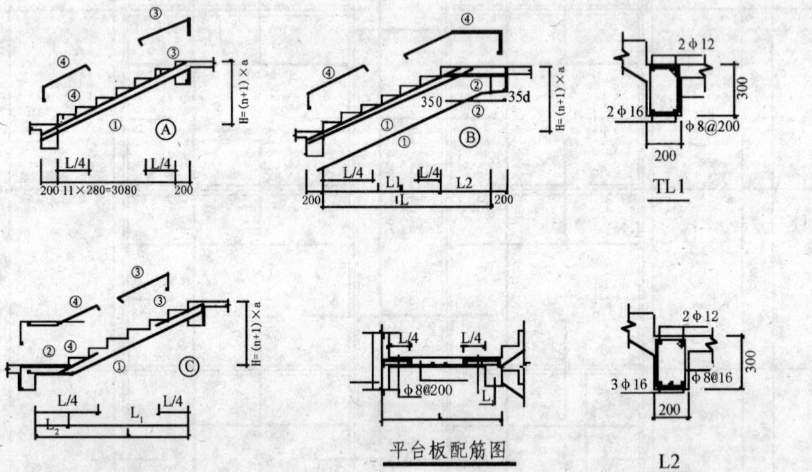

设计说明:

1 材料无特殊说明采用C25混凝土，钢筋用HPB235(ф)，HRB335(ф)级。
2 板下部受力钢筋伸入梁中心线且5d，上部受力钢筋伸入支座钳固长度。
3 板中分布钢筋为ф8@200,板弯折处的钢筋交错搭接，如图所示。
4 图中标高为建筑标高，结构标高为建筑标高减20mm。
5 楼梯栏杆预埋件或留孔位置详见建筑图集。
6 本图需与建筑图校核无误后方可施工。

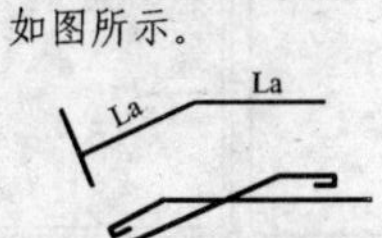

图1

楼梯详图（GS-10）

图2-6-16

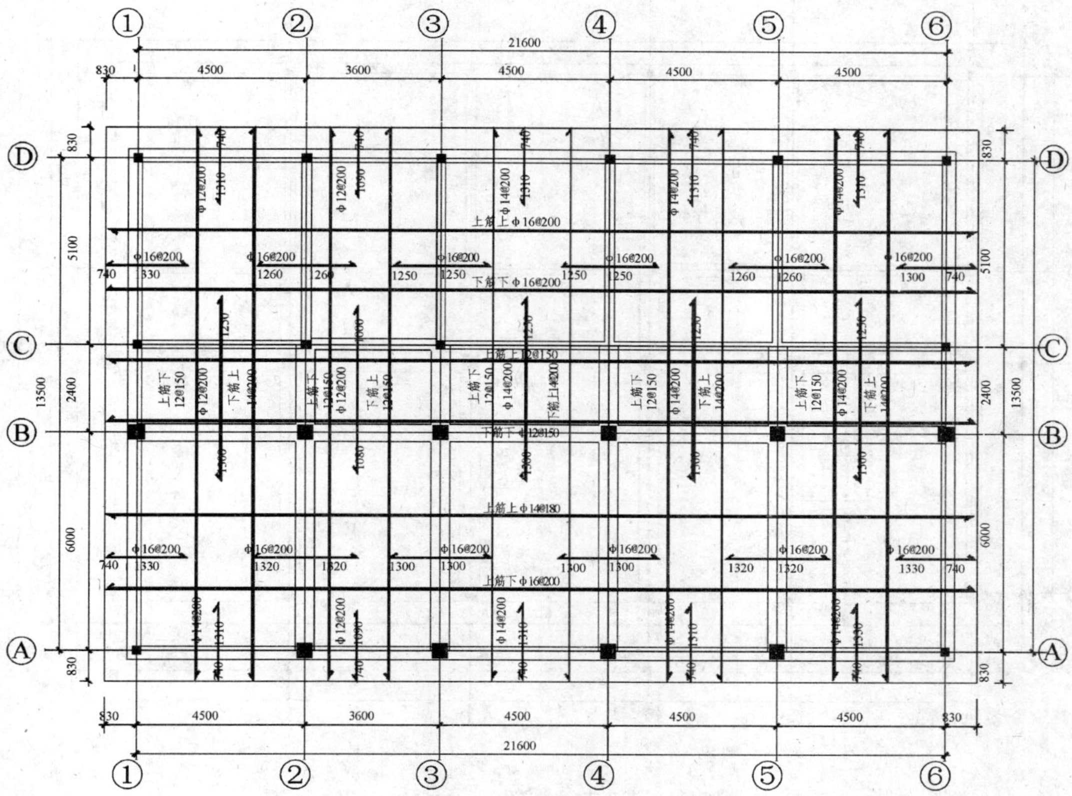

基础底板配筋图1：100（GS-11）

设计说明:

1 混凝土 板C30混凝土钢筋HPB235（ф）级，HRB335（ф）级，保护层40mm。
2 板厚为350mm，板底标高为-2.300m。
3 板下设100mm，厚C10素混凝土垫层，四周外露100。
4 现浇梁混凝土中添外加剂（UEA）且每隔30m设1m宽加强带（纵横向均设），加强带应严格按有关规定施工。

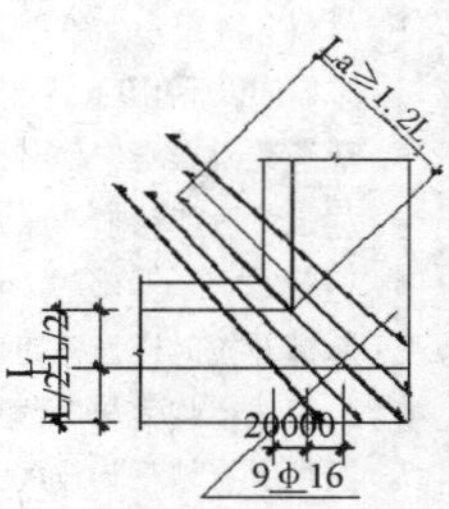

基础底板阳角处构造

图2-6-17

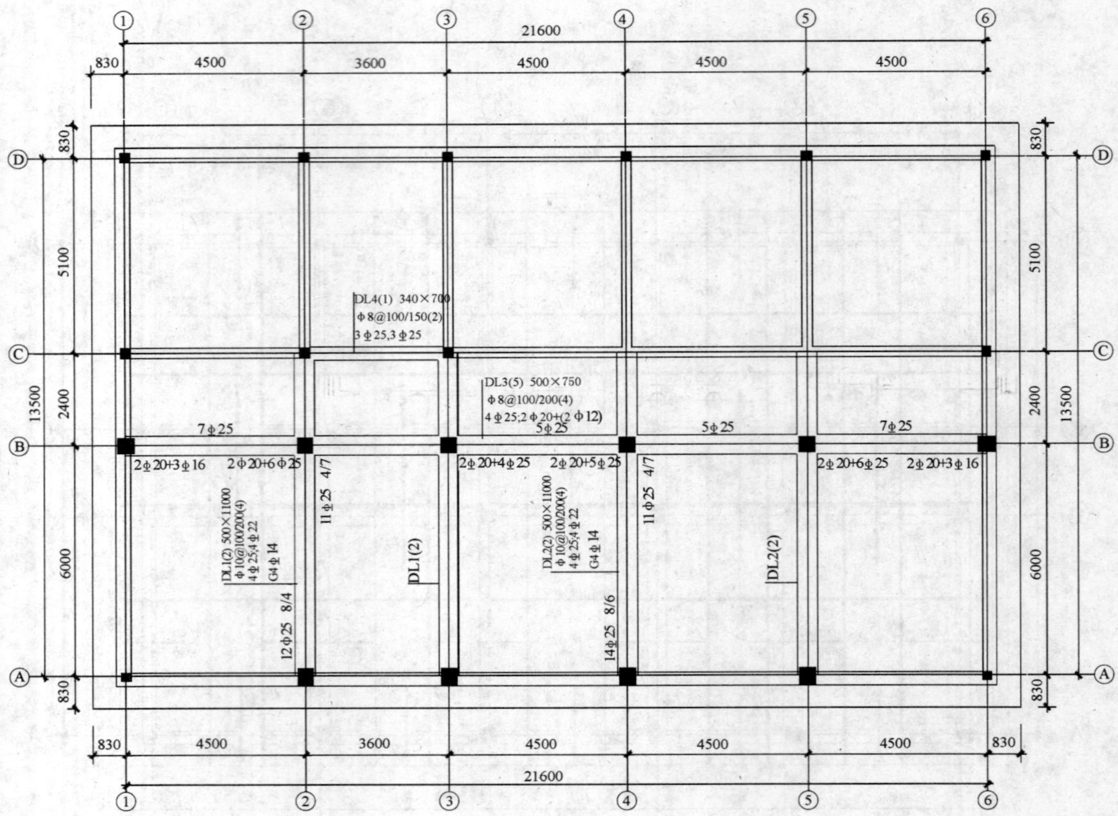

基础地梁配筋图1：100(GS-12)

设计说明:

1 本工程基础采用钢筋混凝土梁板式基础，地基承载力特征值为fak=180KPa,地基经验槽后方可进行基础施工，如发现与地质报告书所提供的地质有差异请立即与设计单位联系重新修改设计。

2 材料 混凝土 基础C30 梁柱C30钢筋 HPB235（Φ）级 HRB335（Φ）级 红砖均用MU10，±0.00以下M10水泥砂浆，±0.000以上M10混合砂浆。

3 现浇梁混凝土中添外加剂（UEA)且每隔30m设1m宽加强带（纵横向均设），加强带应严格按有关规定施工。

4 钢筋保护层基础40，钢筋搭接及锚固长度46d,钢筋接头优先采用焊接。

5 基槽开挖时应注意市政管线及相邻建筑及给排水管线。

6 未定位梁均为居轴线中设置，梁底标高为-2.300。

7 图中所有墙下均设DQL-1,且应伸至筏板边缘。

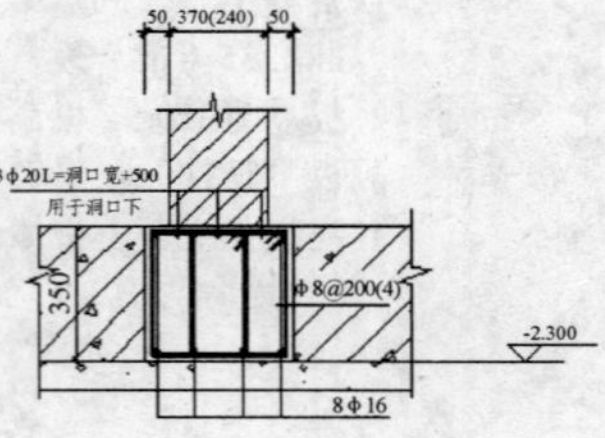

DQL-1

图 2－6－18

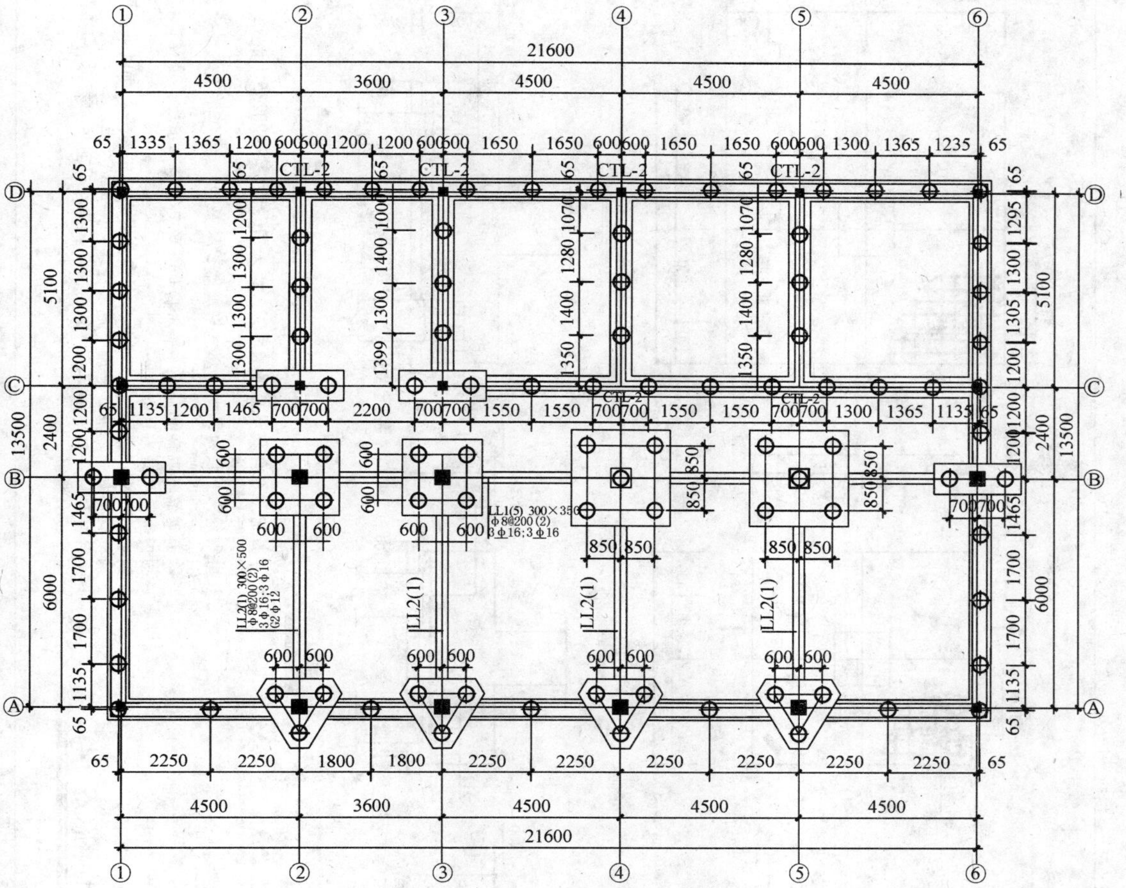

桩基础平面布置图1：100(GS-13)

1　本工程采用振动沉管灌注桩，桩管采用273，桩径D=382要求桩全长最少复打一次，桩尖多次反插，单桩承载力特征值为330KN开工前应进行单桩静载试验满足设计要求后方准施工，试桩根数大于等于该桩总数的1%，且大于或等于3根，锚桩形式为“四锚一”。
2　图中承台梁中心、桩中心、墙中心相重合，承台中心、桩中心相重合。
3　图中二桩承台CT-2，三桩承台CT-3，四桩承台CT-4，　五桩承台CT-1　。
4　图中除特殊标注外，其余均为CTL-1。
5　外墙处承台及承台梁侧面：300范围内夯填中粗砂防冻胀，垫层采用100mm厚C10素混凝土周边外露100mm。
6　承台梁采用C30混凝土，承台另见详图。
7　本工程未考虑冬季施工。

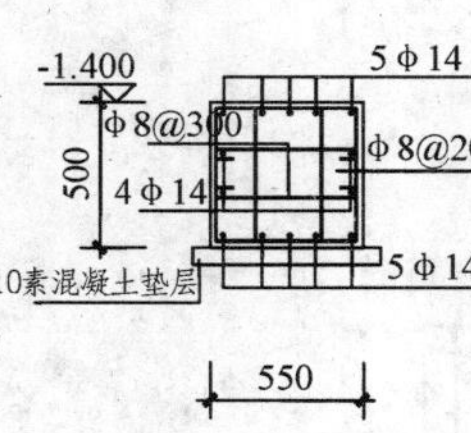

CTL-1

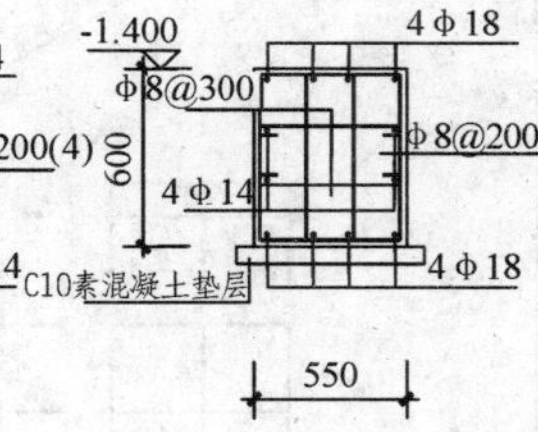

CTL-2

图2-6-19

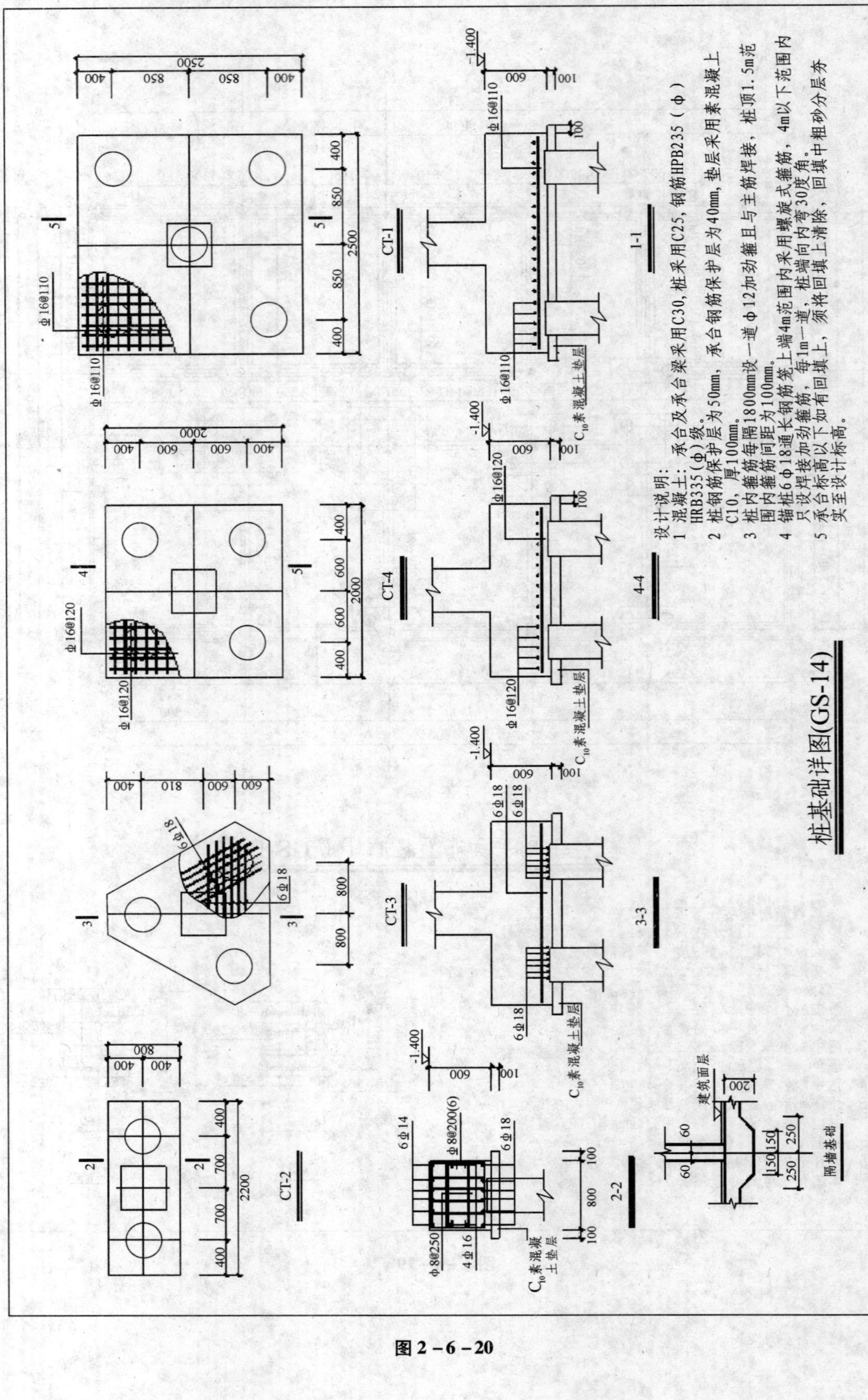
桩基础详图(GS-14)
设计说明:
1 混凝土：承台及承台梁采用C30，桩采用C25，钢筋HPB235（Φ）HRB335（Φ）级。
2 桩钢筋保护层为50mm，承台钢筋保护层为40mm，垫层采用素混凝土C10，厚100mm。
3 桩内箍筋每隔1800mm设一道Φ12加劲箍且与主筋焊接，桩顶1.5m范围内箍筋间距为100mm。
4 锚桩6Φ18通长钢筋笼上端4m范围内采用螺旋式箍筋，4m以下范围内只设焊接加劲箍筋，每1m一道，桩端向内弯30度角。
5 承台标高以下如有回填土，须将回填土清除，回填中粗砂分层夯实至设计标高。
CT-1
CT-2
CT-3
CT-4
1-1
2-2
3-3
4-4
-1.400
C10素混凝土垫层
建筑面层
隔墙基础

图 2-6-20

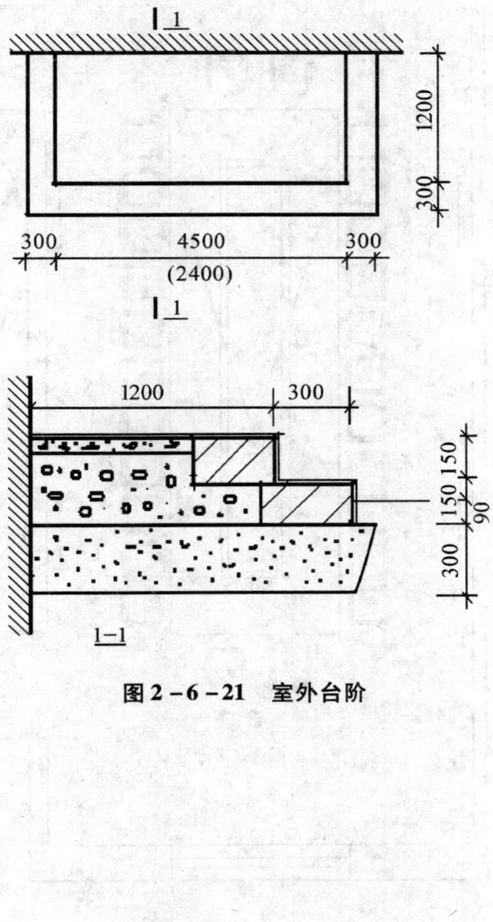

图 2-6-21　室外台阶

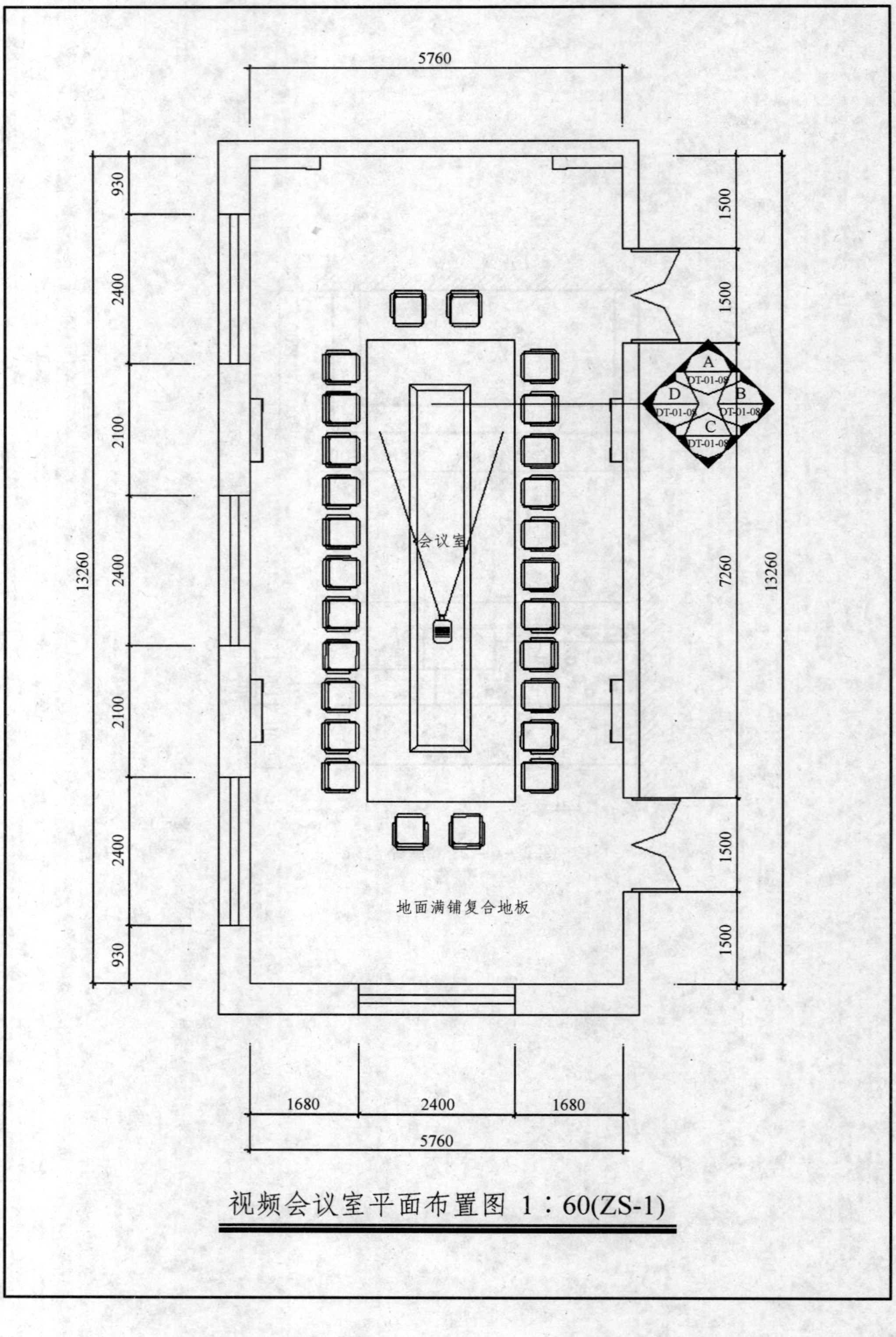
5760
930
2400
2100
2400
2100
2400
930
13260
1500
1500
7260
1500
1500
13260
A
B
C
D
DT-01-08
会议室
地面满铺复合地板
1680
2400
1680
5760
视频会议室平面布置图 1：60(ZS-1)

图 2－6－22

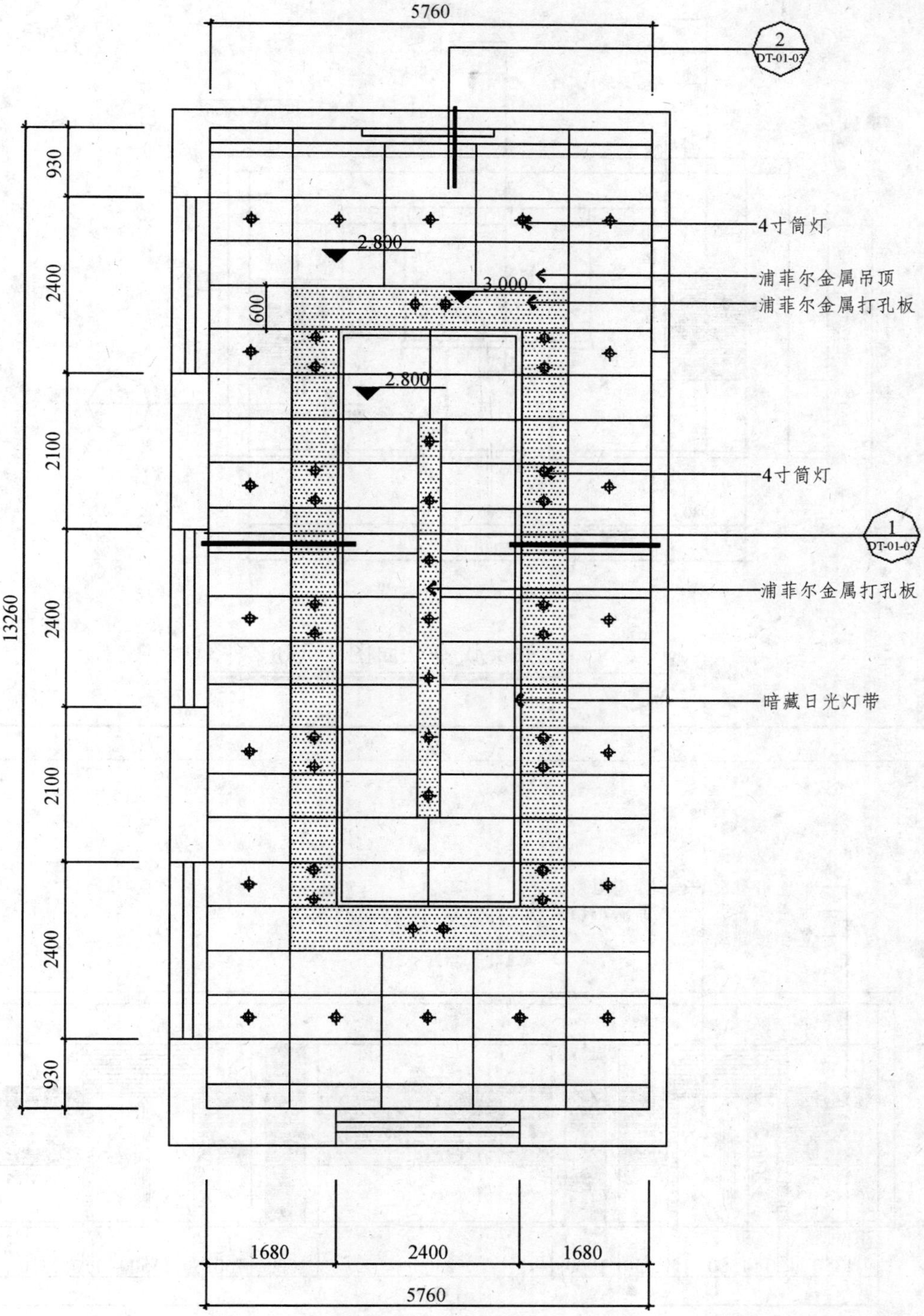

视频会议室天花平面图 1：60(ZS-2)

图 2－6－23

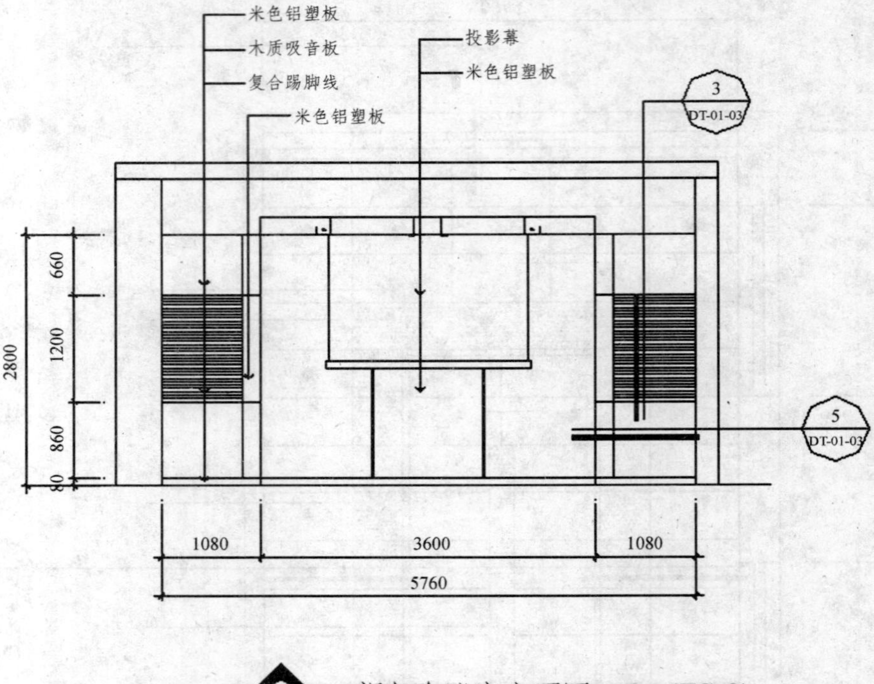

视频会议室立面图 1∶60(ZS-3)

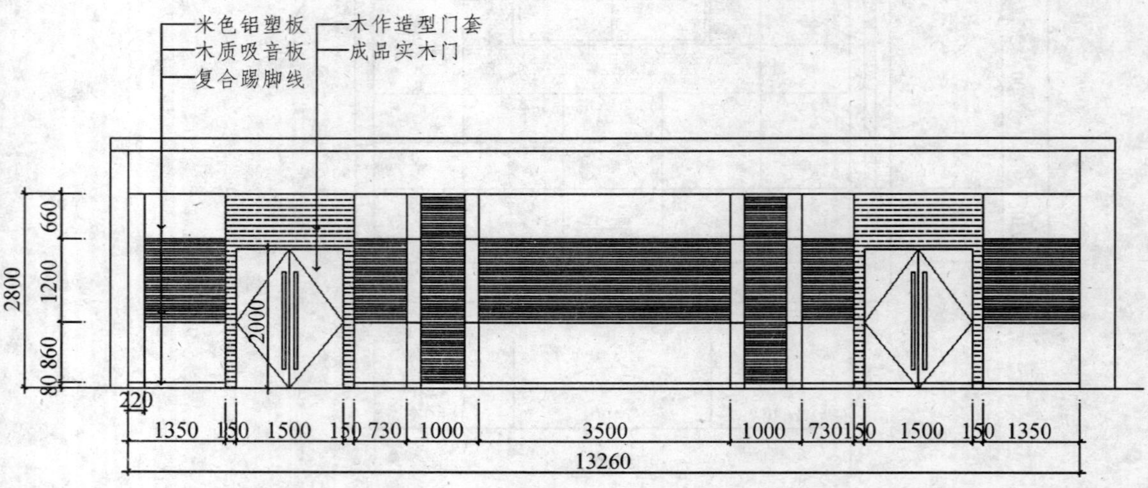

视频会议室立面图 1∶60(ZS-4)

图 2-6-24

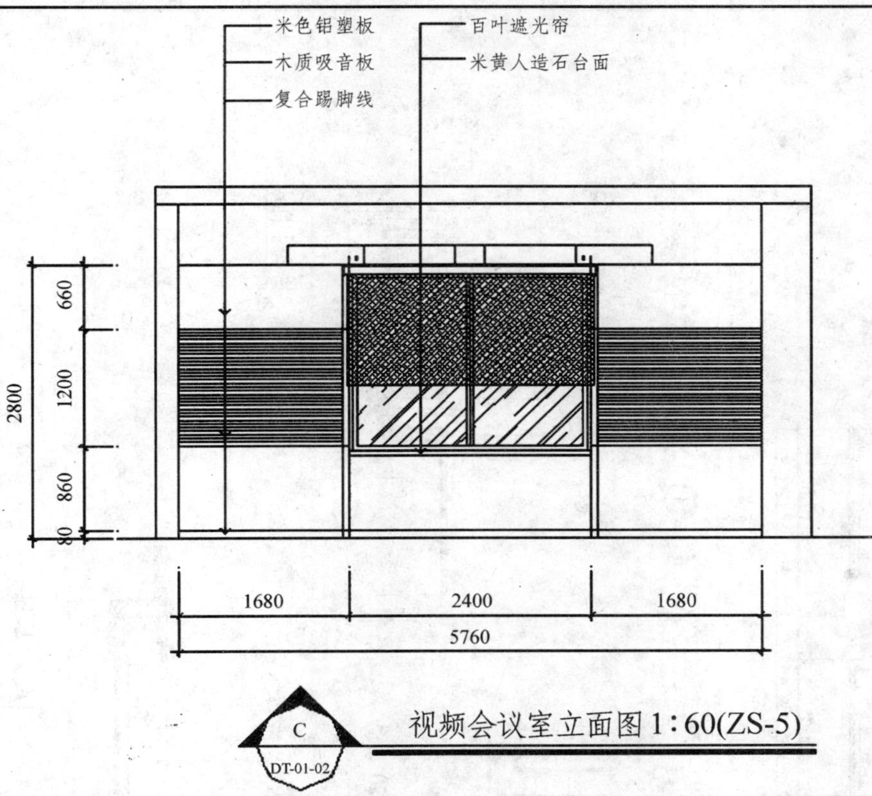

视频会议室立面图 1∶60(ZS-5)

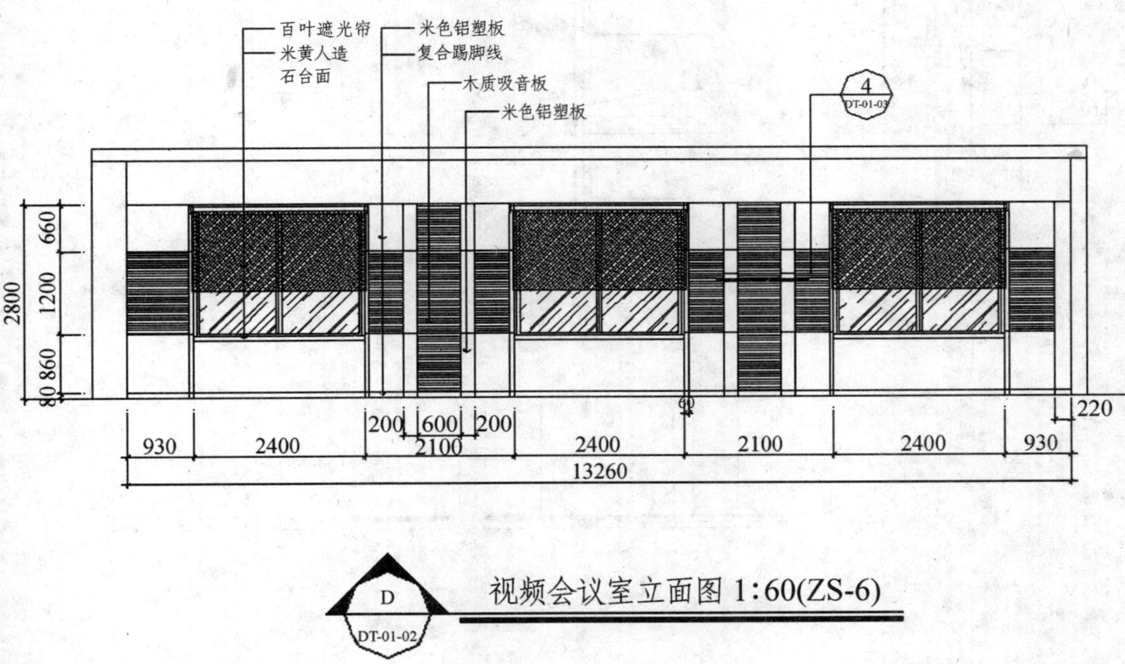

视频会议室立面图 1∶60(ZS-6)

图 2－6－25

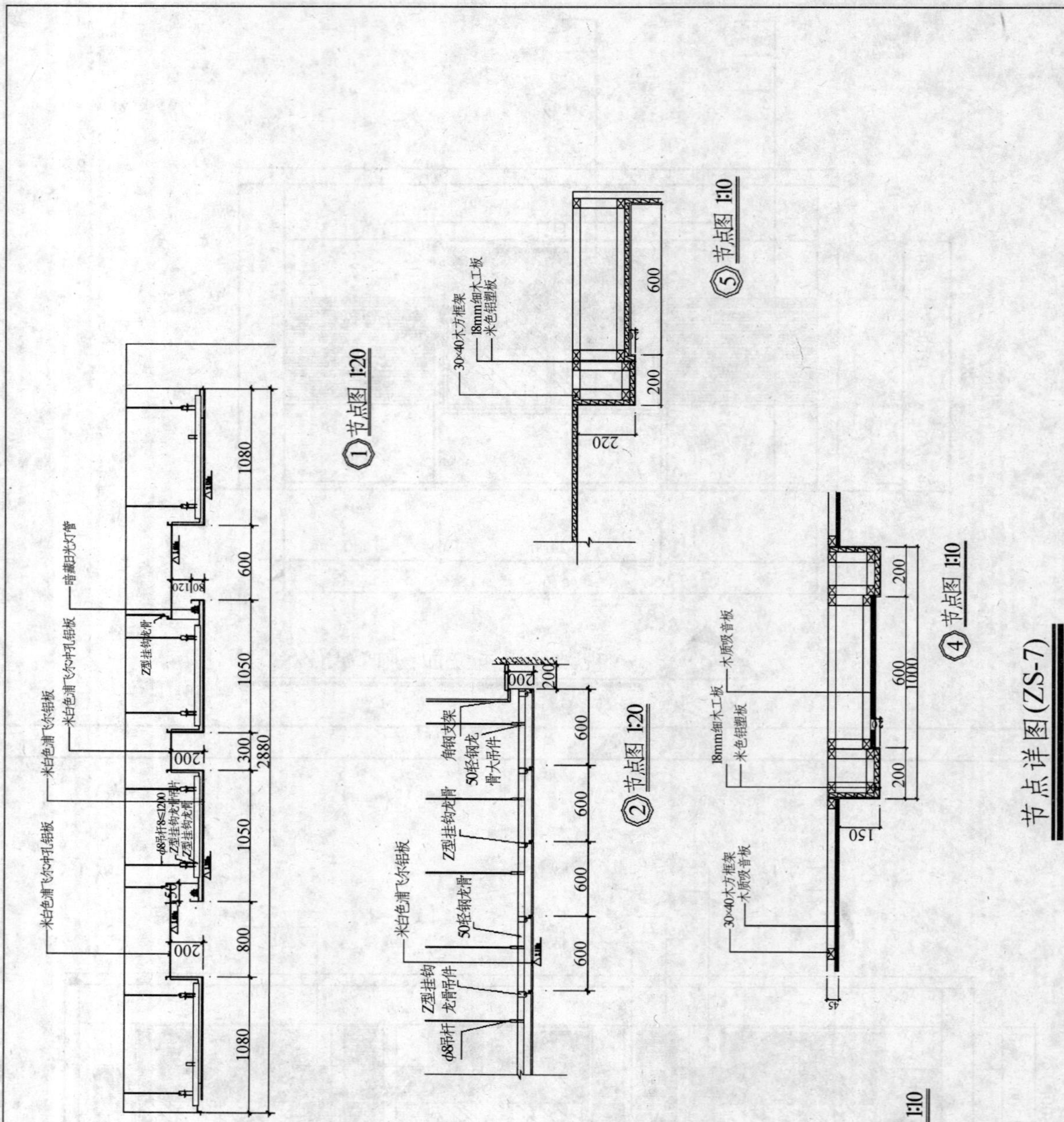
节点详图(ZS-7)
①节点图 1:20
②节点图 1:20
③节点图 1:10
④节点图 1:10
⑤节点图 1:10
米白色浦飞尔铝板
Z型挂钩龙骨
50轻钢龙骨
角钢支架
d8吊杆
墙面
米色铝塑板
18细木工基层
木质吸音板
30×40木方框架
18mm细木工板
暗藏日光灯管

图 2-6-26

二、施工方案

1. 垂直运输机械选用塔吊。
2. 脚手架为钢管脚手；外墙外侧做垂直防护与封闭。
3. 模板以钢模板、钢支撑为主。
4. 土方施工

(1) 人工挖普通土，运到现场内 50 m。

(2) 人工回填，现场 50 m 处回运。

(3) 人工装卸汽车运余土 10 km。

5. 混凝土与砂浆均采用现场拌制。

第二节 定额法计算建筑(土建)工程造价

以黑龙江省建设厅颁布的2010 建筑工程计价定额、2010 费用定额为依据，施工单位投标计价。具体方法如下：

一、工程量计算及汇总

基础以带形及独立基础形式为例，见表 2－6－4。

表 2－6－4 工程量计算表

工程名称	具体位置	单位	计 算 过 程	工程量
(一)参 数 计 算				
建筑面积	主体	m^2	$S = a \times b = 22.10 \times 14.00 \times 6 = 309.40 \times 6 = 1\,856.40\ m^2$	1 856.40 m^2
占地面积		m^2	$S = a \times b = 22.10 \times 14.00 = 309.40\ m^2$	309.40 m^2
370 外墙长度	外边线	m	砖砌体 $L_{外} = (21.6 + 0.5 + 13.5 + 0.5) \times 2 = 72.20$ m	72.20 m
	中心线	m	砖砌体 $L_{中} = L_{外} - 4B = 72.2 - 4 \times 0.37 = 70.72$ m	70.72 m
240 内墙长度	一层	m	$L_{内} = 21.6 - 0.24 - (3.6 - 0.24) + (5.1 - 0.24) \times 4 - 1.35 = 36.09$ m	36.09 m
	标层	m	$L_{内} = (21.6 - 0.24) \times 2 - 3.36 + (5.1 - 0.24) \times 4 + (6.0 - 0.24) \times 4 = 81.84$ m	81.84 m
	顶层	m	$L_{内} = 81.84 - 5.76 \times 2 = 70.32$ m	70.32 m
120	一层	m	$L_{内} = (4.5 - 0.24) \times 2 = 8.52$ m	8.52 m
60	一层	m	$L_{内} = 5.1 - 1.8 - 0.18 + 3 - 0.15 = 5.97$ m	5.97 m
240 女儿	中线	m	$L_{中} = L_{外} - 4B = 72.20 - 4 \times 0.24 = 71.24$ m	71.24 m
	净长	m	$L_{净} = L_{中} - 4B = 71.24 - 4 \times 0.24 = 70.28$ m	70.28 m
散水	长度	m	$L_{中} = L_{外} + 4B - L = 72.20 + 4 \times 1.00 - 5.1 - 3.0 = 68.10$ m	68.10 m
基础长度	挖土	m	1—1 截面 $L_{1中} = (21.6 + 0.13 + 6.00 + 0.065) \times 2 = 55.59$ m	55.59 m
		m	2—2 截面 $L_{2中} = 2.4 \times 2 = 4.8$ m	4.8 m
		m	3—3 截面 $L_{3中} = (5.1 + 0.065) \times 2 = 10.33$ m	10.33 m
		m	4—4 截面 $L_{4内土} = (5.1 - 0.685) \times 2 + (5.1 - 0.685 - 0.8) \times 2 + 4.5 - (0.885 + 0.485)/2 = 8.83 + 7.284 + 3.185 = 19.299$ m	19.30 m
		m	5—5 截面 $L_{5内土} = 13.5 - (0.885 + 0.435)/2 = 12.84$ m	12.84 m
			$LL_{1内土} = 21.6 - (3.1 \times 4 + 2.2) = 7.00$ m	7.00 m
	砼基础	m	$L_{1中} = 21.73 \times 2 + 6.065 \times 2 - 0.5 \times 5 = 53.09$ m	53.09 m
		m	$L_{2中} = (2.4 - 0.25) \times 2 = 4.30$ m	4.30 m
		m	$L_{3中} = 5.165 \times 2 = 10.33$ m	10.33 m
		m	$L_{4内基} = (5.1 - 0.17) \times 2 + (5.1 - 0.17 - 0.235) \times 2 + 4.5 - 0.17 = 9.86 + 9.39 + 4.33 = 23.58$ m	23.58 m
			$L_{5内基} = 13.5 - 0.17 = 13.33$ m	13.33 m
		m	$LL_1 = 21.6 - 0.40 \times 5 = 19.60$ m	19.60 m
	砖基础	m	$L_{中} = 70.72$ m	70.72 m
			$L_{内370} = 13.5 - 0.12 + 4.5 - 0.12 + (5.1 - 0.12) \times 2 + (5.1 - 0.305) \times 2 = 37.31$ m	37.31 m
			$L_{内240} = 13.5 - 0.12 + 4.5 - 0.12 + (5.1 - 0.12) \times 2 + (5.1 - 0.24) \times 2 = 37.44$ m	37.44 m

表 2－6－4　工程量计算表(续)

工程名称	具体位置	单位	计 算 过 程	工程量
净面积		m^2	$S_1 = S_{占} - \sum B \times L = 309.40 - (70.72 \times 0.37 + 37.44 \times 0.24) = 309.40 - (26.17 + 8.95)$ $= 309.40 - 35.15 = 274.25\ m^2$	$274.25\ m^2$
(二)土石方工程				
场地平整		m^2	$S = (a+4)(b+4) = (22.10+4)(14.00+4) = 469.80\ m^2$	$469.80\ m^2$
人工挖基坑	独立基础	m^3	$V_{基} = [(a+2c+kH) \times (b+2c+kH) \times H + 1/3k^2H^3] \times n$ $= [(3.1+2\times0.3+0.42\times2) \times (3.1+2\times0.3+0.42\times2) \times 2 + 1/3 \times 0.42^2 \times 2^3] \times 4$ $= 41.693\ 6 \times 4 = 166.774\ m^3$	
			$V_{垫} = a \times b \times h \times n = 3.1 \times 3.1 \times 0.1 \times 4 = 3.844\ m^3$	
合计			$V_{合计} = 166.774 + 3.844 = 170.62\ m^3$	$170.62\ m^3$
人工挖基槽	1—1 2—2 3—3 4—4 5—5 L—L	m^3	$V_{基} = \sum (a+2c+kH) \times H \times L + V_{大脚} = 326.87 + 23.42 + 69.00 + 136.64 + 78.07 + 2.70$ $+ 34.22 = 670.92\ m^3$ $V_1 = (1.5+2\times0.3+0.42\times2) \times 2 \times 55.59 = 5.88 \times 55.59 = 326.87\ m^3$ $V_2 = (1+2\times0.3+0.42\times2) \times 2 \times 4.8 = 4.88 \times 4.8 = 23.42\ m^3$ $V_3 = (1.9+2\times0.3+0.42\times2) \times 2 \times 10.33 = 6.68 \times 10.33 = 69.00\ m^3$ $V_4 = (2.1+2\times0.3+0.42\times2) \times 2 \times 19.299 = 7.08 \times 19.3 = 136.64\ m^3$ $V_5 = (1.6+2\times0.3+0.42\times2) \times 2 \times 12.84 = 6.08 \times 12.84 = 78.07\ m^3$ $V_L = (0.5+2\times0.3) \times 0.35 \times 7.00 = 0.385 \times 7.00 = 2.70\ m^3$ $V_{大脚} = (2.2+2\times0.3+0.42\times2) \times 2 \times (0.7\times5+1.2) = 7.28 \times 4.7 = 34.22\ m^3$	
	垫层	m^3	$V_{砼垫} = \sum a \times h \times L = 1.5\times0.1\times55.59 + 1.0\times0.1\times4.8 + 1.9\times0.1\times10.33 + 2.1\times0.1$ $\times 19.30 + 1.6\times0.1\times12.84 + 2.2\times0.1\times4.7 = 0.15\times55.59 + 0.1\times4.8 + 0.19\times$ $10.33 + 0.21\times19.30 + 0.16\times12.84 + 0.22\times4.7 = 8.34 + 0.48 + 1.96 + 4.05 + 2.$ $05 + 1.034 = 17.914\ m^3$ $V_{砂垫} = \sum a \times h \times L = 0.5 \times 0.3 \times 7.0 = 1.05\ m^3$	
合计			$V_{合计} = 670.92 + 17.91 + 1.05 = 689.88\ m^3$	$689.88\ m^3$
基础挖土总体积			$V_{合计} = 689.88 + 170.62 = 860.50\ m^3$	$860.50\ m^3$
挖槽	散水	m^3	$V = B \times L \times H = S \times H = 1.00 \times 68.10 \times 0.4 = 27.24\ m^3$	
	台阶	m^3	$V = B \times L \times H = S \times H = (5.1+3) \times 1.5 \times 0.39 = 12.15 \times 0.39 = 4.739\ m^3$	$31.98\ m^3$
挖槽总体积			$V_{合计} = 689.88 + 31.98 = 721.86\ m^3$	$721.86\ m^3$
大开挖	基础机械在一面坑边边退边挖	m^3	按基础最大外轮廓线计算 $a = 21.6 + 1.1 \times 2 = 23.8\ m$　　$b = 13.5 + 0.815 + 1.1 = 15.415\ m$ 垫层以上 $V = [(a+2c+kH) \times (b+2c+kH) \times H + 1/3k^2H^3] = [(23.80 + 2\times0.3 + 0.50\times2.0) \times$ $(15.13 + 2\times0.3 + 0.29\times2.0) \times 2.0 + 1/3 \times 0.29 \times 0.50 \times 2.0^3] = 828.93\ m^3$ 垫层体积 $V = S \times H = (1.5\times55.59 + 1\times4.8 + 1.9\times10.33 + 2.1\times19.3 + 1.6\times12.84 + 2.2\times0.7\times$ $5 + 2.2\times1.5 + 3.1\times3.1\times4) \times 0.1 = 21.83\ m^3$	
合计			$V_{合计} = 828.93 + 21.83 = 850.76\ m^3$	$850.76\ m^3$

表 2－6－4 工程量计算表(续)

工程名称	具体位置	单位	计 算 过 程	工程量
回填夯填	基础回填	m^3	本案例按人工挖土计算 $V=V_{挖}-V_{结}=860.50-166.03=694.47\ m^3$ $V_{结}$－具体见相关计算 $V_{基垫}=21.76\ m^3$　　$V_{基垫}=0.5\times0.3\times19.60=2.94\ m^3$ $V_{砼基}=50.96+24.49+2.06=-77.51\ m^3$ $V_{柱}=0.4\times0.4\times1.40\times10=-2.24\ m^3$ $V_{砖基}=0.365\times(1.60\times70.72+1.54\times37.31)-0.32\times0.4\times6\times1.6+0.24\times0.06\times37.44$ $=62.27-1.23+0.54=-61.58\ m^3$ 小计：$V_{结}=21.76+2.94+77.51+2.24+61.58=-166.03\ m^3$	
	室内地面回填	m^3	$V=S_{净}\times H=(22.1\times14.0-0.37\times70.72-0.24\times37.44)\times0.18$ $=274.25\times0.18=49.365\ m^3$	
回填总体积			$V_{总计}=694.47+49.365=743.84\ m^3$	$743.84\ m^3$
运土	回填	m^3	室内 $V=49.37\ m^3$	$49.37\ m^3$
基坑提土		m^3	基坑人工挖土无处堆放需提到坑上(若按机械挖土计算) $V=850.76\times10\%=85.08\ m^3$	$85.08\ m^3$
运土方	余土外运	m^3	$V=V_{挖}-V_{回}=860.50+27.24+4.74-743.84=882.74-743.84=148.64\ m^3$	$148.64\ m^3$
运土方	装载机运槽土	m^3	$V=V_{挖}-V_{运}=721.86-148.64=573.22\ m^3$	$573.22\ m^3$
夯实	台阶散水	m^2	$S=S_{散}+S_{台}=68.10\times1.00+8.1\times1.5=68.10+12.15=80.25\ m^2$	$80.25\ m^2$
(三)砌筑工程				
砖基础	条基 M10 水泥砂浆	m^3	$V=A\times L+$增加－扣除$=0.365\times(1.9\times70.72+1.84\times37.31)+0.24\times0.06\times37.44$ $=0.365\times203.02+0.539=74.64\ m^3$ 扣除：构造柱 $0.24\times0.3\times1.90\times12=-1.64\ m^3$ 柱 $0.32\times0.4\times1.9\times6=-1.459\ m^3$	
	合计		$V=74.64-1.64-1.459=71.54\ m^3$	$71.54\ m^3$
370 厚砖填充墙	1,2 层 M10 混合砂浆外墙	m^3	$L=70.72\ m$　　$H_{净}=4.2+3.6=7.80\ m$ $V=L_{净}\times H_{净}\times B-$扣除＋增加$=70.72\times7.80\times0.365=201.34\ m^3$ 扣除：1. 窗　$(2.4\times2.7\times10+1.5\times2.7\times2+2.4\times2.4\times11+1.5\times2.4\times2+1.8\times2.4)\times0.365=156.08\times0.365=-56.97\ m^3$ 2. 门　$(3.6\times3\times1+1.2\times2)\times0.365=13.2\times0.365=-4.818\ m^3$ 3. 过梁　$0.365\times0.18\times(2.9\times10+2\times2+1.7+4.1)+0.365\times0.3\times(2.9\times11+2.3+2\times2)=0.0876\times38.8+0.110\times38.2=-6.73\ m^3$ 4. 圈梁　$0.365\times0.18\times[70.72+(70.72-38.2)]=0.0657\times103.24=-6.783\ m^3$ 5. 柱　$0.32\times0.4\times(4.2-0.18)\times6=-3.087\ m^3$ 6. 构造柱　$0.24\times0.3\times(5.92\times10+3.42\times13)=0.072\times103.66=-7.46\ m^3$	
	合计		$V=201.34-(56.97+4.818+6.73+6.783+3.087+7.46)$ $=201.34-85.85=115.49\ m^3$	$115.49\ m^3$

表 2-6-4 工程量计算表(续)

工程名称	具体位置	单位	计算过程	工程量
370 厚砖填充墙	3~5 层 M7.5 混合砂浆外墙	m^3	$L_中=70.72$ m　$H=3.6\times3=10.8$ m $V=L_中\times H\times B-$扣除+增加$=70.72\times10.8\times0.365=278.78$ m^3 扣除:1 窗　$2.4\times2.4\times33+1.8\times2.4\times3+1.5\times2.4\times6)\times0.365=224.64\times0.365$ $=-81.994$ m^3 2 构造柱　$0.24\times0.3\times(10.8-3\times0.18)\times13=0.072\times133.38=-9.603$ m^3 3 过梁　$0.110\times38.2\times3=-12.606$ m^3 4 圈梁　$0.365\times0.18\times(70.72-38.2)\times3=0.0657\times32.52\times3=-2.137\times3=-6.41$ m^3	
	合计		$V=278.78-(81.994+9.603+12.606+6.41)=278.78-110.613=168.171$ m^3	168.17 m^3
370 厚砖填充墙	6 层 M5 混砂外墙	m^3	$L_中=70.72$ m　$H=3.42$ m $V=L_中\times H\times B-$扣除+增加$=70.72\times3.42\times0.365=88.28$ m^3 扣除:1 窗　$(2.4\times2.4\times11+1.8\times2.4\times1+1.5\times2.4\times2)\times0.365$ $=74.88\times0.365=-27.33m^3$ 2 过梁　$0.365\times0.12\times38.2=-1.67$ m^3 3 圈梁　$0.365\times0.06\times32.52=-0.712$ m^3 4 构造柱　$0.24\times0.3\times3.42\times13=-3.201$ m^3	
	合计		$V=88.28-(27.33+1.67+0.712+3.201)=88.28-32.91=55.37$ m^3	55.37 m^3
240 厚多孔砖墙	1~2 层 M10 混合砂浆内墙	m^3	$L_{1净}=36.09$ m　$L_2=81.84$ m　圈梁底:$H_1=4.02$ m　$H_2=3.42$ m $V=L_净\times H_净\times B-$扣除+增加 $=(36.09\times4.02+81.84\times3.42)\times0.24=424.98\times0.24=101.99$ m^3 扣除:1. 门　$(1.5\times2.7\times9+0.9\times2\times3)\times0.24=41.85\times0.24=-10.04$ m^3 2. 过梁　$0.0432\times(2\times9+1.4\times3)=-0.959$ m^3 3. 构造柱　$0.24\times0.3\times(4.02+3.42)\times2=-1.071$ m^3	
	合计		$V=101.99-(10.04+0.959+1.071)=101.99-12.07=89.92$ m^3	88.92 m^3
240 厚多孔砖墙	3~5 层 M7.5 混合砂浆内墙	m^3	$L_{1内}=81.84$ m　$H_1=3.42\times3=10.26$ m $V=L_内\times H\times B-$扣除+增加$=(81.84\times10.26)\times0.24=201.52$ m^3 扣除:1. 门　$(1.5\times2.7\times24+0.9\times2\times3)\times0.24=102.6\times0.24=-24.62$ m^3 2. 过梁　$0.0432\times(2\times8+1.4\times1)\times3=-2.255$ m^3 3. 构造柱　$0.24\times0.3\times10.26\times2=-1.48$ m^3	
	合计		$V=201.52-(24.62+2.255+1.48)=201.52-28.36=173.17$ m^3	173.17 m^3
240 厚多孔砖墙	6 层 M5 混合砂浆内墙	m^3	$L_内=70.32$ m　$H=3.42$ m $V=L_内\times H\times B-$扣除+增加$=70.32\times3.42\times0.24=57.72$ m^3 扣除:1. 门　$(1.5\times2.7\times7+0.9\times2\times1)\times0.24=30.15\times0.24=-7.236$ m^3 2. 过梁　$0.24\times0.18\times(2\times7+1.4\times1)=-0.665$ m^3 3. 构造柱　$0.24\times0.3\times3.42\times2=-0.49$ m^3	
	小计		$V=57.72-(7.236+0.665+0.49)=57.72-8.391=49.33$ m^3	
	女儿墙 M5 混合砂浆	m^3	$L_中=71.24$　$H=0.84$ $V=L\times H\times B=71.24\times0.84\times0.24=14.362$ m^3 扣除　构造柱 $0.24\times0.3\times0.84\times16=-0.968$ m^3	
	小计		$V=14.362-0.968=13.394$ m^3	
	总计		$V=49.33+13.39=62.72$ m^3	62.72 m^3
120 厚实心砖墙	1 层 M10 混合砂浆	m^3	$L=8.52$ m　$H=4.2-0.12=4.08$ m $V=L_内\times H\times B=8.52\times4.08\times0.115=3.998$ m^3 扣除:1 门　$(0.9\times2+1.2\times2.0)\times0.115=-0.483$ m^3 2 过梁　$0.115\times0.12\times(1.4+1.7)=-0.043$ m^3	
	合计		$V=3.998-(0.483+0.043)=3.472$ m^3	3.47 m^3

表 2－6－4 工程量计算表(续)

工程名称	具体位置	单位	计算过程	工程量
60 厚混水实心砖墙	1 层 M10 水泥砂浆内墙	m^3	$L=5.97\ m$ $H=4.08\ m$ $V=L_{内}\times H\times B=5.97\times4.08\times0.053=1.291\ m^3$ 扣除:1 门 $0.9\times2\times2\times0.053=-0.19\ m^3$	
	合计		$V=1.291-0.19=1.101\ m^3$	$1.10\ m^3$
零星砌体	台阶翼墙	m^3	$V_{台阶}=(5.1+3-0.24\times4)\times0.37\times(0.15+0.24)=1.03\ m^3$ $V_{墙}=(1.2\times0.15+1.5\times0.24))\times0.24\times4=0.54\times0.24\times4=0.52\ m^3$	
	合计		$V=1.03+0.52=1.55\ m^3$	$1.55\ m^3$
(四)钢筋砼工程				
条形基础	C25 混凝土	m^3	$V=\sum A\times L$ $V_1=(1.3\times0.3+0.47\times0.1)\times53.09=0.437\times53.09=23.20\ m^3$ $V_2=(0.8\times0.30+0.47\times0.1)\times4.3=0.287\times4.3=1.23\ m^3$ $V_3=(1.7\times0.30+0.47\times0.1)\times10.33=0.557\times10.33=5.754\ m^3$ $V_4=(1.9\times0.30+0.47\times0.1)\times23.58=0.617\times23.58=14.549\ m^3$ $V_5=(1.4\times0.30+0.47\times0.1)\times13.33=0.467\times13.33=6.225\ m^3$	
	合计		$V=23.20+1.23+5.754+14.549+6.225=50.96\ m^3$	$50.96\ m^3$
独立基础	C25 混凝土	m^3	$V_1=[1/3\times H_1\times(A_1+A_2+\sqrt{A_1+A_2})+A_2\times H_2]\times6=[1/3\times0.30\times(0.5\times0.5+2.0\times2.0+\sqrt{0.5\times0.5\times2.0\times2.0})+2.0\times2.0\times0.3]\times6=1.725\times6=10.356\ m^3$ $V_2=(1/3\times0.3\times(0.5\times0.5+2.9\times2.9+\sqrt{0.5\times0.5\times2.9\times2.9})+2.9\times2.9\times0.3]\times4=3.534\times4=14.136\ m^3$	$24.492\ m^3$
	合计		$V=10.356+14.136=24.492\ m^3$	
框架柱	C30 砼	m^3	$V=A\times H=0.4\times0.4\times(1.7+4.18)\times10=0.16\times58.80=9.408\ m^3$	$9.408\ m^3$
LL1	C30	m^3	$V=0.3\times0.35\times19.6=0.105\times19.6=2.06\ m^3$	$2.06\ m^3$
有梁板	1 层梁砼 C30	m^3	$WKL-1:V=A\times L=0.35\times0.9\times(6-0.4)\times2=0.315\times5.6\times2=3.528\ m^3$ $WKL-2:V=A\times L=0.35\times0.8\times(6-0.4)\times2=0.28\times5.6\times2=3.136\ m^3$ $WKL-3:V=A\times L=0.35\times0.7\times(21.6-0.4\times5)=0.245\times19.6=4.802\ m^3$ $V_{梁}=3.528+3.136+4.802=11.466\ m^3$	$11.466\ m^3$
	板砼 C25	m^3	$V_{板}=S\times H-V_{梁}=[(21.6-0.24)\times(8.4-0.24)-0.35\times(5.6\times4+19.6)]\times0.12=[174.30-14.7]\times0.12=159.60\times0.12=19.152\ m^3$	$19.152\ m^3$
	合计		$V_{有梁板}=V_{板}+V_{梁}=19.152+11.466=30.618\ m^3$	$30.618\ m^3$
梁	6 层梁砼 C25	m^3	$L—1:V=A\times L+V_{梁垫}$ $=0.25\times0.5\times6.37\times2+0.24\times0.75\times0.3\times4=1.593+0.216=1.809\ m^3$ $L—2:V=A\times L=0.20\times0.35\times3.36=0.269\ m^3$	
	合计		$V=1.809+0.269=2.078\ m^3$	$2.078\ m^3$
平板	1 层 C25 砼	m^3	$V=\sum S\times H=(5.10-0.24)\times(13.5-0.24\times3)\times0.12+(5.10-0.24)\times(4.50-0.24)\times0.13=62.11\times0.12+20.704\times0.13=7.453+2.692=10.145\ m^3$	$10.145\ m^3$
平板	C20 砼 2～6 层	m^3	$V_{板}=\sum S\times H=10.145\times4+[(6-0.24)\times(21.60-0.24\times5)+(2.4-0.24)\times(21.6-0.24)]\times0.12\times4+[(21.6-0.24)\times(13.5-0.24)-(0.24\times70.32+0.25\times5.76\times2)]\times0.12=10.145\times4+[117.504+46.138]\times0.12\times4+[283.234-19.758]\times0.12=40.58+78.548+31.617=150.745\ m^3$	$150.745\ m^3$
构造柱	C25 砼	m^3	$V=0.24\times0.3\times(6.08\times6+3.6\times6\times5+3.6+0.9\times16)+(0.24\times0.3+0.24\times0.03)\times(6.08\times6+3.6\times5\times9-3.6)$ $=0.072\times162.48+0.0792\times194.88=27.094\ m^3$	$27.094\ m^3$
楼梯	C20	m^2	$S=S_{水}=(3.6-0.24)\times5.1\times5=85.68\ m^2$	$85.68\ m^2$

表 2-6-4 工程量计算表(续)

工程名称	具体位置	单位	计算过程	工程量
雨篷	C20砼	m^3	$V=4.5\times1.28\times(0.13+0.08)/2=0.605\ m^3$ 反檐 $V=0.08\times0.3\times(4.5+1.2\times2)+0.06\times0.12\times(4.5+0.12+1.28\times2)$ $=0.166+0.052=0.218\ m^3$	
	合计		$V=0.605+0.218=0.823\ m^3$	$0.823\ m^3$
过梁 C25	1~6层外墙	m^3	$V=A\times L=0.37\times0.18\times(2.9\times10+2\times2+1.7+4.1)+0.37\times0.3\times(2.9\times11+2.3+2\times2)\times5=0.0666\times38.8+0.111\times38.2\times5=2.584+4.24\times5=23.784\ m^3$	
	内墙	m^3	$V=A\times L=0.24\times0.18\times(2.0\times40+1.4\times7)+0.12\times0.12\times(1.7+1.4)$ $=0.0432\times89.8+0.0216\times3.1+0.0108\times2.8=3.879+0.045=3.924\ m^3$	
	合计		$V=23.784+3.924=27.70\ m^3$	$27.70\ m^3$
圈梁	1层 C20砼	m^3	$V_{外}=0.37\times0.18\times70.72-0.24\times0.24\times0.18\times10-0.4\times0.32\times0.18\times6$ $=0.0666\times70.72-0.104-0.138=4.468\ m^3$	
		m^3	$V_{内}=0.24\times0.18\times37.44-0.24\times0.24\times0.18\times2=1.617-0.021=1.596\ m^3$	
	小计		$V=4.468+1.596=6.064\ m^3$	
	2~6层 C20砼	m^3	$V_{外}=[0.37\times0.18\times(70.72-2.9\times11-2.3-2\times2)-0.24\times0.24\times0.18\times13]\times5$ $=(0.0666\times32.52-0.135)\times5-0.0666\times0.25\times2=2.031\times5-0.0333=10.12\ m^3$	
		m^3	$V_{内}=0.24\times0.18\times(81.84\times4+70.32-0.5)-0.24\times0.24\times2\times5\times0.18$ $=17.16-0.105=17.075\ m^3$	
	小计		$V=10.12+17.075=27.195\ m^3$	
	合计		$V=6.064+27.195=33.259\ m^3$	$33.259\ m^3$
压顶	C20	m^3	$V=(0.38\times70.56-0.24\times0.24\times16)\times0.06=1.553\ m^3$	$1.553\ m^3$
		t	钢筋计算见表2-6-5。	
			(五)屋面工程	
细石砼	屋面	m^2	保护 $S=292.30\ m^2$ $S_{水平}=(22.1-0.48)\times(14-0.48)=292.30\ m^2$	$292.30\ m^2$
SBS	屋面防水	m^2	$S_{屋面防水}=S_{水平}+S_{卷起}=(22.1-0.48)\times(14-0.48)+(21.62+13.52)\times2\times0.25$ $=292.30+17.57=309.87\ m^2$	$309.87\ m^2$
隔气	屋面	m^2	$S_{屋面隔气}=S_{水平}+S_{卷起}=(22.1-0.48)\times(14-0.48)+(21.62+13.52)\times2\times0.15$ $=292.30+10.54=302.84\ m^2$	$302.84\ m^2$
排水	屋面	m^2	水落管 $L=22.5\times6=135.00\ m$ 水斗6个 水口6个 弯头6个	$135.00\ m$
聚氨酯涂膜防水	卫间地面	m^2	$S_{主}=(4.5-0.24)\times(5.1-0.24)\times6=124.20\ m^2$ 卷起:$[(4.26+4.86)\times2-0.9+0.24)]\times0.2\times6=17.58\times0.2\times6=21.10\ m^2$	
	小计		$S=124.20+21.10=145.30\ m^2$	
	厨房加工配餐地面	m^2	$S_{主}=(4.5-0.24)\times(5.1-0.24)\times2-0.12\times4.26=41.41-0.51=40.90\ m^2$ 卷起:$[(4.26\times6+4.86\times2+4.74\times2)-(0.9+1.2)\times2-1.5+(0.24\times2+0.12\times4)]\times0.2=[44.76-5.7+0.96]\times0.2=40.2\times0.2=8.04\ m^2$	
	小计		$S=40.9+8.04=48.94\ m^2$	
	合计		$S=145.30+48.94=194.24\ m^2$	$194.24\ m^2$
防水砂浆	卫间墙面	m^2	$S=(4.26+4.86)\times2\times(4.07+3.47\times5)=18.24\times21.42=390.70\ m^2$ 扣除:$S=-(0.9\times2\times6+2.4\times2.4\times5+2.4\times2.7)=-(1.8\times6+5.76\times5+6.48)$ $=-46.08\ m^2$ 增加:$[0.078\times(0.9+2\times2)\times6+0.19\times(2.4+2.4\times2)\times5+0.19\times(2.4+2.7\times2)]$ $=[0.38\times6+0.19\times7.2\times5+0.19\times7.8]=10.602\ m^2$	
	合计		$S=390.7-46.08+10.6=355.22\ m^2$	$355.22\ m^2$
防潮	基础	m^2	水砂 $S=B\times L=0.37\times105.63=39.08\ m^2$	$39.08\ m^2$
散水	嵌缝	m	$L=72.2+1\times12=84.2\ m$	$84.2\ m$

表 2-6-4　工程量计算表(续)

工程名称	具体位置	单位	计 算 过 程	工程量
(六)保温工程				
苯板	屋面	m^3	保温　$V=S\times H=292.3\times 0.06=17.54\ m^3$	$17.54\ m^3$
炉渣砼	屋面	m^3	保温　$V=S\times H_{\text{平}}=292.3\times(0.03+1/4\times 13.52\times 3\%)=292.3\times 0.1314=38.41\ m^3$	$38.41\ m^3$
(七)脚手架工程				
综合	脚手	m^2	建筑面积　$1\ 856.40\ m^2$	$1\ 856.40\ m^2$
脚手架	增加	m^2	$S=(22.5-20)/3.6\times 309.4=214.86\ m^2$	$214.86\ m^2$
满堂	脚手	m^2	$S=S_1+S_{\text{梯}}=(274.21-0.12\times 8.52-0.06\times 5.97)+17.14=272.83+17.14=289.97\ m^2$	$289.97\ m^2$
防护	外墙	m^2	$S=(72.76+2\times 8)\times(23.40+1.50)=2\ 210.12\ m^2$	$2\ 210.12\ m^2$
封闭	外墙	m^2	$S=2\ 210.12\ m^2$	$2\ 210.12\ m^2$
(八)模板工程				
条基		m^2	$S=0.30\times(23.43+12.43+10.73+19.23+20.43+23.03+14.93\times 2+3.565\times 2+5.465+5.215+3.815\times 6+6.815\times 2+0.7\times 10+1.2\times 2)+0.1\times(22.2+19.38+16.55+18.13+15.26+16.2+12.6\times 2+4.695\times 8+5.165\times 2+6.495\times 2)$ $=0.3\times 202.87+0.1\times 193.80=60.861+19.38=80.24\ m^2$	$80.24\ m^2$
独基		m^2	$S=0.30\times 2.9\times 4\times 4=0.3\times 29.6=19.32\ m^2$	$19.32\ m^2$
LL1 梁		m^2	$S_{\text{梁}}=0.35\times 2\times 19.6=13.72\ m^2$	$13.72\ m^2$
柱		m^2	$S_{\text{柱}}=(0.4\times 4\times 4+0.4\times 6+0.08\times 12)\times(4.18+1.7-0.12)-(0.35\times 0.78\times 4+0.35\times 0.68\times 4+0.35\times 0.58\times 10+0.3\times 0.35\times 10)=9.76\times 5.76-5.124=51.09\ m^2$	$51.09\ m^2$
构造柱		m^2	$S=0.12\times[24\times(1.9+4.02)+30\times 3.42\times 4+28\times 3.42]+0.36\times(3.42+0.84\times 2\times 16)-0.2\times 0.17\times 2-0.2\times 0.12\times 10-0.25\times 0.38$ $=0.12\times 648.24+0.36\times 30.30-0.388=88.31\ m^2$	$88.31\ m^2$
单梁	6 层	m^2	$S_{\text{梁}}=(0.38\times 2+0.25)\times 5.76\times 2+(0.23\times 2+0.2)\times 3.36=11.64+2.22=13.86\ m^2$	$13.86\ m^2$
圈梁	1 层外墙	m^2	$S_{\text{外1层}}=0.18\times 72.2+0.06\times[21.6-0.24\times 5+21.6-0.24-0.4\times 4+(13.5-0.24\times 2-0.4)\times 2-9.12]+0.05\times(4.86+4.26)$ $=12.996+0.06\times 56.28+0.05\times 9.12=12.996+3.38+0.46=16.832\ m^2$	$76.89\ m^2$
	内墙	m^2	$S_{\text{内1层}}=0.06\times(4.86\times 8+12.78+17.4)+0.05\times(4.86+4.26)$ $=0.06\times 69.06+0.05\times 9.12=4.14+0.46=4.60\ m^2$	
	2~6 层外墙上内墙	m^2	$S_{\text{外2-6层}}=0.18\times(72.2-38.2)+0.06\times[(21.6-0.24\times 5)\times 2+(13.5-0.24\times 3)\times 2-9.12-38.2]\times 4+0.06\times[(21.6-0.24\times 5+21.6-0.24\times 3-0.25\times 2)+(13.5-0.24\times 3)\times 2-9.12]+0.05\times(4.86+4.26)\times 5=0.18\times 34+0.06\times 19.04\times 4+0.05\times 9.12\times 5+0.06\times 19.03=6.12+4.57+2.28+1.14=14.11\ m^2$	
		m^2	$S_{\text{内2-6层}}=0.06\times(4.86\times 8+12.78+17.4+21.6-0.24+21.6-0.24\times 5+5.76\times 10-38.2)\times 5+0.05\times(4.86+4.26)\times 5=0.06\times 130.22\times 5+0.05\times 9.12\times 5=39.07+2.28=41.35\ m^2$	
过梁	1~6 层外墙	m^2	$S_{\text{外}}=0.37\times[2.4\times 10+1.5\times 2+1.2+3.6)+(2.4\times 11+1.8+1.5\times 2)\times 5]+0.18\times 2\times 38.8+0.12\times 2\times 38.2\times 5=0.37\times 63+0.36\times 38.8+0.24\times 191=23.31+13.97+45.84=83.12\ m^2$	$132.36\ m^2$
	1~6 层内墙	m^2	$S_{\text{内}}=0.24\times(1.5\times 40+0.9\times 7)+0.12\times 2\times(1.2+0.9)+0.18\times 2\times 89.8+0.12\times 2\times 3.1$ $=0.24\times 66.3+0.12\times 2.1+0.36\times 89.8+0.24\times 3.1$ $=15.91+0.252+32.33+0.744=49.24\ m^2$	
有梁板	板	m^2	$S_{\text{板}}=(21.6-0.24)\times(8.4-0.24)-(0.4\times 0.4\times 4+0.4\times 0.08\times 6)-0.35\times(19.60+5.6\times 4)=21.36\times 8.16-0.832-14.7=158.77\ m^2$	$228.91\ m^2$
	梁	m^2	$S_{\text{梁}}=0.78\times 2\times 5.6\times 2+0.68\times 5.6\times 2\times 2+0.58\times 19.6\times 2+14.7=17.472+15.232+22.74+14.7=70.144\ m^2$	
	合计		$S=158.77+70.144=228.91\ m^2$	

表 2－6－4 工程量计算表(续)

工程名称	具体位置	单位	计算过程	工程量
平板	1 层	m^2	$S=(21.6-0.24\times5-3.36)\times4.86=17.04\times4=82.81\ m^2$	1 331.44 m^2
	标准层	m^2	$S=[S_1-(0.37\times L_{中}+0.24\times L_{内}-0.2\times3.36)-3.36\times4.9]\times4=[309.40-(0.37\times70.72+0.24\times81.84)-3.36\times5.1]\times4=[309.40-45.81-17.136]\times4=246.46\times4=985.82\ m^2$	
	顶层	m^2	$S=S_1-(0.37\times L_{中}+0.24\times L_{内}-0.25\times5.76\times2+0.2\times3.36)=309.40-(0.37\times70.72+0.24\times70.32+0.25\times5.76\times2+0.2\times3.36)=309.40-46.595=262.81\ m^2$	
柱超高	1 层	m^2	$S=9.76\times2.16-5.124=15.96\ m^2$	15.96 m^2
板超高	1 层	m^2	$S=158.77+82.81=241.58\ m^2$	158.77 m^2
悬挑板	雨篷	m^2	$S=4.5\times1.28+0.3\times(1.2\times2+4.5)=7.83\ m^2$	7.83 m^2
楼梯		m^2	$S=5.1\times3.36\times5=85.68\ m^2$	85.68 m^2
压顶			$S=(0.38-0.24+0.06\times2)\times70.56=0.26\times70.56=18.35\ m^2$	12.724 m^2
垂直运输				
塔吊		m^2	建筑面积 1 856.40 m^2	1 856.40 m^2
超高				
超高	22.5－20.0	m^2	$(22.5-20)/3.6\times309.4=214.86\ m^2$	214.86 m^2
大型机械进出场及安拆				
塔吊		台次	1	

1. 钢筋的计算方法(见表 2－6－5)

表 2－6－5 钢筋计算明细表

工程名称:综合楼

筋号	级别	直径	钢筋图形	计算公式	根数	总根数	单长/m	总长/m	理论质量	总重/kg
构件名称:KZ－1				构件数量:2			本构件钢筋重:88.338×2＝176.68 kg			
构件位置:〈2,B〉;〈3,B〉										
B 边插筋.1	虫	20	150 2227	5000/3 + 600 － 40 + max(6 * d,150)	4	8	2.377	19.016	2.466	46.896
B 边插筋.2	虫	25	200 2227	5000/3 + 600 － 40 + max(8 * d,150)	2	4	2.427	9.708	3.853	37.409
H 边插筋.1	虫	16	150 2227	5000/3 + 600 － 40 + max(6 * d,150)	2	4	2.377	9.508	1.578	15.007
角筋插筋.1	虫	25	200 2227	5000/3 + 600 － 40 + max(8 * d,150)	4	8	2.427	19.416	3.853	74.817
箍筋.1	中	8	340 340	2 * ((400－2 * 30) + (400－2 * 30)) + 2 * (11.9 * d) + (8 * d)	2	4	1.614	6.456	0.395	2.547
构件名称:JZL－2				构件数量:1			本构件钢筋重:343.125 kg			
构件位置:〈1,D〉〈6,D〉										
1 跨. 下通长筋 1	中	14	160 21520 160	－40 + 320/2 + 21600 －40 + 320/2 + 12.5 * d + 812	4	4	22.827	91.308	1.208	110.338

表 2-6-5　钢筋计算明细表(续)

筋号	级别	直径	钢筋图形	计算公式	根数	总根数	单长/m	总长/m	理论质量	总重/kg
1 跨.上部钢筋 1	中	14	160 21520 160	-40+320/2+21600-40+320/2+12.5*d+812	4	4	22.827	91.308	1.208	110.338
1 跨.箍筋 1	中	8	320 390	2*((470-2*40)+(400-2*40))+2*(11.9*d)+(8*d)	109	109	1.674	182.47	0.395	71.998
1 跨.箍筋 2	中	8	320 139	2*(((470-2*40-14)/3*1+14)+(400-2*40))+2*(11.9*d)+(8*d)	109	109	1.173	127.857	0.395	50.451
构件名称:DJ-1				构件数量:4			本构件钢筋重:195.196×4=780.78 kg			
构件位置:〈2,B〉;〈3,B〉;〈4;B〉;〈5,B〉										
横向底筋.1	中	14	2610	0.9*2900+12.5*d	29	116	2.785	323.06	1.208	390.392
纵向底筋.1	中	14	2610	0.9*2900+12.5*d	29	116	2.785	323.06	1.208	390.392
构件名称:DJ-2				构件数量:6			本构件钢筋重:50.433×6=302.598 kg			
构件位置:〈2,A〉;〈3,A〉;〈4,A〉;〈5,A〉;〈1,B〉;〈6,B〉										
横向底筋.1	中	10	1920	2000-40-40+12.5*d	20	120	2.045	245.4	0.617	151.299
纵向底筋.1	中	10	1920	2000-40-40+12.5*d	20	120	2.045	245.4	0.617	151.299
构件名称:TJ-1				构件数量:1			本构件钢筋重:145.843 kg			
构件位置:〈1,D〉〈6,D〉										
受力筋.1	虫	10	1220	1300-2*40	139	139	1.22	169.58	0.617	104.553
分布筋.1	中	8	23350	23430-40-40+12.5*d+900	4	4	24.35	97.4	0.395	38.433
分布筋.2	中	8	1107	915-40+29*d+12.5*d	6	6	1.207	7.242	0.395	2.858
构件名称:KZ-1				构件数量:2			本构件钢筋重:231.311×2=462.622 kg			
构件位置:〈2,B〉;〈3,B〉										
B 边纵筋.1	虫	20	4203	5900-5000/3-900+900-30	4	8	4.203	33.624	2.466	82.922
B 边纵筋.2	虫	25	4203	5900-5000/3-900+900-30	2	4	4.203	16.812	3.853	64.783
H 边纵筋.1	虫	16	4203	5900-5000/3-900+900-30	2	4	4.203	16.812	1.578	26.535
角筋.1	虫	25	4203	5900-5000/3-900+900-30	4	8	4.203	33.624	3.853	129.566
箍筋.1	中	8	340 340	2*((400-2*30)+(400-2*30))+2*(11.9*d)+(8*d)	49	98	1.614	158.17	0.695	62.412

表 2-6-5　钢筋计算明细表(续)

筋号	级别	直径	钢筋图形	计算公式	根数	总根数	单长/m	总长/m	理论质量	总重/kg
箍筋.2	中	8	340 183	2 * (((400 - 2 * 30 - 25)/4 * 2 + 25) + (400 - 2 * 30)) + 2 * (11.9 * d) + (8 * d)	49	98	1.299	127.302	0.395	50.232
箍筋.3	中	8	340 130	2 * (((400 - 2 * 30 - 25)/3 * 1 + 25) + (400 - 2 * 30)) + 2 * (11.9 * d) + (8 * d)	49	98	1.194	117.012	0.395	46.171
构件名称:WKL3				构件数量:1				本构件钢筋重:1092.353 kg		
构件位置:〈1,B〉〈6,B〉										
1 跨.左支座筋 1	虫	10	675 1742	400 - 25 + 675 + 4100/3	2	2	2.417	4.834	0.617	2.98
1 跨.左支座筋 2	虫	16	675 1742	400 - 25 + 675 + 4100/3	2	2	2.417	4.834	1.578	7.63
1 跨.右支座筋 1	虫	20	3134	4100/3 + 400 + 4100/3	2	2	3.134	6.268	2.466	15.458
1 跨.右支座筋 2	虫	25	3134	4100/3 + 400 + 4100/3	3	3	3.134	9.402	3.853	36.229
1 跨.右支座筋 3	虫	25	2450	4100/4 + 400 + 4100/4	2	2	2.45	4.9	3.853	18.882
1 跨.侧面受扭筋 1	中	12	4676	24 * d + 4100 + 24 * d + 12.5 * d	4	4	4.826	19.304	0.888	17.138
1 跨.下部钢筋 1	虫	22	330 5135	400 - 25 + 15 * d + 4100 + 30 * d	3	3	5.465	16.395	2.984	48.924
1 跨.下部钢筋 2	虫	25	375 5225	400 - 25 + 15 * d + 4100 + 30 * d	2	2	5.6	11.2	3.853	43.158
1 跨.箍筋 1	中	10	650 300	2 * ((350 - 2 * 25) + (700 - 2 * 25)) + 2 * (11.9 * d) + (8 * d)	31	31	2.218	68.758	0.617	42.392
1 跨.箍筋 2	中	10	650 163	2 * (((350 - 2 * 25 - 25)/4 * 2 + 25) + (700 - 2 * 25)) + 2 * (11.9 * d) + (8 * d)	31	31	1.943	60.233	0.617	37.136
1 跨.拉筋 1	中	6	300	(350 - 2 * 25) + 2 * (75 + 1.9 * d) + (2 * d)	22	22	0.485	10.67	0.222	2.368
2 跨.右支座筋 1	虫	20	3134	4100/3 + 400 + 4100/3	2	2	3.134	6.268	2.466	15.458
2 跨.右支座筋 2	虫	25	3134	4100/3 + 400 + 4100/3	3	3	3.134	9.402	3.853	36.229
2 跨.侧面构造筋 1	中	12	3560	15 * d + 3200 + 15 * d + 12.5 * d	4	4	3.71	14.84	0.888	13.175
2 跨.下部钢筋 1	虫	18	4280	30 * d + 3200 + 30 * d	4	4	4.28	17.12	1.998	34.199

表 2－6－5　钢筋计算明细表(续)

筋号	级别	直径	钢筋图形	计算公式	根数	总根数	单长/m	总长/m	理论质量	总重/kg
2 跨. 箍筋 1	中	8	650 300	2 * ((350 - 2 * 25) + (700 - 2 * 25)) + 2 * (11.9 * d) + (8 * d)	27	27	2.154	58.158	0.395	22.948
2 跨. 箍筋 2	中	8	650 163	2 * (((350 - 2 * 25 - 25)/4 * 2 + 25) + (700 - 2 * 25)) + 2 * (11.9 * d) + (8 * d)	27	27	1.879	50.733	0.395	20.019
2 跨. 拉筋 1	中	6	300	(350 - 2 * 25) + 2 * (75 + 1.9 * d) + (2 * d)	18	18	0.485	8.73	0.222	1.938
3 跨. 右支座筋 1	虫	25	3134	4100/3 + 400 + 4100/3	5	5	3.134	15.67	3.853	60.382
3 跨. 右支座筋 2	虫	25	2450	4100/4 + 400 + 4100/4	2	2	2.45	4.9	3.853	18.882
3 跨. 侧面构造筋 1	中	12	4460	15 * d + 4100 + 15 * d + 12.5 * d	4	4	4.61	18.44	0.888	16.371
3 跨. 下部钢筋 1	虫	22	5420	30 * d + 4100 + 30 * d	3	3	5.42	16.26	2.984	48.521
3 跨. 下部钢筋 2	虫	28	5948	33 * d + 4100 + 33 * d	2	2	5.948	11.896	4.834	57.501
3 跨. 箍筋 1	中	8	650 300	2 * ((350 - 2 * 25) + (700 - 2 * 25)) + 2 * (11.9 * d) + (8 * d)	31	31	2.154	66.774	0.395	26.348
3 跨. 箍筋 2	中	8	650 164	2 * (((350 - 2 * 25 - 28)/4 * 2 + 28) + (700 - 2 * 25)) + 2 * (11.9 * d) + (8 * d)	31	31	1.882	58.342	0.395	23.021
3 跨. 拉筋 1	中	6	300	(350 - 2 * 25) + 2 * (75 + 1.9 * d) + (2 * d)	22	22	0.485	10.67	0.222	2.368
4 跨. 右支座筋 1	虫	25	3134	4100/3 + 400 + 4100/3	5	5	3.134	15.67	3.853	60.382
4 跨. 右支座筋 2	虫	25	2450	4100/4 + 400 + 4100/4	2	2	2.45	4.9	3.853	18.882
4 跨. 侧面构造筋 1	中	12	4460	15 * d + 4100 + 15 * d + 12.5 * d	4	4	4.61	18.44	0.888	16.371
4 跨. 下部钢筋 1	虫	22	5420	30 * d + 4100 + 30 * d	4	4	5.42	21.68	2.984	64.694
4 跨. 箍筋 1	中	8	650 300	2 * ((350 - 2 * 25) + (700 - 2 * 25)) + 2 * (11.9 * d) + (8 * d)	31	31	2.154	66.774	0.395	26.348
4 跨. 箍筋 2	中	8	650 163	2 * (((350 - 2 * 25 - 25)/4 * 2 + 25) + (700 - 2 * 25)) + 2 * (11.9 * d) + (8 * d)	31	31	1.879	58.249	0.395	22.984
4 跨. 拉筋 1	中	6	300	(350 - 2 * 25) + 2 * (75 + 1.9 * d) + (2 * d)	22	22	0.485	10.67	0.222	2.368

表 2-6-5 钢筋计算明细表(续)

筋号	级别	直径	钢筋图形	计算公式	根数	总根数	单长/m	总长/m	理论质量	总重/kg
5 跨. 右支座筋 1	虫	16	675 1742	4100/3 + 400 - 25 +675	2	2	2.417	4.834	1.578	7.63
5 跨. 右支座筋 2	虫	20	675 1742	4100/3 + 400 - 25 +675	2	2	2.417	4.834	2.466	11.921
5 跨. 侧面受扭筋 1	中	12	4676	24 * d + 4100 + 24 * d +12.5 * d	4	4	4.826	19.304	0.888	17.138
5 跨. 下部钢筋 1	虫	22	330 5135	30 * d + 4100 + 400 - 25 + 15 * d	3	3	5.465	16.395	2.984	48.924
5 跨. 下部钢筋 2	虫	25	375 5225	30 * d + 4100 + 400 - 25 + 15 * d	2	2	5.6	11.2	3.853	43.158
5 跨. 箍筋 1	中	10	650 300	2 * ((350 - 2 * 25) + (700 - 2 * 25)) + 2 * (11.9 * d) + (8 * d)	31	31	2.218	68.758	0.617	42.392
5 跨. 箍筋 2	中	10	650 163	2 * (((350 - 2 * 25 - 25)/4 * 2 + 25) + (700 - 2 * 25)) + 2 * (11.9 * d) + (8 * d)	31	31	1.943	60.233	0.617	37.136
5 跨. 拉筋 1	中	6	300	(350 - 2 * 25) + 2 * (75 + 1.9 * d) + (2 * d)	22	22	0.485	10.67	0.222	2.368
构件名称:QL370				构件数量:1				本构件钢筋重:223.571 kg		
				构件位置:〈1,D〉〈6,D〉						
上部钢筋.1	中	12	22070	22100 - 15 - 15 + 12.5 * d + 912	1	1	23.132	23.132	0.888	20.537
上部钢筋.2	中	12	22008	21360 + 27 * d + 27 * d + 12.5 * d + 912	1	1	23.07	23.07	0.888	20.482
上部钢筋.3	中	12	21843	21843 + 12.5 * d + 912	1	1	22.905	22.905	0.888	20.335
上部钢筋.4	中	12	21617	21617 + 12.5 * d + 912	1	1	22.679	22.679	0.888	20.135
下部钢筋.1	中	12	22070	22100 - 15 - 15 + 12.5 * d + 912	1	1	23.132	23.132	0.888	20.537
下部钢筋.2	中	12	22008	21360 + 27 * d + 27 * d + 12.5 * d + 912	1	1	23.07	23.07	0.888	20.482
下部钢筋.3	中	12	21843	21843 + 12.5 * d + 912	1	1	22.905	22.905	0.888	20.335
下部钢筋.4	中	12	21617	21617 + 12.5 * d + 912	1	1	22.679	22.679	0.888	20.135
箍筋.1	中	6	150 340	2 * ((370 - 2 * 15) + (180 - 2 * 15)) + 2 * (75 + 1.9 * d) + (8 * d)	139	139	1.201	166.939	0.222	37.053

表 2-6-5　钢筋计算明细表(续)

筋号	级别	直径	钢筋图形	计算公式	根数	总根数	单长/m	总长/m	理论质量	总重/kg
箍筋.2	中	6	150 121	2 * (((370 - 2 * 15 - 12)/3 * 1 + 12) + (180 - 2 * 15)) + 2 * (75 + 1.9 * d) + (8 * d)	139	139	0.763	106.057	0.222	23.54
构件名称:B-2				构件数量:1				本构件钢筋重:179.529 kg		
构件位置:〈1-2471,D〉〈2-2471,D〉;〈1,C+2082〉〈1,D+2082〉										
a8-100.1	中	8	4565	4260 + max(370/2,5 * d) + max(240/2,5 * d) + 12.5 * d	49	49	4.665	228.585	0.395	90.196
a8-100.1	中	8	5165	4860 + max(240/2,5 * d) + max(370/2,5 * d) + 12.5 * d	43	43	5.265	226.395	0.395	89.332
构件名称:B-1				构件数量:1				本构件钢筋重:141.57 kg		
构件位置:〈4-2991,B〉〈5-2991,B〉;〈4,A+2129〉〈4,B+2129〉										
a8-150.1	中	8	4500	4150 + max(350/2,5 * d) + max(350/2,5 * d) + 12.5 * d	38	38	4.6	174.8	0.395	68.974
a8-150.2	中	8	4485	4325 + max(350/2,5 * d) - 15 + 12.5 * d	1	1	4.585	4.585	0.395	1.809
a8-150.1	中	8	6065	5705 + max(370/2,5 * d) + max(350/2,5 * d) + 12.5 * d	29	29	6.165	178.79	0.395	70.546
a8-150.2	中	8	515	80 + max(370/2,5 * d) + 250 + 12.5 * d	1	1	0.615	0.615	0.395	0.243
KBSLJ-1320-	中	12	105 4980 115	2400 + 1320 + 1260 + 120 - 15 + 130 - 15	29	29	5.2	150.8	0.888	133.883
KBSLJ-1320-	中	12	63 2618	2105 + 24 * d + 24 * d + 12.5 * d	1	1	2.831	2.831	0.888	2.513
KBSLJ-1320-1260	中	8	2210	1910 + 150 + 150	6	6	2.21	13.26	0.395	5.232
KBSLJ-1320-1260	中	8	3810	3710 + 150 - 50	11	11	3.81	41.91	0.395	16.537
KBSLJ-1320-1260	中	8	2150	1850 + 150 + 150	6	6	2.15	12.9	0.395	5.09
构件名称:FJ8-200-1330				构件数量:1				本构件钢筋重:172.016 kg		
构件位置:〈1-2443,D+1330〉〈1-2443,D〉;〈1+2956,A〉〈1+2956,A+1330〉;〈2,A-2199〉〈2+1330,A-2199〉;〈5,A+2154〉〈5+1330,A+2154〉;〈6-2690,B〉〈6-2690,B-1330〉;〈6+2205,C〉〈6+2205,C-1330〉;〈6,D-2063〉〈6-1330,D-2063〉;〈2,D-2058〉〈2-1330,D-2058〉										
FJ8-200-1330	中	8	115 1330 115	1330 + 115 + 115	25	25	1.56	39	0.395	15.389
FJ8-200-1330	中	8	2810	2510 + 150 + 150	6	6	2.81	16.86	0.395	6.653
FJ8-200-1330	中	8	105 1330 105	1330 + 105 + 105	30	30	1.54	46.2	0.395	18.23

表 2-6-5 钢筋计算明细表(续)

筋号	级别	直径	钢筋图形	计算公式	根数	总根数	单长/m	总长/m	理论质量	总重/kg
FJ8-200-1330	中	8	3650	3350+150+150	6	6	3.65	21.9	0.395	8.641
构件名称:FJ12-200-1300				构件数量:1						本构件钢筋重:184.938 kg
构件位置:〈3-2761,B+1300〉〈3-2761,B-1300〉;〈4-2831,B+1300〉〈4-2831,B-1300〉										
FJ12-200-1300	中	12	105 2600 105	1300 + 1300 + 105 +105	30	30	2.81	84.3	0.888	74.843
FJ12-200-1300	中	8	3540	3240+150+150	6	6	3.54	21.24	0.395	8.381
FJ12-200-1300	中	8	4120	3820+150+150	6	6	4.12	24.72	0.395	9.754
FJ12-200-1300	中	12	105 2600 105	1300 + 1300 + 105 +105	30	30	2.81	84.3	0.888	74.843
FJ12-200-1300	中	8	3690	3390+150+150	6	6	3.69	22.14	0.395	8.736
FJ12-200-1300	中	8	3540	3240+150+150	6	6	3.54	21.24	0.395	8.381
楼层名称:第2层(绘图输入)										钢筋总重:5074.188 kg
构件名称:GZ-1				构件数量:15						本构件钢筋重:34.851 kg
构件位置:〈1,D〉;〈2,D〉;〈3,D〉;〈6,D〉;〈6,C〉;〈3,C〉;〈2,C〉;〈1,C〉;〈5,D〉;〈1,A〉;〈6,A〉;〈3,A〉;〈5,A〉;〈6,B〉;〈1,B〉										
全部纵筋.1	虫	14	140 3600	3600+10*d	4	60	3.74	224.4	1.208	271.169
构造柱预留筋.1	虫	14	1148	48*d+34*d	4	60	1.148	68.88	1.208	83.236
箍筋.1	中	8	210 210	2*((240-2*15)+(240-2*15))+2*(11.9*d)+(8*d)	26	390	1.094	426.66	0.395	168.354
构件名称:LJ-1				构件数量:1						本构件钢筋重:6.252 kg
构件位置:〈1+65,D-65〉										
砌体加筋.1	中	6	250 1000 60	370-2*60+1000+60+1000+60	9	9	2.37	21.33	0.222	4.734
砌体加筋.2	中	6	250 499 60	370-2*60+559-60+60+559-60+60	5	5	1.368	6.84	0.222	1.518
构件名称:LJ-2				构件数量:1						本构件钢筋重:9.509 kg
构件位置:〈2+65,D〉										
砌体加筋.1	中	6	60 2240 60	120+1000+60+120+1000+60	2	2	2.36	4.72	0.222	1.048
砌体加筋.2	中	6	60 1736 60	120+1000+60+120+556-60+60	5	5	1.856	9.28	0.222	2.06
砌体加筋.3	中	6	1060 1060 60	60+1000+60+60+1000+60	9	9	2.24	20.16	0.222	4.475

表 2-6-5　钢筋计算明细表(续)

筋号	级别	直径	钢筋图形	计算公式	根数	总根数	单长/m	总长/m	理论质量	总重/kg
砌体加筋.4	中	6	556 60 1060 160	60 + 1000 + 60 + 60 + 556 - 60 + 60	5	5	1.736	8.68	0.222	1.927
构件名称:GL-1				构件数量:2			本构件钢筋重:12.924 × 2 = 25.848 kg			
构件位置:〈1 + 228, B - 65〉〈1 - 171, C - 65〉;〈6 - 204, C + 65〉〈6 + 195, B + 65〉										
过梁上部纵筋.1	虫	12	1970	2000 - 15 - 15	2	4	1.97	7.88	0.888	6.996
过梁下部纵筋.1	虫	14	1970	2000 - 15 - 15	2	4	1.97	7.88	1.208	9.522
过梁箍筋.1	中	6	250 340	2 * ((370 - 2 * 15) + (280 - 2 * 15)) + 2 * (75 + 1.9 * d) + (8 * d)	15	30	1.401	42.03	0.222	9.329
构件名称:QL370				构件数量:1			本构件钢筋重:187.826 kg			
构件位置:〈1, D〉〈6, D〉										
上部钢筋.1	中	12	22070	22100 - 15 - 15 + 12.5 * d + 912	1	1	23.132	23.132	0.888	20.537
上部钢筋.2	中	12	22008	21360 + 27 * d + 27 * d + 12.5 * d + 912	1	1	23.07	23.07	0.888	20.482
上部钢筋.3	中	12	21843	21843 + 12.5 * d + 912	1	1	22.905	22.905	0.888	20.335
上部钢筋.4	中	12	21617	21617 + 12.5 * d + 912	1	1	22.679	22.679	0.888	20.135
下部钢筋.1	中	12	22070	22100 - 15 - 15 + 12.5 * d + 912	1	1	23.132	23.132	0.888	20.537
下部钢筋.2	中	12	22008	21360 + 27 * d + 27 * d + 12.5 * d + 912	1	1	23.07	23.07	0.888	20.482
下部钢筋.3	中	12	21843	21843 + 12.5 * d + 912	1	1	22.905	22.905	0.888	20.335
下部钢筋.4	中	12	21617	21617 + 12.5 * d + 912	1	1	22.679	22.679	0.888	20.135
箍筋.1	中	6	150 340	2 * ((370 - 2 * 15) + (180 - 2 * 15)) + 2 * (75 + 1.9 * d) + (8 * d)	57	57	1.201	68.457	0.222	15.194
箍筋.2	中	6	150 121	2 * (((370 - 2 * 15 - 12)/3 * 1 + 12) + (180 - 2 * 15)) + 2 * (75 + 1.9 * d) + (8 * d)	57	57	0.763	43.491	0.222	9.653

表 2－6－5　钢筋计算明细表(续)

筋号	级别	直径	钢筋图形	计算公式	根数	总根数	单长/m	总长/m	理论质量	总重/kg
构件名称:QL－240				构件数量:1			本构件钢筋重:25.054 kg			
				构件位置:〈3,D〉〈3,C〉						
上部钢筋.1	中	12	53 5440 183	4860＋34＊d＋34＊d	1	1	5.676	5.676	0.888	5.039
上部钢筋.2	中	12	53 5440	5100＋34＊d－15	1	1	5.493	5.493	0.888	4.877
下部钢筋.1	中	12	53 5440 183	4860＋34＊d＋34＊d	1	1	5.676	5.676	0.888	5.039
下部钢筋.2	中	12	53 5440	5100＋34＊d－15	1	1	5.493	5.493	0.888	4.877
箍筋.1	中	6	150 210	2＊((240－2＊15)＋(180－2＊15))＋2＊(75＋1.9＊d)＋(8＊d)	25	25	0.941	23.525	0.222	5.221
构件名称:TL－1				构件数量:1			本构件钢筋重:34.116 kg			
				构件位置:						
过梁上部纵筋	中	12	3840	3360＋240＋240＋2＊6.25＊d	2	2	3.99	7.98	0.888	7.085
过梁下部纵筋	中	16	3840	3360＋240＋240＋2＊6.25＊d	3	3	4.04	12.12	1.578	19.13
箍筋	中	8	250 150	(250＋150)＊2＋(2＊11.9＋8)＊d	19	19	1.054	20.026	0.395	7.902
构件名称:TL－2				构件数量:9			本构件钢筋重:27.74 kg			
				构件位置:						
过梁上部纵筋	中	12	3840	3360＋240＋240＋2＊6.25＊d	2	18	3.99	71.82	0.888	63.763
过梁下部纵筋	中	16	3840	3360＋240＋240＋2＊6.25＊d	2	18	4.04	72.72	1.578	114.777
箍筋	中	8	250 150	(250＋150)＊2＋(2＊11.9＋8)＊d	19	171	1.054	180.234	0.395	71.118
构件名称:B－1				构件数量:5			本构件钢筋重:106.837 kg			
				构件位置:						
PTB 短跨 S 配筋	中	12	1820	1620＋200＋12.5＊d	22	110	1.97	216.7	0.888	192.39
PTB 长跨 L 配筋	中	12	3400	3400＋12.5＊d	12	60	3.55	213	0.888	189.105

表 2－6－5 钢筋计算明细表(续)

筋号	级别	直径	钢筋图形	计算公式	根数	总根数	单长/m	总长/m	理论质量	总重/kg
分布筋 1	中	8	1800	3200－1000－1000＋2＊300＋12.5＊d	8	40	1.9	76	0.395	29.989
分布筋 2	中	8	1220	1620－500－500＋2＊300＋12.5＊d	12	60	1.32	79.2	0.395	31.251
PTB 构造钢筋 1	中	8	50 600 50	500＋100＋2＊80－4＊15	17	85	0.7	59.5	0.395	23.478
PTB 构造钢筋 2	中	8	120 586 50	500＋0.4＊216＋15＊8＋80－2＊15	17	85	0.756	64.26	0.395	25.356
PTB 构造钢筋 3	中	8	50 1100 50	1000＋100＋2＊80－4＊15	9	45	1.2	54	0.395	21.308
PTB 构造钢筋 4	中	8	50 1100 50	1000＋100＋2＊80－4＊15	9	45	1.2	54	0.395	21.308
构件名称:LT－1				构件数量:1				本构件钢筋重:111.507 kg		
				构件位置:						
下梯梁端上部纵筋	中	10	798 55 90 1342	4630/4＊1.164＋270＋120－2＊15＋6.25＊d	9	9	1.77	15.93	0.617	9.821
梯板下部纵筋 1	中	12	76 148 4382	4530＋12.5＊d	11	11	4.68	51.48	0.888	45.705
上梯梁端上部纵筋	中	10	1228 648 150 385 90	754.272＋1228＋150＋90＋6.25＊d	9	9	2.285	20.565	0.617	12.679
梯板下部纵筋 2	中	12	76 148 1416	1564＋12.5＊d	12	12	1.714	20.568	0.888	18.261
梯板分布筋	中	8	1570	1570＋12.5＊d	38	38	1.67	63.46	0.395	25.04
构件名称:LT－2				构件数量:2				本构件钢筋重:106.683 kg		
				构件位置:						
梯板下部纵筋	中	12	840 1580 3497	5077＋12.5＊d	12	24	5.227	125.448	0.888	111.375
上梯梁端上部纵筋	中	10	160 1345 150 127	4190/4＊1.181＋0.4＊270＋160＋150＋6.25＊d	9	18	1.178	30.924	0.617	19.066
梯板分布钢筋	中	8	1570	1570＋12.5＊d	36	72	1.67	120.24	0.395	47.445
下梯梁端上部纵筋 2	中	10	0 0 962 160	1091＋6.25＊d	9	18	1.154	20.772	0.617	12.807

表 2-6-5 钢筋计算明细表(续)

筋号	级别	直径	钢筋图形	计算公式	根数	总根数	单长/m	总长/m	理论质量	总重/kg
下梯梁端上部纵筋 1	中	10	0 0 1876 150	1918 + 12.5 * d	9	18	2.043	36.774	0.617	22.673
构件名称:LT-3				构件数量:8			本构件钢筋重:65.696 × 8 = 525.569 kg			
				构件位置:						
梯板下部纵筋	中	10	3733	3733 + 12.5 * d	12	96	3.858	370.368	0.617	228.347
下梯梁端上部纵筋	中	10	1083 60 90 600	1233 + 6.25 * d	13	104	1.296	134.784	0.617	83.1
上梯梁端上部纵筋	中	10	1083 150 90 450	1221 + 6.25 * d	13	104	1.284	133.536	0.617	82.33
梯板分布钢筋	中	8	1570	1570 + 12.5 * d	25	200	1.67	334	0.395	131.792
构件名称:雨篷-1				构件数量:1			本构件钢筋重:83.842 kg			
				构件位置:						
主筋	中	12	340 40 40 40 1610 420	2490 + 2 * 6.25 * d	26	26	2.64	68.64	0.888	60.94
分布筋	中	8	340 40 40 40 5060 340	5980 + 2 * 6.25 * d	7	7	6.08	42.56	0.395	16.794
端部筋	中	8	5060	5100 - 2 * 20 + 2 * 6.25 * d	3	3	5.16	15.48	0.395	6.108
构件名称:雨篷-2				构件数量:1			本构件钢筋重:46.577 kg			
				构件位置:						
主筋	中	12	340 40 60 40 1610 160	1610 + 40 + 40 + 60 + 340 + 160	16	16	2.25	36	0.888	31.961
分布筋	中	8	340 40 40 40 2960 340	3880 + 2 * 6.25 * d	7	7	3.98	27.86	0.395	10.993
端部筋	中	8	2960	3000 - 2 * 20 + 2 * 6.25 * d	3	3	3.06	9.18	0.395	3.622

2. 楼层钢筋汇总(表 2 -6 -6)

表 2 -6 -6　楼层构件类型级别直径汇总表

工程名称:综合楼　　　　编制日期:　　　　单位:kg

楼层名称	构件类型	钢筋总重/kg	一级钢								二级钢								
			6	8	10	12	14	16	18	25	10	12	14	16	18	20	22	25	28
基础层	柱	621.564		12.737										30.222	115.54	237.087		225.98	
	构造柱	272.979		88.062									184.917						
	砌体加筋	85.55	85.55																
	基础梁	1 679.084	606.628			1 072.5													
	独立基础	1 083.381			302.598	780.78													
	条形基础	1 081.352	217.518							334.535	529.299								
	合计	4 823.911	85.55	924.946	302.598		1 853.2				334.535	529.299	184.917	30.222	115.54	237.087		225.98	
首层	柱	1 678.186		621.901										52.862	200.4	415.854		387.17	
	构造柱	468.55		150.223									318.326						
	砌体加筋	138.51	138.51																
	过梁	305.863	99.193									87.51	119.16						
	梁	3 111.901	24.328	141.668	641.806	80.195					2.98	100.046		15.259	123.03	182.264	211.062	1 531.8	57.501
	圈梁	914.965	235.202			530.375						149.388							
	现浇板	3 011.214		1 888.224	331.239	791.75													
	合计	9 629.188	497.232	2 802.017	973.045	1 402.32					2.98	336.945	437.486	68.121	323.43	598.118	211.062	1 918.9	57.501
第 2 层	构造柱	522.759		168.354									354.405						
	砌体加筋	121.265	121.265																
	过梁	349.11	117.061									98.21	133.84						
	圈梁	1 041.631	185.612			530.375						325.644							
	现浇板	3 039.423		1 915.565	171.09	800.064	152.7												
	合计	5 074.188	423.937	2 083.919	171.09	1 330.439	152.7					423.855	488.244						

表 2-6-6 楼层构件类型级别直径汇总表(续)

工程名称:综合楼　　编制日期:　　单位:kg

楼层名称	构件类型	钢筋总重/kg	一级钢								二级钢								
			6	8	10	12	14	16	18	25	10	12	14	16	18	20	22	25	28
第3层	构造柱	557.609		179.577									378.032						
	砌体加筋	132.479	132.479																
	过梁	349.11	117.061									98.21	133.84						
	圈梁	817.319	137.556			530.375						149.388							
	现浇板	4 039.034		2 434.347	171.09	699.668	733.93												
	合计	5 895.552	387.096	2 613.924	171.09	1 230.043	733.93					247.598	511.871						
第4层	构造柱	522.759		168.354									354.405						
	砌体加筋	122.375	122.375																
	过梁	349.11	117.061									98.21	133.84						
	圈梁	817.755	137.992			530.375						149.388							
	现浇板	4 236.56		2 149.606	171.09	1 181.934	733.93												
	合计	6 048.558	377.427	2 317.96	171.09	1 712.309	733.93					247.598	488.244						
第5层	构造柱	522.759		168.354									354.405						
	砌体加筋	122.375	122.375																
	过梁	349.11	117.061									98.21	133.84						
	圈梁	1 041.631	185.612			530.375						325.644							
	现浇板	3 169.068		1 942.448	171.09	902.825	152.7												
	合计	5 204.943	425.047	2 110.802	171.09	1 433.2	152.7					423.855	488.224						
第6层	构造柱	514.368		165.764									348.604						
	砌体加筋	119.081	119.081																
	过梁	349.11	117.061									98.21	133.84						
	梁	350.429		46.669		7.209		26.71	53.655	216.19									
	圈梁	981.749	172.435			530.375						278.938							
	现浇板	4 722.725		1 623.59	1 085.14	1 798.786	215.21												
	合计	7 037.462	408.577	1 836.023	1 085.14	2 336.37	215.21	26.71	53.655	216.19		377.148	482.444						

表 2－6－6　楼层构件类型级别直径汇总表(续)

工程名称:综合楼　　　　编制日期:　　　　单位:kg

楼层名称	构件类型	钢筋总重/kg	一级钢								二级钢								
			6	8	10	12	14	16	18	25	10	12	14	16	18	20	22	25	28
第7层	构造柱	238.285		69.068									169.217						
	砌体加筋	33.098	33.098																
	梁	283.774		79.02		70.848		133.9											
	现浇板	534.184		152.689		381.495													
	楼梯	850.44		204.277	470.823	175.34													
	其他	130.418		37.517		92.901													
	合计	2 070.2	33.098	542.571	470.823	720.585		133.9					169.217						
全部层汇总	柱	2 299.75		634.638										83.084	315.94	652.941		613.15	
	构造柱	3 620.068		1 157.757									2 462.31						
	砌体加筋	874.732	874.732																
	过梁	2 051.415	684.495									578.562	788.357						
	梁	3 746.104	24.328	267.357	641.806	158.252		160.6	53.655	216.19	2.98	100.046		15.259	123.03	182.264	211.062	1 531.8	57.501
	圈梁	5 615.05	1 054.409			3 182.251						1 378.39							
	现浇板	22 752.208		12 106.47	2 100.74	6 556.522	1 988.5												
	基础梁	1 679.084		606.628			1 072.5												
	独立基础	1 083.381			302.598		780.78												
	条形基础	1 081.352		217.518							334.535	529.299							
	楼梯	850.44		204.277	470.823	175.34													
	其他	130.418		37.517		92.901													
	合计	45 784.002	2 637.964	15 232.16	3 515.97	10 165.27	3 841.7	160.6	53.655	216.19	337.515	2 586.3	3 250.67	98.343	438.97	835.205	211.062	2 144.9	57.501

3. 构件钢筋汇总(表2-6-7)

表2-6-7　构件钢筋汇总表

工程名称:综合楼

汇总信息	一级钢									二级钢									
	6	8	10	12	14	16	18	25	合计	10	12	14	16	18	20	22	25	28	合计
板负筋		2.771	0.055	2.966	0.215				6.008										
板受力筋		9.182	2.045	3.209	1.773				16.21										
独立基础			0.303		0.781				1.083										
构造柱		1.158							1.158			2.462							2.462
过梁	0.684								0.684		0.579	0.788							1.367
基础梁		0.607			1.072				1.679										
梁	0.024	0.267	0.642	0.158		0.161	0.054	0.216	1.522	0.003	0.1		0.015	0.123	0.182	0.211	1.532	0.058	2.224
楼梯		0.204	0.471	0.175					0.85										
其他		0.038		0.093					0.13										
砌体拉结筋	0.875								0.875										
圈梁	1.054			3.182					4.237		1.378								1.378
条形基础		0.218							0.218	0.335	0.529								0.864
现浇板		0.153		0.381					0.534										
柱		0.635							0.635				0.083	0.316	0.653		0.613		1.665
合计	2.638	15.232	3.516	10.165	3.842	0.161	0.054	0.216	35.824	0.338	2.586	3.251	0.098	0.439	0.835	0.211	2.145	0.058	9.96

4. 钢筋连接统计(表 2-6-8)

表 2-6-8　钢筋连接类型级别直径汇总表

工程名称:综合楼　　　　编制日期:　　　　单位:t

连接类型	合计	一级钢									二级钢									
		6	8	10	12	14	16	18	25	合计	10	12	14	16	18	20	22	25	28	合计
绑扎	42.31	2.638	15.232	3.516	10.165	3.842	0.161	0.054		35.61	0.338	2.586	3.251	0.015	0.123	0.182	0.211			6.706
电渣压力焊	1.665													0.083	0.316	0.653		0.613		1.665
套管挤压	1.805								0.216	0.216								1.532	0.058	1.589
合计	45.78	2.638	15.232	3.516	10.165	3.842	0.161	0.054	0.216	35.82	0.338	2.586	3.251	0.098	0.439	0.835	0.211	2.145	0.058	9.96
搭接形式	楼层名称		构件类型											16	18	20		25		
电渣压力焊	首层		柱											8	24	40		24		
			合计											8	24	40		24		
	整楼		96											8	24	40		24		

表 2-6-9 钢筋经济指标表

工程名称:综合楼 单位:t

级别	钢筋类型	< =10	>10
楼层名称:基础层			钢筋总重:4.824
中	直筋	0.606	1.853
	箍筋	0.707	
虫	直筋	0.335	1.323
楼层名称:首层			钢筋总重:9.629
中	直筋	2.358	1.402
	箍筋	1.914	
虫	直筋	0.003	3.952
楼层名称:第 2 层			钢筋总重:5.074
中	直筋	2.208	1.483
	箍筋	0.471	
虫	直筋		0.912
楼层名称:第 3 层			钢筋总重:5.896
中	直筋	2.738	1.964
	箍筋	0.434	
虫	直筋		0.759
楼层名称:第 4 层			钢筋总重:6.049
中	直筋	2.443	2.446
	箍筋	0.423	
虫	直筋		0.736
楼层名称:第 5 层			钢筋总重:5.205
中	直筋	2.236	1.586
	箍筋	0.471	
虫	直筋		0.912
楼层名称:第 6 层			钢筋总重:7.037
中	直筋	2.828	2.848
	箍筋	0.502	
虫	直筋		0.86
楼层名称:第 7 层			钢筋总重:2.07
中	直筋	0.898	0.855
	箍筋	0.148	
虫	直筋		0.169
各层统计			钢筋总重:45.784
中	直筋	16.315	14.437
	箍筋	5.071	
虫	直筋	0.338	9.622

表 2-6-10　基础形式为满堂基础时土方与基础工程量的计算

工程名称	具体位置	单位	计算过程	工程量
机械在边坑上退挖	基础	m^3	$V_{基}=(a+2c+kh)\times(b+2c+kh)\times h+1/3\times k^2\times h^3+a\times b\times h_1$ $=(23.46+2\times0.3+0.5\times2.0)\times(15.36+2\times0.3+0.29\times2.0)\times2.0+1/3\times0.29\times0.5\times2.0^3$ $=25.06\times16.54\times2+0.39=829.37\ m^3$ $V_{垫}=23.46\times15.36\times0.1=36.035\ m^3$	$865.41\ m^3$
满堂基础		m^3	$V_{板}=S\times h=(21.6+0.83\times2)\times(13.5+0.83\times2)\times0.35=123.41\ m^3$ $V_{梁1,2}=A\times L=0.5\times(1.1-0.35)\times8.72\times2-0.4\times0.4\times0.75\times4=6.06\times2=12.12\ m^3$ $V_{梁3}=A\times L=0.5\times(0.75-0.35)\times20-0.4\times0.4\times0.4\times2=3.87\ m^3$ $V_{梁4}=A\times L=0.34\times(0.7-0.35)\times(3.6-0.5)=0.37\ m^3$ $V=V_{板}+V_{梁}=123.41+12.12+3.87+0.37=139.77\ m^3$	$139.77\ m^3$
垫层	基础		$V=A\times L=23.46\times15.36\times0.10=36.04\ m^3$	$36.04\ m^3$
柱			$V=A\times H=0.40\times0.40\times1.95\times10.00=3.12\ m^3$	$3.12\ m^3$
构柱			$V=A\times H=0.24\times0.3\times1.95\times12=1.685\ m^3$	$1.685\ m^3$
砖基础			$V=A\times L=0.365\times1.95\times70.72=50.34\ m^3$ 扣除：柱　$0.32\times0.40\times1.95\times6.00=-1.50\ m^3$ 构造柱　$0.24\times0.30\times1.95\times10=-1.404\ m^3$ 小计：$V=50.34-(1.50+1.404)=50.34-2.904=47.44\ m^3$ $V=A\times L=0.24\times1.95\times37.44=17.52\ m^3$ 扣除：构造柱　$0.24\times0.30\times1.95\times2=-0.28\ m^3$ 小计：$17.52-0.28=17.24\ m^3$　$V_{合计}=47.44+17.24=64.68\ m^3$	$64.68\ m^3$
基础回填			$V=V_{挖}-V_{结}=865.41-234.59=616.76\ m^3$ $V=\sum V=36.035+139.77+(3.12+1.544+64.81)/1.95\times1.65=-234.59\ m^3$	$616.76\ m^3$

表 2-6-11　基础形式为桩基础时土方与基础工程量的计算

工程名称	具体位置	单位	计算过程	工程量
工程桩	成孔	m^3	$V=0.2732\times\pi/4\times10.6\times85\times2=105.48\ m^3$	$105.48\ m^3$
工程桩	浇注砼	m^3	$V=0.3822\times\pi/4\times10.0\times85=97.42\ m^3$	$97.42\ m^3$
试桩	成孔	m^3	$V=0.273^2\times\pi/4\times10.6\times15\times2=18.614\ m^3$	$18.614\ m^3$
试桩	浇注砼	m^3	$V=0.382^2\times\pi/4\times10.0\times15=17.191\ m^3$	$17.191\ m^3$
钢筋笼		t	T	
凿桩头		根	100	100 根
钢筋	整理		100	100 根
独立承台		m^3	$V_1=2.50\times2.50\times0.60\times2=7.50\ m^3$ $V_2=2.20\times0.80\times0.60\times4.00=4.224\ m^3$ $V_3=(2.99\times2.59/2-0.693\times0.6/2\times3)\times0.6\times4=3.25\times0.6\times4=7.80\ m^3$ $V_4=2.00\times2.00\times0.60\times2=4.80\ m^3$ $V_{合计}=7.50+4.224+7.80+4.80=24.324\ m^3$	$24.324\ m^3$
承台梁		m^3	$V_1=0.55\times0.5\times[(13.5+0.065-0.21-0.8-0.55)\times2+21.73-1.65\times4+(5.1-0.275-0.21)\times2+(5.1-0.21-0.4)\times2]=0.275\times57.35=15.771\ m^3$ $V_2=0.55\times0.6\times(21.6+0.34\times2+4.50+0.34+13.5+0.34-2.20)$ $=0.33\times38.76=12.791\ m^3$ $V_{合计}=15.771+12.791=28.562\ m^3$	$28.562\ m^3$

表 2-6-11 基础形式为桩基础时土方与基础工程量的计算(续)

工程名称	具体位置	单位	计算过程	工程量
LL		m^3	$V_1=0.3\times0.35\times(21.6-0.4\times5)=0.105\times19.6=2.058\ m^3$ $V_2=0.3\times0.5\times(6-0.4)\times4=0.15\times22.4=3.36\ m^3$ $V_{合计}=\sum V=2.058+3.36=5.418\ m^3$	$5.418\ m^3$
垫层	混凝土	m^3	$V_1=2.7\times2.7\times0.1\times2=1.458\ m^3$ $V_2=2.4\times1\times0.1\times4=0.96\ m^3$ $V_3=(3.19\times2.79/2-0.693\times0.6/2\times3)\times0.1\times4=3.83\times0.1\times4=1.532\ m^3$ $V_4=2.2\times2.2\times0.1\times2=0.968\ m^3$ $V_5=0.75\times0.1\times[(13.5+0.065-0.21-0.8-0.55)\times2+21.73-1.65\times4+(5.1-0.275-0.21)\times2+(5.1-0.21-0.5)\times2]=0.075\times57.35=4.301\ m^3$ $V_6=0.75\times0.1\times(21.6+0.44\times2+4.5+0.44+13.5+0.44-2.4)=0.075\times38.96=2.922\ m^3$ $V_{合计}=1.458+0.96+1.532+0.968+4.301+2.922=12.141\ m^3$	$12.141\ m^3$
垫层	砂		$V_1=0.5\times0.3\times19.6=2.94\ m^3$ $V_2=0.5\times0.3\times22.4=3.36\ m^3$ $V_{合计}=2.94+3.36=6.30\ m^3$	$6.30\ m^3$
柱		m^3	$V=\sum A\times H=0.4\times0.4\times1.4\times10=2.24\ m^3$	$2.24\ m^3$
构柱		m^3	$V=\sum A\times H=0.24\times0.3\times1.4\times12=1.21\ m^3$	$1.21\ m^3$
砖基础		m^3	$V=A\times L=0.365\times1.4\times70.72=25.812\ m^3$ 扣除:柱 $V=0.32\times0.40\times1.4\times6=-1.075\ m^3$ 构造柱 $V=0.24\times0.3\times1.4\times10=-1.01\ m^3$ 小计:$V=25.812-(1.075+1.01)=25.812-2.083=23.73\ m^3$ $V=A\times L=0.24\times1.4\times37.44=12.58\ m^3$ 扣除:构造柱 $V=0.24\times0.3\times1.4\times2=-0.201\ m^3$ 小计:$V=12.58-0.201=12.38$ $V_{合计}=23.73+12.38=36.11\ m^3$	$36.11\ m^3$
机械大开挖	挖到承台顶面		$V=(a+2c)\times(b+2c)\times H=(14.38+2\times0.3)\times(22.48+2\times0.3)\times1.1=380.31\ m^3$ $V=(1.6\times0.725\times2+0.935\times15.3)\times1.1=16.626=18.29\ m^3$ $V_{合计}=380.31+18.29=398.60\ m^3$	$398.60\ m^2$
挖基槽		m^3	$V_1=(a+2c)\times H\times L=(0.75+2.00\times0.30)\times0.5\times[(13.50+0.065-1.6)\times2.00+21.73-2.925\times4+(5.10-0.31-0.8)\times2.00+(5.10-0.31-0.375)\times2.00]=0.675\times[23.93+18.81+7.98+8.83]=0.675\times59.55=40.20\ m^3$ $V_2=(a+2c)\times H\times L=(0.75+2.00\times0.30)\times0.6\times(21.73+13.5-0.31+4.5-0.31-1.5\times2)=0.81\times36.11=29.25\ m^3$ $V_{增}=[(3.79\times3.39/2-0.693\times0.6/2\times3)\times4+3.0\times1.6\times4]\times0.6=[23.202+19.2]\times0.6=25.44\ m^3$ $V_{增}=1.35\times\times0.1\times(1.05\times2+0.675\times2)=0.47\ m^3$ $V_{垫}=0.96+1.532+4.3+2.92=9.71\ m^3$ $V_{孔}=0.2732\times\pi/4\times(0.6\times48+0.5\times34)=-2.681\ m^3$ $V_{合计}=40.2+29.25+25.44+0.47+9.71-2.681=102.39\ m^3$	$102.39\ m^3$
挖基坑		m^3	$V_1=(a+2c)\times(b+2c)\times H=(2.70+2.00\times0.30)^2\times0.6\times2=13.068\ m^3$ $V_4=(a+2c)\times(b+2c)\times H=(2.20+2.00\times0.30)2\times0.6\times2=9.408\ m^3$ $V_{垫}=1.458+0.968=2.426\ m^3$ $V_{孔}=0.2732\times\pi/4\times0.6\times18=-0.632\ m^3$ $V_{合计}=13.068+9.408+2.426-0.632=24.27\ m^3$	$24.27\ m^3$
基础回填			$V=\sum V=398.60+102.39+24.27-[24.324+28.562+5.418+12.141+6.3+(2.24+1.21+36.11)/1.4\times1.1)]=525.26-107.83=417.43\ m^3$	$417.43\ m^3$

二、投标计价

单位工程计价程序见费用定额或本教材表 1－4－1，具体方法及报价文件输出如下。

（一）分部分项工程费计算（表 2－6－12）

表 2－6－12 分部分项工程投标报价表

工程名称：综合楼建筑工程　　　　第 1 页　共 4 页

序号	定额编号	分部分项工程名称	工程量		价值/元		其中/元					
							人工费		材料费		机械费	
			单位	数量	定额基价	总价	单价	金额	单价	金额	单价	金额
1	1－1	平整场地　人工	100 m^2	4.70	166.95	784.33	166.95	784.33				
2	1－4	原土打夯、碾压　原土打夯	100 m^2	0.80	91.33	73.29	75.26	60.40			16.07	12.90
3	1－18	人工挖沟槽　普通土（深度）3 m 以内	100 m^3	7.22	2 770.31	19 997.76	2 770.31	19 997.76				
4	1－318	人工装卸、汽车运土方 10 km 以内	1 000 m^3	0.15	42 661.15	6 341.15	11 024	1 638.61			31 637.15	4 702.55
5	1－228	装载机装运土方（斗量 2 m^3）60 m 以内	1 000 m^3	0.57	3 397.42	1 947.47	79.50	45.57			3 317.92	1 901.9
6	1－28	人工挖基坑　普通土（深度）3 m 以内	100 m^3	1.71	3 141.84	5 360.61	3 141.84	5 360.61				
7	1－228	装载机装运土方（斗量 2 m^3）60 m 以内	1 000 m^3	0.17	3 397.42	579.67	79.50	13.56			3 317.92	566.10
8	1－188	回填土　夯填	100 m^3	7.44	1 353.6	10 068.62	1 180.31	8 779.62			173.29	1 289.00
9	1－228	装载机装运土方（斗量 2 m^3）60 m 以内	1 000 m^3	0.74	3 397.42	2 526.90	79.50	59.13			3 317.92	2 467.77
10	3－5	砖基础（水泥砂浆）M10 现拌砂浆	10 m^3	7.15	2 438.96	17 448.32	676.28	4 838.11	1 739.51	12 444.45	23.17	165.76
11	3－115	1 砖半砖填充墙（混合砂浆 M10）炉渣	10 m^3	11.55	2 271.53	26 233.90	729.81	8 428.58	1 523.59	17 595.94	18.13	209.38
12	3－115 换	1 砖半砖填充墙炉渣【混合砂浆 M7.5】	10 m^3	16.82	2 258.77	37 985.74	729.81	12 273.21	1 510.83	25 407.63	18.13	304.89
13	3－115 换	1 砖半砖填充墙炉渣【混合砂浆 M5】	10 m^3	5.54	2 241.30	12 410.08	729.81	4 040.96	1 493.36	8 268.73	18.13	100.39
14	3－194 换	多孔砖墙 240 mm【砌筑混合砂浆 M5】	10 m^3	4.93	2 742.40	13 528.26	660.38	3 257.65	2 062.88	10 176.19	19.14	94.42
15	3－196 换	多孔砖墙 240 mm【砌筑混砂浆 M7.5】	10 m^3	17.32	2 760.64	47 806.00	660.38	11 435.80	2 081.12	36 038.76	19.14	331.45
16	3－198 换	多孔砖墙 240 mm【砌筑混合砂浆 M10】	10 m^3	8.99	2 773.98	24 943.63	660.38	5 938.14	2 094.46	18 833.38	19.14	172.11
17	3－194 换	多孔砖墙 240 mm【砌筑混合砂浆 M5】	10 m^3	1.34	2 742.40	3 672.07	660.38	884.25	2 062.88	2 762.2	19.14	25.63
18	3－41	实心砖墙 1/4 砖（水泥砂浆）M10	10 m^3	0.11	3 275.84	360.67	1 493.01	164.38	1 770.74	194.96	12.09	1.33
19	3－47 换	实心砖墙 1/2 砖【砌筑混合砂浆 M10】	10 m^3	0.35	2 853.66	990.22	1 067.95	370.58	1 766.57	613.00	19.14	6.64
20	3－127	零星砌砖　混合砂浆 M5　现拌砂浆	10 m^3	0.16	2 966.04	459.74	1 219.00	188.95	1 725.88	267.51	21.16	3.28
21	4－2 换	带基砼【普通砼 C30（碎石 20 mm）】	10 m^3	5.096	3 138.97	15 996.19	506.68	2 582.04	2 463.75	12 555.27	168.54	858.88

定额投标报价表－06

表 2-6-12　分部分项工程投标报价表(续)

工程名称:综合楼建筑工程　　　　第2页　共4页

序号	定额编号	分部分项工程名称	工程量		价值/元		其中/元					
							人工费		材料费		机械费	
			单位	数量	定额基价	总价	单价	金额	单价	金额	单价	金额
22	4-4 换	独立基础砼【普通砼 C30(碎石 20 mm 32.5)】	10 m^3	2.449	3 195.67	7 826.84	560.74	1 373.36	2 466.39	6 040.68	168.54	412.79
23	4-14 换	混凝土垫层【普通砼 C10(碎石 20 mm 32.5)】	10 m^3	2.176	2 680.76	5 833.33	779.10	1 695.32	1 746.40	3 800.17	155.26	337.85
24	4-15 换	柱矩形【普通砼 C30(碎石 20 mm 32.5)】	10 m^3	0.941	3 755.2	3 532.89	1 146.92	1 079.02	2 500.89	2 352.84	107.39	101.03
25	4-19	柱构造柱	10 m^3	2.709	3 774.27	10 226.01	1 357.86	3 678.99	2 309.02	6 256.06	107.39	290.96
26	4-21 换	单梁【普通砼 C30(碎石 20 mm 32.5)】	10 m^3	0.206	3 420.90	704.71	822.03	169.34	2 493.95	513.75	104.92	21.61
27	4-21	单梁、连续梁	10 m^3	0.208	3 224.70	670.09	822.03	170.82	2 297.75	477.47	104.92	21.8
28	4-23	圈梁	10 m^3	3.326	3 455.30	11 491.98	1 277.3	4 248.17	2 073.08	6 894.86	104.92	348.95
29	4-24	过梁	10 m^3	2.77	3 590.52	9 945.74	1 383.3	3 831.74	2 102.30	5 823.37	104.92	290.63
30	4-34 换	有梁板【普通砼 C30(碎石 20 mm 32.5)】	10 m^3	1.147	3 314.55	3 800.46	692.71	794.26	2 515.39	2 884.15	106.45	122.06
31	4-34 换	有梁板【普通砼 C25(碎石 20 mm 32.5)】	10 m^3	1.915	3 118.35	5 972.26	692.71	1 326.68	2 319.19	4 441.71	106.45	203.87
32	4-37 换	平板【普通混凝土 C25(碎石 20 mm 32.5)】	10 m^3	1.014	3 158.47	3 204.27	716.03	726.41	2 335.99	2 369.86	106.45	107.99
33	4-37	平板	10 m^3	15.075	2 940.45	44 325.81	716.03	10 793.7	2 117.97	31 927.34	106.45	1 604.68
34	4-43	悬挑板(直形)	10 m^3	0.082	3 535.68	290.99	881.39	72.54	2 549.16	209.80	105.13	8.65
35	4-45	整体楼梯　直形	10 m^2	8.568	884.39	7 577.45	304.75	2 611.10	536.29	4 594.93	43.35	371.42
36	4-50	压顶	10 m^3	0.155 3	3 776.35	586.47	1 403.44	217.95	2 228.08	346.02	144.83	22.49
37	4-54	混凝土散水面层一次抹光　厚 80 mm	100 m^2	0.681	3 181.30	2 166.47	995.87	678.19	2 073.53	1 412.07	111.90	76.20
38	4-145	圆钢筋钢筋直径(mm) $\phi8$	t	13.441	4 571.56	61 446.34	781.75	10 507.50	3 738.10	50 243.80	51.71	695.03
39	4-146	圆钢筋钢筋直径(mm) $\phi10$	t	2.874	4 379.55	12 586.83	577.70	1 660.30	3 753.74	10 788.25	48.11	138.27
40	4-147	圆钢筋钢筋直径(mm) $\phi12$	t	10.165	4 560.13	46 353.72	446.80	4 541.60	4 046.69	41 134.60	66.65	677.50
41	4-148	圆钢筋钢筋直径(mm) $\phi14$	t	3.842	4 477.72	17 203.40	380.01	1 460.00	4 040.72	15 524.45	56.99	218.96
42	4-149	圆钢筋钢筋直径(mm) $\phi16$	t	0.161	4 411.55	710.26	331.78	53.42	4 026.57	648.28	53.20	8.57

定额投标报价表-06

表 2-6-12 分部分项工程投标报价表(续)

工程名称:综合楼建筑工程 第3页 共4页

序号	定额编号	分部分项工程名称	工程量		价值/元		其中/元					
							人工费		材料费		机械费	
			单位	数量	定额基价	总价	单价	金额	单价	金额	单价	金额
43	4-150	圆钢筋钢筋直径(mm) ϕ18	t	0.054	4 364.51	235.68	290.44	15.68	4 024.33	217.31	49.74	2.69
44	4-151	圆钢筋钢筋直径(mm) ϕ20 以上	t	0.216	4 325.84	934.38	255.99	55.29	4 022.49	868.86	47.36	10.23
45	4-152	螺纹钢筋钢筋直径(mm) ϕ10	t	0.338	4 417.28	1 493.04	613.74	207.44	3 753.74	1 268.76	49.80	16.83
46	4-153	螺纹钢筋钢筋直径(mm) ϕ12	t	2.586	4 365.51	1 1289.21	510.39	1 319.87	3 768.15	9 744.44	86.97	224.90
47	4-154	螺纹钢筋钢筋直径(mm) ϕ14	t	3.251	4 260.25	13 850.07	421.88	1 371.53	3 762.18	12 230.85	76.19	247.69
48	4-155	螺纹钢筋钢筋直径(mm) ϕ16	t	0.098	4 164.58	408.13	375.24	36.77	3 717.06	364.27	72.28	7.08
49	4-156	螺纹钢筋钢筋直径(mm) ϕ18	t	0.439	4 083.67	1 792.73	321.71	141.23	3 694.16	1 621.74	67.80	29.76
50	4-157	螺纹钢筋钢筋直径(mm) ϕ20	t	0.835	4 050.52	3 382.18	292.03	243.85	3 692.32	3 083.09	66.17	55.25
51	4-158	螺纹钢筋钢筋直径(mm) ϕ22	t	0.211	4 013.03	846.75	262.35	55.36	3 690.78	778.75	59.90	12.64
52	4-159	螺纹钢筋钢筋直径(mm) ϕ25	t	2.145	3 988.71	8 555.79	230.55	494.53	3 714.32	7 967.22	43.84	94.04
53	4-160	螺纹钢筋钢筋直径(mm) ϕ28	t	0.058	3 987.15	231.25	210.41	12.20	3 734.19	216.58	42.55	2.47
54	4-178	箍筋钢筋直径(mm) ϕ6.5	t	2.638	5 329.92	14 060.33	1 530.64	4 037.83	3 748.00	9 887.22	51.28	135.28
55	4-179	箍筋钢筋直径(mm) ϕ8	t	1.791	4 805.24	8 606.19	989.51	1 772.21	3 738.10	6 694.94	77.63	139.04
56	4-180	箍筋钢筋直径(mm) ϕ10	t	0.642	4 519.44	2 901.48	703.31	451.53	3 753.74	2 409.9	62.39	40.05
57	4-182	楼梯踏步护角筋	t	0.030	4 985.43	149.56	560.74	16.82	4 148.97	124.47	275.72	8.27
58	4-187	电渣压力焊连接钢筋直径(mm) ϕ25	10 个接头	9.600	148.24	1 423.10	51.41	493.54	28.00	268.8	68.83	660.77
59	7-50	SBS 卷材 热熔(屋面)	100 m^2	3.099	4 078.85	12 639.13	197.16	610.94	3 881.69	12 028.19		
60	7-51	SBS 卷材 冷粘(屋面)	100 m^2	3.028	3 808.6	11 533.96	197.16	597.08	3 611.44	10 936.88		
61	7-78	现拌细石混凝土 厚度 40 mm(屋面)	100 m^2	2.923	2 999.84	8 768.53	1 075.90	3 144.86	1 887.33	5 516.67	36.61	107.01
62	7-106	塑料排水管(直径 mm) ϕ110	10 m	13.50	453.76	6 125.76	121.90	1 645.65	331.86	4 480.11		
63	7-109	塑料弯头(直径 mm) ϕ110	10 个	0.60	301.80	181.08	192.92	115.75	108.88	65.33		

定额投标报价表-06

表 2-6-12 分部分项工程投标报价表(续)

工程名称:综合楼建筑工程　　　　第4页　共4页

序号	定额编号	分部分项工程名称	工程量		价值/元		其中/元					
							人工费		材料费		机械费	
			单位	数量	定额基价	总价	单价	金额	单价	金额	单价	金额
64	7-98	PVC 塑料水斗(接水口)	10 个	0.60	270.82	162.49	145.75	87.45	125.07	75.04		
65	7-89	女儿墙处雨水口(含篦子板)　钢板	10 个	0.60	2 273.38	1 364.03	387.43	232.46	1 356.63	813.98	529.32	317.59
66	7-183	聚氨脂　涂刷厚度 2 mm(卫生间)	100 m²	1.942	4 858.23	9 436.63	296.80	576.50	4 561.43	8 860.12		
67	7-205 换	防水砂浆平面(基础防潮)(JJ91)	100 m²	0.391	2 166.82	846.79	488.66	190.97	1 658.01	647.95	20.15	7.87
68	7-206 换	防水砂浆立面(卫生间)(JJ91)	100 m²	3.552	2 418.04	8 589.362	739.88	2 628.20	1 658.01	5 889.58	20.15	71.58
69	7-216	沥青砂浆	100 m	0.842	1 212.98	1 021.33	348.74	293.64	864.24	727.69		
70	8-197	屋面保温　炉渣混凝土 C7.5	10 m³	3.841	2 101.50	8 071.86	427.71	1 642.83	1 673.79	6 429.03		
71	8-210	屋面保温　干铺保温板	10 m³	1.754	3 256.63	5 712.13	172.78	303.06	3 083.85	5 409.07		
		合计	元			650 583.86		165 627.84		463 469.32		21 486.73

定额投标报价表-06

(二)措施费计算

1. 定额措施费计算(表 2-6-13)

表 2-6-13 定额措施项目投标报价表

工程名称:综合楼建筑工程　　　　第1页　共2页

序号	定额编号	分部分项工程名称	工程量		价值/元		其中/元					
							人工费		材料费		机械费	
			单位	数量	定额基价	总价	单价	金额	单价	金额	单价	金额
1	1.1	特(大)型机械设备进出场及安拆费				15 524.36						
	16-1	自升塔式起重机(高度)30 m 以内安拆	台次	1.00	5 227.93	5 227.93	1 749.00	1749.00	142.10	142.10	3 336.83	3 336.83
	16-2	自升塔式起重机(高度)30 m 以内场外运	台次	1.00	10 296.43	10 296.43	795.00	795.00	77.35	77.35	9 424.08	9 424.08
		分部小计				15 524.36		2 544.00		219.45		12 760.91
2	1.2	混凝土、钢筋混凝土模板及支架费				79 874.08						
	12-8	带形基础钢筋砼有肋式组合钢模板木支撑	100 m²	0.802	3 264.47	2 619.41	1 505.20	1 207.77	1 584.37	1 271.30	174.90	140.34

定额投标报价表-07

表 2-6-13　定额措施项目投标报价表(续)

工程名称:综合楼建筑工程　　　　第 2 页　共 2 页

序号	定额编号	分部分项工程名称	工程量		价值/元		其中/元					
							人工费		材料费		机械费	
			单位	数量	定额基价	总价	单价	金额	单价	金额	单价	金额
	12-13	独立基础钢筋混凝土　组合钢模板木支撑	100 m^2	0.193 2	2 932.08	566.48	1 401.85	270.84	1 375.81	265.81	154.42	29.83
	12-44	矩形柱　组合钢模板　钢支撑	100 m^2	0.510 9	3 688.41	1 884.41	2 173.00	1 110.19	1 315.16	671.92	200.25	102.31
	12-53	构造柱　木模板　木支撑	100 m^2	0.883 1	4 659.89	4 115.15	2 581.63	2 279.84	1 967.02	1 737.08	111.24	98.24
	12-61	单梁、连续梁　组合钢模板　钢支撑	100 m^2	0.275 8	4 107.66	1 132.89	2 629.33	725.17	1 248.87	344.44	229.46	63.29
	12-67	圈梁　直形　组合钢模板　木支撑	100 m^2	0.768 9	2 994.74	2 302.66	1 912.77	1 470.73	982.95	755.79	99.02	76.14
	12-70	过梁　组合钢模板　木支撑	100 m^2	1.323 6	4 984.42	6 597.38	3 106.33	4 111.54	1 694.23	2 242.48	183.86	243.36
	12-100	有梁板　组合钢模板　钢支撑	100 m^2	2.289 1	3 751.32	8 587.15	2 271.58	5 199.87	1 194.74	2 734.88	285	652.39
	12-115	平板、空心板　组合钢模板　钢支撑	100 m^2	13.314 4	3 134.34	41 731.86	1 918.07	25 537.95	981.16	13 063.56	235.11	3 130.35
	12-128	悬挑板(雨篷)　直形　组合钢模板　木支撑	10 m^2	0.783	563.99	441.6	328.6	257.29	218.11	170.78	17.28	13.53
	12-133	板支撑高度超过 3.6 m　每增加 1 m　钢支撑	100 m^2	2.415 8	427.15	1 031.91	347.68	839.93	49.15	118.74	30.32	73.25
	12-136	整体楼梯　直形　木模板、木支撑	10 m^2	8.568	953.18	8 166.16	563.39	4 827.13	353.86	3 031.87	35.85	307.16
	12-141	压顶　木模板、木支撑	100 m^2	0.184	3 798.47	697.02	2 553.01	468.48	1 171.31	214.94	74.15	13.61
		分部小计				79 874.08		48 306.73		26 623.59		4 943.80
3	1.3	施工排水、降水费										
4	1.4	垂直运输费				41 378.97						
	14-13	各类建筑　砖混结构	100 m^2	18.564	2 228.99	41 378.97					2 228.99	41 378.97
		分部小计				41 378.97						41 378.97
5	1.5	建筑物(构筑物)超高费				3 008.15						
	15-1	20 m(6 层)以上降效增加费 30 m 以内(7-10 层)	100 m^2	2.149	1 037.52	2 229.22	643.42	1 382.45			394.10	846.76
	15-14	超高加压檐高(层数)30 m 以内(7-10 层)	100 m^2	2.149	362.53	778.93					362.53	778.93
		分部小计				3 008.15		1 382.45				1 625.69
合　计						139 785.56		52 233.18		26 843.04		60 709.37

定额投标报价表-07

2. 通用措施费计算(见表2－6－14)

表2－6－14 通用措施项目报价表

工程名称:综合楼建筑工程　　　　第1页　共1页

序号	项目名称	计算基础	费率/%	金额/元
1	夜间施工费	人工预算价＋定额措施计费人工费合计(165 627.84＋52 233.18＝217 861.02)	0.18	392.15
2	二次搬运费	人工预算价＋定额措施计费人工费合计	0.18	392.15
3	已完工程及设备保护费	人工预算价＋定额措施计费人工费合计	0	
4	工程定位、复测、点交、清理费	人工预算价＋定额措施计费人工费合计	0.18	392.15
5	生产工具用具使用费	人工预算价＋定额措施计费人工费合计	0.14	305.01
6	雨季施工费	人工预算价＋定额措施计费人工费合计	0.14	305.01
7	冬季施工费	人工预算价＋定额措施计费人工费合计	0	
8	检验试验费	人工预算价＋定额措施计费人工费合计	2.67	5 816.89
9	室内空气污染测试费			
10	地上、地下设施,建(构)筑物的临时保护设施费			
11	赶工施工费			
合　计				7 603.36

定额投标报价表－08

(三)管理费的计算

(人工预算价＋定额措施计费人工费合计)×费率＝217 861.02×16%＝34 857.76元

(四)利润

(人工预算价＋定额措施计费人工费合计)×费率＝217 861.02×10%＝21 786.10元

(五)其他项目费计算

其他项目费包括:人工、材料、机械的价差及暂列金额、暂估价、计日工、总承包服务费。

1. 本工程考虑了部分材料的价格调整,具体内容与计算见表2－6－15。若进行人、材、机的价格差价计算,需要进行工料分析(过程略),将主要材料汇总与差价表合并。

表2－6－15 主要材料用量与材料差价

工程名称:综合楼建筑工程

序号	材料名称	规格、型号等特殊要求	单位	数量	预算单价/元	合价/元	市场单价/元	材料差价/元
1	水泥	32.5 MPa	kg	206 771.58	0.39	80 640.92	0.42	6 203.15
2	复合硅质密实剂	JJ91	kg	378.92	16.19	6 134.7		
3	普通砖	240×115×53 mm	千块	191.65	253.00	48 486.87	300.00	9 007.44
4	多孔砖	240×115×90 mm	千块	110.78	519.18	57 512.37		
5	砂	(净中砂)	m^3	136.75	64.12	8 768.40		
6	砂(中砂)		m^3	187.79	53.74	10 092.08	55.00	236.62
7	碎石	20 mm	m^3	322.571	54.65	17 628.62		

表 2－6－15　主要材料用量与材料差价（续）

序号	材料名称	规格、型号等特殊要求	单位	数量	预算单价/元	合价/元	市场单价/元	材料差价/元
8	炉渣		m^3	128.445 2	45	5 780.03		
9	组合模板	钢	kg	1 369.860 5	4.3	5 890.4		
10	密目网		m^2	2 320.626	5.38	12 484.97		
11	钢筋	Φ6.5	t	2.690 8	3 600	9 686.88		
12	钢筋	Φ8	t	15.540 8	3 622.96	56 303.7		
13	钢筋	Φ10	t	3.586 3	3 653.32	13 101.9		
14	钢筋	Φ12	t	10.368 3	3 936.68	40 816.68		
15	钢筋	Φ14	t	3.945 2	3 936.68	15 530.99		
16	螺纹钢筋	Φ12	t	2.637 7	3 663.44	9 663.06		
17	螺纹钢筋	Φ14	t	3.316	3 663.44	12 147.97		
18	螺纹钢筋	Φ25	t	2.187 9	3 622.76	7 926.24		
19	钢管	Φ48×3.5	t	2.318	4 948.68	11 471.04		
20	SBS 改性沥青防水卷材		m^2	796.400 4	27.08	21 566.52	29.8	2 166.21
	差价合计							17 613.42

2. 暂列金额、暂估价、计日工、总承包服务费应根据招标文件及合同要求分别按表 2－6－17～表 2－6－21 计算后进行表 2－6－16 汇总。

本工程建设单位招标中没有分包要求及相关费用需要计入工程造价中，此表费用为零。

表 2－6－16　其他项目报价表

工程名称：综合楼建筑工程　　　　第 1 页　共 1 页

序号	项目名称	计量单位	金额/元	备注
1	暂列金额	元		明细详见表 10
2	暂估价	元		
2.1	材料暂估价	元	—	明细详见表 11
2.2	专业工程暂估价	元		明细详见表 11
3	计日工	元		明细详见表 12
4	总承包服务费	元		明细详见表 13
	合　计			

注：材料暂估价计入相应定额项目单价，此处不汇总。　　　　定额投标报价表－09

表 2－6－17　暂列金额明细表

工程名称：综合楼建筑工程　　　　第 1 页　共 1 页

序号	项目名称	计量单位	暂定金额/元	备注
1				
	合　计			

注：投标人按招标人提供的项目金额计入投标报价中。　　　　定额投标报价表－11

表 2-6-18 材料暂估单价明细表

工程名称:综合楼建筑工程 第1页 共1页

序号	材料名称、规格、型号	计量单位	单价/元	备注
1				
合 计				

注:投标人按招标人提供材料单价计入相应定额项目单价报价中。 定额投标报价表-11

表 2-6-19 专业工程暂估价明细表

工程名称:综合楼建筑工程 第1页 共1页

序号	工程名称	工程内容	金额/元	备注
1				
合 计				

注:投标人按招标人提供的专业工程暂估价计入投标报价中。 定额投标报价表-12

表 2-6-20 计日工明细表

工程名称:综合楼建筑工程 第1页 共1页

编号	项目名称	单位	暂定数量	综合单价/元	合价/元
1	人工				
1.1					
人工小计					
2	材料				
2.1					
材料小计					
3	施工机械				
3.1					
施工机械小计					
总 计					

注:工程结算时,表中原"暂定数量"变更为"结算数量"。 定额投标报价表-13

表 2-6-21 总承包服务费报价明细表

工程名称:综合楼建筑工程 第1页 共1页

序号	项目名称	项目价值	计算基础	服务内容	费率/%	金额/元
1	发包人供应材料		供应材料费用			
2	发包人采购设备		设备安装费用			
3	发包人专业工程		专业工程费用			
合 计						

注:投标人按招标人提供的服务项目内容,自行确定费用标准计入投标报价中。 定额投标报价表-14

(六)计算安全文明施工费

安全文明施工费包括环境保护费等五项及脚手架费。安全文明施工费的计算应根据施工方案及相应管理部门批准的计算内容与费率计算。投标时暂按费用定额提供的方法计算见表 2-6-22 后形成

表2－6－22～2－6－24进行报价。

表2－6－22　安全文明施工费报价表

工程名称：综合楼建筑工程　　第1页　共1页

序号	项目名称		金额/元
1	环境保护等五项费用（见表2－6－24）		19 189.06
2	脚手架费（见表2－6－23）		58 435.7
	合　　计		77 624.76

注：投标人按招标人提供的安全文明施工费计入投标报价中。　　定额投标报价表－15

表2－6－23　脚手架明细表

工程名称：综合楼建筑工程　　第1页　共1页

序号	定额编号	名　　称	单位	工程量	定额单价/元	合价/元
1	11－1	多（高）层及单层6 m以内（综合脚手架）	100 m^2	18.56	1 699.61	31 551.56
2	11－3	檐高20 m（6层）以上外脚手架增加费50 m以内（7～15层）	100 m^2	2.15	786.3	1 689.44
3	11－16	垂直防护架	100 m^2	22.10	422.74	9 343.06
4	11－17	建筑物垂直封闭	100 m^2	22.10	717.23	15 851.64
		合　　计				58 435.7

注：定额报价表中工程量一列。　　定额投标报价表－16

表2－6－24　环境保护等五项费用计算

序号	项目名称	计算基础	费率/%	金额/元
1	环境保护费　文明施工费	分部分项工程费＋措施费＋企业管理费＋利润＋其他费用（650 583.86＋147 388.92＋34 857.76＋21 786.1＋17 613.42＝872 230.06）	0.3	2 616.69
2	安全施工费		0.23	2 006.13
3	临时设施费		1.5	13 083.45
4	防护用品等费用		0.17	1 482.79
	小　　计			19 189.06

（七）规费、税金的计算（见表2－6－25）

表2－6－25　规费、税金报价表

工程名称：综合楼建筑工程　　第1页　共1页

序号	项目名称	计算基础	费率/%	金额/元
1	规费	分部分项工程费＋措施费＋企业管理费＋利润＋其他费用（650 583.86＋147 388.92＋34 857.76＋21 786.1＋17 613.42＝872 230.06）		37 854.8
1.1	养老保险费		2.86	24 945.78
1.2	医疗保险费		0.45	3 925.04
1.3	失业保险费		0.15	1 308.35
1.4	工伤保险费		0.17	1 482.79
1.5	生育保险费		0.09	785.01
1.6	住房公积金		0.48	4 186.7
1.7	危险作业意外伤害保险费		0.09	785.01
1.8	工程排污费（包括固体废物及危险废物排污、噪声超标排污）		0.05	436.12
	小　　计			3 7854.8

表 2-6-25 规费、税金报价表(续)

工程名称:综合楼建筑工程 第1页 共1页

序号	项目名称	计算基础	费率/%	金额/元
2	税金	分部分项工程费+措施费+企业管理费+利润+其他费用+安全文明施工费+规费 872 230.06+77 624.76+37 854.8=987 709.62	3.44	33 977.21
合计(37 854.8+33 977.21)				71 832.01

注:投标人应按招标人提供的规费计入投标报价中。 定额投标报价表-17

(八)单位工程造价计算汇总(见表2-6-26)

表 2-6-26 单位工程投标报价汇总表

工程名称:综合楼建筑工程 第1页 共1页

序号	汇总内容	金额/元	其中:暂估价/元
(一)	分部分项工程费	650 583.86	
(二)	措施费	147 388.92	
(1)	定额措施费	139 785.56	
(2)	通用措施费	7 603.36	
(三)	企业管理费	34 857.76	
(四)	利润	21 786.10	
(五)	其他费用	17 613.42	
(6)	暂列金额		
(7)	专业工程暂估价		
(8)	计日工		
(9)	总承包服务费		
(六)	安全文明施工费	79 765.35	
(10)	环境保护等五项费用	19 189.06	
(11)	脚手架费	58 435.70	
(七)	规费	37 854.80	
(八)	税金	33 977.21	
合计		1 021 686.83	

定额投标报价表-05

（九）写编制说明（见表2－6－27）

表2－6－27　总说明

工程名称：综合楼建筑工程　　　　第1页　共1页

编制说明

1. 工程概况

本工程为某单位在哈尔滨建设的综合楼。建筑面积为1 856.40平方米，占地面积309.40平方米。地上六层，一层层高4.2 m，其他层层高为3.6 m，建筑檐口标高为22.2 m，女儿墙顶标高为23.1 m，室外设计地面标高－0.3 m。主要为砖混结构，一层内局部框架。基础为：柱下独立钢筋混凝土基础，墙下带型钢筋混凝土基础。设计抗震等级为四级。

2. 编制方法

本工程投标计价是按照招标文件要求采用定额法计算。

3. 编制依据

计算的依据为2010黑龙江省建设工程计价依据《建筑工程计价定额》《装饰装修工程计价定额》《建设工程费用定额》；黑建造价［2020］号文件。施工组织设计文件。2010年×月的造价信息。

4. 相关问题说明

（1）部分材料根据市场价格进行找差。

（2）混凝土及砂浆根据施工方案按现场拌和计算。

（3）……

定额投标报价表－02

（十）审核装订（封面见表2－6－28）

表2－6－28

投 标 总 价

招标人：________________

工程名称：综合楼建筑工程

投标总价（小写）：1 021 686.83元

（大写）：壹佰零贰万壹仟陆佰捌拾陆元捌角叁分

投标人：________________

（单位盖章）

法定代表人

或其授权人：________________

（签字或盖章）

编制人：________________

（造价人员签字盖专用章）

编制时间：　　年　　月　　日

定额投标报价表－01

第三节　定额法计算装饰装修工程造价

一、装饰装修工程量计算（见表2-6-29）

表2-6-29　工程量计算表

工程名称	具体位置	单位	计算过程	工程量
			（一）楼地面工程	
水泥砂浆地面	4~6层客房	m^2	$S=(21.6-0.24\times5)\times(6-0.24)\times2+(13.5-0.24\times3)\times(5.1-0.24)\times3+(8.1-0.24\times2)\times(6-0.24)=235.01+186.33+43.89=465.23\ m^2$	$465.23\ m^2$
理石地面1	餐厅	m^2	$S=(8.4-0.24)\times(21.6-0.24)=174.30\ m^2$ 扣除：柱　$0.40\times0.40\times4=-0.64\ m^2$ 　　　垛　$0.4\times0.08\times6=-0.192\ m^2$ 增加：门口 $3.6\times0.19+(1.35+0.9)\times0.12=0.954\ m^2$ 小计：$S=174.3-(0.64+0.192)+0.954=174.42\ m^2$	
	楼梯间		$S=(3.6-0.24)\times5.1=17.136\ m^2$ 增加：门口 $1.5\times0.19=0.285\ m^2$　　小计：$S=17.136+0.285=17.42\ m^2$ $S_{合计}=174.42+17.42=191.84\ m^2$	$191.84\ m^2$
理石地面2	厨房	m^2	$S=(4.5-0.24)\times(5.1-0.24)=20.704\ m^2$ 增加：$0.90\times0.12=0.108\ m^2$ 小计：$S=20.704+0.108=20.81\ m^2$	
	配餐间		$S=(4.5-0.24)\times(5.1-0.24)=20.704\ m^2$ 增加：$(0.9+1.5+1.2)\times0.12=0.432\ m^2$ 扣除：$0.12\times4.26=-0.511\ m^2$ 小计：$20.704+0.432-0.511=20.63\ m^2$	$61.83\ m^2$
	洗涤库房更衣		$S=(4.5-0.24)\times(5.1-0.24)=20.704\ m^2$ 增加：$0.90\times(0.12+0.06\times2)+(1.35+1.5)\times0.12=0.558\ m^2$ 扣除：$0.12\times4.26+0.06\times5.97=-0.869\ m^2$ 小计：$S=20.704+0.558-0.869=20.39\ m^2$ $S_{合计}=20.81+20.63+20.39=61.83\ m^2$	
理石地面3	2~3层客房	m^2	$S=[(21.6-0.24\times5)\times(6-0.24)+(13.5-0.24\times3)\times(5.1-0.24)]\times2=[117.504+62.11]\times2=179.62\times2=359.24\ m^2$ 增加：$1.5\times0.12\times16=2.88\ m^2$ 小计：$S=359.24+2.88=362.12\ m^2$	$600.55\ m^2$
	走廊		$S=(21.6-0.24)\times(2.4-0.24)\times5=230.69\ m^2$ 增加：$1.5\times0.12\times40+0.9\times0.12\times5=7.74\ m^2$ 小计：$S=230.69+7.74=238.43\ m^2$ $S_{合计}=362.12+238.43=600.55\ m^2$	
地面地砖	一层卫生间	m^2	$S=(4.5-0.24)\times(5.1-0.24)=20.70\ m^2$ 增加：$0.9\times0.12=0.108\ m^2$ 小计：$S=20.70+0.108=20.81\ m^2$	
	地面贴砖2~6层卫生间		1. 地面地砖　2. 聚氨酯涂膜防水卷起高200　3. 20厚1:3水泥砂浆找平层 $S=20.70\times5=103.50\ m^2$ 增加：$0.9\times0.12\times5=0.548\ m^2$ 小计：$S=103.50+0.548=104.04\ m^2$ $S_{合计}=20.81+104.04=124.85\ m^2$	$124.85\ m^2$

表 2-6-29　工程量计算表(续)

工程名称	具体位置	单位	计算过程	工程量
水砂踢脚	4～6层客房		$S=[(20.4\times2+5.76\times10)\times2+(12.78\times2+4.86\times6)\times3(8.1\times2+5.76\times4)]\times0.15$ $=[196.8+164.16+39.24]\times0.15=400.2\times0.15=60.03\ m^2$	$60.03\ m^2$
理石踢脚	餐厅	m^2	$S=[(8.16+21.36)\times2-3.36-1.35-0.9-3.6+0.15\times2+0.075\times2]\times0.15$ $=50.28\times0.15=7.54\ m^2$	$90.01\ m^2$
	梯间		$S=[3.36+5.1\times2-1.5+0.15\times2+(3.36+1.82\times2+3.57\times2)\times5]\times0.15(0.26\times0.15/2)\times11\times10=83.06\times0.15+2.145=14.604\ m^2$	
	走廊		$S=\{[(21.36+2.16)\times2-3.36-1.5\times8-0.9+0.075\times18]\times5+1.35\}\times0.15$ $=157.00\times0.15=23.55\ m^2$	
	3～5层客房		$S=(20.4\times2+5.76\times10-1.5\times5+0.075\times10)\times2+(12.78\times2+4.86\times6-1.5\times3+0.075\times6)\times2\times0.15=[190.05+105.39]\times0.15=295.44\times0.15=44.32\ m^2$ $S_{合计}=7.54+14.604+23.55+44.32=90.01\ m^2$	
理石踢脚	厨、配餐间	m^2	$S=[(4.26+4.86)\times2+4.26\times4+4.74\times2-1.8-2.4-1.5+0.075\times3+0.02\times2]\times0.15$ $=[18.24+26.52]\times0.15=39.325\times0.15=5.90\ m^2$	$10.03\ m^2$
	库房更衣室		$S=[(4.26+1.62)\times2+(3.06+2.85\times4)\times2+3.36\times2+1.35-1.5-0.9\times6+0.72]\times0.15=[11.76+17.52+6.72+1.35]\times0.15=27.56\times0.15=4.134\ m^2$ $S_{合计}=5.90+4.134=10.03\ m^2$	
理石	楼梯	m^2	$S=3.36\times5.1\times5=85.68\ m^2$	$85.68\ m^2$
地面地毯	客房4～6层	m^2	$S=465.23\ m^2$ 增加:$1.50\times0.12\times16=2.88\ m^2$ $S_{合计}=465.23+2.88=468.11\ m^2$	$468.11\ m^2$
理石	台阶	m^2	$S=1.50\times(5.10+3.00)-(3.90+1.80)\times0.90=7.02\ m^2$	$7.02\ m^2$
理石	台阶	m^2	地面 $S=(3.90+1.80)\times0.90=5.13\ m^2$	$5.13\ m^2$
散水	砼	m^2	$S=1\times(72.2+4\times1-8.1)=68.1\ m^2$	$68.1\ m^2$
地面垫层C10砼	理石1 理石2 卫1层	m^3	$V=S\times H=(22.1\times14-0.37\times70.72-0.24\times37.44)\times0.66=274.248\times0.06=16.46\ m^3$ 其中:$V=[(8.4-0.24)\times(21.6-0.24)+(3.6-0.24)\times5.1]\times0.06$ $=(174.30+17.136)\times0.06=191.436\times0.06=11.486\ m^3$ $V=(4.5-0.24)\times(5.1-0.24)\times3\times0.06=62.112\times0.06=3.727\ m^3$ $V=(4.5-0.24)\times(5.1-0.24)\times0.06=20.70\times0.06=1.242\ m^3)$	$16.46\ m^3$
垫层C15砼	台阶	m^3	$V=S\times H=(3.9+1.8)\times0.9\times0.1=5.13\times0.1=0.513\ m^3$	$0.513\ m^3$
碎石灌浆	散水垫层	m^3	$V=S\times H=68.1\times0.1=6.81\ m^3$	$6.81\ m^3$
碎砖灌浆	台阶垫层	m^3	$V=0.9\times0.09\times(3.9+1.8)+1.2\times0.35\times(4.5+2.4)=0.462+2.898=3.36\ m^3$	$3.36\ m^3$
砂垫层	台阶 散水	m^3	$V=S\times H=1.5\times(5.10+3.00)\times0.3=10.62\times0.3=3.645\ m^3$ $V=S\times H=68.10\times0.3=20.43\ m^3$ $V_{合计}=3.645+20.43=24.08\ m^3$	$24.08\ m^3$
找平水砂硬基层上20厚	地面 理石1 理石2 卫1 卫2～6 屋面	m^2	$S_{地}=S_{1层}+S_{卫}=274.25+4.26\times4.86\times5=274.25+103.52=377.77\ m^2$ 其中$S=[(8.4-0.24)\times(21.6-0.24)+(3.6-0.24)\times5.1]=191.436m^2$ $S=(4.5-0.24)\times(5.1-0.24)\times3=62.112\ m^2$ $S=(4.5-0.24)\times(5.1-0.24)=20.70\ m^2$ $S=(4.5-0.24)\times(5.1-0.24)\times5=103.52\ m^2)$ $S_{屋面隔气}=S_{水平}+S_{卷起}=(22.1-0.48)\times(14-0.48)+(21.62+13.52)\times2\times0.15$ $=292.30+10.54=302.84\ m^2$ $S_{合计}=377.77+302.84=680.61\ m^2$	$680.61\ m^2$

表 2-6-29 工程量计算表(续)

工程名称	具体位置	单位	计算过程	工程量
找平水砂硬基层上10厚	地面2~3层 4~6层	m^2	$S_{2\sim3层}=(22.1\times14-0.37\times70.72-0.24\times81.84-3.36\times5.1)\times2+(21.36\times2.16)\times3-20.70\times2=246.456\times2+46.138\times3-20.70\times2=492.912+138.414-41.40=589.93\ m^2$ $S_{4\sim6层}=(22.1\times14-0.37\times70.72-0.24\times81.84-3.36\times5.1)\times2+(22.1\times14-0.37\times70.72-0.24\times70.32-3.36\times5.1-13.26\times5.76)-20.70\times3-138.414=246.45\times2+172.84-62.1-138.414=492.912+172.84-62.10-138.414=465.24\ m^2$ $S_{合计}=589.93+465.24=1\ 055.17\ m^2$	1 055.17 m^2
找平水砂20厚	屋面填充材料	m^2	$S_{屋面防水}=S_{水平}+S_{卷起}=(22.1-0.48)\times(14-0.48)+(21.62+13.52)\times2\times0.25=292.30+17.57=309.87\ m^2$	309.87 m^2
扶手栏杆	楼梯	m	$L=(3.71+3.44+3.28\times8+0.2\times9+1.78)\times1.15=36.97\times1.15=42.52\ m$	42.52 m
			(二)墙柱面工程	
墙面理石	餐厅	m^2	$S=[(8.16+21.36)\times2-3.36-1.35+0.08\times12]\times4.08=55.29\times4.08=225.58m^2$ 扣除 MC $2.4\times2.7\times6+1.5\times2.7\times2+3.6\times3.0+0.9\times2.0=-59.58\ m^2$ LT $0.35\times(0.78+0.68)\times2=-1.022\ m^2$ 增加$[(2.4+2.7\times2)\times6+(1.5+2.7\times2)\times2+(3.6+3\times2)]\times0.18+(0.9+2\times2)\times1\times0.09=70.2\times0.18+4.9\times0.09+0.18\times3.36+1.35\times0.06=10.763\ m^2$ $S_{合计}=225.58-59.58-1.022+10.763=175.74\ m^2$	175.74 m^2
墙面贴砖	卫生间1~6层 厨房 加工间	m^2	$S=(4.26+4.86)\times2\times(4.07+3.47\times4+3.48)=18.24\times21.43=390.88\ m^2$ 扣除$2.4\times2.7+2.4\times2.4\times5+0.9\times2\times6=-46.08\ m^2$ 增加$[(2.4+2.7\times2)+(2.4+2.4\times2)\times5]\times0.18+(0.9+2\times2)\times6\times0.09=43.8\times0.19+29.40\times0.09=8.322+2.646=10.968\ m^2$ 小计:$S=390.88-46.08+10.968=355.768\ m^2$ $S=(4.26+4.86)\times2\times4.08=74.419\ m^2$ 扣除$2.4\times2.7+0.9\times2=-8.28$ m 增加$(2.4+2.7\times2)\times0.19+(0.90+2\times2)\times0.09=1.482+0.441=1.923\ m^2$ 小计:$S=74.419-8.28+1.923=68.062\ m^2$ $S=(4.26\times4+4.74\times2)\times4.08=26.52\times4.08=108.20\ m^2$ 扣除 $1.2\times2.0\times2+2.4\times2.7+1.5\times2.7+0.9\times2=-17.13\ m^2$ 增加 $(2.4+2.7\times2)\times0.19+[(1.2+2.0\times2)\times2+1.5+2.7\times2+0.9+2\times2\times]\times0.09=1.482+1.998=3.48\ m^2$ 小计:$S=108.20-17.13+3.48=94.55\ m^2$ $S_{合计}=355.768+68.062+94.55=518.38\ m^2$	518.38 m^2
墙面贴砖	1层外墙	m^2	$S=L_{外}\times H-$扣除+增加$=72.20\times(0.3+4.2)=324.90\ m^2$ 扣除 $2.4\times2.7\times10+1.5\times2.7\times2+3.6\times3.0+1.5\times2.0=-86.7\ m^2$ 增加 $(10.2\times10+8.4\times2+9.6+5.5)\times0.12=133.9\times0.12=16.068\ m^2$ $S_{合计}=324.90-86.70+16.07=254.27\ m^2$	254.27 m^2
切45°角	外墙砖	m	$L=4.5\times4=18$ m	18.00 m
理石柱面	混凝土	m^2	$S=0.4\times4\times4.08\times4-1.022=26.11-1.022=25.088\ m^2$	25.088 m^2
切角	柱面	m	$L=4.08\times4\times4+4.08\times2\times6=65.28+48.96=114.24$ m	114.24 m
零星贴石	台阶挡墙	m^2	$S=(1.5+1.2)\times0.15\times2=0.81\ m^2$	6.93 m^2
	楼梯边	m^2	$S=(0.139\times2+0.15)/2\times0.26\times11\times10=6.12\ m^2$	

表 2－6－29 工程量计算表(续)

工程名称	具体位置	单位	计 算 过 程	工程量
墙面抹灰混合砂浆	内墙休息室	m^2	$S=(1.62+4.86)\times2\times4.08=52.877\ m^2$ 扣 $2.4\times2.7+0.9\times2=-8.28\ m^2$ 增加 $(2.4+2.7\times2)\times0.07=0.546\ m^2$ 小计:$S=52.877-8.28+0.546=45.143\ m^2$	3 037.10 m^2
	库房		$S=(2.85+1.35)\times2\times4.08=34.272\ m^2$ 扣 $0.9\times2=-1.8\ m^2$ 小计:$S=34.272-1.8=32.472\ m^2$	
	走廊		$S=[(21.36+2.16)\times2-3.36]\times3.48\times5+(1.35+3.42\times2)\times4.08=760.032+33.42$ $=793.45\ m^2$ 扣 $1.5\times2.7\times40+0.9\times2\times10+1.5\times2.4\times10=-216.00\ m^2$ 增加 $(1.5+2.4\times2)\times0.07\times10=4.83\ m^2$ 小计:$S=790.02-216.00+4.83=578.85\ m^2$	
	楼梯间		$S=(3.36+5.1\times2)\times(4.05+3.45\times4+3.48)=13.56\times21.33=289.23\ m^2$ 扣 $1.5\times2+1.8\times2.4\times5=-21.66\ m^2$ 增加 $(1.8+2.4\times2)\times0.07\times5=2.31\ m^2$ 小计:$S=289.23-21.66+2.31=269.88\ m^2$	
	客房		$S=(20.4\times2+12.78\times2+5.76\times10+4.86\times6)\times3.48\times4+(7.62\times2+12.78\times2+5.76\times4+$ $4.86\times6)\times3.48=153.12\times3.48\times4+93\times3.48=2\ 455.07\ m^2$ 扣 $1.5\times2.7\times37+2.4\times2.4\times37=-362.97\ m^2$ 增加 $2.4\times3\times0.07\times37=18.648\ m^2$ 小计:$2\ 455.07-362.97+18.648=2\ 110.75\ m^2$ $S_{合计}=45.143+32.472+578.85+269.88+2\ 110.75=3\ 037.10\ m^2$	
墙面水泥砂浆	外墙抹灰	m^2	$S=L_{外}\times H-扣除+增加=72.20\times(23.40-4.56)=72.2\times18.84=1\ 360.25\ m^2$ 扣除 窗 $2.4\times2.4\times55+1.5\times2.4\times10+1.8\times2.4\times5=-374.40\ m^2$ $S_{合计}=1\ 360.25-374.40=985.85\ m^2$	985.85 m^2
零星抹灰	雨篷	m^2	$S=8.1\times1.28=10.37\ m^2$	10.37 m^2
零星抹灰	女儿墙压顶		$S=70.28\times(0.9-0.06-0.25-0.13)=70.28\times0.46=32.33\ m^2$ $S=(0.38+0.06\times4)\times71.24=0.62\times71.24=44.17\ m^2$ $S_{合计}=32.32+44.17=76.49\ m^2$	76.49 m^2
隔断	卫	m^2	$S=[(4.5-0.24)\times2.5+(5.1-0.24+1.4\times2)\times2]\times6=25.97\times6=155.82\ m^2$	155.82 m^2
(三)天棚工程				
抹灰涂料20厚混砂	天棚1层 2~5层 6层 楼梯间 梁侧面	m^2	$S_1=4.86\times4.26=20.70\ m^2$ $S_{2\sim5}=(4.26\times4.86\times3+4.26\times5.76\times4+3.36\times5.76+21.36\times2.16)\times4$ $=225.75\times4=903.00\ m^2$ $S_6=4.26\times4.86\times3+4.26\times5.76+3.36\times5.76+21.36\times2.16=152.14\ m^2$ $S_{梯}=(1.94+3.57)\times5\times3.36+5.1\times3.36=5.51\times5\times3.36+5.1\times3.36$ $=92.57+17.14=109.71\ m^2$ $S_{梁}=0.18\times2\times3.36\times9+0.23\times2\times3.36+1.35\times0.06=13.12\ m^2$ $S_{合计}=20.70+903.00+152.14+109.71+13.12=1\ 198.67\ m^2$	1 198.67 m^2
吊顶	餐厅	m^2	轻钢龙骨 $S=21.36\times8.16=174.30\ m^2$	174.30 m^2
吊顶PVC板	厨房 卫间	m^2	$S=4.26\times4.86\times2=41.41\ m^2$ $S=4.26\times4.86\times6=124.22\ m^2$ $S_{合计}=41.41+124.22=165.63\ m^2$	165.63 m^2

表 2－6－29　工程量计算表(续)

工程名称	具体位置	单位	计 算 过 程	工程量
天棚水泥砂浆	雨篷抹灰	m^2	$S_{底}=4.5\times1.28=5.76\ m^2$	$5.76\ m^2$
			$S_{顶}=5.76\times1.2=6.91\ m^2$	$6.91\ m^2$
装饰线	雨篷	m	$L_{线}=4.5+1.28\times2=7.06\ m$	7.06 m
(四)门窗工程				
窗台板	石材	m	$2.5\times65+1.9\times5+1.6\times12=162.5+9.5+19.2=191.2\ m\times0.25=47.8\ m^2$	$47.8\ m^2$
地弹门	框 3630	m^2	$S_{框}=3.6\times3.0=10.8\ m^2$	$10.8\ m^2$
	扇	m^2	$S_{扇}=3.42\times2.88=9.85\ m^2$	$9.85\ m^2$
防盗门	1 220	m^2	$S=1.2\times2.0=2.4\ m^2$	$2.40\ m^2$
塑钢窗	1824	m^2	$S=1.80\times2.40\times5=21.6\ m^2$	$447.30\ m^2$
	2427		$S=2.40\times2.70\times10=64.8\ m^2$	
	2424		$S=2.40\times2.40\times55=316.8\ m^2$	
	1527		$S=1.50\times2.70\times2=8.1\ m^2$	
	1524		$S=1.50\times2.40\times10=36.0\ m^2$	
	合计		$S=21.6+64.8+316.8+8.1+36.0=447.30\ m^2$	
镶板	内门 1220	m^2	半玻门不带亮子 $S=1.2\times2.0=2.4\ m^2$	$2.40\ m^2$
镶板	内门 1527	m^2	半玻门带亮子 $S=1.5\times2.7\times40+1.2\times2.0=162.00\ m^2$	$162.00\ m^2$
镶板	0920	m^2	门 $S=0.9\times2.0\times10=18.00\ m^2$	$18.00\ m^2$
五金	M1527	樘	4 樘	4 樘
五金	M1220	樘	1 樘	1 樘
五金	M0920	樘	10 樘	10 樘
门五金	M3630	樘	2 樘(1830)	2 樘
栏杆扶手	楼梯	m	$L=(3.71+3.44+3.28\times8+0.2\times9+1.78)\times1.15=36.97\times1.15=42.52\ m$	42.52 m
(五)粉刷工程				
室内涂料	天棚	m^2	$1\ 198.67\ m^2$	$4\ 279.77\ m^2$
	内墙休息室		$S=(1.62+4.86)\times2\times4.08=52.877\ m^2$ 扣　$2.4\times2.7+0.9\times2=-8.28\ m^2$ 增加　$(2.4+2.7\times2)\times0.19=1.482\ m^2$ 小计:$S=52.877-8.28+1.482=46.079\ m^2$	
	库房		$S=(2.85+1.35)\times2\times4.08=34.272\ m^2$ 扣　$0.9\times2=-1.8\ m^2$ 小计:$S=34.272-1.8=32.472\ m^2$	
	走廊		$S=[(21.36+2.16)\times2-3.36]\times3.48\times5+(1.35+3.42\times2)\times4.08$ $=760.032+33.42=793.45\ m^2$ 扣　$1.5\times2.7\times40+0.9\times2\times10+1.5\times2.4\times10=-216.00\ m^2$ 增加　$(1.5+2.4\times2)\times0.19\times10=11.97\ m^2$ 小计:$S=790.02-216.00+11.97=585.99\ m^2$	
	楼梯间		$S=(3.36+5.1\times2)\times(4.05+3.45\times4+3.48)=13.56\times21.33=289.23\ m^2$ 扣　$1.5\times2+1.8\times2.4\times5=-21.66\ m^2$ 增加　$(1.8+2.4\times2)\times19\times5=6.27\ m^2$ 小计 $S=289.23-21.66+6.27=273.84\ m^2$	
	客房		$S=(20.4\times2+12.78\times2+5.76\times10+4.86\times6)\times3.48\times4+(7.62\times2+12.78\times2+5.76\times4+4.86\times6)\times3.48=153.12\times3.48\times4+93\times3.48=2\ 455.07\ m^2$ 扣　$1.5\times2.7\times37+2.4\times2.4\times37=-362.97\ m^2$ 增加　$2.4\times3\times0.19\times37=18.648\ m^2$ 小计:$2\ 455.07-362.97+50.616=2\ 142.72\ m^2$ $S_{合计}=46.079+32.472+585.99+273.84+2\ 142.72=3\ 081.10\ m^2$	
	合计		$S_{合计}=1\ 198.67+3\ 081.10=4\ 279.77\ m^2$	

表2-6-29　工程量计算表(续)

工程名称	具体位置	单位	计算过程	工程量
涂料	室外	m^2	$S=L_{外}\times H-$扣除+增加$=72.20\times(23.40-4.56)=72.2\times18.84=1\ 360.25\ m^2$ 扣除　窗$2.4\times2.4\times55+1.5\times2.4\times10+1.8\times2.4\times5=-374.40\ m^2$ 增加　$[2.4\times4\times55+(1.5+2.4)\times2\times10+(1.8+2.4)\times2\times5]\times0.12=648\times0.12=77.76\ m^2$ $S_{合计}=1\ 360.25-374.40+77.76=1\ 063.61\ m^2$	1 072.48 m^2
	雨篷	m^2	$S=S_{底}+S_{边}=5.76+(4.5+1.28\times2)\times0.44=8.87\ m^2$	
	合计		$S_{合计}=1\ 063.61+8.87=1\ 072.48\ m^2$	
油漆	木门	m^2	$S=S_{洞}\times$系数$=164.40\times1+18\times1=182.40\ m^2$	182.40 m^2
(六)会议室高级装饰				
地板	地面复合	m^2	$S=(13.5-0.24)\times(6-0.24)=76.38\ m^2$ 增加门口　$1.5\times2\times0.12=0.36\ m^2$ 增加气包窝　$2.4\times3\times0.12=0.86\ m^2$ $S_{合计}=76.38+0.36+0.86=77.60\ m^2$	77.60 m^2
踢脚线	复合(成品)	m	$(13.26+5.76)\times2=38.04$ m	38.04 m
穿孔铝板	天棚	m^2	$8.4\times(0.6+0.15)\times2+3\times(0.6+0.15)\times2+5.4\times0.3=18.72\ m^2$	18.72 m^2
立檐铝板	造型棚	m^2	$(8.4+3)\times2\times0.2\times2$个$+(5.4+0.3)\times2\times0.2=11.40\ m^2$	11.40 m^2
铝板	天棚	m^2	$76.3-18.72=57.66\ m^2$	57.66 m^2
灯带	天棚	m	$(7.8+2.4)\times2=20.4$ m	20.40 m
帘盒	窗	m	$13.26+5.76=19.02$ m	19.02 m
帘轨	窗	m	$13.26+5.76=19.02$ m	19.02 m
塑铝板	包窗口	m^2	$(2.4+1.76\times2)\times0.5=11.84\ m^2$	11.84 m^2
窗台板	人造石	m^2	$2.8\times4\times0.35=11.2\times0.35=3.92\ m^2$	3.92 m^2
磨边	窗台板	m	$2.8\times4=11.20$ m	11.20 m
30×40木龙骨吸音板	A立面	m^2	$0.88\times1.2\times2=2.11\ m^2$	26.35 m^2
	B立面	m^2	$2.8\times0.6\times2+1.2\times0.49\times4+1.2\times0.87\times2=7.8\ m^2$	
	C立面	m^2	$1.62\times1.2\times2=3.89\ m^2$	
	D立面	m^2	$1.35\times1.2\times2+0.73\times1.2\times2+0.6\times2.8\times2+3.5\times1.2=12.55\ m^2$	
	立面合计		$2.11+7.8+3.89+12.55=26.35\ m^2$	
中密度龙骨细木工板基层米黄色铝塑板饰面	A立面	m^2	$5.76\times2.8-1.2\times0.88\times2=14.02\ m^2$	55.13 m^2
			凹入部位$2.8\times0.22\times2=1.23\ m^2$	
	B立面		$13.26\times2.8-7.8-2.4\times1.76\times3-1.8\times0.6\times3=13.42\ m^2$	
			凹入部位$2.8\times0.15\times2$侧$\times2$个$+2.8\times0.02\times2$侧$\times2=1.9\ m^2$	
	C立面		$5.76\times2.8-2.4\times1.76-3.89-1.8\times0.6=6.93\ m^2$	
			凹入部位$2.8\times0.22\times2$个$=1.23\ m^2$	
	D立面	m^2	$13.26\times2.8-1.8\times2.8\times2-12.55=14.5\ m^2$	
			凹入部位$2.8\times0.15\times2$侧$\times2$个$+2.8\times0.02\times2$侧$\times2=1.9\ m^2$	
	合计		$15.25+15.32+8.16+16.4=55.13\ m^2$	
气包罩	穿孔铝塑板	组	$1.8\times0.6\times4$组	4组($4.32\ m^2$)
刷防火涂料	吸音板铝塑板	m^2	$26.35+55.13=81.48\ m^2$	81.48 m^2
木作造型	门上口	m^2	$1.8\times0.7\times2=2.52\ m^2$	2.52 m^2
门套	双扇实木门	樘	$1.8\times2.1\times2$樘	2樘

二、投标计价

(一)分部分项工程费计算(表2-6-30)

表2-6-30 分部分项工程投标报价表

工程名称:综合装饰装修工程　　　　第1页　共5页

序号	定额编号	分部分项工程名称	工程量		价值/元		其中/元					
							人工费		材料费		机械费	
			单位	数量	定额基价	总价	单价	金额	单价	金额	单价	金额
1	1-1	水泥砂浆楼地面 现拌砂浆(4-6层客房)	100 m^2	4.65	1 209.17	5 625.42	544.31	2 532.29	625.57	2 910.34	39.29	182.79
2	1-150	水泥砂浆踢脚线　底12 mm面8 mm　现拌砂浆	100 m^2	0.60	2 297.61	1 379.26	1 777.09	1 066.79	500.37	300.37	20.15	12.1
3	1-92	楼地面地毯　不固定	100 m^2	4.68	5 245.5	24 554.71	901	4 217.67	4 344.5	20 337.04		
4	1-18换	理石地面周长3 200 mm以内多色【干硬性水泥砂浆】(餐厅、梯间、室外台阶)	100 m^2	1.97	16 954.56	33 395.40	1 332.42	2 624.47	15 613.54	30 753.99	8.60	16.94
5	1-18换	理石地面周长3 200 mm以内　多色【干硬性　水泥砂浆　质量比1:3】(2、3层客房、走廊)	100 m^2	6.01	16 954.56	101 820.61	1 332.42	8 001.85	15 613.54	93 767.11	8.6	51.65
6	1-152	理石踢脚线　直线形(餐厅、走廊、客房、梯间)	100 m^2	1.02	15 300.09	15 549.48	2 356.91	2 395.33	12 934.58	13 145.41	8.6	8.74
7	1-18换	理石楼地面　周长3 200 mm以内　多色　水泥砂浆换为【干硬性　水泥砂浆　质量比1:3】(厨房等)	100 m^2	0.62	16 954.56	10 483.01	1 332.42	823.84	15 613.54	9 653.85	8.6	5.32
8	1-152	大理石踢脚线　直线形(厨房等)	100 m^2	0.12	15 300.09	1 884.97	2 356.91	290.37	12 934.58	1 593.54	8.6	1.06
9	1-55换	陶瓷地砖地面　周长(mm)1 200以内【干硬性　水泥砂浆　质量比1:3】(卫生间)	100 m^2	1.25	5 844.14	7 296.41	1 529.05	1 909.02	4 307.36	5 377.74	7.73	9.65
10	1-323	水泥砂浆找平层砼20 mm(1层地面、屋面隔气)	100 m^2	6.81	953.9	6 492.34	413.40	2 813.64	520.35	3 541.55	20.15	137.14
11	1-323换	水泥砂浆找平层\砼上10 mm厚度(2-6层地面)	100 m^2	10.55	563.9	5 950.10	263.94	2 785.02	289.89	3 058.83	10.07	106.26
12	1-325	水泥砂浆找平层　填充料上20 mm(屋面防水)	100 m^2	3.10	1 025.54	3 177.84	424	1 313.85	576.35	1 785.94	25.19	78.06
13	1-320	混凝土垫层　现拌混凝土(一层地面)	10 m^3	1.646	2 445.27	4 024.91	649.25	1 068.67	1 639.31	2 698.3	156.71	257.94
14	1-169	大理石楼梯　水泥砂浆	100 m^2	0.86	22 048	18 890.73	3 434.4	2 942.59	18 577.91	15 917.55	35.69	30.58
15	1-266	大理石台阶　水泥砂浆	100 m^2	0.07	22 791.88	1 599.99	2 716.25	190.68	20 041.17	1 406.89	34.46	2.42

定额投标报价表-06

表 2-6-30　分部分项工程投标报价表(续)

工程名称:综合楼装饰装修工程　　　　第 2 页　共 5 页

序号	定额编号	分部分项工程名称	工程量		价值/元		其中/元					
							人工费		材料费		机械费	
			单位	数量	定额基价	总价	单价	金额	单价	金额	单价	金额
16	1-288	零星项目　大理石　水泥砂浆(楼梯台阶侧面)	100 m^2	0.07	16 825.42	1 166.00	3 138.13	217.47	13 648.38	945.83	38.91	2.7
17	1-320 换	混凝土垫层【碎石粒径 40 mm】(台阶)	10 m^3	0.05	2 485.77	127.52	649.25	33.31	1 679.81	86.17	156.71	8.04
18	1-305	砂垫层(散水、台阶)	10 m^3	2.41	893.96	2 152.66	246.98	594.73	642.39	1 546.88	4.59	11.05
19	1-311	碎砖垫层　灌浆(台阶)	10 m^3	0.34	1 410.42	473.90	583	195.89	798.8	268.4	28.62	9.62
20	1-313	砾(碎)石垫层　灌浆(散水)	10 m^3	0.68	1 612.66	1 098.22	520.99	354.79	1 056	719.14	35.67	24.29
21	1-202	不锈钢管栏杆　直线型　其他	10 m	4.25	4 294.99	18 262.30	278.78	1 185.37	3 941.75	16 760.32	74.46	316.6
22	1-229	不锈钢扶手　直形　ϕ60 mm	10 m	4.25	511.15	2 173.41	55.12	234.37	426.41	1 813.1	29.62	125.94
23	2-29 换	外墙面抹水泥砂浆嵌缝起线　砖墙 14+6 mm	100 m^2	9.86	1 492.95	14 718.25	873.97	8 616.03	595.81	5 873.79	23.17	228.42
24	2-41	内墙面抹混合砂浆　砖墙 14+6 mm 搅拌砂浆	100 m^2	30.37	1 209.45	36 732.21	727.69	22 100.67	458.59	13 927.84	23.17	703.7
25	2-126	粘贴大理石　砖墙面(餐厅)	100 m^2	1.76	16 189.12	28 450.76	3 039.02	5 340.77	13 129.21	23 073.27	20.89	36.71
26	2-159	粘贴内墙砖　周长 1 600 mm 以内	100 m^2	5.18	6 697.45	34 718.24	2 269.99	11 767.17	4 419.78	22 911.26	7.68	39.81
27	2-173	粘贴外墙砖周长 800 mm 以内面砖灰缝(mm)10 内	100 m^2	2.54	6 673.35	16 968.33	2 749.11	6 990.16	3 918.3	9 963.06	5.94	15.1
28	2-407	现场倒 45°角　墙砖	100 m	0.18	84.43	15.197 4	43.99	7.92	36.8	6.62	3.64	0.66
29	2-189	挂贴大理石　混凝土柱(梁)面	100 m^2	0.25	22 728.34	5 702.09	5 823.64	1 461.03	16 648.75	4 176.84	255.95	64.21
30	2-332	柱面龙骨　轻钢龙骨　单向 300 mm	100 m^2	0.25	2 472.11	620.20	490.25	122.99	1 981.86	497.21		
31	2-408	现场倒 45°角　石材	100 m	1.14	111.69	127.60	57.24	65.39	50.25	57.41	4.2	4.8
32	2-399 换	浴厕隔断　成品隔断	100 m^2	1.56	28 712.79	44 740.27	583	908.43	28 084	43 760.49	45.79	71.35
33	2-76	装饰线条抹灰　水泥砂浆　搅拌砂浆(雨蓬)	100 m	0.07	970.27	68.50	832.63	58.78	132.6	9.36	5.04	0.36
34	3-5	混凝土面天棚抹混合砂浆　搅拌砂浆	100 m^2	11.986 7	1 533.64	18 383.28	862.84	10 342.6	646.62	7 750.84	24.18	289.84
35	3-9 换	现浇砼雨蓬顶面面天棚抹水泥砂浆 3% JJ91	100 m^2	0.069 1	1 800.62	124.42	838.46	57.94	943.02	65.16	19.14	1.32
36	3-9	现浇砼雨蓬底面抹水泥砂浆板　搅拌砂浆	100 m^2	0.057 6	1 357.82	78.21	838.46	48.3	500.22	28.81	19.14	1.1
37	3-202	空腹 PVC　扣板面层(卫生间厨房)	100 m^2	1.656 3	6 116.53	10 130.81	1 272	2 106.81	4 844.53	8 024		

定额投标报价表-06

表 2-6-30 分部分项工程投标报价表(续)

工程名称:综合楼装饰装修工程　　　　第3页　共5页

序号	定额编号	分部分项工程名称	工程量		价值/元		其中/元					
							人工费		材料费		机械费	
			单位	数量	定额基价	总价	单价	金额	单价	金额	单价	金额
38	3-40	轻钢天棚龙骨间距 600×600 mm 平面(餐厅)	100 m²	1.743	3 616.7	6 303.91	992.16	1 729.33	2 585.5	4 506.53	39.04	68.05
39	3-188	镜面玻璃天棚　平面(餐厅)	100 m²	1.743	5 015.18	8 741.46	1 908	3 325.64	3 107.18	5 415.81		
40	4-202	大理石窗台板	100 m²	0.478	17 176.25	8 210.25	3 551	1 697.38	13 616.65	6 508.76	8.6	4.11
41	4-200 换	木窗台板　细木工板贴铝塑板	100 m²	0.478	10 923.68	5 221.52	1 908	912.02	9 015.68	4 309.5		
42	6-191	石材现场磨边　法国边	100 m	1.912	2 919.73	5 582.52	2 650	5 066.8	252.83	483.41	16.9	32.31
43	4-44 换	钢板防盗门	100 m²	0.024	63 539.41	1 524.95	2 120	50.88	61 339.69	1 472.15	79.72	1.91
44	4-174	不锈钢板包门、窗框　钢龙骨	100 m²	0.098 5	34 492.46	3 397.51	8 824.5	869.21	20 835.87	2 052.33	4 832.	475.96
45	4-39	不锈钢全玻地弹门	100 m²	0.108	28 584.36	3 087.11	5 118.74	552.82	23 465.62	2 534.29		
46	4-167	地弹簧	10 套	0.4	471.07	188.43	316.94	126.78	154.13	61.65		
47	4-3	镶板门　单扇　不带亮子　门扇制作	100 m²	0.18	7 793.17	1 402.77	1 526.4	274.75	5 944.76	1 070.06	322.01	57.96
48	4-4	镶板门　单扇　不带亮子　门扇安装	100 m²	0.18	511.45	92.061	511.45	92.06				
49	4-63	木制全玻门　不带亮子　门扇制作	100 m²	0.024	3 921.32	94.11	813.55	19.53	2 994.93	71.88	112.84	2.71
50	4-64	木制全玻门　不带亮子　门扇安装	100 m²	0.024	2 061.81	49.48	1 090.21	26.17	971.6	23.32		
51	4-65	木制半玻门　带固定亮子　门扇制作	100 m²	1.62	6 012.67	9 740.53	1 780.8	2 884.9	4 051.97	6 564.19	179.9	291.44
52	4-66	木制半玻门　带固定亮子　门扇安装	100 m²	1.62	1 269.83	2 057.13	673.1	1 090.42	596.73	966.7		
53	4-205	门框　单裁口　五块料以内　制作	100 m²	1.824	3 481.14	6 349.60	651.9	1 189.07	2 671.12	4 872.12	158.1	288.41
54	4-206	门框　单裁口　五块料以内　安装	100 m²	1.824	769.49	1 403.556	578.76	1 055.66	190.73	347.89		
55	4-243	平开门　不带亮子　单扇(五金)	樘	10	14.88	148.8			14.88	148.8		
56	4-244	平开门　不带亮子　双扇(五金)	樘	1	34.35	34.35			34.35	34.35		
57	4-246	平开门　带亮子　双扇(五金)	樘	40	45.34	1 813.6			45.34	1 813.6		
58	4-153 换	塑钢窗制作、安装　单层	100 m²	4.473	43 493.59	194 546.83	3 284.94	14 693.54	40 037.98	179 089.88	170.67	763.41
59	5-1	单层木门刷调和漆二遍底油一遍刮腻子	100 m²	1.832 4	2 180.75	3 996.01	1 593.18	2 919.34	587.57	1 076.66		

定额投标报价表-06

表 2-6-30　分部分项工程投标报价表(续)

工程名称:综合楼装饰装修工程　　　　第4页　共5页

序号	定额编号	分部分项工程名称	工程量		价值/元		其中/元					
							人工费		材料费		机械费	
			单位	数量	定额基价	总价	单价	金额	单价	金额	单价	金额
60	5-125	室内涂料　二遍	100 m^2	42.797 7	391.09	16 737.75	210.41	9 005.06	180.68	7 732.69		
61	5-127	外墙涂料　二遍	100 m^2	10.724 8	1 324.14	14 201.14	364.64	3 910.69	959.5	10 290.45		
62	1-140	复合地板　铺在水泥地面或基层上	100 m^2	0.776	9 058.14	7 029.12	503.5	390.72	8 554.64	6 638.4		
63	1-163	木踢脚线　成品	100 m	0.380 7	1 559.60	593.74	189.74	72.23	1 368.33	520.92	1.53	0.58
64	3-39	轻钢天棚龙骨间距 450×450 mm 跌级	100 m^2	0.187	5 481.39	1 025.02	1 186.67	221.91	4 255.07	795.7	39.65	7.41
65	3-164	铝板面层　间距(mm) 600×600	100 m^2	0.187	6 797.78	1 271.19	636	118.93	6 161.78	1 152.25		
66	3-39	轻钢天棚龙间距 450×450 mm 跌级	100 m^2	0.576 6	5 481.39	3 160.57	1 186.67	684.23	4 255.07	2 453.47	39.65	22.86
67	3-164	铝板面层　间距(mm)600×600	100 m^2	0.690 6	6 797.78	4 694.55	636	439.22	6 161.78	4 255.33		
68	3-278	悬挑式灯槽　直形　细木工板	100 m	0.204	1 342.05	273.78	583	118.93	759.05	154.85		
69	3-278 换	悬挑式灯槽　直形石膏板	100 m	0.204	820.55	167.39	583	118.93	237.55	48.46		
70	4-184	木骨架窗帘盒　细木工板	100 m	0.19	4 301.37	817.26	1 658.9	315.19	2 636.37	500.91	6.1	1.16
71	4-190	铝合金窗帘轨　单轨	100 m	0.19	917.19	174.27	212	40.28	705.19	133.99		
72	4-171	饰面夹板门窗套　细木工板贴榉木板	100 m^2	0.118	7 685.61	906.90	1 685.4	198.88	6 000.21	708.02		
73	4-202	大理石窗台板	100 m^2	0.039	17 176.25	669.87	3 551	138.49	13 616.65	531.05	8.6	0.34
74	4-200 换	木窗台板　细木工板贴铝塑板	100 m^2	0.04	10 923.68	428.21	1 908	74.79	9 015.68	353.41		
75	2-291	墙面木龙骨断面 7.5 cm^2 中距 30 cm	100 m^2	0.26	2 287.6	602.78	621.69	163.82	1 578.06	415.82	87.85	23.15
76	2-327	实木吸音板　墙面、墙裙	100 m^2	0.26	5 075.31	1 337.34	543.25	143.15	4 500.95	1 186	31.11	8.2
77	5-147	护壁木龙骨刷防火涂料　二遍　双向龙骨	100 m^2	0.26	584.04	153.90	445.2	117.31	138.84	36.58		
78	2-290	墙面细木工板龙骨　单向 400 mm	100 m^2	0.55	960.65	529.61	463.75	255.67	477.38	263.18	19.52	10.76
79	2-309	细木工板基层　墙面、墙裙	100 m^2	0.55	3 831.24	2 112.16	438.84	241.93	3 346.65	1 845.01	45.75	25.22
80	2-319	铝塑板　墙面、墙裙	100 m^2	0.55	7 284.5	4 015.95	1 473.4	812.29	5 811.1	3 203.66		

定额投标报价表-06

表 2-6-30　分部分项工程投标报价表(续)

工程名称:综合楼装饰装修工程　　　　第5页　共5页

序号	定额编号	分部分项工程名称	工程量		价值/元		其中/元					
							人工费		材料费		机械费	
			单位	数量	定额基价	总价	单价	金额	单价	金额	单价	金额
81	5-147	护壁木龙骨刷防火涂料　二遍　双向龙骨	100 m^2	0.55	584.04	321.98	445.2	245.44	138.84	76.54		
82	4-182	细木工板贴榉木板筒子板	100 m^2	0.025	7 685.61	193.68	1 685.4	42.47	6 000.21	151.21		
83	5-69	其他木材面刷醇酸漆　润油	100 m^2	0.025	3 535.52	89.10	3 015.7	76	519.82	13.1		
84	6-41	挂板式暖气罩　塑板面　木制百叶	10 m^2	0.432	1 985.54	857.75	351.39	151.8	1 559.33	673.63	74.82	32.32
85	4-14 换	实木装饰门　平开门	扇	2	1 817.70	3 635.40	15.9	31.8	1 801.8	3 603.6		
86	4-158	L 型执　手杆锁	10 把	0.2	1 168.00	233.60	212	42.4	956	191.2		
		合计	元			809 377.99		164 535.86		639 867.56		4 974.54

定额投标报价表-06

(二)措施费计算

1. 定额措施费计算(见表 2-6-31)。

表 2-6-31　定额措施项目投标报价表

工程名称:综合楼装饰装修工程　　　　第1页　共1页

序号	定额编号	分部分项工程名称	工程量		价值/元		其中/元					
							人工费		材料费		机械费	
			单位	数量	定额基价	总价	单价	金额	单价	金额	单价	金额
1	1.1	特(大)型机械设备进出场及安拆费										
2	1.2	混凝土、钢筋混凝土模板及支架费										
3	1.3	施工排水、降水费										
4	1.4	垂直运输费										
5	1.5	建筑物(构筑物)超高费										
		本页小计										
		合　计										

定额投标报价表-07

2. 通用措施费计算(见表2-6-32)。

表2-6-32　通用措施项目报价表

工程名称:综合楼装饰装修工程　　第1页　共1页

序号	项目名称	计算基础	费率/%	金额/元
1	夜间施工费	人工预算价+定额措施计费人工费合计(164 535.86+0)	0.08	131.63
2	二次搬运费	人工预算价+定额措施计费人工费合计	0.21	345.53
3	已完工程及设备保护费	人工预算价+定额措施计费人工费合计	0.18	296.16
4	工程定位、复测、点交、清理费	人工预算价+定额措施计费人工费合计	0.14	230.35
5	生产工具用具使用费	人工预算价+定额措施计费人工费合计	0.14	230.35
6	雨季施工费	人工预算价+定额措施计费人工费合计	0	
7	冬季施工费	人工预算价+定额措施计费人工费合计	0	
8	检验试验费	人工预算价+定额措施计费人工费合计	2	3 290.72
9	室内空气污染测试费	人工预算价	4	6 581.43
10	地上、地下设施,建(构)筑物的临时保护设施费			
11	赶工施工费			
合　计				11 106.17

定额投标报价表-08

(三)管理费计算

管理费=(人工预算价+定额措施计费人工费合计)×13%=(164 535.86+0)×13%=21 389.66元

(四)利润计算

利润=(人工预算价+定额措施计费人工费合计)×10%=(164 535.86+0)×10%=16 453.59元

(五)其他费计算

本工程与本教材第二节为同一工程,情况一致,无费用发生的,表略。主材用量与材差计算,见表2-6-33。

表2-6-33　主要材料用量及材差表

工程名称:综合楼装饰装修工程　　第1页　共1页

序号	材料名称	规格、型号等特殊要求	单位	数量	预算单价/元	合价/元	市场单价/元	材料费差
1	水泥	32.5 MPa	kg	84 929.31	0.39	33 122.43	0.40	849.29
2	砂(净中砂)		m^3	211.25	64.12	13 545.52		
3	塑钢窗	(单层)	m^2	447.30	350.00	156 555		
4	大理石板		m^2	519.74	122.05	63 433.69		
5	复合地板		m^2	81.48	78.94	6 432.03	90.00	901.17
6	铝塑板		m^2	114.78	45.68	5 243.08		
7	大理石板	500 mm×500 mm	m^2	675.63	147.48	99 641.56		
8	大理石板	500 mm×500 mm	m^2	200.91	147.48	29 630.12	160.00	2 515.39
9	陶瓷地砖	300 mm×300 mm	m^2	127.97	36.47	4 667.11	50.00	1 731.45

表 2-6-33 主要材料用量及材差表(续)

序号	材料名称	规格、型号等特殊要求	单位	数量	预算单价/元	合价/元	市场单价/元	材料费差
10	成品隔断		m^2	155.82	280	43 629.6		
11	乳胶漆		kg	1 213.31	6.31	7 656.02		
12	外墙涂料		kg	1 072.48	9.5	10 188.56	10	536.24
13	地毯		m^2	482.15	40.88	19 710.43		
14	连接件		kg	2 983.49	4.25	12 679.84		
15	中方	红白松	m^3	6.72	1 214.4	8 156.03		
16	不锈钢管	$\phi32\times1.5$	m	363.55	16.51	6 002.14		
17	不锈钢法兰	$\phi59$	个	245.38	35.77	8 777.35		
18	膨胀螺栓		套	3 013.74	2.25	6 780.92		
19	墙面砖	240 mm×60 mm	m^2	226.07	36.61	8 276.48		
20	墙面砖	400 mm×400 mm	m^2	539.12	36.61	19 737.01		
21	JJ91		kg	1.89	16.19	28.35	15	-2.25
合计								6 531.29

定额投标报价表-19

(六)安全文明施工费的计算(见表 2-6-34~表 2-6-36)。

表 2-6-34 安全文明施工费报价表

工程名称:综合楼装饰装修工程 第1页 共1页

序号	项目名称	金额/元
1	环境保护等五项费用(见表 2-6-36)	9 253.99
2	脚手架费(见表 2-6-35)	2 140.59
合计		11 394.58

注:投标人按招标人提供的安全文明施工费计入投标报价中。 定额投标报价表-15

表 2-6-35 脚手架明细表

工程名称:综合楼建筑工程 第1页 共1页

序号	定额编号	名称	单位	工程量	定额单价/元	合价/元
1	借 11-41	满堂脚手架 基本层	100 m^2	2.90	738.21	2 140.59
合计						2 140.59

说明:定额报价表中无工程量一列。 定额投标报价表-16

表 2-6-36 环境保护等五项费用计算

序号	项目名称	计算基础	费率/%	金额/元
1	环境保护费 文明施工费	分部分项工程费+措施费+企业管理费+利润+其他费用 (809 377.99+11 106.17+21 389.66+16 453.39+6 531.29=864 858.5	0.15	1 297.29
2	安全施工费		0.12	1 037.83
3	临时设施费		0.75	6 484.44
4	防护用品等费用		0.05	432.43
小计				9 253.99

（七）规费、税金的计算（见表2－6－37）。

表2－6－37　规费、税金报价表

工程名称：综合楼装饰装修工程　　　　第1页　共1页

序号	项目名称	计算基础	费率/%	金额/元
1	规费	分部分项工程费＋措施费＋企业管理费＋利润＋其他费用 809 377.99＋11 106.17＋21 389.66＋16 453.39＋6 531.29＝864 858.5		37 534.86
1.1	养老保险费		2.86	2 4734.96
1.2	医疗保险费		0.45	3 891.86
1.3	失业保险费		0.15	1 297.29
1.4	工伤保险费		0.17	1 470.26
1.5	生育保险费		0.09	778.37
1.6	住房公积金		0.48	4 151.32
1.7	危险作业意外伤害保险费		0.09	778.37
1.8	工程排污费（包括固体废物及危险废物排污、噪声超标排污）		0.05	432.43
小　计				37 534.86
2	税金	分部分项工程费＋措施费＋企业管理费＋利润＋其他费用＋安全文明施工费＋规费 864 858.5＋11 394.58＋37 534.86＝913 787.94	3.44	31 434.31
合　计				68 969.17

注：投标人应按招标人提供的规费计入投标报价中。　　　　定额投标报价表－17

（八）装饰工程造价计算汇总（见表2－6－38）。

表2－6－38　单位工程投标报价汇总表

工程名称：综合楼装饰装修工程　　　　第1页　共1页

序号	汇总内容	金额/元	其中：暂估价/元
（一）	分部分项工程费	809 377.99	
（二）	措施费	11 106.17	
(1)	定额措施费		
(2)	通用措施费	11 106.17	
（三）	企业管理费	21 389.66	
（四）	利润	16 453.59	
（五）	其他费用	6 531.29	
(6)	暂列金额		
(7)	专业工程暂估价		
(8)	计日工		
(9)	总承包服务费		
（六）	安全文明施工费	11 394.58	
(10)	环境保护等五项费用	9 253.99	
(11)	脚手架费	2 140.59	
（七）	规费	37 534.86	
（八）	税金	31 434.31	
合计＝913 787.94＋31 434.31		945 222.25	

定额投标报价表－05

(九)写编制说明(见表2-6-27建筑工程的编制说明)

(十)审核装订,投标报价

投标总价

招标人:______

工程名称: 综合楼装饰装修工程

投标总价(小写): 945 222.25元

(大写): 玖拾肆万伍仟贰佰贰拾贰元贰角伍分

投标人:______

(单位盖章)

法定代表人

或其授权人:______

(签字或盖章)

编制人:______

(造价人员签字盖专用章)

编制时间: 年 月 日

定额投标报价表-01

第四节 清单法计算建筑(土建)工程工程造价

一、工程量清单的编制(见表2-6-39)

表2-6-39 清单工程量计算

工程名称	具体位置	单位	计算过程	工程量
(一)参数计算				
建筑面积	主体	m^2	$S=a\times b=22.10\times14.00\times6=309.40\times6=1\ 856.40\ m^2$	1 856.40 m^2
占地面积		m^2	$S=a\times b=22.10\times14.00=309.40\ m^2$	309.40 m^2
370外墙长度	外边线	m	砖砌体 $L_{外}=(21.6+0.5+13.5+0.5)\times2=72.20$ m	72.20 m
	中心线	m	砖砌体 $L_{中}=L_{外}-4B=72.2-4\times0.37=70.72$ m	70.72 m
240内墙长度	一层	m	$L_{内}=21.6-0.24-(3.6-0.24)+(5.1-0.24)\times4-1.35=36.09$ m	36.09 m
	标层	m	$L_{内}=(21.6-0.24)\times2-3.36+(5.1-0.24)\times4+(6.0-0.24)\times4=81.84$ m	81.84 m
	顶层	m	$L_{内}=81.84-5.76\times2=70.32$ m	70.32 m
120	一层	m	$L_{内}=(4.5-0.24)\times2=8.52$ m	8.52 m
60	一层	m	$L_{内}=5.1-1.8-0.18+3-0.15=5.97$ m	5.97 m
240女儿	中线	m	$L_{中}=L_{外}-4B=72.20-4\times0.24=71.24$ m	71.24 m
	净长	m	$L_{净}=L_{中}-4B=71.24-4\times0.24=70.28$ m	70.28 m
散水	长度	m	$L_{中}=L_{外}+4B-L=72.20+4\times1.00-5.1-3.0=68.10$ m	68.10 m

表 2-6-39　清单工程量计算(续)

工程名称	具体位置	单位	计算过程	工程量
基础长度	挖土	m	1—1 截面　$L_{1中}=(21.6+0.13+6.00+0.065)\times2=55.59$ m	55.59 m
		m	2—2 截面　$L_{2中}=2.4\times2=4.8$ m	4.8 m
		m	3—3 截面　$L_{3中}=(5.1+0.065)\times2=10.33$ m	10.33 m
		m	4—4 截面　$L_{4内土}=(5.1-0.685)\times2+(5.1-0.685-0.8)\times2+4.5-(0.885+0.485)/2$ $=8.83+7.284+3.185=19.299$ m	19.30 m
		m	5—5 截面　$L_{5内土}=13.5-(0.885+0.435)/2=12.84$ m	12.84 m
			$LL_{1内土}=21.6-(3.1\times4+2.2)=7.00$ m	7.00 m
	砼基础	m	$L_{1中}=21.73\times2+6.065\times2-0.5\times5=53.09$ m	53.09 m
		m	$L_{2中}=(2.4-0.25)\times2=4.30$ m	4.30 m
		m	$L_{3中}=5.165\times2=10.33$ m	10.33 m
		m	$L_{4内基}=(5.1-0.17)\times2+(5.1-0.17-0.235)\times2+4.5-0.17=9.86+9.39+4.33=23.58$ m	23.58 m
			$L_{5内基}=13.5-0.17=13.33$ m	13.33 m
		m	$LL_1=21.6-0.40\times5=19.60$ m	19.10 m
	砖基础		$L_{中}=70.72$ m $L_{内370}=13.5-0.12+4.5-0.12+(5.1-0.12)\times2+(5.1-0.305)\times2=37.31$ m $L_{内240}=13.5-0.12+4.5-0.12+(5.1-0.12)\times2+(5.1-0.24)\times2=37.44$ m	70.72 m 37.31 m 37.44 m
净面积		m^2	$S_1=S占-\sum B\times L=309.40-(70.72\times0.37+37.44\times0.24)$ $=309.40-(26.17+8.95)=309.40-35.15=274.25$ m^2	274.25 m^2
窗台	长度	m	$L=2.5\times65+1.6\times12=181.7$ m	181.70 m
			A.1　土方工程	
010101001001	平整场地	m^2	1. 二类土　2. 取弃土 10 m $S=a\times b=22.10\times14.00=309.40$ m^2	309.40 m^2
010101003001	条基挖土	m^3	1. 二类土　2. 弃土 40 m　3. 基底钎探　4. 运土 10 km $V_1=a\times H\times L=1.5\times55.59\times2.1=83.385\times2.1=175.11$ m^3 $V_2=a\times H\times L=1\times4.8\times2.1=2.4\times2.1=10.80$ m^3 $V_3=a\times H\times L=1.9\times10.33\times2.1=19.627\times2.1=41.22$ m^3 $V_4=a\times H\times L=2.1\times19.30\times2.1=40.53\times2.1=85.11$ m^3 $V_5=a\times H\times L=1.6\times12.84\times2.1=20.544\times2.1=43.142$ m^3 $V_L=a\times H\times L=0.5\times7.0\times0.65=3.5\times0.65=2.28$ m^3 $V_{增加}=a\times H\times L=(0.7\times2.2\times4+0.95\times2.2\times2)\times2.1$ $=(6.16+4.18)\times2.1=10.34\times2.1=21.71$ m^3 $V_{合计}=175.11+10.8+41.22+85.11+43.142+2.28+21.71=379.37$ m^3	379.37 m^3
010101003002	独基挖土	m^3	1. 二类土　2. 弃土 40 m　3. 基底钎探　4. 运土 10 km $V=a\times b\times H\times2=3.1\times3.1\times4\times2.1=38.44\times2.1=80.724$ m^3	80.724 m^3

表2-6-39 清单工程量计算(续)

工程名称	具体位置	单位	计算过程	工程量
010103 001001	土方 回填 基础	m^3	1. 二类土 夯填 2. 运土 10 km $V=V_{挖}-V_{结}=379.37+80.724-166.14=460.09-166.14=293.95\ m^3$ $V_{砼垫}=\sum a\times h\times L=1.5\times0.1\times55.59+1.0\times0.1\times4.8+1.9\times0.1\times10.33+2.1\times0.1\times 19.30+1.6\times0.1\times12.84+2.2\times(0.7\times4+0.95*2)\times0.1+3.1\times3.1\times0.1\times4$ $=0.15\times55.59+0.1\times4.8+0.19\times10.33+0.21\times19.30+0.16\times12.84+0.22\times 4.7+0.961\times4=8.34+0.48+1.96+4.05+2.05+1.034+3.844=21.76\ m^3$ $V_{砂垫}=\sum a\times h\times L=0.5\times0.3\times19.6=-2.94\ m^3$ $V_{砼基}=50.96+24.492+2.06=-77.51\ m^3$ $V_{柱}=0.4\times0.4\times1.40\times10=-2.24\ m^3$ $V_{砖基}=0.365\times1.60\times105.63=-61.688\ m^3$ 合计:$V_{结}=21.76+2.94+77.51+2.24+61.688=-166.14\ m^3$	$343.31\ m^3$
	地面	m^3	$V=(22.1\times14.0-0.37\times70.72-0.24\times37.44)\times0.18=274.25\times0.18=49.37\ m^3$ $V_{合计}=293.95+49.37=343.31\ m^3$	
A.3 砌筑工程				
010301 001001	砖基础	m^3	1. 标准砖 2. M10 水泥砂浆 3. 20 厚防水砂浆基础防潮层 $V=A\times L+增加-扣除$ $V_{外}=0.365\times(1.9\times70.72+1.84\times37.31)+0.24\times0.06\times37.44$ $=0.365\times203.02+0.539=74.64\ m^3$ 扣除:构造柱 $0.24\times0.3\times1.90\times12=-1.642\ m^3$ 柱 $0.32\times0.4\times1.9\times6=-1.459\ m^3$ 合计:$V=74.64-1.642-1.459=71.54\ m^3$	$71.54\ m^3$
010302 004001	填充 砖墙 1—2 层	m^3	1. M10 混合砂浆 2. 370 厚外墙 $L=70.72\ m$ $H_{净}=4.2+3.6=7.80\ m$ $V=L_{净}\times H_{净}\times B-扣除+增加=70.72\times7.80\times0.365=201.34\ m^3$ 扣除: 1 窗 $(2.4\times2.7\times10+1.5\times2.7\times2+2.4\times2.4\times11+1.5\times2.4\times2+1.8\times2.4)\times 0.365=156.08\times0.365=-56.97\ m^3$ 2 门 $(3.6\times3\times1+1.2\times2)\times0.365=13.2\times0.365=-4.818\ m^3$ 3 过梁 $0.365\times0.18\times(2.9\times10+2\times2+1.7+4.1)+0.365\times0.3\times(2.9\times11+2.3+2\times2)=0.0876\times38.8+0.110\times38.2=-6.73\ m^3$ 4 圈梁 $0.365\times0.18\times[70.72+(70.72-38.2)]=0.0657\times103.24=-6.783\ m^3$ 5 柱 $0.32\times0.4\times(4.2-0.18)\times6=-3.087\ m^3$ 6 构造柱 $0.24\times0.3\times(5.92\times10+3.42\times13)=0.072\times103.66=-7.46\ m^3$ $V_{合计}=201.34-(56.97+4.818+6.73+6.783+3.087+7.46)=201.34-85.85=115.49\ m^3$	$115.49\ m^3$
010302 004002	填充墙 3~5 层	m^3	1. M7.5 混合砂浆 2. 370 厚外墙 $L_{中}=70.72\ m$ $H=3.6\times3=10.8\ m$ $V=L_{中}\times H\times B-扣除+增加$ $L\times H\times B=70.72\times10.8\times0.365=278.78\ m^3$ 扣除: 1. 窗 $2.4\times2.4\times33+1.8\times2.4\times3+1.5\times2.4\times6)\times0.365=224.64\times0.365=-81.994\ m^3$ 2. 构造柱 $0.24*0.3\times(10.8-3\times0.18)\times13=0.072\times133.38=-9.603\ m^3$ 3. 过梁 $0.110\times38.2\times3=-12.606\ m^3$ 4. 圈梁 $0.365\times0.18\times(70.72-38.2)\times3=0.0657\times32.52\times3=-2.137\times3=-6.41\ m^3$ $V_{合计}=278.78-(81.994+9.603+12.606+6.41)=278.78-110.613=168.171\ m^3$	$168.17\ m^3$

表 2－6－39　清单工程量计算(续)

工程名称	具体位置	单位	计 算 过 程	工程量
010302004003	填充砖墙6层	m^3	1. M5 混合砂浆　2. 370 厚外墙 $L_{中}=70.72\ m$　$H=3.42\ m$ $V=L_{中}\times H\times B$－扣除＋增加$=70.72\times3.42\times0.365=88.28\ m^3$ 扣除： 1. 窗　$(2.4\times2.4\times11+1.8\times2.4\times1+1.5\times2.4\times2)\times0.365=74.88\times0.365=-27.33\ m^3$ 2. 过梁　$0.365\times0.12\times38.2=-1.67\ m^3$ 3. 圈梁　$0.365\times0.06\times32.52=-0.712\ m^3$ 4. 构造柱　$0.24\times0.3\times3.42\times13=-3.201\ m^3$ $V_{合计}=88.28-(27.33+1.67+0.712+3.201)=88.28-32.91=55.37\ m^3$	55.37 m^3
010304001001	多孔砖墙1～2层	m^3	1. M10 混合砂浆　2. 240 厚内墙 $L_{1净}=36.09\ m$　$L_2=81.84\ m$　圈梁底：$H_1=4.02\ m$　$H_2=3.42\ m$ $V=L_{净}\times H_{净}\times B$－扣除＋增加$=(36.09\times4.02+81.84\times3.42)\times0.24$ $=424.98\times0.24=101.99\ m^3$ 扣除： 1 门　$(1.5\times2.7\times9+0.9\times2\times3)\times0.24=41.85\times0.24=-10.04\ m^3$ 2 过梁　$0.0432\times(2\times9+1.4\times3)=-0.959\ m^3$ 3 构造柱　$0.24\times0.3\times(4.02+3.42)\times2=-1.071\ m^3$ $V_{合计}=101.99-(10.04+0.959+1.071)=101.99-12.07=89.92\ m^3$	89.92 m^3
010304001002	240 厚混水多孔砖墙3－5层	m^3	1. M7.5 混合砂浆　2. 240 厚内墙 $L_{内}=81.84\ m$　$H=3.6\times3=10.8\ m$ $V=L_{内}\times H\times B$－扣除＋增加 $L\times H\times B=81.84\times10.8\times0.24=212.13\ m^3$ 扣除： 1. 门　$(1.5\times2.7\times24+0.9\times2\times3)\times0.24=102.6\times0.24=-24.62\ m^3$ 2. 过梁　$0.0432\times(2\times8+1.4\times1)\times3=-2.255\ m^3$ 3. 圈梁　$0.24\times0.18\times81.84\times3=0.043\times245.52=-10.606\ m^3$ 4. 构造柱　$0.24\times0.3\times(10.8-0.18\times3)\times2=-1.48\ m^3$ $V_{合计}=212.13-(24.62+2.255+10.58+1.48)=173.17\ m^3$	173.17 m^3
010304001003	多孔砖墙6层	m^3	1. M5 混合砂浆　2. 240 厚内墙　$L_{内}=70.32\ m$　$H=3.42\ m$ $V=L_{内}\times H\times B$－扣除＋增加$=70.32\times3.42\times0.24=57.72\ m^3$ 扣除： 1. 门　$(1.5\times2.7\times7+0.9\times2\times1)\times0.24=30.15\times0.24=-7.236\ m^3$ 2. 过梁　$0.24\times0.18\times(2\times7+1.4\times1)=-0.665\ m^3$ 3. 构造柱　$0.24\times0.3\times3.42\times2=-0.49\ m^3$ 小计 $V=57.72-(7.236+0.665+0.49)=57.72-8.391=49.33\ m^3$	62.72 m^3
	女儿墙	m^3	1. M5 混合砂浆　2. 240 厚墙 $L_{中}=71.24$　$H=0.84$　$V=L\times H\times B=71.24\times0.84\times0.24=14.362\ m^3$ 扣除　构造柱 $0.24\times0.3\times0.84\times16=-0.968\ m^3$ 小计 $V=14.362-0.968=13.394\ m^3$	
	合计		$V_{合计}=49.33+13.39=62.72\ m^3$	

表 2-6-39 清单工程量计算(续)

工程名称	具体位置	单位	计算过程	工程量
010302001001	实心砖墙1层	m^3	1. M10 混合砂浆 2. 120 厚内墙 $L=8.52$ m $H=4.2-0.12=4.08$ m $V=L_{内}\times H\times B=8.52\times4.08\times0.115=3.998$ m^3 扣除 1. 门 $(0.9\times2+1.2\times2.0)\times0.115=-0.483$ m^3 2. 过梁 $0.115\times0.12\times(1.4+1.7)=-0.043$ m^3 $V_{合计}=3.998-(0.483+0.043)=3.47$ m^3	3.47 m^3
010302001002	实心砖墙1层	m^3	1. M10 水泥砂浆 2. 60 厚内墙 $L=5.97$ m $H=4.05$ m $V=L\times H\times B=5.97\times4.08\times0.053=1.291$ m^3 扣除 1. 门 $0.90\times2\times2\times0.053=-0.19$ m^3 $V_{合计}=1.291-0.19=1.101$ m^3	1.101 m^3
010302006001	砖台阶	m^2	1. 台阶砌砖 2. 100 厚 C15 混凝土垫层 3. 碎砖灌浆 4. 300 厚砂垫层 $S=8.1\times1.5=12.5$ m^2	12.5 m^2
			A.4 砼及钢筋砼工程	
010401001001	条形基础	m^3	1. C30 现浇钢筋混凝土碎石粒径 40 mm 2. C10 现浇混凝土垫层 $V=\sum A\times L$ $V_1=(1.3\times0.3+0.47\times0.1)\times53.09=0.437\times53.09=23.20$ m^3 $V_2=(0.8\times0.30+0.47\times0.1)\times4.3=0.287\times4.3=1.234$ m^3 $V_3=(1.7\times0.30+0.47\times0.1)\times10.33=0.557\times10.33=5.754$ m^3 $V_4=(1.9\times0.30+0.47\times0.1)\times23.71=0.617\times23.58=14.549$ m^3 $V_5=(1.4\times0.30+047\times0.1)\times13.33=0.467\times13.33=6.225$ m^3 $V_{合计}=23.2+1.2347+5.754+14.549+6.225=50.96$ m^3	50.96 m^3
010401001002	独立基础	m^3	1. C30 现浇钢筋砼碎石粒径 40 mm 2. 100 厚 C10 现浇混凝土垫层 $V_1=[1/3\times H_1\times(A_1+A_2+\sqrt{A_1+A_2})+A_2\times H_2]\times6=[1/3\times0.30\times(0.5\times0.5+2.0\times2.0+\sqrt{0.5\times0.5\times2.0\times2.0})+2.0\times2.0\times0.3]\times6=1.725\times6=10.356$ m^3 $V_2=(1/3\times0.3\times(0.5\times0.5+2.9\times2.9+\sqrt{0.5\times0.5\times2.9\times2.9})+2.9\times2.9\times0.3]\times4=3.534\times4=14.136$ m^3 $V_{合计}=10.356+14.136=24.492$ m^3	24.492 m^3
010401006001	基础		1. 100 厚混凝土垫层 C10 $V_{砼垫}=\sum a\times h\times L=1.5\times0.1\times55.59+1.0\times0.1\times4.8+1.9\times0.1\times10.33+2.1\times0.1\times19.30+1.6\times0.1\times12.84+2.2\times(0.7\times4+0.95*2)\times0.1+3.1\times3.1\times0.1\times4=0.15\times55.59+0.1\times4.8+0.19\times10.33+0.21\times19.30+0.16\times12.84+0.22\times4.7+0.961\times4=8.34+0.48+1.96+4.05+2.05+1.034+3.844=21.76$ m^3	21.76 m^3
010402001001	框架柱	m^3	1. C30 现浇钢筋砼碎石粒径 20 mm 2. 截面 400×400 柱高 5.87 $V=A\times H=0.4\times0.4\times(1.7+4.18)\times10=0.16\times58.80=9.408$ m^3	9.408 m^3
010402001002	构造柱	m^3	1. C25 现浇钢筋混凝土碎石粒径 20 mm 2. 截面 240×240 马牙槎 $V=0.24\times0.3\times(6.08\times6+3.6\times6\times5+3.6+0.9\times16)+(0.24\times0.3+0.24\times0.03)\times(6.08\times6+3.6\times5\times9-3.6)=0.072\times162.48+0.0792\times194.88=27.094$ m^3	27.094 m^3
010403001001	*LL*	m^3	1. C30 现浇钢筋砼碎石粒径 20 mm 2. 100 厚 C10 现浇混凝土垫层 $V=0.30\times0.35\times19.6=2.06$ m^3	2.06 m^3

表 2-6-39　清单工程量计算(续)

工程名称	具体位置	单位	计算过程	工程量
010403 004001	圈梁 1层	m^3	1. C25 现浇钢筋混凝土　2. 碎石粒径 20 mm $V_{外}=0.37\times0.18\times70.72-0.24\times0.24\times0.18\times10-0.4\times0.32\times0.18\times6=0.0666\times70.72-0.104-0.138=4.468\ m^3$ $V_{内}=0.24\times0.18\times37.44-0.24\times0.24\times0.18\times2=1.617-0.021=1.596\ m^3$ 小计：$V=4.468+1.596=6.064\ m^3$	33.259 m^3
	圈梁 2~5层		1. C20 现浇钢筋混凝土　2. 碎石粒径 20 mm $V_{外}=[0.37\times0.18\times(70.72-2.9\times11-2.3-2\times2)-0.24\times0.24\times0.18\times13]\times5=(0.0666\times32.52-0.135)\times5-0.0666\times0.25\times2=2.031\times5-0.0333=10.12\ m^3$ $V_{内}=0.24\times0.18\times(81.84\times4+70.32-0.5)-0.24\times0.24\times2\times5\times0.18=17.16-0.105=17.075\ m^3$ 小计：$V=10.12+17.075=27.195\ m^3$	
	圈梁合计		$V_{合计}=6.064+27.195=33.259\ m^3$	
010403 005001	现浇 过梁	m^3	1. C20 现浇钢筋混凝土　2. 碎石粒径 20 mm(1~6层) $V_{外}=A\times L=0.37\times0.18\times(2.9\times10+2\times2+1.7+4.1)+0.37\times0.3\times(2.9\times11+2.3+2\times2)\times5=0.0666\times38.8+0.111\times38.2\times5=2.584+4.24\times5=23.784\ m^3$ $V_{内}=A\times L=0.24\times0.18\times(2.0\times40+1.4\times7)+0.12\times0.12\times(1.7+1.4)=0.0432\times89.8+0.0216\times3.1+0.0108\times2.8=3.879+0.045=3.924\ m^3$ $V_{合计}=23.784+3.924=27.70\ m^3$	27.70 m^3
	现浇梁	m^3	L-1　$V=A\times L+V_{梁垫}=0.25\times0.5\times6.37\times2+0.24\times0.75\times0.3\times4=1.593+0.216=1.809\ m^3$ L-2　$V=A\times L=0.20\times0.35\times3.36=0.269\ m^3$ $V_{合计}=1.809+0.269=2.078\ m^3$	2.078 m^3
010405 003001	有梁板 1层	m^3	1. 板 C25 现浇钢筋砼　2. 梁 C30 现浇钢筋砼　3. 碎石粒径 15 mm $V_{板}=S\times H-V_{梁}=[(21.6-0.24)\times(8.4-0.24)-0.35\times(5.6\times4+19.6)]\times0.12=(174.30-14.7)\times0.12=159.60\times0.12=19.152\ m^3$	30.618 m^3
		m^3	WKL-1　$V=A\times L=0.35\times0.9\times(6-0.4)\times2=3.528\ m^3$ WKL-2　$V=A\times L=0.35\times0.8\times(6-0.4)\times2=3.136\ m^3$ WKL-3　$V=A\times L=0.35\times0.7\times(21.6-0.4\times5)=4.802\ m^3$ $V_{梁}=3.528+3.136+4.802=11.466\ m^3$	
	合计		$V_{有梁板}=V_{板}+V_{梁}=19.152+11.466=30.618\ m^3$	
010405 003001	平板 1层	m^3	1. C25 现浇钢筋混凝土　2. 碎石粒径 15 mm $V=\sum S\times H=(5.10-0.24)\times(13.5-0.24\times3)\times0.12+(5.10-0.24)\times(4.50-0.24)\times0.13=62.11\times0.12+20.704\times0.13=7.453+2.692=10.145\ m^3$	10.145 m^3
010405 003002	平板 2~6层	m^3	1. C20 现浇钢筋混凝土　2. 碎石粒径 20 mm $V_{板}=\sum S\times H=10.145\times4+[(6-0.24)\times(21.60-0.24\times5)+(2.4-0.24)\times(21.6-0.24)]\times0.12\times4+[(21.6-0.24)\times(13.5-0.24)-(0.24\times70.32+0.25\times5.76\times2)]\times0.12=10.145\times4+[117.504+46.138]\times0.12\times4+[283.234-19.758]\times0.12$ $=40.58+78.548+31.617=150.745\ m^3$	150.745 m^3

表 2-6-39 清单工程量计算(续)

工程名称	具体位置	单位	计算过程	工程量
010405008001	雨篷	m^3	1. C25 现浇钢筋混凝土 2. 碎石粒径 40 mm $V=4.5\times1.28\times(0.13+0.08)/2=0.605\ m^3$ $V_{反檐}=0.08\times0.3\times(4.5+1.2\times2)+0.06\times0.12\times(4.5+0.12+1.28\times2)$ $=0.166+0.052=0.218\ m^3$ $V_{合计}=0.605+0.218=0.823\ m^3$	$0.823\ m^3$
010406001001	楼梯	m^2	1. C20 现浇钢筋混凝土 2. 碎石粒径 20 mm $S_{水}=(3.6-0.24)\times5.1\times5=85.68\ m^2$	$85.68\ m^2$
010407001001	压顶	m^3	1. C20 现浇钢筋混凝土 2. 碎石粒径 15 mm $V=(0.38\times70.56-0.24\times0.24\times16)\times0.06=1.553\ m^3$	$1.553\ m^3$
010407002001	散水	m^2	1. C15 现浇钢筋砼 80 厚 2. 碎石粒径 20 mm 3. 100 厚碎石灌浆 4. 300 厚砂垫层 5. 与墙连接及每六米留变形缝灌沥青砂浆 $S=1\times68.10\times1.00=68.10\ m^2$	$68.38\ m^2$
010416001001	钢筋	t	43.732 t	43.732 t
A.7 屋面及防水工程				
010702001001	SBS 防水屋面	m^2	1. 40 厚细石混凝土 2. SBS 面层及 20 厚 1:3 水泥砂浆找平 3. 冷贴 SBS 隔气 4. 20 厚及 1:3 水泥砂浆找平 $S=S_{水平}+S_{卷起}=(22.1-0.48)\times(14-0.48)+(21.62+13.52)\times2\times0.25$ $=292.30+17.57=309.87\ m^2$	$309.87\ m^2$
010702004001	屋面排水	m	PVC 管 Φ110 $L=22.5\times6=135.00\ m$	135.00 m
010703002001	卫生间防水地面	m^2	1. 聚氨酯涂膜 2. 卷起高 200 $S_{主}=(4.5-0.24)\times(5.1-0.24)\times6=124.20\ m^2$ 卷起:$[(4.26+4.86)\times2-0.9+0.24)]\times0.2\times6=17.58\times0.2\times6=21.10\ m^2$ $S_{合计}=124.20+21.10=145.30\ m^2$	$194.24\ m^2$
	厨房加工配餐地面	m^2	$S_{主}=(4.5-0.24)\times(5.1-0.24)\times2-0.12*4.26=41.41-0.51=40.90\ m^2$ 卷起:$[(4.26\times6+4.86\times2+4.74\times2)-(0.9+1.2)\times2-1.5+(0.24\times2+0.12\times4)]\times$ $0.2=[44.76-5.7+0.96]\times0.2=40.2\times0.2\times=8.04\ m^2$ $S_{合计}=40.9+8.04=48.94\ m^2$	
	合计		$S_{合计}=145.3+48.94=194.24\ m^2$	
010703003001	卫生间防潮墙面		$S=(4.26+4.86)\times2\times(4.07+3.47\times5)=18.24\times21.42=390.70\ m^2$ 扣除:$S=-(0.9\times2\times6+2.4\times2.4\times5+2.4\times2.7)=-(1.8\times6+5.76\times5+6.48)$ $=-46.08\ m^2$ 增加:$[0.078\times(0.9+2\times2)\times6+0.19\times(2.4+2.4\times2)\times5+0.19\times(2.4+2.7\times2)]$ $=[0.38\times6+0.19\times7.2\times5+0.19\times7.8]=10.602\ m^2$ $S_{合计}=390.7-46.08+10.6=355.22\ m^2$	$355.22\ m^2$
010703003002	基础防潮		防水砂浆参 3% 硅质密实剂 $S=B\times L=0.37\times105.63=39.08\ m^2$	$39.08\ m^2$
A.8 保温工程				
010803001001	屋面保温	m^2	1. 60 厚挤塑板 2. 炉渣混凝土找坡 $S=S_{水平投影}=(22.1-0.48)\times(14-0.48)=292.30\ m^2$	$292.30\ m^2$

清单工程量是工程施工招投标过程中甲乙双方都需要计算的，甲方以清单计价方式招标时，招标文件的内容包括工程量清单，由招标人按规范规定计算提供。乙方投标时根据招标清单来投标报价，首先要核实清单工程量的正确与否，将影响计价的内容与报价分析。招标人招标文件中的工程量清单的标准格式如表2-6-40。

表2-6-40　分部分项工程量清单表

工程名称：综合楼建筑工程　　　　第1页　共3页

序号	项目编码	项目名称	项目特征描述	计量单位	工程量
1	010101001001	平整场地	1. 土壤类别：二类土　2. 弃土运距：50 m 3. 取土运距：50 m	m^2	309.4
2	010101003001	挖基础基槽	1. 土壤类别：二类土　2. 基础类型：钢筋砼带型基础 3. 垫层底宽、底面积　4. 挖土深度：2.1 m 5. 弃土运距：10 km	m^3	379.37
3	010101003002	挖基础基坑	1. 土壤类别：二类土　2. 基础类型：钢筋砼独立基础 3. 垫层底宽、底面积　4. 挖土深度：2.1 m 5. 弃土运距：10 km	m^3	80.73
4	010103001001	土(石)方回填	1. 土质要求　2. 密实度要求　3. 粒径要求 4. 夯填　　5. 运输距离	m^3	343.31
5	010301001001	砖基础	1. 砖品种、规格、强度等级：实心砖、标准砖、MU10。 2. 基础类型：带基　3. 基础深度：1.9 m 4. 砂浆强度等级：水泥砂浆 M10	m^3	71.54
6	010302001001	实心砖墙	1. 砖品种、规格、强度等级：实心标准砖、MU10 2. 墙体类型：实心砖墙　3. 墙体厚度：120 4. 墙体高度：4.08 m　5. 勾缝要求 6. 砂浆强度：M10 混合砂浆	m^3	3.47
7	010302001002	实心砖墙	1. 砖品种、规格、强度等级：实心标准砖、MU10 2. 墙体类型：实心砖墙　3. 墙体厚度：60 4. 墙体高度：4.08 m　5. 勾缝要求 6. 砂浆强度：M10 水泥砂浆	m^3	1.1
8	010302004001	填充墙	1. 砖品种、规格、强度等级：实心标准砖、MU10 2. 墙体厚度：3703　3. 填充材料种类：炉渣 4. 勾缝要求　5. 砂浆强度等级：M10	m^3	115.49
9	010302004002	填充墙	1. 砖品种、规格、强度等级：实心标准砖、MU10 2. 墙体厚度：370　3. 填充材料种类：炉渣 4. 勾缝要求　5. 砂浆强度等级：M7.5	m^3	168.17
10	010302004003	填充墙	1. 砖品种、规格、强度等级：实心标准砖、MU10 2. 墙体厚度：370　3. 填充材料种类：炉渣 4. 勾缝要求　5. 砂浆强度等级：M5	m^3	55.37
11	010304001001	多孔砖墙	1. 墙体类型：砖墙　2. 墙体厚度：240 3. 砖品种、规格、强度等级：多孔砖 MU10 4. 勾缝要求　5. 砂浆强度等级：M10 混合砂浆	m^3	89.92
			本页小计		

清单编制表-03

表 2－6－40 分部分项工程量清单表(续)

工程名称:综合楼建筑工程 第2页 共3页

序号	项目编码	项目名称	项目特征描述	计量单位	工程量
12	010304001002	多孔砖墙	1. 墙体类型:砖墙 2. 墙体厚度:240 3. 砖品种、规格、强度等级:多孔砖 MU10 4. 勾缝 5. 砂浆强度等级:M7.5 混合砂浆	m^3	173.17
13	010304001003	多孔砖墙	1. 墙体类型:砖墙 2. 墙体厚度:240 3. 砖品种、规格、强度等级:多孔砖 MU10 4. 勾缝要求 5. 砂浆强度等级:M5 混合砂浆	m^3	62.72
14	010302006001	零星砌砖(台阶)	1. 零星砌砖名称、部位:室外台阶 2. 勾缝要求 3. 砂浆强度等级:M10 水泥砂浆	m^2	12.50
15	010401001001	带形基础	1. 混凝土强度等级:C30 2. 混凝土拌和料要求:现场拌和 3. 砂浆强度等级:M10	m^3	50.96
16	010401002001	独立基础	1. 混凝土强度等级:C30 2. 混凝土拌和料要求:现场拌和 3. 砂浆强度等级:M10	m^3	24.49
17	010401006001	基础混凝土垫层	1. 混凝土强度等级:C10 2. 混凝土拌和料要求:现场拌和 3. 砂浆强度等级:M10	m^3	21.76
18	010402001001	矩形柱	1. 柱高度:5.9 m 2. 柱截面尺寸:400×400 3. 混凝土强度等级:C30 4. 混凝土拌和料要求:现场拌和	m^3	9.41
19	010402001002	构造柱	1. 柱高度 2. 柱截面尺寸:240×240 3. 混凝土强度等级:C25 4. 混凝土拌和料要求:现场拌和	m^3	27.09
20	010403002001	矩形梁(基础层)	1. 梁顶标高:室外设计地面 2. 梁截面:矩形 3. 混凝土强度等级:C30 4. 混凝土拌和料要求:现场拌和	m^3	2.06
21	010403002002	矩形梁(六层)	1. 梁顶标高:板顶面 2. 梁截面:矩形 3. 混凝土强度等级:C30 4. 混凝土拌和料要求:现场拌和	m^3	2.08
22	010403004001	圈梁	1. 梁顶标高:同板顶面 2. 梁截面:矩形 3. 混凝土强度等级:C20 4. 混凝土拌和料要求:现场拌和	m^3	33.26
23	010403005001	过梁	1. 梁底标高:洞口顶面 2. 梁截面:矩形 3. 混凝土强度等级:C20 4. 混凝土拌和料要求:现场拌和	m^3	27.7
24	010405001001	有梁板	1. 板底标高:4.08 m 2. 板厚度:100 以上 3. 混凝土强度等级:板 C25 梁 C30 4. 混凝土拌和料要求:现场拌和	m^3	30.62
25	010405003001	平板(1层)	1. 板底标高:4.08 m 2. 板厚度:100 以上 3. 混凝土强度等级:C25 4. 混凝土拌和料要求:现场拌和	m^3	10.15
26	010405003002	平板(2－6层)	1. 板底标高:3.48 m 2. 板厚度:100 以上 3. 混凝土强度等级:C20 4. 混凝土拌和料要求:现场拌和	m^3	150.75
27	010405008001	雨篷	1. 混凝土强度等级:C25 2. 混凝土拌和料要求:现场拌和	m^3	1.5
28	010406001001	直形楼梯	1. 混凝土强度等级:C20 2. 混凝土拌和料要求:现场拌和	m^2	85.68
			本页小计		

清单编制表－03

表 2－6－40　分部分项工程量清单表(续)

工程名称:综合楼建筑工程　　　　第 3 页　共 3 页

序号	项目编码	项目名称	项目特征描述	计量单位	工程量
29	010407001001	压顶	1. 构件的类型　2. 构件规格:380×60 3. 混凝土强度等级:C20 4. 混凝土拌和料要求:现场拌和	m^3	1.55
30	010407002001	散水	1. 垫层:碎石灌浆 100 厚　2. 面层厚度:80 厚 3. 混凝土强度等级:C20 4. 混凝土拌和料要求:现场拌和 5. 填塞材料种类:沥青混凝土	m^2	68.1
31	010416001001	现浇混凝土钢筋	1. 钢筋种类、规格一级钢 10 以内	t	20.774
32	010416001002	现浇混凝土钢筋	1. 钢筋种类、规格一级钢 10 以上	t	14.438
33	010416001003	现浇混凝土钢筋	1. 钢筋种类、规格二级钢 10 以内	t	0.338
34	010416001004	现浇混凝土钢筋	1. 钢筋种类、规格二级钢 10 以上	t	9.623
35	010702001001	屋面卷材防水	1. 卷材品种、规格:SBS 4 mm 2. 防水层做法:热熔　3. 嵌缝材料种类 4. 防护材料种类:40 厚细石混凝土	m^2	309.87
36	010702004001	屋面排水管	1. 排水管:塑料排水管(直径 mm)ϕ110 2. 接缝、嵌缝材料种类　3. 油漆品种、刷漆遍数	m	135
37	010703002001	涂膜防水 (卫生间地面)	1. 卷材、涂膜品种:聚氨酯 2. 涂膜厚度、遍数、增强材料种类:2 mm 3. 防水部位:卫生间地面　4. 防水做法 5. 接缝、嵌缝材料种类 6. 防护材料种类:水泥砂浆找平	m^2	194.24
38	010703003001	砂浆防水 (卫生间墙面)	1. 防水(潮)部位:墙面 2. 防水(潮)厚度. 层数:20 厚 3. 砂浆配合比:1∶2.5 水泥砂浆 4. 外加剂材料种类:3% 硅质密实剂	m^2	355.22
39	010703003002	砂浆防潮(基础)	1. 防水(潮)部位:基础 2. 防水(潮)厚度　层数:20 厚 3. 砂浆配合比:1∶2.5 水泥砂浆 4. 外加剂材料种类:3% 硅质密实剂	m^2	39.08
40	010803001001	保温隔热屋面	1. 保温隔热部位:屋面 2. 保温隔热方式:外保温 3. 保温隔热材料品种、规格及厚度:60 厚苯板、炉渣混凝土找坡 4. 隔气层厚度:冷贴 SBS 卷材 5. 黏结材料种类:刷冷底子油 6. 防护材料种类:20 厚水泥砂浆找平	m^2	292.3
			分部小计		
			本页小计		
			合　计		

清单编制表－03

二、投标人投标报价

(一)审核清单工程量,了解清单项目特征与项目的工作内容,编制施工方案。依据投标计价中采用的消耗量定额规定计算实际施工的工程量。本案例以 2010 黑龙江省计价定额的项目及工程量计算方法计算,见本教材本章的第二节表 2－6－4。

（二）分部分项工程量清单综合单价计算（表2-6-41）

表2-6-41　分部分项工程量清单综合单价分析表

工程名称：综合楼建筑工程　　　　第1页　共40页

项目编码	010101001001	项目名称				平整场地										计量单位		m^2	
综合单价组成明细																			
定额编号	定额名称	定额单位	数量	单价/元								合价/元							
				人工费	人工差价费	材料费	材料风险费	机械费	机械风险费	企业管理费	利润	人工费	人工费价差	材料费	材料风险费	机械费	机械风险费	企业管理费	利润
1-1	平整场地人工	100 m^2	0.015 2	166.95						30.05	50.09	2.54						0.46	0.76
人工单价		小计										2.54						0.46	0.76
综合工日53元/工日		未计价材料费																	
清单项目综合单价/元												3.75							

材料费明细	主要材料名称、规格、型号	单位	数量	单价/元	合价/元	暂估单价/元	暂估合价/元

清单投标报价表-19

注：1. 招标文件提供了暂估单价的材料，按照暂估的单价填入表内“暂估单价”栏及“暂估合价”栏。

2. 根据招标文件的要求附此表。

表 2-6-41　分部分项工程量清单综合单价分析表(续)

工程名称:综合楼建筑工程　　　　第 2 页　共 40 页

项目编码		010101003001		项目名称				挖基础基槽								计量单位		m³	
综合单价组成明细																			
定额编号	定额名称	定额单位	数量	单价/元								合价/元							
				人工费	人工差价费	材料费	材料风险费	机械费	机械风险费	企业管理费	利润	人工费	人工费价差	材料费	材料风险费	机械费	机械风险费	企业管理费	利润
1-18	人工挖槽普通土(深度)3 m以内	100 m³	0.019	2 770.31						498.66	831.09	52.71						9.49	15.81
1-228	装载机装运土方(斗量2 m³)60 m以内	1 000 m³	0.001 5	79.5				3 317.92	99.54	14.31	23.85	0.12				5.01	0.15	0.02	0.04
1-318	人工装卸汽车运土方10 km以内	1 000 m³	0.000 4	11 024				31 637.2	949.11	1 984.32	3 307.2	4.32				12.4	0.37	0.78	1.3
人工单价		小计										57.15				17.41	0.52	10.29	17.15
综合工日53元/工日		未计价材料费																	
清单项目综合单价/元												102.53							
材料费明细	主要材料名称、规格、型号							单位		数量		单价/元		合价/元		暂估单价/元		暂估合价/元	

标报价表-19

注:1. 招标文件提供了暂估单价的材料,按照暂估的单价填入表内“暂估单价”栏及“暂估合价”栏。

2. 根据招标文件的要求附此表。

表 2-6-41　分部分项工程量清单综合单价分析表(续)

工程名称:综合楼建筑工程　　　　第 3 页　共 40 页

项目编码	010101003002			项目名称				挖基础基坑									计量单位		m^3
综合单价组成明细																			
定额编号	定额名称	定额单位	数量	单价/元								合价/元							
				人工费	人工差价费	材料费	材料风险费	机械费	机械风险费	企业管理费	利润	人工费	人工费价差	材料费	材料风险费	机械费	机械风险费	企业管理费	利润
1-28	人工挖基坑普通土(深度)3 m内	100 m^3	0.0211	3141.84						565.53	942.55	66.4						11.95	19.92
1-228	装载机装运土方(斗量2 m^3)60 m	1000 m^3	0.0021	79.5				3317.92	99.54	14.31	23.85	0.17				7.01	0.21	0.03	0.05
人工单价		小计										66.57				7.01	0.21	11.98	19.97
综合工日 53 元/工日		未计价材料费																	
清单项目综合单价/元												105.75							
材料费明细	主要材料名称、规格、型号								单位		数量		单价/元		合价/元		暂估单价/元		暂估合价/元

标报价表-19

注:1. 招标文件提供了暂估单价的材料,按照暂估的单价填入表内"暂估单价"栏及"暂估合价"栏。

2. 根据招标文件的要求附此表。

表 2-6-41　分部分项工程量清单综合单价分析表(续)

工程名称:综合楼建筑工程　　　　　　　　　　　　　　第4页　共40页

项目编码		010103001001		项目名称				土(石)方回填									计量单位		m^3
综合单价组成明细																			
定额编号	定额名称	定额单位	数量	单价/元								合价/元							
				人工费	人工差价费	材料费	材料风险费	机械费	机械风险费	企业管理费	利润	人工费	人工费价差	材料费	材料风险费	机械费	机械风险费	企业管理费	利润
1-188	回填土　夯填	100 m^3	0.021 7	1 180.31				173.29	5.2	212.46	354.09	25.57				3.75	0.11	4.6	7.67
1-228	装载机装运土方(斗量 2 m^3)60 m以内	1 000 m^3	0.002 2	79.5				3 317.92	99.54	14.31	23.85	0.17				7.19	0.22	0.03	0.05
人工单价		小计										25.74				10.94	0.33	4.63	7.72
综合工日53元/工日		未计价材料费																	
清单项目综合单价/元												49.38							
材料费明细	主要材料名称、规格、型号								单位	数量		单价/元		合价/元		暂估单价/元		暂估合价/元	

标报价表-19

注:1. 招标文件提供了暂估单价的材料,按照暂估的单价填入表内“暂估单价”栏及“暂估合价”栏。

2. 根据招标文件的要求附此表。

表 2-6-41　分部分项工程量清单综合单价分析表(续)

工程名称:综合楼建筑工程　　　　第5页　共40页

项目编码	010301001001	项目名称		砖基础												计量单位		m³	
综合单价组成明细																			
定额编号	定额名称	定额单位	数量	单价/元								合价/元							
				人工费	人工差价费	材料费	材料风险费	机械费	机械风险费	企业管理费	利润	人工费	人工费价差	材料费	材料风险费	机械费	机械风险费	企业管理费	利润
3-5	砖基础(水砂)、M10 现拌砂浆	10 m³	0.1	676.28		1739.51	86.98	23.17	0.7	121.73	202.88	67.63		173.95	8.7	2.32	0.07	12.17	20.29
人工单价		小计										67.63		173.95	8.7	2.32	0.07	12.17	20.29
综合工日 53 元/工日		未计价材料费																	
清单项目综合单价/元												285.12							

材料费明细	主要材料名称、规格、型号	单位	数量	单价/元	合价/元	暂估单价/元	暂估合价/元
	水泥 32.5 MPa	kg	67.932 6	0.39	26.49		
	砂(净中砂)	m³	0.213 6	64.12	13.69		
	普通黏土砖 240 mm×115 mm×53 mm	千块	0.523 6	253	132.47		
	其他材料费			—	1.29	—	
	材料风险费			—	8.7	—	—
	材料费小计			—	182.65	—	—

清单投标报价表-19

注:1. 招标文件提供了暂估单价的材料,按照暂估的单价填入表内“暂估单价”栏及“暂估合价”栏。

2. 根据招标文件的要求附此表。

表 2-6-41 分部分项工程量清单综合单价分析表(续)

工程名称:综合楼建筑工程

第 6 页 共 40 页

项目编码	010302001001	项目名称		实心砖墙												计量单位		m³	
综合单价组成明细																			
定额编号	定额名称	定额单位	数量	单价/元								合价/元							
				人工费	人工差价费	材料费	材料风险费	机械费	机械风险费	企业管理费	利润	人工费	人工费价差	材料费	材料风险费	机械费	机械风险费	企业管理费	利润
3-47 换	实心砖墙 1/2 砖【混砂 M10】	10 m³	0.1	1 067.95		1 766.57	88.33	19.14	0.57	192.23	320.39	106.8		176.66	8.83	1.91	0.06	19.22	32.04
人工单价		小计										106.8		176.66	8.83	1.91	0.06	19.22	32.04
综合工日 53 元/工日		未计价材料费																	
清单项目综合单价/元												345.52							

	主要材料名称、规格、型号	单位	数量	单价/元	合价/元	暂估单价/元	暂估合价/元
材料费明细	水泥 32.5 MPa	kg	51.994 9	0.39	20.28		
	砂(净中砂)	m³	0.176 5	64.12	11.32		
	普通黏土砖 240 mm×115 mm×53 mm	千块	0.564 2	253	142.74		
	其他材料费			—	2.32	—	
	材料风险费			—	8.83	—	—
	材料费小计			—	185.49	—	

清单投标报价表-19

注:1. 招标文件提供了暂估单价的材料,按照暂估的单价填入表内“暂估单价”栏及“暂估合价”栏。

2. 根据招标文件的要求附此表。

表 2-6-41　分部分项工程量清单综合单价分析表(续)

工程名称:综合楼建筑工程

第7页　共40页

项目编码	010302001002	项目名称	实心砖墙	计量单位	m^3

定额编号	定额名称	定额单位	数量	单价/元 人工费	单价/元 人工差价费	单价/元 材料费	单价/元 材料风险费	单价/元 机械费	单价/元 机械风险费	单价/元 企业管理费	单价/元 利润	合价/元 人工费	合价/元 人工费价差	合价/元 材料费	合价/元 材料风险费	合价/元 机械费	合价/元 机械风险费	合价/元 企业管理费	合价/元 利润
3-41	实心砖墙 1/4 砖(水泥砂浆)M10	10 m^3	0.1	1 493.01		1 770.74	88.54	12.09	0.36	268.74	447.9	149.3		177.07	8.85	1.21	0.04	26.87	44.79
人工单价		小计										149.3		177.07	8.85	1.21	0.04	26.87	44.79
综合工日 53 元/工日		未计价材料费																	
清单项目综合单价/元												408.14							

材料费明细	主要材料名称、规格、型号	单位	数量	单价/元	合价/元	暂估单价/元	暂估合价/元
	水泥 32.5 MPa	kg	33.966 3	0.39	13.25		
	砂(净中砂)	m^3	0.106 8	64.12	6.85		
	普通黏土砖 240 mm×115 mm×53 mm	千块	0.615 8	253	155.8		
	其他材料费			—	1.18	—	
	材料风险费			—	8.85	—	—
	材料费小计			—	185.92	—	—

清单投标报价表-19

注:1. 招标文件提供了暂估单价的材料,按照暂估的单价填入表内“暂估单价”栏及“暂估合价”栏。

2. 根据招标文件的要求附此表。

表 2-6-41 分部分项工程量清单综合单价分析表(续)

工程名称:综合楼建筑工程 第 8 页 共 40 页

项目编码	010302004001	项目名称	填充墙															计量单位	m^3
综合单价组成明细																			
定额编号	定额名称	定额单位	数量	单价/元								合价/元							
				人工费	人工差价费	材料费	材料风险费	机械费	机械风险费	企业管理费	利润	人工费	人工费价差	材料费	材料风险费	机械费	机械风险费	企业管理费	利润
3-115	1 砖半砖填充墙(混砂 M10)炉渣	10 m^3	0.1	729.81		1 523.59	76.18	18.13	0.54	131.37	218.94	72.98		152.36	7.62	1.81	0.05	13.14	21.89
人工单价		小计										72.98		152.36	7.62	1.81	0.05	13.14	21.89
综合工日 53 元/工日		未计价材料费																	
清单项目综合单价/元												269.86							

材料费明细	主要材料名称、规格、型号	单位	数量	单价/元	合价/元	暂估单价/元	暂估合价/元
	水泥 32.5 MPa	kg	48.261 8	0.39	18.82		
	砂(净中砂)	m^3	0.163 8	64.12	10.5		
	普通黏土砖 240 mm×115 mm×53 mm	千块	0.444 5	253	112.46		
	炉渣	m^3	0.19	45	8.55		
	其他材料费			—	2.03	—	
	材料风险费			—	7.62	—	—
	材料费小计			—	159.98	—	

清单投标报价表-19

注:1. 招标文件提供了暂估单价的材料,按照暂估的单价填入表内“暂估单价”栏及“暂估合价”栏。

2. 根据招标文件的要求附此表。

表 2－6－41　分部分项工程量清单综合单价分析表(续)

工程名称:综合楼建筑工程　　　　第 9 页　共 40 页

项目编码	010302004002	项目名称		填充墙												计量单位		m^3	
综合单价组成明细																			
定额编号	定额名称	定额单位	数量	单价/元								合价/元							
				人工费	人工差价费	材料费	材料风险费	机械费	机械风险费	企业管理费	利润	人工费	人工费价差	材料费	材料风险费	机械费	机械风险费	企业管理费	利润
3－115换	1 砖半填充墙炉渣【砌筑混合砂浆 M7.5】	10 m^3	0.1	729.81		1 510.83	75.54	18.13	0.54	131.37	218.94	72.98		151.08	7.55	1.81	0.05	13.14	21.89
人工单价		小计										72.98		151.08	7.55	1.81	0.05	13.14	21.89
综合工日 53 元/工日		未计价材料费																	
清单项目综合单价/元												268.52							

材料费明细	主要材料名称、规格、型号	单位	数量	单价/元	合价/元	暂估单价/元	暂估合价/元
	水泥 32.5 MPa	kg	43.874 4	0.39	17.11		
	砂(净中砂)	m^3	0.163 8	64.12	10.5		
	普通黏土砖 240 mm×115 mm×53 mm	千块	0.444 5	253	112.46		
	炉渣	m^3	0.19	45	8.55		
	其他材料费			—	2.46	—	
	材料风险费			—	7.55	—	—
	材料费小计			—	158.63	—	

清单投标报价表－19

注:1. 招标文件提供了暂估单价的材料,按照暂估的单价填入表内“暂估单价”栏及“暂估合价”栏。

2. 根据招标文件的要求附此表。

表 2－6－41 分部分项工程量清单综合单价分析表(续)

工程名称:综合楼建筑工程 第10页 共40页

项目编码	010302004003	项目名称		填充墙												计量单位		m^3	
综合单价组成明细																			
定额编号	定额名称	定额单位	数量	单价/元								合价/元							
				人工费	人工差价费	材料费	材料风险费	机械费	机械风险费	企业管理费	利润	人工费	人工费价差	材料费	材料风险费	机械费	机械风险费	企业管理费	利润
3－115换	1砖半砖填充墙【砌筑混砂M5】	10 m^3	0.1		729.81	1 493.36	74.67	18.13	0.54	131.37	218.94	72.98		149.34	7.47	1.81	0.05	13.14	21.89
人工单价		小计										72.98		149.34	7.47	1.81	0.05	13.14	21.89
综合工日53元/工日		未计价材料费																	
清单项目综合单价/元												266.68							

材料费明细	主要材料名称、规格、型号	单位	数量	单价/元	合价/元	暂估单价/元	暂估合价/元
	水泥32.5 MPa	kg	38.572 9	0.39	15.04		
	砂(净中砂)	m^3	0.163 8	64.12	10.5		
	普通黏土砖240 mm×115 mm×53 mm	千块	0.444 5	253	112.46		
	炉渣	m^3	0.19	45	8.55		
	其他材料费			—	2.78	—	
	材料风险费			—	7.47	—	—
	材料费小计			—	156.81	—	

清单投标报价表－19

注:1. 招标文件提供了暂估单价的材料,按照暂估的单价填入表内“暂估单价”栏及“暂估合价”栏。

2. 根据招标文件的要求附此表。

表 2-6-41 分部分项工程量清单综合单价分析表(续)

工程名称:综合楼建筑工程　　　　第11页　共40页

项目编码	010304001001	项目名称	多孔砖墙	计量单位	m^3

综合单价组成明细																			
定额编号	定额名称	定额单位	数量	单价/元								合价/元							
				人工费	人工差价费	材料费	材料风险费	机械费	机械风险费	企业管理费	利润	人工费	人工费价差	材料费	材料风险费	机械费	机械风险费	企业管理费	利润
3-198换	多孔砖墙 240 mm【砌筑混砂M10】	10 m^3	0.1	660.38		2 094.46	104.72	19.14	0.57	118.87	198.11	66.04		209.45	10.47	1.91	0.06	11.89	19.81
人工单价		小计										66.04		209.45	10.47	1.91	0.06	11.89	19.81
综合工日53元/工日		未计价材料费																	
清单项目综合单价/元												319.63							

材料费明细	主要材料名称、规格、型号	单位	数量	单价/元	合价/元	暂估单价/元	暂估合价/元
	水泥 32.5 MPa	kg	50.395 1	0.39	19.65		
	砂(净中砂)	m^3	0.170 9	64.12	10.96		
	普通黏土砖 240 mm×115 mm×53 mm	千块	0.34	519.18	176.52		
	其他材料费			—	2.31	—	
	材料风险费			—	10.47	—	—
	材料费小计			—	219.92	—	

清单投标报价表-19

注:1. 招标文件提供了暂估单价的材料,按照暂估的单价填入表内“暂估单价”栏及“暂估合价”栏。

2. 根据招标文件的要求附此表。

表 2－6－41 分部分项工程量清单综合单价分析表(续)

工程名称:综合楼建筑工程 第 12 页 共 40 页

项目编码	010304001002	项目名称		多孔砖墙														计量单位	m^3
综合单价组成明细																			
定额编号	定额名称	定额单位	数量	单价/元								合价/元							
				人工费	人工差价费	材料费	材料风险费	机械费	机械风险费	企业管理费	利润	人工费	人工费价差	材料费	材料风险费	机械费	机械风险费	企业管理费	利润
3－196 换	多孔砖墙 240 mm 厚【混砂 M7.5】	10 m^3	0.1	660.38		2 081.12	104.06	19.14	0.57	118.87	198.11	66.04		208.11	10.41	1.91	0.06	11.89	19.81
人工单价		小计										66.04		208.11	10.41	1.91	0.06	11.89	19.81
综合工日 53 元/工日		未计价材料费																	
清单项目综合单价/元												318.22							

材料费明细	主要材料名称、规格、型号	单位	数量	单价/元	合价/元	暂估单价/元	暂估合价/元
	水泥 32.5 MPa	kg	45.813 6	0.39	17.87		
	砂(净中砂)	m^3	0.170 9	64.12	10.96		
	普通黏土砖 240 mm×115 mm×53 mm	千块	0.34	519.18	176.52		
	其他材料费			—	2.76	—	
	材料风险费			—	10.41	—	—
	材料费小计			—	218.52	—	

清单投标报价表－19

注:1. 招标文件提供了暂估单价的材料,按照暂估的单价填入表内“暂估单价”栏及“暂估合价”栏。

2. 根据招标文件的要求附此表。

表 2-6-41 分部分项工程量清单综合单价分析表(续)

工程名称:综合楼建筑工程　　　　　　　　　　第 13 页　共 40 页

项目编码	010304001003	项目名称		多孔砖墙												计量单位		m^3	
综合单价组成明细																			
定额编号	定额名称	定额单位	数量	单价/元								合价/元							
				人工费	人工差价费	材料费	材料风险费	机械费	机械风险费	企业管理费	利润	人工费	人工费价差	材料费	材料风险费	机械费	机械风险费	企业管理费	利润
3-194 换	多孔砖墙 240 mm 厚【混合砂浆 M5】	10 m^3	0.1	660.38		2 062.88	103.14	19.14	0.57	118.87	198.11	66.04		206.29	10.31	1.91	0.06	11.89	19.81
人工单价		小计										66.04		206.29	10.31	1.91	0.06	11.89	19.81
综合工日 53 元/工日		未计价材料费																	
清单项目综合单价/元												316.31							

材料费明细	主要材料名称、规格、型号	单位	数量	单价/元	合价/元	暂估单价/元	暂估合价/元
	水泥 32.5 MPa	kg	40.277 8	0.39	15.71		
	砂(净中砂)	m^3	0.171	64.12	10.97		
	多孔砖 240 mm×115 mm×53 mm	千块	0.34	519.18	176.52		
	其他材料费			—	3.09	—	
	材料风险费			—	10.31	—	—
	材料费小计			—	216.6	—	

清单投标报价表-19

注:1. 招标文件提供了暂估单价的材料,按照暂估的单价填入表内“暂估单价”栏及“暂估合价”栏。

2. 根据招标文件的要求附此表。

表 2-6-41 分部分项工程量清单综合单价分析表（续）

工程名称：综合楼建筑工程　　　　第 14 页　共 40 页

项目编码	010302006001	项目名称		零星砌砖（台阶）													计量单位		m^2
综合单价组成明细																			
定额编号	定额名称	定额单位	数量	单价/元								合价/元							
				人工费	人工差价费	材料费	材料风险费	机械费	机械风险费	企业管理费	利润	人工费	人工费价差	材料费	材料风险费	机械费	机械风险费	企业管理费	利润
3-127	零星砌砖 混合砂浆 M5	10 m^3	0.012 4	1 219		1 725.88	86.29	21.16	0.63	219.42	365.7	15.12		21.4	1.07	0.26	0.01	2.72	4.53
借 1-305	砂垫层	10 m^3	0.03	246.98		642.39	32.12	4.59	0.14	32.11	74.09	7.41		19.27	0.96	0.14		0.96	2.22
借 1-311	碎砖垫层 灌浆	10 m^3		583		798.8	39.94	28.62	0.86	75.79	174.9								
借 1-320	混凝土垫层 现拌混凝土	10 m^3	0.005 1	649.25		1 639.31	81.97	156.71	4.7	84.4	194.78	3.34		8.43	0.42	0.81	0.02	0.43	1
人工单价		小计										25.87		49.1	2.45	1.21	0.03	4.11	7.75
综合工日 53 元/工日		未计价材料费																	
清单项目综合单价/元												90.54							

材料费明细	主要材料名称、规格、型号	单位	数量	单价/元	合价/元	暂估单价/元	暂估合价/元
	水泥 32.5 MPa	kg	17.063 2	0.39	6.65		
	砂（净中砂）	m^3	0.023 7	64.12	1.52		
	普通黏土砖 240 mm×115 mm×53 mm	千块	0.068 4	253	17.31		
	砂（中砂）	m^3	0.026 2	53.74	1.41		
	其他材料费			—	22.21	—	
	材料风险费			—	2.46	—	—
	材料费小计			—	51.56	—	

清单投标报价表-19

注：1. 招标文件提供了暂估单价的材料，按照暂估的单价填入表内“暂估单价”栏及“暂估合价”栏。

2. 根据招标文件的要求附此表。

表 2－6－41　分部分项工程量清单综合单价分析表(续)

工程名称:综合楼建筑工程　　　　　　　　　　　　　　　　　　　　　　　　　　　　第 14 页　共 40 页

项目编码		010401001001		项目名称				带形基础								计量单位		m^3	
综合单价组成明细																			
定额编号	定额名称	定额单位	数量	单价/元								合价/元							
				人工费	人工差价费	材料费	材料风险费	机械费	机械风险费	企业管理费	利润	人工费	人工费价差	材料费	材料风险费	机械费	机械风险费	企业管理费	利润
4－2 换	带型基础普通混凝土 C30(碎石 20mm)	10 m^3	0.1	506.68		2 463.75	123.19	168.54	5.06	91.2	152	50.67		246.38	12.32	16.85	0.51	9.12	15.2
人工单价		小计										50.67		246.38	12.32	16.85	0.51	9.12	15.2
综合工日 53 元/工日		未计价材料费																	
清单项目综合单价/元												351.04							
材料费明细	主要材料名称、规格、型号								单位	数量		单价/元		合价/元		暂估单价/元		暂估合价/元	
	水泥 32.5 MPa								kg	454.141 5		0.39		177.12					
	砂(中砂)								m^3	0.368 4		53.74		19.8					
	碎石 20 mm								m^3	0.767 3		54.65		41.94					
	其他材料费											—		7.53		—			
	材料风险费											—		12.32		—		—	
	材料费小计											—		258.7		—			

清单投标报价表－19

注:1. 招标文件提供了暂估单价的材料,按照暂估的单价填入表内"暂估单价"栏及"暂估合价"栏。

2. 根据招标文件的要求附此表。

表 2-6-41　分部分项工程量清单综合单价分析表(续)

工程名称:综合楼建筑工程　　　　第 16 页　共 40 页

项目编码		010401002001		项目名称				独立基础									计量单位	m³	
综合单价组成明细																			
定额编号	定额名称	定额单位	数量	单价/元								合价/元							
				人工费	人工差价费	材料费	材料风险费	机械费	机械风险费	企业管理费	利润	人工费	人工费价差	材料费	材料风险费	机械费	机械风险费	企业管理费	利润
4-4换	独立基础【普通砼 C30(碎石 20mm)】	10 m³	0.1	560.74		2 466.39	123.32	168.54	5.06	100.93	168.22	56.07		246.64	12.33	16.85	0.51	10.09	16.82
人工单价		小计										56.07		246.64	12.33	16.85	0.51	10.09	16.82
综合工日 53 元/工日		未计价材料费																	
清单项目综合单价/元												359.32							
材料费明细	主要材料名称、规格、型号								单位	数量		单价/元		合价/元		暂估单价/元		暂估合价/元	
	水泥 32.5 MPa								kg	454.141 5		0.39		177.12					
	砂(中砂)								m³	0.368 4		53.74		19.8					
	碎石 20 mm								m³	0.767 3		54.65		41.94					
	其他材料费											—		7.79		—			
	材料风险费											—		12.33		—		—	
	材料费小计											—		258.97		—			

清单投标报价表-19

注:1. 招标文件提供了暂估单价的材料,按照暂估的单价填入表内“暂估单价”栏及“暂估合价”栏。

2. 根据招标文件的要求附此表。

表 2-6-41　分部分项工程量清单综合单价分析表(续)

工程名称:综合楼建筑工程　　　　第 17 页　共 40 页

<table>
<tr><td colspan="2">项目编码</td><td colspan="2">010401006001</td><td colspan="4">项目名称</td><td colspan="8">基础混凝土垫层</td><td colspan="2">计量单位</td><td colspan="2">m^3</td></tr>
<tr><td colspan="20">综合单价组成明细</td></tr>
<tr><td rowspan="2">定额编号</td><td rowspan="2">定额名称</td><td rowspan="2">定额单位</td><td rowspan="2">数量</td><td colspan="8">单价/元</td><td colspan="8">合价/元</td></tr>
<tr><td>人工费</td><td>人工差价费</td><td>材料费</td><td>材料风险费</td><td>机械费</td><td>机械风险费</td><td>企业管理费</td><td>利润</td><td>人工费</td><td>人工费价差</td><td>材料费</td><td>材料风险费</td><td>机械费</td><td>机械风险费</td><td>企业管理费</td><td>利润</td></tr>
<tr><td>4-14换</td><td>混凝土垫层
普通混凝土 C10</td><td>10 m^3</td><td>0.1</td><td>779.1</td><td></td><td>1 746.4</td><td>87.32</td><td>155.26</td><td>4.66</td><td>140.24</td><td>233.73</td><td>77.91</td><td></td><td>174.64</td><td>8.73</td><td>15.53</td><td>0.47</td><td>14.02</td><td>23.37</td></tr>
<tr><td colspan="2">人工单价</td><td colspan="10">小计</td><td>77.91</td><td></td><td>174.64</td><td>8.73</td><td>15.53</td><td>0.47</td><td>14.02</td><td>23.37</td></tr>
<tr><td colspan="2">综合工日 53 元/工日</td><td colspan="10">未计价材料费</td><td colspan="8"></td></tr>
<tr><td colspan="12">清单项目综合单价/元</td><td colspan="8">314.67</td></tr>
<tr><td rowspan="10">材料费明细</td><td colspan="8">主要材料名称、规格、型号</td><td>单位</td><td colspan="2">数量</td><td colspan="2">单价/元</td><td colspan="2">合价/元</td><td colspan="2">暂估单价/元</td><td colspan="2">暂估合价/元</td></tr>
<tr><td colspan="8">水泥 32.5 MPa</td><td>kg</td><td colspan="2">250.136 7</td><td colspan="2">0.39</td><td colspan="2">97.55</td><td colspan="2"></td><td colspan="2"></td></tr>
<tr><td colspan="8">砂(中砂)</td><td>m^3</td><td colspan="2">0.517 7</td><td colspan="2">53.74</td><td colspan="2">27.82</td><td colspan="2"></td><td colspan="2"></td></tr>
<tr><td colspan="8">碎石 20 mm</td><td>m^3</td><td colspan="2">0.730 3</td><td colspan="2">54.65</td><td colspan="2">39.91</td><td colspan="2"></td><td colspan="2"></td></tr>
<tr><td colspan="11">其他材料费</td><td colspan="2">—</td><td colspan="2">9.36</td><td colspan="2">—</td><td colspan="2"></td></tr>
<tr><td colspan="11">材料风险费</td><td colspan="2">—</td><td colspan="2">8.73</td><td colspan="2">—</td><td colspan="2">—</td></tr>
<tr><td colspan="11">材料费小计</td><td colspan="2">—</td><td colspan="2">183.37</td><td colspan="2">—</td><td colspan="2"></td></tr>
<tr><td colspan="11"></td><td colspan="2"></td><td colspan="2"></td><td colspan="2"></td><td colspan="2"></td></tr>
<tr><td colspan="11"></td><td colspan="2"></td><td colspan="2"></td><td colspan="2"></td><td colspan="2"></td></tr>
<tr><td colspan="11"></td><td colspan="2"></td><td colspan="2"></td><td colspan="2"></td><td colspan="2"></td></tr>
</table>

清单投标报价表-19

注:1. 招标文件提供了暂估单价的材料,按照暂估的单价填入表内"暂估单价"栏及"暂估合价"栏。

2. 根据招标文件的要求附此表。

表 2-6-41 分部分项工程量清单综合单价分析表(续)

工程名称:综合楼建筑工程

第18页 共40页

项目编码	010402001001			项目名称				矩形柱								计量单位		m^3	
综合单价组成明细																			
定额编号	定额名称	定额单位	数量	单价/元								合价/元							
				人工费	人工差价费	材料费	材料风险费	机械费	机械风险费	企业管理费	利润	人工费	人工费价差	材料费	材料风险费	机械费	机械风险费	企业管理费	利润
4-15换	柱矩形【普通砼 C30(碎石 20 mm)】	10 m^3	0.1	1 146.92		2 500.89	125.04	107.39	3.22	206.45	344.08	114.69		250.09	12.5	10.74	0.32	20.65	34.41
人工单价		小计										114.69		250.09	12.5	10.74	0.32	20.65	34.41
综合工日 53 元/工日		未计价材料费																	
清单项目综合单价/元												443.4							

材料费明细	主要材料名称、规格、型号	单位	数量	单价/元	合价/元	暂估单价/元	暂估合价/元
	水泥 32.5 MPa	kg	461.13	0.39	179.84		
	砂(净中砂)	m^3	0.025 1	64.12	1.61		
	砂(中砂)	m^3	0.357 9	53.74	19.23		
	碎石 20 mm	m^3	0.745 4	54.65	40.74		
	其他材料费			—	8.67	—	
	材料风险费			—	12.5	—	—
	材料费小计			—	262.59	—	

清单投标报价表-19

注:1. 招标文件提供了暂估单价的材料,按照暂估的单价填入表内“暂估单价”栏及“暂估合价”栏。

2. 根据招标文件的要求附此表。

表 2-6-41　分部分项工程量清单综合单价分析表(续)

工程名称:综合楼建筑工程　　　　　　第 19 页　共 40 页

项目编码	010402001002	项目名称		构造住													计量单位		m^3
综合单价组成明细																			
定额编号	定额名称	定额单位	数量	单价/元								合价/元							
				人工费	人工差价费	材料费	材料风险费	机械费	机械风险费	企业管理费	利润	人工费	人工费价差	材料费	材料风险费	机械费	机械风险费	企业管理费	利润
4-19	柱　构造柱	10 m^3	0.1	1 357.86		2 309.02	115.45	107.39	3.22	244.41	407.36	135.79		230.9	11.54	10.74	0.32	24.44	40.74
人工单价		小计										135.79		230.9	11.54	10.74	0.32	24.44	40.74
综合工日 53 元/工日		未计价材料费																	
清单项目综合单价/元												454.47							

材料费明细	主要材料名称、规格、型号	单位	数量	单价/元	合价/元	暂估单价/元	暂估合价/元
	水泥 32.5 MPa	kg	408.349 4	0.39	159.26		
	砂(净中砂)	m^3	0.025 1	64.12	1.61		
	砂(中砂)	m^3	0.389 5	53.74	20.93		
	碎石 20 mm	m^3	0.742 5	54.65	40.58		
	其他材料费			—	8.53	—	
	材料风险费			—	11.54	—	—
	材料费小计			—	242.44	—	

清单投标报价表-19

注:1. 招标文件提供了暂估单价的材料,按照暂估的单价填入表内"暂估单价"栏及"暂估合价"栏。

2. 根据招标文件的要求附此表。

表 2-6-41　分部分项工程量清单综合单价分析表(续)

工程名称:综合楼建筑工程　　　　第 20 页　共 40 页

项目编码	010403002001	项目名称		矩形梁(基础层)												计量单位		m^3	
综合单价组成明细																			
定额编号	定额名称	定额单位	数量	单价/元								合价/元							
				人工费	人工差价费	材料费	材料风险费	机械费	机械风险费	企业管理费	利润	人工费	人工费价差	材料费	材料风险费	机械费	机械风险费	企业管理费	利润
4-21换	单梁、连续梁【普通混凝土C30(碎石20mm 32.5)】	10 m^3	0.1	822.03		2 493.95	124.7	104.92	3.15	147.97	246.61	82.2		249.39	12.47	10.49	0.32	14.8	24.66
人工单价		小计										82.2		249.39	12.47	10.49	0.32	14.8	24.66
综合工日 53 元/工日		未计价材料费																	
清单项目综合单价/元												394.33							

材料费明细	主要材料名称、规格、型号	单位	数量	单价/元	合价/元	暂估单价/元	暂估合价/元
	水泥 32.5 MPa	kg	454.141 5	0.39	177.12		
	砂(中砂)	m^3	0.368 4	53.74	19.8		
	碎石 20 mm	m^3	0.767 3	54.65	41.94		
	其他材料费			—	10.54	—	
	材料风险费			—	12.47	—	—
	材料费小计			—	261.86	—	

清单投标报价表-19

注:1. 招标文件提供了暂估单价的材料,按照暂估的单价填入表内"暂估单价"栏及"暂估合价"栏。

2. 根据招标文件的要求附此表。

表 2-6-41　分部分项工程量清单综合单价分析表(续)

工程名称:综合楼建筑工程　　　　第 21 页　共 40 页

项目编码	010403002002	项目名称		矩形梁(六层)												计量单位		m³	
综合单价组成明细																			
定额编号	定额名称	定额单位	数量	单价/元								合价/元							
				人工费	人工差价费	材料费	材料风险费	机械费	机械风险费	企业管理费	利润	人工费	人工费价差	材料费	材料风险费	机械费	机械风险费	企业管理费	利润
4-21	单梁、连续梁	10 m³	0.1	822.03		2 297.75	114.89	104.92	3.15	147.97	246.61	82.2		229.77	11.49	10.49	0.32	14.8	24.66
人工单价		小计										82.2		229.77	11.49	10.49	0.32	14.8	24.66
综合工日 53 元/工日		未计价材料费																	
清单项目综合单价/元												373.73							
材料费明细	主要材料名称、规格、型号							单位		数量		单价/元		合价/元		暂估单价/元		暂估合价/元	
	水泥 32.5 MPa							kg		399.808 5		0.39		155.93					
	砂(中砂)							m³		0.400 9		53.74		21.55					
	碎石 20 mm							m³		0.764 3		54.65		41.77					
	其他材料费											—		10.53		—			
	材料风险费											—		11.49		—		—	
	材料费小计											—		241.26		—			

清单投标报价表-19

注:1. 招标文件提供了暂估单价的材料,按照暂估的单价填入表内"暂估单价"栏及"暂估合价"栏。

2. 根据招标文件的要求附此表。

表 2-6-41 分部分项工程量清单综合单价分析表(续)

工程名称:综合楼建筑工程　　　　第 22 页　共 40 页

项目编码		010403004001		项目名称				圈梁								计量单位		m^3	
综合单价组成明细																			
定额编号	定额名称	定额单位	数量	单价/元								合价/元							
				人工费	人工差价费	材料费	材料风险费	机械费	机械风险费	企业管理费	利润	人工费	人工费价差	材料费	材料风险费	机械费	机械风险费	企业管理费	利润
4-23	圈梁	10 m^3	0.1	1 277.3		2 073.08	103.65	104.92	3.15	229.91	383.19	127.73		207.31	10.37	10.49	0.32	22.99	38.32
人工单价		小计										127.73		207.31	10.37	10.49	0.32	22.99	38.32
综合工日 53 元/工日		未计价材料费																	
清单项目综合单价/元												417.52							
材料费明细	主要材料名称、规格、型号								单位	数量		单价/元		合价/元		暂估单价/元		暂估合价/元	
	水泥 32.5 MPa								kg	339.3		0.39		132.33					
	砂(净中砂)								m^3	0.461 8		53.74		24.82					
	砂(中砂)								m^3	0.737 9		54.65		40.33					
	其他材料费											—		9.84		—			
	材料风险费											—		10.37		—		—	
	材料费小计											—		217.68		—			

清单投标报价表-19

注:1. 招标文件提供了暂估单价的材料,按照暂估的单价填入表内“暂估单价”栏及“暂估合价”栏。

2. 根据招标文件的要求附此表。

表 2-6-41　分部分项工程量清单综合单价分析表(续)

工程名称:综合楼建筑工程　　　　　　　　第 23 页　共 40 页

项目编码		010403005001		项目名称				过梁								计量单位		m³	
综合单价组成明细																			
定额编号	定额名称	定额单位	数量	单价/元								合价/元							
				人工费	人工差价费	材料费	材料风险费	机械费	机械风险费	企业管理费	利润	人工费	人工费价差	材料费	材料风险费	机械费	机械风险费	企业管理费	利润
4-24	过梁	10 m³	0.1	1 383.3		2 102.3	105.12	104.92	3.15	248.99	414.99	138.33		210.23	10.51	10.49	0.32	24.9	41.5
人工单价		小计										138.33		210.23	10.51	10.49	0.32	24.9	41.5
综合工日 53 元/工日		未计价材料费																	
清单项目综合单价/元												436.28							
材料费明细	主要材料名称、规格、型号								单位	数量		单价/元		合价/元		暂估单价/元		暂估合价/元	
	水泥 32.5 MPa								kg	339.300 1		0.39		132.33					
	砂(中砂)								m³	0.461 8		53.74		24.82					
	碎石 20 mm								m³	0.737 9		54.65		40.33					
	其他材料费											—		12.76		—			
	材料风险费											—		10.51		—		—	
	材料费小计											—		220.74		—			

清单投标报价表-19

注:1. 招标文件提供了暂估单价的材料,按照暂估的单价填入表内“暂估单价”栏及“暂估合价”栏。

2. 根据招标文件的要求附此表。

表 2-6-41　分部分项工程量清单综合单价分析表(续)

工程名称:综合楼建筑工程　　　　第 24 页　共 40 页

项目编码	010405001001	项目名称		有梁板												计量单位			m^3
综合单价组成明细																			
定额编号	定额名称	定额单位	数量	单价/元								合价/元							
				人工费	人工差价费	材料费	材料风险费	机械费	机械风险费	企业管理费	利润	人工费	人工费价差	材料费	材料风险费	机械费	机械风险费	企业管理费	利润
4-34 换	有梁板【普通砼 C30(碎石 20 mm)】	10 m^3	0.037 4	692.71		2 515.39	125.77	106.45	3.19	124.69	207.81	25.94		94.19	4.71	3.99	0.12	4.67	7.78
4-34 换	有梁板【普通砼 C25(碎石 20 mm)】	10 m^3	0.062 5	692.71		2 319.19	115.96	106.45	3.19	124.69	207.81	43.33		145.06	7.25	6.66	0.2	7.8	13
人工单价		小计										69.27		239.25	11.96	10.65	0.32	12.47	20.78
综合工日 53 元/工日		未计价材料费																	
清单项目综合单价/元												364.69							

材料费明细	主要材料名称、规格、型号	单位	数量	单价/元	合价/元	暂估单价/元	暂估合价/元
	水泥 32.5 MPa	kg	420.155 4	0.39	163.86		
	砂(中砂)	m^3	0.388 8	53.74	20.89		
	碎石 20 mm	m^3	0.765 4	54.65	41.83		
	其他材料费			—	12.67	—	
	材料风险费			—	11.96	—	—
	材料费小计			—	251.21	—	

清单投标报价表-19

注:1. 招标文件提供了暂估单价的材料,按照暂估的单价填入表内“暂估单价”栏及“暂估合价”栏。

2. 根据招标文件的要求附此表。

表 2-6-41　分部分项工程量清单综合单价分析表(续)

工程名称:综合楼建筑工程　　　　第 25 页　共 40 页

项目编码	010405003001			项目名称				平板(1层)								计量单位		m^3	
综合单价组成明细																			
定额编号	定额名称	定额单位	数量	单价/元								合价/元							
				人工费	人工差价费	材料费	材料风险费	机械费	机械风险费	企业管理费	利润	人工费	人工费价差	材料费	材料风险费	机械费	机械风险费	企业管理费	利润
4-37 换	平板【普通混凝土 C25(碎石 20 mm)】	10 m^3	0.1	716.03		2 335.99	116.8	106.45	3.19	128.89	214.81	71.6	—	233.6	11.68	10.65	0.32	12.89	21.48
人工单价		小计										71.6		233.6	11.68	10.65	0.32	12.89	21.48
综合工日 53 元/工日		未计价材料费																	
清单项目综合单价/元												362.22							
材料费明细	主要材料名称、规格、型号								单位	数量		单价/元		合价/元		暂估单价/元		暂估合价/元	
	水泥 32.5 MPa								kg	399.808 5		0.39		155.93					
	砂(中砂)								m^3	0.400 9		53.74		21.55					
	碎石 20 mm								m^3	0.764 3		54.65		41.77					
	其他材料费											—		14.36		—			
	材料风险费											—		11.68		—		—	
	材料费小计											—		245.28		—			

清单投标报价表-19

注:1. 招标文件提供了暂估单价的材料,按照暂估的单价填入表内“暂估单价”栏及“暂估合价”栏。

2. 根据招标文件的要求附此表。

表 2-6-41　分部分项工程量清单综合单价分析表(续)

工程名称:综合楼建筑工程　　　　第 26 页　共 40 页

项目编码		010405003002		项目名称				平板(2-6 层)								计量单位		m^3	
综合单价组成明细																			
定额编号	定额名称	定额单位	数量	单价/元								合价/元							
				人工费	人工差价费	材料费	材料风险费	机械费	机械风险费	企业管理费	利润	人工费	人工费价差	材料费	材料风险费	机械费	机械风险费	企业管理费	利润
4-37	平板	10 m^3	0.1	716.03		2 117.97	105.9	106.45	3.19	128.89	214.81	71.6		211.8	10.59	10.64	0.32	12.89	21.48
人工单价		小计										71.6		211.8	10.59	10.64	0.32	12.89	21.48
综合工日 53 元/工日		未计价材料费																	
清单项目综合单价/元												339.32							
材料费明细	主要材料名称、规格、型号								单位	数量		单价/元		合价/元		暂估单价/元		暂估合价/元	
	水泥 32.5 MPa								kg	399.324 7		0.39		132.34					
	砂(中砂)								m^3	0.461 8		53.74		24.82					
	碎石 20 mm								m^3	0.737 9		54.65		40.33					
	其他材料费											—		14.32		—			
	材料风险费											—		10.59		—		—	
	材料费小计											—		222.39		—			

清单投标报价表-19

注:1. 招标文件提供了暂估单价的材料,按照暂估的单价填入表内"暂估单价"栏及"暂估合价"栏。

2. 根据招标文件的要求附此表。

表 2-6-41　分部分项工程量清单综合单价分析表(续)

工程名称:综合楼建筑工程　　　　第27页　共40页

项目编码	010405008001	项目名称	雨蓬	计量单位	m^3

综合单价组成明细																			
定额编号	定额名称	定额单位	数量	单价/元								合价/元							
				人工费	人工差价费	材料费	材料风险费	机械费	机械风险费	企业管理费	利润	人工费	人工费价差	材料费	材料风险费	机械费	机械风险费	企业管理费	利润
4-43换	悬挑板(直形)【普通砼 C25(碎石 20 mm)】	10 m^3	0.1	881.39		2 352.96	117.65	105.13	3.15	158.65	264.42	88.14		235.29	11.77	10.51	0.31	15.87	26.44
人工单价		小计										88.14		235.29	11.77	10.51	0.31	15.87	26.44
综合工日 53 元/工日		未计价材料费																	
清单项目综合单价/元												388.33							

材料费明细	主要材料名称、规格、型号	单位	数量	单价/元	合价/元	暂估单价/元	暂估合价/元
	水泥 32.5 MPa	kg	399.808 6	0.39	155.93		
	砂(中砂)	m^3	0.400 8	53.74	21.54		
	碎石 20 mm	m^3	0.764 2	54.65	41.76		
	其他材料费			—	16.06	—	
	材料风险费			—	11.77	—	—
	材料费小计			—	247.06	—	

清单投标报价表-19

注:1. 招标文件提供了暂估单价的材料,按照暂估的单价填入表内"暂估单价"栏及"暂估合价"栏。

2. 根据招标文件的要求附此表。

表 2-6-41　分部分项工程量清单综合单价分析表(续)

工程名称:综合楼建筑工程　　　　第 28 页　共 40 页

项目编码		010406001001		项目名称				直形楼梯								计量单位			m^2
综合单价组成明细																			
定额编号	定额名称	定额单位	数量	单价/元								合价/元							
				人工费	人工差价费	材料费	材料风险费	机械费	机械风险费	企业管理费	利润	人工费	人工费价差	材料费	材料风险费	机械费	机械风险费	企业管理费	利润
4-45	整体楼梯直形	10 m^2	0.1	304.75		536.29	26.81	43.35	1.3	54.86	91.43	30.48		53.63	2.68	4.33	0.13	5.49	9.14
人工单价		小计										30.48		53.63	2.68	4.33	0.13	5.49	9.14
综合工日 53 元/工日		未计价材料费																	
清单项目综合单价/元												105.88							
材料费明细	主要材料名称、规格、型号								单位	数量		单价/元		合价/元		暂估单价/元		暂估合价/元	
	水泥 32.5 MPa								kg	86.920 6		0.39		33.9					
	砂(中砂)								m^3	0.118 3		53.74		6.36					
	碎石 20 mm								m^3	0.189		54.65		10.33					
	其他材料费											—		3.04		—			
	材料风险费											—		2.68		—		—	
	材料费小计											—		56.31		—			

清单投标报价表-19

注:1. 招标文件提供了暂估单价的材料,按照暂估的单价填入表内“暂估单价”栏及“暂估合价”栏。

2. 根据招标文件的要求附此表。

表 2-6-41　分部分项工程量清单综合单价分析表(续)

工程名称:综合楼建筑工程　　　　第 29 页　共 40 页

项目编码		010407001001		项目名称				压顶								计量单位		m³	
综合单价组成明细																			
定额编号	定额名称	定额单位	数量	单价/元								合价/元							
				人工费	人工差价费	材料费	材料风险费	机械费	机械风险费	企业管理费	利润	人工费	人工费价差	材料费	材料风险费	机械费	机械风险费	企业管理费	利润
4-50	压顶	10 m³	0.1	1 403.44		2 228.08	111.4	144.83	4.34	252.62	421.03	140.34		222.81	11.14	14.48	0.43	25.26	42.1
人工单价		小计										140.34		222.81	11.14	14.48	0.43	25.26	42.1
综合工日 53 元/工日		未计价材料费																	
清单项目综合单价/元												456.57							
材料费明细	主要材料名称、规格、型号								单位	数量		单价/元		合价/元		暂估单价/元		暂估合价/元	
	水泥 32.5 MPa								kg	339.324 8		0.39		132.34					
	砂(中砂)								m³	0.461 8		53.74		24.82					
	碎石 20 mm								m³	0.737 9		54.65		40.33					
	其他材料费											—		25.33		—			
	材料风险费											—		11.14		—		—	
	材料费小计											—		233.95		—			

清单投标报价表-19

注:1. 招标文件提供了暂估单价的材料,按照暂估的单价填入表内“暂估单价”栏及“暂估合价”栏。

2. 根据招标文件的要求附此表。

表 2-6-41　分部分项工程量清单综合单价分析表(续)

工程名称:综合楼建筑工程　　　　　　　　　　　　　　　　　　　　　　第30页　共40页

项目编码	010407002001	项目名称		散水													计量单位		m^2
综合单价组成明细																			
定额编号	定额名称	定额单位	数量	单价/元								合价/元							
				人工费	人工差价费	材料费	材料风险费	机械费	机械风险费	企业管理费	利润	人工费	人工费价差	材料费	材料风险费	机械费	机械风险费	企业管理费	利润
4-54	混凝土散水 80 mm	100 m^2	0.01	995.87		2 073.53	103.68	111.9	3.36	179.26	298.76	9.96		20.74	1.04	1.12	0.03	1.79	2.99
借 1-313	碎石垫层灌浆	10 m^3	0.01	520.99		1 056	52.8	35.67	1.07	67.73	156.3	5.21		10.56	0.53	0.36	0.01	0.68	1.56
7-216	沥青砂浆	100 m	0.012 4	348.74		864.24	43.21			62.77	104.62	4.31		10.69	0.53			0.78	1.29
借 1-305	砂垫层	10 m^3	0.03	246.98		642.39	32.12	4.59	0.14	32.11	74.09	7.41		19.27	0.96	0.14		0.96	2.22
人工单价		小计										26.89		61.26	3.06	1.62	0.04	4.21	8.06
综合工日 53 元/工日		未计价材料费																	
清单项目综合单价/元												105.14							

材料费明细	主要材料名称、规格、型号	单位	数量	单价/元	合价/元	暂估单价/元	暂估合价/元
	水泥 32.5 MPa	kg	40.249 1	0.39	15.7		
	砂(净中砂)	m^3	0.035 1	64.12	2.25		
	砂(中砂)	m^3	0.041 6	53.74	2.23		
	碎石 20 mm	m^3	0.066 4	54.65	3.63		
	其他材料费			—	37.44	—	
	材料风险费			—	3.06	—	—
	材料费小计			—	64.31	—	

清单投标报价表-19

注:1. 招标文件提供了暂估单价的材料,按照暂估的单价填入表内“暂估单价”栏及“暂估合价”栏。

2. 根据招标文件的要求附此表。

表 2-6-41 分部分项工程量清单综合单价分析表(续)

工程名称:综合楼建筑工程　　　　第31页　共40页

项目编码	010416001001	项目名称		现浇混凝土钢筋												计量单位		t	
综合单价组成明细																			
定额编号	定额名称	定额单位	数量	单价/元								合价/元							
				人工费	人工差价费	材料费	材料风险费	机械费	机械风险费	企业管理费	利润	人工费	人工费价差	材料费	材料风险费	机械费	机械风险费	企业管理费	利润
4-145	圆钢筋直径(mm)ϕ8	t	0.647	781.75		3 738.1	186.91	51.71	1.55	140.72	234.53	505.8		2 418.59	120.93	33.46	1	91.05	151.74
4-146	圆钢筋直径(mm)ϕ10	t	0.138 3	577.7		3 753.74	187.69	48.11	1.44	103.99	173.31	79.92		519.32	25.97	6.66	0.2	14.39	23.98
4-178	箍筋直径(mm)ϕ6.5	t	0.127	1 530.64		3 748	187.4	51.28	1.54	275.52	459.19	194.37		475.94	23.8	6.51	0.2	34.99	58.31
4-179	箍筋钢筋直径(mm)ϕ8	t	0.086 2	989.51		3 738.1	186.91	77.63	2.33	178.11	296.85	85.31		322.27	16.11	6.69	0.2	15.36	25.59
4-182	楼梯踏步护角筋	t	0.001 4	560.74		4 148.97	207.45	275.72	8.27	100.93	168.22	0.81		5.99	0.3	0.4	0.01	0.15	0.24
人工单价		小计										866.21		3 742.1	187.11	53.72	1.61	155.94	259.86
综合工日53元/工日		未计价材料费																	
清单项目综合单价/元												5 266.55							
材料费明细	主要材料名称、规格、型号								单位	数量		单价/元		合价/元		暂估单价/元		暂估合价/元	
	钢筋 ϕ8								t	0.748 1		3 622.96		2 710.34					
	钢筋 ϕ10								t	0.141 1		3 653.32		515.48					
	钢筋 ϕ14								t	0.001 3		3 936.68		5.12					
	钢筋 ϕ6.5								t	0.129 5		3 600		466.2					
	其他材料费											—		44.97		—			
	材料风险费											—		187.11		—		—	
	材料费小计											—		3 929.22		—			

清单投标报价表-19

注:1. 招标文件提供了暂估单价的材料,按照暂估的单价填入表内"暂估单价"栏及"暂估合价"栏。

2. 根据招标文件的要求附此表。

表 2-6-41 分部分项工程量清单综合单价分析表(续)

工程名称:综合楼建筑工程 第32页 共40页

项目编码	010416001002			项目名称				现浇混凝土钢筋								计量单位		t	
综合单价组成明细																			
定额编号	定额名称	定额单位	数量	单价/元								合价/元							
				人工费	人工差价费	材料费	材料风险费	机械费	机械风险费	企业管理费	利润	人工费	人工费价差	材料费	材料风险费	机械费	机械风险费	企业管理费	利润
4-147	圆钢筋直径(mm)$\phi12$	t	0.704	446.79		4 046.69	202.33	66.65	2	80.42	134.04	314.56		2 849.05	142.45	46.92	1.41	56.62	94.37
4-148	圆钢筋直径(mm)$\phi14$	t	0.2661	380.01		4 040.72	202.04	56.99	1.71	68.4	114	101.12		1 075.25	53.76	15.17	0.46	18.2	30.34
4-149	圆钢筋直径(mm)$\phi16$	t	0.011 2	331.78		4 026.57	201.33	53.2	1.6	59.72	99.53	3.7		44.9	2.24	0.59	0.02	0.67	1.11
4-150	圆钢筋直径(mm)$\phi18$	t	0.003 7	290.44		4 024.33	201.22	49.74	1.49	52.28	87.13	1.09		15.05	0.75	0.19	0.01	0.2	0.33
4-151	圆钢钢筋直径(mm)$\phi20$以上	t	0.015	255.99		4 022.49	201.12	47.36	1.42	46.08	76.8	3.83		60.18	3.01	0.71	0.02	0.69	1.15
人工单价		小计										424.3		4 044.4	202.21	63.58	1.92	76.38	127.3
综合工日 53 元/工日		未计价材料费																	
清单项目综合单价/元												4 940.1							

材料费明细	主要材料名称、规格、型号	单位	数量	单价/元	合价/元	暂估单价/元	暂估合价/元
	钢筋 $\phi12$	t	0.718 1	3 936.68	2 826.93		
	钢筋 $\phi14$	t	0.271 4	3 936.68	1 068.41		
	其他材料费			—	149.09	—	
	材料风险费			—	202.22	—	—
	材料费小计			—	4 246.65	—	

清单投标报价表-19

注:1. 招标文件提供了暂估单价的材料,按照暂估的单价填入表内"暂估单价"栏及"暂估合价"栏。

2. 根据招标文件的要求附此表。

表 2-6-41　分部分项工程量清单综合单价分析表(续)

工程名称:综合楼建筑工程　　　　第 33 页　共 40 页

项目编码	010416001003			项目名称			现浇混凝土钢筋									计量单位		t	
综合单价组成明细																			
定额编号	定额名称	定额单位	数量	单价/元								合价/元							
				人工费	人工差价费	材料费	材料风险费	机械费	机械风险费	企业管理费	利润	人工费	人工费价差	材料费	材料风险费	机械费	机械风险费	企业管理费	利润
4-152	螺纹钢筋直径(mm)ϕ10	t	1	613.74		3 753.74	187.69	49.8	1.49	110.47	184.12	613.73		3 753.73	187.69	49.79	1.48	110.47	184.11
人工单价		小计										613.73		3 753.7	187.69	49.79	1.48	110.47	184.11
综合工日 53 元/工日		未计价材料费																	
清单项目综合单价/元												4 901.04							
材料费明细	主要材料名称、规格、型号								单位	数量		单价/元		合价/元		暂估单价/元		暂估合价/元	
	材料风险费											—		187.69		—		—	
	材料费小计											—		3 941.42		—			

清单投标报价表-19

注:1. 招标文件提供了暂估单价的材料,按照暂估的单价填入表内“暂估单价”栏及“暂估合价”栏。

2. 根据招标文件的要求附此表。

表 2-6-41　分部分项工程量清单综合单价分析表(续)

工程名称:综合楼建筑工程　　　　　　　　　　　　　　　　　　　　　　　　　　第 34 页　共 40 页

项目编码	010416001004	项目名称		现浇混凝土钢筋												计量单位		t	
综合单价组成明细																			
定额编号	定额名称	定额单位	数量	单价/元								合价/元							
				人工费	人工差价费	材料费	材料风险费	机械费	机械风险费	企业管理费	利润	人工费	人工费价差	材料费	材料风险费	机械费	机械风险费	企业管理费	利润
4-153	螺筋直径 ϕ12	t	0.268 7	510.39		3 768.15	188.41	86.97	2.61	91.87	153.12	137.16		1 012.62	50.63	23.37	0.7	24.69	41.15
4-154	螺筋直径 ϕ14	t	0.337 8	421.88		3 762.18	188.11	76.19	2.29	75.94	126.56	142.53		1 271	63.55	25.74	0.77	25.66	42.76
4-155	螺筋直径 ϕ16	t	0.010 2	375.24		3 717.06	185.85	72.28	2.17	67.54	112.57	3.82		37.85	1.89	0.74	0.02	0.69	1.15
4-156	螺筋直径 ϕ18	t	0.045 6	321.71		3 694.16	184.71	67.8	2.03	57.91	96.51	14.68		168.53	8.43	3.09	0.09	2.64	4.4
4-157	螺筋直径 ϕ20	t	0.086 8	292.03		3 692.32	184.62	66.17	1.99	52.57	87.61	25.34		320.39	16.02	5.74	0.17	4.56	7.6
4-158	螺筋直径 ϕ22	t	0.021 9	262.35		3 690.78	184.54	59.9	1.8	47.22	78.71	5.75		80.93	4.05	1.31	0.04	1.04	1.73
4-159	螺筋直径 ϕ25	t	0.222 9	230.55		3 714.32	185.72	43.84	1.32	41.5	69.17	51.39		827.94	41.4	9.77	0.29	9.25	15.42
4-160	螺筋直径 ϕ28	t	0.006	210.41		3 734.19	186.71	42.55	1.28	37.87	63.12	1.27		22.51	1.13	0.26	0.01	0.23	0.38
4-187	电渣压力焊连接钢筋直径 ϕ25	10 个	0.997 6	51.41		28	1.4	68.83	2.06	9.25	15.42	51.29		27.93	1.4	68.67	2.06	9.23	15.38
人工单价		小计										433.23		3 769.7	188.5	138.69	4.15	77.99	129.97
综合工日 53 元/工日		未计价材料费																	
清单项目综合单价/元												4 742.19							

材料费明细	主要材料名称、规格、型号	单位	数量	单价/元	合价/元	暂估单价/元	暂估合价/元
	螺纹钢筋 ϕ12	t	0.274 1	3 663.44	1 004.15		
	螺纹钢筋 ϕ14	t	0.344 6	3 663.44	1 262.42		
	螺纹钢筋 ϕ25	t	0.227 4	3 622.76	823.82		
	其他材料费			—	679.3	—	
	材料风险费			—	188.49	—	
	材料费小计			—	3 958.18	—	

清单投标报价表-19

注:1. 招标文件提供了暂估单价的材料,按照暂估的单价填入表内“暂估单价”栏及“暂估合价”栏。

2. 根据招标文件的要求附此表。

表 2-6-41　分部分项工程量清单综合单价分析表(续)

工程名称:综合楼建筑工程　　　　第 35 页　共 40 页

项目编码	010702001001	项目名称		屋面卷材防水												计量单位		m^2	
综合单价组成明细																			
定额编号	定额名称	定额单位	数量	单价/元								合价/元							
				人工费	人工差价费	材料费	材料风险费	机械费	机械风险费	企业管理费	利润	人工费	人工费价差	材料费	材料风险费	机械费	机械风险费	企业管理费	利润
7-50	SBS 卷材热熔	100 m^2	0.01	197.16		3 881.69	194.08			35.49	59.15	1.97		38.82	1.94			0.35	0.59
7-78	细石混凝土厚度 40 mm	100 m^2	0.009 4	1 075.9		1 887.33	94.37	36.61	1.1	193.66	322.77	10.15		17.8	0.89	0.35	0.01	1.83	3.04
借 1-325	水泥砂浆找平层　填充材料上　20 mm	100 m^2	0.01	424		576.35	28.82	25.19	0.76	55.12	127.2	4.24		5.76	0.29	0.25	0.01	0.55	1.27
人工单价			小计									16.36		62.38	3.12	0.6	0.02	2.73	4.9
综合工日 53 元/工日			未计价材料费																
清单项目综合单价/元												90.12							

材料费明细	主要材料名称、规格、型号	单位	数量	单价/元	合价/元	暂估单价/元	暂估合价/元
	水泥 32.5 MPa	kg	23.009	0.39	8.97		
	砂(净中砂)	m^3	0.025 8	64.12	1.65		
	砂(中砂)	m^3	0.017 3	53.74	0.93		
	碎石 20 mm	m^2	0.027 7	54.65	1.51		
	SBS 改性沥青防水卷材	m^2	1.299 8	27.08	35.2		
	其他材料费			—	14.11	—	
	材料风险费			—	3.12	—	—
	材料费小计			—	65.5	—	

清单投标报价表-19

注:1. 招标文件提供了暂估单价的材料,按照暂估的单价填入表内"暂估单价"栏及"暂估合价"栏。

2. 根据招标文件的要求附此表。

表 2-6-41 分部分项工程量清单综合单价分析表(续)

工程名称:综合楼建筑工程　　第 36 页 共 40 页

项目编码	010702004001			项目名称				屋面排水管								计量单位		m	
综合单价组成明细																			
定额编号	定额名称	定额单位	数量	单价/元								合价/元							
				人工费	人工差价费	材料费	材料风险费	机械费	机械风险费	企业管理费	利润	人工费	人工费价差	材料费	材料风险费	机械费	机械风险费	企业管理费	利润
7-106	塑料排水管 φ110	10 m	0.1	121.9		331.86	16.59			21.94	36.57	12.19		33.19	1.66			2.19	3.66
7-109	塑料弯头 φ110	10 个	0.004 4	192.92		108.88	5.44			34.73	57.88	0.86		0.48	0.02			0.15	0.26
7-89	雨水口(含篦子)钢板	10 个	0.004 4	387.43		1 356.63	67.83	529.32	15.88	69.74	116.23	1.72		6.03	0.3	2.35	0.07	0.31	0.52
7-98	PVC 塑料水斗	10 个	0.004 4	145.75		125.07	6.25			26.24	43.73	0.65		0.56	0.03			0.12	0.19
人工单价		小计										15.42		40.26	2.01	2.35	0.07	2.77	4.63
综合工日 53 元/工日		未计价材料费																	
清单项目综合单价/元												67.51							
材料费明细	主要材料名称、规格、型号								单位	数量		单价/元		合价/元		暂估单价/元		暂估合价/元	
	水泥 32.5 MPa								kg	0.591 1		0.39		0.23					
	砂(中砂)								m^3	0.000 9		53.74		0.05					
	其他材料费											—		39.98		—			
	材料风险费											—		2.01		—		—	
	材料费小计											—		42.27		—			

清单投标报价表-19

注:1. 招标文件提供了暂估单价的材料,按照暂估的单价填入表内“暂估单价”栏及“暂估合价”栏。

2. 根据招标文件的要求附此表。

表 2-6-41 分部分项工程量清单综合单价分析表(续)

工程名称:综合楼建筑工程 第37页 共40页

项目编码	010703002001	项目名称		涂膜防水(卫生间地面)													计量单位		m^2
综合单价组成明细																			
定额编号	定额名称	定额单位	数量	单价/元								合价/元							
				人工费	人工差价费	材料费	材料风险费	机械费	机械风险费	企业管理费	利润	人工费	人工费价差	材料费	材料风险费	机械费	机械风险费	企业管理费	利润
7-183	聚氨脂涂刷厚度 2 mm	100 m^2	0.01	296.8		4 561.43	228.07			53.42	89.04	2.97		45.61	2.28			0.53	0.89
借 1-323	水泥砂浆找平层上 20 mm	100 m^2	0.01	413.4		520.35	26.02	20.15	0.6	53.74	124.02	4.13		5.2	0.26	0.2	0.01	0.54	1.24
人工单价		小计										7.1		50.81	2.54	0.2	0.01	1.07	2.13
综合工日 53 元/工日		未计价材料费																	
清单项目综合单价/元												63.87							

材料费明细	主要材料名称、规格、型号	单位	数量	单价/元	合价/元	暂估单价/元	暂估合价/元
	水泥 32.5 MPa	kg	9.710 2	0.39	3.79		
	砂(净中砂)	m^3	0.020 6	64.12	1.32		
	其他材料费			—	45.71	—	
	材料风险费			—	2.54	—	—
	材料费小计			—	53.36	—	

清单投标报价表-19

注:1. 招标文件提供了暂估单价的材料,按照暂估的单价填入表内“暂估单价”栏及“暂估合价”栏。

2. 根据招标文件的要求附此表。

表 2-6-41　分部分项工程量清单综合单价分析表(续)

工程名称:综合楼建筑工程　　　　　　　　　　　　　　　　　　第38页　共40页

项目编码	010703003001	项目名称		涂膜防水(卫生间地面)												计量单位		m^2	
综合单价组成明细																			
定额编号	定额名称	定额单位	数量	单价/元								合价/元							
				人工费	人工差价费	材料费	材料风险费	机械费	机械风险费	企业管理费	利润	人工费	人工费价差	材料费	材料风险费	机械费	机械风险费	企业管理费	利润
7-206	防水砂浆立面	100 m^2	0.01	739.88		737.61	36.88	20.15	0.6	133.18	221.96	7.4		7.38	0.37	0.2	0.01	1.33	2.22
人工单价		小计										7.4		7.38	0.37	0.2	0.01	1.33	2.22
综合工日53元/工日		未计价材料费																	
清单项目综合单价/元												18.9							

材料费明细	主要材料名称、规格、型号	单位	数量	单价/元	合价/元	暂估单价/元	暂估合价/元
	水泥 32.5 MPa	kg	12.423 6	0.39	4.85		
	砂(净中砂)	m^3	0.019 4	64.12	1.24		
	其他材料费			—	1.29	—	
	材料风险费			—	0.37	—	—
	材料费小计			—	7.75	—	

清单投标报价表-19

注:1. 招标文件提供了暂估单价的材料,按照暂估的单价填入表内“暂估单价”栏及“暂估合价”栏。

2. 根据招标文件的要求附此表。

表 2-6-41 分部分项工程量清单综合单价分析表（续）

工程名称：综合楼建筑工程

第 39 页 共 40 页

项目编码	010703003002	项目名称				砂浆防潮(基础)										计量单位		m^2	
综合单价组成明细																			
定额编号	定额名称	定额单位	数量	单价/元								合价/元							
				人工费	人工差价费	材料费	材料风险费	机械费	机械风险费	企业管理费	利润	人工费	人工费价差	材料费	材料风险费	机械费	机械风险费	企业管理费	利润
7-205	防水砂浆平面	100 m^2	0.01	488.66		737.61	36.88	20.15	0.6	87.96	146.6	4.89		7.38	0.37	0.2	0.01	0.88	1.47
人工单价		小计										4.89		7.38	0.37	0.2	0.01	0.88	1.47
综合工日 53 元/工日		未计价材料费																	
清单项目综合单价/元												15.18							

材料费明细	主要材料名称、规格、型号	单位	数量	单价/元	合价/元	暂估单价/元	暂估合价/元
	水泥 32.5 MPa	kg	12.423 6	0.39	4.85		
	砂(净中砂)	m^3	0.019 4	64.12	1.24		
	其他材料费			—	1.29	—	
	材料风险费			—	0.37	—	—
	材料费小计			—	7.75	—	

清单投标报价表-19

注：1. 招标文件提供了暂估单价的材料，按照暂估的单价填入表内“暂估单价”栏及“暂估合价”栏。

2. 根据招标文件的要求附此表。

表 2-6-41　分部分项工程量清单综合单价分析表(续)

工程名称:综合楼建筑工程　　　　第 40 页　共 40 页

项目编码	010803001001	项目名称		保温隔热屋面												计量单位		m²	
综合单价组成明细																			
定额编号	定额名称	定额单位	数量	单价/元								合价/元							
				人工费	人工差价费	材料费	材料风险费	机械费	机械风险费	企业管理费	利润	人工费	人工费价差	材料费	材料风险费	机械费	机械风险费	企业管理费	利润
8-197换	屋面保温炉渣砼 C7.5	10 m³	0.013	427.71		2 683.79	134.19			76.99	128.31	5.62		35.27	1.76			1.01	1.69
8-210	屋面保温干铺保温板	10 m³	0.006	172.78		3 083.85	154.19			31.1	51.83	1.04		18.51	0.93			0.19	0.31
7-59	SBS 改性沥青卷材冷贴	100 m²	0.010 3	138.86		2 871.53	143.58			24.99	41.66	1.43		29.67	1.48			0.26	0.43
借 1-323	水泥砂浆找平层砼上 20 mm	100 m²	0.010 3	413.4		520.35	26.02	20.15	0.6	53.74	124.02	4.27		5.38	0.27	0.21	0.01	0.56	1.28
人工单价		小计										12.36		88.83	4.44	0.21	0.01	2.02	3.71
综合工日 53 元/工日		未计价材料费										13.27							
清单项目综合单价/元												111.56							
材料费明细	主要材料名称、规格、型号								单位	数量		单价/元		合价/元		暂估单价/元		暂估合价/元	
	水泥 32.5 MPa								kg	31.492 4		0.39		12.28					
	砂(净中砂)								m³	0.021 3		64.12		1.37					
	炉渣								m³	0.219 1		45		9.86					
	SBS 改性沥青防水卷材 3 mm								m²	1.234 3		23.5		29.01					
	其他材料费											—		36.31		—			
	材料风险费											—		4.44		—		—	
	材料费小计											—		93.26		—			

清单投标报价表-19

注:1. 招标文件提供了暂估单价的材料,按照暂估的单价填入表内“暂估单价”栏及“暂估合价”栏。

2. 根据招标文件的要求附此表。

(三)定额措施项目综合单价计算(表2-6-42)

表2-6-42 定额措施项目清单综合单价分析表

工程名称:综合楼建筑工程　　　　第1页　共4页

项目编码				项目名称												计量单位		项	
综合单价组成明细																			
定额编号	定额名称	定额单位	数量	单价/元								合价/元							
				人工费	人工差价费	材料费	材料风险费	机械费	机械风险费	企业管理费	利润	人工费	人工费价差	材料费	材料风险费	机械费	机械风险费	企业管理费	利润
16-1	自升塔式起重机(安高)30 m以内安拆	台次	1	1 749		142.1	7.11	3 336.83	100.1	314.82	524.7	1 749		142.1	7.11	3 336.83	100.1	314.82	524.7
16-2	自升塔式起重机(安高)30 m内场外运输	台次	1	795		77.35	3.87	9 424.08	282.72	143.1	238.5	795		77.35	3.87	9 424.08	282.72	143.1	238.5
人工单价				小计								2 544		219.45	10.98	12 760.91	382.82	457.92	763.2
综合工日53元/工日				未计价材料费															
清单项目综合单价/元												17 139.28							
材料费明细	主要材料名称、规格、型号								单位	数量		单价/元		合价/元		暂估单价/元		暂估合价/元	
	材料风险费											—		10.98		—		—	
	材料费小计											—		230.43		—			

清单投标报价表-20

注:1. 此表适用于以综合单价形式计价的定额措施项目。2. 招标文件提供了暂估单价的材料,按照暂估的单价填入表内“暂估单价”栏及“暂估合价”栏。

3. 根据招标文件的要求附此表。

表 2-6-42 定额措施项目清单综合单价分析表(续)

工程名称:综合楼建筑工程　　　　第2页 共4页

项目编码				项目名称													计量单位		项
综合单价组成明细																			
定额编号	定额名称	定额单位	数量	单价/元				合价/元											
				人工费	人工差价费	材料费	材料风险费	机械费	机械风险费	企业管理费	利润	人工费	人工费价差	材料费	材料风险费	机械费	机械风险费	企业管理费	利润
12-8	砼带基有肋组钢模木撑	100 m^2	0.802 4	1 505.2		1 584.37	79.22	174.9	5.25	270.94	451.56	1 207.77		1 271.3	63.57	140.34	4.21	217.4	362.33
12-13	砼独基组合钢模板木撑	100 m^2	0.193 2	1 401.85		1 375.81	68.79	154.42	4.63	252.33	420.56	270.84		265.81	13.29	29.83	0.89	48.75	81.25
12-44	矩形柱组合钢模板钢撑	100 m^2	0.510 9	2 173		1 315.16	65.76	200.25	6.01	391.14	651.9	1 110.19		671.92	33.6	102.31	3.07	199.83	333.06
12-53	构造柱木模板木支撑	100 m^2	0.883 1	2 581.63		1 967.02	98.35	111.24	3.34	464.69	774.49	2 279.84		1 737.08	86.85	98.24	2.95	410.37	683.95
12-61	梁组合钢模板钢支撑	100 m^2	0.275 8	2 629.33		1 248.87	62.44	229.46	6.88	473.28	788.8	725.17		344.44	17.22	63.29	1.9	130.53	217.55
12-67	圈梁组合钢模板木撑	100 m^2	0.768 9	1 912.77		982.95	49.15	99.02	2.97	344.3	573.83	1 470.73		755.79	37.79	76.14	2.28	264.73	441.22
12-70	过梁组合钢模板木支撑	100 m^2	1.323 6	3 106.33		1 694.23	84.71	183.86	5.52	559.14	931.9	4 111.54		2 242.48	112.12	243.36	7.31	740.08	1 233.46
12-100	有梁板组合钢模板钢撑	100 m^2	2.289 1	2 271.58		1 194.74	59.74	285	8.55	408.88	681.47	5 199.87		2 734.88	136.75	652.39	19.57	935.97	1 559.95
12-115	平板组合钢模板钢支撑	100 m^2	13.314 4	1 918.07		981.16	49.06	235.11	7.05	345.25	575.42	25 537.95		13 063.56	653.2	3 130.35	93.87	4 596.8	7 661.37
12-128	雨篷板组合钢模板木撑	10 m^2	0.783	328.6		218.11	10.91	17.28	0.52	59.15	98.58	257.29		170.78	8.54	13.53	0.41	46.31	77.19

12－133	板支撑超高 每增加1 m	100 m²	2.415 8	347.68		49.15	2.46	30.32	0.91	62.58	104.3	839.93		118.74	5.94	73.25	2.2	151.18	251.97
12－136	整体楼梯木模板、木支撑	10 m²	8.568	563.39		353.86	17.69	35.85	1.08	101.41	169.02	4 827.13		3 031.87	151.57	307.16	9.25	868.88	1 448.16
12－141	压顶 木模板、木支撑	100 m²	0.183 5	2 553.01		1 171.31	58.57	74.15	2.22	459.54	765.9	468.48		214.94	10.75	13.61	0.41	84.33	140.54
人工单价		小计										48 306.7		26 623.6	1 331.19	4 943.8	148.32	8 695.16	14 492
综合工日53元/工日		未计价材料费																	
清单项目综合单价/元												104 540.76							

材料费明细	主要材料名称、规格、型号	单位	数量	单价/元	合价/元	暂估单价/元	暂估合价/元
	组合钢模板	kg	1 369.860 5	4.3	5 890.4		
	其他材料费			—	20 733.19	—	
	材料风险费			—	1 331.19	—	—
	材料费小计			—	27 954.78	—	

表2－6－42　定额措施项目清单综合单价分析表(续)

工程名称:综合楼建筑工程　　　　第3页　共4页

项目编码		项目名称														计量单位		项	
综合单价组成明细																			
定额编号	定额名称	定额单位	数量	单价/元								合价/元							
				人工费	人工差价费	材料费	材料风险费	机械费	机械风险费	企业管理费	利润	人工费	人工费价差	材料费	材料风险费	机械费	机械风险费	企业管理费	利润
14－13	各类建筑 砖混结构	100 m²	18.564					2 228.99	66.87							41 378.97	1 241.37		
人工单价		小计														41 378.97	1 241.4		
		未计价材料费																	
清单项目综合单价/元												42 620.35							

清单投标报价表－20

注:1. 此表适用于以综合单价形式计价的定额措施项目。2. 招标文件提供了暂估单价的材料,按照暂估的单价填入表内“暂估单价”栏及“暂估合价”栏。

3. 根据招标文件的要求附此表。

表 2-6-42 定额措施项目清单综合单价分析表(续)

工程名称:综合楼建筑工程　　　　第 4 页　共 4 页

项目编码				项目名称												计量单位		项	
综合单价组成明细																			
定额编号	定额名称	定额单位	数量	单价/元								合价/元							
				人工费	人工差价费	材料费	材料风险费	机械费	机械风险费	企业管理费	利润	人工费	人工费价差	材料费	材料风险费	机械费	机械风险费	企业管理费	利润
15-1	20 m(6层)以上人降效增加费高(层数)30 m以内(7-10层)	100 m²	2.148 6	643.42				391.1	11.82	115.82	193.03	1 382.45		—		846.76	25.4	248.85	414.74
15-14	建筑物超高加压水泵台班桅高(层数)30 m以内(7-10层)	100 m²	2.148 6					362.53	10.88							778.93	23.38		
人工单价		小计										1 382.45				1 625.69	48.78	248.85	414.74
综合工日53元/工日		未计价材料费																	
清单项目综合单价/元												3 720.52							

清单投标报价表-20

注:1. 此表适用于以综合单价形式计价的定额措施项目。2. 招标文件提供了暂估单价的材料,按照暂估的单价填入表内"暂估单价"栏及"暂估合价"栏。

3. 根据招标文件的要求附此表。

(四)分部分项工程量清单投标报价(表2-6-43)

表2-6-43 分部分项工程量清单投标报价表

工程名称:综合楼建筑工程 第1页 共5页

序号	项目编码	项目名称	项目特征描述	计量单位	工程量	金额/元		
						综合单价	合价	其中:暂估价
1	010101001001	平整场地	1.土壤类别:二类土 2.弃土运距:40 m³ 取土运距:40 m	m²	309.4	3.75	1 160.25	
2	010101003001	挖基础基槽	1.土壤类别:二类土 2.基础类型:钢筋混凝土带型基础 3.垫层底宽、底面积: 4.挖土深度:2.1 m 5.弃土运距:10 km	m³	379.37	102.53	38 896.81	
3	010101003002	挖基础基坑	1.土壤类别:二类土 2.基础类型:钢筋混凝土独立基础 3.垫层底宽、底面积: 4.挖土深度:2.1 m 5.弃土运距:10 km	m³	80.73	105.75	8 537.2	
4	010103001001	土方回填	1.土质要求 2.密实度要求 3.粒径要求 4.夯填 5.运输距离	m³	343.31	49.38	16 952.65	
5	010301001001	砖基础	1.砖品种、规格、强度等级:实心砖、标准砖:MU10 2.基础类型:带基 3 基础深度:1.9 m 4.砂浆强度:水泥砂浆 M10	m³	71.54	285.12	20 397.48	
6	010302001001	实心砖墙	1.砖品种、规格、强度等级:实心标准砖:MU10 2.墙体类型:实心砖墙 3.墙体厚度:120 4.墙体高度:4.08 m 5.勾缝 6.砂浆强度:M10 混合砂浆	m³	3.47	345.52	1 198.95	
7	010302001002	实心砖墙	1.砖品种、规格、强度等级:实心标准砖:MU10 2.墙体类型:实心砖墙 3.墙体厚度:60 4.墙体高度:4.08 m 5.勾缝要求 6.砂浆强度等级、配合比:M10 水泥砂浆	m³	1.1	408.14	448.95	
8	010302004001	填充墙	1.砖品种、规格、强度等级:实心标准砖:MU10 2.墙体厚度:370 3.填充材料种类:炉渣 4.勾缝要求 5.砂浆强度等级:M10	m³	115.49	269.86	31 166.13	
9	010302004002	填充墙	1.砖品种、规格、强度等级:实心标准砖:MU10 2.墙体厚度:370 3.填充材料种类:炉渣 4.勾缝要求 5.砂浆强度等级:M7.5	m³	168.17	268.52	45 157.01	
本页小计					163 915.43			

清单投标报价表-06

表 2-6-43　分部分项工程量清单投标报价表(续)

工程名称:综合楼建筑工程　　　　第2页　共5页

序号	项目编码	项目名称	项目特征描述	计量单位	工程量	金额/元		
						综合单价	合价	其中:暂估价
10	010302004003	填充墙	1. 砖品种、规格、强度等级:实心标准砖 MU10 2. 墙体厚度:370 3. 填充材料种类:炉渣 4. 勾缝要求 5. 砂浆强度等级:M5	m^3	55.37	266.68	14 766.07	
11	010304001001	多孔砖墙	1. 墙体类型:砖墙　2. 墙体厚度:240 3. 砖品种:多孔砖 MU10 4. 勾缝　5. 砂浆强度:M10 混合砂浆	m^3	89.92	319.63	28 741.13	
12	010304001002	多孔砖墙	1. 墙体类型:砖墙　2. 墙体厚度:240 3. 砖品种:多孔砖 MU10 4. 勾缝要求　5. 砂浆强度:M7.5 混砂	m^3	173.17	318.22	55 106.16	
13	010304001003	多孔砖墙	1. 墙体类型:砖墙　2. 墙体厚度:240 3. 砖的品种:多孔砖 MU10 4. 勾缝要求　5. 砂浆强度:M5 混合砂浆	m^3	62.72	316.31	19 838.96	
14	010302006001	零星砌砖	1. 零星砌砖:室外台阶 2. 勾缝要求　3. 砂浆强度:M10 水砂	m^2	12.5	90.54	1 131.75	
15	010401001001	带形基础	1. 混凝土强度等级:C30 2. 混凝土拌和料:现场拌和 3. 砂浆强度等级:M10	m^3	50.96	351.04	17 889	
16	010401002001	独立基础	1. 混凝土强度等级:C30 2. 混凝土拌和料:现场拌和 3. 砂浆强度等级:M10	m^3	24.49	359.32	8 799.75	
17	010401006001	基础砼垫层	1. 混凝土强度:C10 2. 混凝土拌和料:现场拌和 3. 砂浆强度等级:M10	m^3	21.76	314.67	6 847.22	
本页小计			153 120.04					

清单投标报价表-06

表 2－6－43　分部分项工程量清单投标报价表(续)

工程名称:综合楼建筑工程　　　　第 3 页　共 5 页

序号	项目编码	项目名称	项目特征描述	计量单位	工程量	金额/元		
						综合单价	合价	其中:暂估价
18	010402001001	矩形柱	1. 柱高度:5.9 m 2. 柱截面尺寸:400×400 3. 混凝土强度等级:C30 4. 混凝土拌和料:现场拌和	m^3	9.41	443.4	4 172.39	
19	010402001002	构造柱	1. 柱高度 2. 柱截面尺寸:240×240 3. 混凝土强度等级:C25 4. 混凝土拌和料:现场拌和	m^3	27.09	454.47	12 311.59	
20	010403002001	矩形梁(基础层)	1. 梁顶标高:室外设计地面 2. 梁截面:矩形 3. 混凝土强度等级:C30 4. 混凝土拌和料:现场拌和	m^3	2.06	394.33	812.32	
21	010403002002	矩形梁(六层)	1. 梁顶标高:板顶面 2. 梁截面:矩形 3. 混凝土强度等级:C30 4. 混凝土拌和料:现场拌和	m^3	2.08	373.73	777.36	
22	010403004001	圈梁	1. 梁顶标高:同板顶面 2. 梁截面:矩形 3. 混凝土强度等级:C20 4. 混凝土拌和料:现场拌和	m^3	33.26	417.52	13 886.72	
23	010403005001	过梁	1. 梁底标高:洞口顶面 2. 梁截面:矩形 3. 混凝土强度等级:C20 4. 混凝土拌和料:现场拌和	m^3	27.7	436.28	12 084.96	
24	010405001001	有梁板	1. 板底标高:4.08 m 2. 板厚度:100 以上 3. 混凝土强度:板 C25　梁 C30 4. 混凝土拌和料:现场拌和	m^3	30.62	364.69	11 166.81	
25	010405003001	平板(1 层)	1. 板底标高:4.08 m 2. 板厚度:100 以上 3. 混凝土强度等级:C25 4. 混凝土拌和料:现场拌和	m^3	10.15	362.22	3 676.53	
26	010405003002	平板(2－6 层)	1. 板底标高:3.48 m 2. 板厚:100 以上 3. 混凝土强度:C20 4. 混凝土拌和料:现场拌和	m^3	150.75	339.32	51 152.49	
本页小计					110 041.17			

清单投标报价表－06

表 2－6－43　分部分项工程量清单投标报价表(续)

工程名称:综合楼建筑工程　　　　第 4 页　共 5 页

序号	项目编码	项目名称	项目特征描述	计量单位	工程量	金额/元		
						综合单价	合价	其中：暂估价
27	010405008001	雨篷	1. 混凝土强度等级:C25 2. 混凝土拌和料:现场拌和	m^3	1.5	388.33	582.5	
28	010406001001	直形楼梯	1. 混凝土强度等级:C20 2. 混凝土拌和料:现场拌和	m^2	85.68	105.88	9 071.8	
29	010407001001	压顶	1. 构件的类型 2. 构件规格:380×60 3. 混凝土强度等级:C20 4. 混凝土拌和料:现场拌和	m^3	1.55	456.57	707.68	
30	010407002001	散水	1. 垫层:碎石灌浆 100 厚 2. 面层厚度:80 厚 3. 混凝土强度等级:C20 4. 混凝土拌和料:现场拌和 5. 填塞材料:沥青混凝土	m^2	68.1	105.14	7 160.03	
31	010416001001	现浇砼筋	1. 钢筋种类、规格　一级钢 10 以内	t	20.774	5 266.55	109 407.31	
32	010416001002	现浇砼筋	1. 钢筋种类、规格　一级钢 10 以上	t	14.438	4 940.1	71 325.16	
33	010416001003	现浇砼筋	1. 钢筋种类、规格　二级钢 10 以内	t	0.338	4 901.04	1 656.55	
34	010416001004	现浇砼筋	1. 钢筋:　二级钢 10 以上	t	9.623	4 742.19	45 634.09	
35	010702001001	屋面卷材防水	1. 卷材品种、规格:SBS 4 mm 2. 防水层做法:热熔 3. 嵌缝材料种类 4. 防护:40 厚细石混凝土	m^2	309.87	90.12	27 925.48	
36	010702004001	屋面排水	1. 排水管:塑料排水管 ϕ110 mm 2. 接缝、嵌缝材料种类	m	135	67.51	9 113.85	
37	010703002001	涂膜防水(卫生间地面)	1. 卷材、涂膜品种:聚氨酯 2. 涂膜厚度:2 mm 3. 防水部位:卫生间地面 4. 防水做法 5. 接缝、嵌缝材料种类 6. 防护材料种类:水泥砂浆找平	m^2	194.24	63.87	12 406.11	
38	010703003001	砂浆防水(卫墙面)	1. 防水(潮)部位:墙面 2. 防水(潮)厚度. 层数:20 厚 3. 砂浆配合比:1:2.5 水泥砂浆 4. 外加剂:3% 硅质密实剂	m^2	355.22	18.9	6 713.66	
本页小计			301 704.22					

清单投标报价表－06

表 2-6-43 分部分项工程量清单投标报价表(续)

工程名称:综合楼建筑工程 第5页 共5页

序号	项目编码	项目名称	项目特征描述	计量单位	工程量	金额/元		
						综合单价	合价	其中:暂估价
39	010703003002	砂浆防潮(基础)	1. 防水(潮)部位:基础 2. 防水(潮)厚度 层数:20厚 3. 砂浆配合比:1:2.5水泥砂浆 4. 外加剂:3%硅质密实剂	m^2	39.08	15.18	593.23	
40	010803001001	保温隔热屋面	1. 保温部位:屋面 2. 保温隔热方式:外保温 3. 保温材料:60厚苯板、炉渣混凝土找坡 4. 隔气层:冷贴SBS卷材 5. 黏结材料:刷冷底子油 6. 基层:20厚水泥砂浆找平	m^2	292.3	111.56	32 608.99	
	分部小计					761 983.08		
本页小计							33 202.22	
合 计				761 983.08				

清单投标报价表-06

(五)定额措施项目清单计价(表2-6-44)

表 2-6-44 定额措施项目清单报价表

工程名称:综合楼建筑工程 第1页 共1页

序号	项目编码	项目名称	项目特征描述	计量单位	工程量	金额/元		
						综合单价	合价	其中:暂估价
1	1.1	特(大)型机械设备进出场及安拆费		项	1	17 139.28	17 139.28	
2	1.2	混凝土、钢筋混凝土模板及支架费		项	1	104 540.76	104 540.76	
3	1.3	施工排水、降水费		项	1			
4	1.4	垂直运输费		项	1	42 620.35	42 620.35	
5	1.5	建筑物(构筑物)超高费		项	1	3 720.52	3 720.52	
		本部小计					168 020.91	
本页小计							168 020.91	
合 计							168 020.91	

注:此表适用于以综合单价形式计价的定额措施项目。

清单投标报价表-07

（六）通用措施项目清单计价（表2－6－45）

表2－6－45　通用措施项目清单报价表

工程名称：综合楼建筑工程　　第1页　共1页

序号	项目名称	计算基础	费率/%	金额/元
1	夜间施工费	分部分项计费人工费＋定额措施计费人工费	0.18	398.86
2	二次搬运费	分部分项计费人工费＋定额措施计费人工费	0.18	398.86
3	已完工程及设备保护费	分部分项计费人工费＋定额措施计费人工费	0	
4	工程定位、复测、点交、清理费	分部分项计费人工费＋定额措施计费人工费	0.18	398.86
5	生产工具用具使用费	分部分项计费人工费＋定额措施计费人工费	0.14	310.23
6	雨季施工费	分部分项计费人工费＋定额措施计费人工费	0.14	310.23
7	冬季施工费	分部分项计费人工费＋定额措施计费人工费	0	
8	检验试验费	分部分项计费人工费＋定额措施计费人工费	2.67	5 916.48
9	室内空气污染测试费	根据实际情况确定		
10	地上、地下设施，建（构）筑物的临时保护设施费	根据实际情况确定		
11	赶工施工费	根据实际情况确定		
合　计				7 733.52

清单投标报价表－08

（七）其他项目清单费用计算（同定额法见表2－6－16～表2－6－21，本工程不发生此项费用，表略。）

（八）安全文明施工费计算（表2－6－46～表2－6－48）。

表2－6－46　安全文明施工费报价表

工程名称：综合楼建筑工程　　第1页　共1页

序号	项目名称	金额/元
1	环境保护等五项费用（见表2－6－47）	20 630.22
2	脚手架费（见表2－6－48）	58 435.7
合　计		79 065.92

注：投标人应按招标人提供的安全文明施工费计人投标报价中。　　清单投标报价表－16

表2－6－47　环境保护等五项费用计算

序号	项目名称	计算基础	费率/%	金额/元
1	环境保护费文明施工费	分部分项工程费＋措施费＋其他费用 761 983.08＋175 754.43＋0＝937 737.51	0.3	2 813.21
2	安全施工费		0.23	2 156.80
3	临时设施费		1.5	14 066.06
4	防护用品等费用		0.17	1 594.15
小　计				20 630.22

表 2 -6 -48 脚手架明细表

工程名称:综合楼建筑工程 第1页 共1页

序号	定额编号	名　称	单位	工程量	定额单价	合价
1	11 -1	多(高)层及单层 6 m 以内(综合脚手架)	100 m^2	18.56	1 699.61	31 551.56
2	11 -3	檐高 20 m(6层)以上外脚手架增加费 50 m 以内(7 ~15 层)	100 m^2	2.15	786.3	1 689.44
3	11 -16	垂直防护架	100 m^2	22.10	422.74	9 343.06
4	11 -17	建筑物垂直封闭	100 m^2	22.10	717.23	15 851.64
合　计						58 435.7

注:定额报价表中无工程量一列。 清单投标报价表 -17

(九)规费、税金计算(表 2 -6 -49)

表 2 -6 -49 规费、税金报价表

工程名称:综合楼建筑工程 第1页 共1页

序号	项目名称	计算基础	费率/%	金额/元
1	规费			40 697.8
1.1	养老保险费	分部分项工程费 + 措施费 + 其他费用 761 983.08 +175 754.43 +0 =937 737.51	2.86	26 819.29
1.2	医疗保险费		0.45	4 219.82
1.3	失业保险费		0.15	1 406.61
1.4	工伤保险费		0.17	1 594.15
1.5	生育保险费		0.09	843.96
1.6	住房公积金		0.48	4 501.14
1.7	危险作业意外伤害保险费		0.09	843.96
1.8	工程排污费(包括固体废物及危险废物排污、噪声超标排污)		0.05	468.87
小　计				40 697.8
2	税金	分部分项工程费 + 措施费 + 其他费用 + 安全文明施工费 + 规费 937 737.1 +79 065.92 +40 697.8 =1 057 501.23	3.44	36 378.04
合　计				77 075.84

注:投标人应按招标人提供的规费计入投标报价中。 清单投标报价表 -18

（十）建筑工程费用计算（表2－6－50）

表2－6－50　单位工程投标报价汇总表

工程名称:综合楼建筑工程　　　　第1页　共1页

序号	汇总内容	金额/元	其中:暂估价/元
（一）	分部分项工程费	761 983.08	
（二）	措施费	175 754.43	
（1）	定额措施费	168 020.91	
（2）	通用措施费	7 733.52	
（三）	其他费用		
（3）	暂列金额		
（4）	专业工程暂估价		
（5）	计日工		
（6）	总承包服务费		
（四）	安全文明施工费	79 065.92	
（7）	环境保护等五项费用	20 630.22	
（8）	脚手架费	58 435.7	
（五）	规费	40 697.8	
（六）	税金	36 378.04	
合计＝1 057 501.23＋36 378.04		1 093 879.27	

清单投标报价表－05

（十一）写编制说明（略）

（十二）审核装订

投 标 总 价

招标人：________________

工程名称：综合楼建筑工程

投标总价（小写）：1 093 879.27元

（大写）：壹佰零玖万壹仟捌佰柒拾玖元贰角柒分

投标人：________________

（单位盖章）

法定代表人

或其授权人：________________

（签字或盖章）

编制人：________________

（造价人员签字盖专用章）

编制时间：　　年　　月　　日

定额投标报价表－01

第五节 清单法计算装饰装修工程工程造价

一、工程量清单的编制(见表2-6-51)

表2-6-51 清单工程量计算

项目编码	项目名称	单位	项目特征 计算过程	清单量
(B1)楼地面工程				
020101001001	水泥砂浆地面 4~6层客房	m^2	1. 20厚1:2.5水泥砂浆地面 2. 10厚1:3水泥砂浆找平层 3. 60厚C10砼垫层 $S=(21.6-0.24\times5)\times(6-0.24)\times2+(13.5-0.24\times3)\times(5.1-0.24)\times3+(8.1-0.24\times2)\times(6-0.24)=235.01+186.33+43.89=465.23\ m^2$	465.23 m^2
020102001001	理石地面1 餐厅 楼梯间	m^2	1. 高级理石 2. 20厚1:3水泥砂浆找平层 3. 60厚C10砼垫层 $S=(8.4-0.24)\times(21.6-0.24)=174.30\ m^2$ $S=(3.6-0.24)\times5.1=17.136\ m^2$ $S_{合计}=174.30+17.136=191.44\ m^2$	191.44 m^2
020102001002	理石地面2 厨房 配餐间 库房更衣	m^2	1. 普通理石地面 2. 20厚1:3水泥砂浆找平层 3. 60厚C10砼垫层 $S=(4.5-0.24)\times(5.1-0.24)=20.704\ m^2$ $S=(4.5-0.24)\times(5.1-0.24)=20.704\ m^2$ $S=(4.5-0.24)\times(5.1-0.24)=20.704\ m^2$ $S_{合计}=20.704\times3=62.112\ m^2$	62.112 m^2
020102001003	理石地面3 2~3层客房 走廊	m^2	1. 高级理石 2. 10厚1:3水泥砂浆找平层 $S=[(21.6-0.24\times5)\times(6-0.24)+(13.5-0.24\times3)\times(5.1-0.24)]\times2$ $=[117.504+62.11]\times2=179.62\times2=359.24\ m^2$ $S=(21.6-0.24)\times(2.4-0.24)\times5=230.69\ m^2$ $S_{合计}=359.24+230.69=589.93\ m^2$	589.93 m^2
020102002001	地面地砖 1层卫生间	m^2	1. 地面地砖 2. 聚氨酯涂膜防水卷起高200 3. 20厚1:3水泥砂浆找平层 4. 60厚C10砼垫层 $S=(4.5-0.24)\times(5.1-0.24)=20.70\ m^2$	20.70 m^2
020102002002	地面贴砖 2~6层卫	m^2	1. 地面地砖 2. 聚氨酯涂膜防水卷起高200 3. 20厚1:3水泥砂浆找平层 $S=20.70\times5=103.50\ m^2$	103.50 m^2
020105001001	水泥砂浆踢脚 4~6层客房		$S=[(20.4\times2+5.76\times10)\times2+(12.78\times2+4.86\times6)\times3$ $(8.1\times2+5.76\times4)]\times0.15=[196.8+164.16+39.24]\times0.15$ $=400.2\times0.15=60.03\ m^2$	60.03 m^2
020105001002	理石踢脚 餐厅 梯间 走廊: 3~5层客房	m^2	1. 高级理石踢脚 2. 1:3水泥砂浆找平层 $S=[(8.16+21.36)\times2-3.36-1.35]\times0.15=54.33\times0.15=8.15\ m^2$ $S=[3.36+5.1\times2+(3.36+1.82\times2+3.57\times2)\times5]\times0.15$ $(0.26\times0.15/2)\times11\times10=84.26\times0.15+2.145=14.78\ m^2$ $S=[(21.36+2.16)\times2-3.36]\times5\times0.15=218.40\times0.15=32.76\ m^2$ $S=[(20.4\times2+5.76\times10)\times2+(12.78\times2+4.86\times6)\times2\times0.15$ $=[196.8+109.44]\times0.15=306.24\times0.15=45.94\ m^2$ $S_{合计}=8.15+14.78+32.76+45.94=101.63\ m^2$	101.63 m^2

表 2-6-51　清单工程量计算(续)

项目编码	项目名称	单位	项目特征 计算过程	清单量
			(B1)楼地面工程	
020105001003	理石踢脚 厨房配餐间 库房更衣室	m^2	1. 普通理石踢脚　2. 1:3 水泥砂浆找平层 $S=[(4.26+4.86)\times2+4.26\times4+4.74\times2]\times0.15$ $=[18.24+26.52]\times0.15=44.76\times0.15=6.714\ m^2$ $S=[(4.26+1.62)\times2+(3.06+2.85\times2)\times2+3.36\times2+1.35-1.5-0.9\times6+0.72]\times0.15=[11.76+17.52+6.72+1.35]\times0.15=37.35\times0.15=5.603\ m^2$ $S_{合计}=6.714+5.603=12.32\ m^2$	$12.32\ m^2$
020106001001	楼梯理石地面	m^2	1. 高级理石 $S=3.36\times5.1\times5=85.68\ m^2$	$85.68\ m^2$
020108001001	理石台阶	m^2	1. 理石台阶　2. 20 厚水泥砂浆找平　3. 100 厚 C15 砼 4. 碎砖灌浆　5. 300 厚砂垫层 $S=1.5\times(5.1+3)=12.15\ m^2$	$12.15\ m^2$
020107002001	扶手、栏杆 不锈钢	m	$L=(3.71+3.44+3.28\times8+0.2\times9+1.78)\times1.15=36.97\times1.15=42.52\ m$	42.52 m
			(B2)墙柱面工程	
020204001001	墙面理石 餐厅		墙面 $S=[(8.16+21.36)\times2-3.36-1.35]\times4.08=54.33\times4.08=221.67\ m^2$ 扣除　MC　$2.4\times2.7\times6+1.5\times2.7\times2+3.6\times3.0+0.9\times2.0=-59.58\ m^2$ LT　$0.35\times(0.78+0.68)\times2=-1.022\ m^2$ 增加　$[(2.4+2.7\times2)\times6+(1.5+2.7\times2)\times2+(3.6+3\times2)]\times0.18+(0.9+2\times2)\times1\times0.09=70.2\times0.18+4.9\times0.09+0.18\times3.36+1.35\times0.06=10.763\ m^2$ $S_{合计}=221.67-59.58-1.022+10.763=171.83\ m^2$	$171.83\ m^2$
020204003001	墙面贴砖 卫生间 1~6 层 厨房 加工间	m^2	1. 内墙面贴砖　2. 1:2.5 水泥砂浆防水参硅质密实剂 $S=(4.26+4.86)\times2\times(4.07+3.47\times4+3.48)=18.24\times21.43=390.88\ m^2$ 扣除　$2.4\times2.7+2.4\times2.4\times5+0.9\times2\times6=-46.08\ m^2$ 增加　$[(2.4+2.7\times2)+(2.4+2.4\times2)\times5]\times0.18+(0.9+2\times2)\times6\times0.09$ $=43.8\times0.19+29.40\times0.09=8.322+2.646=10.968\ m^2$ 小计:$S=390.88-46.08+10.968=355.768\ m^2$ $S=(4.26+4.86)\times2\times4.08=74.419\ m^2$ 扣除　$2.4\times2.7+0.9\times2=-8.28$ m 增加　$(2.4+2.7\times2)\times0.19+(0.90+2\times2)\times0.09=1.482+0.441=1.923\ m^2$ 小计:$S=74.419-8.28+1.923=68.062\ m^2$ $S=(4.26\times4+4.74\times2)\times4.08=26.52\times4.08=108.20\ m^2$ 扣除　$1.2\times2.0\times2+2.4\times2.7+1.5\times2.7+0.9\times2=-17.13\ m^2$ 增加　$(2.4+2.7\times2)\times0.19+[(1.2+2.0\times2)\times2+1.5+2.7\times2+0.9+2\times2\times]\times0.09=1.482+1.998=3.48\ m^2$ 小计:$S=108.20-17.13+3.48=94.55\ m^2$ $S_{合计}=355.768+68.062+94.55=518.38\ m^2$	$518.38\ m^2$
020204003002	墙面贴砖 1 层外墙	m^2	$S=L_{外}\times H-$扣除$+$增加$=72.20\times(0.3+4.2)=324.90\ m^2$ 扣除　$2.4\times2.7\times10+1.5\times2.7\times2+3.6\times3.0+1.5\times2.0=-86.7\ m^2$ 增加　$(10.2\times10+8.4\times2+9.6+5.5)\times0.12=133.9\times0.12=16.068\ m^2$ $S_{合计}=324.90-86.70+16.07=254.27\ m^2$	$254.27\ m^2$

表 2－6－51　清单工程量计算(续)

项目编码	项目名称	单位	项目特征 计算过程	清单量
			(B1)楼地面工程	
020201 001001	墙面抹灰内墙混合砂浆刷乳胶漆 库房 走廊 楼梯间 客房	m^2	休息室：S＝(1.62＋4.86)×2×4.08＝52.877 m^2 扣　2.4×2.7＋0.9×2＝－8.28 m^2 小计：S＝52.877－8.28＝44.597 m^2 S＝(2.85＋1.35)×2×4.08＝34.272m^2 扣　0.9×2＝－1.8 m^2 小计：S＝34.272－1.8＝32.472 m^2 S＝[(21.36＋2.16)×2－3.36]×3.48×5＋(1.35＋3.42×2)×4.08 ＝760.032＋33.42＝793.45 m^2 扣　1.5×2.7×40＋0.9×2×10＋1.5×2.4×10＝－216.00 m^2 小计：S＝790.02－216.00＝574.02 m^2 S＝(3.36＋5.1×2)×(4.05＋3.45×4＋3.48)＝13.56×21.33＝289.23 m^2 扣　1.5×2＋1.8×2.4×5＝－21.66 m^2 小计 S＝289.23－21.66＝267.57 m^2 S＝(20.4×2＋12.78×2＋5.76×10＋4.86×6)×3.48×4＋(7.62×2＋12.78×2＋5.76×4＋4.86×6)×3.48＝153.12×3.48×4＋93×3.48＝2455.07 m^2 扣　1.5×2.7×37＋2.4×2.4×37＝－362.97 m^2 小计：2 455.07－362.97＝2 092.10 m^2 $S_{合计}$＝45.143＋32.472＋574.02＋267.57＋2 092.10＝3 010.76 m^2	3 010.76 m^2
020201 001001	墙面抹灰外墙水泥砂浆刷涂料	m^2	$S＝L_{外}×H$－扣除＋增加＝72.20×(23.40－4.56)＝72.2×18.84＝1 360.25 m^2 扣除　窗 2.4×2.4×55＋1.5×2.4×10＋1.8×2.4×5＝－374.40 m^2 $S_{合计}$＝1 360.25－374.40＝985.85 m^2	985.85 m^2
020203 001001	零星抹灰雨篷	m^2	S＝4.5×1.28＝5.76 m^2	5.76 m^2
020203 001002	零星抹灰女儿墙压顶	m^2	S＝70.28×(0.9－0.06－0.25－0.13)＝70.28×0.46＝32.33 m^2 S＝(0.38＋0.06×4)×71.24＝0.62×71.24＝44.17 m^2 $S_{合计}$＝32.32＋44.17＝76.49 m^2	76.49 m^2
020205 001001	柱面抹灰涂料	m^2	混凝土柱理石 S＝0.4×4×4.08×4－1.022＝26.11－1.022＝25.088 m^2	25.088 m^2
020209 001001	隔断卫生间	m^2	S＝[(4.5－0.24)×2.5＋(5.1－0.24＋1.4×2)×2]×6＝25.97×6＝155.82 m^2	155.82 m^2
			(B3)天棚工程	
020301 001001	天棚抹灰涂料	m^2	20 厚混砂 S_1＝4.86×4.26＝20.70 m^2 $S_{2\sim5层}$＝(4.26×4.86×3＋4.26×5.76×4＋3.36×5.76＋21.36×2.16)×4 ＝225.75×4＝903.00 m^2 S_6＝4.26×4.86×3＋4.26×5.76＋3.36×5.76＋21.36×2.16＝152.14 m^2 $S_{梯}$＝(1.94＋3.57)×5×3.36＋5.1×3.36＝5.51×5×3.36＋5.1×3.36 ＝92.57＋17.14＝109.71 m^2 $S_{梁}$＝0.18×2×3.36×9＋0.23×2×3.36＋1.35×0.06＝13.12 m^2 8.672.03 m^2	1 198.67 m^2
020302 001001	餐厅吊顶	m^2	轻钢龙骨玻璃板 S＝21.36×8.16＝174.30 m^2	174.30 m^2
020302 001002	吊顶厨房等卫生间	m^2	轻钢龙骨 PVC 板 S＝4.26×4.86×2＝41.41 m^2 S＝4.26×4.86×6＝124.22 m^2 $S_{合计}$＝41.41＋124.22＝165.63 m^2	165.63 m^2

表 2-6-51 清单工程量计算(续)

项目编码	项目名称	单位	项目特征 计算过程	清单量
(B4)门窗工程				
020401 001001	镶板木门 0920	樘	10 樘	10 樘
020401 001002	半截玻璃木门 1220	樘	1 樘	1 樘
020401 001003	半截玻璃木门 1527		40 樘	40 樘
020409 003001	石材窗台板	m	$2.5\times65+1.9\times5+1.6\times12=162.5+9.5+19.2=191.2$ m	191.20 m
020402 003001	地弹门 1830	樘	不锈钢门 1 樘	1 樘
020402 007001	防盗门 1220	樘	1 樘	1 樘
020406 007001	塑钢窗 1824	樘	5 樘	5 樘
020406 007002	塑钢窗 2427	樘	10 樘	10 樘
020406 007003	塑钢窗 2424	樘	55 樘	55 樘
020406 007004	塑钢窗 1527	樘	2 樘	2 樘
020406 007005	塑钢窗 1524	樘	10 樘	10 樘
会议室高级装饰				
020104 002001	复合木地板	m^2	1. 复合木地板 2. 20 厚水泥砂浆找平 $S=(13.5-0.24)\times(6-0.24)=76.38\ m^2$ 增加门口 $1.5\times2\times0.12=0.36\ m^2$ 增加气包窝 $2.4\times3\times0.12=0.86\ m^2$ 合计 $S=76.38+0.36+0.86=77.60\ m^2$	77.60 m^2
020105 005001	复合踢脚线	m	木踢脚线 150 高 $(13.26+5.76)\times2=38.04$ m	38.04 m
	天棚吊顶	m^2	C60 1. 轻钢龙骨 2. 吊筋安装增加人工费 $13.26\times5.76=76.38\ m^2$	76.38 m^2
020302 006001	天棚穿孔铝板	m^2	$8.4\times(0.6+0.15)\times2+3\times(0.6+0.15)\times2+5.4\times0.3=18.72\ m^2$	18.72 m^2
020302 006002	造型棚立檐铝板	m^2	$(8.4+3)\times2\times0.2\times2$ 个 $+(5.4+0.3)\times2\times0.2=11.40\ m^2$	11.40 m^2
020302 00600	天棚铝板	m^2	$76.3-18.72=57.66\ m^2$	57.66 m^2
020303 001001	天棚日光灯带	m	$(7.8+2.4)\times2=20.4$ m	20.40 m
020408 001001	窗帘盒	m	$13.26+5.76=19.02$ m	19.02 m
020408 001001	窗帘轨	m	$13.26+5.76=19.02$ m	19.02 m

表 2-6-51 清单工程量计算(续)

项目编码	项目名称	单位	项目特征 计算过程	清单量
020407 001001	塑铝板包窗口	m^2	1. 塑铝板 2. 木基层 (2.4+1.76×2)×0.5=11.84 m^2	11.84 m^2
020409 003001	人造石窗台板	m^2	1. 人造石窗台板 2. 细木工衬板 2.8×4×0.35=11.2×3.92 m^2	3.92 m^2
	窗台板磨边	m	2.8×4=11.20 m	11.20 m
020207 001001	ABCD立面木龙骨吸音板	m^2	1. 吸音板 2. 30*40 木龙骨 A立面 0.88×1.2×2=2.11 m^2 B立面 2.8×0.6×2+1.2×0.49×4+1.2×0.87×2=7.80 m^2 C立面 1.62×1.2×2=3.89 m^2 D立面 1.35×1.2×2+0.73×1.2×2+0.6×2.8×2+3.5×1.2=12.55 m^2 合计:2.11+7.8+3.89+12.55=26.35 m^2	26.35 m^2
020207 001002	ABCD立面铝塑板饰面	m^2	1. 米黄色铝塑板饰面 2. 细木工板基层 3. 中密度龙骨 A立面 5.76×2.8-1.2×0.88×2=14.02 m^2 A立面 凹入部位铝塑板2.8×0.22×2=1.23 m^2 计:15.25 m^2 B立面 13.26×2.8-7.8-2.4×1.76×3-1.8×0.6×3=13.42 m^2 B立面 凹入部位2.8×0.15×2侧×2个+2.8×0.02×2侧×2=1.90 m^2 计:15.32 m^2 C立面 5.76×2.8-2.4×1.76-3.89-1.8×0.6=6.93 m^2 C立面 凹入部位2.8×0.22×2个=1.23 m^2 D立面 13.26×2.8-1.8×2.8×2-12.55=14.5 m^2 D立面 凹入部位2.8×0.15×2侧×2个+2.8×0.02×2侧×2=1.90 m^2 计:16.4 m^2 合计:15.25+15.32+8.16+16.4=55.13 m^2	55.13 m^2
020602 002001	穿孔铝塑板气包罩	组	1.8×0.6×4组	
		m^2	1. 木龙骨 2. 细木工板 3. 刷防火涂料 26.35+55.13=81.48	81.48 m^2
020407 006001	门上口木作造型	m^2	1.8×0.7×2=2.52 m^2	2.52 m^2
020401 003001	双扇实木门门套	樘	1.8×2.1×2樘	2樘

招标工程量清单表略,参见分部分项工程量清单投标报价表。

二、投标报价

(一)结合黑龙江省2010计价定额计算工程量(见表2-6-29)
(二)分部分项工程量清单综合单价计算(见表2-6-62)
(三)定额措施项目综合单价计算(见表2-6-63)
(四)分部分项工程量清单投标报价(见表2-6-55)
(五)定额措施项目清单报价(此项费用由建筑工程计算,在此不发生费用,见表2-6-56)
(六)通用措施项目清单投标报价(见表2-6-57)
(七)其他项目清单投标报价(见表2-6-58)
(八)安全文明施工费计算(见表2-6-59~表2-6-60)
(九)规费、税金计算(见表2-6-61)
(十)单位工程投标计价(见表2-6-54)

（十一）写编制说明（见表 2－6－53）

（十二）审核装订（封面见表 2－6－52）

以上计价表按投标报价装订顺序排列。

表 2－6－52

投标总价

招标人：________________

工程名称：综合楼建筑工程

投标总价（小写）：1 049 767.38 元

（大写）：壹佰零肆万玖仟柒佰陆拾柒元叁角捌分

投标人：________________

（单位盖章）

法定代表人

或其授权人：________________

（签字或盖章）

编制人：________________

（造价人员签字盖专用章）

编制时间：　　年　　月　　日

定额投标报价表－01

表 2－6－53

总　说　明

工程名称：综合装饰装修工程　　　　第 1 页　共 1 页

清单投标报价表－02

表 2－6－54　单位工程投标报价汇总表

工程名称:综合楼装饰装修工程　　　　第 1 页　共 1 页

序号	汇总内容		金额/元	其中:暂估价/元
(一)	分部分项工程费		956 171.18	
(二)	措施费		4 568.51	
(1)	定额措施费			
(2)	通用措施费		4 568.51	
(三)	其他费用			
(3)	暂列金额			
(4)	专业工程暂估价			
(5)	计日工			
(6)	总承包服务费			
(四)	安全文明施工费		12 420.51	
(7)	环境保护等五项费用		10 279.92	
(8)	脚手架费		2 140.59	
(五)	规费		41 696.12	
(六)	税金		34 911.06	
合计		1 049 767.38		

清单投标报价表－05

表 2－6－55　分部分项工程量清单投标报价表

工程名称:综合楼装饰装修工程　　　　第 1 页　共 7 页

序号	项目编码	项目名称	项目特征描述	计量单位	工程量	金额/元		
						综合单价	合价	其中:暂估价
1	020101001001	水泥砂浆楼地面(4－6层客房)	1. 垫层:60 厚 C10 砼 2. 找平层:10 厚 1:3 水泥砂浆 3. 面层:20 厚 1:2.5 水泥砂浆 4. 盖面:地毯	m^2	465.23	80.54	37 469.62	
2	020102001001	石材楼地面(餐厅、梯间)	1. 垫层:60 厚 C10 砼 2. 找平层:20 厚 1:3 水泥砂浆 3. 结合层:20 厚 1:3 干硬性水泥砂浆 4. 面层:20 厚高级理石 500×500 5. 酸洗、打蜡	m^2	191.44	246.82	47 251.22	
3	020102001002	石材楼地面(厨房等)	1. 垫层:60 厚 C10 砼 2. 找平层:20 厚 1:3 水泥砂浆 3. 结合层:20 厚 1:3 干硬性水泥砂浆 4. 面层:20 厚普通理石 500×500 5. 酸洗、打蜡	m^2	62.11	211.53	13 138.13	
4	020102001003	石材楼地面(2－3层客房、走廊)	1. 找平层:10 厚 1:3 水泥砂浆 2. 结合层:20 厚 1:3 干硬性水泥砂浆 3. 面层:20 厚高级理石 500×500 4. 酸洗、打蜡	m^2	589.93	245.62	144 898.61	
5	020102002001	块料楼地面(1层卫生间)	1. 垫层:60 厚 C10 砼 2. 找平层:20 厚 1:3 水泥砂浆 3. 防水层:1.5 厚聚氨酯涂膜防水上卷 200 4. 结合层:20 厚 1:3 干硬性水泥砂浆 5. 面层:10 厚地砖 300×300	m^2	20.7	95.98	1 986.79	
本页小计						244 744.37		

清单投标报价表－06

表 2－6－55　分部分项工程量清单投标报价表(续)

工程名称:综合楼装饰装修工程　　　　第 2 页　共 7 页

序号	项目编码	项目名称	项目特征描述	计量单位	工程量	金额/元		
						综合单价	合价	其中:暂估价
6	020102 002002	块料楼地面 2～6 层卫	1. 找平层:20 厚 1:3 水泥砂浆 2. 防水层:1.5 厚聚氨酯涂膜防水上卷 200 3. 结合层:20 厚 1:3 干硬性水泥砂浆 4. 面层:釉面砖 300×300	m^2	103.5	79.11	8 187.89	
7	020105 002001	石材踢脚线	1. 踢脚线高度:150 mm 2. 底层:5 mm 1:3 水泥砂浆 3. 粘贴层:同地面 4. 面层:同地面	m^2	101.63	150.21	15 265.84	
8	020105 002002	石材踢脚线	1. 踢脚线高度:餐厅 150 mm 2. 底层:5 mm 1:3 水泥砂浆 3. 粘贴层:同地面 4. 面层:同地面	m^2	12.32	188.61	2 323.68	
9	020105 001001	水砂踢脚线	1. 踢脚线高度:150 mm 2. 底层:8 厚 1:3 水泥砂浆 3. 面层:12 厚 1:2.5 水泥砂浆	m^2	60.03	30.87	1 853.13	
10	020107 001001	扶手栏杆	1. 扶手:不锈钢扶手直径 60 2. 栏杆:不锈钢直型栏杆 3. 固定配件种类:套件	m	83.06	517.12	42 951.99	
11	020106 001001	石材楼梯面层	1. 结合层:20 厚 1:3 干硬性水泥砂浆 2. 面层:20 厚高级理石 500×500 3. 酸洗、打蜡	m^2	85.68	258.02	22 107.15	
12	020108 001001	石材台阶面	1. 垫层:100 厚 C15 砼碎砖灌浆 300 厚砂垫层 2. 找平层:20 厚水泥砂浆 3. 黏结层:20 厚 1:3 干硬性水泥砂浆 4. 面层:同餐厅	m^2	12.15	206.67	2 511.04	
本页小计				95 200.72				

清单投标报价表－06

表 2－6－55　分部分项工程量清单投标报价表(续)

工程名称:综合楼装饰装修工程　　　　第 3 页　共 7 页

序号	项目编码	项目名称	项目特征描述	计量单位	工程量	金额/元		
						综合单价	合价	其中:暂估价
13	020201001001	墙面抹灰涂料	1. 墙体类型:砖墙外墙面 2. 底层 14 厚 1:3 水泥砂浆 3. 面层:6 厚 1:2.5 水泥砂浆 4. 分格缝:2 宽木条	m^2	985.85	35.62	35 115.98	
14	020201001002	墙面抹灰	1. 墙体类型:砖墙内墙面 2. 底层:14 厚 1:1:6 混合砂浆 3. 面层:6 厚 1:1:4 混合砂浆	m^2	3 010.76	20.62	62 081.87	
15	020204001001	石材墙面	1. 墙体材料:砖墙(餐厅) 2. 底层比:1:3 水泥砂浆 3. 贴结层:1:2.5 水泥砂浆 4. 面层:高级理石 500×500	m^2	171.82	186.07	31 970.55	
16	020204003001	块料墙面外墙	1. 墙体材料:砖墙 2. 底层:1:3 水泥砂浆 3. 贴结层:1:2.5 水泥砂浆 4. 面层:墙面砖 200×300	m^2	254.27	80.59	20 491.62	
17	020204003002	块料墙面(卫生间、厨房)	1. 墙体材料:砖墙 2. 防水层:20 厚防水砂浆防水材料 JJ91 3. 底层:1:3 水泥砂浆 4. 贴结层:1:2.5 水泥砂浆 5. 面层:墙面砖 200×300	m^2	518.38	78.95	40 926.1	
18	020205001001	石材柱面	1. 柱体材料:混凝土 2. 柱截面类型、尺寸:矩形 400×400 3. 底层:1:3 水泥砂浆 4. 黏结层:1:2.5 水泥砂浆	m^2	25.09	292.16	7 330.29	
19	020203001001	零星抹灰	墙体类型:砖墙、混凝土压顶 底层:14 厚 1:1:6 混合砂浆 面层:6 厚 1:1:4 混合砂浆	m^2	76.49	56.23	4 301.03	
20	020209001001	隔断	隔板:成品隔断	m^2	155.82	303.69	47 320.98	
21	020301001001	天棚抹灰	基层类型:现浇混凝土梁、板 抹灰:20 厚混合砂浆 砂浆配合比:底层 1:3:9、面层 1:1:2	m^2	1 198.67	24.28	29 103.71	
本页小计					278 642.13			

清单投标报价表－06

表 2－6－55 分部分项工程量清单投标报价表（续）

工程名称：综合楼装饰装修工程 第4页 共7页

序号	项目编码	项目名称	项目特征描述	计量单位	工程量	金额/元		
						综合单价	合价	其中：暂估价
22	020301001002	天棚抹灰	1. 基层：现浇砼雨篷 2. 抹灰：顶面水泥砂浆参 JJ91，底面 20 厚水砂 3. 砂浆配合比：底层 1:3:9、面层 1:1:2	m^2	5.76	60.3	347.33	
23	020302001001	天棚吊顶	1. 吊顶形式：平棚 2. 龙骨：轻钢龙骨 450×450 3. 面层：镜面玻璃 4. 压条材料种类、规格 5. 嵌缝材料种类（餐厅）	m^2	174.3	101.65	17 717.6	
24	020302001002	天棚吊顶	1. 吊顶形式：平棚 2. 龙骨：木龙骨（卫、厨房） 3. 面层：PVC 板 4. 压条材料种类、规格 5. 嵌缝材料种类	m^2	165.63	69.06	11 438.41	
25	020401001001	镶板木门 0920	1. 门类型：矩形不带亮子单扇 2. 框截面尺寸、单扇面积：87×55.900×2 000 3. 面层：刷调和漆两遍 4. 五金：普通五金	樘	10	327.21	3 272.1	
26	020401001002	镶板木门 1220	1. 门类型：矩形不带亮子双扇半截玻璃门 2. 框截面尺寸、单扇面积：87×55.1 200×2000 3. 面层：刷调和漆两遍 4. 五金：普通五金 5. 玻璃：普通玻璃 3 mm	樘	1	378.03	378.03	
27	020401001003	镶板木门 1527	1. 门类型：矩形带亮子双扇半截玻璃门 2. 框截面尺寸、单扇面积：87×551 500×2 000 3. 面层：刷调和漆两遍 4. 五金：普通五金 5. 玻璃：普通玻璃 3 mm	樘	40	711.74	28 469.6	
本页小计							61 623.07	

清单投标报价表－06

表 2-6-55 分部分项工程量清单投标报价表(续)

工程名称:综合楼装饰装修工程 第5页 共7页

序号	项目编码	项目名称	项目特征描述	计量单位	工程量	金额/元		
						综合单价	合价	其中:暂估价
28	020409003002	石材窗台板	1. 找平层厚度. 砂浆配合比:20 厚混合砂浆 2. 窗台板材质、规格、颜色:理石、磨法国边	m	191.2	119.67	22 880.9	
29	020402003001	金属地弹门	1. 门类型:不锈钢全玻璃地弹门 2. 框:钢龙骨包不锈钢 1 800×3 000 3. 扇:不锈钢 810×2 880	樘	1	7 585.72	7 585.72	
30	020402006001	防盗门	1. 门类型:钢质防盗门(成品) 2. 框材质、外围尺寸:1 500×2 000	樘	1	1 620.49	1 620.49	
31	020406007001	塑钢窗	1. 窗类型:塑钢窗(成品) 2. 框材质、外围尺寸:1 800×2 400 3. 玻璃品种、厚度、五金材料、品种、规格	樘	5	2 026.65	10 133.25	
32	020406007002	塑钢窗	1. 窗类型:塑钢窗(成品) 2. 框材质、外围尺寸:2 400×2 700 3. 扇材质、外围尺寸 4. 玻璃品种、厚度、五金材料、品种、规格	樘	10	3 039.97	30 399.7	
33	020406007003	塑钢窗	1. 窗类型:塑钢窗(成品) 2. 框材质、外围尺寸:2 400×2 400 3. 扇材质、外围尺寸 4. 玻璃品种、厚度、五金材料、品种、规格	樘	55	2 702.2	148 621	
34	020406007004	塑钢窗	1. 窗类型:塑钢窗(成品) 2. 框材质、外围尺寸:1 500×2 700 3. 扇材质、外围尺寸 4. 玻璃品种、厚度、五金材料、品种、规格	樘	2	1 899.98	3 799.96	
35	020406007005	塑钢窗	1. 窗类型:塑钢窗(成品) 2. 框材质、外围尺寸:1 500×2 400 3. 扇材质、外围尺寸 4. 玻璃品种、厚度、五金材料、品种、规格	樘	10	1 688.87	16 888.7	
36	020104002001	竹木地板	面层材料:复合地板	m^2	77.6	97.02	7 528.75	
本页小计						249 458.47		

清单投标报价表-06

表 2-6-55　分部分项工程量清单投标报价表(续)

工程名称:综合楼装饰装修工程　　　　第6页　共7页

序号	项目编码	项目名称	项目特征描述	计量单位	工程量	金额/元		
						综合单价	合价	其中:暂估价
37	020105005001	塑料踢脚	1. 面层材料种类、规格、品牌、颜色:与复合地板配套	m^2	4.56	64.14	292.48	
38	020302001003	穿孔铝板吊顶	1. 吊顶形式:跌级 2. 龙骨:轻钢龙骨 450×450 3. 面层:穿孔铝板 600×600	m^2	18.7	135.85	2 540.40	
39	020302001004	天棚铝板吊顶	1. 吊顶形式:跌级 2. 龙骨:轻钢龙骨中距 450×450 3. 面层:铝板 600×600	m^2	57.66	150.44	8 674.37	
40	020303001001	灯带	细木工板基层石膏板面层	m^2	8.16	67.85	553.66	
41	020408001001	木窗帘盒	窗帘盒:木龙骨细木工板面层	m	19	51.47	977.93	
42	020408004001	窗帘轨	窗帘盒材质:木龙骨细木工板面层	m	19	10.44	198.36	
43	020407001001	铝塑板门窗套	1. 基层材料种类:细木工板 2. 面层:铝塑板	m^2	11.8	87.1	1 027.78	
44	020409003003	石材窗台板	1. 基层:木龙骨细木工板 2. 窗台板材质、规格、颜色:人造理石2 400×500	m	19	65.15	1 237.85	
45	020207001001	吸音板墙面	1. 龙骨材料种类、规格、中距:木龙骨中距 30 cm 2. 面层:实木吸音板 3. 油漆:龙骨刷防火漆二遍	m^2	26.35	89.54	2 359.38	
46	020207001002	铝塑板墙面	1. 龙骨:中密度板龙骨中距 30 cm 2. 基层:细木工板 3. 面层:铝塑板	m^2	55.13	58.95	3 249.91	
本页小计							21 112.12	

清单投标报价表-06

表 2－6－55 分部分项工程量清单投标报价表(续)

工程名称:综合楼装饰装修工程　　　　第 7 页　共 7 页

序号	项目编码	项目名称	项目特征描述	计量单位	工程量	金额/元		
						综合单价	合价	其中:暂估价
47	020407 006001	门上口木作造型	1. 基层材料种类:细木工板 2. 面层材料品种、规格、品种、品牌、颜色:楸木板 3. 油漆品种、刷油遍数:木材面刷醇酸漆润油粉、刮腻子、油色、清漆四遍、磨退出亮	m^2	2. 52	135. 69	341. 94	
48	020602 002001	塑料板暖气罩	暖气罩材质:穿孔铝塑板	m^2	4. 32	221. 69	957. 7	
49	020401 003001	实木装饰门	1. 门类型:实木门 2. 五金材料、品种、规格:L 型执手杆锁	樘	2	2 045. 33	4 090. 66	
		分部小计				956 171. 18		
本页小计				5 390. 3				
合　计				956 171. 18				

表 2－6－56 定额措施项目清单报价表

工程名称:综合楼装饰装修工程　　　　第 1 页　共 1 页

序号	项目编码	项目名称	项目特征描述	计量单位	工程量	金额/元		
						综合单价	合价	其中:暂估价
1	1. 1	特(大)型机械设备进出场及安拆费		项	1			
2				项	1			
3	1. 2	混凝土、钢筋混凝土模板及支架费		项	1			
4				项	1			
5	1. 3	施工排水、降水费		项	1			
6				项	1			
7	1. 4	垂直运输费		项	1			
8				项	1			
9	1. 5	建筑物(构筑物)超高费		项	1	-		
10				项	1			
		分部小计						
本页小计								
合　计								

注:此表适用于以综合单价形式计价的定额措施项目。　　　　清单投标报价表－07

表 2-6-57　通用措施项目清单报价表

工程名称:综合楼装饰装修工程　　第1页　共1页

序号	项目名称	计算基础	费率/%	金额/元
1	夜间施工费	分部分项计费人工费+定额措施计费人工费	0.08	132.9
2	二次搬运费	分部分项计费人工费+定额措施计费人工费	0.21	348.87
3	已完工程及设备保护费	分部分项计费人工费+定额措施计费人工费	0.18	299.03
4	工程定位、复测、点交、清理费	分部分项计费人工费+定额措施计费人工费	0.14	232.58
5	生产工具用具使用费	分部分项计费人工费+定额措施计费人工费	0.14	232.58
6	雨季施工费	分部分项计费人工费+定额措施计费人工费	0	
7	冬季施工费	分部分项计费人工费+定额措施计费人工费	0	
8	检验试验费	分部分项计费人工费+定额措施计费人工费	2	3 322.55
9	室内空气污染测试费	根据实际情况确定	4	6 645.09
10	地上、地下设施,建(构)筑物的临时保护设施费	根据实际情况确定		
11	赶工施工费			
合　计				11 213.6

清单投标报价表-08

表 2-6-58　定额措施项目清单报价表

工程名称:综合楼装饰装修工程

序号	项目名称	计量单位	金额/元	备注
1	暂列金额	元		明细详见表
2	暂估价	元		
2.1	材料暂估价	元		明细详见表
2.2	专业工程暂估价	元		明细详见表
3	计日工	元		明细详见表
4	总承包服务费	元		明细详见表
合　计				

注:材料暂估单价进入清单项目综合单价,此处不汇总。

表 2-6-59　安全文明施工费报价表

工程名称:综合楼装饰装修工程　　第1页　共1页

序号	项 目 名 称	金额/元
1	环境保护等五项费用	10 351.02
2	脚手架费	2 140.59
合　计		12 491.61

注:投标人按招标人提供的安全文明施工费计入投标报价中。　　定额投标报价表-16

表2-6-60 脚手架明细表

工程名称:综合楼装饰装修工程 第1页 共1页

序号	编码	名 称	单位	单价	合价
1	借11-41	满堂脚手架 基本层	100 m^2	738.21	2 140.59
合 计					2 140.59

表2-6-61 规费、税金报价表

工程名称:综合楼装饰装修工程 第1页 共1页

序号	项目名称	计算基础	费率/%	金额/元
1	规费			41 984.5
1.1	养老保险费	分部分项工程费+措施费+其他费用	2.86	27 667.2
1.2	医疗保险费		0.45	4 353.23
1.3	失业保险费		0.15	1 451.08
1.4	工伤保险费		0.17	1 644.55
1.5	生育保险费		0.09	870.65
1.6	住房公积金		0.48	4 643.45
1.7	危险作业意外伤害保险费		0.09	870.65
1.8	工程排污费(包括固体废物及危险废物排污、噪声超标排污)		0.05	483.69
小 计				41 984.5
2	税金	分部分项工程费+措施费+其他费用+安全文明施工费+规费	3.44	35 152.01
合 计				77 136.51

注:投标人应按招标人提供的规费计入投标报价中。 清单投标报价表-18

表 2－6－62　分部分项工程量清单综合单价分析表

工程名称：综合楼装饰装修工程　　第 1 页　共 49 页

项目编码	020101001001			项目名称				水泥砂浆楼地面(4～6 层客房)								计量单位		m^2	
综合单价组成明细																			
定额编号	定额名称	定额单位	数量	单价/元								合价/元							
				人工费	人工差价费	材料费	材料风险费	机械费	机械风险费	企业管理费	利润	人工费	人工费价差	材料费	材料风险费	机械费	机械风险费	企业管理费	利润
1－1	水泥砂浆地面	100 m^2	0.01	544.31		625.57	31.28	39.29	1.18	70.76	163.29	5.44		6.26	0.31	0.39	0.01	0.71	1.63
1－323 换	水泥砂浆找平层砼上 10 mm	100 m^2	0.01	263.94		289.89	14.49	10.07	0.3	34.31	79.18	2.64		2.90	0.14	0.10		0.34	0.79
1－92	楼地面地毯不固定	100 m^2	0.010 1	901.00		4 344.5	217.23			117.13	270.3	9.07		43.71	2.19			1.18	2.72
人工单价		小计										17.15		52.87	2.64	0.49	0.01	2.23	5.14
综合工日 53 元/工日		未计价材料费																	
清单项目综合单价/元												80.54							

材料费明细	主要材料名称、规格、型号	单位	数量	单价/元	合价/元	暂估单价/元	暂估合价/元
	砂(净中砂)	m^3	0.030 8	64.12	1.98		
	水泥 32.5 MPa	kg	16.915 4	0.39	6.60		
	地毯	m^2	1.036 4	40.88	42.37		
	其他材料费			—	1.93	—	
	材料风险费			—	2.64	—	—
	材料费小计			—	55.51	—	

清单投标报价表－19

表 2-6-62　分部分项工程量清单综合单价分析表(续)

工程名称:综合楼装饰装修工程　　　　第2页　共49页

项目编码		020102001001		项目名称				石材楼地面(餐厅、梯间)								计量单位		m²	
综合单价组成明细																			
定额编号	定额名称	定额单位	数量	单价/元								合价/元							
				人工费	人工差价费	材料费	材料风险费	机械费	机械风险费	企业管理费	利润	人工费	人工费价差	材料费	材料风险费	机械费	机械风险费	企业管理费	利润
1-18换	理石地面周长3 200 mm以内多色水砂	100 m²	0.01	1 332.42		18 930.58	946.53	8.60	0.26	173.21	399.73	13.35		189.70	9.49	0.09		1.74	4.01
1-323	水泥砂浆找平砼20 mm现拌	100 m²	0.01	413.40		520.35	26.02	20.15	0.60	53.74	124.02	4.13		5.20	0.26	0.20	0.01	0.54	1.24
1-320	混凝土垫层现拌混凝土	10 m³	0.006	649.25		1 639.31	81.97	156.71	4.70	84.40	194.78	3.90		9.84	0.49	0.94	0.03	0.51	1.17
人工单价		小计										21.38		204.74	10.24	1.23	0.04	2.79	6.42
综合工日53元/工日		未计价材料费																	
清单项目综合单价/元														246.82					
材料费明细	主要材料名称、规格、型号								单位	数量		单价/元		合价/元		暂估单价/元		暂估合价/元	
	砂(净中砂)								m³	0.041 2		64.12		2.64					
	水泥32.5 MPa								kg	32.824 5		0.39		12.80					
	大理石板500 mm×500 mm								m²	1.022 1		180.00		183.98					
	其他材料费											—		5.32		—			
	材料风险费											—		10.24		—		—	
	材料费小计											—		214.98		—			

清单投标报价表-19

表 2-6-62 分部分项工程量清单综合单价分析表(续)

工程名称:综合楼装饰装修工程　　　　第 3 页　共 49 页

项目编码	020102001002	项目名称		石材楼地面(厨房等)												计量单位		m²	
综合单价组成明细																			
定额编号	定额名称	定额单位	数量	单价/元								合价/元							
				人工费	人工差价费	材料费	材料风险费	机械费	机械风险费	企业管理费	利润	人工费	人工费价差	材料费	材料风险费	机械费	机械风险费	企业管理费	利润
1-18 换	理石楼地面周长 3 200 mm 以内多色 水泥砂浆	100 m²	0.01	1 332.42		15 613.54	780.68	8.60	0.26	173.21	399.73	13.32		156.14	7.81	0.09		1.73	4.00
1-323	水泥砂浆找平砼上 20 mm	100 m²	0.01	413.40		520.35	26.02	20.15	0.60	53.74	124.02	4.13		5.20	0.26	0.20	0.01	0.54	1.24
1-320	混凝土垫层现拌混凝土	10 m³	0.006	649.25		1 639.31	81.97	156.71	4.70	84.40	194.78	3.90		9.84	0.49	0.94	0.03	0.51	1.17
人工单价		小计										21.35		171.18	8.56	1.23	0.04	2.78	6.41
综合工日 53 元/工日		未计价材料费																	
清单项目综合单价/元												211.53							

材料费明细	主要材料名称、规格、型号	单位	数量	单价/元	合价/元	暂估单价/元	暂估合价/元
	砂(净中砂)	m³	0.041 2	64.12	2.64		
	水泥 32.5 MPa	kg	32.824 5	0.39	12.80		
	大理石板 500 mm×500 mm	m²	1.02	147.48	150.43		
	其他材料费			—	5.30	—	
	材料风险费			—	8.56	—	—
	材料费小计			—	179.73	—	

清单投标报价表-19

表 2-6-62　分部分项工程量清单综合单价分析表(续)

工程名称:综合楼装饰装修工程

第4页　共49页

项目编码	020102001003	项目名称		石材楼地面(2-3层客房、走廊)												计量单位		m²	
综合单价组成明细																			
定额编号	定额名称	定额单位	数量	单价/元								合价/元							
				人工费	人工差价费	材料费	材料风险费	机械费	机械风险费	企业管理费	利润	人工费	人工费价差	材料费	材料风险费	机械费	机械风险费	企业管理费	利润
1-18换	理石地面周长3 200 mm以内多色【干硬性水砂】	100 m²	0.010 2	1 332.42		18 930.58	946.53	8.6	0.26	173.21	399.73	13.56		192.71	9.64	0.09		1.76	4.07
1-320	混凝土垫层现拌混凝土	10 m³	0.006	649.25		1 639.31	81.97	156.71	4.70	84.4	194.78	3.90		9.84	0.49	0.94	0.03	0.51	1.17
1-323换	水砂找平层砼上10 mm	100 m²	0.01	263.94		289.89	14.49	10.07	0.30	34.31	79.18	2.64		2.90	0.14	0.10		0.34	0.79
人工单价		小计										20.10		205.45	10.27	1.13	0.03	2.61	6.03
综合工日53元/工日		未计价材料费																	
清单项目综合单价/元												245.62							

材料费明细	主要材料名称、规格、型号	单位	数量	单价/元	合价/元	暂估单价/元	暂估合价/元
	砂(净中砂)	m³	0.031 2	64.12	2.00		
	水泥32.5 MPa	kg	28.845 7	0.39	11.25		
	大理石板500 mm×500 mm	m²	1.038 4	180.00	186.91		
	其他材料费			—	5.29	—	
	材料风险费			—	10.27	—	—
	材料费小计			—	215.72	—	

清单投标报价表-19

表 2-6-62 分部分项工程量清单综合单价分析表(续)

工程名称:综合楼装饰装修工程　　　　第 5 页　共 49 页

项目编码	020102002001	项目名称	块料楼地面(1 层卫生间)	计量单位	m^2

综合单价组成明细

定额编号	定额名称	定额单位	数量	单价/元 人工费	人工差价费	材料费	材料风险费	机械费	机械风险费	企业管理费	利润	合价/元 人工费	人工费价差	材料费	材料风险费	机械费	机械风险费	企业管理费	利润
1-55 换	陶瓷地砖周长(mm)1200 以内【干硬性水泥砂浆】	100 m^2	0.010 1	1 529.05		4 307.36	215.37	7.73	0.23	198.78	458.72	15.37		43.30	2.17	0.08		2.00	4.61
1-323	水砂找平层砼上 20 mm	100 m^2	0.01	413.4		520.35	26.02	20.15	0.60	53.74	124.02	4.13		5.20	0.26	0.20	0.01	0.54	1.24
1-320	混凝土垫层现拌混凝土	10 m^3	0.006	649.25		1 639.31	81.97	156.71	4.70	84.40	194.78	3.90		9.84	0.49	0.94	0.03	0.51	1.17
人工单价		小计										23.40		58.34	2.92	1.22	0.04	3.05	7.02
综合工日 53 元/工日		未计价材料费																	
清单项目综合单价/元												95.98							

材料费明细	主要材料名称、规格、型号	单位	数量	单价/元	合价/元	暂估单价/元	暂估合价/元
	砂(净中砂)	m^3	0.041 3	64.12	2.65		
	水泥 32.5 MPa	kg	32.865 1	0.39	12.82		
	其他材料费			—	42.87	—	
	材料风险费			—	2.92	—	—
	材料费小计			—	61.26	—	

表 2-6-62　分部分项工程量清单综合单价分析表(续)

工程名称:综合楼装饰装修工程　　　　第 6 页　共 49 页

项目编码	020102002002	项目名称		块料楼地面(2-6层卫生间)												计量单位		m²	
综合单价组成明细																			
定额编号	定额名称	定额单位	数量	单价/元								合价/元							
				人工费	人工差价费	材料费	材料风险费	机械费	机械风险费	企业管理费	利润	人工费	人工费价差	材料费	材料风险费	机械费	机械风险费	企业管理费	利润
1-55换	陶瓷地砖周长(mm)1 200 以内【干硬性水泥砂浆】	100 m²	0.010 1	1 529.05		4 307.36	215.37	7.73	0.23	198.78	458.72	15.37		43.30	2.16	0.08		2.00	4.61
1-323	水泥砂浆找平层砼上 20 mm	100 m²	0.01	413.4		520.35	26.02	20.15	0.60	53.74	124.02	4.13		5.20	0.26	0.20	0.01	0.54	1.24
人工单价		小计										19.50		48.50	2.42	0.28	0.01	2.54	5.85
综合工日 53 元/工日		未计价材料费																	
清单项目综合单价/元												79.11							
材料费明细	主要材料名称、规格、型号								单位	数量		单价/元		合价/元		暂估单价/元		暂估合价/元	
	砂(净中砂)								m³	0.041 3		64.12		2.65					
	水泥 32.5 MPa								kg	19.461		0.39		7.59					
	其他材料费											—		38.26		—			
	材料风险费											—		2.43		—		—	
	材料费小计											—		50.93		—			

清单投标报价表-19

表 2－6－62　分部分项工程量清单综合单价分析表(续)

工程名称:综合楼装饰装修工程　　　　第 7 页　共 49 页

项目编码	020105002001	项目名称	石材踢脚线														计量单位		m^2
综合单价组成明细																			
定额编号	定额名称	定额单位	数量	单价/元								合价/元							
				人工费	人工差价费	材料费	材料风险费	机械费	机械风险费	企业管理费	利润	人工费	人工费价差	材料费	材料风险费	机械费	机械风险费	企业管理费	利润
1－152	大理石踢脚线直线形	100 m^2	0.008 9	2 356.91		12 934.58	646.73	8.60	0.26	306.40	707.07	20.87		114.56	5.73	0.08		2.71	6.26
人工单价		小计										20.87		114.56	5.73	0.08		2.71	6.26
综合工日 53 元/工日		未计价材料费																	
清单项目综合单价/元												150.21							

材料费明细	主要材料名称、规格、型号	单位	数量	单价/元	合价/元	暂估单价/元	暂估合价/元
	砂(净中砂)	m^3	0.010 2	64.12	0.65		
	水泥 32.5 MPa	kg	7.874 4	0.39	3.07		
	大理石板	m^2	0.903 4	122.05	110.26		
	其他材料费			—	0.58	—	—
	材料风险费			—	5.73	—	—
	材料费小计			—	120.29	—	

清单投标报价表－19

表 2-6-62　分部分项工程量清单综合单价分析表(续)

工程名称:综合楼装饰装修工程　　　　第8页　共49页

<table>
<tr><td colspan="2">项目编码</td><td colspan="2">020105002002</td><td colspan="4">项目名称</td><td colspan="8">石材踢脚线(餐厅)</td><td colspan="2">计量单位</td><td colspan="2">m^2</td></tr>
<tr><td colspan="20">综合单价组成明细</td></tr>
<tr><td rowspan="2">定额编号</td><td rowspan="2">定额名称</td><td rowspan="2">定额单位</td><td rowspan="2">数量</td><td colspan="8">单价/元</td><td colspan="8">合价/元</td></tr>
<tr><td>人工费</td><td>人工差价费</td><td>材料费</td><td>材料风险费</td><td>机械费</td><td>机械风险费</td><td>企业管理费</td><td>利润</td><td>人工费</td><td>人工费价差</td><td>材料费</td><td>材料风险费</td><td>机械费</td><td>机械风险费</td><td>企业管理费</td><td>利润</td></tr>
<tr><td>1-152</td><td>理石踢脚线直线形</td><td>100 m^2</td><td>0.008 1</td><td>2 356.91</td><td></td><td>18 845.48</td><td>942.27</td><td>8.60</td><td>0.26</td><td>306.4</td><td>707.07</td><td>19.19</td><td></td><td>153.43</td><td>7.67</td><td>0.07</td><td></td><td>2.49</td><td>5.76</td></tr>
<tr><td colspan="2">人工单价</td><td colspan="10">小计</td><td>19.19</td><td></td><td>153.43</td><td>7.67</td><td>0.07</td><td></td><td>2.49</td><td>5.76</td></tr>
<tr><td colspan="2">综合工日 53 元/工日</td><td colspan="10">未计价材料费</td><td colspan="8"></td></tr>
<tr><td colspan="12">清单项目综合单价/元</td><td colspan="8">188.61</td></tr>
<tr><td rowspan="4">材料费明细</td><td colspan="8">主要材料名称、规格、型号</td><td>单位</td><td colspan="2">数量</td><td colspan="2">单价/元</td><td colspan="2">合价/元</td><td colspan="2">暂估单价/元</td><td colspan="2">暂估合价/元</td></tr>
<tr><td colspan="8">砂(净中砂)</td><td>m^3</td><td colspan="2">0.009 4</td><td colspan="2">64.12</td><td colspan="2">0.60</td><td colspan="2"></td><td colspan="2"></td></tr>
<tr><td colspan="8">水泥 32.5 MPa</td><td>kg</td><td colspan="2">7.236 3</td><td colspan="2">0.39</td><td colspan="2">2.82</td><td colspan="2"></td><td colspan="2"></td></tr>
<tr><td colspan="11">其他材料费</td><td colspan="2">—</td><td colspan="2">150.00</td><td colspan="2">—</td><td colspan="2"></td></tr>
<tr><td></td><td colspan="11">材料风险费</td><td colspan="2">—</td><td colspan="2">7.67</td><td colspan="2">—</td><td colspan="2">—</td></tr>
<tr><td></td><td colspan="11">材料费小计</td><td colspan="2">—</td><td colspan="2">161.1</td><td colspan="2">—</td><td colspan="2"></td></tr>
</table>

清单投标报价表-19

表 2-6-62　分部分项工程量清单综合单价分析表(续)

工程名称:综合楼装饰装修工程　　　　第9页　共49页

项目编码	020105001001	项目名称		水泥砂浆踢脚线												计量单位		m²	
综合单价组成明细																			
定额编号	定额名称	定额单位	数量	单价/元								合价/元							
				人工费	人工差价费	材料费	材料风险费	机械费	机械风险费	企业管理费	利润	人工费	人工费价差	材料费	材料风险费	机械费	机械风险费	企业管理费	利润
1-150	水泥砂浆踢脚线底 12 mm 面 8 mm	100 m²	0.01	1 777.09		500.37	25.02	20.15	0.60	231.02	533.13	17.77		5.00	0.25	0.20	0.01	2.31	5.33
人工单价		小计										17.77		5.00	0.25	0.20	0.01	2.31	5.33
综合工日 53 元/工日		未计价材料费																	
清单项目综合单价/元												30.87							

材料费明细	主要材料名称、规格、型号	单位	数量	单价/元	合价/元	暂估单价/元	暂估合价/元
	砂(净中砂)	m³	0.020 6	64.12	1.32		
	水泥 32.5 MPa	kg	8.857 3	0.39	3.45		
	其他材料费			—	0.22	—	
	材料风险费			—	0.25	—	—
	材料费小计			—	5.25	—	

清单投标报价表-19

表 2-6-62　分部分项工程量清单综合单价分析表(续)

工程名称:综合楼装饰装修工程　　　　第10页　共49页

项目编码		020107001001		项目名称				金属扶手带栏杆、栏板								计量单位		m	
综合单价组成明细																			
定额编号	定额名称	定额单位	数量	单价/元								合价/元							
				人工费	人工差价费	材料费	材料风险费	机械费	机械风险费	企业管理费	利润	人工费	人工费价差	材料费	材料风险费	机械费	机械风险费	企业管理费	利润
1-202	不锈钢管栏杆 直线型 其他	10 m	0.1	278.78		3 941.75	197.09	74.46	2.23	36.24	83.63	27.88		394.18	19.71	7.45	0.22	3.62	8.36
1-229	不锈钢扶手 直形 ϕ60 mm	10 m	0.1	55.12		426.41	21.32	29.62	0.89	7.17	16.54	5.51		42.64	2.13	2.96	0.09	0.72	1.65
人工单价		小计										33.39		436.82	21.84	10.41	0.31	4.34	10.01
综合工日 53 元/工日		未计价材料费																	
清单项目综合单价/元												517.12							
材料费明细	主要材料名称、规格、型号								单位	数量		单价/元		合价/元		暂估单价/元		暂估合价/元	
	不锈钢管 $\phi 32 \times 1.5$								m	8.55		16.51		141.16					
	不锈钢法兰 ϕ59								个	5.771		35.77		206.43					
	其他材料费											—		89.23		—			
	材料风险费											—		21.84		—		—	
	材料费小计											—		458.66		—			

清单投标报价表-19

表 2-6-62　分部分项工程量清单综合单价分析表(续)

工程名称:综合楼装饰装修工程　　　　第 11 页　共 49 页

项目编码	020106001001	项目名称		石材楼梯面层												计量单位		m²	
综合单价组成明细																			
定额编号	定额名称	定额单位	数量	单价/元								合价/元							
				人工费	人工差价费	材料费	材料风险费	机械费	机械风险费	企业管理费	利润	人工费	人工费价差	材料费	材料风险费	机械费	机械风险费	企业管理费	利润
1-169	大理石楼梯	100 m²	0.01	3 434.4		18 577.91	928.90	35.69	1.07	446.47	1 030.32	34.34		185.78	9.29	0.36	0.01	4.46	10.3
1-288	零星项目大理石	100 m²	0.000 7	3 138.13		13 648.38	682.42	38.91	1.17	407.96	941.44	2.24		9.75	0.49	0.03		0.29	0.67
人工单价		小计										36.58		195.53	9.78	0.39	0.01	4.75	10.97
综合工日 53 元/工日		未计价材料费																	
清单项目综合单价/元												258.02							

材料费明细	主要材料名称、规格、型号	单位	数量	单价/元	合价/元	暂估单价/元	暂估合价/元
	砂(净中砂)	m³	0.029 6	64.12	1.90		
	水泥 32.5 MPa	kg	16.386 5	0.39	6.39		
	大理石板	m²	1.522 7	122.05	185.85		
	其他材料费			—	1.40	—	
	材料风险费			—	9.78	—	—
	材料费小计			—	205.31	—	

清单投标报价表-19

表 2-6-62　分部分项工程量清单综合单价分析表(续)

工程名称:综合楼装饰装修工程　　　　第 12 页　共 49 页

项目编码	020108001001	项目名称		石材台阶面												计量单位		m^2	
综合单价组成明细																			
定额编号	定额名称	定额单位	数量	单价/元								合价/元							
				人工费	人工差价费	材料费	材料风险费	机械费	机械风险费	企业管理费	利润	人工费	人工费价差	材料费	材料风险费	机械费	机械风险费	企业管理费	利润
1-18 换	理石台阶地面周长 3 200 mm 以内【干硬性水泥砂浆】	100 m^2	0.004 2	1 332.42		18 930.58	946.53	8.60	0.26	173.21	399.73	5.63		79.93	4.00	0.04		0.73	1.69
1-323	水泥砂浆找平层砼上 20 mm	100 m^2	0.01	413.4		520.35	26.02	20.15	0.60	53.74	124.02	4.13		5.20	0.26	0.2	0.01	0.54	1.24
1-320	混凝土垫层 现拌混凝土	10 m^3	0.004 2	649.25		1 639.31	81.97	156.71	4.70	84.40	194.78	2.74		6.92	0.35	0.66	0.02	0.36	0.82
1-311	碎砖垫层灌浆	10 m^3	0.027 7	583.00		798.80	39.94	28.62	0.86	75.79	174.9	16.12		22.09	1.10	0.79	0.02	2.1	4.84
1-305	砂垫层	10 m^3	0.03	246.98		642.39	32.12	4.59	0.14	32.11	74.09	7.42		19.3	0.96	0.14		0.96	2.23
2-247	大理石零星项目　粘贴	100 m^2	0.000 7	3 370.8		14 147.08	707.35	22.99	0.69	438.20	1 011.24	2.25		9.43	0.47	0.02		0.29	0.67
人工单价		小计										38.29		142.87	7.14	1.85	0.05	4.98	11.49
综合工日 53 元/工日		未计价材料费																	
清单项目综合单价/元												206.67							

材料费明细	主要材料名称、规格、型号	单位	数量	单价/元	合价/元	暂估单价/元	暂估合价/元
	砂(净中砂)	m^3	0.083 8	64.12	5.38		
	水泥 32.5 MPa	kg	35.555 9	0.39	13.87		
	大理石板 500 mm×500 mm	m^2	0.430 7	180.00	77.53		
	其他材料费			—	37.47	—	
	材料风险费			—	7.14	—	—
	材料费小计			—	150.01	—	—

清单投标报价表-19

表 2-6-62 分部分项工程量清单综合单价分析表(续)

工程名称:综合楼装饰装修工程 第 13 页 共 49 页

项目编码	020201001001	项目名称		墙面一般抹灰涂料(外墙面)												计量单位		m^2	
综合单价组成明细																			
定额编号	定额名称	定额单位	数量	单价/元								合价/元							
				人工费	人工差价费	材料费	材料风险费	机械费	机械风险费	企业管理费	利润	人工费	人工费价差	材料费	材料风险费	机械费	机械风险费	企业管理费	利润
2-29 换	墙面抹水泥砂浆砖墙 14 + 6 mm需嵌缝起线	100 m^2	0.01	873.97		595.81	29.79	23.17	0.70	113.62	262.19	8.74		5.96	0.30	0.23	0.01	1.14	2.62
5-127	外墙涂料二遍	100 m^2	0.010 9	364.64		959.50	47.98			47.40	109.39	3.97		10.43	0.52			0.52	1.19
人工单价		小计										12.71		16.39	0.82	0.23	0.01	1.66	3.81
综合工日 53 元/工日		未计价材料费																	
清单项目综合单价/元												35.62							

材料费明细	主要材料名称、规格、型号	单位	数量	单价/元	合价/元	暂估单价/元	暂估合价/元
	砂(净中砂)	m^3	0.023 6	64.12	1.51		
	水泥 32.5 MPa	kg	9.937 5	0.39	3.88		
	外墙涂料	kg	1.087 4	9.50	10.33		
	其他材料费			—	0.67	—	
	材料风险费			—	0.82	—	—
	材料费小计			—	17.21	—	

清单投标报价表-19

表 2-6-62 分部分项工程量清单综合单价分析表(续)

工程名称:综合楼装饰装修工程　　　　第 14 页　共 49 页

项目编码	020201001002	项目名称	墙面一般抹灰(内墙面)	计量单位	m^2

综合单价组成明细

定额编号	定额名称	定额单位	数量	单价/元 人工费	人工差价费	材料费	材料风险费	机械费	机械风险费	企业管理费	利润	合价/元 人工费	人工费价差	材料费	材料风险费	机械费	机械风险费	企业管理费	利润
2-41	墙面抹混合砂浆砖墙 14 + 6 mm	100 m^2	0.010 1	727.69		458.59	22.93	23.17	0.70	94.60	218.31	7.34		4.63	0.23	0.23	0.01	0.95	2.2
5-125	内墙涂料二遍	100 m^2	0.0102	210.41		180.68	9.03			27.35	63.12	2.15		1.85	0.09			0.28	0.65
人工单价		小计										9.49		6.48	0.32	0.23	0.01	1.23	2.85
综合工日 53 元/工日		未计价材料费																	
清单项目综合单价/元												20.62							

材料费明细	主要材料名称、规格、型号	单位	数量	单价/元	合价/元	暂估单价/元	暂估合价/元
	砂(净中砂)	m^3	0.023 4	64.12	1.5		
	水泥 32.5 MPa	kg	5.338 9	0.39	2.08		
	乳胶漆	kg	0.290 1	6.31	1.83		
	其他材料费			—	1.07	—	
	材料风险费			—	0.32	—	—
	材料费小计			—	6.80	—	

清单投标报价表-19

表 2-6-62 分部分项工程量清单综合单价分析表(续)

工程名称:综合楼装饰装修工程　　　　第 15 页　共 49 页

项目编码	020204001001	项目名称		石材墙面(餐厅)												计量单位		m²	
综合单价组成明细																			
定额编号	定额名称	定额单位	数量	单价/元								合价/元							
				人工费	人工差价费	材料费	材料风险费	机械费	机械风险费	企业管理费	利润	人工费	人工费价差	材料费	材料风险费	机械费	机械风险费	企业管理费	利润
2-126	粘贴大理石砖墙面	100 m²	0.010 2	3 039.02		13 129.21	656.46	20.89	0.63	395.07	911.71	31.08		134.29	6.71	0.21	0.01	4.04	9.33
2-408	现场倒角 45°石材	100 m	0.002 8	57.24		50.25	2.51	4.20	0.13	7.44	17.17	0.16		0.14	0.01	0.01		0.02	0.05
人工单价		小计										31.24		134.43	6.72	0.22	0.01	4.06	9.38
综合工日 53 元/工日		未计价材料费																	
清单项目综合单价/元												186.07							

材料费明细	主要材料名称、规格、型号	单位	数量	单价/元	合价/元	暂估单价/元	暂估合价/元
	砂(净中砂)	m³	0.021 1	64.12	1.35		
	水泥 32.5 MPa	kg	8.963 1	0.39	3.50		
	大理石板	m²	1.043 3	122.05	127.33		
	其他材料费			—	2.75	—	
	材料风险费			—	6.72	—	—
	材料费小计			—	141.15	—	

清单投标报价表-19

表 2-6-62　分部分项工程量清单综合单价分析表(续)

工程名称:综合楼装饰装修工程　　　　第16页　共49页

项目编码	020204003001	项目名称		块料墙面外墙												计量单位		m^2	
综合单价组成明细																			
定额编号	定额名称	定额单位	数量	单价/元								合价/元							
				人工费	人工差价费	材料费	材料风险费	机械费	机械风险费	企业管理费	利润	人工费	人工费价差	材料费	材料风险费	机械费	机械风险费	企业管理费	利润
2-173	粘贴外墙砖周长 800 mm 以内缝(mm)10 以内	100 m^2	0.01	2 749.11		3 918.30	195.92	5.94	0.18	357.38	824.73	27.49		39.18	1.96	0.06		3.57	8.25
2-407	现场倒 45° 角墙砖	100 m	0.0007	43.99		36.80	1.84	3.64	0.11	5.72	13.20	0.03		0.03					0.01
人工单价		小计										27.52		39.21	1.96	0.06		3.57	8.26
综合工日 53 元/工日		未计价材料费																	
清单项目综合单价/元												80.59							

材料费明细	主要材料名称、规格、型号	单位	数量	单价/元	合价/元	暂估单价/元	暂估合价/元
	砂(净中砂)	m^3	0.023 4	64.12	1.50		
	水泥 32.5 MPa	kg	11.658 1	0.39	4.55		
	墙面砖 240 mm×60 mm	m^2	0.889 1	36.61	32.55		
	其他材料费			—	0.061	—	
	材料风险费			—	1.96	—	—
	材料费小计			—	41.17	—	

清单投标报价表-19

表 2-6-62　分部分项工程量清单综合单价分析表(续)

工程名称:综合楼装饰装修工程　　　　第 17 页　共 49 页

项目编码	020204003002	项目名称		块料墙面(卫生间、厨房)												计量单位		m²	
综合单价组成明细																			
定额编号	定额名称	定额单位	数量	单价/元								合价/元							
				人工费	人工差价费	材料费	材料风险费	机械费	机械风险费	企业管理费	利润	人工费	人工费价差	材料费	材料风险费	机械费	机械风险费	企业管理费	利润
2-159	粘贴内墙砖周长 16 00 mm 以内	100 m²	0.01	2 269.99		4 419.78	220.99	7.68	0.23	295.1	681.00	22.70		44.20	2.21	0.08		2.95	6.81
人工单价		小计										22.70		44.20	2.21	0.08		2.95	6.81
综合工日 53 元/工日		未计价材料费																	
清单项目综合单价/元												78.95							
材料费明细	主要材料名称、规格、型号								单位	数量		单价/元		合价/元		暂估单价/元		暂估合价/元	
	砂(净中砂)								m³	0.022 1		64.12		1.42					
	水泥 32.5 MPa								kg	9.967 3		0.39		3.89					
	大理石板 400 mm×400 mm								m²	1.04		36.61		38.07					
	其他材料费											—		0.82		—			
	材料风险费											—		2.21		—		—	
	材料费小计											—		46.41		—			

清单投标报价表-19

表 2 - 6 - 62　分部分项工程量清单综合单价分析表(续)

工程名称:综合楼装饰装修工程　　　　第 18 页　共 49 页

项目编码	020205001001			项目名称				石材柱面								计量单位		m^2	
综合单价组成明细																			
定额编号	定额名称	定额单位	数量	单价/元								合价/元							
				人工费	人工差价费	材料费	材料风险费	机械费	机械风险费	企业管理费	利润	人工费	人工费价差	材料费	材料风险费	机械费	机械风险费	企业管理费	利润
2 - 189	挂贴大理石混凝土柱	100 m^2	0.01	5 823.64		16 648.75	832.44	255.95	7.68	757.07	1 747.09	58.24		166.49	8.32	2.56	0.08	7.57	17.47
2 - 332	柱面轻钢龙骨单向 00 mm	100 m^2	0.01	490.25		1981.86	99.09			63.73	147.08	4.90		19.82	0.99			0.64	1.47
2 - 408	现场倒 45°角石材	100 m	0.026	57.24		50.25	2.51	4.20	0.13	7.44	17.17	1.49		1.31	0.07	0.11		0.19	0.45
人工单价		小计										64.63		187.62	9.38	2.67	0.08	8.4	19.39
综合工日 53 元/工日		未计价材料费																	
清单项目综合单价/元												292.16							
材料费明细	主要材料名称、规格、型号								单位	数量		单价/元		合价/元		暂估单价/元		暂估合价/元	
	砂(净中砂)								m^3	0.040 1		64.12		2.57					
	水泥 32.5 MPa								kg	20.648 1		0.39		8.05					
	大理石板 500 mm×500 mm								m^2	1.06		122.05		129.37					
	其他材料费											—		47.61		—			
	材料风险费											—		9.38		—		—	
	材料费小计											—		196.99		—			

清单投标报价表 - 19

表 2 -6 -62　分部分项工程量清单综合单价分析表(续)

工程名称:综合楼装饰装修工程　　　　第 19 页　共 49 页

项目编码		020203001001		项目名称				零星项目一般抹灰(压顶等)								计量单位		m^2	
综合单价组成明细																			
定额编号	定额名称	定额单位	数量	单价/元								合价/元							
				人工费	人工差价费	材料费	材料风险费	机械费	机械风险费	企业管理费	利润	人工费	人工费价差	材料费	材料风险费	机械费	机械风险费	企业管理费	利润
2 -116	零星抹灰水泥砂浆	100 m^2	0.01	3 477.86		597.29	29.86	22.16	0.66	452.12	1 043.36	34.78		5.97	0.30	0.22	0.01	4.52	10.43
人工单价		小计										34.78		5.97	0.30	0.22	0.01	4.52	10.43
综合工日 53 元/工日		未计价材料费																	
清单项目综合单价/元												56.23							
材料费明细	主要材料名称、规格、型号								单位	数量		单价/元		合价/元		暂估单价/元		暂估合价/元	
	砂(净中砂)								m^3	0.022 6		64.12		1.45					
	水泥 32.5 MPa								kg	11.064 9		0.39		4.32					
	其他材料费											—		0.20		—			
	材料风险费											—		0.30		—		—	
	材料费小计											—		6.27		—			

清单投标报价表 -19

表 2-6-62　分部分项工程量清单综合单价分析表(续)

工程名称:综合楼装饰装修工程

第 20 页　共 49 页

<table>
<tr><td colspan="2">项目编码</td><td colspan="2">020209001001</td><td colspan="4">项目名称</td><td colspan="8">隔断</td><td colspan="2">计量单位</td><td colspan="2">m^2</td></tr>
<tr><td colspan="20">综合单价组成明细</td></tr>
<tr><td rowspan="2">定额编号</td><td rowspan="2">定额名称</td><td rowspan="2">定额单位</td><td rowspan="2">数量</td><td colspan="8">单价/元</td><td colspan="8">合价/元</td></tr>
<tr><td>人工费</td><td>人工差价费</td><td>材料费</td><td>材料风险费</td><td>机械费</td><td>机械风险费</td><td>企业管理费</td><td>利润</td><td>人工费</td><td>人工费价差</td><td>材料费</td><td>材料风险费</td><td>机械费</td><td>机械风险费</td><td>企业管理费</td><td>利润</td></tr>
<tr><td>2-399 换</td><td>浴厕隔断 成品隔断</td><td>100</td><td>0.01</td><td>583.00</td><td></td><td>28 084.00</td><td>1 404.20</td><td>45.79</td><td>1.37</td><td>75.79</td><td>174.90</td><td>5.83</td><td></td><td>280.84</td><td>14.04</td><td>0.46</td><td>0.01</td><td>0.76</td><td>1.75</td></tr>
<tr><td colspan="2">人工单价</td><td colspan="10">小计</td><td>5.83</td><td></td><td>280.84</td><td>14.04</td><td>0.46</td><td>0.01</td><td>0.76</td><td>1.75</td></tr>
<tr><td colspan="2">综合工日 53 元/工日</td><td colspan="10">未计价材料费</td><td colspan="8">280</td></tr>
<tr><td colspan="12">清单项目综合单价/元</td><td colspan="8">303.69</td></tr>
<tr><td rowspan="5">材料费明细</td><td colspan="8">主要材料名称、规格、型号</td><td>单位</td><td colspan="2">数量</td><td colspan="2">单价/元</td><td colspan="2">合价/元</td><td colspan="2">暂估单价/元</td><td colspan="2">暂估合价/元</td></tr>
<tr><td colspan="8">成品隔断</td><td>m^2</td><td colspan="2">1</td><td colspan="2">280.00</td><td colspan="2">280.00</td><td colspan="2"></td><td colspan="2"></td></tr>
<tr><td colspan="11">其他材料费</td><td colspan="2">—</td><td colspan="2">0.84</td><td colspan="2">—</td><td colspan="2"></td></tr>
<tr><td colspan="11">材料风险费</td><td colspan="2">—</td><td colspan="2">14.04</td><td colspan="2">—</td><td colspan="2">—</td></tr>
<tr><td colspan="11">材料费小计</td><td colspan="2">—</td><td colspan="2">294.88</td><td colspan="2">—</td><td colspan="2"></td></tr>
</table>

清单投标报价表-19

表 2-6-62 分部分项工程量清单综合单价分析表(续)

工程名称:综合楼装饰装修工程　　　　　　　　　　　　　　　　　　第 21 页 共 49 页

项目编码		020301001001		项目名称				天棚抹灰(混合砂浆)								计量单位		m^2	
综合单价组成明细																			
定额编号	定额名称	定额单位	数量	单价/元								合价/元							
				人工费	人工差价费	材料费	材料风险费	机械费	机械风险费	企业管理费	利润	人工费	人工费价差	材料费	材料风险费	机械费	机械风险费	企业管理费	利润
3-5	混凝土天棚抹混合砂浆	100 m^2	0.01	862.84		646.62	32.33	24.18	0.73	112.17	258.85	8.63		6.47	0.32	0.24	0.01	1.12	2.59
5-125	内墙涂料	100 m^2	0.01	210.41		180.68	9.03			27.35	63.12	2.10		1.81	0.09			0.27	0.63
人工单价				小计								10.73		8.28	0.41	0.24	0.01	1.39	3.22
综合工日 53 元/工日				未计价材料费															
清单项目综合单价/元												24.28							
材料费明细	主要材料名称、规格、型号								单位	数量		单价/元		合价/元		暂估单价/元		暂估合价/元	
	砂(净中砂)								m^3	0.019 8		64.12		1.27					
	水泥 32.5 MPa								kg	8.620 5		0.39		3.36					
	乳胶漆								kg	0.283 5		6.31		1.79					
	其他材料费											—		1.85		—			
	材料风险费											—		0.41		—		—	
	材料费小计											—		8.68		—			

清单投标报价表-19

表 2-6-62 分部分项工程量清单综合单价分析表(续)

工程名称:综合楼装饰装修工程　　　　第22页　共49页

项目编码		020301001002		项目名称				天棚抹灰(雨蓬)								计量单位		m²	
综合单价组成明细																			
定额编号	定额名称	定额单位	数量	单价/元								合价/元							
				人工费	人工差价费	材料费	材料风险费	机械费	机械风险费	企业管理费	利润	人工费	人工费价差	材料费	材料风险费	机械费	机械风险费	企业管理费	利润
2-76	抹装饰线水砂	100 m	0.012 3	832.63		132.60	6.63	5.04	0.15	108.24	249.79	10.20		1.63	0.08	0.06		1.33	3.06
3-9	砼天棚抹水泥砂浆　现浇板	100 m²	0.01	838.46		500.22	25.01	19.14	0.57	109.00	251.54	8.39		5.00	0.25	0.19	0.01	1.09	2.52
3-9换	砼天棚抹水泥砂浆　现浇板	100 m²	0.012	838.46		942.98	47.15	19.14	0.57	109.00	251.54	10.06		11.31	0.57	0.23	0.01	1.31	3.02
人工单价		小计										28.65		17.94	0.90	0.48	0.02	3.73	8.60
综合工日53元/工日		未计价材料费																	
清单项目综合单价/元												60.3							

材料费明细	主要材料名称、规格、型号	单位	数量	单价/元	合价/元	暂估单价/元	暂估合价/元
	砂(净中砂)	m³	0.044 9	64.12	2.88		
	水泥 32.5 MPa	kg	23.015 3	0.39	8.98		
	其他材料费			—	6.09	—	
	材料风险费			—	0.90	—	—
	材料费小计			—	18.84	—	

清单投标报价表-19

表 2－6－62　分部分项工程量清单综合单价分析表(续)

工程名称:综合楼装饰装修工程　　　　第 23 页　共 49 页

项目编码		020302001001		项目名称				天棚吊顶(餐厅)								计量单位		m²	
综合单价组成明细																			
定额编号	定额名称	定额单位	数量	单价/元								合价/元							
				人工费	人工差价费	材料费	材料风险费	机械费	机械风险费	企业管理费	利润	人工费	人工费价差	材料费	材料风险费	机械费	机械风险费	企业管理费	利润
3－40	轻钢天棚龙骨间距 600 mm×600 mm 平面	100 m²	0.01	992.16		2 585.50	129.28	39.04	1.17	128.98	297.65	9.92		25.86	1.29	0.39	0.01	1.29	2.98
3－188	镜面玻璃天棚平面	100 m²	0.01	1 908.00		3 107.18	155.36			248.04	572.4	19.08		31.07	1.55			2.48	5.72
人工单价		小计										29.00		56.93	2.84	0.39	0.01	3.77	8.70
综合工日 53 元/工日		未计价材料费																	
清单项目综合单价/元												101.65							
材料费明细	主要材料名称、规格、型号								单位	数量		单价/元		合价/元		暂估单价/元		暂估合价/元	
	材料风险费																		
	材料费小计																		

清单投标报价表－19

表 2-6-62　分部分项工程量清单综合单价分析表(续)

工程名称:综合楼装饰装修工程　　　　　　第 24 页　共 49 页

项目编码		020302001002		项目名称				天棚吊顶(卫生间、厨房)								计量单位		m^2	
综合单价组成明细																			
定额编号	定额名称	定额单位	数量	单价/元								合价/元							
				人工费	人工差价费	材料费	材料风险费	机械费	机械风险费	企业管理费	利润	人工费	人工费价差	材料费	材料风险费	机械费	机械风险费	企业管理费	利润
3-202	空腹 PVC 扣板面层	100 m^2	0.01	1 272.00		4 844.53	242.23			165.36	381.60	12.72		48.45	2.42			1.65	3.82
人工单价		小计										12.72		48.45	2.42			1.65	3.82
综合工日 53 元/工日		未计价材料费																	
清单项目综合单价/元												69.06							
材料费明细	主要材料名称、规格、型号								单位	数量		单价/元		合价/元		暂估单价/元		暂估合价/元	
	PVC 扣板								m^2	1.05		28.47		29.89					
	其他材料费											—		18.56		—			
	材料风险费											—		2.42		—		—	
	材料费小计											—		50.87		—			

清单投标报价表-19

表 2－6－62　分部分项工程量清单综合单价分析表(续)

工程名称:综合楼装饰装修工程　　　　第 25 页　共 49 页

项目编码		020401001001		项目名称				镶板木门 0920								计量单位		樘	
综合单价组成明细																			
定额编号	定额名称	定额单位	数量	单价/元								合价/元							
				人工费	人工差价费	材料费	材料风险费	机械费	机械风险费	企业管理费	利润	人工费	人工费价差	材料费	材料风险费	机械费	机械风险费	企业管理费	利润
4－205	门框单裁口五块料内制	100 m² 框外围	0.018	651.90		2 671.12	133.56	158.12	4.74	84.75	195.57	11.73		48.08	2.40	2.85	0.09	1.53	3.52
4－206	门框单裁口五块料内安	100 m² 框外围	0.018	578.76		190.73	9.54			75.24	173.63	10.42		3.43	0.17			1.35	3.13
4－3	镶板门单扇不带亮子扇制	100 m² 框外围	0.018	1 526.40		5 944.76	297.24	322.01	9.66	198.43	457.92	27.48		107.01	5.35	5.8	0.17	3.57	8.24
4－4	镶板门单扇　不带亮子门扇安	100 m² 框外围	0.018	511.45						66.49	153.44	9.21						1.2	2.76
4－243	平开门不带亮子　单扇	樘	1			14.88	0.74							14.88	0.74				
5－1	单层木门刷调和漆底油一遍、刮腻子调和漆二遍	100 m²	0.018	1 593.18		587.57	29.38			207.11	477.95	28.68		10.58	0.53			3.73	8.6
人工单价		小计										87.52		183.98	9.19	8.65	0.26	11.38	26.25
综合工日 53 元/工日		未计价材料费																	
清单项目综合单价/元												327.21							
材料费明细	主要材料名称、规格、型号								单位	数量		单价/元		合价/元		暂估单价/元		暂估合价/元	
	中方(红白松一等)								m^3	0.043 8		1 214.4		53.19					
	其他材料费											—		130.79		—			
	材料风险费											—		9.2		—		—	
	材料费小计											—		193.18		—			

清单投标报价表－19

表 2 - 6 - 62　分部分项工程量清单综合单价分析表(续)

工程名称:综合楼装饰装修工程　　　　第 26 页　共 49 页

项目编码		020401001001		项目名称				镶板木门 0920								计量单位		樘	
综合单价组成明细																			
定额编号	定额名称	定额单位	数量	单价/元								合价/元							
				人工费	人工差价费	材料费	材料风险费	机械费	机械风险费	企业管理费	利润	人工费	人工费价差	材料费	材料风险费	机械费	机械风险费	企业管理费	利润
4 - 205	门框单裁口五块料内制	100 m^2 框外围	0.024	651.90		2 671.12	133.56	158.12	4.74	84.75	195.57	15.65		64.11	3.21	3.79	0.11	2.03	4.69
4 - 206	门框单裁口五块料内安	100 m^2 框外围	0.024	578.76		190.73	9.54			75.24	173.63	13.89		4.58	0.23			1.81	4.17
4 - 63	木制全玻门不带亮子门扇制作	100 m^2 框外围	0.024	813.55		2 994.93	149.75	112.84	3.39	105.76	244.07	19.53		71.88	3.59	2.71	0.08	2.54	5.86
4 - 64	木制全玻门不带亮子门扇安装	100 m^2 框外围	0.024	1 090.21		971.60	48.58			141.73	327.06	26.17		23.32	1.17			3.40	7.85
4 - 245	平开门　带亮子　单扇	樘	1			21.15	1.06							21.15	1.06				
5 - 1	单层木门刷调和漆底油一遍刮腻子调和漆二遍	100 m^2	0.024	1 593.18		587.57	29.38			207.11	477.95	38.24		14.1	0.71			4.97	11.47
人工单价				小计								113.48		199.14	9.97	6.50	0.19	14.75	34.04
综合工日 53 元/工日				未计价材料费															
清单项目综合单价/元												378.03							
材料费明细	主要材料名称、规格、型号								单位	数量		单价/元		合价/元		暂估单价/元		暂估合价/元	
	中方(红白松一等)								m^3	0.083 4		1 214.40		101.28					
	其他材料费											—		97.86		—			
	材料风险费											—		9.97		—		—	
	材料费小计											—		209.11		—			

清单投标报价表 - 19

表 2－6－62　分部分项工程量清单综合单价分析表(续)

工程名称:综合楼装饰装修工程　　　　第27页　共49页

项目编码	020401001003	项目名称	镶板木门1527	计量单位	樘														
综合单价组成明细																			
定额编号	定额名称	定额单位	数量	单价/元								合价/元							
				人工费	人工差价费	材料费	材料风险费	机械费	机械风险费	企业管理费	利润	人工费	人工费价差	材料费	材料风险费	机械费	机械风险费	企业管理费	利润
4－205	门框单裁口五块料内制	100 m² 框外围	0.040 5	651.90		2 671.12	133.56	158.12	4.74	84.75	195.57	26.40		108.18	5.41	6.4	0.19	3.43	7.92
4－206	门框单裁口五块料内安	100 m² 框外围	0.040 5	578.76		190.73	9.54			75.24	173.63	23.44		7.72	0.39			3.05	7.03
4－65	木制半玻门带固定亮子门扇制作	100 m² 框外围	0.040 5	1 780.80		4 051.97	202.60	179.90	5.40	231.50	534.24	72.12		164.10	8.21	7.29	0.22	9.38	21.64
4－66	木制半玻门带固定亮子门扇安装	100 m² 框外围	0.040 5	673.10		596.73	29.84			87.50	201.93	27.26		24.17	1.21			3.54	8.18
4－246	平开门　带亮子　双扇	樘	1			45.34	2.27							45.34	2.27				
5－1	单层木门刷调和漆底油一遍刮腻子调和漆二遍	100 m²	0.040 5	1 593.18		587.57	29.38			207.11	477.95	64.52		23.8	1.19			8.39	19.36
人工单价		小计										213.74		373.31	18.68	13.69	0.41	27.79	64.13
综合工日53元/工日		未计价材料费																	
清单项目综合单价/元												711.74							

材料费明细	主要材料名称、规格、型号	单位	数量	单价/元	合价/元	暂估单价/元	暂估合价/元
	中方(红白松一等)	m³	0.154 9	1 214.4	188.11		
	其他材料费			—	185.20	—	
	材料风险费			—	18.67	—	—
	材料费小计			—	391.98	—	

清单投标报价表－19

表 2-6-62　分部分项工程量清单综合单价分析表(续)

工程名称:综合楼装饰装修工程

第28页　共49页

项目编码	020409003002	项目名称	石材窗台板	计量单位	m

综合单价组成明细

定额编号	定额名称	定额单位	数量	单价/元 人工费	人工差价费	材料费	材料风险费	机械费	机械风险费	企业管理费	利润	合价/元 人工费	人工费价差	材料费	材料风险费	机械费	机械风险费	企业管理费	利润
4-202	大理石窗台板	100 m^2	0.002 5	3 551.00		13 616.65	680.83	8.60	0.26	461.63	1 065.30	8.88		34.04	1.7	0.02		1.15	2.66
4-200 换	木窗台板 细木工板贴铝塑板	100 m^2	0.002 5	1 908.00		9 015.68	450.78			248.04	572.40	4.77		22.54	1.13			0.62	1.43
6-191	石材现场磨边法国边	100 m	0.01	2 650.00		252.83	12.64	16.9	0.51	344.5	795.00	26.50		2.53	0.13	0.17	0.01	3.44	7.95
人工单价				小计								40.15		59.11	2.96	0.19	0.01	5.21	12.04
综合工日53元/工日				未计价材料费															
清单项目综合单价/元												119.67							

材料费明细	主要材料名称、规格、型号	单位	数量	单价/元	合价/元	暂估单价/元	暂估合价/元
	砂(净中砂)	m^3	0.005 4	64.12	0.35		
	水泥 32.5 MPa	kg	2.581 1	0.39	1.01		
	大理石板	m^2	0.267 5	122.05	32.65		
	其他材料费			—	25.11	—	
	材料风险费			—	2.96	—	—
	材料费小计			—	62.07	—	

清单投标报价表-19

表 2－6－62　分部分项工程量清单综合单价分析表(续)

工程名称:综合楼装饰装修工程　　　　第 29 页　共 49 页

项目编码	020402003001	项目名称		金属地弹门												计量单位		樘	
综合单价组成明细																			
定额编号	定额名称	定额单位	数量	单价/元								合价/元							
				人工费	人工差价费	材料费	材料风险费	机械费	机械风险费	企业管理费	利润	人工费	人工费价差	材料费	材料风险费	机械费	机械风险费	企业管理费	利润
4－39	不锈钢全玻地弹门	100 m^2 扇外围	0.108	5 118.74		23 465.62	1 173.28			665.44	1 535.62	552.82		2 534.29	126.71			71.87	165.85
4－174	不锈钢板包门、窗框钢龙骨	100 m^2	0.098 5	8 824.50		20 835.87	1 041.79	4 832.09	144.96	1 147.19	2 647.35	869.21		2 052.33	102.62	475.96	14.28	113	260.76
4－167	地弹簧	10 套	0.4	316.94		154.13	7.71			41.2	95.08	126.78		61.65	3.08			16.48	38.03
人工单价		小计										1548.81		4 648.27	232.41	475.96	14.28	201.35	464.64
综合工日 53 元/工日		未计价材料费																	
清单项目综合单价/元												7 585.72							
材料费明细	主要材料名称、规格、型号								单位	数量		单价/元		合价/元		暂估单价/元		暂估合价/元	
	膨胀螺栓								套	23.049		2.25		51.86					
	其他材料费											—		4 596.41		—			
	材料风险费											—		232.41		—		—	
	材料费小计											—		4 880.68		—			

清单投标报价表－19

表 2－6－62　分部分项工程量清单综合单价分析表(续)

工程名称:综合楼装饰装修工程　　　　第 30 页　共 49 页

项目编码		020402006001		项目名称				防盗门								计量单位		樘	
综合单价组成明细																			
定额编号	定额名称	定额单位	数量	单价/元								合价/元							
				人工费	人工差价费	材料费	材料风险费	机械费	机械风险费	企业管理费	利润	人工费	人工费价差	材料费	材料风险费	机械费	机械风险费	企业管理费	利润
4－44 换	钢板防盗门	100 m² 框外围面积	0.024	2 120.00		61 339.69	3 066.98	79.72	2.39	275.60	636.00	50.88		1 472.15	73.61	1.91	0.06	6.61	15.26
人工单价		小计										50.88		1 472.15	73.61	1.91	0.06	6.61	15.26
综合工日 53 元/工日		未计价材料费										1 440							
清单项目综合单价/元												1 620.49							
材料费明细	主要材料名称、规格、型号								单位	数量		单价/元		合价/元		暂估单价/元		暂估合价/元	
	膨胀螺栓								套	7.2		2.25		16.20					
	其他材料费											—		1 455.95		—			
	材料风险费											—		73.61		—		—	
	材料费小计											—		1 545.76		—			

清单投标报价表－19

表 2-6-62 分部分项工程量清单综合单价分析表(续)

工程名称:综合楼装饰装修工程 第31页 共49页

项目编码	020406007001	项目名称		塑钢窗												计量单位		樘	
综合单价组成明细																			
定额编号	定额名称	定额单位	数量	单价/元								合价/元							
				人工费	人工差价费	材料费	材料风险费	机械费	机械风险费	企业管理费	利润	人工费	人工费价差	材料费	材料风险费	机械费	机械风险费	企业管理费	利润
4-153换	塑钢窗安装单层	100 m² 框外围	0.043 2	3 284.94		40 037.98	2 001.90	170.67	5.12	427.04	985.48	141.91		1 729.64	86.48	7.37	0.22	18.45	42.57
人工单价		小计										141.91		1 729.64	86.48	7.37	0.22	18.45	42.57
综合工日53元/工日		未计价材料费										1 512							
清单项目综合单价/元												2 026.65							

材料费明细	主要材料名称、规格、型号	单位	数量	单价/元	合价/元	暂估单价/元	暂估合价/元
	膨胀螺栓	套	28.814 4	2.25	64.83		
	连接件	kg	28.814 4	4.25	122.46		
	塑钢窗(单层)	m²	4.32	350.00	1 512		
	其他材料费			—	30.35		
	材料风险费			—	86.48	—	—
	材料费小计			—	1 816.12	—	

清单投标报价表-19

表 2-6-62 分部分项工程量清单综合单价分析表(续)

工程名称:综合楼装饰装修工程

第32页 共49页

项目编码	020406007002	项目名称		塑钢窗												计量单位		樘	
综合单价组成明细																			
定额编号	定额名称	定额单位	数量	单价/元								合价/元							
				人工费	人工差价费	材料费	材料风险费	机械费	机械风险费	企业管理费	利润	人工费	人工费价差	材料费	材料风险费	机械费	机械风险费	企业管理费	利润
4-153换	塑钢窗安装单层	100 m² 框外围	0.064 8	3 284.94		40 037.98	2 001.9	170.67	5.12	427.04	985.48	212.86		2 594.46	129.72	11.06	0.33	27.67	63.86
人工单价		小计										212.86		2 594.46	129.72	11.06	0.33	27.67	63.86
综合工日53元/工日		未计价材料费										2 268							
清单项目综合单价/元												3 039.97							
材料费明细	主要材料名称、规格、型号	单位	数量	单价/元	合价/元	暂估单价/元	暂估合价/元												
	膨胀螺栓	套	43.221 6	2.25	97.25														
	连接件	kg	43.221 6	4.25	183.69														
	塑钢窗(单层)	m²	6.48	350.00	2 268.00														
	其他材料费			—	45.52	—													
	材料风险费			—	129.72	—	—												
	材料费小计			—	2 724.18	—													

清单投标报价表-19

表 2－6－62 分部分项工程量清单综合单价分析表(续)

工程名称:综合楼装饰装修工程 第 33 页 共 49 页

项目编码	020406007003	项目名称		塑钢窗												计量单位		樘	
综合单价组成明细																			
定额编号	定额名称	定额单位	数量	单价/元								合价/元							
				人工费	人工差价费	材料费	材料风险费	机械费	机械风险费	企业管理费	利润	人工费	人工费价差	材料费	材料风险费	机械费	机械风险费	企业管理费	利润
4－153 换	塑钢窗安装 单层	100 m^2 框外围	0.057 6	3 284.94		40 037.98	2 001.90	170.67	5.12	427.04	985.48	189.21		2 306.19	115.31	9.83	0.29	24.6	56.76
人工单价		小计										189.21		2 306.19	115.31	9.83	0.29	24.6	56.76
综合工日 53 元/工日		未计价材料费										2 016.00							
清单项目综合单价/元												2 702.20							
材料费明细	主要材料名称、规格、型号								单位	数量		单价/元		合价/元		暂估单价/元		暂估合价/元	
	膨胀螺栓								套	38.419 2		2.25		86.44					
	连接件								kg	38.419 2		4.25		163.28					
	塑钢窗(单层)								m^2	5.76		350.00		2 016					
	其他材料费											—		40.47		—			
	材料风险费											—		115.31		—		—	
	材料费小计											—		2 421.5		—			

清单投标报价表－19

表 2-6-62 分部分项工程量清单综合单价分析表（续）

工程名称：综合楼装饰装修工程

第 34 页 共 49 页

项目编码	020406007004	项目名称		塑钢窗												计量单位		樘	
综合单价组成明细																			
定额编号	定额名称	定额单位	数量	单价/元								合价/元							
				人工费	人工差价费	材料费	材料风险费	机械费	机械风险费	企业管理费	利润	人工费	人工费价差	材料费	材料风险费	机械费	机械风险费	企业管理费	利润
4-153 换	塑钢窗安装 单层	100 m^2 框外围	0.040 5	3 284.94		40 037.98	2 001.90	170.67	5.12	427.04	985.48	133.04		1 621.54	81.08	6.91	0.21	17.3	39.91
人工单价		小计										133.04		1 621.54	81.08	6.91	0.21	17.3	39.91
综合工日 53 元/工日		未计价材料费										1 417.5							
清单项目综合单价/元												1 899.98							

材料费明细	主要材料名称、规格、型号	单位	数量	单价/元	合价/元	暂估单价/元	暂估合价/元
	膨胀螺栓	套	27.013 5	2.25	60.78		
	连接件	kg	27.013 5	4.25	114.81		
	塑钢窗（单层）	m^2	4.05	350	1 417.5		
	其他材料费			—	28.45	—	
	材料风险费			—	81.08	—	—
	材料费小计			—	1 702.62	—	

清单投标报价表-19

表 2－6－62　分部分项工程量清单综合单价分析表(续)

工程名称:综合楼装饰装修工程　　　　第 35 页　共 49 页

项目编码	020406007005	项目名称		塑钢窗												计量单位		樘	
综合单价组成明细																			
定额编号	定额名称	定额单位	数量	单价/元								合价/元							
				人工费	人工差价费	材料费	材料风险费	机械费	机械风险费	企业管理费	利润	人工费	人工费价差	材料费	材料风险费	机械费	机械风险费	企业管理费	利润
4－153 换	塑钢窗安装 单层	100 m^2 框外围	0.036	3 284.94		40 037.98	2 001.9	170.67	5.12	427.04	985.48	118.26		1 441.37	72.07	6.14	0.18	15.37	35.48
人工单价		小计										118.26		1 441.37	72.07	6.14	0.18	15.37	35.48
综合工日 53 元/工日		未计价材料费										1 260							
清单项目综合单价/元												1 688.87							

材料费明细	主要材料名称、规格、型号	单位	数量	单价/元	合价/元	暂估单价/元	暂估合价/元
	膨胀螺栓	套	24.012	2.25	54.03		
	连接件	kg	24.012	4.25	102.05		
	塑钢窗(单层)	m^2	3.60	350.00	1 260.00		
	其他材料费			—	25.29	—	
	材料风险费			—	72.07	—	—
	材料费小计			—	1 513.44	—	

清单投标报价表－19

表 2-6-62　分部分项工程量清单综合单价分析表(续)

工程名称:综合楼装饰装修工程　　　　第 36 页　共 49 页

项目编码		020104002001		项目名称				竹木地板								计量单位		m²	
综合单价组成明细																			
定额编号	定额名称	定额单位	数量	单价/元								合价/元							
				人工费	人工差价费	材料费	材料风险费	机械费	机械风险费	企业管理费	利润	人工费	人工费价差	材料费	材料风险费	机械费	机械风险费	企业管理费	利润
1-140	复合地板铺在水泥地面	100 m²	0.01	503.5		8 554.64	427.73			65.46	151.05	5.04		85.55	4.28			0.65	1.51
人工单价		小计										5.04		85.55	4.28			0.65	1.51
综合工日 53 元/工日		未计价材料费																	
清单项目综合单价/元												97.02							
材料费明细	主要材料名称、规格、型号								单位		数量	单价/元		合价/元		暂估单价/元		暂估合价/元	
	复合地板								m²		1.05	78.94		82.89					
	其他材料费											—		2.66		—			
	材料风险费											—		4.28		—		—	
	材料费小计											—		89.83		—			

清单投标报价表-19

表 2-6-62 分部 分项工程量清单综合单价分析表(续)

工程名称:综合楼装饰装修工程

第 37 页 共 49 页

项目编码	020105005001	项目名称	塑料板踢脚线	计量单位	m^2

综合单价组成明细																			
定额编号	定额名称	定额单位	数量	单价/元								合价/元							
				人工费	人工差价费	材料费	材料风险费	机械费	机械风险费	企业管理费	利润	人工费	人工费价差	材料费	材料风险费	机械费	机械风险费	企业管理费	利润
1-161	塑料板踢脚线装配式	100 m^2	0.01	1 462.8		4 072.74	203.64	44.84	1.35	190.16	438.84	14.63		40.73	2.04	0.45	0.01	1.90	4.39
人工单价		小计										14.63		40.73	2.04	0.45	0.01	1.90	4.39
综合工日 53 元/工日		未计价材料费																	
清单项目综合单价/元												64.14							

材料费明细	主要材料名称、规格、型号	单位	数量	单价/元	合价/元	暂估单价/元	暂估合价/元
	材料风险费			—	2.04	—	—
	材料费小计			—	42.77	—	

清单投标报价表-19

表 2－6－62　分部分项工程量清单综合单价分析表(续)

工程名称:综合楼装饰装修工程　　　　第38页　共49页

项目编码	020302001003			项目名称				穿孔铝板吊顶								计量单位		m²	
综合单价组成明细																			
定额编号	定额名称	定额单位	数量	单价/元								合价/元							
				人工费	人工差价费	材料费	材料风险费	机械费	机械风险费	企业管理费	利润	人工费	人工费价差	材料费	材料风险费	机械费	机械风险费	企业管理费	利润
3－39	轻钢天棚龙骨间距 450×450 mm 内跌级	100 m²	0.01	1 186.67		4 255.07	212.75	39.65	1.19	154.27	356.00	11.87		42.55	2.13	0.40	0.01	1.54	3.56
3－164	铝板面层间距(mm)600×600	100 m²	0.01	636		6 161.78	308.09			82.68	190.80	6.36		61.62	3.08			0.83	1.91
人工单价		小计										18.23		104.17	5.21	0.4	0.01	2.37	5.47
综合工日 53 元/工日		未计价材料费																	
清单项目综合单价/元												135.85							
材料费明细	主要材料名称、规格、型号								单位	数量		单价/元		合价/元		暂估单价/元		暂估合价/元	
	铝板 600 mm×600 mm								m²	1.05		53.74		56.43					
	其他材料费											—		47.74		—			
	材料风险费											—		5.21		—		—	
	材料费小计											—		109.38		—			

清单投标报价表－19

表 2－6－62　分部分项工程量清单综合单价分析表(续)

工程名称:综合楼装饰装修工程　　　　　　　　　　第39页　共49页

项目编码	020302001004	项目名称		天棚铝板吊顶												计量单位		m²	
综合单价组成明细																			
定额编号	定额名称	定额单位	数量	单价/元								合价/元							
				人工费	人工差价费	材料费	材料风险费	机械费	机械风险费	企业管理费	利润	人工费	人工费价差	材料费	材料风险费	机械费	机械风险费	企业管理费	利润
3－39	轻钢天棚龙骨间距 450×450 mm 内跌级	100 m²	0.01	1 186.67		4 255.07	212.75	39.65	1.19	154.27	356.00	11.87		42.55	2.13	0.4	0.01	1.54	3.56
3－164	铝板面层间距(mm)600×600	100 m²	0.012	636.00		6 161.78	308.09			82.68	190.80	7.62		73.80	3.69			0.99	2.29
人工单价		小计										19.49		116.35	5.82	0.4	0.01	2.53	5.85
综合工日53元/工日		未计价材料费																	
清单项目综合单价/元												150.44							
材料费明细	主要材料名称、规格、型号								单位	数量		单价/元		合价/元		暂估单价/元		暂估合价/元	
	铝板 600 mm×600 mm								m²	1.257 6		53.74		67.58					
	其他材料费											—		48.77		—			
	材料风险费											—		5.82		—		—	
	材料费小计											—		122.17		—			

清单投标报价表－19

表 2-6-62 分部分项工程量清单综合单价分析表(续)

工程名称:综合楼装饰装修工程　　　　第40页 共49页

项目编码	020303001001	项目名称					灯带									计量单位		m²	
综合单价组成明细																			
定额编号	定额名称	定额单位	数量	单价/元								合价/元							
				人工费	人工差价费	材料费	材料风险费	机械费	机械风险费	企业管理费	利润	人工费	人工费价差	材料费	材料风险费	机械费	机械风险费	企业管理费	利润
3-278	悬挑式灯槽直形细木工	100 m	0.025	583.00		759.05	37.95			75.79	174.9	14.57		18.98	0.95			1.89	4.37
3-278换	悬挑式灯槽直形石膏板	100 m	0.025	583.00		237.55	11.88			75.79	174.9	14.57		5.94	0.30			1.89	4.37
人工单价		小计										29.14		24.92	1.25			3.78	8.74
综合工日53元/工日		未计价材料费																	
清单项目综合单价/元												67.85							

材料费明细	主要材料名称、规格、型号	单位	数量	单价/元	合价/元	暂估单价/元	暂估合价/元
	材料风险费				1.25		
	材料费小计				26.17		

清单投标报价表-19

表 2－6－62　分部分项工程量清单综合单价分析表(续)

工程名称:综合楼装饰装修工程　　　　第 41 页　共 49 页

项目编码		020408001001		项目名称				木窗帘盒								计量单位		m	
综合单价组成明细																			
定额编号	定额名称	定额单位	数量	单价/元								合价/元							
				人工费	人工差价费	材料费	材料风险费	机械费	机械风险费	企业管理费	利润	人工费	人工费价差	材料费	材料风险费	机械费	机械风险费	企业管理费	利润
4－184	木骨架窗帘盒细木工板	100 m	0.01	1 658.9		2 636.37	131.82	6.10	0.18	215.66	497.67	16.59		26.36	1.32	0.06		2.16	4.98
人工单价		小计										16.59		26.36	1.32	0.06		2.16	4.98
综合工日 53 元/工日		未计价材料费																	
清单项目综合单价/元												51.47							
材料费明细	主要材料名称、规格、型号								单位	数量		单价/元		合价/元		暂估单价/元		暂估合价/元	
	材料风险费											—		1.32		—		—	
	材料费小计											—		27.68		—			

清单投标报价表－19

表 2-6-62　分部分项工程量清单综合单价分析表(续)

工程名称:综合楼装饰装修工程　　　　第 42 页　共 49 页

项目编码		020408001001		项目名称				窗帘轨								计量单位		m	
综合单价组成明细																			
定额编号	定额名称	定额单位	数量	单价/元								合价/元							
				人工费	人工差价费	材料费	材料风险费	机械费	机械风险费	企业管理费	利润	人工费	人工费价差	材料费	材料风险费	机械费	机械风险费	企业管理费	利润
4-190	铝合金窗帘轨单轨	100 m	0.01	212		705.19	35.26			27.56	63.60	2.12		7.05	0.35			0.28	0.64
人工单价		小计										2.12		7.05	0.35			0.28	0.64
综合工日 53 元/工日		未计价材料费																	
清单项目综合单价/元												10.44							
材料费明细	主要材料名称、规格、型号								单位	数量		单价/元		合价/元		暂估单价/元		暂估合价/元	
	材料风险费											—		0.35		—		—	
	材料费小计											—		7.4		—			

清单投标报价表-19

表 2－6－62　分部分项工程量清单综合单价分析表(续)

工程名称:综合楼装饰装修工程　　　　第 43 页　共 49 页

项目编码	020407001001	项目名称		铝塑板门窗套												计量单位		m²	
综合单价组成明细																			
定额编号	定额名称	定额单位	数量	单价/元								合价/元							
				人工费	人工差价费	材料费	材料风险费	机械费	机械风险费	企业管理费	利润	人工费	人工费价差	材料费	材料风险费	机械费	机械风险费	企业管理费	利润
4－171	饰面夹板门窗套细木工板贴榉木板	100 m²	0.01	1 685.4		6 000.21	300.01			219.1	505.62	16.85		60.00	3.00			2.19	5.06
人工单价		小计										16.85		60.00	3.00			2.19	5.06
综合工日 53 元/工日		未计价材料费																	
清单项目综合单价/元												87.10							

材料费明细	主要材料名称、规格、型号	单位	数量	单价/元	合价/元	暂估单价/元	暂估合价/元
	材料风险费			—	3.00	—	—
	材料费小计			—	63.00	—	

清单投标报价表－19

表 2－6－62　分部分项工程量清单综合单价分析表（续）

工程名称：综合楼装饰装修工程　　　　第 44 页　共 49 页

项目编码	020409003003	项目名称				石材窗台板										计量单位		m	
综合单价组成明细																			
定额编号	定额名称	定额单位	数量	单价/元								合价/元							
				人工费	人工差价费	材料费	材料风险费	机械费	机械风险费	企业管理费	利润	人工费	人工费价差	材料费	材料风险费	机械费	机械风险费	企业管理费	利润
4－202	大理石窗台板	100 m²	0.002 1	3 551		13 616.65	680.83	8.60	0.26	461.63	1 065.30	7.33		28.09	1.40	0.02		0.95	2.20
4－200 换	木窗台板细木工板贴铝塑板	100 m²	0.002 1	1 908		9 015.68	450.78			248.04	572.40	3.94		18.60	0.93			0.51	1.18
人工单价		小计										11.27		46.69	2.33	0.02		1.46	3.38
综合工日 53 元/工日		未计价材料费																	
清单项目综合单价/元												65.15							

材料费明细	主要材料名称、规格、型号	单位	数量	单价/元	合价/元	暂估单价/元	暂估合价/元
	砂（净中砂）	m³	0.004 4	64.12	0.28		
	水泥 32.5 MPa	kg	2.094 1	0.39	0.82		
	大理石板	m²	0.220 8	122.05	26.95		
	其他材料费			—	18.64	—	
	材料风险费			—	2.33	—	—
	材料费小计			—	49.02	—	

清单投标报价表－19

表 2-6-62 分部分项工程量清单综合单价分析表(续)

工程名称:综合楼装饰装修工程　　　　第 45 页　共 49 页

项目编码	020207001001	项目名称		吸音板墙面												计量单位		m^2	
综合单价组成明细																			
定额编号	定额名称	定额单位	数量	单价/元								合价/元							
				人工费	人工差价费	材料费	材料风险费	机械费	机械风险费	企业管理费	利润	人工费	人工费价差	材料费	材料风险费	机械费	机械风险费	企业管理费	利润
2-291	墙面木龙骨断面 7.5 cm^2 以内平均中距(cm 以内)30	100 m^2	0.01	621.69		1 578.06	78.9	87.85	2.64	80.82	186.51	6.22		15.78	0.79	0.88	0.03	0.81	1.87
2-327	实木吸音板墙面	100 m^2	0.01	543.25		4 500.95	225.05	31.11	0.93	70.62	162.98	5.43		45.01	2.25	0.31	0.01	0.71	1.63
5-147	隔墙护壁木龙骨刷防火涂料二遍　双向龙骨	100 m^2	0.01	445.2		138.84	6.94			57.88	133.56	4.45		1.39	0.07			0.58	1.34
人工单价		小计										16.10		62.18	3.11	1.19	0.04	2.1	4.84
综合工日 53 元/工日		未计价材料费																	
清单项目综合单价/元												89.54							
材料费明细	主要材料名称、规格、型号								单位	数量		单价/元		合价/元		暂估单价/元		暂估合价/元	
	材料风险费											—		3.11		—		—	
	材料费小计											—		65.29		—			

清单投标报价表-19

表 2－6－62　分部分项工程量清单综合单价分析表(续)

工程名称:综合楼装饰装修工程　　　　第 46 页　共 49 页

项目编码		020207001002		项目名称				细木工板基层铝塑板面层墙面								计量单位		m^2	
综合单价组成明细																			
定额编号	定额名称	定额单位	数量	单价/元								合价/元							
				人工费	人工差价费	材料费	材料风险费	机械费	机械风险费	企业管理费	利润	人工费	人工费价差	材料费	材料风险费	机械费	机械风险费	企业管理费	利润
2－290 换	墙面中密度板龙骨单向 400 mm	100 m^2	0.01	463.75		229.41	11.47	19.52	0.59	60.29	139.13	4.64		2.29	0.11	0.2	0.01	0.6	1.39
2－309	细木工板基层墙面、墙裙	100 m^2	0.01	438.84		3 346.65	167.33	45.75	1.37	57.05	131.65	4.39		33.47	1.67	0.46	0.01	0.57	1.32
5－147	隔墙护壁木龙骨刷防火涂料二遍　双向龙骨	100 m^2	0.01	445.20		138.84	6.94			57.88	133.56	4.45		1.39	0.07			0.58	1.34
人工单价		小计										13.48		37.15	1.85	0.66	0.02	1.75	4.05
综合工日 53 元/工日		未计价材料费																	
清单项目综合单价/元												58.95							
材料费明细	主要材料名称、规格、型号								单位	数量		单价/元		合价/元		暂估单价/元		暂估合价/元	
	材料风险费											—		1.86		—		—	
	材料费小计											—		39.01		—			

清单投标报价表－19

表 2－6－62　分部分项工程量清单综合单价分析表(续)

工程名称:综合楼装饰装修工程　　　　　　　　　　第 47 页　共 49 页

项目编码		020407006001		项目名称				门上口木作造型								计量单位		m²	
综合单价组成明细																			
定额编号	定额名称	定额单位	数量	单价/元								合价/元							
				人工费	人工差价费	材料费	材料风险费	机械费	机械风险费	企业管理费	利润	人工费	人工费价差	材料费	材料风险费	机械费	机械风险费	企业管理费	利润
4－182	细木工板贴榉木板筒子板	100 m²	0.01	1 685.40		6 000.21	300.01			219.1	505.62	16.85		60.00	3.00			2.19	5.06
5－69	木材面刷醇酸漆润油粉刮腻子油色清漆四遍磨退	100 m²	0.01	3 015.70		519.82	25.99			392.04	904.71	30.16		5.20	0.26			3.92	9.05
人工单价		小计										47.01		65.20	3.26			6.11	14.11
综合工日 53 元/工日		未计价材料费																	
清单项目综合单价/元												135.69							
材料费明细	主要材料名称、规格、型号								单位	数量		单价/元		合价/元		暂估单价/元		暂估合价/元	
	材料风险费											—		3.26		—		—	
	材料费小计											—		68.46		—			

清单投标报价表－19

表 2-6-62 分部分项工程量清单综合单价分析表(续)

工程名称:综合楼装饰装修工程

第48页 共49页

项目编码		020602002001		项目名称				塑料板暖气罩								计量单位		m²	
综合单价组成明细																			
定额编号	定额名称	定额单位	数量	单价/元								合价/元							
				人工费	人工差价费	材料费	材料风险费	机械费	机械风险费	企业管理费	利润	人工费	人工费价差	材料费	材料风险费	机械费	机械风险费	企业管理费	利润
6-41	挂板式暖气罩塑板面木制百叶	10 m²	0.1	351.39		1 559.33	77.97	74.82	2.24	45.68	105.42	35.14		155.93	7.80	7.48	0.22	4.57	10.54
人工单价		小计										35.14		155.93	7.80	7.48	0.22	4.57	10.54
综合工日 53 元/工日		未计价材料费																	
清单项目综合单价/元												221.69							
材料费明细	主要材料名称、规格、型号								单位	数量		单价/元		合价/元		暂估单价/元		暂估合价/元	
	材料风险费											—		7.80		—		—	
	材料费小计											—		163.73		—			

清单投标报价表-19

表 2-6-62　分部分项工程量清单综合单价分析表(续)

工程名称:综合楼装饰装修工程　　　　第 49 页　共 49 页

项目编码		020401003001		项目名称				实木装饰门								计量单位		樘	
综合单价组成明细																			
定额编号	定额名称	定额单位	数量	单价/元								合价/元							
				人工费	人工差价费	材料费	材料风险费	机械费	机械风险费	企业管理费	利润	人工费	人工费价差	材料费	材料风险费	机械费	机械风险费	企业管理费	利润
4-14 换	实木装饰门平开门	扇	1	15.90		1 801.80	90.09			2.07	4.77	15.90		1 801.80	90.09			2.07	4.77
4-158	L 型执手杆锁	10 把	0.1	212.00		956.00	47.8			27.56	63.60	21.20		95.60	4.78			2.76	6.36
人工单价		小计										37.10		1 897.40	94.87			4.83	11.13
综合工日 53 元/工日		未计价材料费										1 800.00							
清单项目综合单价/元												2 045.33							
材料费明细	主要材料名称、规格、型号								单位	数量		单价/元		合价/元		暂估单价/元		暂估合价/元	
	材料风险费											—		94.87		—		—	
	材料费小计											—		1 992.27		—			

注:1. 招标文件提供了暂估单价的材料,按照暂估单价填入表内"暂估单价"栏及"暂估合价"栏;2. 根据招标文件的要求附此表。

清单投标报价表-19

表 2-6-63 定额措施项目清单综合单价分析表

工程名称:综合楼装饰装修工程

第1页 共1页

注:1. 此表适用于以综合单价形式计价的定额措施项目。

2. 招标文件提供了暂估单价的材料,按照暂估的单价填入表内"暂估单价"栏及"暂估合价"栏。

3. 根据招标文件的要求附此表。

由于装饰工程是和建筑(土建)工程一起施工,一个承包单位,定额措施费由建筑工程统一计算,装饰装修计价时不再计算。招标文件要求附此表。

参考文献

[1] 中华人民共和国建设部. 2008GB50500—2008 建设工程工程量清单计价规范[S]. 北京:中国计划出版社,2008.

[2] 中华人民共和国建设部. 2005GB/T 50353—2005 中华人民共和国建筑工程建筑面积计算规范[S]. 北京:中国计划出版社,2005.

[3] 黑龙江省建设委员会. 黑龙江省建设工程计价依据(建筑工程计价定额)[M]. 哈尔滨:哈尔滨出版社,2010.

[4] 黑龙江省建设委员会. 黑龙江省建设工程计价依据(装饰装修计价定额)[M]. 哈尔滨:哈尔滨出版社,2010.

[5] 黑龙江省建设委员会. 黑龙江省建设工程计价依据(建设工程费用定额)[M]. 哈尔滨:哈尔滨出版社,2010.

[6] 黑龙江省建设委员会. 全国统一市政工程预算定额黑龙江省估价表[M]. 哈尔滨:黑龙江科学技术出版社,2000.

[7] 全国造价工程师执业资格考试培训教材编审委员会. 工程造价计价与控制[M]. 北京:中国计划出版社,2006.

[8] 丁云飞. 安装工程预算与工程量清单计价[M]. 北京:化学工业出版社,2005.

[9] 王春宁. 建筑工程概预算[M]. 哈尔滨:黑龙江科学技术出版社,2000.

[10] 肖翥. 建筑工程预算与报价[M]. 北京:科学出版社,2003.

[11] 蒋红焰. 建筑工程概预算[M]. 北京:化学工业出版社,2005.

[12] 吴贤国. 建筑工程概预算[M]. 北京:中国建筑工业出版社,2004.